U0113903

内蒙古奈曼种植蒙中药材
生物学特性与品质

奥·乌力吉　包晓华　主编

内蒙古科学技术出版社

图书在版编目（CIP）数据

内蒙古奈曼种植蒙中药材生物学特性与品质／奥·乌力吉，
包晓华主编. —赤峰：内蒙古科学技术出版社，2019.12
　ISBN 978-7-5380-3182-9

　Ⅰ. ①内… Ⅱ. ①奥… ②包… Ⅲ. ①蒙医－药用植
物－栽培技术－研究－奈曼旗 Ⅳ. ①S567

中国版本图书馆CIP数据核字（2019）第263750号

内蒙古奈曼种植蒙中药材生物学特性与品质

主　　编：奥·乌力吉　包晓华
责任编辑：许占武
封面设计：永　胜
出版发行：内蒙古科学技术出版社
地　　址：赤峰市红山区哈达街南一段4号
网　　址：www.nm-kj.cn
邮购电话：0476-5888970
印　　刷：赤峰彩世印刷有限责任公司
字　　数：990千
开　　本：889mm×1194mm　1/16
印　　张：44.375
版　　次：2019年12月第1版
印　　次：2020年1月第1次印刷
书　　号：ISBN 978-7-5380-3182-9
定　　价：268.00元

如出现印装质量问题，请与我社联系。电话：0476-5888926　5888917

本书编委会

内容简介

本书内容分为两部分，第一部分是总论，主要介绍奈曼地区地理位置、气候特点、地形地貌、水文特征及本地区目前药材种植情况；第二部分是各论，详细介绍了奈曼地区种植的蒙药材桔梗、蒙古黄芪、苦参、甘草等30种药材的本草考证、资源分布状况、化学成分、药理以及栽培技术的研究概况及植物的物候期、形态特征、生长发育规律、生理指标，并介绍了药材的常规检查、含量测定、投资预算、产量与收益分析等。

本书是在内蒙古自治区科技重大专项"蒙医药现代化关键技术研究及蒙药产业化"、"蒙中药材品种选育及优质高产栽培技术集成示范"、通辽市科技项目"奈曼旗种植的蒙中药材的生物学特性及质量标准研究"和自治区直属高校2019年双一流建设项目"一带一路"蒙药学科研项目的支持下，实验、研究和编著完成的。本书论述严谨、图文并茂、新颖实用，具有很强的针对性和时效性，力求为奈曼旗及通辽市周边地区种植蒙中药材提供科学依据。

前　言

中国传统医药主要包括中医药和民族医药两大部分,其中民族医药以藏医药、蒙医药、维吾尔医药、傣医药为主,且在国内外颇有影响力。蒙医药是以蒙古族人民与疾病做斗争过程中积累起来的医疗实践经验为基础,以及在长期的实践与交流中逐渐形成与发展起来的传统医学,是我国四大民族医药之一。蒙医药蕴含着蒙古族所特有的精神、思维方式、智慧、文化意识与信仰,是蒙古民族文化的一种具体表现形式,具有深厚的历史文化底蕴,是在蒙古族草原文化的存在和发展过程中形成的宝贵财富。蒙医药在悠久的发展过程中吸收了藏医、汉医及古印度医学理论,逐步形成了具有民族特色的理论体系和临床特点的民族医药。尤其是在横跨欧亚大陆的战争过程中,以及与其他民族交流中,蒙古族人民积累并吸取了丰富的医药知识和经验,形成了蒙古民族独特的医药理论,长期以来为蒙古族人民的身心健康以及民族的强盛做出了巨大的贡献。作为蒙古族特有的医药文化,需要我们从文化的角度去宣传蒙医药,让其他民族了解蒙古族文化,方能更好地传承与发展。同时,它的传承也应在保持传统医药文化理论的基础上,尽快适应当前国内外医学发展的要求,这样才能与其他医药共同生存与发展。

自2001年《内蒙古自治区蒙医中医条例》颁布之后,蒙医药有了更好更迅速的发展。蒙医药标准化、现代化进程不断加快,蒙医药与外界的交流日益活跃,国际知名度不断提高。这些年来,蒙医药受到国家和地方有关部门的高度重视和大力扶持,有关部门把发展蒙医药作为提高民族自尊心、继承和发展民族文化的重要内容,充分肯定了发展蒙医药对增进民族团结、保持政治稳定、巩固国防建设、发展经济、富国强民的重要意义。

蒙医药学是内蒙古自治区卫生事业的特色与优势。抓住机遇发展蒙医药产业,是内蒙古经济社会发展的一个新的增长点,也是蒙古族经济发展、文化传承的重要环节。内蒙古自治区党委、政府高度重视蒙医药事业的发展,相继出台推进蒙医药事业发展的文件及配套政策,着眼于全区蒙医药发展现状和振兴发展的实际需求,重点提出蒙医药标准体系完善行动,明确了加强蒙医药标准研究制定,进一步完善蒙医药地方标准,推动提升其为国家标准和行业标准。

通辽市是国内最大的蒙药生产基地、蒙药材种植基地,拥有国内最早成立的蒙药厂,是全国最大的蒙药贴生产基地。市政府明确提出要在"十三五"时期基本建成蒙医蒙药基地,按照打造"北疆生态蒙中药材产业基地"的长远目标,大力推进蒙中药材种植基地建设,将蒙医药确定为战略性新兴产业,力争成为蒙医药产业发展的开路先锋。

蒙医药产业,是一个产业关联度较高的产业。随着医药行业竞争的不断加大,新药、特效药的研发及投入不断增加,科学研究机构、医疗行业、教育培训机构等多个行业部门也有了更好的发展。医药产业化生产属于加工业,它可以直接推动地区经济发展,是蒙医药产业的核心部分。推动蒙医药产业发展,能带动相关产业链,部分植物药材可以通过人工种植的方式来提高产量或降低原材料成本以及有利于生态保护,最终增加当地农牧民收入,带动地方经济的发展。

蒙医药产业中的科研机构及蒙医医疗人员,是最能体现和传播蒙医药价值的组成部分,蒙医药必须通过他们的治疗与实践论证才能被患者接受,才能有药用价值、经济价值及社会价值。在蒙医、蒙药和医护等环节涉及的一般都是蒙古语群体的人,因此,蒙医药产业的发展可以为蒙古族及蒙古族地区带来更多的就业机会,为蒙古族人民的生存和发展提供更加广阔的天地。我们可以说蒙医药产业是属于蒙古族及蒙古族地区特有的经济门类,对于蒙古族文化的传承与蒙古族地区经济的进一步发展,缩小民族地区与其他地区经济发展的差距,实现各民族共同繁荣有着重要意义。

民族医药产业是一个朝阳产业,它不仅有利于民族地区人民的身心健康,而且对于民族地区经济发展也至关重要。发展民族医药产业必须要坚持民族特色,运用先进科技,合理利用资源,加快民族医药可持续发展的产业化进程,以人文化、信息化、标准化、产业化、国际化推进蒙医药的现代化。

总之,加速蒙药产业发展,提高蒙药产业的整体水平和竞争能力,不仅对地区经济和蒙古族经济发展具有带动作用,而且对弘扬民族医学和继承民族文化都具有巨大的推动作用。

内蒙古自治区将药用植物种植、药材加工和生态治理综合为一体,实施了一批产业化示范项目,为农业结构调整和生态产业化提供了科学范例,已初步形成产业链条。这些药用植物大多能在极端条件下生长,具有特定属性,并可深加工或综合利用,产品功能确定、作用明显。值得注意的是,由于受中蒙医药的持续升温、农业产品比价关系及信息的误导等因素影响,目前许多地区或农牧民个人开始规划或已经开始规模种植药材,然而,由此带来的盲目引种、销路不畅、价格下跌等问题将会很快显现出来。因此,药源基地与加工企业有机结合是避免盲目建设,保障医药业有序健康发展的有效手段。

加快内蒙古蒙医药事业标准化、规范化、现代化进程是蒙医药业产业化发展的必由之路。目前,在蒙医药业产业化发展进程中,挖掘整理蒙医药古籍文献、提高蒙医药人才素质、加强蒙医药科学研究、推进蒙医药标准化建设等工作显得尤为迫切。蒙药材质量标准研究，是指通过显微鉴别、理化鉴别、薄层色谱、高效液相色谱、原子吸收光谱等方法和技术，对蒙药材进行定性定量分析，检测其有效成分和重金属等指标，建立质量控制标准的过程。

种植的蒙（中）药材和其他的药材比较，药材品质如何，究竟有什么优缺点？只有开展相关的对照研究才能回答此类问题。本课题通过蒙（中）药材生物学特性和质量标准研究，对奈曼旗种植的药材与市场上流通的相应药材及野生药材进行了质量比较和评价研究。本研究选择蒙药材（共30种），其中根茎类药材：黄芩、桔梗、板蓝根、苦参、防风、甘草、苍术、党参、紫菀、土木香、地黄、蒲公英、蒙古黄芪、牛膝、射干、知母等16种蒙药材；果实类药材：急性子、牛蒡子、冬葵、黑种草子、决明子等5种蒙药材；花类药材：红花、蜀葵、鸡冠花等3种蒙药材；全草类药材：荆芥、黄秋葵、益母草、石竹、香青兰、苦地丁等6种蒙药材。主要针对这30种蒙药材的生物学特性及质量标准进行研究分析。生物学特性即生物有机体生长、发育、繁殖的特点和对外界环境条件要求的综合。药材生物学特性的研究对于药材的育种和栽培必不可少。根据不同药材的生物学特性，采取相应的农业技术，是获取高产优质药材的关键。只有充分了解和掌握一种药材的生物学特性，才能确定该药材是否适宜在该地区种植，也才能进一步深入开展其他相关研究，进一步达到规范、有序种植的目的。

通过实施本课题，将筛选出适宜奈曼旗乃至通辽地区种植的蒙（中）药材优质品种，提供药材种植技术规范，同时建立药材质量控制标准。本课题研究，对于优化农村经济结构，促进农业增效、农民增收，创造更好的经济效益、环境效益和社会效益具有重要意义；为分析内蒙古蒙医蒙药资源优势，促进蒙药资源产业化开发利用，推动蒙医药的健康发展提供理论依据；为内蒙古地区蒙医药产业结构调整提供研究基础；为相关企业及机构更好地去实践蒙医药产业现代化，提供参考方案及理论依据。

鉴于编者的学识水平有限，书中难免有错误和不妥之处，望同仁们予以指正。

奥·乌力吉

2019年8月　通辽

目　录

第一部分　总　论

1　奈曼旗自然概况

1.1　地理位置

奈曼旗位于内蒙古自治区东南部,地处东北与华北交汇中心,东北三省与内蒙古结合部,松辽平原西端,科尔沁沙地腹地;南与辽宁省阜新市、北票市毗邻,东与通辽市库伦旗接壤,西与赤峰市敖汉旗、翁牛特旗相邻,北与通辽市开鲁县隔河相望。地处北纬42°14′17″~43°32′14″,东经120°20′35″~121°36′00″之间。全旗总面积8137.6km²,总人口44万,其中蒙古族人口16万,是以蒙古族为主的少数民族聚居地区。

1.2　气候特点

奈曼地区属温带大陆性气候,四季分明、冬寒夏热、春秋温和、冬春干燥、夏秋湿润、雨热同步,春季干旱多风,夏季炎热多雨,秋季少雨凉爽,冬季干冷漫长。旗内平均气温在6.0~6.5℃,全年降雨量一般为350~450mm,多年平均降雨量为360mm,蒸发量为1900~2000mm。

1.3　地形地貌

奈曼旗在内蒙古处于高原地带,地理位置从辽西山地北面至西辽河平原的南面,地势自西南向东北由高到低缓慢倾斜,总体趋势为南高北低。南部为低山区,向北逐渐过渡为黄土丘陵区,再向北过渡为黄土台地区,最后过渡为平原区。南部低山区海拔高程一般为丘陵区地面向南倾斜,海拔高程黄土台地区地面向北倾斜,海拔高程、海拔高度一般为570~250m,海拔点最高的是老道山西南峰,海拔高度为794.5m,海拔最低的位置在六呎村东南附近,仅226.6m。地貌类型有三种。第一是构造剥蚀地形,南部处于辽西山地北缘，为燕山余脉。由于经海西、燕山多次构造运动，形成构造剥蚀山地。按形态分为低山和丘陵。低山分布于青龙山、新镇两个镇境内。山体近东西延伸，标高一般在500~700m，相对高差为100~300m。山顶浑圆，由沉积岩构成。丘陵分布于朱家窝铺—台力虎—双山子一线以南，低山以北，近东西向带状分布。标高440~550m，相对高差20~60m，丘顶波状起伏。发育有树枝状冲沟。第二是剥蚀堆积地形，系指构造剥蚀山地以北，大面积风成黄土状分布区。由于新构造运动形成剥蚀风积倾斜平原，按形成特征均属微波状黄土台地，分布于四合—章古台一线以南。丘陵以北，近东西向带状分布，标高380~440m，相对高差2~40m，呈波状起伏，相对高差2~40m。地势自南向北逐步倾斜，前缘陡坎突出，主要由厚层黄土状土组成，并有零星风沙覆盖。第三是堆积地形，分布于四合—章古台一线以北。第四纪堆积很厚松散层，形成风积冲积波状平原和风积冲积河谷平原。

1.4　水文特征

奈曼地区气候属于北温带大陆性季风干旱气候，春旱夏湿秋凉冬冷，年平均气温7.0℃，年平均降水量350mm，年平均蒸发量1935mm，是降水量的4~5倍，雨热同季。常见的灾害有干旱、洪涝、大风、沙尘暴等。境内河流属于辽河、大凌河两大水系，有老哈河、西辽河、叫来河等7条河流。叫来河流域控制的区域面积较大，奈曼旗中部几乎都属于叫来河流域。奈曼旗南部仅白音昌乡、青龙山镇部分区域属于柳河流域，其余大部属于大凌河流域。奈曼西部边缘区域属于老哈河流域，北部边缘区域属于西辽河流域。径流量年内也很不均匀，多集中在汛季，旱季常出现断流现象。大型水库有2座（舍利虎水库、孟家段水库）、中型水库3座、小型水库29座，总蓄水量$3.7 \times 10^8 m^3$，各水库年来水量水质较好。奈曼旗水资源可利用量为5.53亿m^3，占水资源总量的73.3%。其中地下水资源可利用量为5.03亿m^3，地表水资源可利用量为0.5亿m^3。

2　项目背景

为进一步落实实施"健康通辽"战略，形成奈曼旗蒙中医药全产业链体系，积极建设国内外具有广泛影响力的现代蒙药科研和生产加工基地，进而发展成为全世界蒙医药产业的核心区。近年来，奈曼旗委旗政府十分重视蒙中药材产业发展，相继出台助推蒙中药材产业发展相关文件，其中《关于界定"奈曼蒙中药材"生态原产地产品保护范围的通知》（奈政字〔2018〕119号）将"奈曼蒙中药材"生态原产地产品保护范围界定为奈曼旗所辖所有土地面积8137.6km²，北纬42° 14′ 17″ ~43° 32′ 14″，东经120° 20′ 35″ ~121° 36′ 00″之间。《奈曼旗人民政府办公室关于成立蒙中药资源普查工作领导小组的通知》（奈政办字〔2017〕221号）成立以旗政府旗长为组长的蒙中药资源普查工作领导小组，积极开展蒙药材、中药材资源普查工作。《奈曼旗人民政府办公室关于成立奈曼旗中华麦饭石与蒙药材标准认证工作领导小组的通知》（奈政办字〔2017〕106号）成立以旗政府旗长为组长的蒙药材标准认证工作领导小组，树立奈曼蒙药材产品品牌，以推动奈曼蒙药材产业快速健康发展。内蒙古蒙医药工程技术研究院不断集中力量，整合资源，推进蒙医药向全产业链发展，以奈曼旗独特的自然、人文、地域优势传承发展蒙医蒙药文化瑰宝，以惠及全旗各族人民群众。2016年开始进行内蒙古自治区科技重大专项"蒙医药现代化关键技术研究及蒙药产业化"项目研究，我研究团队与奈曼旗联合开展蒙药材种植标准研究工作，并得到通辽市科技项目、内蒙古自治区科技重大专项和自治区直属高校2019年双一流建设项目"一带一路"蒙医学科研项目的支持。通过对蒙（中）药材生物学特性和质量标准研究，对奈曼旗种植的药材与市场上流通的相应药材及野生药材进行质量比较和评价研究，筛选出奈曼旗乃至通辽地区适宜种植的蒙（中）药材优质品种，提供药材种植技术规范，同时建立药材质量控制标准。这对于优化农村经济结构，促进农业增效、农民增收，创造更好的经济、环境和社会效益具有重要的意义；对分析内蒙古蒙医蒙药资源优势，为蒙药资源开发利用、蒙药产业化发展、蒙医事业的特色经营及对蒙医药的健康发展提供了理论依据。为内蒙古地区蒙医药产业结构调整提供研究基础，为蒙医药产业相关企业及机构的生产实践提供了参考方案及理论依据。

3 基地建设

试验基地设在奈曼旗大沁他拉镇北老柜基地和昂乃村基地（内蒙古民族大学药材种植示范基地）。为开展基地现场检测，先后购买常用实验设备，安装到两个药材基地，另外，内蒙古民族大学蒙医药学院和内蒙古蒙医药工程技术研究院将现有仪器设备搬运到基地，基本满足了开展实验研究的要求。

4 本地区目前药材种植情况

目前，奈曼旗蒙中药材种植面积达到20万亩，依托相关药企积极打造"种—储—加—销—研"全产业链，采取"公司+基地+科研单位+农户"的经营方式，建立起蒙中药材种植、监管体系。坚持"以蒙药为方向、发挥中药优势，发展特色种植、提高综合效益"的思路，加快推进成果转化，实现规模效益，努力把奈曼旗打造成"蒙中道地药园"和"北药商城"。

5　研究意义

　　生物学特性是指生物有机体生长、发育、繁殖的特点和对外界环境条件要求的综合。药材生物学特性的研究对于育种和栽培必不可少。根据不同药材的生物学特性，采取相应的农业技术，是获取药材高产优质的关键。只有充分了解和掌握药材的生物学特性，才能确定药材种是否适宜在该地区种植和推广。奈曼旗种植的蒙（中）药材与市场上流通的相应蒙药材及野生药材之间有何区别？其质量有哪些优势、特色和不足？只有开展相关的比较研究，才能回答此类问题。

　　我们通过对蒙（中）药材生物学特性和质量标准研究，对奈曼旗药材种植生产的药材与市场上流通的相应药材及野生药材进行质量比较和评价研究。

　　根据相关文献及已有的研究基础，选定了30种蒙（中）药材，包括：

　　根茎类药材：黄芩、桔梗、板蓝根、苦参、防风、甘草、苍术、党参、紫菀、土木香、地黄、蒲公英、蒙古黄芪、牛膝、射干、知母等16种蒙药材。

　　果实类：急性子、牛蒡子、冬葵、黑种草子、决明子等5种蒙药材。

　　花类药材：红花、蜀葵、鸡冠花等3种蒙药材。

　　全草类药材：荆芥、黄秋葵、益母草、石竹、香青兰、苦地丁等6种蒙药材。

第二部分 各 论

桔 梗 ᠵᠢᠷᠭᠤ

PLATYCODONIS RADIX

蒙药材桔梗为桔梗科植物桔梗 *Platycodon grandiflorum*（Jacq.）A.DC.的干燥根。

1 桔梗研究的概况

1.1 蒙药学考证

《中国医学百科全书·蒙医学》记载："浩尔敦查干""宝日-扫日老""苏格拉""洪红花儿"。占布拉道尔吉《无误蒙药鉴》载："扫绕老木格布。"《中华本草》（蒙药卷）载："浅紫叶，有细与弓形鞘或矢一样突形扁种子；根粗，形状如白芷。"《识药学》记载："宝日-扫日老跟北沙参一样，但是其果实与油菜一样，所以命名为宝日-扫日老。"《晶珠本草》记载："扫日老有三种，其中宝日-扫日老叶是白、棕色梗，花红、弓形、种子扁，根小，但根粗，形状如白芷。"内蒙古医生们将桔梗科桔梗属植物桔梗*Platycodon gradiflorum*（Jacq.）A. DC.的干燥根称为宝日-扫日老，用在临床。上述药材性状特征与蒙医药所使用的桔梗之性状特征基本相符。据文献记载及临床应用经验认为，蒙药材桔梗（苏格拉）可以代替北沙参（查干-扫日劳）应用在临床上，或直接用桔梗（苏格拉）。蒙药材桔梗的应用已有悠久历史，为蒙医常用止咳祛痰药之一，其味辛、甘,性寒,效涩、轻;具有清肺热,止咳,祛痰,排脓功能。用于感冒咳嗽,肺刺痛,咯黄色脓性痰,胸闷气短,肺脓疡,肺热咳嗽,咯痰带血,胸闷,气喘,慢性支气管炎,体弱无力。临床上治赫依,肺热,肺扩张,肺刺痛,肺脓肿,肺痨等症。用甘草、白花龙胆花、红花、诃子、川楝子、栀子各15g,沙棘、北沙参、银朱、檀香、紫檀香各10g,桔梗、白苣胜、土木香、芫荽子、全石榴、高良姜各6g,制成散剂。每次1.5~3g,每日1~3次,温开水送服。2015年版《中国药典》记载:"味苦、辛、平,归肺经;具有宣肺,止咳,祛痰,排脓功能。用于感冒咳嗽,胸闷不畅,咽痛喑哑,肺痈吐脓。"

1.2　化学成分及药理作用

1.2.1　化学成分

皂苷　桔梗皂苷(platycodin)A、C、D、D_2、D_3,去芹菜糖基桔梗皂苷(deapioplatycodin)D、D_3,2"-O-乙酰基桔梗皂苷(2"-O-acetylplatycodin)D_2,3"-O-乙酰基桔梗皂苷(3-O-acetylplatycodin)D_2,远志皂苷(polygalacin)D、D_2,2"-O-乙酰基远志皂苷(2"-O-acetylpolygalacin)D、D_2,3"-O-乙酰基远志皂苷(3"-O-acetylpolygalacin)D_2,桔梗苷酸-A甲酯(methylplatyconateA),2-O-甲基桔梗苷酸-A甲酯(methyl 2-O-methylplatyconateA),桔梗苷酸-A内酯(platyconic acid alactone)。皂苷元:桔梗皂苷元(platycodigenin),远志酸(polygalacic acid),桔梗酸(platycogen-ic acid)A、B、C。次皂苷:3-O-β-D-吡喃葡萄糖基远志酸甲酯(methyl3-O-β-D-glucopyranosyl polyealacate),3-O-β-昆布二糖基远志酸甲酯(methyl3-O-β-laminaribiosylpolygalacate),3-O-β-D-吡喃葡萄糖基桔梗皂苷元甲酯(3-O-β-D-glucopyranosyl platycodige-nin methylester),3-O-β-昆布二糖基桔梗皂苷元甲酯(3-O-β-laminaribiosyl platycodigenin methylester),3-O-β-龙胆二糖基桔梗皂苷元甲酯(3-O-β-gentiobiosylplatycodi genin methyl ester),3-O-β-D-吡喃葡萄糖基桔梗酸A内酯甲酯(3-O-β-D-glucopyranosyl platycogenin A lactonemethyl ester),3-O-β-D-吡喃葡萄糖基桔梗酸A二甲酯(dimethyl3-O-β-D-glucopyranosyl platycogenate A),2-O-甲基3-O-β-D-吡喃葡萄糖基桔梗酸A二甲酯(dimethyl2-O-methyl3-O-β-D-glucopyranosylplatycogenate A)。

甾醇类　α菠菜甾醇(aspinasterol),α菠菜甾醇-β-D-葡萄糖苷(α-spinasteryl-β-D-glucoside)。

1.2.2　药理作用

祛痰与镇咳作用　麻醉犬灌服桔梗煎剂,能显著增加呼吸道黏液分泌量,其强度可与氯化铵相比。对麻醉猫也有明显的祛痰作用。豚鼠多次灌服粗制桔梗皂苷,同样取得祛痰效果。桔梗的祛痰作用主要由于其所含皂苷口服时刺激胃黏膜,反射地增加支气管黏膜分泌,使痰液稀释而被排出。桔梗皂苷原鼠腹腔注射的镇咳ED_{50}为6.4mg/kg（相当于$1/4LD_{50}$量）。

抗炎作用 大鼠灌服粗桔梗皂苷，对角叉菜胶及醋酸所致的足肿胀均有较强的抗炎作用。大鼠灌服桔梗皂苷，对棉球肉芽肿呈显著抑制作用；且对大鼠佐剂性关节炎也有效。桔梗皂苷还能显著抑制过敏性休克小鼠毛细血管通透性。小鼠口服桔梗皂苷可抑制腹腔注射同一皂苷所致的扭体反应与腹腔渗出。桔梗无直接抗菌作用，但其水提取物可增强巨噬细胞的吞噬功能，增强中性白细胞的杀菌力，提高溶菌酶的活性。

抗溃疡作用 桔梗皂苷低于$1/5LD_{50}$的剂量时有抑制大鼠胃液分泌和抗消化性溃疡作用；剂量为100mg/kg时，几乎能完全抑制大鼠幽门结扎所致的胃液分泌；灌胃给药对大鼠醋酸所致的慢性溃疡有明显疗效，且每日25mg/kg组的疗效比甘草提取物FM100每日200mg/kg组为高。

对心血管系统的作用 麻醉犬动脉内注射桔梗皂苷，能显著降低后肢血管和冠状动脉的阻力，增加其血流量，扩血管作用优于罂粟碱；静注也可增加冠脉和后肢血流量，并伴有暂时性低血压；认为这种血管扩张是对外周血管的直接作用。大鼠静注桔梗皂苷0.5~5mg/kg，可见暂时性血压下降，心率减慢和呼吸抑制，随着剂量增大持续时间延长；对离体豚鼠心房，可使收缩力减弱，心率减慢，但能对抗ACh引起的心房抑制。

降血糖作用 正常家兔灌服桔梗水或乙醇提取物200mg/kg，可使血糖下降。水和醇提取物灌服，对实验性四氧嘧啶糖尿病家兔也有降血糖作用，降低的肝糖原在用药后恢复，能抑制食物性血糖升高。醇提取物的作用较水提取物强。

对中枢神经作用 小鼠灌服桔梗皂苷能抑制小鼠自发性活动，延长环己巴比妥钠的睡眠时间，呈明显的镇静作用；对小鼠醋酸性扭体反应及尾压法呈镇痛作用；对正常小鼠及伤寒、副伤寒疫苗所致的发热小鼠，均有显著的降低体温作用。但对电休克和戊四唑所致的惊厥无保护作用。

其他作用 桔梗皂苷可降低大鼠肝内胆固醇的含量，增加类固醇和胆酸的排泄。大鼠灌服桔梗对双侧颈静脉结扎造成的充血性水肿有对抗和利尿作用。热水提取物在体外有很强的杀虫作用，在培养基中添加一定浓度的桔梗浸提液，可明显促进光合细菌的生长，浸提液浓度愈高，促生长效果愈明显。

毒性 桔梗皂苷灌胃给药，小鼠和大鼠的LD_{50}分别为420mg/kg和大于800mg/kg，而腹腔注射时分别为22.3mg/kg与14.1mg/kg；豚鼠腹腔给药的LD_{50}为23.1mg/kg。桔梗热水提取物及冷冻真空干燥剂，可使组氨酸缺陷型鼠伤寒沙门菌TA_{98}及TA_{100}回变菌落数显著增多，同时对小鼠微核试验及染色体畸变试验呈阳性结果。

1.3 资源分布状况

桔梗在我国大部分地区均有分布,主要分布于安徽、河南、湖北、辽宁、吉林、浙江、河北、江苏、四川、贵州、山东、内蒙古、黑龙江,湖南、陕西、山西、福建、江西、广东、广西、云南亦有分布。野生、家种均有,东北、内蒙古野生产量较大。内蒙古主要分布在莫力达瓦旗、扎兰屯市、牙克石市、鄂伦春旗、科尔沁右翼前旗、扎鲁特旗。安徽、河南、湖北、河北、江苏、四川、浙江、山东家种产量较大。全国以东北、华北产量大,华东产品质量好。桔梗广布于东亚、俄罗斯远东地区、朝鲜半岛、日本列岛。

据文献记载,野生桔梗以东北三省和内蒙古产量最大。栽培桔梗以河北、河南、山东、安徽、湖北、江苏、浙江、四川等省产量较大。野生桔梗以东北的质量最佳,而栽培的桔梗目前认为以华东地区的质量较好。商品药材以东北和华北产量大,以华东地区品质好。也有人认为桔梗虽在全国多有分布,但以产于北方半山区的野生桔梗为上品,深受国内外民众的欢迎。

1.4 生态习性

野生桔梗生长于干燥山坡、丘陵坡地、林缘灌丛、砍伐后的杂木林间,以及干草甸和草原。喜光、喜温和湿润的气候,耐寒、耐干旱。对土壤要求不严,但在土层深厚,疏松肥沃,富含腐殖质,排水良好的砂质壤土或壤土上生长良好,不宜在低洼地、盐碱地种植。在北方当年播种的幼苗,可忍受零下21℃低温。桔梗喜凉爽湿润,喜光,耐寒。适宜生长的温度范围是10~20℃,最适温度为20℃,能耐受零下20℃低温。忌积水,土壤积水易引起根部腐烂。在荫蔽条件下生长发育不良。怕风害,遇大风易倒伏。

1.5 栽培技术与采收加工

1.5.1 选地整地

植株怕风害,在荫蔽条件下易徒长,应选避风向阳的地段。为深根作物,应选土壤肥沃、土层深厚疏松,有机质含量丰富、湿润而排水良好的壤土或砂质壤土,适宜pH为6~7.5。前茬作物以豆科、禾本科为宜。黏性土壤、低洼盐碱地会影响根部发育,收获时采挖困难,根分叉多、易折断,影响产量。整地时每亩施腐熟农家肥2500~3500kg、草木灰120~150kg、过磷酸钙20~30kg作为基肥,深耕35~45cm,使肥料与土壤充分混合,整平耙细作畦,畦高15~20cm,宽1~1.2m。

1.5.2 繁殖方法

播种方法 有性繁殖采用直播和育苗移栽。直播的桔梗主根挺直粗壮,分叉少,便于加工。育苗移栽虽有利苗期集中管理,节省劳力、土地,但主根不明显,分叉多,刮皮加工困难。

直播:条播或撒播,以条播为主。条播时在整好的地面上按行距20~25cm开横沟,播幅10~15cm、沟深2.5~3.5cm,铲平沟底,将种子拌草木灰均匀撒于沟内后覆盖细土0.5~1cm厚,压实。撒播是将种子拌草木灰均匀撒于地面,撒细土后压实,以不见种子为度。在播后的地面上盖草或地膜保温保湿。条播每亩用种1.5kg,撒播盘亩用种1.5~2.5kg。

育苗移栽:在畦面上按行距10~15cm开沟,播下种子,薄覆细土,轻压,盖草。出苗后,即将盖草除去。至秋末地上部分枯萎后或次年春季出苗前移栽,将根掘起,按行距20~25cm开沟,株距6cm,顺沟栽植,覆细土,稍压即可。干旱时要在床面上盖草浇水。

无性繁殖采用根头部繁殖法。栽植期3月下旬至4月上旬(东北要推迟),将采掘的桔梗根头部(根茎或芦头)切下,长4~5cm,按行株距20~25cm开穴,穴深8~9cm,每穴栽1株,覆土,浇水。

1.5.3 田间管理

间苗、定苗和补苗　出苗后及时移除盖草或地膜。在苗高4cm左右时,按株距4cm间苗,拔去弱苗、病苗和过密苗;定苗在苗高8cm左右时进行。遇有缺株,宜在阴雨天补苗。

中耕除草和追肥　幼苗期生长缓慢,而杂草生长较快,因此从出苗开始,应勤除草松土。松土宜浅,以免伤根。杂草须人工拔除而不宜中耕除草,以免伤害小苗。定植以后适时中耕除草,植株长大封垄后不宜再中耕除草。夏秋季应拔去田间大株杂草,防止草种成熟落地。生长期内一般追肥4~5次。第一次在齐苗后,每亩施腐熟人畜粪水2000kg或尿素30~35kg,以促进壮苗;第二次在5月下旬至6月中旬,此时根部快速生长,每亩施腐熟人畜粪水2000kg及过磷酸钙30kg,以促进地上部分生长和根部积累营养物质;第三次在开花初期,每亩施腐熟人畜粪水2000kg及过磷酸钙50kg,追肥后要向茎基部培土。入冬后施越冬肥,每亩施草木灰或杂土肥2000kg及过磷酸钙30kg。收获前要少施氮肥,多施磷钾肥以促进茎秆生长,防止倒伏,促进地下根部发育充实,有利增产。

灌溉和排水　播种后至苗期,要保持土壤湿润,以利于出苗和幼苗生长。植株长成后,一般不需浇水,但遇干旱时要及时浇水保苗。由于种植密度较大,高温多雨季节要及时清沟排水,防止积水引起根部腐烂。

疏花疏果　花期长达3个多月,开花会大量消耗养分而影响根部生长。除留种外,其余植株需及时摘除花蕾,以提高根的产量和质量。生产上曾采用人工摘花蕾,由于桔梗具有较强的顶端优势,摘除花蕾后,迅即萌发侧枝,形成新花蕾。这样每隔半月摘1次,整个花期需摘5~6次,不但费工,而且采摘不便,对枝、叶也有损伤。人工除花蕾费时费力,摘除花蕾后侧枝又能迅速萌发,形成新的花蕾,效果并不显著。近年来,采用乙烯利除花蕾效果良好。植物激素乙烯利,浓度750~1000ppm,在盛花期喷花蕾,以花朵沾满药液为度,每亩用药液75~100kg,可达到除花效果。此法效率高、成本低、使用安全,值得推广。

二年生桔梗植株高达60~90cm,一般在开花前易倒伏,可在入冬后,结合施肥,做好培土工作;翌年春季不宜多施氮肥,以控制茎秆生长;在4~5月喷施矮壮素500倍液。可使植株增粗,减少倒伏。

留种桔梗花期长,先从上部抽薹开花,果实也由上部成熟,在北方后期开花结实的种子,常因气候影响而不能成熟,可在9月上旬剪去小侧枝和顶端部分花序,促使果实成熟,种子饱满。9~10月间,蒴果由绿转黄时,带果梗割下,放至通风干燥的室内2~3天,晒干后脱粒。

1.5.4 病虫害及其防治

病害及其防治 ①枯萎病:对二年生植株危害尤为严重,高温高湿易发病。发病初期芦头及茎基产生粉白色霉,后变褐呈干腐状,最后全株枯萎。防治方法:播前每亩用75%五氯硝基苯1kg,进行土壤消毒或与禾本科作物轮作3~5年;发病季节,加强田间排水;除草时避免伤及根及茎基部,防止感染,及时拔除病株并集中烧毁,病穴及周围植株撒以石灰粉,防止蔓延;发病初期用50%多菌灵800~1000倍液、50%甲基托布津1000倍液喷洒茎基部或用五氯硝基苯200倍液灌病区,深度约5cm。②轮纹病:6月开始发病,7~8月发病严重,主要危害叶部,受害叶片病斑呈褐色、近圆形,具2~3圈同心轮纹,上密生小黑点。多数病斑使病部扩大成不规则形,或扭曲成三角形突起,严重时叶片枯焦或提早落叶,导致植株长势较弱,影响质量和产量。防治方法:施磷钾肥,提高植株抗病力;收获后(于初冬)清园,收集枯枝病叶及杂草集中烧毁;雨后及时排水,降低土壤湿度;发病初期用1:1:100波尔多液,或65%代森锌600倍液,或50%多菌灵可湿性粉剂1000倍液,或50%甲基托布津1000倍液等喷洒,每7~10天喷1次,连喷2~3次。③斑枯病:危害叶部,受害叶两面出现圆形或近圆形病斑,灰白色,后期变褐并富生小黑点。严重时病斑汇合成大斑,叶片枯死。防治方法:同轮纹病。④紫纹羽病:危害根部,一般7月开始发病,从须根开始蔓延至主根,病部初呈黄白色,后呈紫褐色。根皮表面密布红褐色网状菌丝,后期形成绿豆大小的菌核,病根由外向内腐烂,破裂时流出糜渣。根部腐烂后仅剩空壳,地上植株枯萎死亡。湿度大时易发生。防治方法:多施基肥,增强抗病力;注意排水;实行轮作和消毒;亩施石灰粉100kg,可减轻发病;及时清除病株,并用50%多菌灵可湿性粉剂1000倍液,或50%甲基托布津的1000倍液等喷洒2~3次。

虫害及其防治 ①小地老虎:从地面咬断幼苗,或咬食未出土的幼芽。防治方法:人工捕捉,将玉米面、糖、酒、敌百虫等按适当比例混合制成毒饵诱杀。②红蜘蛛:以虫群集于叶背吸食汁液,危害叶片和嫩梢,使叶片变黄脱落;花果受害造成萎缩。蔓延迅速,危害严重,以秋季天旱时为甚。防治方法:收获前将地上部分收割销毁,减少越冬基数;发病时用40%水胺硫磷1500倍液或20%双甲脒乳油1000倍液喷雾。

1.5.5 采收加工

采收 采收年限一般为二年,因地区和播种期不同而有所不同。秋季地上部分枯萎后至次年春萌芽前进行,以秋季采收质量好。过早采挖,根不充实,产量低,品质差;过迟,根已老熟,剥皮困难,且不易晒干。采收时,先割去茎叶,从行的一端起挖,顺行依次深挖取出,切勿伤根,以免汁液外溢,根条变黑;更不要挖断主根,降低等级和品质。

加工干燥 采收的鲜根应摘除须根及较小侧根,清洗后趁鲜用竹刀或瓷片等把栓皮刮净。来不及加工的要沙埋,防止外皮干燥收缩不易刮除。刮皮后应及时晒干或烘干,晒干时要经常翻动,直至全干。以条粗、均匀、坚实、洁白、味苦者为佳。

2 生物学特性研究

2.1 奈曼地区栽培桔梗物候期

2.1.1 观测方法

从通辽市奈曼旗蒙药材种植基地大田中栽培的桔梗中,选择10株生长良好、无病虫害的健壮株进行编号挂牌,观测记录。2016年5月至2017年11月间连续观测记录各定株物候出现的日期。观测具有连续性,不漏测任何一个物候期。观测时间和顺序固定,开花期观测时间在上午8:00~11:30进行。以植株特征性状判断其各物候期,主茎受损时另选植株,并注明。

2.1.2 物候期的划分

物候期的划分是根据桔梗生长发育过程中不同时期植物生长发育特点,并参考其他植物物候期的划分情况完成桔梗的物候期的划分。为了统一划分依据,始、初期均以群体中植株出现开花或展叶或坐果5%~15%为标准,盛期以40%~60%为标准,末期以80%~90%为标准。将桔梗的生育全过程分为播种期、出苗期、4~6叶期、分枝期、花蕾期、开花初期、盛花期、落花期、坐果初期、果实成熟期、枯萎期。出苗期为种子萌发后,幼苗露出地面2~3cm的时期;4~6叶期(伸长期)是叶生长的关键时期;分枝期是植株茎秆快速生长时期,其与伸长期基本同季,是植物营养生长高峰期;现蕾开花期是植株现蕾开花时期;坐果初期是桔梗开始坐果的时期;果实成熟期是整株植物结实及果实成熟的关键时期,其与现蕾开花期组成桔梗的生殖生长期;枯萎期是根据植株在夏末、秋初出现春发植株大量死亡现象而设置的一个生育时期;播种期是指桔梗的实际播种日期。

2.1.3 物候期观测结果

一年生桔梗播种期为5月13日，出苗期自6月19日起历时13天，4~6叶期自8月初开始历时12天，分枝期共13天，花蕾期自8月中旬始共9天，开花初期为8月下旬至9月下旬历时30天，盛花期历时14天，落花期自10月7日至10月12日历时6天，坐果初期共计7天，枯萎期历时11天。

二年生桔梗返青期自5月初开始历时11天，分枝期共计21天。花蕾期自6月23日至6月底共计8天，开花初期历时9天，盛花期14天，坐果初期为33天，果实成熟期共计21天，枯萎期历时14天。

表1-1-1 桔梗物候期观测结果（m/d）

年份　　时期	播种期	出苗期	4~6叶期	分枝期	花蕾期	开花初期
		二年返青期				
一年生	5/13	6/19~7/1	8/1~8/10	8/10~8/22	8/18~8/26	8/26~9/24
二年生		5/1~5/11	—	6/8~6/28	6/23~6/30	6/30~7/8

表1-1-2 桔梗物候期观测结果（m/d）

年份　　时期	盛花期	落花期	坐果初期	果实成熟期	枯萎期
一年生	9/24~10/7	10/7~10/12	10/9~10/15	—	10/10~10/20
二年生	7/9~7/23	7/23~8/15	7/28~8/30	8/30~9/20	9/12~9/25

2.2 形态特征观察研究

多年生草本，有白色乳汁。株高20~120cm，通常全株光滑无毛，偶密被短毛，不分枝，极少上部分枝。主根纺锤形或长圆锥形，表皮淡黄白色，易剥离。茎直立。叶全部轮生、部分轮生至全部互生，无柄或有极短的柄，叶片卵形、卵状椭圆形至披针形，长2~7cm，宽0.5~3.5cm，基部宽楔形至圆钝，顶端急尖，上面无毛绿色，下面常无毛有白粉，有时脉上有短毛或瘤突状毛，边缘具细锯齿。单花顶生，或数朵集成假总状花序，或有花序分枝而集成圆锥花序；花萼筒部呈半圆球状或圆球状倒锥形，裂片三角形，或狭三角形，有时齿状；花冠大，长1.5~4.0cm，蓝色或紫色。蒴果球状，或球状倒圆锥形，或倒卵状，长1~2.5cm，直径约1cm。花期7~9月。

桔梗形态特征例图

图1-1

图1-2

图1-3

图1-4

图1-5　　　　　　　　　　　图1-7　　　　　　　　　　　图1-8

2.3　生长发育规律

2.3.1　桔梗营养器官生长动态

（1）桔梗地下部分生长动态　为掌握桔梗各种性状在不同生长时期的生长动态，分别在不同时期对桔梗的根长、根粗、侧根数、侧根长、侧根粗、根鲜重等性状进行了调查。（见表1-2，表1-3）

表1-2　一年生桔梗地下部分生长情况

调查日期 （m/d）	根长 （cm）	根粗 （cm）	侧根数 （个）	侧根长 （cm）	侧根粗 （cm）	根鲜重 （g）
7/25	3.38	0.4275	—	—	—	9.22
8/12	5.13	0.6592	—	—	—	10.40

续 表

调查日期 （m/d）	根长 （cm）	根粗 （cm）	侧根数 （个）	侧根长 （cm）	侧根粗 （cm）	根鲜重 （g）
8/20	7.32	0.7963	—	—	—	11.22
8/30	8.77	1.0998	1.7	4.64	0.2029	13.53
9/10	9.80	1.1638	2.6	4.64	0.2375	16.09
9/21	12.12	1.3522	8.1	6.12	0.3245	17.93
9/30	14.82	1.5165	10.2	7.22	0.4542	18.30
10/15	14.95	1.5557	10.6	7.55	0.5195	20.76

说明："—"无数据或未达到测量的数据要求。

表1-3 二年生桔梗地下部分生长情况

调查日期 （m/d）	根长 （cm）	根粗 （cm）	侧根数 （个）	侧根长 （cm）	侧根粗 （cm）	根鲜重 （g）
5/17	14.80	1.1239	1.8	3.36	0.0302	15.05
6/8	15.26	1.1920	1.9	7.36	0.0797	16.30
6/30	17.30	1.3160	2.5	8.08	0.3245	17.32
7/22	18.24	1.4952	3.0	8.80	0.4542	18.11
8/11	19.20	1.5621	3.2	9.23	0.6431	18.68
9/2	23.21	1.7024	4.0	10.31	0.6930	19.70
9/24	23.52	1.7586	4.3	12.44	0.6709	20.27
10/16	23.21	1.8324	4.2	12.75	0.8562	21.50

一年生桔梗根长的变化动态 从图1-9可见，从7月30日至9月30日是根长快速增长期，其他时期根长虽然在增长，但速度非常缓慢。说明一年生桔梗根长的主要生长期是在10月前。

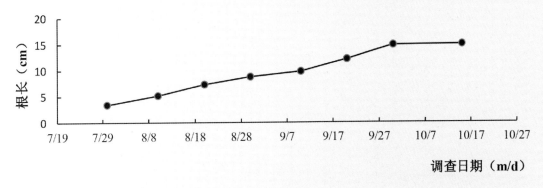

图 1-9 一年生桔梗根长变化动态

一年生桔梗根粗的变化动态 从图1-10可见，一年生桔梗的根粗从7月30日至10月15日均呈稳定的增长趋势。说明桔梗在第一年里根粗始终在增加，生长前期增速更快。

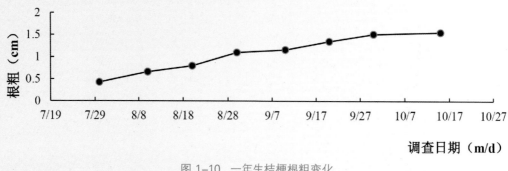

图 1-10 一年生桔梗根粗变化

一年生桔梗侧根数的变化动态 从图1-11可见，8月20日前，由于侧根太细，达不到调查标准，从8月20日至9月30日是侧根数的快速增加时期，其后侧根数的变化不大。

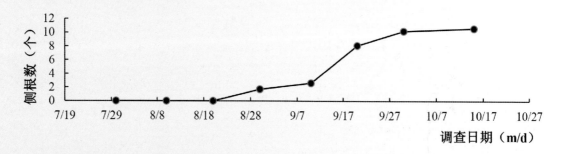

图1-11 一年生桔梗侧根数的变化

一年生桔梗侧根长的变化动态 从图1-12可见，从8月20日至10月15日侧根长均呈稳定的增长趋势。

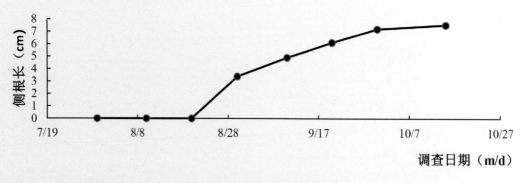

图1-12 一年生桔梗侧根长变化

一年生桔梗侧根粗的变化动态 从图1-13可见，8月20日开始一直到10月15日侧根粗均呈稳定的增长趋势。

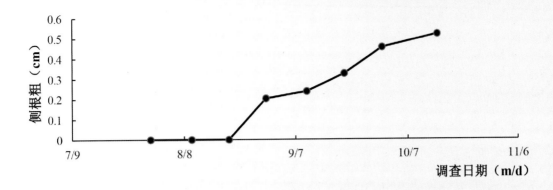

图1-13　一年生桔梗侧根粗变化

一年生桔梗根鲜重的变化动态　从图1-14可见,全年生长期内根鲜重基本上均呈稳定的增长趋势,说明桔梗在第一年里均在生长。

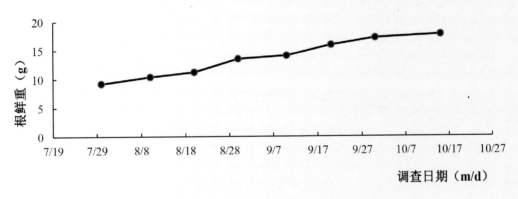

图1-14　一年生桔梗的根鲜重变化

二年生桔梗根长的变化动态　从图1-15可见,5月17日取样的根长为14.8cm,5月17日至10月16日根一直在缓慢增长,但是后期基本上没有太大变化,说明二年生桔梗的根长具有增长的趋势,但是增长量不大。

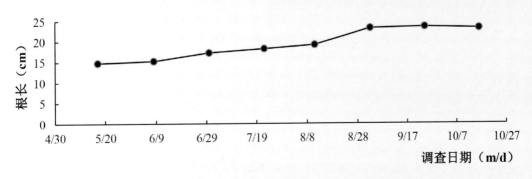

图1-15　二年生桔梗根长变化动态

二年生桔梗根粗的变化动态　从图1-16可见,二年生桔梗的根粗在整个生长期里始终处于增加的状态。

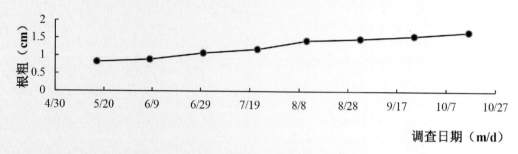

图1-16　二年生桔梗根粗变化动态

二年生桔梗侧根数的变化动态　从图1-17 可见,二年生桔梗的侧根数基本上呈逐渐增加的趋势,后期没有太大变化。

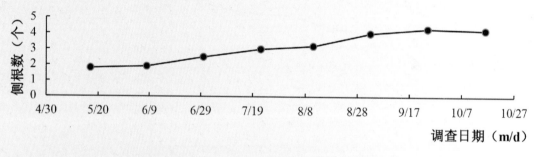

图1-17　二年生桔梗侧根数的变化动态

二年生桔梗侧根长的变化动态　从图1-18可见,5月17日至10月16日侧根长均呈稳定的增长趋势。

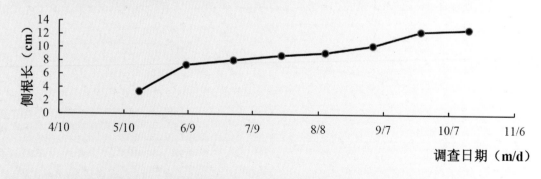

图1-18　二年生桔梗侧根长变化

二年生桔梗侧根粗的变化动态　从图1-19可见,从5月17日开始一直到10月16日侧根粗均呈稳定的增长趋势。

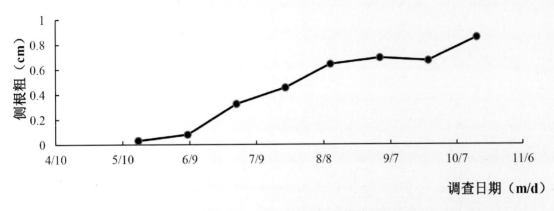

图1-19 二年生桔梗侧根粗变化

二年生桔梗根鲜重的变化动态 从图1-20可见，从5月17日开始一直到10月16日根鲜重均呈稳定的增长趋势。

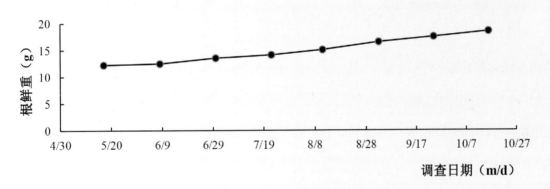

图1-20 二年生桔梗根鲜重的变化

（2）桔梗地上部分生长动态 为掌握桔梗各种性状在不同生长时期的生长动态，分别在不同时期对桔梗的株高，叶数，分枝数，茎、叶鲜重等进行了调查（见表1-4、1-5）。

表1-4 一年生桔梗地上部分生长情况

调查日期 （m/d）	株高 （cm）	叶数 （个）	分枝数 （个）	茎粗 （cm）	茎鲜重 （g）	叶鲜重 （g）
7/25	12.16	5.6	0.4	0.2068	1.65	0.55
8/12	18.54	15.0	2.4	0.3258	2.64	4.02
8/20	25.21	27.1	3.5	0.5322	3.05	5.34
8/30	39.28	43.5	4.0	0.5467	5.74	7.74
9/10	45.16	44.4	5.9	0.5377	6.70	10.31

续　表

调查日期 （m/d）	株高 （cm）	叶数 （个）	分枝数 （个）	茎粗 （cm）	茎鲜重 （g）	叶鲜重 （g）
9/21	47.01	40.2	6.5	0.5100	5.88	9.34
9/30	48.36	29.2	6.8	0.5322	5.38	5.01
10/15	47.65	11.0	6.8	0.5139	5.26	4.04

表1-5　二年生桔梗地上部分生长情况

调查日期 （m/d）	株高 （cm）	叶数 （个）	分枝数 （个）	茎粗 （cm）	茎鲜重 （g）	叶鲜重 （g）
5/14	12.16	18.8	2.6	0.1954	2.73	0.55
6/8	29.43	33.6	2.2	0.3396	3.59	2.38
7/1	64.05	47.8	2.4	0.5334	7.57	6.21
7/23	68.27	54.4	2.5	0.4990	18.93	13.11
8/10	69.38	52.7	2.5	0.5134	19.26	14.54
9/2	69.54	22.0	2.7	0.5229	15.61	5.18
9/24	6.31*	—	—	0.4137	1.14*	—
10/18	7.22*	—	—	0.3680	0.93*	—

说明："—"无数据或未达到测量的数据要求，"*"地上部分被割掉。

一年生桔梗株高的生长变化动态　从图1-21中可见，7月25日至9月30日是株高增长速度最快的时期，9月30日之后一年生桔梗的株高进入稳定时期。

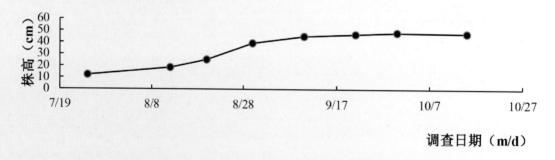

图1-21　一年生桔梗株高变化

一年生桔梗叶数的生长变化动态　从图1-22可见，7月25日至8月30日是叶数增加最快的时期，其后叶数缓慢减少，说明这一时期桔梗下部叶片在枯死、脱落，所以叶数在减少。

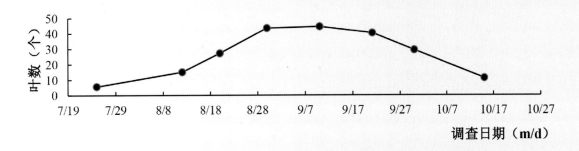

图1-22　一年生桔梗叶数变化

一年生桔梗在不同生长时期分枝数的变化　从图1-23中可见,从7月25日至9月30日是分枝数缓慢增长期,其后进入平稳状态。

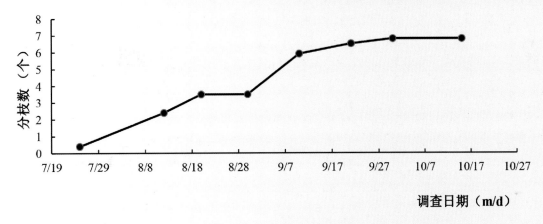

图1-23　一年生桔梗分枝数变化

一年生桔梗茎粗的生长变化动态　从图1-24中可见,7月25日至8月20日为茎粗的快速增长期,其后增长较缓慢并趋于平稳状态,到9月末后茎粗开始有所下降,能是由于茎在生长后期脱水干燥导致的。

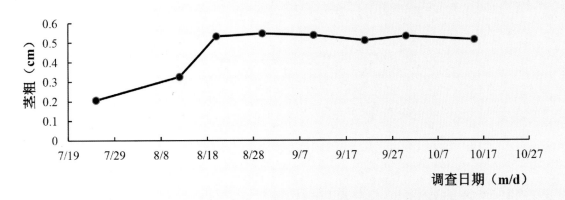

图1-24　一年生桔梗茎粗变化

一年生桔梗茎鲜重的变化动态　从图1-25可见，从7月25日至9月10日是茎鲜重缓慢增长期，9月10日之后茎鲜重开始逐渐降低，这可能是由于生长后期茎逐渐脱落和茎逐渐干枯所致。

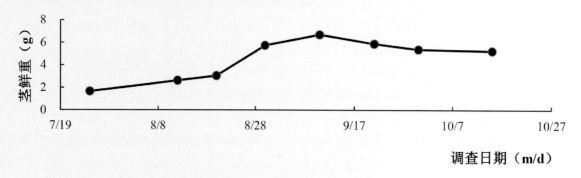

图1-25　一年生桔梗的茎鲜重变化

一年生桔梗叶鲜重的变化动态　从图1-26可见，7月25日至9月10日是叶鲜重快速增长期，其后叶鲜重开始大幅降低，这可能是由于生长后期叶片逐渐脱落和叶逐渐干枯所致。

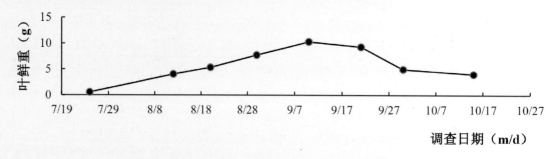

图1-26　一年生桔梗的叶鲜重变化

二年生桔梗株高的生长变化动态　从图1-27中可见，5月14日至7月1日是株高增长速度最快的时期，7月1日至9月2日进入平稳状态，之后桔梗地上部分因切割而株高快速下降。

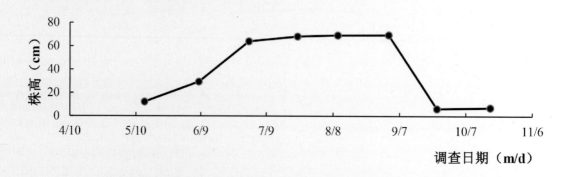

图1-27　二年生桔梗的株高变化

二年生桔梗叶数的生长变化动态　从图1-28可见, 5月14日至8月10日是叶数增加最快的时期, 其后叶数缓慢减少, 说明这一时期桔梗下部叶片在枯死、脱落, 所以叶数在减少。

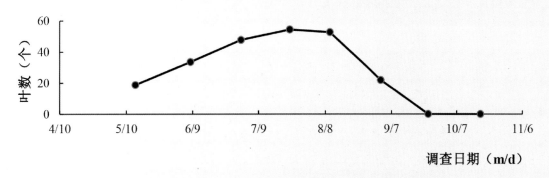

图1-28　二年生桔梗的叶数变化

二年生桔梗分枝数的变化情况　从图1-29中可见, 从5月14日至9月2日分枝数没有太大变化, 其后地上部分种子成熟因此收割。

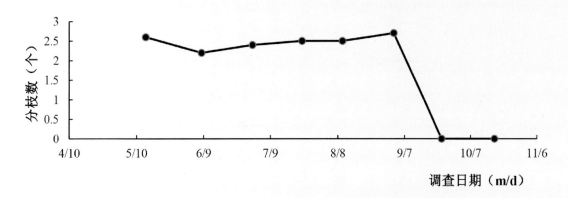

图1-29　二年生桔梗的分枝数变化

二年生桔梗茎粗的生长变化动态　从图1-30中可见, 5月14日至7月1日是茎粗的快速增长期, 其后增长较缓慢并趋于平稳, 到9月初后茎粗开始有所下降, 可能是由于茎在生长后期脱水干燥导致的。

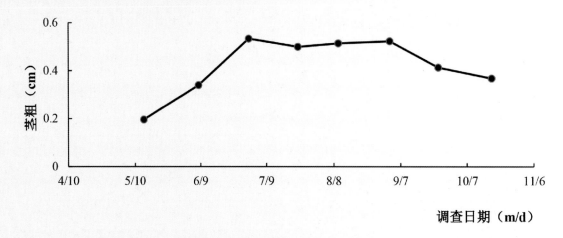

图1-30 二年生桔梗的茎粗变化

二年生桔梗茎鲜重的变化动态 从图1-31可见，5月14日至8月10日是茎鲜重快速增长期，其后茎鲜重开始缓慢降低，这可能是由于生长后期茎逐渐干枯所致。

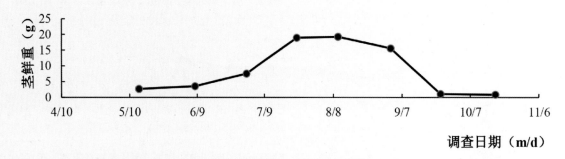

图1-31 二年生桔梗的茎鲜重变化

二年生桔梗叶鲜重的变化动态 从图1-32可见，5月14日至8月10日是叶鲜重快速增长期，其后叶鲜重开始大幅降低，这是由于生长后期叶片逐渐脱落和叶逐渐干枯和种子成熟后收割所致。

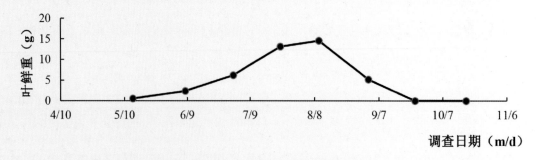

图1-32 二年生桔梗的叶鲜重变化

（3）桔梗单株生长图

一年生桔梗生长图

图1-33

图1-34

图1-35

图1-36

图1-37　　　　　　　　　　　　　　　　　　图1-38

二年生桔梗生长图

图1-39

图1-40

图1-41

图1-42

图1-43

2.3.2 桔梗不同时期的根和地上部分的关系

为掌握桔梗各种性状在不同生长时期的生长动态,分别在不同时期从桔梗的每个种植小区随机取桔梗10株,将取样所得的桔梗从茎基部剪下,根、冠分离,去除杂物,将根、冠分别在105℃下杀青30分钟后60℃下恒温2天(或2天以上干燥为止),然后放入干燥器中冷却,用1/10000的天平测量质量,以二者的比值为根冠比。

表1-6 一年生桔梗不同时期的根和地上部分的关系

调查日期(m/d)	7/25	8/12	8/20	8/30	9/10	9/21	9/30	10/15
根冠比	8.4833	1.4779	1.4860	1.6238	0.6188	0.7962	1.4488	1.6663

一年生桔梗幼苗期根系与枝叶的生长速度有显著差异(表1-6),根冠比为8.4833:1,表现为幼苗出土初期根系生长占优势。8月份开始由于地上部分光合能力增强,枝叶生长加速,其生长总量逐渐接近地下部分,8月12日根冠比相应减小至1.4779:1。到了9月10日根冠比为0.6188:1,地上部分生长特别旺盛。9月末至10月份地上部分慢慢枯萎,10月15日根冠比为1.6663:1。

表1-7 二年生桔梗不同时期的根和地上部分的关系

调查日期(m/d)	5/14	6/8	7/1	7/23	8/10	9/2	9/24	10/18
根冠比	13.700	4.4275	0.8425	0.5364	0.4352	0.5305	7.6024	15.4283

二年生桔梗幼苗期根系与枝叶的生长速度有显著差异(表1-7),根冠比基本在13.7009:1,表现为幼苗出土初期根系生长占优势。6月份由于地上部分光合能力增强,枝叶生长加速,其生长总量逐渐接近地下部,到8月10日根冠比相应减小至0.4352:1,地上部分生长特别旺盛。9月末至10月份地上部分慢慢枯萎,根系加速生长,10月18日根冠比为15.4283:1。

2.3.3 桔梗不同生长期干物质积累

本实验共设计3个小区。每小区取样10株,分别取在营养幼苗期、营养生长期、开花期、果实期、枯萎期等5个时期的桔梗的全株,每穴以植株为中心,取长16～25cm、宽16～25cm、深20～40cm的土块,先用清水冲洗干净,注意避免丢失根量,用滤纸吸干附着的水分,然后将植株按根、茎、叶、花和果实部位装袋,于105℃杀青30min,60℃烘干至恒重,测定干物质量,并折算为公顷干物质积累量。

表1-8 一年生桔梗各器官总干物质重变化（kg/hm²）

调查期	根	茎	叶	花	果
幼苗期	1848.00	80.00	144.00	—	—
营养生长期	2344.00	276.00	1325.60	—	—
开花期	2584.00	352.00	1536.00	171.10	—
果实期	2788.00	376.00	1253.60	—	192.00
枯萎期	3256.00	382.00	1103.60	—	600.00

说明："—"无数据或未达到测量的数据要求。

从一年生桔梗干物质积累与分配平均数据（如表1-8所示）可以看出，桔梗在不同时期均表现地上、地下部分各营养器官的干物质量随桔梗的生长不断增加。在幼苗期根、茎、叶为1848.00kg/hm²、80.00kg/hm²、144.00kg/hm²；进入营养生长期根、茎、叶依次增加至2344.00kg/hm²、276.00kg/hm²和1325.60kg/hm²，其中茎和叶增加较快。进入开花期根、茎、叶、花依次增加至2584.00kg/hm²、352.00kg/hm²、1536.00kg/hm²和171.10kg/hm²，其中茎、叶和花增加较快；进入果实期根、茎、叶和果依次为2788.00kg/hm²、376.00kg/hm²、1253.60kg/hm²和192.00kg/hm²。其中，根和果实增加较快，茎和叶进入枯萎期。进入枯萎期，根、茎、叶和果依次为3256.00kg/hm²、382.00kg/hm²、1103.60kg/hm²和600.00kg/hm²，其中根和果实增加较快，茎和叶仍然具有增长的趋势，叶减少。

表1-9 二年生桔梗各器官总干物质量变化（kg/hm²）

调查期	根	茎	叶	花	果
幼苗期	3246.00	240.00	136.00	—	—
营养生长期	3456.00	1483.20	952.00	—	—
开花期	3628.00	3774.00	3160.00	1880.00	—
果实期	4100.00	3560.00	2524.00	—	2076.00
枯萎期	4252.00	2400.00	1025.00	—	3848.00

说明："—"无数据或未达到测量的数据要求。

从二年生桔梗干物质积累与分配平均数据（如表1-9所示）可以看出，桔梗在不同时期均表现地上、地下部分各营养器官的干物质量均随桔梗的生长不断增加。在幼苗期，根、茎、叶为3246.00kg/hm²、240.00kg/hm²、136.00kg/hm²；进入营养生长期，根、茎、叶依次增加至3456.00kg/hm²、1483.20kg/hm²和952.00kg/hm²，其中，茎和叶增加较快。进入开花期，根、茎、叶、花依次增加至3628.00kg/hm²、3774.00kg/hm²、3160.00kg/hm²和

1880kg/hm²，其中，茎、叶和花增加特别快；进入果实期，根、茎、叶和果依次为4100.00kg/hm²、3560.00kg/hm²、2524.00kg/hm²和2076.00kg/hm²，其中根和果实增加，茎和叶生长具有下降的趋势。进入枯萎期，根、茎、叶和果依次为4252.00kg/hm²、2400.00kg/hm²、1025.00kg/hm²和3848.00kg/hm²，其中根和果实增加，茎和叶生长下降的趋势较明显，即茎和叶进入枯萎期。

3 药材质量评价研究

3.1 药材粉末鉴定鉴别

粉末米黄色，味微甘后苦。菊糖极多。粉末用水合氯醛液装置（不加热），观察到薄壁细胞中菊糖团块呈扇形，久置渐溶化。用斯氏液或乙醇装置，观察到菊糖团块不规则，久置之不消失。乳汁管为有节联接乳汁管，直径14~25cm，壁稍厚，侧面由短的细胞链与另一乳汁管联结成网状，乳汁管中含有细小淡黄色油滴及细颗粒状物。有时可见乳汁管群的横断面碎片。导管为梯纹、网纹及具缘纹孔导管，直径16~72cm，导管分子较短，长96cm。另有少数细小网纹管胞。木薄壁细胞无色纵断面观呈长方形，末端壁细波状弯曲。未去净外皮的根，有木栓细胞壁，淡棕色，有的细胞含小草酸钙方晶。

3.2 常规检查研究

3.2.1 常规检查测定方法

水分 取供试品2~5g，平铺于干燥至恒重的扁形称量瓶中，厚度不超过5mm，疏松供试品不超过10mm，精密称定；开启瓶盖在100~105℃干燥5h，将瓶盖盖好，移置干燥器中，放冷30min，精密称定；再在上述温度下干燥1h，放冷，称重，至连续两次称重的差不超过5mg为止。根据减失的重量，用公式计算供试品中含水量（%）。

本法适用于不含或少含挥发性成分的药品。

$$水分 （\%）= \frac{W_1 + W_2 - W_3}{W_1} \times 100\%$$

式中W₁为供试品的重量（g），W₂为称量瓶恒重的重量（g），W₃为（称量瓶+供试品）干燥至连续两次称重的差异不超过5mg后的重量（g）。试验所得数据用Microsoft Excel 2013进行整理计算。

灰分 测定用的供试品需粉碎，使能通过二号筛，混合均匀后，取供试品2~3g（如需测定酸不溶性灰分，可取供试品3~5g），置炽灼至恒重的坩埚中，称定重量（准确至0.01g），缓缓炽热，注意避免燃烧，至完全炭化时，逐渐升高温度至500~600℃，使完全灰化并至恒重。根据残渣重量，计算供试品中总灰分的含量

（%）。

如供试品不易灰化，可将坩埚放冷，加热水或10%硝酸铵溶液2ml，使残渣湿润，然后置水浴上蒸干，残渣照前法炽灼，至坩埚内容物完全灰化。用下式计算结果。

$$总灰分（\%）=\frac{M_2-M_1}{M_3-M_1}\times100\%$$

式中M_1：坩埚重量（g）；M_2：坩埚+灰分重量（g）；M_3：坩埚+样品重量（g）。试验所得数据用Microsoft Excel 2013进行整理计算。

浸出物 醇溶性热浸法：取供试品2~4g，精密称定，置100~250ml的锥形瓶中，精密加水50~100ml，密塞，称定重量，静置1h后，连接回流冷凝管，加热至沸腾，并保持微沸1h。放冷后，取下锥形瓶，密塞，再称定重量，用水补足减失的重量，摇匀，用干燥滤器滤过，精密量取滤液25ml，置已干燥至恒重的蒸发皿中，在水浴上蒸干后，于105℃干燥3h，置干燥器中冷却30min，迅速精密称定重量。除另有规定外，以干燥品计算供试品中水溶性浸出物的含量（%）。

$$浸出物（\%）=\frac{（浸出物及蒸发皿重-蒸发皿重）\times 加水（或乙醇）体积}{供试品的重量\times量取滤液的体积}\times100\%$$

$$RSD=\frac{标准偏差}{平均值}\times100\%$$

3.2.2 结果与分析

水分 参照《中国药典》2015年版四部（第103页）第二法（烘干法）测定。取上述采集的桔梗药材样品，测定并计算桔梗样品中含水量（质量分数，%），平均值为4.98%，所测数值计算RSD≤1.26%，在《中国药典》（2015年版，一部）桔梗项下内容要求水分不得过15%，对照表1-10可知本药材符合药典规定要求。

总灰分 参照《中国药典》2015年版四部（第202页）灰分测定法测定。取上述采集的桔梗药材样品，测定并计算桔梗样品中总灰分含量（%），平均值为5.25%，所测数值计算RSD则3.42%，在《中国药典》（2015年版，一部）桔梗项下内容要求总灰分不得过6%，对照表1-10可知本药材符合规定要求。

浸出物 参照《中国药典》2015年版四部（第202页）醇溶性浸出物测定法（热浸法）测定。取上述采集的桔梗药材样品，测定并计算桔梗样品中含水量（质量分数，%），平均值为24.62%，所测数值计算RSD为3.53%，在《中国药典》（2015年版，一部）桔梗项下内容要求浸出物不得少于17%，对照表1-10可知本药材符合药典规定要求。

表1-10　桔梗药材样品中水分、总灰分、浸出物含量

测定项	平均（%）	RSD（%）
水分	4.98	1.26
总灰分	5.25	3.42
浸出物	24.62	3.53

本试验研究按照《中国药典》2015年版一部的桔梗药材项下要求，根据奈曼产地桔梗药材的实验测定，结果蒙药桔梗样品水分、总灰分、浸出物的平均含量分别为4.98%、5.25%、24.6%，符合《中国药典》规定要求。

3.3　不同产地桔梗中的桔梗皂苷D含量测定

3.3.1　实验设备、药材、试剂

仪器、设备　Agilent1260Infinity高效液相色谱仪（美国），Agilent1260LC化学工作站；色谱柱-C$_{18}$；实验型电子天平（赛多利斯科学仪器〈北京〉有限公司）；KQ-600DB型数控超声波清洗器（昆山市超声仪器有限公司）；HWS26型电热恒温水浴锅。Millipore-超纯水机。

实验药材（表1-11）

表1-11　桔梗供试药材来源

编号	采集地点	采集日期	采集经度	采集纬度
1	安草堂河北联康药业有限公司（市场）	2016-10-02	117°46′21″	43°7′36″
2	内蒙古科尔沁左翼后旗甘旗卡镇北甘旗卡村二队（栽培）	2016-10-10	116°36′65″	41°36′096
3	赤峰市牛营子镇（栽培）	2016-10-12	118°87′28″	42°16′48″
4	安国市辉发中药饮片加工有限公司（市场）	2016-10-15	—	—
5	赤峰荣兴堂药业有限责任公司蒙中药饮片厂（市场）	2016-10-28	—	—
6	安草堂河北联康药业有限公司（市场）	2016-10-30	—	—
7	内蒙古自治区通辽市奈曼旗昂乃（基地）	2016-11-06	—	—

对照品　桔梗皂苷D（国家食品药品监督管理总局采购，编号：111851-201607）。

试剂　乙腈（色谱纯）、超纯水。

3.3.2　溶液的配制

色谱条件　按照高效液相色谱法（2015版《中国药典》通则0512）测定。

色谱条件与系统适用性试验　以十八烷基硅烷键合硅胶为填充剂，以乙腈-水（25∶75）为流动相，蒸发光散射检测器检测。理论板数按桔梗皂苷D峰计算应不低于3000。

供试品溶液的制备 取本品粉末(过二号筛)约2g,精密称定,精密加入50%甲醇50ml,称定重量,超声处理(功率250W,频率40kHz)30min,放冷,再称定重量,用50%甲醇补足减失的重量,摇匀,滤过,精密量取续滤液25ml,置水浴上蒸干。残渣加水20ml,微热使溶解,用水饱和正丁醇振摇提取3次,每次20ml,合并正丁醇液,用氨试液50ml洗涤,弃去氨液,再用正丁醇饱和的水50ml洗涤,弃去水液,正丁醇液蒸干。残渣加甲醇3ml使溶解,加硅胶0.5g拌匀,置水浴上蒸干,加于硅胶柱(100~120目,10g,内径为2cm),用三氯甲烷-甲醇(9:1)混合溶液湿法装柱,以三氯甲烷-甲醇(9:1)混合溶液50ml洗脱,弃去洗脱液,再用三氯甲烷-甲醇-水(60:20:3)混合溶液100ml洗脱,弃去洗脱液,继用三氯甲烷-甲醇-水(60:29:6)混合溶液100ml洗脱,收集洗脱液,蒸干。残渣加甲醇溶解,转移至5ml量瓶中,加甲醇至刻度,摇匀,滤过,即得。

对照品溶液的制备 取桔梗皂苷D对照品适量,精密称定,加甲醇制成每1ml含0.5mg的溶液,即得。

测定法 分别精密吸取对照品溶液5ml、供试品溶液10~15μg,注入液相色谱仪,测定,用外标两点法对数方程计算,即得。本品按干燥品计算,含桔梗皂苷D($C_{57}H_{92}O_{28}$)不得少于0.10%。

3.3.3 实验操作

线性与范围 按3.3.2对照品溶液制备方法制备,精密吸取对照品溶液5、7.5、10、12.5、15μl,注入高效液相色谱仪,测定其峰面积值,并以进样量C(x)对峰面积值A(y)进行线性回归,得标准曲线回归方程为:$y=1073.1x+1557.8$,相关系数$R=0.9996$。

结果 表1-12及图1-44,表明桔梗皂苷D进样量在2.381~7.144μg范围内,与峰面积值具有良好的线性关系,相关性显著。

表1-12 线性关系考察结果

C(μg)	2.381	3.572	4.762	5.953	7.144
A	1022.8554	2283.4519	3504.0417	4800.7275	6153.0258

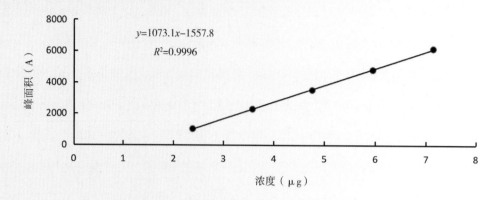

图1-44 桔梗皂苷D对照品的标准曲线图

精密度实验 精密吸取上述对照品溶液、供试品溶液各10μl, 分别连续注入液相色谱仪6次, 测定其峰面积值A, 并统计分析。结果见表1-13, 其RSD依次为2.001%和1.018%, 表明仪器精密度良好。

表1-13 精密度试验结果

编号	对照品溶液				编号	供试品溶液			
	A	Ave	S	RSD(%)		A	Ave	S	RSD(%)
1	3369.6801				1	2407.5144			
2	3400.5288				2	2348.2395			
3	3398.2905				3	2411.1042			
4	3260.3449				4	2399.0966			
5	3265.5234				5	2369.7065			
6	3285.3439	3329.9519	66.6567	2.001	6	2385.8881	2386.9249	24.2933	1.018

重复性试验 精密称取样品, 按上述供试品溶液的制备方法制备供试品溶液6份, 分别精密吸取10μl, 注入液相色谱仪, 测定其峰面积值, 结果见表1-14, 其RSD为1.63%。

表1-14 线性关系考察结果

编号	g	A	log	含量(%)	S/(%)	RSD/(%)
1	2.0016	2156.3140	3.3338	0.092		
2	2.0026	2535.5081	3.4047	0.097		
3	2.0063	2384.8926	3.3596	0.094		
4	2.0021	2378.6821	3.3756	0.095		
5	2.0039	2315.7266	3.3638	0.094		
6	2.0044	2304.2993	3.3702	0.095	0.0015	1.63

稳定性实验 精密称取药材,分别放置0、2、4、8、12、18、24h,取供试品溶液10μg,注入液相色谱仪,测定其峰面积值A,其RSD为1.63%。表明供试品溶液在24h内测定稳定性良好。

加样回收试验 取已知含量的样品约1g,共9份,精密称定,分三组按对照品加入量–样品含量(0.5∶1、1∶1、1.5∶1)的要求分别依次精密加入桔梗皂苷D,照"供试品溶液的制备"项下方法操作,制备供试品溶液。精密吸取供试品溶液各10μg,分别注入液相色谱仪,测定,并计算回收率。

3.3.4 样品测定

取桔梗样品约2.0g,精密称取,分别按3.3.2项下的方法制备供试品溶液,精密吸取供试品溶液各10μg,分别注入液相色谱仪,测定,并计算含量,结果见表1–15。

表1–15 桔梗样品含量测定结果

No.	g	A	C(μg)	含量(%)	水分(%)	干燥品计(%)
		2407.514	1.855	0.093	6.55	0.099
X1	2.00163	2348.240	1.826	0.091	6.55	0.097
		2411.104	1.857	0.093	6.55	0.099
		1024.297	1.072	0.054	8.05	0.058
X3	2.00011	1028.624	1.074	0.054	8.05	0.058
		1120.915	1.135	0.057	8.05	0.061
		1452.685	1.341	0.067	8.07	0.072
X4	2.00623	1555.264	1.401	0.070	8.07	0.076
		1640.006	1.450	0.072	8.07	0.078
		838.220	0.942	0.047	9.17	0.051
X5	2.00932	901.951	0.987	0.049	9.17	0.054
		881.786	0.973	0.049	9.17	0.053
		3229.175	2.240	0.112	4.08	0.116
X6	2.00657	3387.619	2.310	0.115	4.08	0.12
		3272.126	2.259	0.113	4.08	0.117
		2956.610	2.117	0.106	11.4	0.118
X7	2.00764	2962.536	2.119	0.106	11.4	0.118
		2811.773	2.050	0.102	11.4	0.114
X2	2.00392	3257.871	2.253	0.113	10.9	0.125

3.3.5 结论

按照2015年版《中国药典》中桔梗含量测定方法测定,结果奈曼基地桔梗的桔梗皂苷D的含量符合《中国药典》规定要求。

4 经济效益分析

4.1 市场前景分析

桔梗为药、食、赏兼用的植物,市场需求量大且稳定。虽然目前国内供需矛盾不突出,但桔梗本身的多功能性用途,拓宽了其应用空间。在食品研发方面,人们已开发桔梗泡菜、果脯、面条、罐头、饮料等食品,随着食品开发和市场销售的不断完善,在国内市场桔梗极具潜力;在保健和医用方面,桔梗所含的有效成分具有降血糖、降血压、降血脂、抗动脉粥样硬化等多种保健作用;在化妆品方面,由于桔梗植物的提取物具有抗氧化作用,可用于抗衰老化妆品的研制。此外,桔梗还具有观赏价值,花期长、花色多样,适宜布置花坛和插花,在城市化建设的今天,很有发展前景。综上所述,桔梗市场需求量随药品、食品、保健品、化妆品、观赏等领域的开发与应用,以及市场销售体制的不断完善,前景不容小觑。桔梗除了供应国内药品市场、食品市场、保健品市场外,还出口国际市场。目前,全国范围内桔梗种植由分散走向集中,形成安徽太和、山东淄博、内蒙古赤峰3大主产区。据不完全统计,国内桔梗在地面积大约稳定在4000hm²,每年采收面积约为2000hm²,年产干品约为11000t,加上各药商积压的库存,按当前市场需求量在10000t计,市场呈现供大于求的状况。

桔梗近阶段走动依然不是很快,行情徘徊不前,目前市场去皮统货25~27元/千克,大统27~29元/千克,带皮统货19元/千克左右。

该品种植面积未得到有效缩减,加之尚有库存支撑,预计短期内价格上升可能性比较小。

4.2 投资预算

桔梗种子 市场价每千克80元,参考奈曼当地情况,每亩地用种子3kg,合计为240元。

种前整地和播种 包括施底肥、灌溉、犁地、耙地和播种。底肥包括1000kg有机肥,5kg复合肥,其中有机肥每吨120元,复合肥每袋120元,灌溉一次需要电费50元,犁、耙、播种一亩地需要100元,以上合计共计需要费用390元。

田间管理 整个生长周期抗病除草需要进行10次,每次人工成本加药物成本约100元,合计约1000元。灌溉6次,费用100元。追施复合肥每亩50kg,叶面喷施叶面肥4次,成本约200元。综上,桔梗田间管理成本为1400元。

收获与加工 收获成本(机械燃油费和人工费)约每亩400元。

合计成本　240+390+1400+400=2430元。

4.3　产量与收益

按照2017年市场价格，桔梗鲜重6元/千克，每亩地平均可产900kg。由于桔梗是两年生，所以收益为：（5400–2430）/2=1485元/（亩·年）。

蒙古黄芪 ᠮᠣᠩᠭᠤᠯ

ASTRAGALI RADIX

蒙药材蒙古黄芪为豆科植物蒙古黄芪 *Astragalus membranaceus*（Fisch.）Bge.var.mongholicus（Bge.）Hsiao的干燥根。

1 蒙古黄芪的研究概况

1.1 化学成分及药理作用

1.1.1 化学成分

皂苷类成分 黄芪苷（astragaloside）Ⅰ、Ⅱ、Ⅳ，大豆皂苷（soyasaponin）Ⅰ，琼脂黄芪苷（agroastragaloside）Ⅱ。异黄酮成分：毛蕊异黄酮-7-O-β-D-葡萄糖苷（calycosin-7-O-β-D-glucoside），2'-羟基-3'，4'-二甲氧基异黄烷-7-O-β-D-葡萄糖苷（2'-hydroxy-3'，4'-dimethoxyisoflavane-7-O-β-D-glucoside），9，10-二甲氧基紫檀烷-3-O-β-D-葡萄糖苷（9，10-dimethoxypterocarpan-3-O-β-D-glucoside），异微凸剑叶莎醇-7，2'-二-O-葡萄糖苷（isomucronulatol-7，2'-di-O-glucoside），5'-羟基异微凸剑叶莎醇-2'，5'-二-O-葡萄糖苷（5'-hydroxyisomuronulatol-2'，5'-di-O-glucoside），异微凸剑叶莎醇-7-O-葡萄糖苷（isomucronulatol-7-O-glucoside），左旋微凸剑叶莎醇-7-O-葡萄糖苷（mucronulatol-7-O-glucoside），左旋-7，2'-二羟基-3'，4'-二甲基异黄烷-7-O-β-D-吡喃葡萄糖苷（7，2'-dihydroxy-3'，4'-dimethylisoflavane-7-O-β-D-glucopyranoside），环黄芪醇-3-O-β-D-吡喃木糖基-25-O-β-D-吡喃葡萄糖苷（3-O-β-D-xylopyranosyl-25-O-β-D-glucopyranosylcycloastragenol），刺芒柄花素（formononetin），毛蕊异黄酮（calycosin），异微凸剑叶莎醇（isomucronulatol），7-O-甲基异微凸剑叶莎醇（7-O-methylisomucronulatol），3，9-二-O-甲基尼森香豌豆紫檀酚（3，9-di-O-methylnissolin），2'-当归酰氧基-1'，2'-二氢美洲花椒素（2'-angeloyloxy-1'，2'-dihydroxanthyletin），2'-千里光酰氧基-1'，2'-二氢

美洲花椒素（2'-senecioyloxy-1', 2'- dihydroxanthyletin），3'-甲氧基-5'-羟基异黄酮-7-O-β-D-葡萄糖苷（3'-methyoxy-5'-hydroxysioflavone-7-O-β-D-glucoside），cyclocanthoside E。

脂肪酸类　棕榈酸（palmitic acid），亚油酸（linoleic acid），亚麻酸（linolenicacid），左旋-13-羟基十八碳-9, 11-二烯酸（coriolic acid）。又含胡萝卜苷（daucosterol），β-谷甾醇（β-sitosterol），羽扇豆醇（lupeol），α-联苯双酯（dimethyl-4, 4'-dimethoxy-5, 6, 5', 6'-dimethylene-dioxybiphenyl-2, 2'-dicarboxylate），羽扇烯酮（lupenone），右旋-落叶松脂醇（lariciresinol），左旋丁香树脂酚（syringaresinol），3-羟基-2-甲基吡啶（3-hydroxy-2-methylpyrisine），天冬酰胺（asparagine），γ-氨基丁酸（γ-aminobutyric acid）。

多糖类　黄芪多糖（astrglalan）Ⅰ、Ⅱ、Ⅲ，杂多糖AH-1、AH-2，酸性多糖AMon-S，黄芪多糖Ⅰ、Ⅱ，杂多糖AH-1，酸性多糖AMon-S。

此外还含二十多种微量元素。

1.1.2　药理作用

对免疫系统的影响　对体液免疫的作用，10~25g/kg黄芪煎液可增加正常小鼠和泼尼松小鼠网状内皮系统吞噬功能，增加环磷酰胺小鼠血清溶血抗体生成能力。黄芪多糖（APS）可使小鼠胸腺和脾内T细胞数增加，而IgG的生产更需T细胞参与，给小鼠口服黄芪液，对免疫反应早期阶段的脾脏抗原结合细胞（包括T细胞，B细胞的前提细胞）有促进作用，以绵羊红细胞免疫后的小鼠IgG抗体产生增加，脾溶血空斑数增加或呈调节作用，此外黄芪制剂喷鼻后，鼻分泌液中IgA明显上升，正常人服用黄芪浸膏片后 IgM、IgE显著增加。

对细胞免疫的作用　胆总管结扎3星期后大鼠血中T细胞表型含量均有所下降，其中T细胞表型CD_4减少相对更明显，血清IL-2水平亦明显下降。腹腔注射黄芪2星期可使大鼠T细胞表型CD_3、CD_4和CD_8升高至接近正常，纠正IL-2产生的受抑状态。用黄芪注射液20ml，每日1次静脉滴注，外周血中T淋巴细胞亚群CD_3、CD_4显著提高，黄芪注射液能显著提高肺结核患者细胞免疫水平。阻塞性黄疸大鼠模型腹腔内注射黄芪每日250mg/kg，用2星期，血中T细胞表型CD_3、CD_4、CD_8含量升高至正常水平。

延缓衰老作用　对人胎肾或乳小鼠肾细胞培养，加0.5%蒙古黄芪煎剂者，活细胞数均比对照组高，对金黄地鼠肾细胞培养，可延长细胞在体外生长的寿命长达1倍左右。对培养的人胎肺二倍体细胞的寿命，对照组生长的寿命为66代，加0.2%蒙古黄芪煎剂可延长为88代，平均延长1/3左右，而且还可延长每代细胞的维持时间。老龄（28~30月龄）大鼠外周血淋巴细胞和脑组织β-肾上腺素受体明显低于5~6月龄大鼠。

抗氧化作用　黄芪对二甲亚砜体系产生的氧自由基信号有强抑制作用，3%的生黄芪提取液对氧自由基的清除率为40.6%，随着药物浓度的增加，对氧自由基的清除率可在90%以上，说明黄芪是氧自由基的良好清除剂。近年来大量实验研究证实,黄芪的有效成分——黄芪总黄酮和黄芪皂苷均有良好的抗氧自由基作用。在大鼠缺血10min、再灌注10min模型上,利用低温电子自旋共振波谱仪观察到,黄芪总黄酮可使冠脉流出液中的自由基明显减少。在结扎大鼠冠脉前降支造成的MIRI模型上,亦可观察到黄芪总黄酮能够降低缺血心肌组织中丙二醛(MDA)的含量,从而进一步证实了黄芪总黄酮具有清除氧自由基和抑制脂质过氧化的作用。黄芪皂苷可使MIRI的心肌组织超氧化物歧化酶(SOD)的含量明显增高,脂质过氧化物(LPO)和氧自由基波谱信号降低,表明黄芪皂苷具有良好的清除氧自由基作用。

对蛋白质及其他代谢的影响　小鼠灌服膜荚黄芪煎剂10日,能显著增加3H-亮氨酸掺入血清和肝脏蛋白质的速率,而对蛋白质的含量无影响,提示黄芪可促进小鼠血清和肝脏蛋白质更新,其有效成分可能是其中的多糖。小鼠腹腔注射黄芪多糖APS可使葡萄糖负荷小鼠血糖水平明显降低,明显对抗肾上腺素引起的血糖升高,而对苯乙双胍所致低血糖也有显著对抗作用,表明黄芪对血糖具双向调节作用,但对胰岛素性低血糖无明显影响。豚鼠灌服黄芪煎剂对肝细胞微粒体和小肠黏膜匀浆中胆固醇合成的限速酶羟甲基戊二酰辅酶A还原酶有明显抑制作用,但对肝7α-羟化酶活力无影响,对血清总胆固醇和高密度脂蛋白胆固醇浓度也无明显影响。

对心血管系统的作用　黄芪冻干粉可明显增加冠脉血流量,显著减慢心率和降低心搏幅度。利用大鼠乳鼠心肌缺氧缺糖/复线复糖损伤模型,通过对心肌超微结构观察发现,黄芪能有效保护"再给氧"心肌细胞,尤其对线粒体有明显的保护作用,在缺氧前加药保护,可使线粒体大小均匀,线粒体嵴及内外膜清晰完整,肌原纤维及横纹可见;在复氧时同时加药,对线粒体亦有较好的保护作用。研究还表明,黄芪能明显减低乳酸脱氢酶(IDH)的释放量,改善心肌细胞的能量代谢。黄芪皂苷对化合物所致培养心肌细胞损伤也有保护作用,可保护线粒体并能较大程度地恢复线粒体的活性值。

抗血栓作用　皂苷TSA可显著延长电刺激大鼠颈总动脉形成血栓的时间,并能抑制血小板聚集,提高PGI_2和NO水平,降低TXA_2/PGI_2比例。说明TSA具有显著抗血栓形成的作用,其作用机制与提高PGI_2和NO水平有关。

抗病毒作用　黄芪煎剂不论灌胃或鼻腔给药均对小鼠I型副流感病毒感染有一定保护作用。蒙古黄芪不同提取部分试验结果表明,AⅠ、AⅥ和AⅦ对Ⅰ型单纯疱疹病毒(HSV-1)有抑制作用,AⅠ和AⅥ对HSV-2有抑制作用,AⅥ在体外不能直接灭活HSV-1,但能抑制已感染细胞的病毒复制。AⅠ为醇提取液,含氨基酸、黄酮类、苷类、生物碱及多糖等,AⅥ主要含黄酮类,AⅦ主要含苷类。黄芪在细胞外对大鼠心肌细胞柯萨奇病毒无直接杀灭作用,但药物预先作用于心肌细胞48h后,均可降低感染病毒的心肌细胞对病毒的敏感性。黄芪对感染病毒心肌的保护作用与钙拮抗作用有关。早期使用药物可改善感染细胞的Ca^{2+}平衡,从而有可能减轻感染细胞的Ca^{2+}继发性损伤，又可抑制感染细胞中病毒核酸的复制。

抗癌作用 以3-甲基胆蒽碘油溶液诱发大鼠肺癌，在此过程中给大鼠肌注射黄芪注液，每日1次，共175日，黄芪组的发癌率为16.28%，显著低于对照组（51.52%）。给自发产生黑色素瘤B16的小鼠腹腔注射蒙古黄芪多糖APS，可使荷瘤鼠生存期从15.71日延长至21.57日，如与IL-2/LAK细胞合用则可延长至24.86日，有非常显著的差异。

抗关节炎作用 佐剂性关节炎（AA）大鼠血清MDA、白介素-I（IL-1）和亚硝酸盐量明显升高，且MDA和白介素-I（IL-1）与AA鼠非致炎侧足肿胀度呈明显正相关。黄芪总黄酮全程或一个星期的阶段性治疗在发挥抗炎作用的同时，均可使AA鼠过高的MDA、白介素-I（IL-1）和亚硝酸盐降低。

抗炎与镇痛作用及作用机制 黄芪总苷可使角叉菜胶诱导大鼠气囊炎症的渗出液量、中性白细胞游出数和蛋白质渗出量显著减少。对His、5-HT引起的小鼠皮肤血管通透性增加有明显的抑制作用。并可显著降低大鼠角叉菜胶气囊炎症渗出液中PGE2含量。黄芪总苷尚可减少渗出液中IL-8的含量，降低渗出液及中性白细胞中PLA2活性，减少中性白细胞O^{2-}生成。此外，黄芪总苷还可减少渗出液中NO的生成量。黄芪总苷可显著抑制小鼠福尔马林致痛后第二时相的疼痛反应，致痛前4h给药效果最佳。黄芪总苷的镇痛作用不受纳洛酮的影响。

毒性 小鼠灌服膜荚黄芪75g/kg，48h内无异常症状出现，腹腔注射时LD_{50}为40g/kg，死前出现四肢麻痹和呼吸困难。大鼠每日腹腔注射0.5g/kg，共30日，对体重和进食无明显影响，亦未出现其他不良反应。小鼠腹腔注射黄芪注射液15g/kg，共7日，经微核试验，不诱发微核率升高。

1.2 资源分布状况

分布于内蒙古、河北、山西等省区。生于向阳草地及山坡上。

1.3 生态习性

黄芪喜凉爽、阳光充足的环境。耐寒，怕炎热，忌水涝，宜选择向阳山坡、土层深厚肥沃、透水排水性强的中性和微碱性壤土以及石灰性壤土种植，黏土和重盐碱地不宜种植。盛花期土壤不宜过于干旱，以免落花落果。

1.4 栽培技术与采收加工

1.4.1 选地整地

选土层深厚疏松、排水良好的砂质壤土，最好是有排灌条件、无荫蔽、阳光充足地块。整地时深耕

30~45cm，结合翻地亩施农家肥2500~3000kg，过磷酸钙25~30kg作为基肥，春季翻地要注意保墒，然后耙细整平作畦或垄。一般垄宽40~45cm，垄高15~20cm。排水好的地方可作成宽1.2~1.5m的高畦。

1.4.2　繁殖方法

播种时间　可在春、夏、秋三季播种。

播种方法　种子处理：种子有硬实现象，播前应进行处理。①砂磨法：将种子置于石碾上，将种子碾至外皮由棕黑色变为灰棕色。生产上常将温汤浸种与砂磨法结合使用。②温汤浸种法：将种子置于容器中，加入适量开水，搅动约1min，然后加入冷水调水温至40℃，放置2h，将水倒出，种子加覆盖物闷8~10h，待种子膨大或外皮破裂后播种。

大田直播　可在春、夏、秋三季播种。春播在清明到谷雨期间、地温达5~8℃时即可播种，保持土壤湿润，15天左右即出苗；夏播在6~7月雨季到来时进行，土壤水分充足，气温高，播后7~8天即可出苗；秋播一般在"白露"前后地温稳定在0~5℃时播种。一般采用条播或穴播。条播行距20cm左右，沟深1~2cm，播种量2~2.5kg/亩。播种时，将种子拌适量细沙，均匀撒于沟内，覆土1cm，镇压。穴播多按20~25cm穴距开穴，每穴点种3~5粒，覆土1cm，踩平，播种量1kg/亩。播种到出苗要保持地面湿润或加覆盖物，以促进出苗。

育苗移栽　选土壤肥沃、排灌方便、疏松的砂壤土，要求土层深度40cm以上，春夏季育苗，作育苗畦，以撒播为主，直接将种子撒在平畦内，覆土2cm，亩用种15~20kg。加强田间管理，促进苗齐苗壮。移栽一般在休眠期进行，可在秋季取苗贮藏到次年春季移栽，或在田间越冬次年春边挖、边分级移栽。平栽或斜栽，株行距10~20cm。起苗尽量完整，避免损伤或折断。

1.5　田间管理

1.5.1　间苗、定苗和补苗

幼苗高6~10cm时按株行距6~8cm间苗，同时进行中耕除草，缺苗处及时补苗。苗高8~10cm时第二次中耕除草，苗高15~20cm时按株距20~30cm定苗，穴栽者每穴定苗1~2株。中耕除草和追肥植株年生长量大，需肥量也大。定苗后追肥，一般每亩追施硫铵15~17kg或尿素10~12kg、硫酸钾7~8kg、过磷酸钙10kg。花期每亩追施过磷酸钙5~10kg、氮肥7~10kg，促进结实和种子的成熟。土壤肥沃时，尽量少施化肥。植株有2个需水高峰期，即种子发芽期和开花结荚期。幼苗期灌水需少量多次，小水勤浇；开花结荚期视降水情况适量浇水。故雨季应及时排水。雨季及大雨后要及时疏沟排水；天旱时应注意浇水，经常保持土壤湿润，促使根部发育。

1.5.2　病虫害及其防治

病害及其防治　①白粉病：主要危害叶片，初期叶两面生白色粉状斑；严重时，整个叶片被白粉覆盖，叶柄和茎部也有白粉，导致早期落叶，产量受损。防治方法：加强田间管理，合理密植，注意株间通风透光；施肥以有机肥为主，注意氮、磷、钾肥比例适当，不要偏施氮肥；实行轮作，不要与豆科和易感染此病的作物连作；生长期发病用25%粉锈宁可湿性粉剂800倍液，或50%多菌灵可湿性粉剂500~800倍液，或75%百菌清可湿性粉剂500~600倍液，或30%固体石硫合剂150倍液喷雾，每7~10天喷1次，连喷3~4次。②白绢病：发病初期病根周围及附近表土产生棉絮状白色菌丝体，初为乳白色，后变米黄色，最后呈深褐色或栗褐色。被害植株根系腐烂殆尽或残留纤维状木质部，极易从土中拔起，地上部枝叶发黄，最终枯萎死亡。防治方法：合理轮作，轮作时间以3~5年为好；播种前施入杀菌剂进行土壤消毒，常用杀菌剂为50%可湿性多菌灵400倍液，拌入2~5倍细土，要求在播种前15天完成，也可用60%棉隆，但需提前3个月施用，$10g/m^2$ 与土壤充分混匀；发病期用50%混杀硫或30%甲基硫菌悬浮剂500倍液，或20%三唑酮乳油2000倍液浇注，每隔5~7天1次，也可用20%利克菌（甲基立枯磷乳油）800倍液于发病初期灌穴或淋施，每10~15天1次。③根结线虫病：根部被线虫侵入后，导致细胞受刺激而加速分裂，形成大小不等的瘤结状虫瘿，罹病植株枝叶枯黄或落叶。6月上、中旬至10月中旬均有发生，砂性重的土壤发病严重。防治方法：忌连作，及时拔除病株，施用的农家肥应充分腐熟。④根腐病：主根顶端或侧根先罹病，后渐向上蔓延。受害根部表面粗糙，呈水渍状腐烂，其肉质部红褐色，严重时整个根系发黑溃烂。5月下旬至6月初开始发病，7月以后发生严重。防治方法：整地时进行土壤消毒，对带病种苗进行消毒后再播种；药剂防治参考白粉病。⑤锈病：被害叶片背面生有大量锈菌孢子堆，常在中央聚集成一堆。锈菌孢子堆周围红褐色至暗褐色。叶面有黄色病斑，后期布满全叶，最后叶片枯死。北方地区4月下旬开始发生，7~8月严重。防治方法：实行轮作，合理密植；彻底清除田间病残体；开沟排水，降低田间湿度；发病初期喷80%代森锰锌可湿性粉剂1∶800~1∶600倍液。

虫害及其防治　①食心虫：主要是黄芪蜂，对种子为害率为10%~30%，严重者在40%~50%。其他食心虫还有豆荚螟、苜蓿夜蛾、棉铃虫、菜青虫等，这四类害虫对种荚的总为害率在10%以上。防治方法：及时清除田间杂草，处理枯枝落叶，减少越冬虫源；种子收获后用多菌灵1∶150倍液拌种；种子采收前喷5%西维因粉1.5kg/亩。②芫菁：取食茎、叶、花，严重时可在几天之内将植株吃成光秆。防治方法：冬季翻耕土地，消灭越冬幼虫；清晨人工网捕成虫；喷洒2.5%敌百虫粉剂，每亩1.5~2kg；或喷洒90%晶体敌百虫1000倍液，每亩用药液75kg。③蚜虫：主要有槐蚜和无网长管蚜，为害茎叶，成群集聚于叶背、幼嫩茎秆上吸食汁液，严重者造成茎秆发黄、叶片卷缩、落花落荚、籽粒干瘪、叶片早期脱落，以致整株干枯死亡。

1.6 采收加工

以生长3~4年者质量最好,但生产中一般都在1~2年采挖,在萌动期和休眠期活性成分黄芪苷含量较高,故应在春(4月末至5月初)、秋(10月末至11月初)季采挖,采收时先割除地上部分,然后将根部挖出。注意不要将根挖断,以免造成减产和商品质量下降。除去泥土,剪掉芦头,晒至七八成干时剪去侧根及须根,分等级捆成小捆再阴干。

以根条粗长,表面淡黄色,断面外层白色,中间淡黄色,粉性足、味甜者为佳。

2 生物学特性研究

2.1 奈曼地区栽培蒙古黄芪物候期

2.1.1 观测方法

从通辽奈曼旗蒙药材种植基地栽培的蒙古黄芪大田中,选择10株生长良好、无病虫害的健壮植株编号挂牌,作定位观测,并记。2016年5月至2017年11月间连续观测记录各定株物候出现的日期,以10株平均期作为原始值。观测应具连续性,不漏测任何一个物候期。观测时间和顺序固定,开花期上午8: 00~ 11: 30,晴天观测。观测部位以植株判断其物候期,主茎受损时另选植株,并注明。

2.1.2 物候期的划分

物候期的划分是根据栽培蒙古黄芪生长发育过程中不同时期植物生长发育特点,并参考其他植物物候期的划分情况完成的。为了划分依据统一,始、初期均以群体中植株出现开花或展叶或坐果5%~15%为标准,盛、旺期以40%~60%为标准,末期以80%~90%为标准。将蒙古黄芪的生育全过程分为播种期、出苗期、4~6叶期、分枝期、花蕾期、开花初期、盛花期、落花期、坐果初期、果实成熟期、枯萎期。出苗期为种子萌发后,幼苗露出地面2~3cm的时期;4~6叶期(伸长期)是叶生长的关键时期;分枝期是植株茎秆快速生长时期,其与伸长期基本同季,是植物营养生长高峰期;现蕾开花期是植株现蕾开花时期;坐果初期是蒙古黄芪开始坐果的时期;果实成熟期是整株植物结实及果实成熟的关键时期,其与现蕾开花期组成蒙古黄芪的生殖生长期;枯萎期是根据植株在夏末、秋初出现春发植株大量死亡现象而设置的一个生育时期;播种期是蒙古黄芪实际播种的日期。

2.1.3 物候期观测结果

一年生蒙古黄芪播种期为5月12日,出苗期自6月23日起历时23天,4~6叶期自7月中旬开始历时8天,分枝期自7月24日开始, 一年生蒙古黄芪没有花期。枯萎期为11月上旬。

二年生蒙古黄芪返青期为4月末至5月初历时10天, 分枝期共计3天, 花蕾期自6月中旬至6月下旬共计13天, 开花初期历时7天, 盛花期13天, 坐果初期为24天, 果实成熟期共计17天, 枯萎期历时7天。

表2-1-1　蒙古黄芪物候期观测结果（m/d）

时期 年份	播种期	出苗期 二年生返青期	4~6叶期	分枝期	花蕾期	开花初期
一年生	5/12	6/23~7/16	7/12~7/20	7/24	—	—
二年生		4/21~5/1	5/11~6/12	6/14~6/17	6/17~6/30	6/30~7/6

表2-1-2　蒙古黄芪物候期观测结果（m/d）

时期 年份	盛花期	落花期	坐果初期	果实成熟期	枯萎期
一年生	—	—	—	—	11/2
二年生	7/8~7/21	7/22~8/8	8/10~9/4	9/24~10/11	10/25~11/2

2.2　形态特征观察研究

多年生草本, 高50~80cm。主根深长, 棒状, 稍带木质。茎直立, 上部多分枝, 光滑或多少被毛。单数羽状复叶互生; 小叶6~13对, 小叶片椭圆形、长椭圆形或长卵圆形, 长5~23mm, 宽3~10mm, 先端钝尖, 戴形或具短尖头, 全缘, 上面光滑或疏被毛, 下面多少被白色长柔毛, 托叶披针形或三角形。总状花序腋生, 具花5~22朵, 排列疏松, 苞片线状披针形; 小花梗被黑色硬毛; 花萼钟形, 萼齿5, 甚短, 被黑色短毛或仅在萼齿边缘被有黑色柔毛, 花冠淡黄色, 碟形, 长约16mm, 旗瓣长圆状倒卵形, 先端微凹, 翼瓣和龙骨瓣均有长爪, 基部长柄状, 被疏柔毛, 子房柄长, 花柱无毛。荚果膜质, 膨胀, 半卵圆形, 长2~2.5cm, 直径0.9~1.2cm, 先端尖刺状, 被黑色短毛。种子5~6粒, 黑色, 肾形。花期6~7月, 果期8~9月。

蒙古黄芪形态特征例图

图2-1　　　　　　　　　　　　　图2-2

图2-3　　　　　　　　　　　　　图2-4

2-6

图2-5　　　　　　　　　　　　　　　　　　图2-7

2.3　生长发育规律

2.3.1　蒙古黄芪营养器官生长动态

（1）蒙古黄芪地下部分生长动态　为掌握蒙古黄芪各种性状在不同生长时期的生长动态，分别在不同时期对蒙古黄芪的根长、根粗、侧根数、侧根长、侧根粗、根鲜重等性状进行了调查（见表2-2、表2-3所示）。

表2-2　一年生蒙古黄芪地下部分生长情况

调查日期 （m/d）	根长 （cm）	根粗 （cm）	侧根数 （个）	侧根长 （cm）	侧根粗 （cm）	根鲜重 （g）
7/30	11.31	0.1496	—	—	—	0.50
8/10	12.01	0.2365	0.3	1.37	0.0237	1.08
8/20	14.05	0.3409	1.3	3.52	0.0671	3.00
8/30	15.59	0.3795	1.4	9.22	0.1055	4.41
9/10	15.92	0.5462	1.7	10.07	0.1575	7.55
9/20	17.68	0.5989	2.5	11.34	0.2498	9.78

续 表

调查日期 (m/d)	根长 (cm)	根粗 (cm)	侧根数 (个)	侧根长 (cm)	侧根粗 (cm)	根鲜重 (g)
9/30	19.32	0.6841	4.0	11.70	0.2844	11.89
10/15	23.63	0.7592	4.5	11.98	0.3010	13.33

说明："—"无数据或未达到测量的数据要求。

表2-3　二年生蒙古黄芪地下部分生长情况

调查日期 (m/d)	根长 (cm)	根粗 (cm)	侧根数 (个)	侧根长 (cm)	侧根粗 (cm)	根鲜重 (g)
5/17	29.3	0.7097	2.6	16.51	0.4626	14.76
6/08	30.5	0.7550	2.6	18.70	0.3878	15.12
6/30	31.1	0.8816	4.3	20.75	0.3620	16.95
7/22	32.51	0.9645	3.6	22.21	0.5203	18.00
8/11	32.46	1.1120	3.5	20.66	0.4687	19.96
9/02	31.93	1.0866	3.7	22.64	0.5223	19.96
9/24	32.28	1.2512	3.1	23.17	0.5757	23.59
10/16	33.93	1.2010	3.7	21.65	0.5223	25.39

说明："—"无数据或未达到测量的数据要求。

一年生蒙古黄芪根长的变化动态　从图2-8可见,基本上均呈稳定的增长趋势,9月末开始生长速度稍微快一些,说明蒙古黄芪在第一年里根长始终在增加。

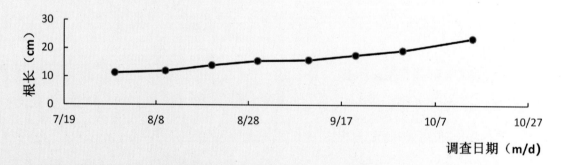

图2-8　一年生蒙古黄芪的根长变化

一年生蒙古黄芪根粗的变化动态　从图2-9可见,一年生蒙古黄芪的根粗从7月30日至10月15日均呈稳定的增长趋势,说明蒙古黄芪在第一年里根粗始终在增加,生长前期增速更快。

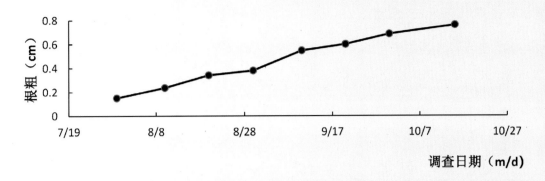

图2-9　一年生蒙古黄芪的根粗变化

一年生蒙古黄芪侧根数的变化动态　从图2-10可见，8月10日前，由于侧根太细，达不到调查标准，9月10日至9月30日是侧根数的快速增加时期，其后侧根数的变化不大。

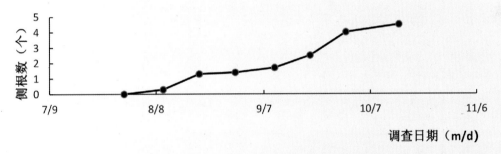

图2-10　一年生蒙古黄芪的侧根数变化

一年生蒙古黄芪侧根长的变化动态　从图2-11可见，8月10日前，由于侧根太细，达不到调查标准，8月10日至8月30日是侧根长的快速增加时期，其后侧根长的变化不大，8月30日至9月20日是侧根数的增加时期，9月20日至10月15号生长处于停留状态。

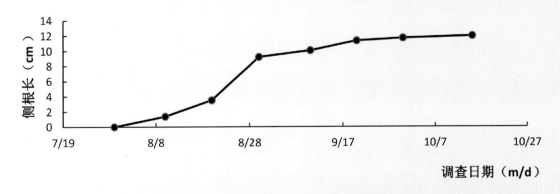

图2-11　一年生蒙古黄芪的侧根长变化

一年生蒙古黄芪侧根粗的变化动态 从图2-12可见, 8月8日前, 由于侧根太细, 达不到调查标准, 9月10日至9月30日是侧根粗的快速增加时期。

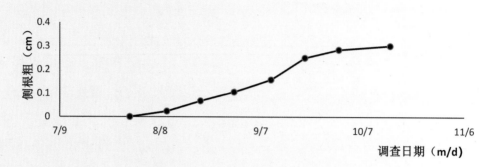

图2-12 一年生蒙古黄芪的侧根粗变化

一年生蒙古黄芪根鲜重的变化动态 从图2-13可见, 根鲜重基本上均呈稳定的增长趋势, 8月28日到9月24日生长速度快一些, 说明蒙古黄芪在第一年里9月份为根鲜重迅速增加期。

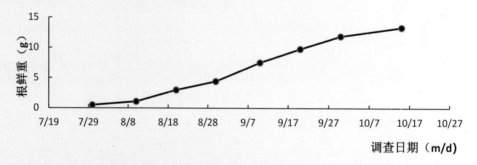

图2-13 一年生蒙古黄芪的根鲜重变化

二年生蒙古黄芪根长的变化动态 从图2-14可见, 2017年5月17日取样的根长为29.3cm, 5月17日至7月22日根长缓慢增长。7月22日至9月24日为根长平稳期, 9月24日开始早晚天气温差比较明显所以蒙古黄芪的根长快速增长。

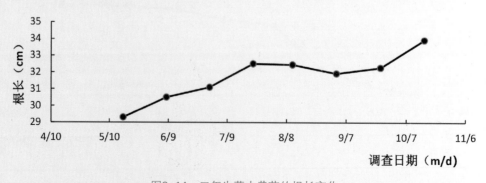

图2-14 二年生蒙古黄芪的根长变化

二年生蒙古黄芪根粗的变化动态　从图2-15可见,二年生蒙古黄芪的根粗从5月17日开始到10月16日终处于增加的状态,而且前期(8月11日前)增速比后期稍快。

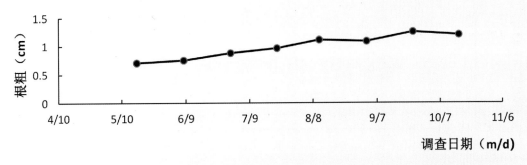

图2-15　二年生蒙古黄芪的根粗变化

二年生蒙古黄芪侧根数的变化动态　从图2-16可见,二年生蒙古黄芪的侧根数基本上呈逐渐增加的趋势,增加的高峰期是6月8日至6月30日,但是总体上增加非常缓慢。

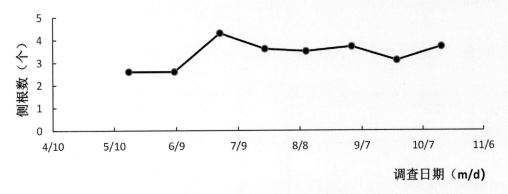

图2-16　二年生蒙古黄芪的侧根数变化

二年生蒙古黄芪侧根长的变化动态　从图2-17可见,二年生蒙古黄芪的侧根长,自5月17日到7月22日基本上呈逐渐增加的趋势,之后侧根长基本没有太大变化。

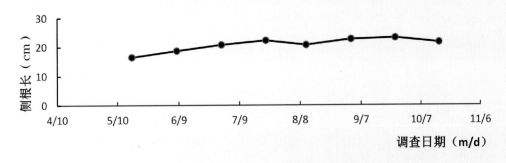

图2-17　一年生蒙古黄芪的侧根长变化

二年生蒙古黄芪侧根粗的变化动态 从图2-18可见，5月17日至8月11日侧根粗变化趋于平稳，8月11日之后日益增长至9月24日。

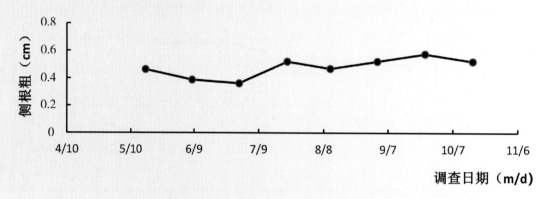

图2-18　二年生蒙古黄芪的侧根粗变化

二年生蒙古黄芪根鲜重的变化动态 从图2-19可见，5月17日至9月2日根鲜重变化趋于平稳，9月2日至10月16日为根鲜重相对增加较快的时期。

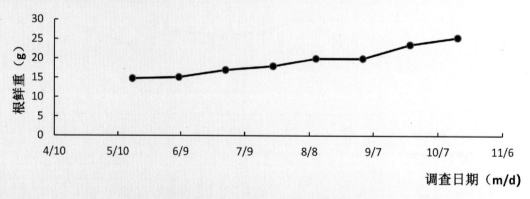

图2-19　二年生蒙古黄芪的根鲜重变化

（2）蒙古黄芪地上部分生长动态 为掌握蒙古黄芪各种性状在不同生长时期的生长动态，分别在不同时期对蒙古黄芪的株高、叶数、分枝数、茎粗、茎鲜重、叶鲜重等性状进行了调查（表2-4、表2-5）。

表2-4　一年生蒙古黄芪地上部分生长情况

调查日期 （m/d）	株高 （cm）	叶数 （个）	分枝数 （个）	茎粗 （cm）	茎鲜重 （g）	叶鲜重 （g）
7/25	14.63	16.2	—	0.1944	0.55	1.42
8/12	22.88	29.4	—	0.2065	2.52	3.34
8/20	31.73	41.3	0.5	0.2539	3.02	6.35
8/30	40.05	62.3	1.8	0.3226	6.44	10.32
9/10	47.53	102.8	2.2	0.3380	8.63	17.14
9/21	53.71	119.3	2.8	0.3516	10.94	19.8
9/30	61.09	87.0	3.8	0.3452	9.29	10.56
10/15	56.60	25.3	3.6	0.3844	6.85	5.11

说明："—"无数据或未达到测量的数据要求。

表2-5　二年生蒙古黄芪地上部分生长情况

调查日期 （m/d）	株高 （cm）	叶数 （个）	分枝数 （个）	茎粗 （cm）	茎鲜重 （g）	叶鲜重 （g）
5/14	34.67	32	3.5	0.4425	10.03	7.03
6/08	62.31	81.3	2.3	0.4207	27.69	13.45
7/01	75.6	276.6	3.6	0.4856	31.57	28.61
7/23	94.6	313.2	2.4	0.6216	32.59	30.09
8/10	95.6	266.0	3	0.6329	34.10	28.6
9/02	101.95	210.4	2.7	0.5621	33.40	17.27
9/24	111.73	164.5	3.2	0.6013	32.67	4.85
10/18	104.49	17.3	2.4	0.5814	15.46	0.57

一年生蒙古黄芪株高的生长变化动态　从图2-20中可见，7月25日至8月12日株高生长速度逐渐增加，8月12日开始是株高增长速度最快的时期，9月30日之后一年生蒙古黄芪的株高生长停止。

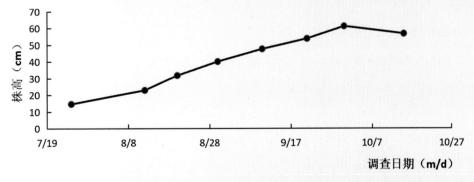

图2-20　一年生蒙古黄芪的株高变化

一年生蒙古黄芪叶数的生长变化动态 从图2-21可见,7月25日至8月12日叶数增长缓慢,但8月12日至9月21日叶数迅速增加,之后缓慢减少,说明这一时期蒙古黄芪下部叶片在枯死、脱落,所以叶数在减少。

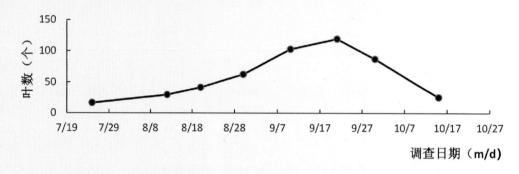

图2-21 一年生蒙古黄芪的叶数变化

一年生蒙古黄芪在不同生长时期分枝数的变化 从图2-22中可见,7月25日至8月12日没有分枝,从8月12日至9月30日分枝进入快速生长时期,从9月30日后分枝数缓慢减少,这也许是由于底部部分分枝干枯脱落的缘故。

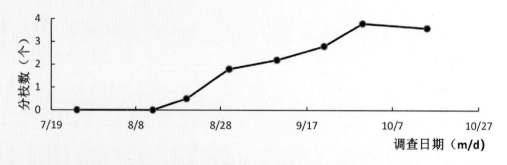

图2-22 一年生蒙古黄芪的分枝数变化

一年生蒙古黄芪茎粗的生长变化动态 从图2-23中可见,7月15日至8月12日茎粗增长缓慢,8月12日至30日是茎粗的快速增长期,其后增长较缓慢并趋于平稳。

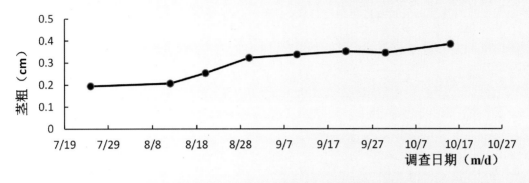

图2-23　一年生蒙古黄芪的茎粗变化

一年生蒙古黄芪叶鲜重的变化动态　从图2-24可见，7月25日至8月12日是叶鲜重缓慢增长期，8月12日至9月21日是叶鲜重快速增长期，9月21日之后叶鲜重开始大幅降低，这可能是由于生长后期叶片逐渐脱落和叶逐渐干枯所致。

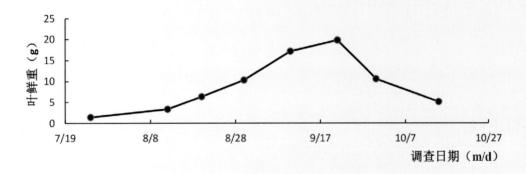

图2-24　一年生蒙古黄芪的叶鲜重变化

一年生蒙古黄芪茎鲜重的变化动态　从图2-25可见，7月25日至8月20日是茎鲜重缓慢增长期，8月20日至9月21日是茎鲜重快速增长期，9月21日之后茎鲜重开始大幅降低，这可能是由于生长后期叶逐渐脱落和茎逐渐干枯所致。

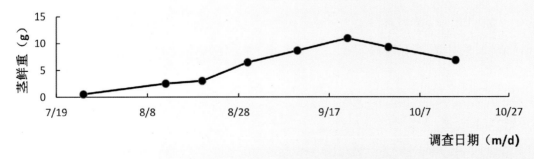

图2-25　一年生蒙古黄芪的茎鲜重变化

二年生蒙古黄芪株高的生长变化动态 从图2-26中可见，5月14日至9月24日是株高增长速度最快的时期，9月24日之后蒙古黄芪的株高逐渐下降，可能是叶片脱落、茎秆上部枯萎断掉的原因。

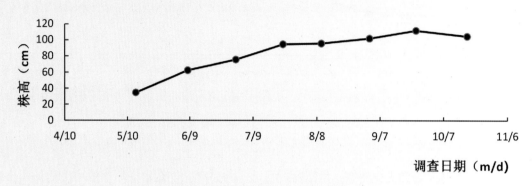

图2-26 二年生蒙古黄芪的株高变化

二年生蒙古黄芪叶数的生长变化动态 从图2-27可见，5月14日至6月8日是叶数增加缓慢时期，6月8日至7月23日是叶数增加最快的时期，其后叶数缓慢变少，说明这一时期蒙古黄芪下部叶片在枯死、脱落，所以叶数在减少。

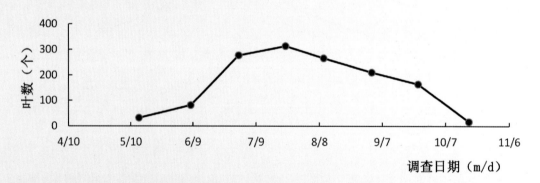

图2-27 二年生蒙古黄芪叶数变化

二年生蒙古黄芪在不同生长时期分枝数的变化情况 图2-28中可见，从7月25日至8月20日是分枝数快速增长期，8月20日至8月30日分枝数呈平稳状态，8月30日至9月10日是分枝数快速增加期，其后分枝数呈现缓慢增加趋势，10月15日开始缓慢下降，这也许是由于底部部分分枝干枯脱落的缘故。

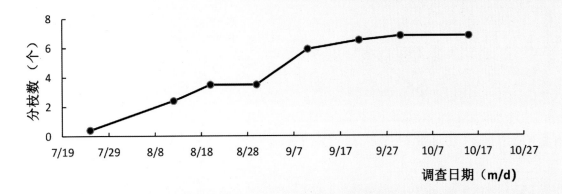

图2-28　一年生蒙古黄芪分枝数变化

二年生蒙古黄芪茎粗的生长变化动态图　从图2-29中可见,5月14至7月23日是茎粗缓慢增长期,7月23日至8月10日为茎粗稳定期,其后增长较缓慢并趋于平稳。

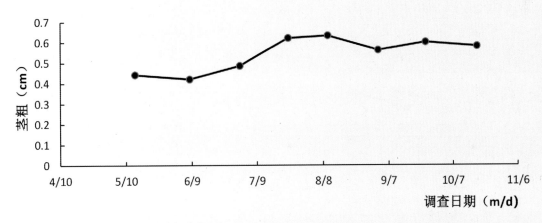

图2-29　二年生蒙古黄芪的茎粗变化

二年生蒙古黄芪茎鲜重的变化动态　从图2-30可见,5月14日至6月8日是茎鲜重快速增长期,在6月8日至8月10日是茎鲜重缓慢增长,8月10日至9月24日茎鲜重基本保持不变,其后茎鲜重开始大幅降低,这可能是由于生长后期茎逐渐干枯所致。

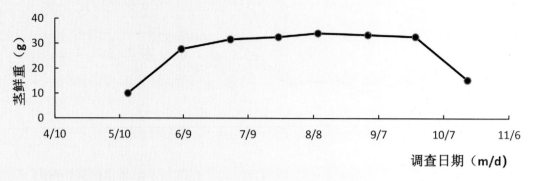

图2-30　二年生蒙古黄芪的茎鲜重变化

二年生蒙古黄芪叶鲜重的变化动态　从图2-31可见，5月14日至7月1日是蒙古黄芪叶鲜重快速增长期，7月1日至8月10日叶鲜重基本保持稳定，其后叶鲜重开始大幅降低，这可能是由于生长后期叶片逐渐脱落和叶片逐渐干枯所致。

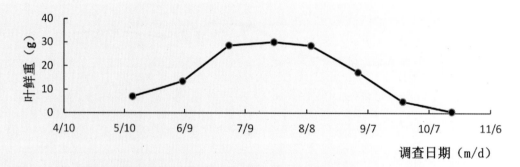

图2-31　二年生蒙古黄芪的叶鲜重变化

（3）蒙古黄芪单株生长图

一年生蒙古黄芪生长图

图2-32　　　　　　　　　　　　　　　　　　图2-33

图2-34   图2-35   图2-36

二年生蒙古黄芪生长图

图2-37   图2-38   图2-39

图2-40   图2-41   图2-42

2.3.2 蒙古黄芪不同时期的根和地上部分的关系

为掌握蒙古黄芪各种性状在不同生长时期的生长动态,分别在不同时期从蒙古黄芪的每个种植小区随机取样10株,将取样所得的蒙古黄芪从茎基部剪下,根、冠分离,去除杂物,将根、冠分别在105℃下杀青30分钟后60℃恒温2天(或2天以上干燥为止),然后放入干燥器中冷却,用1/10000的天平测量质量,以二者的比值为根冠比。

表2-6 一年生蒙古黄芪不同时期的根和地上部分的关系

调查日期(m/d)	7/25	8/12	8/20	8/30	9/10	9/21	9/30	10/15
根冠比	0.3193	0.5131	0.3746	0.4168	0.4754	2.0452	2.1937	4.0167

一年生蒙古黄芪幼苗期根系与枝叶的生长速度有显著差异,根冠比为0.3193:1,表现为幼苗出土初期,根系生长占优势。由于蒙古黄芪生长缓慢,到了9月10日根冠比为0.4754:1。之后地上部分枯萎,地下部分生长特别快,到10月中旬根冠比为4.0167:1(见表2-6所示)。

表2-7 二年生蒙古黄芪不同时期的根和地上部分的关系

调查日期（m/d）	5/14	6/8	7/1	7/23	8/10	9/2	9/24	10/18
根冠比	1.5227	0.9065	0.2935	0.1731	0.1887	0.3343	0.3257	1.1894

说明："—"无数据或未达到测量的数据要求。

二年生蒙古黄芪幼苗期根系与枝叶的生长速度有显著差异，根冠比基本在1.5227∶1，表现为分蘖出土初期，根系生长占优势。7月份地上部分生长所需的养分主要靠枝叶光合产物供给。由于地上部分光合能力增强，枝叶生长加速，其根冠比相应减小为0.1731∶1，地上部生长特别旺盛，其生长量常超过根系生长量的5~6倍。到10月份地上部分枯萎，而地下部分生长特别快，10月18日根冠为1.1894∶1（见表2-7所示）。

2.3.3 蒙古黄芪不同生长期干物质积累

本实验共设计3个小区。每小区分别取样10株，取营养幼苗期、营养生长期、开花期、果实期、枯萎期等5个时期的蒙古黄芪的全株，每穴以植株为中心，取长16~25cm、宽16~25cm、深20~40cm的土块，先用清水冲洗干净，注意避免丢失根量，用滤纸吸干附着的水分，然后将植株按根、茎、叶、花和果实部位装袋，于105℃杀青30min，60℃烘至恒重，测定干物质量，并折算为公顷干物质积累量。

表 2-8 一年生蒙古黄芪各部器官总干物质重变化（kg/hm²）

调查期	根	茎	叶	花	果
幼苗期	140.00	182.00	266.00	—	—
营养期	4921.00	2247.00	3220.00	—	—
枯萎期	5439.00	2471.00	1241.00	—	—

说明："—"无数据或未达到测量的数据要求。

从一年生蒙古黄芪干物质积累与分配的数据（如表2-8所示）可以看出，在不同时期均表现地上、地下部分各营养器官的干物质量均随蒙古黄芪的生长而不断增加。在幼苗期根、茎、叶干物质总量依次为140.00kg/hm²、182.00kg/hm²、266.00kg/hm²；进入营养生长期根、茎、叶具有增加的趋势，其根、茎、叶干物质总量依次为4921.00kg/hm²、2247.00kg/hm²和3220.00kg/hm²。进入枯萎期根、茎、叶依次为5439.00kg/hm²、2471.00kg/hm²、1241.00kg/hm²。其中，根增加较快，茎仍然具有增长的趋势，叶干物质总量有下降的趋势，其原因为通辽市奈曼地区已进入霜期，霜后地上部枯萎后，自然越冬，当年不开花。

表 2-9　二年生蒙古黄芪各部器官总干物质重变化（kg/hm²）

调查期	根	茎	叶	花	果
幼苗期	5469.00	1155.00	1092.00	—	—
营养生长期	5639.00	9870.00	6307.00	—	—
开花期	6024.00	11424.00	6468.00	966.00	—
果实期	7647.00	11578.00	3010.00	—	5495.00
枯萎期	8972.00	5985.00	280.00	—	4368.00

说明："—"无数据或未达到测量的数据要求。

从二年生蒙古黄芪干物质积累与分配的数据（如表 2-9所示）可以看出，在不同时期均表现地上、地下部分各营养器官的干物质量均随蒙古黄芪的生长而增加。在幼苗期根、茎、叶干物质总量依次为5469.00kg/hm²、1155.00kg/hm²、1092.00kg/hm²；进入营养生长期根、茎、叶依次增加至5639.00kg/hm²、9870.00kg/hm²和6307.00kg/hm²，其中茎和叶增加较快。进入开花期根、茎、叶、花依次增加至6024.00kg/hm²、11424.00kg/hm²、6468.00kg/hm²和966.00kg/hm²，其中茎和花增加特别快；进入果实期根、茎、叶和果依次为7647.00kg/hm²、11578.00kg/hm²、3010.00kg/hm²和5495.00kg/hm²，其中，果实增加较快，茎和叶生长具有下降的趋势。进入枯萎期根、茎、叶和果依次为8972.00kg/hm²、5985.00kg/hm²、280.00kg/hm²，和4368.00 kg/hm²，其中根增加，果实进入成熟期，茎和叶生长下降的趋势较明显，即茎和叶进入枯萎期。

3　药材质量评价研究

3.1　药材粉末鉴定鉴别

粉末米黄色，纤维性强，气微，味微甘，嚼之微有豆腥味。纤维较多，成束，稀有单个散离，无色。细长，稍弯曲，直径8~30μm，壁极厚，非木质化，初生壁与次生壁多少分离，表面有较多不规则纵裂纹，孔沟不明显。纤维端常纵裂成帚状。导管主要为具缘纹孔导管，无色或淡黄绿色，直径24~160μm，导管甚短，具缘纹孔排列紧密，椭圆形、类方形或类斜方形，可见3~10个纹孔口连接成线状，也有具缘纹孔横向延长成梯纹状，另有较细的网纹导管。淀粉粒较多，单粒类圆形、椭圆形或类肾形，直径3~13μm，复粒由2~4分粒组成。木栓细胞微黄绿色，表面观呈类多角形或类方形，垂周壁薄，有的呈细波状弯曲。厚壁细胞稀少，呈类三角形或类方形，直径约至604μm，壁厚至10μm，微木质化，层纹可见，孔沟稀少。

3.2 常规检查研究（参照《中国药典》〈2015年版〉》

3.2.1 常规检查测定方法

水分 取供试品2~5g，平铺于干燥至恒重的扁形称量瓶中，厚度不超过5mm，疏松供试品不超过10mm，精密称定，开启瓶盖在100~105℃干燥5h，将瓶盖盖好，移置干燥器中，放冷30min，精密称定，再在上述温度干燥1h，放冷，称重，至连续两次称重的差异不超过5mg为止。根据减失的重量，计算供试品中含水量（%）。

本法适用于不含或少含挥发性成分的药品。

$$含水量（\%）= \frac{M_2 - M_3}{M_2 - M_1} \times 100\%$$

公式中M_1：表示器皿重量（g）；M_2：表示器皿+样品烘前重量（g）；M_3：表示器皿+样品烘恒重后重量（g）。试验所得数据用Microsoft Excel 2013进行整理计算。

总灰分 测定用的供试品须粉碎，过二号筛，混合均匀后取供试品2~3g（如需测定酸不溶性灰分，可取供试品3~5g），置炽灼至恒重的坩埚中，称定重量（准确至0.01g），缓缓炽热，注意避免燃烧，至完全炭化时，逐渐升高温度至500~600℃，使完全灰化并至恒重。根据残渣重量，计算供试品中总灰分的含量（%）。

$$总灰分（\%）= \frac{M_2 - M_3}{M_2 - M_1} \times 100\%$$

公式中M_1：表示器皿重量（g）；M_2：表示器皿+样品烘前重量（g）；M_3：表示器皿+样品烘恒重后重量（g）。试验所得数据用Microsoft Excel 2013进行整理计算。

浸出物 水溶性冷浸法：取供试品约4g，精密称定，置250~300ml的锥形瓶中，精密加水100ml，密塞，冷浸，前6h内时时振摇，再静置18h，用干燥滤器迅速滤过，精密量取续滤液20ml，置已干燥至恒重的蒸发皿中，在水浴上蒸干后，于105℃干燥3h，置干燥器中冷却30min，迅速精密称定重量。除另有规定外，以干燥品计算供试品中水溶性浸出物的含量（%）。

$$浸出物（\%）= \frac{（浸出物及蒸发皿重 - 蒸发皿重）\times 加水（或乙醇）体积}{供试品的重量 \times 量取滤液的体积} \times 100\%$$

$$RSD（\%）= \frac{标准偏差}{平均值} \times 100\%$$

3.2.2 结果与分析

水分 参照《中国药典》2015年版四部（第103页）第二法（烘干法）测定。取上述采集的蒙古黄芪药材样品，测定并计算蒙古黄芪药材样品中含水量（质量分数，%），平均值为4.96%，根据所测数值计算RSD≤1.13%，在《中国药典》（2015年版，一部）蒙古黄芪药材项下内容要求水分不得过15.0%，本药材符合药典规定要求（见表2-10）。

总灰分　参照《中国药典》2015年版四部（第202页）灰分测定法测定。取上述采集的蒙古黄芪药材样品，测定并计算蒙古黄芪药材样品中总灰分和酸不溶性灰分含量（%），总灰分含量平均值为2.81%，根据所测数值计算RSD≤2.92%，在《中国药典》（2015年版，一部）蒙古黄芪药材项下内容要求总灰分不得过5.0%，本药材符合规定要求（见表2-10）。

浸出物　参照《中国药典》2015年版四部（第202页）水溶性浸出物测定法（冷浸法）测定。取上述采集的蒙古黄芪药材样品，测定并计算蒙古黄芪药材样品中含水量（质量分数，%），平均值为23.70%，根据所测数值计算RSD≤1.36%，在《中国药典》（2015年版，一部）蒙古黄芪药材项下内容要求浸出物不得少于17%，本药材符合药典规定要求（见表2-10）。

表2-10　蒙古黄芪药材样品中水分、总灰分、浸出物含量

测定项	平均（%）	RSD（%）
水分	4.96	1.13
总灰分	2.81	2.92
浸出物	23.70	1.36

本试验研究按照《中国药典》（2015年版，一部）蒙古黄芪药材项下内容的要求，根据奈曼产地蒙古黄芪药材的实验测定结果，蒙药材蒙古黄芪样品水分、总灰分、浸出物的平均含量分别为4.96%、2.81%、23.70%，符合《中国药典》规定要求。

3.3　不同产地蒙古黄芪中的黄芪甲苷和毛蕊异黄酮葡萄糖苷含量测定

3.3.1　实验设备、药材、试剂

仪器、设备　Agilent Technologies-1260Infinity型高效液相色谱仪，SQP型电子天平（赛多利斯科学仪器（北京）有限公司），KQ-600DB型数控超声波清洗器（昆山市超声仪器有限公司），HWS26型电热恒温水浴锅。Millipore-超纯水机。

实验药材（表2-11）

表2-11　蒙古黄芪供试药材来源

编号	采集地点	采集时间	采集经度	采集纬度
Y1	内蒙古自治区通辽市奈曼旗昂乃（基地）	2017.10.28	120° 42′ 10″	42° 45′ 19″

对照品 黄芪甲苷(国家食品药品监督管理总局采购,编号:J04M8T30363);

毛蕊异黄酮葡萄糖苷(国家食品药品监督管理总局采购,编号:111920-201663)。

试剂 乙腈(色谱纯)、超纯水、甲酸。

3.3.2 实验方法

色谱条件 以十八烷基硅烷键合硅胶为填充剂,以乙腈-水(32:68)为流动相,蒸发光散射检测器检测。理论板数按黄芪甲苷峰计算应不低于4000。

对照品溶液的制备方法 取黄芪甲苷对照品适量,精密称定,加甲醇制成每1ml含0.5mg的溶液,即得。

供试品溶液的制备方法 取本品中粉约4g,精密称定,置索氏提取器中,加甲醇40ml,冷浸过夜,再加甲醇适量,加热回流4h,提取液回收溶剂并浓缩至干。残渣加水10ml,微热使溶解,用水饱和的正丁醇振摇提取4次,每次40ml,合并正丁醇液,用氨试液充分洗涤2次,每次40ml,弃去氨液,正丁醇液蒸干。残渣加水5ml使溶解,放冷,通过D101型大孔吸附树脂柱(内径为1.5cm,柱高为12cm),以水50ml洗脱,弃去水液,再用40%乙醇30ml洗脱,弃去洗脱液,继续用70%乙醇80ml洗脱,收集洗脱液,蒸干。残渣加甲醇溶解,转移至5ml量瓶中,加甲醇至刻度,摇匀,即得。

测定法 分别精密吸取对照品溶液20μl,供试品溶液20μl,注入液相色谱仪,测定,用外标两点法对数方程计算,即得。

本品按干燥品计算,含黄芪甲苷($C_{41}H_{68}O_{14}$)不得少于0.040%。

3.3.3 样品测定

取蒙古黄芪样品约4.0g,精密称取,分别按3.3.2项下的方法制备供试品溶液。

精密吸取供试品溶液各20μl,分别注入液相色谱仪,测定,并计算含量。结果见表2-12。

表2-12 黄芪甲苷的含量测定

No.	g	A	log	%	水分(%)	干燥品计(%)
奈曼昂乃基地	4.0069	15867.6	4.11	0.0421	4.87	0.0425

3.3.4 实验方法

色谱条件 以十八烷基硅烷键合硅胶为填充剂;以乙腈为流动相A,以0.2%甲酸溶液为流动相B,按表2-13中的规定进行梯度洗脱;检测波长为260nm;理论板数按毛蕊异黄酮葡萄糖苷峰面积计算应不低于3000。

表2-13 梯度洗脱

时间（min）	流动相A（%）	流动相B（%）
0~20	20→40	80→60
20~30	40	60

对照品溶液的制备 取毛蕊异黄酮葡萄糖苷对照品适量，精密称定，加甲醇制成每1ml含50μg的溶液，即得。

供试品溶液的制备 取本品粉末（过四号筛）约1g，精密称定，置圆底烧瓶中，精密加入甲醇50ml，称定重量，加热回流4h，放冷，再称定重量，用甲醇补足减失的重量，摇匀，滤过，精密量取续滤液25ml，回收溶剂至干。残渣加甲醇溶解，转移至5ml量瓶中，加甲醇至刻度，摇匀，即得。

测定法 分别精密吸取对照品溶液与供试品溶液各10μl，注入液相色谱仪，测定，即得本品，按干燥品计算，含毛蕊异黄酮葡萄糖苷（$C_{22}H_{22}O_{10}$）不得少于0.020%。

3.3.5 样品测定

取蒙古黄芪样品约1.0g，精密称取，分别按3.3.4项下的方法制备供试品溶液，精密吸取供试品溶液各10μl，分别注入液相色谱仪，测定，并计算含量（表2-14）。

表2-14 毛蕊异黄酮葡萄糖苷含量测定

No.	g	A	%	水分（%）	干燥品计（%）
奈曼昂乃基地	1.0062	2267247	0.012	4.96	0.023

3.3.6 结论

本实验对蒙古黄芪中黄芪甲苷和毛蕊异黄酮葡萄糖苷的含量进行测定，结果显示出奈曼种植的蒙古黄芪含量符合《中国药典》的含量。

射 干 ᠱᠢᠷᠡ ᠬᠡᠷ

BELAMCANDAE RHIZOMA

蒙药材射干为鸢尾科植物射干*Belamcanda chinensis*（L.）DC.的干燥根茎。

1 射干的研究概况

1.1 蒙药学考证

蒙药材射干为常用祛巴达干药。《中国医学百科全书·蒙医学》记载：蒙古名"协日-海其-额布苏"，别名"布舍勒"。《无误蒙药鉴》记载："生于山坡，草原旷地；簇生，茎有三、四、五、六个，根具冰片气味。来自印度和上域者极好。"《戒律释集》记载："毕拉纳屎马蔺。"《晶珠本草》记载："簇生，茎有三、四、五、六个，根具冰片气味。来自印度和上域者极好。"《中华本草》（蒙药卷）记载："鸢尾科植物射干的干燥根茎。"本品味苦，性凉，效钝、稀、柔，具有祛巴达干、止吐之功效，主要用于治疗恶心，呕吐，胃痛，宝如病，热毒痰火郁结，咽喉肿痛，痰涎壅盛，咳嗽气喘等症。

1.2 化学成分及药理作用

1.2.1 化学成分

异黄酮类成分 鸢尾苷元（irigenin），鸢尾黄酮（tectorigenin），鸢尾黄酮苷（tectoridin），射干异黄酮（belamcanidin），甲基尼泊尔鸢尾黄酮（methylirisolidone），鸢尾黄酮新苷元（iristectoriginin）A，洋鸢尾素（irisflorentin），野鸢尾苷（iridin），5-去甲洋鸢尾素（noririsflorentin），异丹叶大黄素（isorhapontigenin），鸢尾苷元-5-O-（6″-O-香草酸）β-D-葡萄糖苷〔irigenin-5-O-（6″-O-vanillin acid）β-D-glucosode〕，2，3-二氢鸢尾苷元（2，3-dihydroirigenin），6″-O-香草酰鸢尾苷元（6″-O-vanilloyliridin），6″-O-羟基苯甲酰野鸢尾苷（6″-O-phydrobenzoyliridin），5，6，7，3′-四羟基-4′-甲氧基黄酮（5，6，7，

3′-tetrahydro-4′-methoxyisoflavone），3′，4′，5，7-四羟基-8-甲氧基异黄酮（3′，4′，5，7-tetrahydro-8-methoxy-isoflavone），鸢尾黄酮新苷元（iristectorigenin）B（7，4′-di-O-methyliristectorigenin B），射干素（shegansu）B、C等。三萜类成分：茶叶花宁（apocynin），射干酮（belanmcandone）A、B、C、D，belachinal，anhydrobelachinal，epianhydrobelachinal，isoan-hydrobelachinal，射干醛（belamcandal），28-去乙酰基射干醛（28-deacetylbelamcandal），异德国鸢尾醛（isoridogermanal），16-O-乙酰基异德国鸢尾醛（16-O-acetylisoiridogermanal），右旋的（6R，10S，11S，14S，26R）-26-羟基-15-亚甲基螺鸢尾-16-烯醛〔（6R，10S，11S，14S，26R）-26-hydroxy-15-methylidene spiro irid-16-enal〕，3-O-癸酰基-16-O-乙酰基异德国鸢尾醛（3-O-decanoyl-16-O-acetyl-isoiridogermanal），3-O-四癸酰基-16-O-乙酰基异德国鸢尾醛（3-O-tetradecanoyl-16-O-acetylisoiridogermanal）等。

还含胡萝卜苷（daucosterol），白藜芦醇（resveratrol），对羟基苯甲酸（p-hydroxybenzoic acid），β-谷甾醇（β-sitosterol），3-豆甾烯醇（3-stigmastenol），白射干素（dichotomitin）。

1.2.2 药理作用

抗炎作用 射干对炎症早期和晚期均有显著的抑制作用。乙醇提取物22g/kg灌胃，对组胺、醋酸所致的小鼠皮肤和腹腔毛细血管通透性增高，对巴豆油所致耳肿胀均有抑制作用。13g/kg灌胃，对大鼠的透明质酸酶或甲醛性肿胀及棉球肉芽组织增生也均有明显抑制作用。其有效成分之一1,4-苯醌是抗氧化剂和炎症抑制剂。射干另一有效成分芒果苷50mg/kg腹腔注射或口服，对角叉菜胶诱发的大鼠后脚爪水肿，棉球植入以及肉芽囊肿均有明显的抗炎作用。

抗过敏作用 鸢尾黄酮对大鼠因卵清蛋白诱导的被动皮肤过敏的抑制率为40%。

抗微生物作用 乙醇提取物对细菌（大肠杆菌、铜绿假单胞菌、金黄色葡萄球菌、溶血性链球菌等）和真菌的抑制浓度和抗菌谱明显优于煎剂和水浸剂。10%乙醇提取物对京防86-1（加1型）流感病毒也有抑制作用。

祛痰作用 乙醇提取物25g/kg灌胃，能明显增加小鼠呼吸道排痰量。

对神经细胞的作用 射干醇A、B和另一苯并呋喃衍生物能增进乙酰胆碱能神经细胞的生存和生长，并能增加胆碱乙酰化酶的活性。

雌性激素样作用 射干提取物静脉注射能抑制去卵巢小鼠的促性腺激素释放激素的间断释放，抑制LH的分泌。从射干中提取的鸢尾苷、鸢尾黄素可作为有器官选择性的雌性激素样药物，选择性地治疗和预防心血管疾病（例如小动脉硬化）、骨质疏松和更年期综合征。

其他作用 射干灌胃对小鼠吲哚美辛-乙醇性溃疡形成有保护作用，有对抗蓖麻油引起小鼠小肠性腹泻的作用,且作用持久;并延长大鼠实验性体内血栓形成。射干提取物显示毒鱼活性,而且对小鼠白血病P388淋巴细胞具有细胞毒作用。射干具有明显的抗凝血作用,其活性成分大约是分子量为10000的含有半乳糖醛酸和鼠李糖的酸性多糖。射干醇A和射干醌A对5-脂氧合酶有抑制作用,其IC_{50}分别为0.6μmol/L、1.57μmol/L。鸢尾苷有抑制二磷酸腺苷转化成三磷腺苷而显示改善毛细血管渗透的作用。芒果苷有明显的利胆作用,鸢尾苷有利尿作用,家兔皮下注射25mg/kg效果显著。

毒性 射干乙醇提取物小鼠灌胃的LD_{50}为66.78g/kg。射干乙醇提取物按相当于人用量(9g/50kg)的277倍剂量50g/kg,给小鼠灌胃观察7日,动物均健存。

1.3 资源分布状况

产于吉林、辽宁、河北、山西、山东、河南、安徽、江苏、浙江、福建、台湾、湖北、湖南、江西、广东、广西、陕西、甘肃、四川、贵州、云南、西藏等省区。生于林缘或山坡草地,大部分生长于海拔较低的地方,但在西南山区,海拔2000~2200m处也可生长。也产于朝鲜、日本、印度、越南、俄罗斯等。

1.4 生态习性

适应性强,喜温暖,耐寒,耐干旱;以选阳光充足,土层深厚,疏松肥沃,排水良好的砂质壤土栽培为宜。

1.5 栽培技术与采收加工

1.5.1 选地、整地

育苗地选择土层深厚、有灌溉条件的砂质壤土,播种前施足充分腐熟的有机肥,用50%辛硫磷乳油拌成毒土撒施翻入土壤中预防地里的害虫,肥料和农药要摊撒均匀,然后整地作成3m×5m畦待用。种植地宜选地势高燥、排水良好、土层较深厚的砂质壤土地,一般山地、平地也可种植,但不宜在黏土、积水地、盐碱地种植。整地时施足基肥,一般用人粪尿、草木灰和钙镁磷等肥料作基肥,每亩施入畜粪肥2500~3000kg,加适量草木灰捣细撒于地内,深耕21~24cm,耙细整平,作120cm宽、20cm高的畦。

1.5.2 繁殖方法

播种时间 春秋两季播种。

播种方法 种子繁殖或根茎繁殖,以种子繁殖多用。9月下旬至10月上旬,采收成熟种子后要及时用湿沙贮藏,或随收随播,忌强光暴晒,否则影响出苗。春秋两季播种。播种方法分育苗和直播两种。

种子育苗　3月下旬至4月上旬，将种子均匀撒播于整好的畦内，覆土3cm，稍加镇压后盖上稻草。保持苗床湿润，约一周后出苗。每亩播种10kg。出苗后及时揭开稻草，秋播在霜降前后，播种方法同上，次春4月初出苗，苗床管理简便，灌水2~3次，见草就拔。

种子直播　在备好的畦上，按株、行距25cm×30cm开穴，每穴施土杂肥或干粪肥少许，与底土拌匀，上再盖2cm细土，每穴撒种子5~6粒，覆土，浇水，盖草保墒。每亩用种2.5~3.0kg。

定植　6月初苗高6cm左右时，按株、行距25cm×30cm移栽定植到大田，然后灌水，成活率可在90%以上。

1.5.3　田间管理

间苗、定苗　定苗间苗时除去过密苗、瘦弱苗、病虫苗，选留健壮苗。间苗宜早不宜迟，一般间苗2次，最后在苗高10cm时定苗，每穴留苗1~2株，缺苗及时补苗，大田补苗和间苗宜同时进行，选阴天或晴天傍晚进行，带土补短，浇足定根水，每亩定植1.2万~1.5万株。

中耕除草和追肥　中耕除草、培土，春季应勤除草和松土，6月封行后不再松土除草，而在根际培土，否则雨季容易倒伏，或从叶柄基部折断，影响根状茎和种子产量。

灌溉和排水　灌溉、排水出苗期需灌水保持田间湿润，幼苗高10cm以上时可少灌水或不灌水，雨季要特别注意排水。

摘花　种子繁殖者次年开花结果，根状茎繁殖者当年开花结果。花期长，开花结果消耗养分多，故在不留种地块发现抽薹时应及时摘除，一般进行2~3次，以利根状茎生长。

1.5.4　病虫害及其防治

病害及其防治　射干锈病主要危害茎叶。防治方法：秋后清理田园，除尽枯枝落叶，增施磷钾肥，提高抗病能力，在发病初期喷洒25%粉锈宁1000~1500倍液，或20%萎锈灵200倍液，或65%代森锌500倍液，每周喷1次，连喷2~3次。圆叶枯病，主要危害叶片。防治方法：秋后清理田园，除尽带病的枯枝落叶，在发病初期喷洒50%多菌灵1000倍液，每隔7~10天喷1次，连喷2~3次。

虫害及其防治　射干钻心虫，幼虫危害幼嫩心叶、叶鞘、茎基部，致使茎叶被咬断，植株枯萎。高龄幼虫可钻入土下10cm，危害根状茎，常导致病菌侵入，引起根腐。防治方法：成虫期用灯光诱杀；10月底收刨时，把铲下的茎叶立即翻入深的土层内，将叶柄基部的蛹或幼虫同时带入土内，翌年成虫就不能出土羽化。人工摘除一年生蕾及花，可消灭大量幼虫。移栽时用90%敌百虫晶体500倍液浸根20~30min。4月下旬和8月中旬钻心虫发生期，用48%毒死蜱乳油1500倍液，或4.5%氯氰菊酯2000倍液，或90%敌百虫晶体800倍液，喷洒在秧苗心叶处，每7天喷1次，连喷1~2次。地老虎，主要危害根茎。防治方法：成虫产卵前利用黑光灯诱杀、采用毒饵诱杀，每亩用90%敌百虫晶体0.5kg，或50%辛硫磷乳油0.5kg，用水8~10kg喷洒到炒过的40kg棉仁饼或麦麸上制成毒饵，于傍晚撒在秧苗周围，诱杀幼虫每亩用90%敌百虫粉剂1.5~2kg，加细土20kg，配制成毒土，顺垄撒在幼苗根际附近毒杀，或用50%辛硫磷乳油0.5kg，用适量水喷拌细土50kg，在翻耕地时撒施。幼虫发生期，用4.5%高效氯氰菊酯3000倍液，或50%辛硫磷乳油1000倍液喷灌。蛴螬主要为害根茎。防治方法：冬前将栽种地块深耕细耙，减少幼虫越冬基数，每亩用5%毒死蜱颗粒剂900g拌细土30kg，均匀撒施田间后浇水，或用3%辛硫磷颗粒剂3~4kg混细沙土10kg制成药土，在播种时撒施用90%敌百虫晶体，或用50%辛硫磷乳油800倍液灌根。

1.5.5 采收加工

采收 种子直播者3年收获，根状茎繁殖者2年收获。于霜降前后植株茎叶枯萎时采收。挖出根茎后，去掉茎叶和泥土，晒或烘至半干，搓去须根，或放在铁丝筛内吊起，用火烧掉须毛，然后再晒或烘至全干。

2 生物学特性研究

2.1 奈曼地区栽培射干物候期

2.1.1 观测方法

自通辽奈曼旗蒙药材种植基地栽培的射干大田中，选择10株生长良好、无病虫害的健壮植株编号挂牌，作定位观测，并记录。2016年5月至2017年11月间连续观测记录各定株物候出现的日期，以10株平均期作为原始值。观测应具连续性，不漏测任何一个物候期。观测时间和顺序固定，开花期上午8：00~11：30，晴天观测。观测部位以植株判断其物候期，主茎受损时另选植株，并注明。

2.1.2 物候期的划分

物候期的划分是根据栽培射干生长发育过程中不同时期植物生长发育特点，并参考其他植物物候期的划分情况完成的。为了划分依据统一，始、初期均以群体中植株出现开花或展叶或坐果5%~15%为标准，盛、旺期以40%~60%为标准，末期以80%~90%为标准。将射干的生育全过程分为播种期、出苗期、4~6叶期、分枝期、花蕾期、开花初期、盛花期、落花期、坐果初期、果实成熟期、枯萎期。出苗期为种子萌发后，幼苗露出地面2~3cm的时期；4~6叶期（伸长期）是叶生长的关键时期；分枝期是植株茎秆快速生长时期，其与伸长期基本同季，是植物营养生长高峰期；现蕾开花期是植株现蕾开花时期；坐果初期是射干开始坐果的时期；果实成熟期是整株植物结实及果实成熟的关键时期，其与现蕾开花期组成射干的生殖生长期；枯萎期是根据植株在夏末、秋初出现春发植株大量死亡现象而设置的一个生育时期；播种期为射干实际播种日期。

2.1.3 物候期观测结果

一年生射干播种期为5月13日，出苗期自6月24日起历时4天，4~6叶期为6月下旬至7月21日历时23天，分枝期共30天，一年生射干没有花果期，枯萎期为11月上旬。

二年生射干返青期为4月末至5月初历时8天，分枝期共计2天。花蕾期自6月底至7月底共计23天，开花初期历时3天，盛花期36天，坐果初期为20天，果实成熟期共计15天，枯萎期历时4天。

表3-1-1　射干物候期观测结果（m/d）

年份 时期	播种期 出苗期 二年返青期		4~6叶期	分枝期	花蕾期	开花初期
一年生	5/13	6/24~6/28	6/28~7/21	7/2~8/1	—	—
二年生	4/26~5/4		5/11~6/10	6/28~6/30	6/30~7/23	7/23~7/26

表3-1-2　射干物候期观测结果（m/d）

年份 时期	盛花期	落花期	坐果初期	果实成熟期	枯萎期
一年生	—	—	—	—	11/2
二年生	7/26~8/31	8/31~9/15	9/15~10/5	9/14~10/1	10/5~10/9

2.2 形态特征观察研究

多年生草本。根状茎为不规则的块状，斜伸，黄色或黄褐色；须根多数，带黄色。茎高1~1.5m，实心。叶互生，嵌叠状排列，剑形，长20~60cm，宽2~4cm，基部鞘状抱茎，顶端渐尖，无中脉。花序顶生，叉状分枝，每分枝的顶端聚生有数朵花；花梗细，长约1.5cm；花梗及花序的分枝处均包有膜质的苞片，苞片披针形或卵圆形；花橙红色，散生紫褐色的斑点，直径4~5cm；花被裂片6，2轮排列，外轮花被裂片倒卵形或长椭圆形，长约2.5cm，宽约1cm，顶端钝圆或微凹，基部楔形，内轮较外轮花被裂片略短而狭；雄蕊3枚，长1.8~2cm，着生于外花被裂片的基部，花药条形，外向开裂，花丝近圆柱形，基部稍扁而宽；花柱上部稍扁，顶端3裂，裂片边缘略向外卷，有细而短的毛，子房下位，倒卵形，3室，中轴胎座，胚珠多数。蒴果倒卵形或长椭圆形，长2.5~3cm，直径1.5~2.5cm，顶端无喙，常残存有凋萎的花被，成熟时室背开裂，果瓣外翻，中央有直立的果轴。种子圆球形，黑紫色，有光泽，直径约5mm，着生在果轴上。

射干形态特征例图

图3-1   图3-2

图3-3   图3-4

图3-5　　　　　　　　　　　　　　　图3-6

2.3.1　射干营养器官生长动态

（1）射干地下部分生长动态　为掌握射干各种性状在不同生长时期的生长动态，分别在不同时期对射干的根长、根粗、侧根数、根鲜重等性状进行了调查（见表3-2、3-3）。

表3-2　一年生射干地下部分生长情况

调查日期 （m/d）	根长 （cm）	根粗 （cm）	侧根数 （个）	侧根长 （cm）	侧根粗 （cm）	根鲜重 （g）
7/30	7.14	—	—	—	—	0.49
8/10	7.70	—	—	—	—	0.56
8/20	8.78	—	—	—	—	0.89
8/30	12.67	—	—	—	—	1.23
9/10	15.24	—	—	—	—	3.79
9/20	16.60	—	—	—	—	6.17
9/30	17.19	—	—	—	—	7.50
10/15	17.84	—	—	—	—	9.19

说明："—"无数据或未达到测量的数据要求。

表3-3　二年生射干地下部分生长情况

调查日期 （m/d）	根长 （cm）	根粗 （cm）	侧根数 （个）	侧根长 （cm）	侧根粗 （cm）	根鲜重 （g）
5/17	17.74	—	—	—	—	5.61
6/8	19.91	—	—	—	—	7.05
6/30	22.60	—	—	—	—	8.18
7/22	23.02	—	—	—	—	9.25
8/11	24.17	—	—	—	—	13.54
9/2	23.11	—	—	—	—	19.42
9/24	24.70	—	—	—	—	34.15
10/16	25.38	—	—	—	—	42.12

说明："—"无数据或未达到测量的数据要求。

　　一年生射干根长的变化动态　从图3-7可见,7月30日至8月20日根长缓慢增长,8月20日至8月30日是射干根快速增长阶段,8月30日至10月15日根长虽然在增长,但速度非常缓慢,说明一年生射干根长主要是在10月中旬前增长,其后停止生长。

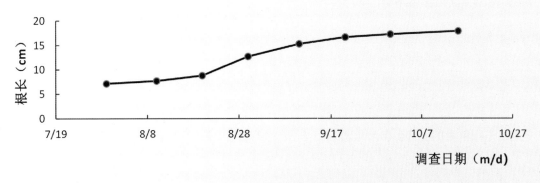

图3-7　一年生射干的根长变化

　　一年生射干根鲜重的变化动态　从图3-8可见,一年生射干的根鲜重从8月30日至10月15日均呈稳定的增长趋势。说明射干在第一年里根鲜重始终在增加,生长后期增速较快。

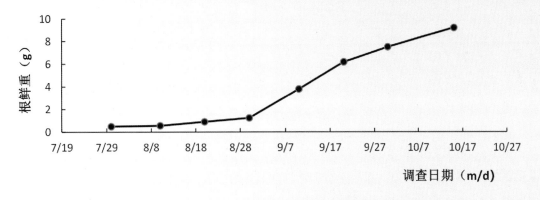

图3-8　一年生射干的根鲜重变化

　　二年生射干根长的变化动态　从图3-9可见,自5月17日取样开始到10月16日测定结束,根长一直在缓慢增长,说明二年生射干的根长增长稳定,但是增长量不大。

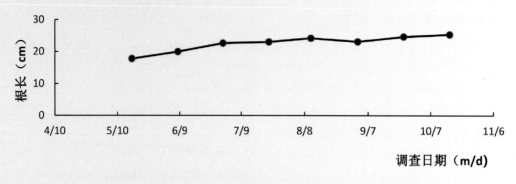

图3-9　二年生射干的根长变化

二年生射干根鲜重的变化动态　从图3-10可见，5月17日至7月22日根鲜重变化趋于缓慢上升状态，7月22日至10月16日为根鲜重迅速增加期。

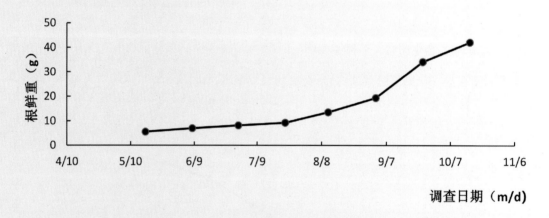

图3-10　二年生射干的根鲜重变化

（2）**射干地上部分生长动态**　为掌握射干各种性状在不同生长时期的生长动态，分别在不同时期对射干的株高，叶数，分枝数，茎、叶鲜重等性状进行了调查（见表3-4、表3-5）。

表3-4　一年射干地上部分生长情况

调查日期	株高	叶数	分枝数	茎粗	茎鲜重	叶鲜重
（m/d）	（cm）	（个）	（个）	（cm）	（g）	（g）
7/25	9.26	3.4	—	—	—	0.84
8/12	13.20	5.2	—	—	—	3.48
8/20	19.86	6.2	—	—	—	5.41
8/30	26.13	7.4	—	—	—	7.22
9/10	34.12	8.9	—	—	—	10.75
9/21	42.73	8.6	—	—	—	16.10

续 表

| 调查日期 | 株高 | 叶数 | 分枝数 | 茎粗 | 茎鲜重 | 叶鲜重 |
（m/d）	（cm）	（个）	（个）	（cm）	（g）	（g）
9/30	44.38	7.2	—	—	—	15.55
10/15	43.40	5.5	—	—	—	12.35

说明："—"无数据或未达到测量的数据要求。

表3-5 二年生射干地上部分生长情况

| 调查日期 | 株高 | 叶数 | 分枝数 | 茎粗 | 茎鲜重 | 叶鲜重 |
（m/d）	（cm）	（个）	（个）	（cm）	（g）	（g）
5/14	16.52	9.0	—	—	—	3.95
6/08	32.93	10.5	—	—	—	11.31
7/01	52.33	13.3	—	0.6745	18.82	31.54
7/23	73.02	9.4	—	0.7237	19.39	26.05
8/10	94.11	8.3	—	0.7836	22.87	23.07
9/02	102.90	8.5	—	0.9720	31.01	21.52
9/24	107.00	8.2	—	0.9454	34.82	12.98
10/18	109.80	—	—	0.9065	43.87	—

说明："—"无数据或未达到测量的数据要求。

一年生射干株高的生长变化动态 从图3-11中可见,7月25日至8月12日生长缓慢,8月12日至9月30日是株高增长速度最快的时期,9月30日之后一年生射干的株高增长平稳。其后株高缓慢下降,这是由于生长后期叶片逐渐脱落和叶片逐渐干枯所致。

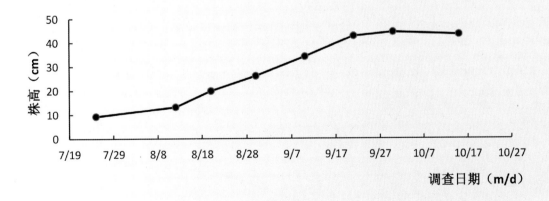

图3-11 一年生射干的株高变化

一年生射干叶数的生长变化动态 从图3-12可见,7月25日至9月10日是叶数增加最快的时期,其后,9月10日至9月21日叶数缓慢下降,到9月21至10月15日叶数迅速变少,说明这一时期射干下部叶片在枯死、脱落,所以叶数在减少。

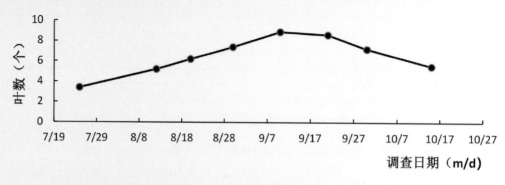

图3-12 一年生射干的叶片数变化

一年生射干叶鲜重的变化动态 从图3-13可见,7月25日至9月21日是叶鲜重快速增长期,9月21日至10月15日叶鲜重开始缓慢降低,这可能是由于生长后期叶片逐渐脱落和叶逐渐干枯所致。

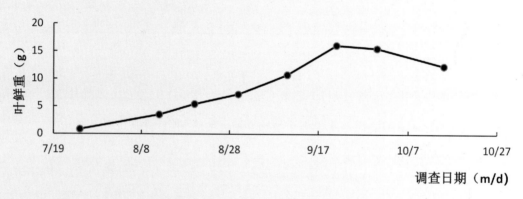

图3-13 一年生射干的叶鲜重变化

二年生射干株高的生长变化动态 从图3-14可见,5月14日至8月10日是株高增长速度最快的时期,8月10日之后射干的株高增长缓慢而平稳。

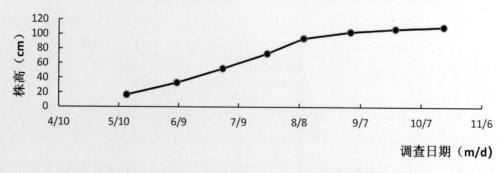

图3-14 二年生射干的株高变化

二年生射干叶数的生长变化动态 从图3-15可见,5月14日至7月1日是叶数增加最快的时期,7月1日至9月24日叶数缓慢下降,但9月24日至10月18日叶数迅速变少,说明这一时期射干下部叶片在枯死、脱落,所以叶数在减少。

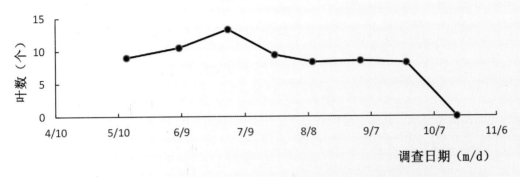

图3-15 二年生射干的叶数变化

二年生射干茎粗的生长变化动态 从图3-16中可见,5月14至6月9日射干没有茎或者茎很细,不在测量范围内,其后茎粗迅速增加,7月1日至9月2号增加缓慢,到9月2日后茎粗开始有所下降,是由于茎在生长后期脱水干燥导致的。

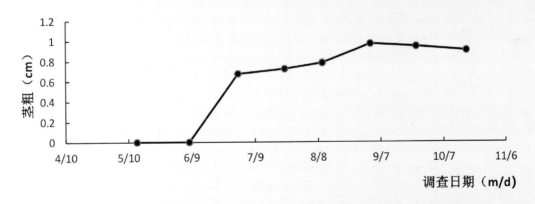

图3-16 二年生射干的茎粗变化

二年生射干茎鲜重的变化动态 从图3-17可见,从5月14至6月9日射干没有茎或者茎很细,不在测量范围内,其后茎鲜重增加迅速,在7月1日至10月18日增长缓慢而稳定,自10月末开始停止生长或逐渐下降,是茎逐渐干枯所致。

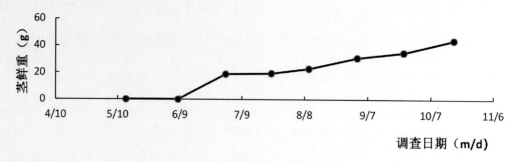

图3-17　二年生射干的茎鲜重变化

二年生射干叶鲜重的变化动态　从图3-18可见，5月14日至7月1日是叶鲜重快速增长期，7月1日至10月18日叶鲜重开始缓慢降低，这可能是由于生长后期叶片逐渐脱落和叶逐渐干枯所致。

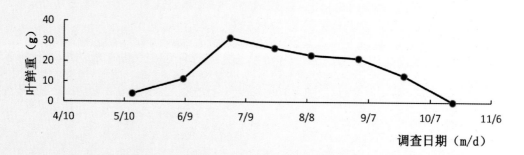

图3-18　二年生射干的叶鲜重变化

（3）射干单株生长图

一年生射干生长图

图3-19　　　　　　　　　　　　　　　　　图3-20

图3-21　　　　　　　　图3-22　　　　　　　　图3-23

二年生射干生长图

图3-24　　　　　　　　图3-25

图3-26

图3-27

图3-28

图3-29

2.3.2 射干不同时期的根和地上部分的关系

为掌握射干各种性状在不同生长时期的生长动态，分别在不同时期从每个种植小区随机取射干10株，将取样所得的射干从茎基部剪下，根、冠分离，去除杂物，将根、冠分别在105℃下杀青30分钟后60℃下恒温2天（或2天以上干燥为止），然后放入干燥器中冷却，用1/10000的天平测量质量，以二者的比值为根冠比。

表3-6　一年生射干不同时期的根和地上部分的关系

调查日期（m/d）	7/25	8/12	8/20	8/30	9/10	9/21	9/30	10/15
根冠比	0.7000	0.2527	0.2226	0.2552	0.5759	0.6676	0.8303	0.9095

从表3-6可见，一年生射干幼苗期根系与枝叶的生长速度有显著差异，根冠比基本在0.7000∶1，表现为幼苗出土初期，地上部分生长占优势。到了8月20日根冠比相应减小为0.2226∶1，之后地上部分开始慢慢干枯，到10月15日根冠比为0.9095∶1。

表3-7　二年生射干不同时期的根和地上部的关系

调查日期（m/d）	5/14	6/8	7/1	7/23	8/10	9/2	9/24	10/18
根冠比	3.1164	0.9446	0.3450	0.4527	0.3657	0.5501	0.6584	1.0117

从表3-7可见，二年生射干幼苗期根系与枝叶的生长速度有显著差异，幼苗出土初期的根冠比在3.1164∶1，根系生长占优势。6月初由于地上部分光合能力增强，枝叶生长加速，其生长总量逐渐接近地下部分，根冠比相应减小为0.9446∶1。随后地上部分生长特别旺盛，其生长量常超过根系生长量的1~2倍。10月份地上部分慢慢枯萎，10月18日根冠比为1.0117∶1。

2.3.3 射干不同生长期干物质积累

本实验共设计3个小区。每小区取样10株，分别取在营养幼苗期、营养生长期、开花期、果实期、枯萎期等5个时期的射干的全株，每穴以植株为中心，取长16~25cm、宽16~25cm、深20~40cm的土块，先用清水冲洗干净，注意避免丢失根量，用滤纸吸干附着的水分，然后将植株按根、茎、叶、花和果实部位装袋，于105℃杀青30min，60℃烘至恒重，测定干物质量，并折算为公顷干物质积累量。

表3-8　一年生射干各部器官总干物质重变化（kg/hm²）

调查期	根	茎	叶	花	果
幼苗期	82.00	131.20	—	—	—
营养生长期	352.60	1435.00	—	—	—
枯萎期	2542.00	2673.20	—	—	—

说明："—"无数据或未达到测量的数据要求。

从射干干物质积累与分配数据（表3-8）中可以看出，在不同时期均表现地上、地下部分各营养器官的干物质量均随射干的生长不断增加。在幼苗期根、叶为82.00kg/hm²、131.00kg/hm²；进入营养生长期根、叶依次增加至352.60kg/hm²和1435.00kg/hm²，其中地上部分增加较快。进入枯萎期根、叶依次增加至2542.00kg/hm²、2673.20kg/hm²，其中根增加较快，地上部分仍然有增长的趋势，其原因为通辽市奈曼地区已进入霜期，霜后地上部枯萎后，自然越冬，当年不开花。

表3-9　二年生射干各部器官总干物质重变化（kg/hm²）

调查期	根	茎	叶	花	果
幼苗期	1287.40	—	565.80	—	—
营养生长期	2615.80	2509.20	5051.20	—	—
开花期	2681.40	2779.80	4214.80	48.00	—
果实期	11906.40	10356.60	2829.00		2056.80
枯萎期	15047.00	12366.80	713.40	—	2645.00

说明："—"无数据或未达到测量的数据要求。

从射干干物质积累与分配平均数据（表3-9）中可以看出，在不同时期均表现地上、地下部分各营养器官的干物质量随射干的生长不断增加。在分蘖期根、叶为1287.40kg/hm²、565.80kg/hm²；进入营养生长期根、茎和叶依次增加至2615.80kg/hm²、2509.20kg/hm²、2051.20kg/hm²，茎和叶增加较快。进入开花期根、茎、花依次增加至2681.40kg/hm²、2779.80kg/hm²、48.00kg/hm²，而叶下降至4214.80kg/hm²；进入果实期根、茎和果依次增加至11906.40kg/hm²、10356.60kg/hm²、2056.80kg/hm²，叶下降到2829.00kg/hm²，本时期根、茎生长较快。进入枯萎期根、茎、叶和果依次为15047.00kg/hm²、15366.80kg/hm²、713.40kg/hm²、2645.00kg/hm²，即茎和叶进入枯萎期。

3 药材质量评价研究

3.1 药材粉末鉴定鉴别

粉末黄色,气微,味苦、微辛。草酸钙柱晶较多,常碎断。呈四面或多面棱柱体,完整者长49~315μm,直径15~49μm,末端尖或平钝。淀粉粒多数糊化。未糊化的单粒圆形或椭圆形,直径2~14μm,大粒层纹隐约可见;复粒少,由2~5分粒组成。偶见多脐点单粒淀粉,脐点2~3个。导管为网纹、具缘纹孔导管,也有螺纹导管,直径15μm。木栓细胞黄色或淡黄棕色,表面观呈多角形,壁薄,微波状弯曲。下皮细胞成片或散离。细胞狭长,两端较平截,少数不规则形,长63~380μm,宽22~434μm,壁厚3~9μm,有的微弯曲。纤维(地上茎)多成束,无色或淡黄色,较长,末端钝弯曲圆或平截,直径9~43μm,壁厚约3μm,木质化。具缘纹孔的纹孔口斜裂缝状或相交成"人"字形。

3.2 常规检查研究

3.2.1 常规检查测定方法

水分 取供试品2~5g,平铺于干燥至恒重的扁形称量瓶中,厚度不超过5mm,疏松供试品不超过10mm,精密称定,开启瓶盖在100~105℃干燥5h,将瓶盖盖好,移置干燥器中,放冷30min,精密称定,再在上述温度干燥1h,放冷,称重,至连续两次称重的差异不超过5mg为止。根据减失的重量,计算供试品中含水量(%)。

本法适用于不含或少含挥发性成分的药品。

$$水分(\%) = \frac{W_1 + W_2 - W_3}{W_1} \times 100\%$$

式中W_1为供试品的重量(g),W_2为称量瓶恒重的重量(g),W_3为(称量瓶+供试品)干燥至连续两次称重的差异不超过5mg后的重量(g)。试验所得数据用Microsoft Excel 2013进行整理计算。

总灰分 测定用的供试品须粉碎,使能通过二号筛,混合均匀后,取供试品2~3g(如需测定酸不溶性灰分,可取供试品3~5g),置炽灼至恒重的坩埚中,称定重量(准确至0.01g),缓缓炽热,注意避免燃烧,至完全炭化时,逐渐升高温度至500~600℃,使完全灰化并至恒重。根据残渣重量,计算供试品中总灰分的含量(%)。如供试品不易灰化,可将坩埚放冷,加热水或10%硝酸铵溶液2ml,使残渣湿润,然后置水浴上蒸干,残渣照前法炽灼,至坩埚内容物完全灰化。

$$总灰分（\%）=\frac{M_2-M_1}{M_3-M_1}\times100\%$$

式中M_1为坩埚重量（g），M_2为坩埚+灰分重量（g），M_3为坩埚+样品重量（g）。试验所得数据用 Microsoft Excel 2013进行整理计算。

浸出物　醇溶性热浸法：取供试品2~4g，精密称定，置100~250ml的锥形瓶中，精密加水50~100ml，密塞，称定重量，静置1h后，连接回流冷凝管，加热至沸腾，并保持微沸1h。放冷后，取下锥形瓶，密塞，再称定重量，用水补足减失的重量，摇匀，用干燥滤器滤过，精密量取滤液25ml，置已干燥至恒重的蒸发皿中，在水浴上蒸干后，于105℃干燥3h，置干燥器中冷却30min，迅速精密称定重量。除另有规定外，以干燥品计算供试品中水溶性浸出物的含量（%）。

$$浸出物（\%）=\frac{（浸出物及蒸发皿重-蒸发皿重）\times加水（或乙醇）体积}{供试品的重量\times量取滤液的体积}\times100\%$$

$$RSD=\frac{标准偏差}{平均值}\times100\%$$

3.2.2　结果与分析

水分　参照《中国药典》2015年版四部（第103页）第二法（烘干法）测定。取上述采集的射干药材样品，测定并计算射干药材样品中含水量（质量分数，%），平均值为5.67%，所测数值计算 RSD≤0.64%，在《中国药典》（2015年版，一部）射干药材项下要求水分不得大于10%，故本药材符合药典规定要求（见表3–10）。

总灰分　参照《中国药典》2015年版四部（第202页）灰分测定法测定。取上述采集的射干药材样品，测定并计算射干药材样品中总灰分和酸不溶性灰分含量（%），总灰分含量平均值为5.65%，所测数值计算 RSD≤5.28%，本药材符合《中国药典》（2015年版，一部）射干药材项下总灰分不得过7.0%的规定要求（见表3–10）。

浸出物　参照《中国药典》2015年版四部（第202页）醇溶性浸出物测定法（热浸法）测定。取上述采集的射干药材样品，测定并计算射干药材样品中含水量（质量分数，%），平均值为27.43%，所测数值计算 RSD≤0.98%，符合《中国药典》（2015年版，一部）射干药材项下浸出物不得少于8.0%的要求（见表3–10）。

表3–10　射干药材样品中水分、总灰分、浸出物含量

测定项	平均值（%）	RSD（%）
水分	5.67	0.64
总灰分	5.65	5.28
浸出物	27.63	0.98

根据《中国药典》(2015年版,一部)射干药材项下内容,对奈曼产地射干药材进行实验测定,结果蒙药材射干样品水分、总灰分、浸出物的平均含量分别为5.67%、5.65%、27.63%,符合《中国药典》规定要求。

3.3　不同产地射干中的次野鸢尾黄素的含量测定

3.3.1　实验设备、药材、试剂

仪器、设备　Agilent Technologies-1260Infinity型高效液相色谱仪,SQP型电子天平(赛多利斯科学仪器〈北京〉有限公司),KQ-600DB型数控超声波清洗器(昆山市超声仪器有限公司),HWS26型电热恒温水浴锅。Millipore-超纯水机。

实验药材(表3-11)

表3-11　射干供试药材来源

编号	采集地点	采集日期	采集经度	采集纬度
1	内蒙古通辽市科左中旗敖包乡(基地)	2017-09-06	122° 5′ 2″	43° 49′ 1″
2	内蒙古通辽市特金罕山国家自然保护区(野生)	2017-09-09	119° 49′ 49″	45° 9′ 22″
3	内蒙古兴安盟科右中旗新佳木镇(野生)	2017-09-23	121° 40′ 48″	45° 1′ 19″
4	内蒙古通辽市扎鲁特旗(基地)	2017-09-24	121° 41′ 35″	45° 1′ 12″
5	内蒙古通辽市奈曼旗沙日浩来镇(基地)	2017-10-03	120° 44′ 31″	42° 33′ 40″
6	内蒙古自治区通辽市奈曼旗昂乃(基地)	2017-10-10	120° 42′ 10″	42° 45′ 19″
7	河北省安国市霍庄(种植)	2017-10-13	115° 17′ 44″	38° 21′ 27″

对照品　次野鸢尾黄素(自国家食品药品监督管理总局采购)。

试剂　甲醇(色谱纯)、磷酸、超纯水。

3.3.2　溶液的配制

色谱条件与系统适用性试验　以十八烷基硅烷键合硅胶为填充剂,以甲醇-0.2%磷酸溶液(53:47)为流动相,检测波长为266nm。理论板数按次野鸢尾黄素峰计算应不低于8000。

对照品溶液的制备　取次野鸢尾黄素对照品适量,精密称定,加甲醇制成每1ml含10μg的溶液,即得。

供试品溶液的制备　取本品粉末(过四号筛)约0.1g,精密称定,置具塞锥形瓶中,精密加入甲醇25ml,称定重量,加热回流1h,放冷,再称定重量,用甲醇补足减失的重量,摇匀,滤过,取续滤液,即得。

测定法　分别精密吸取对照品溶液10μl与供试品溶液10~20μl注入液相色谱仪,测定,即得。

本品按干燥品计算,含次野鸢尾黄素($C_{20}H_{18}O_8$)不得少于0.10%。

3.3.3　实验操作

线性与范围　分别精密吸取3.3.2项下的对照品溶液2、6、10、14、18μl,自动进样器进样,测定峰面

积,以各色谱峰面积积分值(y)对其质量(x)进行线性回归,得回归方程:$y=5330.6x-4.2658$,$R=0.9998$。

结果 次野鸢尾黄素进样量在0.02~0.18μg范围内,与峰面积呈良好的线性关系(见表3-12、图3-30)。

表3-12 线性关系考察结果

C(μg)	0.020	0.060	0.100	0.140	0.180
A	103.0731	311.7244	530.1468	747.9397	951.0846

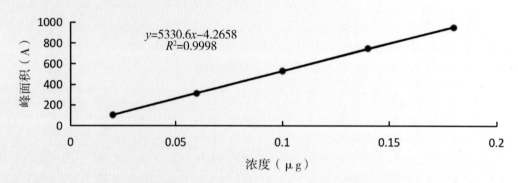

图3-30 次野鸢尾黄素对照品的标准曲线图

3.3.4 样品测定

取7批次射干样品约1.0g,精密称取,分别按3.3.2项下的方法制备供试品溶液,精密吸取供试品溶液各10μl,分别注入液相色谱仪,测定,并计算含量(见表3-13)。

表3-13 含量测定结果

样品编号	采集地点	含量(%)
1	通辽市科左中旗敖包乡(基地)	0.157
2	通辽市特金罕山国家自然保护区(野生)	0.140
3	兴安盟科右中旗新佳木镇(野生)	0.127
4	通辽市扎鲁特旗(基地)	0.129
5	通辽市奈曼旗沙日浩来镇(基地)	0.132
6	内蒙古自治区通辽市奈曼旗昂乃(基地)	0.152
7	河北省安国市霍庄(种植)	0.101

3.3.5 结论

按照2015年版《中国药典》中射干含量测定方法测定,结果奈曼基地的射干中次野鸢尾黄素的含量符合《中国药典》规定要求。

4 经济效益分析

4.1 市场前景分析

射干为常用中药材,具有清热解毒作用。现代药理证明,射干还有降血压和抗肿瘤的作用。20世纪70年代末开始由野生变家种,野生射干分布较广。20世纪90年代中期野生品种逐渐退出市场,家种品占了主导地位。现市场射干多为湖南和河北安国两地所产,河北安国产的祁射干质量好,被公认为道地药材。射干在全国中药材市场上为常用大宗品种,多年来一直畅销。射干花朵艳丽,也叫蝴蝶花,可做观赏花卉。射干是多年生植物,生长期二年,适合林下套种,目前市场价每千克在25~28元。

4.2 投资预算

射干种子 市场价每千克70元,参考奈曼当地情况,每亩地用种子5kg,合计为350元。

种前整地和播种 包括施底肥、灌溉、犁地、耙地和播种,底肥包括1000kg有机肥,50kg复合肥,其中有机肥每吨120元,复合肥每袋120元,灌溉1次需要电费50元,犁、耙、播种一亩地各需要50元,以上合计共计需要费用440元。

田间管理 整个生长周期抗病除草需要8次,每次人工成本加药物成本约100元,合计约800元。灌溉6次,费用300元。追施复合肥每亩100kg,叶面喷施叶面肥4次,成本约300元。综上,射干田间管理成本为1400元。

采收与加工 收获成本(机械燃油费和人工费)每亩约400元。

合计成本 350+440+1400+400=2590元。

4.3 产量与收益

2018年射干市场价格在25~28元/千克,每亩地可产250~300kg。由于射干是两年生,按最高产量28元/千克计算,收益为:2455~2905元/(亩·年)。

防 风 ᠵᠢᠷᠭᠠᠳᠠᠭ

SAPOSHNIKOVIAE RADIX

蒙药材防风为伞形科植物防风 *Saposhnikovia divaricata*（Turcz.）Schischk.的干燥根。

1 防风的研究概况

1.1 化学成分及药理作用

1.1.1 化学成分

色酮类成分 防风色酮醇（ledebouriellol），4′-O-葡萄糖基-5-O-甲基维斯阿米醇（4′-O-glucosyl-5-O-methylvisamminol），3′-O-当归酰基亥茅酚（3′-O-angeloylhamaudol），亥茅酚（hamaudol），3′-O-乙酰基亥茅酚（3′-O-acetylhamaudol），亥茅酚苷（sec-O-glucosylhamaudol），5-O-甲基维斯阿米醇（5-O-methylvisamminol），升麻素（cimifugin），升麻素苷（prim-O-glucosylcimifugin）；香豆素类成分：香柑内酯（bergapten），补骨脂素（psoralen），欧前胡内酯（imperatorin），珊瑚菜素（phellopterin），德尔妥因（deltoin），花椒毒素（xanthotoxin），川白芷内酯（anomalin），东莨菪素（scopoletin），印度素（marmesin），紫花前胡苷元（nodakenetin），异紫花前胡苷（marmeinen）；聚乙炔类成分：人参炔醇（panaxynol）又称镰叶芹醇（falcarinol），镰叶芹二醇（falcarindiol），（8E）-十七碳-1，8-二烯-4，6-二炔-3，10-二醇〔（8E）-heptadeca-1，8-dien-4，6diyn-3，10-diol〕；多糖成分：防风酸性多糖（saposhnokovan）A、C；挥发油：辛醛（octanal），β-甜没药烯（β-bisabolene），壬醛（nonanal），7-辛烯-4-醇（7-octen-4-ol），己醛（hexanal），花侧柏烯（cuparene），β-桉叶醇（β-eudesmol）等。还含β-谷甾醇（β-sitosterol），β-谷甾醇-β-D-葡萄糖苷（β-sitosterol-β-D-glucoside），香草酸（vanillic acid），木蜡酸（lignocerinacid），5-O-甲基维斯阿米醇苷（4′-O-β-D-glucosyl-5-O-methylyisamminol），汉黄芩素，4-羟基-3-甲氧基苯甲酸（4-hydroxy3-methoybenzoic acid）。

1.1.2 药理作用

解热与降温作用　20%的防风煎剂及浸剂以10ml/kg分别给予用过期伤寒混合菌苗致热的家兔灌胃，30min后出现中等度解热作用，煎剂的作用优于醇浸剂。对三联疫苗（百日咳、白喉和破伤风）及伤寒、副伤寒甲菌苗和精制破伤风类毒素混合制剂引起发热的家兔给予防风水煎剂4.4g（生药）/kg腹腔注射也具明显解热作用。腹腔注射防风水提取物1.3g/kg对正常小鼠腋温和0.6g/kg对酵母致热大鼠肛温，均显示明显的降温和解热作用。

镇痛、镇静和抗惊厥作用　①镇痛作用：皮下注射醇浸剂20g（生药）/kg或水煎剂40g（生药）/kg灌胃，均能明显抑制醋酸所致小鼠扭体反应。以热板法观察，防风水煎剂15g/kg腹腔注射或水煎剂40g/kg灌胃，均能明显提高小鼠痛阈百分率。电刺激鼠尾法表明，防风乙醇浸剂给小鼠灌服21.18g/kg及皮下注射42.36g/kg，均有一定的镇痛作用，给药后镇痛率分别为46.4%和156.7%，60min后的镇痛率则分别为39.0%和153.3%。②镇静作用：防风水煎液40g（生药）/kg灌胃，使小鼠自发活动明显减少，并可明显提高戊巴比妥钠阈下睡眠剂量的1min内的小鼠入睡数。③抗惊厥作用：50%防风液小鼠灌胃每次0.5ml，每日2次，连续6日，对电刺激引起的惊厥有一定对抗作用。防风水提物4g/kg腹腔注射对皮下注射戊四氮和硝酸士的宁所致惊厥，可使惊厥发生潜伏期延长。

抗炎作用和对免疫功能的影响　防风水煎剂20g/kg腹腔注射或40g/kg灌胃，对巴豆油合剂所致小鼠耳部炎症具有明显抗炎作用。防风水煎剂与乙醇浸液10g/kg灌服1次，对大鼠蛋清性足肿有一定的抑制作用。防风升麻苷和5-O-甲基维斯阿米醇苷对ADP诱导的血小板聚集有明显的抑制作用。防风水煎剂20g（生药）/kg，每日灌胃1次，连续4日，可显著提高小鼠腹腔巨噬细胞吞噬鸡红细胞的吞噬百分率和吞噬指数。防风水煎剂每日灌服20g（生药）/kg，连续7日，对2,4-二硝基氯苯（DNCB）所致小鼠迟发超敏反应（细胞免疫）有明显抑制作用。防风酸性多糖A或C给小鼠腹腔注射50mg/kg，连续5日，做碳粒清除试验，有加快清除碳粒作用。

抗菌作用　采用平板法进行体外抑菌试验，结果防风水煎剂对金黄色葡萄球菌、乙型溶血性链球菌、肺炎链球菌及产黄青真菌、杂色曲真菌等，均有一定抑制作用。新鲜防风榨出液对铜绿假单胞菌及金黄色葡萄球菌，有一定的抑菌作用。

抗肿瘤作用　防风多糖体内应用能明显抑制S180实体瘤的生长（抑瘤率为52.92%），提高S180瘤免疫小鼠腹腔Mφ的吞噬活性，并能提高S180瘤免疫小鼠腹腔Mφ与S180瘤细胞混合接种时的抗肿瘤活性。但是，用硅胶阻断Mφ功能后，防风多糖的抗肿瘤作用大大下降，抑瘤率由52.92%降到11.82%。防风有效成分人参醇能降低各种肿瘤细胞的调节蛋白E的mRNA，进而抑制G1转变为S来抑制肿瘤细胞增殖。

其他作用　防风醇提物对组胺所致豚鼠离体气管痉挛，有较强的抗组胺作用。防风中的聚乙炔类化合物如镰叶芹二醇、（8E）-十七碳-1，8-二烯-4，6-二炔-3，10-二醇和人参炔醇等在体外可影响人血小板花生四烯酸代谢，由于抑制环氧合酶而使花生四烯酸转变为十二羟十七碳三烯酸（12-hydroxy-5，8，10-heptadecatrienoic acid）和血栓烷B2（TXB2）的量减少，已知HHT和TXB2在炎症过程的各种反应中是起重要作用的。给小鼠腹腔注射防风正丁醇萃取物4g/kg、88/kg，用毛细管法测得的凝血时间及用断尾法测得的出血时间和对照组比较均明显延长。

毒性　防风毒性小，小鼠腹腔注射水煎剂的LD_{50}为30.046 ± 0.077g（生药）/kg，灌胃的LD_{50}为213.8 ± 25.4g（生药）/kg，小鼠腹腔注射防风水提取物的LD_{50}为8.05 ± 1.91g（生药）/kg，腹腔注射防风醇提取水制剂的LD_{50}为11.80 ± 1.90g（生药）/kg，水提取液的LD_{50}为37.18 ± 8.36g（生药）/kg。

1.2　资源分布状况

防风分布很广，主要分布于黑龙江、吉林、辽宁，河北、河南、甘肃、青海、山东、云南、湖北、北京、天津、陕西、贵州、宁夏也有分布。主产于黑龙江杜蒙、安达、大庆、林甸、高裕、齐齐哈尔，吉林洮南、长岭、前郭、通榆、桦甸，内蒙古扎鲁特、额尔古纳、科尔沁右翼前旗、扎来特、科尔沁右翼中旗，辽宁义县、朝阳、建平、建昌、绥中。此外，产于东北的防风，为道地药材，素有"关防风"之称。

地方习用品：竹叶防风及松叶防风，均分布于云南。

1.3　生态习性

喜阳光充足、凉爽稍燥的气候，耐寒，耐干旱，忌水涝。防风为深根性植物。宜选土层深厚、疏松肥沃、排水良好的砂质壤土栽培，不宜在酸性大、黏性重的土壤中种植。

1.4　栽培技术与采收加工

1.4.1　选地整地

选择质地疏松、排水良好，较肥沃的砂壤为宜。黑龙江种植防风的经验，半野生半家植的大面积商品基地，应选择有野生防风分布的荒地为好；建立防风种子田的，多选择二荒地或农田。商品田于春或秋季整地，进行浅翻重耙，然后镇压2~3次；种子田于秋季耕翻，春季起垄，垄距7cm，镇压保墒。

1.4.2　繁殖方法

防风的繁殖一般是用种子繁殖、直播或进行育苗移栽。生产中，以直播为主要的繁殖方法，也可用根切段繁殖。

种子繁殖 春播在4月中旬,将精选好的种子,于播种前3~5天用35℃的温水浸泡24h,再用40~50℃的温水浸泡8~12h,浸泡后晾干待播。在整好的畦面上按行距25~30cm开沟,沟深2~3cm,将种子均匀播入沟内,覆土1~1.5cm,稍镇压,以秸秆等覆盖并浇水保持土壤湿润,20天左右可出苗,用种量1.5~2kg/亩。秋播在9~10月,在整好的畦内按行距30~50cm,沟深1.6cm,将种子均匀地撒入沟内,每公顷播量11.25~15kg,封严土,来年出苗。

分根繁殖 在收获期或早春时,取粗0.7cm以上的根条截成3~5cm长的根段,按行株距40~15cm、穴深6~8cm栽种,每穴垂直或斜栽一个根段,覆土3~5cm,用种根50kg/hm^2。

1.4.3 田间管理

间苗、定苗 定苗时,进行第1次中耕。夏秋季,视杂草滋生情况,各进行1次中耕。第一年,中耕要浅;次年,中耕除草时,为保护防风的根部,要结合培土。防风生长旺盛时期是在每年的立夏至立秋期间,为避免伤根,则要停止中耕。

中耕除草和追肥 追肥要结合中耕除草或培土时进行。第一年追肥,用浓度较低的人畜粪水较为适宜;第二年,可用浓度略高的人畜粪水或堆肥与过磷酸钙混合堆沤后施用;有条件的可以单施复合肥30~50kg。

1.4.4 病害及其防治

①白粉病:用50%多菌灵可湿性粉剂1000倍液或50%福美双可湿性粉剂200~300倍液喷雾,也可用0.2~0.3波美度石硫合剂喷雾防治,每隔7~10天用其中一种药剂防治,共喷2~3次。②黄凤蝶:人工捕杀或幼龄期时喷90%的敌百虫800倍液或BT乳剂300倍液。

1.4.5 采收

防风生长二年即可与开花前或秋季采收,收获时须从畦的一端开深沟,顺序采挖。挖出后除去残茎、细梢、毛须及泥土,在通风处晒至九成干时,捆成0.5~1kg的小把儿,再晒或烤至全干即成。一般亩产300~400kg。

2 生物学特性研究

2.1 奈曼地区栽培防风物候期

2.1.1 观测方法

从通辽奈曼旗蒙药材种植基地大田中栽培的防风中,选择10株生长良好、无病虫害的健壮植株编号挂牌,作定位观测,并记录。2016年5月至2017年11月间连续观测记录各定株物候出现的日期,以10株平均期作为原始值。观测应具连续性,不漏测任何一个物候期。观测时间和顺序固定,开花期上午8:00~11:30,晴天观测。观测部位以植株判断其物候期,主茎受损时另选植株,并注明。

2.1.2 物候期的划分

物候期的划分是根据栽培防风生长发育过程中不同时期植物生长发育特点,并参考其他植物物候期的划分情况完成的。为了划分依据统一,始、初期均以群体中植株出现开花或展叶或坐果5%~15%为标准,盛、旺期以40%~60%为标准,末期以80%~90%为标准。将防风的生育全过程分为播种期、出苗期、4~6叶期、分枝期、花蕾期、开花初期、盛花期、落花期、坐果初期、果实成熟期、枯萎期。出苗期为种子萌发后,幼苗露出地面2~3cm的时期;4~6叶期(伸长期)是叶生长的关键时期;分枝期是植株茎秆快速生长时期,其与伸长期基本同季,是植物营养生长高峰期;现蕾开花期是植株现蕾开花时期;坐果初期是防风开始坐果的时期;果实成熟期是整株植物结实及果实成熟的关键时期,其与现蕾开花期组成防风的生殖生长期;枯萎期是根据植株在夏末、秋初出现春发植株大量死亡现象而设置的一个生育时期;播种期是指防风实际播种日期。

2.1.3 物候期观测结果

一年生防风播种期为5月23日;出苗期自6月12日起,历时4天;4~6叶期自6月中旬开始至下旬,历时8天;分枝期共24天;枯萎期历时17天。

二年生防风返青期为3月末至4月初,历时19天;分枝期共计22天。花蕾期自7月上旬至7月中旬共计10天,开花初期历时6天,盛花期6天,坐果初期为20天,果实成熟期共计7天,枯萎期历时15天。

表4-1-1 防风物候期观测结果(m/d)

年份\时期	播种期 / 二年返青期	出苗期	4~6叶期	分枝期	花蕾期	开花初期
一年生	5/23	6/12~6/16	6/16~6/24	7/4~7/28	—	—
二年生	3/22~4/11		4/14~4/28	5/10~6/2	7/2~7/12	7/14~7/20

表4-1-2 防风物候期观测结果(m/d)

年份\时期	盛花期	落花期	坐果初期	果实成熟期	枯萎期
一年生	—	—	—	—	10/15~11/2
二年生	7/26~8/2	8/15~9/1	8/10~8/30	9/15~9/22	9/10~9/25

2.2 形态特征观察研究

多年生草本，高30~80cm。根粗壮，细长圆柱形，分枝，淡黄棕色。根头处被有纤维状叶残基及明显的环纹。茎单生，自基部分枝较多，斜上升，与主茎近于等长，有细棱。基生叶丛生，有扁长的叶柄，基部有宽叶鞘。叶片卵形或长圆形，长14~35cm，宽6~8（18）cm，二回或近于三回羽状分裂。第一回裂片卵形或长圆形，有柄，长5~8cm；第二回裂片下部具短柄；末回裂片狭楔形，长2.5~5cm，宽1~2.5cm。茎生叶与基生叶相似，但较小，顶生叶简化，有宽叶鞘。复伞形花序多数，生于茎和分枝上，顶端花序梗长2~5cm；伞辐5~7cm，长3~5cm，无毛；小伞形花序有小花4~10；无总苞片；小总苞片4~6，线形或披针形，先端长，长约3mm，萼齿短三角形；花瓣倒卵形，白色，长约1.5mm，无毛，先端微凹，具内折小舌片。双悬果狭圆形或椭圆形，长4~5mm，宽2~3mm，幼时有疣状突起，成熟时渐平滑；每棱槽内通常有油管1，合生面油管2；胚乳腹面平坦。花期8~9月，果期9~10月。

防风形态特征例图

图4-2

图4-1

图4-3

图4-4 图4-5

2.3 生长发育规律

2.3.1 防风营养器官生长动态

(1)防风地下部分生长动态 为掌握防风各种性状在不同生长时期的生长动态,分别在不同时期对防风的根长、根粗、侧根数、侧根长、侧根粗、根鲜重等性状进行了调查(见表4-2,表4-3)。

表4-2 一年生防风地下部分生长情况

调查日期 (m/d)	根长 (cm)	根粗 (cm)	侧根数 (个)	侧根长 (cm)	侧根粗 (cm)	根鲜重 (g)
7/30	6.37	0.1075	—	—	—	0.07
8/10	9.48	0.1947	—	—	—	1.15
8/20	12.16	0.2073	—	—	—	1.59
8/30	14.22	0.2571	2	4.9	0.06	2.58
9/10	15.09	0.2758	2.5	5.6	0.13	2.81
9/20	16.19	0.2978	3.1	7.7	0.15	3.34
9/30	17.09	0.3047	3.9	8.9	0.16	3.93
10/15	18.17	0.3277	4.5	10.64	0.17	4.22

说明:"—"无数据或未达到测量的数据要求。

表4-3 二年生防风地下部分生长情况

调查日期 （月/日）	根长 （cm）	根粗 （cm）	侧根数 （个）	侧根长 （cm）	侧根粗 （cm）	根鲜重 （g）
5/17	18.50	0.4790	4.0	8.05	0.23	2.62
6/8	20.49	0.5789	4.0	9.06	0.28	5.63
6/30	21.51	0.6790	4.0	10.07	0.34	9.62
7/22	22.37	0.7073	4.0	11.07	0.36	13.82
8/11	23.10	0.8182	5.0	12.58	0.40	17.29
9/2	24.58	1.1187	5.5	13.49	0.56	20.41
9/24	25.54	1.3186	6.0	13.98	0.66	22.91
10/16	26.67	1.5530	6.0	14.30	0.77	27.89

一年生防风根长的变化动态 从图4-6可见，7月30日至10月15日根长基本上均呈稳定的增长趋势，说明防风在第一年里根长始终在增加。

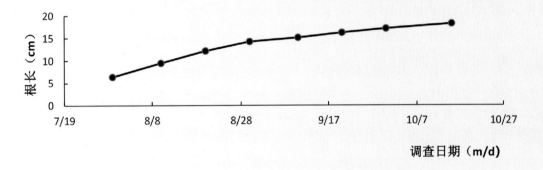

图4-6 一年生防风的根长变化

一年生防风根粗的变化动态 从图4-7可见，一年生防风的根粗在7月30日至10月15日均呈稳定的增长趋势，说明防风在第一年里根粗始终在增加，生长后期增速更快。

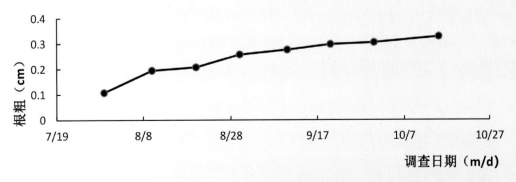

图4-7 一年生防风的根粗变化

一年生防风侧根数的变化动态 从图4-8可见，8月20日前由于没有侧根或太细，达不到调查标准；8月20日至10月15日均呈稳定的增长趋势，其后侧根数的变化不大。

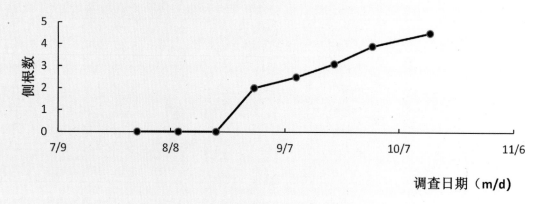

图4-8 一年生防风的侧根数变化

一年生防风侧根长的变化动态 从图4-9可见，8月20日前由于没有侧根或太细，达不到调查标准；8月20日至10月15日均呈稳定的增长趋势。

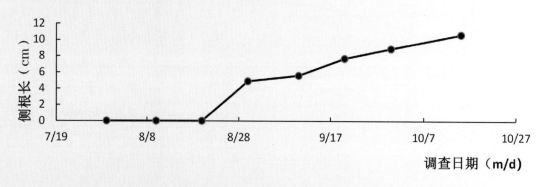

图4-9 一年生防风的侧根长变化

一年生防风侧根粗的变化动态 从图4-10可见，8月20日前由于没有侧根或太细，达不到调查标准；从8月20日开始一直到10月15日均呈稳定的增长趋势。

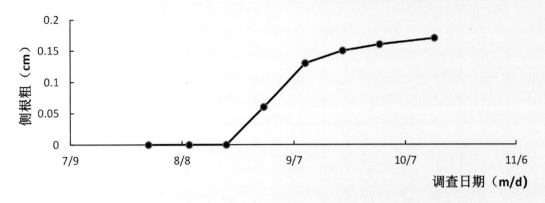

图4-10 一年生防风的侧根粗变化

一年生防风根鲜重的变化动态 从图4-11可见,7月30日至10月15日根鲜重基本上均呈稳定的增长趋势,说明防风在第一年里根鲜重始终在增加。

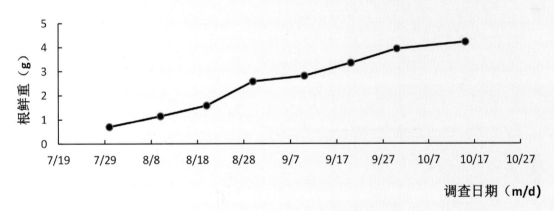

图4-11 一年生防风的根鲜重变化

二年生防风根长的变化动态 从图4-12可见,5月17日至10月16日根长均呈稳定的增长趋势。

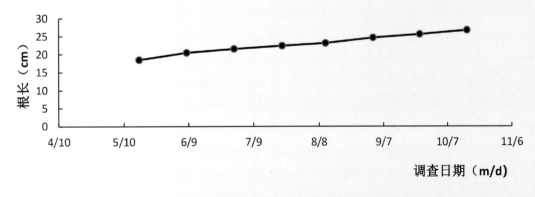

图4-12 二年生防风的根长变化

二年生防风根粗的变化动态　从图4-13可见,二年生防风的根粗从5月17日开始到10月16日始终处于增加的状态,后期8月11日后增速比前期稍快。

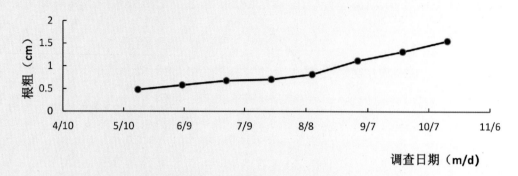

图4-13　二年生防风的根粗变化

二年生防风侧根数的变化动态　从图4-14可见,二年生防风的侧根数从5月17日至7月22日处于平衡状态,7月22日至9月24日呈逐渐增加的趋势,从9月24日开始进入了平衡期。

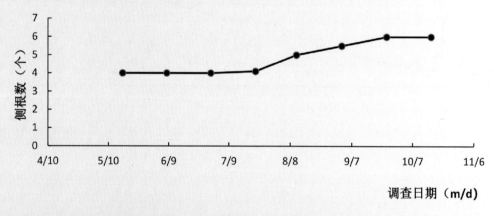

图4-14　二年生防风的侧根数变化

二年生防风侧根长的变化动态　从图4-15可见,5月17日至10月16日侧根长均呈稳定的增长趋势。

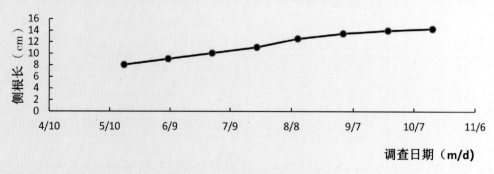

图4-15　二年生防风的侧根长变化

二年生防风侧根粗的变化动态 从图4-16可见，自5月17日开始一直到10月16日侧根粗均呈稳定的增长趋势，但是长势非常缓慢。

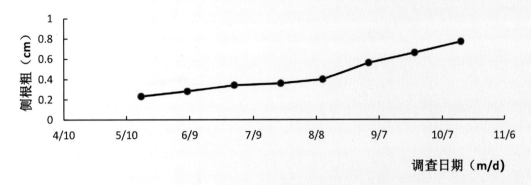

图4-16 二年生防风的侧根粗变化

二年生防风根鲜重的变化动态 从图4-17可见，自5月17日至10月16日根鲜重变化均呈快速增长趋势。

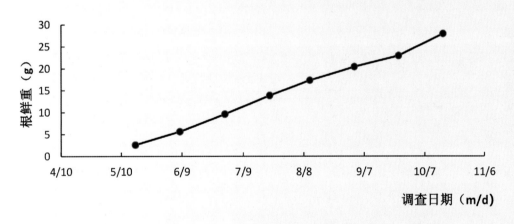

图4-17 二年生防风的根鲜重变化

（2）**防风地上部分生长动态** 为掌握防风各种性状在不同生长时期的生长动态，分别在不同时期对防风的株高、叶数、分枝数、茎鲜重、叶鲜重等性状进行了调查（见表4-4、表4-5）。

表4-4　一年生防风地上部分生长情况

调查日期 （月/日）	株高 （cm）	叶数 （个）	分枝数 （个）	茎粗 （cm）	茎鲜重 （g）	叶鲜重 （g）
7/25	9.69	4.0	—	—	—	0.47
8/12	14.86	4.80	—	—	—	1.57
8/20	19.79	4.90	—	—	—	2.11
8/30	23.19	5.50	—	—	—	2.90
9/10	29.10	6.21	—	—	—	3.40
9/21	30.39	6.82	—	—	—	4.10
9/30	31.30	7.20	—	—	—	5.19
10/15	33	7.71	—	—	—	5.99

说明："—"无数据或未达到测量的数据要求。

表4-5　二年生防风地上部分生长情况

调查日期 （月/日）	株高 （cm）	叶数 （个）	分枝数 （个）	茎粗 （cm）	茎鲜重 （g）	叶鲜重 （g）
5/14	12.89	4.2	—	—	—	3.44
6/8	35.28	16	—	—	—	10.44
7/1	36.26	24.3	0.7	—	—	22.44
7/23	49.02	32	2.5	0.198	14.30	30.56
8/10	87.82	32	4.3	0.686	15.19	42.31
9/2	89.33	60.0	4.7	0.813	19.40	44.45
9/24	90.82	65.51	5.5	1.036	23.40	43.96
10/18	92.81	70.50	5.3	1.226	28.13	22.31

说明："—"无数据或未达到测量的数据要求。

一年生防风株高的生长变化动态　从图4-18可知，7月25日至10月15日株高逐渐增加，但是后期防风株高增长相对缓慢，这可能是早晚温差大，根快速增长的原因。

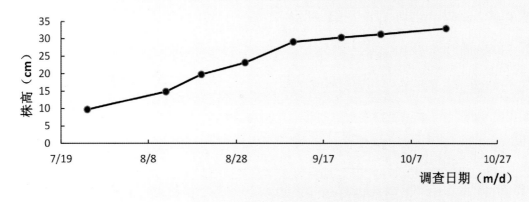

图4-18 一年生防风的株高变化

一年生防风叶数的生长变化动态 从图4-19可见，7月25日至10月15日叶数均呈稳定的增加趋势。

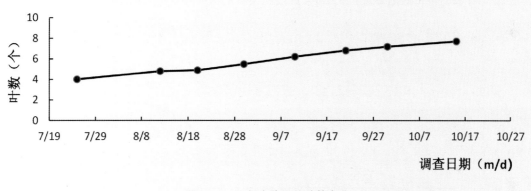

图4-19 一年生防风的叶数变化

一年生防风叶鲜重的变化动态 从图4-20可见，7月25日至10月15日叶鲜重均呈稳定的增加趋势。

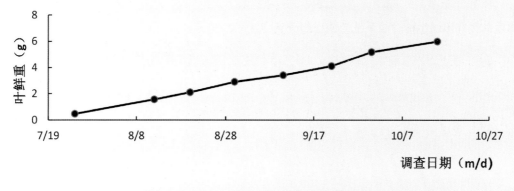

图4-20 一年生防风的叶鲜重变化

二年生防风株高的生长变化动态 从图4-21可见，5月14日至7月23日是株高逐渐增长的时期。7月23日至

8月10日是株高快速增长的时期, 是由于这期间防风长出茎秆的原因, 之后进入了平稳时期。

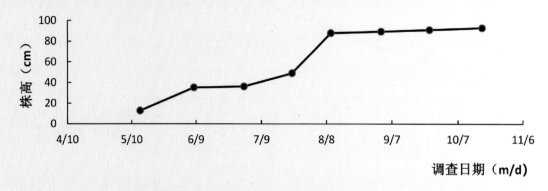

图4-21　二年生防风的株高变化

二年生防风叶数的生长变化动态　从图4-22可见, 5月14至8月10日叶数逐渐增加; 其后叶数进入快速增加时期, 这是由于二年生防风长出茎秆的原因; 从9月2号开始叶数缓慢增加。

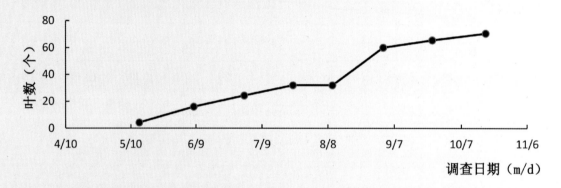

图4-22　二年生防风叶数变化

二年生防风在不同生长时期分枝数的变化情况　从图4-23可见, 6月8日之前分枝数不在调差范围之内, 6月8日至9月24日为分枝数缓慢增加期, 9月24日之后分枝数呈缓慢下降趋势, 这是由于生长后期分枝逐渐干枯、脱落所致。

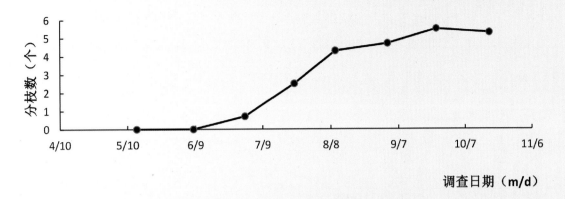

图4-23　二年生防风的分枝数变化

二年生防风茎粗的生长变化动态　从图4-24可见，7月1日之前没有茎，所以不在调查范围之内，从7月1日之后呈增长趋势。

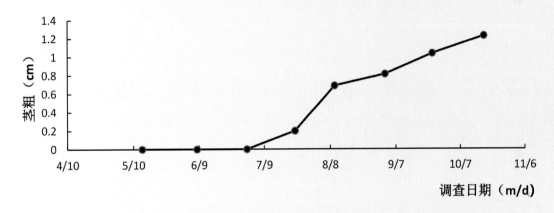

图4-24　二年生防风的茎粗变化

二年生防风茎鲜重的变化动态　从图4-25可见，7月1日至10月18日茎鲜重均在增加。

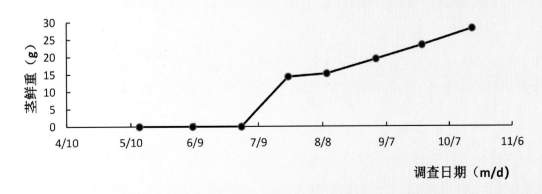

图4-25　二年生防风的茎鲜重变化

二年生防风叶鲜重的变化动态 从图4-26可见，5月14日至8月10日是防风叶鲜重快速增加期，8月10日至9月24日叶鲜重增加进入了平稳时期，其后叶鲜重开始大幅度降低，这是由于生长后期叶片逐渐脱落和叶片逐渐干枯所致。

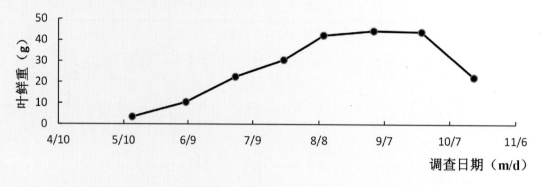

图4-26 二年生防风的叶鲜重变化

（3）防风单株生长图

一年生防风生长图

图4-27   图4-28

图4-29　　　　　　　　　图4-30　　　　　　　　　图4-31

二年生防风生长图

图4-32　　　　　　　　　　　　　　　图4-33

图4-34　　　　　　　　　　　　　　　　图4-35

图4-36　　　　　　　　图4-37　　　　　　　　图4-38

2.3.2 防风不同时期的根和地上部分的关系

为掌握防风在不同生长时期的生长动态,分别在不同时期从防风的每个种植小区随机取样10株,将取样所得的防风从茎基部剪下,根、冠分离,去除杂物,将根、冠分别在105℃下杀青30分钟后60℃恒温2天(或2天以上干燥为止),然后放入干燥器中冷却,用1/10000的天平测量质量,以二者的比值为根冠比。

表4-6 一年生防风不同时期的根和地上部分的关系

调查日期(m/d)	7/25	8/12	8/20	8/30	9/10	9/21	9/30	10/15
根冠比	2.1000	1.7000	1.0610	0.7998	0.5721	0.6383	0.8229	0.9907

由表4-6可见,一年生防风幼苗期根系与枝叶的生长速度有显著差异,幼苗出土初期根冠比为2.1000:1,根系生长占优势。之后地上部光合能力增强,枝叶生长加速,其生长总量逐渐接近地下部分,根冠比相应减小到1.0610:1。8月下旬地上部分根冠比在0.7998:1,地上部分生长特别旺盛,9月10日其生长量常超过根系生长量的2倍。

表4-7 二年生防风不同时期的根和地上部分的关系

调查日期(m/d)	5/14	6/8	7/1	7/23	8/10	9/2	9/24	10/18
根冠比	6.1214	5.7984	3.9951	0.4898	0.2789	0.1177	0.1833	0.4497

由表4-7可见,二年生防风幼苗期根系与枝叶的生长速度有显著差异,幼苗出土初期根冠比为6.1214:1,根系生长占优势。之后地上部光合能力增强,枝叶生长加速,其生长总量逐渐接近地下部分,到9月2日根冠比相应减小为0.1177:1。本时期地上部分生长特别旺盛,其生长量常超过根系生长量的2~6倍。9月2日后地上部分慢慢枯萎,10月18日根冠比为0.4497:1。

2.3.3 防风不同生长期干物质积累

本实验共设计3个小区。每小区取样10株,分别取营养幼苗期、营养生长期、开花期、果实期、枯萎期等5个时期的防风的全株,每穴以植株为中心,取长16~25cm、宽16~25cm、深20~40cm的土块,先用清水冲洗干净,注意避免丢失根量,用滤纸吸干附着的水分,然后将植株按根、茎、叶、花和果实部位装袋,于105℃杀青30min,60℃烘至恒重,测定干物质量,并折算为公顷干物质积累量。

表 4-8　一年生防风各部器官总干物质重变化（kg/hm²）

调查期	根	茎	叶	花	果
幼苗期	168.00	—	83.00	—	—
营养生长期	332.00	—	356.90	—	—
枯萎期	1145.40	—	1044.60	—	—

说明："—"无数据或未达到测量的数据要求。

从一年生防风干物质积累与分配的数据（如表4-8所示）可以看出，其地上、地下部分各营养器官的干物质量均随着防风的生长不断增加。在幼苗期根、叶干物质总量依次为168.00kg/hm²、83.00kg/hm²；进入营养生长期根、叶具有增加的趋势，干物质总量依次为332.00kg/hm²、356.90kg/hm²。进入枯萎期根、叶干物质总量为1145.00kg/hm²、1044kg/hm²，其中根和叶仍然具有增长的趋势，其原因为通辽市奈曼地区已进入霜期，霜后地上部枯萎后，自然越冬，当年不开花。

表4-9　二年生防风各部器官总干物质重变化（kg/hm²）

调查期	根	茎	叶	花	果
幼苗期	1025.00	—	370.00	—	—
营养生长期	1460.00	2040.00	1660.00	—	—
开花期	2870.00	4860.00	2010.00	20.00	—
果实期	2980.00	3860.00	1897.00	—	60.00
枯萎期	3270.00	2460.00	—	—	90.00

说明："—"无数据或未达到测量的数据要求。

从二年生防风干物质积累与分配的数据（如表4-9所示）可以看出，其地上、地下部分各营养器官的干物质量均随防风的生长不断增加。在幼苗期根、叶干物质总量依次为1025.00kg/hm²、370.00kg/hm²；进入营养生长期根、茎、叶依次增加至1460.00kg/hm²、2040.00kg/hm²和1660.00kg/hm²，其中茎和叶增加较快。进入开花期根、茎、叶、花依次增加至2870.00kg/hm²、4860.00kg/hm²、2010.00kg/hm²和20.00kg/hm²，其中茎增加特别快；进入果实期根、茎、叶和果依次为2980.00kg/hm²、3860.00kg/hm²、1897.00kg/hm²和60.00kg/hm²，其中根和果实增加，茎和叶生长具有下降的趋势。进入枯萎期根、茎和果依次增加至3270.00kg/hm²、2460.00kg/hm²和90.00kg/hm²，其中根增加较快，果实进入成熟期，茎的生长具有下降的趋势，即茎和叶进入枯萎期。

2.4 生理指标

2.4.1 叶绿素

叶片中叶绿素含量是反映植物光合能力的一个重要指标, 如图4-39所示, 在奈曼地区8月16日以后至防风采收期叶绿素含量一直呈下降趋势, 光合能力随之逐渐下降。

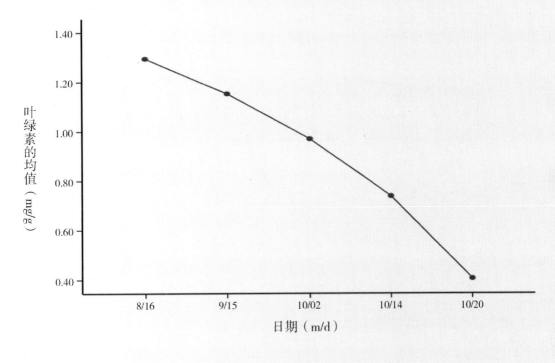

图4-39 叶绿素含量

2.4.2 可溶性多糖

防风的不同时期可溶性多糖含量变化趋势, 如图4-40所示, 8月16日至9月15日一个月内呈上升趋势, 在9月15日至10月14日的一个月间明显回升, 到了最终收获期又有所下降。

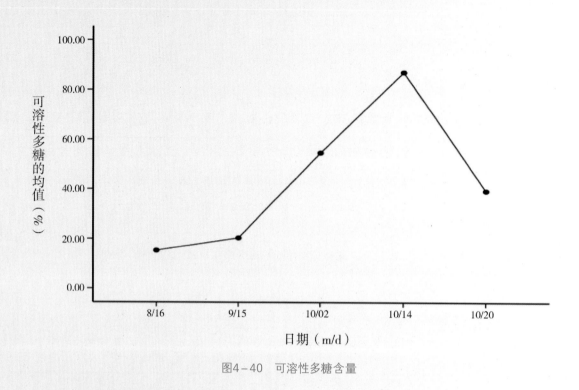

图4-40　可溶性多糖含量

2.4.3　可溶性蛋白

可溶性蛋白是重要的渗透调节物质和营养物质,它的增加和积累能提高细胞的保水能力,对细胞的生命物质及生物膜起到保护作用。从图4-41可见,8月16日至9月15日可溶性蛋白含量变化不明显,随后逐渐上升,10月14日达到最高峰,到10月20日最终采收时期时,植株开始枯黄,可溶性蛋白含量下降。

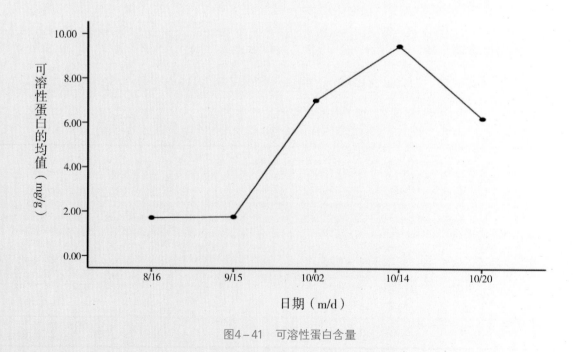

图4-41　可溶性蛋白含量

3 药材质量评价研究

3.1 药材粉末鉴定鉴别

粉末黄棕色,气香,味微甘。油管多碎断,管道中含金黄色、黄棕色或绿黄色条块状分泌物,有的由油管中脱出,偶见条块状分泌物呈分叉状,条块状分泌物粗细不一,直径10~112μm。周围薄壁细胞细长而皱缩,细胞界线不明显,导管主要为网纹导管,直径14~103μm,网孔一般狭细。另有螺纹、纹孔及网状具缘纹孔导管。木栓细胞淡黄绿色或淡黄色,表面观呈多角形或类长方形;断面观呈长方形,排列较整齐,壁薄,微波状弯曲,有的可见短条状增厚。木栓组织外有落皮层,细胞含淡黄棕色物。木栓组织常与栓内层细胞相连,有的可见条块状分泌物。叶基纤维多成束,淡黄色或黄棕色,细长,较平直或微弯曲,直径4~13μm,壁极厚,孔沟稀少,胞腔狭细。韧皮薄壁细胞大多皱缩,有的细胞纵长,末端渐尖,直径5~18μm,壁薄,隐约可见极微细的斜向交错纹理。

3.2 常规检查研究

3.2.1 常规检查测定方法

水分 取供试品2~5g,平铺于干燥至恒重的扁形称量瓶中,厚度不超过5mm,疏松供试品不超过10mm,精密称定,开启瓶盖在100~105℃干燥5h,将瓶盖盖好,移置干燥器中,放冷30min,精密称定,再在上述温度干燥1h,放冷,称重,至连续两次称重的差异不超过5mg为止。根据减失的重量,计算供试品中含水量(%)。

本法适用于不含或少含挥发性成分的药品。

$$水分(\%) = \frac{W_1 + W_2 - W_3}{W_1} \times 100\%$$

式中W_1为供试品的重量(g),W_2为称量瓶恒重的重量(g),W_3为(称量瓶+供试品)干燥至连续两次称重的差异不超过5mg后的重量(g)。试验所得数据用Microsoft Excel 2013进行整理计算。

总灰分 测定用的供试品须粉碎,使之能通过二号筛,混合均匀后,取供试品2~3g(如需测定酸不溶性灰分,可取供试品3~5g),置炽灼至恒重的坩埚中,称定重量(准确至0.01g),缓缓炽热,注意避免燃烧,至完全炭化时,逐渐升高温度至500~600℃,使完全灰化并至恒重。根据残渣重量,计算供试品中总灰分的含量(%)。如供试品不易灰化,可将坩埚放冷,加热水或10%硝酸铵溶液2ml,使残渣湿润,然后置水浴上蒸干, 残渣照前法炽灼, 至坩埚内容物完全灰化。

$$总灰分（\%）= \frac{M_2 - M_1}{M_3 - M_1} \times 100\%$$

式中M_1: 坩埚重量（g）; M_2: 坩埚+灰分重量（g）; M_3: 坩埚+样品重量（g）。试验所得数据用Microsoft Excel 2013进行整理计算。

酸不溶性灰分 取上项所得的灰分, 在坩埚中小心加入稀盐酸约10ml, 用表面皿覆盖坩埚, 置水浴上加热10min, 表面皿用热水5ml冲洗, 洗液并入坩埚中, 用无灰滤纸滤过, 坩埚内的残渣用水洗于滤纸上, 并洗涤至洗液不显氯化物反应为止。滤渣连同滤纸移置同一坩埚中, 干燥, 炽灼至恒重。根据残渣重量, 计算供试品中酸不溶性灰分的含量（%）。

$$酸不溶性灰分（\%）= \frac{M_2 - M_1}{M_3 - M_1} \times 100\%$$

式中M_1: 坩埚重量（g）; M_2: 坩埚和酸不溶灰分的总重量（g）; M_3: 坩埚和样品总质量（g）。试验所得数据用Microsoft Excel 2013进行整理计算。

浸出物 醇溶性热浸法: 取供试品2~4g, 精密称定, 置100~250ml的锥形瓶中, 精密加乙醇50~100ml, 密塞, 称定重量, 静置1h后, 连接回流冷凝管, 加热至沸腾, 并保持微沸1h。放冷后, 取下锥形瓶, 密塞, 再称定重量, 用乙醇补足减失的重量, 摇匀, 用干燥滤器滤过, 精密量取滤液25ml, 置已干燥至恒重的蒸发皿中, 在水浴上蒸干后, 于105℃干燥3h, 置干燥器中冷却30min, 迅速精密称定重量。除另有规定外, 以干燥品计算供试品中乙醇溶性浸出物的含量（%）。

$$浸出物（\%）= \frac{（浸出物及蒸发皿重 - 蒸发皿重）\times 加水（或乙醇）体积}{供试品的重量 \times 量取滤液的体积} \times 100\%$$

$$RSD = \frac{标准偏差}{平均值} \times 100\%$$

3.2.2 结果与分析

水分 按照《中国药典》2015年版四部（第103页）第二法（烘干法）测定。取上述采集的防风药材样品, 测定并计算防风药材样品中含水量（质量分数, %）, 平均值为4.97%, 所测数值计算RSD≤8.35%, 在《中国药典》（2015年版, 一部）防风药材项下要求水分不得过10.0%, 故本药材符合药典规定要求（见表4-10）。

总灰分 按照《中国药典》2015年版四部（第202页）灰分测定法测定。取上述采集的防风药材样品, 测定并计算防风药材样品中总灰分和酸不溶性灰分含量（%）, 总灰分含量平均值为5.69%, 所测数值计算RSD≤0.25%, 酸不溶性灰分含量平均值为1.45%, 所测数值计算RSD≤5.04%, 在《中国药典》（2015年版, 一部）防风药材项下要求总灰分不得过6.5%, 酸不溶性灰分不得过1.5%, 本药材符合规定要求（见表

4-10）。

浸出物 按照《中国药典》2015年版四部（第202页）醇溶性浸出物测定法（热浸法）测定。取上述采集的防风药材样品，测定并计算防风药材样品中含水量（质量分数，%），平均值为25.63%，所测数值计算RSD≤3.78%，在《中国药典》（2015年版，一部）防风药材项下要求浸出物不得少于13.0%，本药材符合药典规定要求（见表4-10）。

表4-10 防风药材样品中水分、总灰分、酸不溶性灰分、浸出物含量

测定项	平均（%）	RSD（%）
水分	4.97	8.35
总灰分	5.69	0.25
酸不溶性灰分	1.45	5.04
浸出物	25.63	3.78

本试验研究根据《中国药典》（2015年版，一部）防风药材项下内容，奈曼产地防风药材的实验测定结果，蒙药材防风样品水分、总灰分、酸不溶性灰分、浸出物的平均含量分别为4.97%、5.69%、1.45%、25.63%，符合《中国药典》规定要求。

3.3 不同产地防风中的升麻素苷含量测定

3.3.1 实验设备、药材、试剂

仪器、设备 Agilent Technologies-1260Infinity型高效液相色谱仪，SQP型电子天平（赛多利斯科学仪器〈北京〉有限公司），KQ-600DB型数控超声波清洗器（昆山市超声仪器有限公司），HWS26型电热恒温水浴锅。Millipore-超纯水机。

实验药材（表4-11）

表4-11 防风供试药材来源

编号	采集地点	采集时间	采集经度	采集纬度
Y1	内蒙古自治区通辽市奈曼旗昂乃（基地）	20171021	120° 42′ 10″	42° 45′ 19″

对照品 升麻素苷（国家食品药品监督管理总局采购）。

试剂 甲醇（色谱纯）、超纯水。

3.3.2 实验方法

色谱条件与系统适用性试验 以十八烷基硅烷键合硅胶为填充剂，以甲醇-水（40∶60）为流动相，检

测波长为254nm。理论塔板数按升麻素苷峰计算应不低于2000。

对照品溶液的制备　取升麻素苷对照品及5-O-甲基维斯阿米醇苷对照品适量，精密称定，分别加甲醇制成每1ml各含60μg的溶液，即得。

供试品溶液的制备　取本品细粉约0.25g，精密称定，置具塞锥形瓶中，精密加入甲醇10ml，称定重量，水浴回流2h，放冷，再称定重量，用甲醇补足减失的重量，摇匀，滤过，取续滤液，即得。

测定法　分别精密吸取对照品溶液3μl与供试品溶液2μl，注入液相色谱仪，测定，即得。

本品按干燥品计算，含升麻素苷（$C_{22}H_{28}O_{11}$）和5-O-甲基维斯阿米醇苷（$C_{22}H_{28}O_{10}$）的总量不得少于0.24%。

3.3.3　实验操作

线性与范围　按3.3.2对照品溶液制备方法制备，精密吸取对照品溶液1μl、2μl、3μl、4μl、5μl，注入高效液相色谱仪，测定其峰面积值，并以进样量C（x）对峰面积值A（y）进行线性回归，得标准曲线回归方程为：$y=3000000x+839.1$，相关系数$R=0.9999$。

结果见表4-12及图4-42，表明升麻素苷进样量在0.06～0.3μg范围内，与峰面积值具有良好的线性关系，相关性显著。

表4-12　线性关系考察结果

C（μg）	0.060	0.120	0.180	0.240	0.300
A	159036	319699	474277	631778	794792

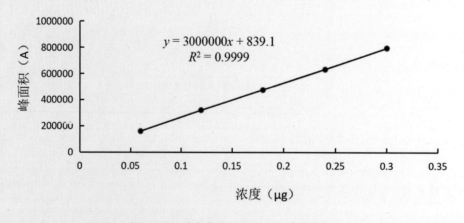

图4-42　升麻素苷对照品的标准曲线图

3.3.4 样品测定

取防风样品约0.25g，精密称取，分别按3.3.2项下的方法制备供试品溶液，精密吸取供试品溶液各10μl，分别注入液相色谱仪，测定，并干燥，计算含量。结果见表4-13。

表4-13 防风样品含量测定结果

样品批号	n	样品（g）	升麻素苷含量（%）	平均值（%）	RSD（%）
	1	0.25037	0.90		
20161021	2	0.25037	0.87	0.92	2.50
	3	0.25037	0.92		

3.3.5 结论

按照2015年版《中国药典》中防风含量测定方法测定，结果奈曼基地的防风中升麻素苷的含量符合《中国药典》规定要求。

4 经济效益分析

4.1 市场前景分析

防风是我国常用中药材，以根入药，在《中国药典》中应用防风的中药品种占20%左右，其用途广泛。销量大、产地广、产量亦大。防风以野生关防风质量较好，关防风是东北和内蒙古的道地药材。其他品种不如关防风的价格高，但野生资源有限。由于无度地采挖，使野生资源遭受了严重的破坏，远不能满足药业发展的需要，造成货源紧缺。这是近几年防风价格上涨原因之一。随着野生关防风的资源枯竭，家种防风已逐渐为市场主流。防风不仅是药业不可缺少的药材，而且是重要的草原植被和固沙植物，所以在寒地大力发展防风种植业，不但可以增加农民收入，而且还有良好的生态效益。防风种植前景乐观。内蒙古赤峰市牛营子镇防风近期行情平稳运行中，目前产地统计报价在22~24元/kg。

防风在东北三省及内蒙古地区所产的货，品质优良，药效充足，在全国各地药材市场首屈一指。亩用种2.5~3kg，生长2~3年采收，亩产250~350kg，现市场价格是30~35元/kg。

4.2 投资预算

防风种子 市场价每千克70元，参考奈曼当地情况，每亩地用种子2~3kg，合计为210元。

种前整地和播种 包括施底肥、灌溉、犁地、耙地和播种，底肥包括1000kg有机肥，50kg复合肥，其中有机肥每袋120元,复合肥每袋120元,灌溉一次需要电费50元,犁、耙、播种一亩地各需要50元,以上合计共计需要费用440元。

田间管理 整个生长周期抗病除草需要10次,每次人工成本加药物成本约100元,合计约1000元。灌溉6次,费用200元。追施复合肥每亩50kg,叶面喷施叶面肥4次,成本约200元。综上,防风田间管理成本为1400元。

收获与加工 收获成本(机械燃油费和人工费)每亩约需400元。

合计成本 210+440+1400+400=2450元

4.3 产量与收益

2018年市场价格,防风20~35元/千克,每亩地平均可产350kg。由于防风是两年生,所以按最高产量和35元/千克计算收益为:(12250−2450)/2=4900元/(亩·年)。

牛　膝 ᠪᠠᠷᠪᠠ

ACHYRANTHIS BIDENTATAE RADIX

蒙药材牛膝为苋科植物牛膝 *Achyranthes bidentata* Bl.的干燥根。

1　牛膝的研究概况

1.1　化学成分及药理作用

1.1.2　化学成分

三萜皂苷　齐墩果酸α–L–吡喃鼠李糖基–β–D–吡喃半乳糖苷（oleanolic acid α–L–rhamnopyranosyl–β–D–galactopyraonside），牛膝皂苷（achybidensaponin）Ⅰ和Ⅱ，人参皂苷（ginsenoside）Ro，竹节参皂苷–1（PJS–1），polypodine B。多糖：寡糖AbS，肽多糖ABAB，牛膝多糖ABPS。

甾酮类　蜕皮甾酮（ecdysterone）、牛膝甾酮（inokosterone）、红苋甾酮（rubro sterone）。

氨基酸　精氨酸、甘氨酸、丝氨酸、天冬氨酸、谷氨酸、苏氨酸、脯氨酸、酪氨酸、色氨酸、缬氨酸、苯丙氨酸、亮氨酸。

1.1.2　药理作用

镇痛作用　煎剂25g/kg灌胃，对小鼠醋酸扭体反应有极显著抑制作用。怀牛膝煎剂5g/kg灌胃，能显著延长热板法试验小鼠痛反应时间。牛膝不同炮制品都有一定程度的镇痛作用，其中以酒炙牛膝镇痛作用强而持久。牛膝总皂苷具有明显的镇痛作用，且作用强度与剂量呈现一定的量效关系。

抗炎作用　其酒剂10g（生药）/kg灌胃，能促进大鼠蛋清性关节肿胀的消退，每日5g/kg，连续5日灌胃能明显促进大鼠甲醛性关节炎的消退。其抗炎消肿机制在于可提高机体免疫功能，激活小鼠巨噬细胞对细菌的吞噬能力以及扩张血管、改善循环、促进炎性病变吸收等。

对心血管及呼吸的影响　怀牛膝提取液对离体蛙心及麻醉猫、犬的心脏有一定抑制作用，使收缩力减弱。其煎剂或提取液1g/kg静脉注射，对在体蟾蜍心有轻度抑制作用，但过量能引起传导阻滞及心跳暂停。蛙心灌流及大鼠下肢灌流表明本品有明显血管扩张作用，对麻醉犬、猫和兔有短暂降压作用，无快速耐受现象；在血压下降的同时伴有呼吸兴奋，使呼吸加快加深。

抗生育作用 怀牛膝总皂苷125~1000mg/kg灌胃，对妊娠1~10日的小鼠，有显著的剂量依赖性抗生育作用，其半数有效量（ED_{50}）为218mg/kg。总皂苷500mg/kg灌胃，对妊娠1~5日小鼠，有明显抗着床作用。另有报道，怀牛膝苯提取物从妊娠第七日开始连续3日，2.5g（生药）/kg灌胃，对小鼠抗生育的有效率为94.5%，可引起胚胎排出、死亡或阴道流血。

对血液流变学的影响 怀牛膝煎剂10g/kg灌胃，每日2次，连续3日，对正常大鼠的高低切变率全血黏度、血细胞比容、红细胞聚集指数均有显著降低作用；对急性血瘀模型大鼠尚有抗凝作用，使凝血酶原时间及白陶土部分凝血活酶时间稍延长，血浆复钙时间明显延长。上述试验可部分解释怀牛膝活血作用的机制。

降血糖作用 怀牛膝所含蜕皮甾酮能抑制四氧嘧啶、抗胰岛素血清所致的高血糖，能促进正常小鼠肝内葡萄糖合成蛋白质，促进正常及四氧嘧啶高血糖小鼠肝内葡萄糖合成糖原，这可能是其降血糖作用机制之一。

对免疫功能的影响 怀牛膝煎剂每日25g/kg灌胃，连续10日，使正常及环磷酰胺处理小鼠的脾指数和胸腺指数、腹腔巨噬细胞对鸡红细胞的吞噬百分率和吞噬指数极显著增加；每日10g/kg，连续12日，使小鼠溶血素及溶血空斑的形成明显增加。怀牛膝的免疫增强作用与剂量相关，过大或过小作用均减弱。川牛膝多糖能提高小鼠$C_{7}b$受体花环率，亦能降低IC花环率，对红细胞免疫功能有显著的促进作用。牛膝水煎剂10g/kg灌胃能明显提高正常小鼠及辐射损伤小鼠血清特异性抗体溶血素含量并增加脾脏溶血空斑形成细胞数，显示牛膝能增强小鼠的体液免疫功能。

延缓衰老作用 20%怀牛膝水煎剂每日每只小鼠0.3ml灌胃，连续1个半月，能明显提高小鼠血中谷胱甘肽过氧化物酶（GSH-Px）的活性，降低过氧化脂质（LPO）的含量，对小鼠血中超氧化物歧化酶（SOD）的活性也有所增强，表明有延缓衰老作用。

抗肿瘤作用 牛膝多糖（ABP）每日25~100mg/kg，连续使用7日，对小鼠肉瘤S180抑制率为31%~40%。ABP 50及100mg/kg腹腔注射能显著提高S180荷瘤小鼠LAK细胞活性。ABP 50~800μg/ml体外对S180细胞无直接细胞毒作用，但能增强巨噬细胞对S180的杀伤作用。随着药物浓度的升高，牛膝总皂苷（ABS）体外对艾氏腹水癌细胞的细胞毒作用逐渐增强；体内对小鼠肉瘤S180腹水型及肝癌实体瘤的抑制率分别为56%和46.2%。

其他作用　怀牛膝水煎液7.1g/kg和14.2g/kg灌胃能显著增加维甲酸所致骨质疏松大鼠的活动能力,阻止维甲酸所造成的大鼠骨矿物质的丢失,增加其骨中有机质的含量,提高骨密度,从而达到防治骨质疏松的目的。

毒性　小鼠腹腔注射,蜕皮甾酮的LD_{50}为6.4g/kg,牛膝甾酮为7.8g/kg。怀牛膝煎剂75g/kg灌胃,观察3日,未见小鼠有任何异常,其LD_{50}为146.49g/kg。

1.2　资源分布状况

除东北外,全国广布。生于山坡林下,海拔200~1750m。朝鲜、俄罗斯、印度、越南、菲律宾、马来西亚、非洲均有分布。

1.3　生态习性

牛膝为深根系植物,喜温暖干燥气候,不耐严寒,在气温-17℃时易被冻死。以土层深厚的砂质壤土栽培为宜,黏土及碱性土不易生长。

1.4　栽培技术与采收加工

繁殖方法　多采用种子繁殖。种子分秋子、蔓薹子。蔓薹子又可分为秋蔓薹子、老蔓薹子。实践表明,秋子发芽率高,不易出现徒长现象,且产品主根粗长均匀,分权少,产量高,品质较好。

采种　选择核桃纹、风筝棵两品种的牛膝薹种植所产的秋子最佳。当年种植的牛膝所产的种子质量差,发芽率低。

种子处理　播种前,将种子在凉水中浸泡24h,然后捞出,稍晾,使其松散后播种。也有用套芽(即催芽,其方法类似生豆芽)的方法,生芽后播种。

播种　将处理过的种子拌入适量细土,均匀地撒入土畦中,轻耙一遍,将种子混入土中,然后用脚轻轻踩一遍,保持土壤湿润,3~5天后出苗。如不出苗,须浇水1次。每亩需种子0.5~0.75kg,为增加种子顶土能力,可加大播种量。有时,播前将种子用20℃温水浸10~20h,再捞出种子,待种子稍干能散开时,则可播种。浸种忌油渍,否则影响出苗。播种最好在下午进行,以免高温影响出苗。播种时间,因种植的地区和收获产品的目的不同而不同。不能过早,也不能过晚。过早播种,地上部分生长过快,则开花结籽多,根易分权,纤维多,木质化,品质不好;过晚播种,植株矮小,发育不良,产量低。例如河南、四川两地宜在7月中、下旬播种,北京地区宜于5月下旬至6月初播种。无霜期长的地区,播种可稍晚,无霜期短的地区宜早播。若需要在当年生的植株采种,播种期应在4月中旬,这样其生长期长,子粒饱满,品质优良;若于6月或7月播种,植株所结的种子则不饱满,品质差。

间苗与除草 结合浅锄松土,除掉田间杂草。牛膝幼苗期,怕高温积水,应及时松土锄草,并结合浅锄松土,将表土内的细根锄断,以利于主根生长,同时也可达到降温的效果。如果高温天气,尚应注意适当浇水1~2次,以降低地温,利于幼苗正常生长。大雨后,要及时排水,如果地湿又遇大雨,易使基部腐烂。苗高60cm左右时,应间苗1次。间苗时,应注意拔除过密、徒长、茎基部颜色不正常的苗和病苗、弱苗。

定苗 苗高17~20cm时,按株、行距13~20cm或株距13cm定苗。同时结合除草。

浇水与施肥 定苗后随即浇水1次,使幼苗直立生长。定苗后需追肥1次。河南主产区的经验是"7月苗,8月条"。因此追肥必须在7~8月内进行。8月初以后,根生长最快,此时应注意浇水,特别是天旱时,每10天要浇1次水,一直到霜降前,都要保持土壤湿润。在雨季应及时排水,否则容易染病害。并应在根基培土防止倒伏。如果植株叶子发黄,则表示缺肥,应及时追肥,可施浓度低的人粪尿、饼肥或化肥(每亩可施过磷酸钙12kg、硫酸铵7.5kg)。

打顶 在植株高40cm以上,长势过旺时,应及时打顶,以防止抽薹开花,消耗营养。为控制抽薹开花,可根据植株情况连续几次适当打顶,使株高在45cm左右为宜。生产上打顶后结合施肥,促进地下根的生长,是获得高产的主要措施之一。但不可留枝过短,以免叶片过少而不利于根部营养积累。

留种技术 霜降后,在怀牛膝采挖时节,选择植株高矮适度,枝密叶圆,叶片肥大,根部粗长,表皮光滑,无分叉及须根少的植株,去掉地上部,保留芦头(芽)。取芦头下20~25cm根部即为牛膝薹,在阴凉处挖深30cm的坑,垂直放入牛膝薹,填土压实越冬。次年3月下旬或4月上旬,按株行距60cm×75cm植入牛膝薹,苗高20~30cm时,每株施尿素150g,适量浇水。也可在收获时选优良植株的根存放在地窖里,次年解冻后再按上述方法栽培、栽种。秋后种子成熟后采种即为秋子,秋子种植的牛膝所产的种子为秋蔓薹子,秋蔓薹子种植的牛膝所产的种子为老蔓薹子。

1.5 病虫害防治

病害 ①白锈病:该病在春秋低温多雨时容易发生。主要危害叶片,在叶片背面引起白色病斑,少隆起,外表光亮,破裂后散出粉状物,为病菌孢子囊,属真菌中一种藻状菌。防治方法:收获后清园,集中病株烧毁或深埋,以消灭或减少越冬菌源,发病初期喷1∶1∶120波尔多液或65%代森锌500倍液,每10~14天喷1次,连续喷施2~3次。②叶斑病: 该病7~8月发生。危害叶片,病斑黄色或黄褐色,严重时整个叶片变成灰褐色枯萎死亡。防治方法：同白锈病防治法。③根腐病： 在雨季或低洼积水处易发病。发病后叶片枯黄，生长停止，根部变褐色，水渍状，逐渐腐烂，最后枯死。防治方法：注意排水，并选择干燥的地块种植，忌连作。此外，防治可用根腐灵、代森锌或西瓜灵等杀菌剂。

虫害及其防治 棉红蜘蛛：为害叶片。防治方法：清园，收挖前将地上部收割，处理病残体，以减少越冬基数；与棉田相隔较远距离种植；发生期用40%水胺硫磷1500倍液或20%双甲脒乳油1000倍液喷雾防治。

1.6 采收与加工

采收 牛膝收获期以霜降后，封冻前最好。南方在11月下旬至12月中旬收获，北方在10月中旬至11月上旬收获。过早收获则根不壮实，产量低；过晚收获则易木质化或受冻影响品质。采收前轻浇一次水，再一层一层向下挖，挖掘时先从地的一端开沟，然后顺次采挖，要做到轻、慢、细，不要损伤根部，要保持根部完整。人工采挖采收，用镰刀割去牛膝地上部分，留茬3cm左右，从田间一头起槽采挖，尽量避免挖断根部。

加工 挖回的牛膝，先不洗涤，去净泥土和杂质，将地上部分捆成小把儿挂于室外晒架上，枯苗向上根条下垂，任其日晒风吹；新鲜牛膝怕雨怕冻，因此应早上晒晚上收。若受冻或淋雨，会变紫发黑，影响品质。应按粗细分开晾晒，晒8~9天至7成干时，取回堆放室内盖席，闷2天后，再晒干。此时的牛膝称为毛牛膝。然后取出，将芦头砍去，再按长短选分特膝、头肥、二肥、平条等不同等级。将其主根细尖与支根摘去，依级捆成3.5~4kg捆，再蘸水后，用硫黄熏，熏后将其分成小把儿，每把儿200g左右（为7~8根或10余根不等），捆好后晒干。天气不好时，上炕以小火烘焙干。

1.7 药材质量标准

怀牛膝以皮细、肉肥、质坚、色好、根条粗长、黄白色或肉红者为佳；外皮显黑色，端茬黑色有油的为次。本品含蜕皮甾酮（$C_{27}H_{44}O_7$）不得少于0.040%。

1.8 包装、贮藏与运输

包装 将干牛膝分成小把儿装入木箱，内衬防潮纸；或用纸箱包装。装箱时做到残条不装，碎条不装，冻条不装，霉条不装，油条不装，散把儿不装，混等级不装。每箱20kg左右，放置通风阴凉处。在每件包装上，应注明品名、规格、产地、批号、包装日期、生产单位，并附有质量合格的标志。

贮藏 适宜温度28℃以下，相对湿度68%~75%，商品安全水分11%~14%。夏季最好放在冷藏室，防止生虫、发霉、泛糖（油）。贮藏期应定期检查，消毒，保持环境卫生整洁，经常通风。商品存放一定时间后，要换堆，倒垛。有条件的地方可密封充氮降氧保护。发现轻度霉变、虫蛀，要及时翻晒，严重时用磷化铝等熏灭。

运输　运输工具或容器应具有较好的通气性，以保持干燥，并应有防潮措施，同时不应与其他有毒、有害、有异味的物品混装。

2　生物学特性研究

2.1　奈曼地区栽培牛膝物候期

2.1.1　观测方法

从通辽奈曼旗蒙药材种植基地栽培牛膝大田中，选择10株生长良好、无病虫害的健壮植株编号挂牌，作定位观测，并记录。2016年5月至2016年11月连续观测记录各定株物候出现的日期，以10株平均期作为原始值。观测应具连续性，不漏测任何一个物候期。观测时间和顺序固定，开花期上午8：00～11：30，晴天观测。观测部位以植株判断其物候期，主茎受损时另选植株，并注明。

2.1.2　物候期的划分

物候期的划分是根据栽培牛膝生长发育过程中不同时期植物生长发育的特点，并参考其他植物物候期的划分情况完成的。为了划分依据统一，始、初期均以群体中植株出现开花或展叶或坐果5%～15%为标准，盛、旺期以40%～60%为标准，末期以80%～90%为标准。将牛膝的生育全过程分为播种期、出苗期、4～6叶期、分枝期、花蕾期、开花初期、盛花期、落花期、坐果初期、果实成熟期、枯萎期。出苗期是种子萌发后，幼苗露出地面2～3cm的时期；4～6叶期（伸长期）是叶生长的关键时期；分枝期是植株茎秆快速生长时期，其与伸长期基本同季，是植物营养生长高峰期；现蕾开花期是植株现蕾开花时期；坐果初期是牛膝开始坐果的时期；果实成熟期是整株植物结实及果实成熟的关键时期，其与现蕾开花期组成牛膝的生殖生长期；枯萎期是根据植株在夏末、秋初出现春发植株大量死亡现象而设置的一个生育时期；播种期为牛膝的实际播种日期。

2.1.3　物候期观测结果

一年生牛膝播种期为5月22日，出苗期自6月2日起历时10天，4～6叶期为6月14日开始至6月22日历时8天，分枝期共8天,花蕾期自8月上旬开始共11天,开花初期为8月下旬历时2天,盛花期历时8天,落花期自9月8日至9月14日历时6天,坐果初期共计4天,枯萎期历时17天。

表5-1-1 牛膝物候期观测结果(m/d)

时期 年份	播种期	出苗期	4~6叶期	分枝期	花蕾期	开花初期
一年生	5/22	6/2~6/12	6/14~6/22	7/4~7/12	8/1~8/12	8/20~8/22

表5-1-2 牛膝物候期观测结果(m/d)

时期 年份	盛花期	落花期	坐果初期	果实成熟期	枯萎期
一年生	8/24~9/2	9/8~9/14	9/10~9/14	9/14~9/22	9/15~10/2

2.2 形态特征观察研究

多年生草本,高70~120cm。根圆柱形,直径5~10mm,土黄色。茎有棱角或四方形,绿色或带紫色,有白色贴生或开展柔毛,或近无毛,分枝对生。叶片椭圆形或椭圆披针形,少数倒披针形,长4.5~12cm,宽2~7.5cm,顶端尾尖,尖长5~10mm,基部楔形或宽楔形,两面有贴生或开展柔毛;叶柄长5~30mm,有柔毛。穗状花序顶生及腋生,长3~5cm,花期后反折;总花梗长1~2cm,有白色柔毛;花多数,密生,长5mm;苞片宽卵形,长2~3mm,顶端长渐尖;小苞片刺状,长2.5~3mm,顶端弯曲,基部两侧各有1卵形膜质小裂片,长约1mm;花被片披针形,长3~5mm,光亮,顶端急尖,有1中脉;雄蕊长2~2.5mm;退化雄蕊顶端平圆。胞果矩圆形,长2~2.5mm,黄褐色,光滑。种子矩圆形,长1mm,黄褐色。花期7~9月,果期9~10月。

牛膝形态特征例图

图5-1   图5-2

图5-3   图5-4   图5-5

2.3 生长发育规律

2.3.1 牛膝营养器官生长动态

（1）牛膝地下部分生长动态　为掌握牛膝各种性状在不同生长时期的生长动态，分别在不同时期对牛膝的根长、根粗、侧根数、根鲜重等性状进行了调查（见表5-2）。

表5-2　牛膝地下部分生长情况

调查日期 （m/d）	根长 （cm）	根粗 （cm）	侧根数 （个）	侧根长 （cm）	侧根粗 （cm）	根鲜重 （g）
7/30	5.44	0.1476	—	—	—	0.99
8/10	8.62	0.2637	—	—	—	1.52
8/20	10.25	0.3406	0.8	3.39	0.0732	2.12
8/30	13.15	0.4277	1.3	7.06	0.1281	2.91
9/10	15.10	0.5284	2.3	8.20	0.2481	3.24
9/20	16.12	0.6842	3.5	10.13	0.2862	3.94
9/30	17.09	0.6241	4.2	11.21	0.2790	4.93
10/15	18.12	0.6842	5.2	12.80	0.3231	5.74

说明："—"无数据或未达到测量的数据要求。

牛膝根长的变化动态　从图5-6可见，7月30日至10月15日根长逐渐增加，说明牛膝根在整个生长期内呈逐渐生长状态。

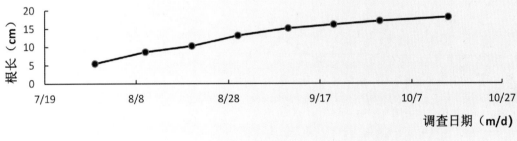

图5-6　牛膝的根长变化

牛膝根粗的变化动态　从图5-7可见，牛膝的根粗从7月30日至10月15日均呈稳定的增长趋势。可以看出牛膝在整个生长过程中均增粗。

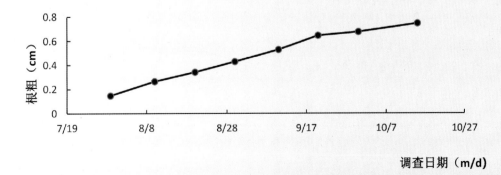

图5-7　牛膝的根粗变化

牛膝侧根数的变化动态 从图5-8可见,8月10日前由于侧根太细,达不到调查标准,因而8月10日至10月15日是侧根数缓慢增加时期,其后侧根数的变化不大。

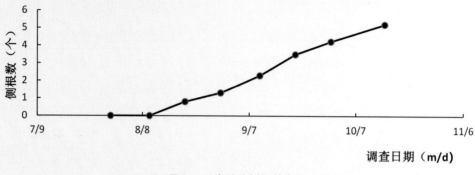

图5-8 牛膝的侧根数变化

牛膝侧根长的变化动态 从图5-9可见,8月10日之前侧根太细不在考察范围之内,8月10日至10月15日侧根长逐渐增加,说明8月10日后早晚温差大侧根增长速度更快。

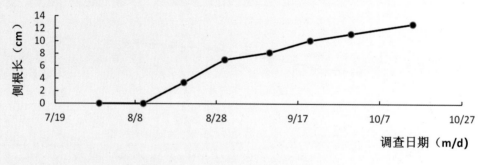

图5-9 牛膝的侧根长变化

牛膝侧根粗的变化动态 从图5-10可见,牛膝的侧根粗从8月10日至10月15日均呈稳定的增长趋势,说明牛膝侧根粗始终在增加。

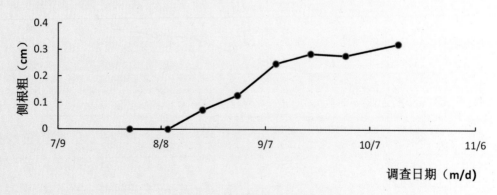

图5-10 牛膝的侧根粗变化

牛膝根鲜重的变化动态 从图5-11可见,7月30日至10月15日根鲜重变化基本上呈逐渐增加的趋势,而且很平稳。

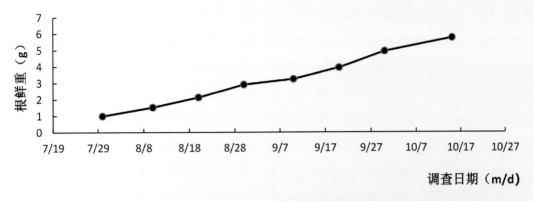

图5-11 牛膝的根鲜重变化

(2)**牛膝地上部分生长动态** 为掌握牛膝各种性状在不同生长时期的生长动态,分别在不同时期对牛膝的株高、叶数、分枝数、茎鲜重、叶鲜重等性状进行了调查(见表5-3)。

表5-3 牛膝地上部分生长情况

调查日期 (m/d)	株高 (cm)	叶数 (个)	分枝数 (个)	茎粗 (cm)	茎鲜重 (g)	叶鲜重 (g)
7/25	13.70	9.9	—	0.1424	0.63	1.30
8/12	19.57	19.8	0.8	0.1927	1.20	2.42
8/20	28.53	52.7	2.1	0.2231	6.64	3.78
8/30	39.53	61.8	2.5	0.2924	12.56	5.59
9/10	45.60	69.8	3.3	0.3225	13.56	6.11
9/21	53.50	60.3	4.3	0.3939	15.04	4.42
9/30	52.60	52.7	5.2	0.4094	9.04	2.42
10/15	48.69	—	6.1	0.4254	6.36	—

说明:"—"无数据或未达到测量的数据要求。

牛膝株高的生长变化动态 从图5-12可见,7月25日至8月12日株高缓慢而平稳增长;8月12日至9月21日株高快速增长,9月21日开始缓慢下降,这是由于牛膝叶片失掉水分干枯、脱落所致。

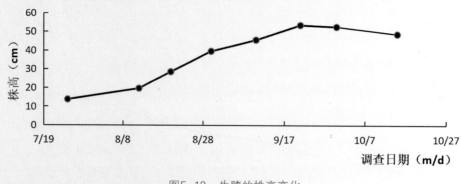

图5-12 牛膝的株高变化

牛膝叶数的生长变化动态 从图5-13可见，7月25至8月12日是叶数增加缓慢时期，8月12日至9月10日是叶数快速增长时期；9月10日至9月30日缓慢下降，9月30日开始叶数快速变少，说明这一时期牛膝下部叶片在枯死、脱落，所以叶数在减少。

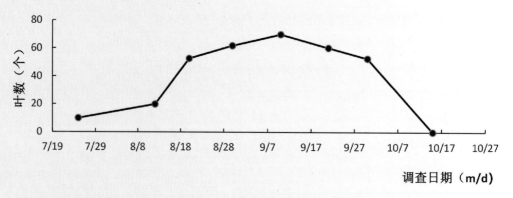

图5-13 牛膝的叶数变化

在不同生长时期牛膝分枝数的变化情况 从图5-14可见，从7月25日至10月15日分枝数逐渐增加，而且生长很平稳，其后分枝数呈现很稳定的趋势。

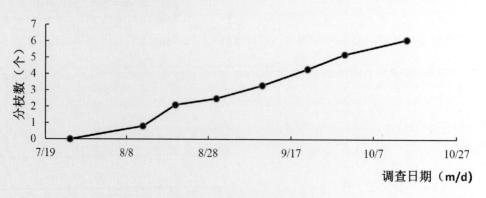

图5-14 牛膝的分枝数变化

牛膝茎粗的生长变化动态 从图5-15可见,7月25日至10月15日茎粗逐渐增加,而且生长基本平稳,其后茎粗呈现很稳定的趋势。

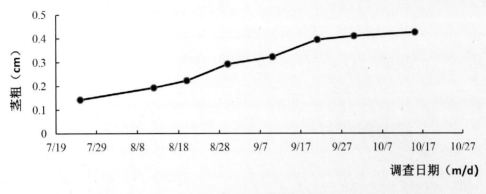

图5-15 牛膝的茎粗变化

牛膝茎鲜重的变化动态 从图5-16可见,7月25日至8月12日茎鲜重基本稳定,8月12日至9月21日是茎鲜重快速增加期;其后茎鲜重开始缓慢降低,这可能是由于生长后期茎逐渐干枯所致。

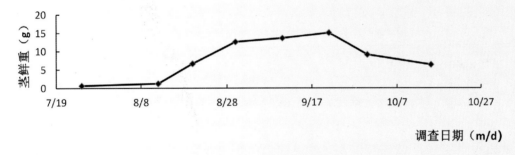

图5-16 牛膝的茎鲜重变化

牛膝叶鲜重的变化动态 从图5-17可见,7月25日至8月12日是叶鲜重缓慢增加期,8月12日至9月10日是叶鲜重快速增加期;从9月10日开始叶鲜重逐渐下降,这是由于生长后期叶片逐渐脱落和干枯所致。

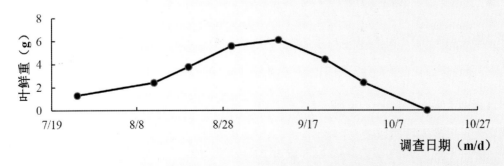

图5-17 牛膝的叶鲜重变化

牛膝单株生长图

图5-18　　　　　　　　　　　　　　　　　图5-19

图5-20　　　　　　　　图5-21　　　　　　　　图5-22

2.3.2　不同时期的根和地上部的关系

　　为掌握牛膝各种性状在不同生长时期的生长动态,分别在不同时期从牛膝的每个种植小区随机取样10株,将取样所得的牛膝从茎基部剪下,根、冠分离,去除杂物,将根、冠分别在105℃下杀青30分钟后60℃恒温2天(或2天以上干燥为止),然后放入干燥器中冷却,用1/10000的天平测量质量,以二者的比值为根冠比。

表5-4 牛膝不同时期的根和地上部的关系

调查日期（m/d）	7/25	8/12	8/20	8/30	9/10	9/21	9/30	10/15
根冠比	0.4055	0.1919	0.1612	0.2032	0.2097	0.2246	0.5331	1.5987

从表5-4可见，牛膝幼苗期根系与枝叶的生长速度有显著差异，幼苗出土初期根冠比为0.4055：1，地上部分生长占优势。到了8月20日，根冠比为0.1612：1，之后地上部分慢慢枯萎。到9月30日根冠比为0.5331：1，10月15日根冠比为1.5987：1。

2.3.3 牛膝不同生长期干物质积累

本实验共设计3个小区。每小区取样10株，分别在营养幼苗期、营养生长期、开花期、果实期、枯萎期等5个时期取牛膝的全株，每穴以植株为中心，取长16~25cm、宽16~25cm、深20~40cm的土块，先用清水冲洗干净，注意避免丢失根量，用滤纸吸干附着的水分，然后将植株按根、茎、叶、花和果实部位装袋，于105℃杀青30min，60℃烘至恒重，测定干物质量，并折算为公顷干物质积累量。

表5-5 牛膝各部器官总干物质重变化（kg/hm²）

调查期	根	茎	叶	花和果
幼苗期	126.00	70.00	259.00	—
营养生长期	280.00	756.00	938.00	—
开花期	521.00	1428.00	1162.00	336.00
果实期	2106.00	2002.00	1207.00	230.00
枯萎期	2799.00	1922.00	—	—

说明："—"无数据或未达到测量的数据要求。

从牛膝干物质积累与分配的数据（如表5-5所示）可以看出，在不同时期均表现地上、地下部分各营养器官的干物质量均随牛膝的生长不断增加。在幼苗期根、茎、叶干物质总量依次为126.00kg/hm²、70.00kg/hm²、259.00kg/hm²；进入营养生长期根、茎、叶依次增加至280.00kg/hm²、756.00kg/hm²和938.00kg/hm²，其中茎和叶增加较快。进入开花期根、茎、叶、花和果依次增加至521.00kg/hm²、1428.00kg/hm²、1162.00kg/hm²和336.00kg/hm²，其中茎、叶、花和果均增加特别快；进入果实期根、茎、叶、花和果依次增加至2106.00kg/hm²、2002.00kg/hm²、1207.00kg/hm²、230.00kg/hm²。进入枯萎期根、茎依次为2799.00kg/hm²、1922.00kg/hm²，其中根增加较快，茎的生长具有下降的趋势，即茎和叶进入枯萎期。

3 药材质量评价研究

3.1 常规检查测定方法

水分 取供试品2～5g，平铺于干燥至恒重的扁形称量瓶中，厚度不超过5mm，疏松供试品不超过10mm，精密称定，开启瓶盖在100～105℃干燥5h，将瓶盖盖好，移置干燥器中，放冷30min，精密称定，再在上述温度干燥1h，放冷，称重，至连续两次称重的差异不超过5mg为止。根据减失的重量，计算供试品中含水量（%）。

本法适用于不含或少含挥发性成分的药品。

$$水分（\%）= \frac{W_1 + W_2 - W_3}{W_1} \times 100\%$$

式中W_1为供试品的重量（g），W_2为称量瓶恒重的重量（g），W_3为（称量瓶+供试品）干燥至连续两次称重的差异不超过5mg后的重量（g）。试验所得数据用Microsoft Excel 2013进行整理计算。

总灰分 测定用的供试品须粉碎，使其能通过二号筛，混合均匀后，取供试品2～3g（如需测定酸不溶性灰分，可取供试品3～5g），置炽灼至恒重的坩埚中，称定重量（准确至0.01g），缓缓炽热，注意避免燃烧，至完全炭化时，逐渐升高温度至500～600℃，使完全灰化并至恒重。根据残渣重量，计算供试品中总灰分的含量（%）。

$$总灰分（\%）= \frac{M_2 - M_1}{M_3 - M_1} \times 100\%$$

式中M_1：坩埚重量（g）；M_2：坩埚+灰分重量（g）；M_3：坩埚+样品重量（g）。试验所得数据用Microsoft Excel 2013进行整理计算。

浸出物 水溶性冷浸法：取供试品约4g，精密称定，置250～300ml的锥形瓶中，精密加水100ml，密塞，冷浸，前6h内时时振摇，再静置18h，用干燥滤器迅速滤过，精密量取续滤液20ml，置干燥至恒重的蒸发皿中，在水浴上蒸干后于105℃干燥3h，置干燥器中冷却30min，迅速精密称定重量。除另有规定外，以干燥品计算供试品中水溶性浸出物的含量（%）。

$$浸出物（\%）= \frac{（浸出物及蒸发皿重 - 蒸发皿重）\times 加水（或乙醇）体积}{供试品的重量 \times 量取滤液的体积} \times 100\%$$

$$RSD = \frac{标准偏差}{平均值} \times 100\%$$

3.2 结果与分析

水分 参照《中国药典》2015年版四部（第103页）第二法（烘干法）测定。取上述采集的牛膝药材样品，测定并计算牛膝药材样品中含水量（质量分数，%），平均值为4.77%，所测数值计算RSD≤1.65%，在《中国药典》（2015年版，一部）牛膝材项下内容要求水分不得过15.0%，本药材符合药典规定要求（见表5-6）。

总灰分 参照《中国药典》2015年版四部（第202页）灰分测定法测定。取上述采集的牛膝药材样品，测定并计算牛膝药材样品中总灰分含量（%），总灰分含量平均值为8.70%，所测数值计算RSD≤0.36%，在《中国药典》（2015年版，一部）牛膝药材项下内容要求总灰分不得过9.0%，本药材符合规定要求（见表5-6）。

浸出物 参照《中国药典》2015年版四部（第202页）水溶性浸出物测定法（冷浸法）测定。取上述采集的牛膝药材样品，测定并计算牛膝药材样品中含水量（质量分数，%），平均值为7.06%，所测数值计算RSD≤7.78%，在《中国药典》（2015年版，一部）牛膝药材项下内容要求浸出物不得少于6.5%，本药材符合药典规定要求（见表5-6）。

表5-6 牛膝药材样品中水分、总灰分、浸出物含量

测定项	平均（%）	RSD（%）
水分	4.77	1.65
总灰分	8.70	0.36
浸出物	7.06	7.78

本试验研究依照《中国药典》（2015年版，一部）牛膝药材项下内容，根据奈曼产地牛膝药材的实验测定结果，蒙药材牛膝样品水分、总灰分、浸出物的平均含量分别为4.77、8.70%、7.06%，符合《中国药典》规定要求。

3.2 不同产地牛膝中的β-蜕皮甾酮含量测定

3.2.1 实验设备、药材、试剂

仪器、设备 Agilent Technologies-1260Infinity型高效液相色谱仪，SQP型电子天平（赛多利斯科学仪器〈北京〉有限公司），KQ-600DB型数控超声波清洗器（昆山市超声仪器有限公司），HWS26型电热恒温水

浴锅。Millipore-超纯水机。

实验药材（表5-7）

表5-7 牛膝供试药材来源

编号	采集地点	采集时间	采集经度	采集纬度
Y1	内蒙古自治区通辽市奈曼旗昂乃（基地）	2017-10-10	120° 42′ 10″	42° 45′ 19″

对照品 含β-蜕皮甾酮（国家食品药品监督管理总局采购，编号：5289-74-7）。

试剂 乙腈（色谱纯）、水、甲酸。

3.2.2 实验方法

色谱条件 以十八烷基硅烷键合硅胶为填充剂，以乙腈-水-甲酸（16∶84∶0.1）为流动相，检测波长为250nm。理论塔板数按β-蜕皮甾酮峰计算应不低于4000。

对照品溶液的制备 取β-蜕皮甾酮对照品适量，精密称定，加甲醇制成每1ml含0.1mg的溶液，即得。

供试品溶液的制备 取本品粉末（过三号筛）约1g，精密称定，置具塞锥形瓶中，加水饱和正丁醇30ml，密塞，浸泡过夜，超声处理（功率300W，频率40kHz）30min，滤过，用甲醇10ml数次洗涤容器及残渣，合并滤液和洗液，蒸干，残渣加甲醇使溶解，转移至5ml量瓶中，加甲醇至刻度，摇匀，即得。

测定法 分别精密吸取对照品溶液与供试品溶液各10μl，注入液相色谱仪，测定，即得。

本品按干燥品计算，含β-蜕皮甾酮（$C_{27}H_{44}O_7$）不得少于0.030%。

3.2.3 实验操作

线性与范围 按3.2.2对照品溶液制备方法制备，精密吸取对照品溶液6μl、8μl、10μl、12μl、14μl，注入高效液相色谱仪，测定其峰面积值，并以进样量C（x）对峰面积值A（y）进行线性回归，得标准曲线回归方程为：$y=1000000x+29613$，相关系数$R=0.9996$。

结果见表5-8及图5-23，表明β-蜕皮甾酮进样量在0.606~1.414μg范围内，与峰面积值具有良好的线性关系，相关性显著。

表5-8 线性关系考察结果

C（μg）	0.606	0.808	1.010	1.212	1.414
A	851475	1146559	1427226	1692230	1965656

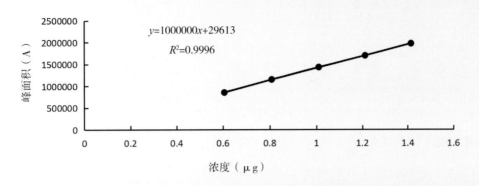

图5-23 β-蜕皮甾酮对照品的标准曲线图

3.2.4 样品测定

取牛膝样品约0.25g,精密称取,分别按3.2.2项下的方法制备供试品溶液,精密吸取供试品溶液各10μl,分别注入液相色谱仪,测定,并干燥,计算含量(表5-9)。

表5-9 牛膝样品含量测定结果

样品批号	n	样品(g)	β-蜕皮甾酮含量(%)	平均值(%)	RSD(%)
20171010	1	1.00093	0.074	0.074	1.08
	2	1.00093	0.074		
	3	1.00093	0.073		

3.2.5 结论

按照2015年版《中国药典》中牛膝含量测定方法测定,结果奈曼基地的牛膝中β-蜕皮甾酮的含量符合《中国药典》规定要求。

4 经济效益分析

4.1 市场前景分析

牛膝又称怀牛膝,是常用大宗药材,有补肝肾、强筋骨、通血脉、降血压的功能,是四大怀药之一。主产于河南、河北和内蒙古等地。牛膝生长周期短、生产易恢复;夏季不易储藏,易走油、生虫;市场需求以饮片为主,药厂采购较少,年出口量500t左右,目前牛膝年用量在6000t左右。

怀牛膝近阶段有商家密切关注,货源走动顺畅,目前市场牛膝平条在16~17元/千克。预计2018年不会产生较大的供求缺口,后市行情有望稳中有升,但幅度有限。怀牛膝需要量大,但种植容易,可以根据行情,适当发展种植。

4.2 投资预算

牛膝种子 市场价每千克40元,参考奈曼当地情况,每亩地用种子2千克,合计为80元。

种前整地和播种 包括施底肥、灌溉、犁地、耙地和播种,底肥包括1000kg有机肥,50kg复合肥,其中有机肥每袋120元,复合肥每袋120元,灌溉一次需要电费50元,犁、耙、播种一亩地各需要50元,以上合计共计需要费用440元。

田间管理 整个生长周期抗病除草需要4次,每次人工成本加药物成本约100元,合计约400元。灌溉6次,费用300元。追施复合肥每亩50kg,叶面喷施叶面肥2次,成本约150元。综上,牛膝田间管理成本为850元。

采收与加工 收获成本(机械燃油费和人工费)每亩约需400元。

合计成本 80+440+850+400=1770元。

板蓝根

ISATIDIS RADIX

蒙药材板蓝根为十字花科植物菘蓝*Isatis indigotica* Fort.的干燥根。

1　板蓝根的研究概况

1.2　化学成分及药理作用

1.2.1　化学成分

板蓝根含靛蓝（indigotin, indigo），靛玉红（indirubin），β-谷甾醇（β-sitosterol），γ-谷甾醇（γ-sitosterol），以及精氨酸, 谷氨酸, 酪氨酸, 脯氨酸, 缬氨酸, γ-氨基丁酸等。还含黑芥子苷（sinigrin），靛苷（indoigo-glycosides），色胺酮（tryptanthrin），1-硫氰酸-2-羟基丁-3-烯（1-thiocyano-2-hydroxy-3-butene），R，S告伊春（R, Sepigoitrin），腺苷（adenosine），棕榈酸（palmitic），蛋白多糖，（+）-异落叶松树脂醇〔（+）-isolariciresinol〕，5-羟甲基糠醛（5-hydroxymethy furaldehyde），5-羟甲基糠酸（hydroxymethyl furoic acid），3-羟苯基喹唑酮〔3-（2'-hydroxyphenyl）-4（3H）-quinazolinone〕，依靛蓝酮（isaindigodione），依靛蓝双酮（isaindigotidione），（E）-二甲氧羟苄吲哚酮〔（E）-3-（3'，5'-dimethoxy-4'-hydroxybenzylidene）-2-indolinone〕，板蓝根二酮（tryptanthrin B）。

1.2.2　药理作用

抗细菌、病毒作用　体外试验, 100%板蓝根水煎液对金黄色葡萄球菌、表皮葡萄球菌有抑菌作用。单层Vero-E6的细胞用50%组织细胞感染量（$TCID_{50}$）出血热病毒吸附, 板蓝根注射液做抗病毒实验, 结果表明1∶100板蓝根对肾病综合征出血热病毒有明显的杀灭作用。板蓝根抽提物能抑制甲型流感病毒、乙型脑炎病毒、腮腺炎病毒、流感病毒侵染并有抑制其增殖作用, 对出血热病毒、单胞病毒有明显的杀灭作用。

抗内毒素作用　经鲎试验法、家兔热源检查法及电子显微镜观察内毒素结构形态变化等实验研究证实板蓝根有抗大肠杆菌O_3B_4内毒素作用。10 kGy及以下剂量的γ-射线辐照板蓝根药材不会影响其抗内毒素作用。1%板蓝根氯仿提取物溶液有抗大肠杆菌O_3B_4内毒素作用。用电子显微镜观察内毒素结构形态，发现经药液作用后的内毒素由链状变为片状。经实验证实，该药液稀释32倍仍有抗内毒素作用。

抗癌作用　在体外细胞培养时，50%板蓝根注射液对小鼠 Friend红白血病3CL-8细胞有强大的直接杀伤作用，皮下注射对实体瘤有一定治疗作用，但腹腔注射本品对3CL-8瘤细胞无杀伤作用。板蓝根二酮B具有抑制肝癌BEL-7402细胞、卵巢癌A_{278}细胞增殖的能力，且具有诱导分化作用，可降低端粒酶活性的表达，具有体外抗肿瘤活性。

免疫调节作用　板蓝根多糖25mg/kg、50mg/kg、100mg/kg腹腔注射可明显增强小鼠对二硝基氯苯（DNCB）的迟发型变态反应，诱导体内淋巴细胞转化和增强脾细胞的自然杀伤（NK）细胞活性。腹腔注射板蓝根多糖50mg/kg可显著促进小鼠免疫功能，其表现为：能明显增加正常小鼠脾重、白细胞总数及淋巴细胞数，对氢化可的松所致免疫功能抑制小鼠脾指数、内细胞总数和淋巴细胞数的降低有明显对抗作用，显著增强DNCB所致正常及环磷酰胺所致免疫抑制小鼠的迟发型过敏反应；此外，还能增强抗体形成细胞功能，增加小鼠静注炭廓清速率。

1.3　资源分布状况

板蓝根主要分布于安徽、河北、江苏、内蒙古、陕西、山西、河南、甘肃、东北等地。主产于安徽亳州、涡阳、太和、宿县、临泉、界首、利辛、阜阳、蒙城、阜南等，江苏泰县、高邮、如皋、海门、射阳、宿迁等，河北安国、定县、安平、元氏、深泽、晋县、高邑等，内蒙古赤峰牛营子镇及周边宁城小城子一带，陕西彬县、凤翔、岐山、合阳、礼寿等，河南洛阳、三门峡、灵宝、商丘、睢县、郸城等，山西新降、绛县、侯马、运城、芮城等，甘肃庆阳、镇原、陇西、通渭、渭原等。质量以安徽亳州、宿县为佳。值得注意的是，由于板蓝根分布广、适应性强、生产周期短等，所以产地受市场行情等因素的影响，变化、转移较快。如：亳州、宿县一带为传统产区，近两年受市价影响，生产面积严重萎缩，产量急剧下降。而甘肃陇西一带由于信息迟缓、生活水平较低，近年仍保持着大规模的生产。目前东北黑龙江一带为仅次于甘肃的第二大产区。

1.4　生态习性

适应性较强，对环境和土壤要求不严。喜温暖环境，耐寒、怕涝，宜选土层深厚、排水良好、疏松肥沃的砂质土壤栽培。

1.5 栽培技术与采收加工

1.5.1 选地、整地

选择地势平坦，灌溉方便，含腐殖质较多的疏松沙质土壤。地势过高或过低，沙性过大和新平整的土地均不适宜。选地后深耕，碎土，施足机肥（以有机肥为主，可掺些河泥，或加腐熟的饼肥），然后做畦，畦宽约240cm。畦面呈龟背形。开好畦沟、围沟，使沟沟相通，并有出水口。

1.5.2 繁殖方法

播种时间 分春播和夏播两种。春播在清明与谷雨之间进行，夏播在芒种至夏至进行。春播商品质量较优。播种方法：可采用条播或撒播，多用条播。在整好的畦面上，开宽沟进行播种，行距18～20cm，播幅4～5cm，播后覆土，稍加镇压即浇水。每亩播种量1.5～2kg，一般5～10天即可出苗。

播种方法 菘蓝用种子繁殖。培育种子后的当年收根不结籽，应单独培育种子。在刨收板蓝根时，选择根直、粗大不分杈、健壮无病虫的根条，按株、行距30cm×40cm移栽到肥沃的留种田内，及时浇水，11月下旬再铺上一层薄薄的土杂肥防寒，翌春返青时浇水松土，苗高6～7cm时，追肥、浇水，促使生长旺盛，抽薹开花时，再追肥1次，使籽粒饱满。种子成熟后，分批采收，采后及时晒干，妥善保管。

种子处理 播种前用30℃温水浸种3～4h，捞出种子，稍晾即用适量干细土拌匀，以便播种。

1.5.3 田间管理

间苗、定苗和补苗 出苗后10天左右间苗，可结合松土进行。苗高5～10cm时，可按株距6cm左右三角形定苗。如果水肥充足可适当密些，需经常除草。

追肥 菘蓝在生长过程中，先后两次割叶子（大青叶），植株生长需肥量大，除在播种时施足基肥外，要在每割1次叶子后，及时追肥1次，8月中旬再追施1次粪肥，促使根部生长。

灌溉和排水 定苗后，若天气干旱，可结合追肥进行灌水，特别是采叶后需要灌水。雨季要及时清沟理墒，避免田间积水烂根。

1.5.4 病虫害及其防治

病害及其防治 板蓝根白锈病：由真菌中的一种鞭毛菌引起。叶、茎、花均可发病，叶背面较多。通常氮肥过多，植株柔嫩，雨水过多，时冷时暖的，发病较重。连作病源多，发病率更高。防治方法：①及时间苗，清沟排水，中耕除草，降低田间湿度，促使幼苗生长健壮，增强抗病力。②苗期要结合间苗，剔除病苗，后期要注意摘除病叶，以免病菌传播。③发病初期，喷洒波尔多液，抑制病害蔓延。④收获时将病残枝收集烧毁，以消灭越冬病源。板蓝根霜霉病：由真菌中的一种鞭毛菌引起。主要危害叶部。一般于6月上旬开始发病,7月中旬发病严重。土壤中的病残组织是霜霉病的初次侵染区。板蓝根生长期间,病叶背面的分生孢子借风雨传播,反复侵染。防治方法:①选留种子:选择无病地块作留种田,留种植株分别采获,种根分别存放。②清洁田园:采挖板蓝根时,清除地上枯枝残叶,减少病源。③注意排水:土壤湿度过大是板蓝根发霉致病的有利条件,雨后要及时排水,降低田间湿度。④合理轮作:应与禾本科作物玉米等进行轮作。⑤喷药防治:发病初期用50%甲基托布津800~1000倍液,或5%多菌灵1000倍液喷洒。板蓝根白粉病:由真菌中的一种子囊菌引起。主要危害叶片。一般低温多湿,施氮肥过多,植株过密,通风透光不良,均易发病。高温干燥时,病害停止蔓延。防治方法:①排除田间积水,抑制病害发生。②合理密植,氮、磷、钾肥合理配合,使植株生长健壮,增强抗病力。③发病初期摘除病叶,收获后清除病残株、落叶,集中烧毁。④药剂防治:喷洒65%福美锌300~500倍可湿性粉剂。

虫害及其防治 小造桥虫:8~9月危害。1~3龄幼虫咬食叶肉,残留表皮,形成透明小点,5~6龄咬食全叶。老熟幼虫在叶边缘或茎叶间吐丝作薄茧化蛹。冬季以蛹在田间杂草中越冬,来年孵化为害。防治方法:用90%敌百虫1500倍液喷洒,喷药时应着重喷中、下部老叶,效果明显。蚜虫:蚜虫发生时多密集在嫩叶、新梢上吸取汁液,使叶片、嫩梢卷缩、枯萎,生长不良。防治方法:①板蓝根收获后,清除残枝落叶及地边杂草,集中烧毁,消灭越冬虫口。②药剂防治:烟筋0.5kg,石灰0.5kg,水25kg配成烟筋石灰水药液施用。

1.5.5 采收加工

采收 春播的应在立秋至霜降时采挖,夏播的宜在霜降后采挖。从畦的一侧顺垄开沟,将全根部挖出。根据各地经验,秋末采挖的板蓝根质量优于春季采挖的,因此,应提倡秋季采挖。

加工干燥 采收后抖净泥土,在芦头和叶子之间用刀切开,分别晾晒干,拣去黄叶和杂质,即为商品板蓝根和大青叶。

根部一般用麻袋包装,每件30~40kg。贮于仓库干燥处,温度在28℃以下,相对湿度在65%~75%。商品安全水分为11%~13%。本品易虫蛀,受潮生霉、泛油、变色、散味。吸潮品返软,两端及折断面易出现白色或绿色霉斑;泛油品断面颜色加深,溢出油状物,气味散失。为害的仓虫有黑皮蠹、花斑皮蠹、锯谷盗、长角谷盗、药材甲、烟草甲、粉斑螟、印度谷螟等。蛀蚀品表面可见蛀孔、虫粪,严重时只剩空壳。储藏期间,应定期检查,发现初霉、虫蛀,及时晾晒或用磷化铝、溴甲烷熏杀。有条件的地方可进行密封抽氧充氮养护。

2 生物学特性研究

2.1 奈曼地区栽培板蓝根物候期

2.1.1 观测方法

在通辽奈曼旗蒙药材种植基地栽培的板蓝根大田中,选择10株生长良好、无病虫害的健壮植株编号挂牌,作定株观察,并记录。2017年5月至2017年11月连续观测记录各定株物候期,随意选取10株定株观察,取均值。观测应具有连续性,不漏测任何一个物候期。观测时间和顺序固定,晴天上午8:00~11:30观测开花情况。观测部位以植株判断其物候期,主茎受损时另选植株,并注明。

2.1.2 物候期的划分

物候期的划分是根据栽培板蓝根生长发育过程中不同时期植物生长发育特点,并参考其他植物物候期的划分情况完成的。为了划分依据统一,初期均以群体中植株出现开花或展叶坐果5%~15%为标准,旺期以40%~60%为标准,末期以80%~90%为标准。将板蓝根的生育全过程分为播种期、出苗期、4~6叶期、分枝期、花蕾期、开花初期、盛花期、落花期、坐果初期、果实成熟期、枯萎期。出苗期为种子萌发后,幼苗露出地面2~3cm的时期;4~6叶期(伸长期)是叶生长的关键时期;分枝期是植株茎秆快速生长时期,其与伸长期基本同季,是植物营养生长高峰期;现蕾开花期是植株现蕾开花时期;坐果初期是指板蓝根开始坐果的时期;果实成熟期是整株植物结实及果实成熟的关键时期,其与现蕾开花期组成板蓝根的生殖生长期;枯萎期是根据植株在夏末、初秋出现植株大量死亡现象而设置的一个生育时期;播种期是指板蓝根实际播种日期。

2.1.3 物候期观测结果

一年生板蓝根播种期为5月23日,出苗期自6月2日起历时14天,4~6叶期为6月中旬至下旬历时6天,枯萎期历时17天。

表6-1-1 一年生板蓝根物候期观测结果(m/d)

时期 年份	播种期	出苗期	4~6叶期	分枝期	花蕾期	开花初期
一年生	5/23	6/2~6/16	6/18~6/24	—	—	—

表6-1-2　一年生板蓝根物候期观测结果（m/d）

时期　　年份	盛花期	落花期	坐果初期	果实成熟期	枯萎期
一年生	—	—	—	—	10/15～11/2

2.2　形态特征观察研究

二年生草本，高40～100cm；茎直立，绿色，顶部多分枝，植株光滑无毛，带白粉霜。基生叶莲座状，长圆形至宽倒披针形，长5～15cm，宽1.5～4cm，顶端钝或尖，基部渐狭，全缘或稍具波状齿，具柄；基生叶蓝绿色，长椭圆形或长圆状披针形，长7～15cm，宽1～4cm，基部叶耳不明显或为圆形。萼片宽卵形或宽披针形，长2～2.5mm；花瓣黄白色，宽楔形，长3～4mm，顶端近平截，具短爪。短角果近长圆形，扁平，无毛，边缘有翅；果梗细长，微下垂。种子长圆形，长3～3.5mm，淡褐色。花期4～5月，果期5～6月。

板蓝根形态特征例图

图6-1　　　　　　　　　　　　　　　　　图6-2

图6-3

图6-4

图6-5

图6-6

2.3 生长发育规律

2.3.2 板蓝根营养器官生长动态

（1）板蓝根地下部分生长动态 为掌握板蓝根各种性状在不同生长时期的生长动态，分别在不同时期对板蓝根的根长、根粗、侧根数、根鲜重等性状进行了调查（见表6-2）。

表6-2 板蓝根地下部分生长情况

调查日期 （m/d）	根长 （cm）	根粗 （cm）	侧根数 （个）	侧根长 （cm）	侧根粗 （cm）	根鲜重 （g）
7/30	7.36	0.2132	—	—	—	0.66
8/10	10.33	0.3884	—	—	—	2.75
8/20	15.01	0.4012	—	—	—	4.56
8/30	22.9	0.5723	2.5	6.55	0.1911	6.72
9/10	29.47	0.6099	3.1	10.68	0.2831	8.46
9/20	30.16	0.7916	3.0	13.25	0.3358	10.45
9/30	31.90	0.8426	3.2	14.09	0.3870	13.63
10/15	32.30	1.1199	3.9	18.80	0.4100	16.46

说明："—"无数据或未达到测量的数据要求。

板蓝根根长的变化动态 从图6-7可见，7月30日至9月10日是根长缓慢增长期，板蓝根根长主要是在9月10号前增长的；9月10日至10月15日板蓝根根长处于平稳状态，这说明9月10日开始板蓝根根停止生长，其主要养分在它的花果上。

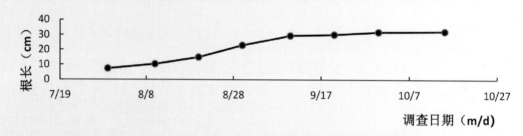

图6-7 板蓝根的根长变化

板蓝根根粗的变化动态 从图6-8可见，板蓝根的根粗从7月30日至9月30日均呈稳定的增长趋势。9月30日至10月15日快速增长，说明板蓝根根粗始终在增加，生长后期早晚温差大所以增长速度更快。

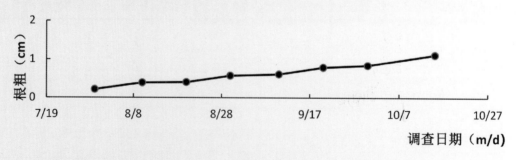

图6-8 板蓝根的根粗变化

板蓝根侧根粗的变化动态 从图6-9可见,7月30日至8月20日侧根太细不在考察范围之内,8月20日至10月15日侧根粗快速生长,这说明生长后期早晚温差大根部增长速度更快。

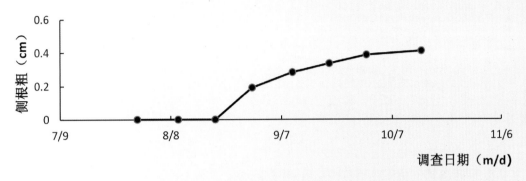

图6-9 板蓝根的侧根粗变化

板蓝根侧根长的变化动态 从图6-10可见,8月20日之前侧根太细不在考察范围之内,8月20日至10月15日之间侧根长逐渐生长,这说明8月20日后早晚温差大侧根增长速度更快。

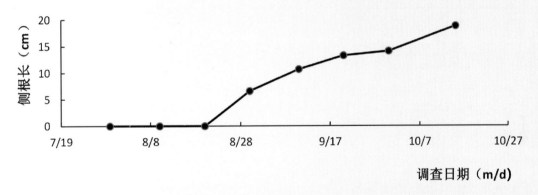

图6-10 板蓝根的侧根长变化

板蓝根侧根数的变化动态 从图6-11可见,8月20日前由于侧根太细,达不到调查标准,因而8月20日至10月15日是侧根数缓慢增加时期,其后侧根数的变化不大。

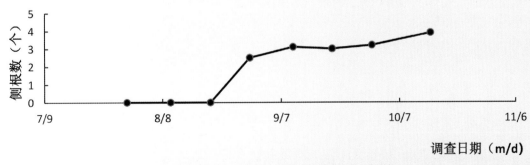

图6-11 板蓝根的侧根数变化

板蓝根根鲜重的变化动态 从图6-12可见,7月30日至10月15日根鲜重在迅速增加。

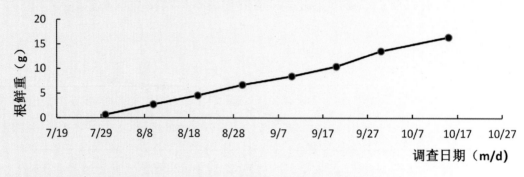

图6-12 板蓝根的根鲜重变化

　　(2)板蓝根地上部分生长动态 为掌握板蓝根各种性状在不同生长时期的生长动态,分别在不同时期对板蓝根的株高,叶数,分枝数,茎、叶鲜重等性状进行了调查(见表6-3)。

表6-3 板蓝根地上部分生长情况

调查日期 (m/d)	株高 (cm)	叶数 (个)	分枝数 (个)	茎粗 (cm)	茎鲜重 (g)	叶鲜重 (g)
7/25	10.15	5.3	—	—	—	1.08
8/12	15.97	5.7	—	—	—	3.84
8/20	17.23	9.1	—	—	—	5.37
8/30	20.50	11.9	—	—	—	13.01
9/10	26.04	17.5	—	—	—	22.18
9/21	25.39	18.2	—	—	—	25.22
9/30	26.40	14.3	—	—	—	13.01
10/15	25.61	10	—	—	—	8.30

说明:"—"无数据或未达到测量的数据要求。

　　板蓝根株高的生长变化动态 从图6-13可见,7月25日至9月10日株高缓慢而平稳增长,9月10日至9月30日处于稳定状态,9月30日开始缓慢下降。

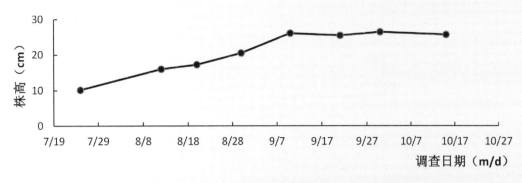

图6-13 板蓝根的株高变化

板蓝根叶数的生长变化动态 从图6-14可见,7月25日至8月12日是叶数增加非常缓慢时期,8月12日至9月10日是叶数增长最快的时期,9月10日至9月21日很平稳,说明这一时期进入了平衡时期;但9月21日开始叶数快速变少,说明这一时期板蓝根下部叶片在枯死、脱落,所以叶数在减少。

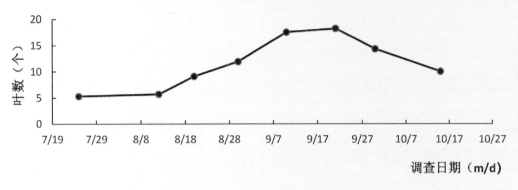

图6-14 板蓝根的叶数变化

板蓝根叶鲜重的变化动态 从图6-15可见,从7月25日至8月20日是叶鲜重缓慢增长期,之后从8月20日至9月21日是叶鲜重快速增长期;从9月21日开始叶鲜重大幅度下降,这可能是由于生长后期叶片逐渐脱落和叶逐渐干枯所致。

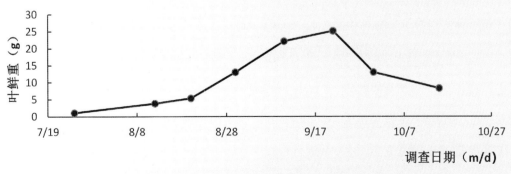

图6-15 板蓝根的叶鲜重变化

2.3.2 不同时期的根和地上部分的关系

为掌握板蓝根各种性状在不同生长时期的生长动态,分别在不同时期从板蓝根的每个小区随机取样10株,将取样所得的板蓝根从茎基部剪下,根、冠分离,去除杂物,将根、冠分别在105℃下杀青30分钟后60℃下恒温2天(或2天以上干燥为止),然后放入干燥器中冷却,用1/10000的天平测量质量,以二者的比值为根冠比。

表6-4　一年生板蓝根不同时期的根和地上部分的关系

调查日期(m/d)	7/25	8/12	8/20	8/30	9/10	9/21	9/30	10/15
根冠比	0.5883	0.7013	1.0175	1.2081	1.4443	1.8958	2.5015	4.1011

从表6-4可见,生板蓝根幼苗期根系与枝叶的生长速度有显著差异,幼苗出土初期根冠比为0.5883∶1,地上部分生长占优势。之后,板蓝根地下部生长特别旺盛,其生长量常超过地上生长量的1~5倍。

2.3.3 板蓝根不同生长期干物质积累

本实验共设计3个小区。每小区取样10株,分别在营养幼苗期、营养生长期、枯萎期等3个时期取板蓝根的全株,每穴以植株为中心,取长16~25cm、宽16~25cm、深20~40cm的土块,先用清水冲洗干净,注意避免丢失根量,用滤纸吸干附着的水分,然后将植株按根、茎、叶、花和果实部位装袋,于105℃杀青30min,60℃烘至恒重,测定干物质量,并折算为公顷干物质积累量。

表6-5　一年生板蓝根各部器官总干物质重变化(kg/hm^2)

调查期	根	茎	叶	花	果
幼苗期	220.00	—	480.00	—	—
营养生长期	1210.00	—	1140.00	—	—
枯萎期	5330.00	—	1610.00	—	—

说明:"—"无数据或未达到测量的数据要求。

从板蓝根干物质积累与分配的数据(表6-5)可以看出,在不同时期均表现地上、地下部分各营养器官的干物质量均随板蓝根的生长不断增加。在幼苗期根、叶干物质总量依次为220.00kg/hm^2、480.00kg/hm^2;进入营养生长期根、叶具有增加的趋势,其根、叶干物质总量依次为1210.00kg/hm^2、1140.00kg/hm^2,其中根的增加较快。进入枯萎期根、叶增加至5330.00kg/hm^2、1610.00kg/hm^2,其中根增加较快,本时期通辽市奈曼地区已进入霜期,霜后地上部枯萎后,并进行采收。

2.4 生理指标

2.4.1 叶绿素

板蓝根叶片中叶绿素含量的变化如图6-16所示，8月27日至9月22日，光合能力一直呈上升趋势，随后在10月11时出现光合速率下降，这时期有明显的气温变化，到了采收期叶绿素含量仍然很高，板蓝根在此时期仍保持很强的光合能力。

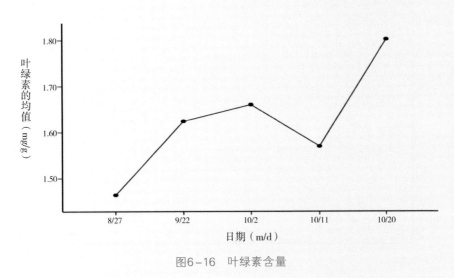

图6-16 叶绿素含量

2.4.2 可溶性多糖

板蓝根叶片中可溶性多糖含量变化趋势如图6-17所示，8月27日至10月2日呈上升趋势，在10月2日后出现回落，到了最终收获期又有明显的上升。叶绿素是光合作用最重要的色素，可溶性多糖是植物光合作用的直接产物，两者间均有较高一致性。

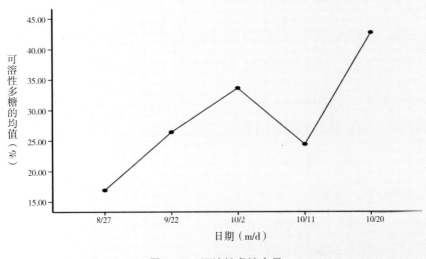

图6-17 可溶性多糖含量

2.4.3 可溶性蛋白

可溶性蛋白是重要的渗透调节物质和营养物质,它的增加和积累能提高细胞的保水能力,对细胞的生命物质及生物膜起到保护作用。如图6-18所示,8月27日至9月22日,可溶性蛋白含量逐渐上升,随后下降,10月11日后,至最终采收时期又有回升。在整个生育期内,可溶性蛋白含量变化趋势与叶绿素和可溶性多糖是相同的。

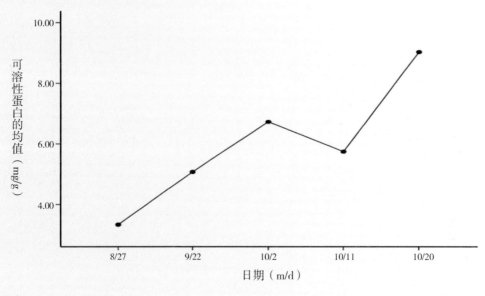

图6-18　可溶性蛋白含量

3　药材质量评价研究

3.1　药材粉末鉴定鉴别

粉末淡棕色,气微,味微甘后苦涩。淀粉粒众多,单粒类圆形、类方形或矩圆形,直径2~17μm,脐点明显,点状、短缝状或"人"字状,层纹大多不明显,大粒隐约可见;复粒较多,由2~5分粒组成;半复粒稀少。偶见多星点单粒,脐点2~3个。石细胞(根头部)2个并列或单个散状,淡黄棕色,呈长条形、方形、长方形或不规则形,边缘稍有凹凸,有的端稍尖突或有短分叉,直径17~51μm,长20~77μm,壁厚5~10μm,层纹较明显,孔沟细,有的一边较稀疏。导管淡黄色,主要为网纹导管,网孔较细短,也有具缘纹孔、梯纹、螺纹导管,直径7~51μm;具圆纹孔互列或并列,较密,有的横向延长。木纤维多成束,淡黄色,甚长,多碎断,直径14~20μm,壁厚约2.5μm,微木质化,纹孔及孔沟较明显。木栓细胞无色或淡黄色,表面观呈类多角形或长多角形,壁薄或稍厚,微木质化或非木质化。

3.2 常规检查研究（参照《中国药典》〈2015版〉）

3.2.1 常规检查测定方法

水分 取供试品2~5g，平铺于干燥至恒重的扁形称量瓶中，厚度不超过5mm，疏松供试品不超过10mm，精密称定，开启瓶盖在100~105℃干燥5h，将瓶盖盖好，移置干燥器中，放冷30min，精密称定，再在上述温度干燥1h，放冷，称重，至连续两次称重的差异不超过5mg为止。根据减失的重量，计算供试品中含水量（%）。

本法适用于不含或少含挥发性成分的药品。

$$水分（\%）=\frac{W_1+W_2-W_3}{W_1}\times100\%$$

式中W₁为供试品的重量（g），W_2为称量瓶恒重的重量（g），W_3为（称量瓶+供试品）干燥至连续两次称重的差异不超过5mg后的重量（g）。试验所得数据用Microsoft Excel 2013进行整理计算。

总灰分 测定用的供试品须粉碎，使过二号筛，混合均匀后，取供试品2~3g（如需测定酸不溶性灰分，可取供试品3~5g），置炽灼至恒重的坩埚中，称定重量（准确至0.01g），缓缓炽热，注意避免燃烧，至完全炭化时，逐渐升高温度至500~600℃，使完全灰化并至恒重。根据残渣重量，计算供试品中总灰分的含量（%）。如供试品不易灰化，可将坩埚放冷，加热水或10%硝酸铵溶液2ml，使残渣湿润，然后置水浴上蒸干，残渣照前法炽灼，至坩埚内容物完全灰化。

$$总灰分（\%）=\frac{M_2-M_1}{M_3-M_1}\times100\%$$

式中M_1：坩埚重量（g）；M_2：坩埚+灰分重量（g）；M_3：坩埚+样品重量（g）。试验所得数据用Microsoft Excel 2013进行整理计算。

酸不溶性灰分 取上项所得的灰分，在坩埚中小心加入稀盐酸约10ml，用表面皿覆盖坩埚，置水浴上加热10min，表面皿用热水5ml冲洗，洗液并入坩埚中，用无灰滤纸滤过，坩埚内的残渣用水洗于滤纸上，并洗涤至洗液不显氯化物反应为止。滤渣连同滤纸移置同一坩埚中，干燥，炽灼至恒重。根据残渣重量，计算供试品中酸不溶性灰分的含量（%）。

$$酸不溶性灰分（\%）=\frac{M_2-M_1}{M_3-M_1}\times100\%$$

式中M_1：坩埚重量（g）；M_2：坩埚和酸不溶灰分的总重量（g）；M_3：坩埚和样品总质量（g）。试验所得数据用Microsoft Excel 2013进行整理计算。

浸出物 醇溶性热浸法：取供试品2~4g，精密称定，置100~250ml的锥形瓶中，精密加水50~100ml，密塞，称定重量，静置1h后，连接回流冷凝管，加热至沸腾，并保持微沸1h。放冷后，取下锥形瓶，密塞，再称定重量，用水补足减失的重量，摇匀，用干燥滤器滤过，精密量取滤液25ml，置已干燥至恒重的蒸发皿中，在水浴上蒸干后，于105℃干燥3h，置干燥器中冷却30min，迅速精密称定重量。除另有规定外，以干燥品计算供试品中水溶性浸出物的含量（%）。

$$浸出物（\%）=\frac{（浸出物及蒸发皿重-蒸发皿重）×加水（或乙醇）体积}{供试品的重量×量取滤液的体积}×100\%$$

$$RSD（\%）=\frac{标准偏差}{平均值}×100\%$$

3.2.2 结果与分析

水分 参照《中国药典》2015年版四部（第103页）第二法（烘干法）测定。取上述采集的板蓝根药材样品，测定并计算板蓝根药材样品中含水量（质量分数，%），平均值为4.69%，所测数值计算RSD≤2.27%，在《中国药典》（2015年版，一部）板蓝根药材项下要求水分不得过15.0%，本药材符合药典规定要求（见表6-6）。

总灰分 参照《中国药典》2015年版四部（第202页）灰分测定法测定。取上述采集的板蓝根药材样品，测定并计算板蓝根药材样品中总灰分和酸不溶性灰分含量（%），总灰分含量平均值为6.72%，所测数值计算RSD≤2.26%，酸不溶性灰分含量平均值为0.68%，所测数值计算RSD≤1.34%。在《中国药典》（2015年版，一部）板蓝根药材项下要求总灰分不得过9.0%，酸不溶性灰分不得过2.0%，本药材符合规定要求（见表6-6）。

浸出物 参照《中国药典》2015年版四部（第202页）醇溶性浸出物测定法（热浸法）测定。取上述采集的板蓝根药材样品，测定并计算板蓝根药材样品中含水量（质量分数，%），平均值为41.41%，所测数值计算RSD≤0.99%，在《中国药典》（2015年版，一部）板蓝根药材项下要求浸出物不得少于17.0%，本药材符合药典规定要求（见表6-6）。

表6-6 板蓝根药材样品中水分、总灰分、酸不溶性灰分、浸出物含量

测定项	平均（%）	RSD（%）
水分	4.69	2.27
总灰分	6.72	2.26
酸不溶性灰分	0.68	1.34
浸出物	41.41	0.99

本试验研究依据《中国药典》（2015年版，一部）的板蓝根药材项下内容，根据奈曼产地板蓝根药材的

实验测定结果，蒙药材板蓝根样品水分、总灰分、酸不溶性灰分、浸出物的平均含量分别为4.69%、6.72%、0.68%、41.41%，符合《中国药典》规定要求。

3.3 不同产地板蓝根中的板蓝（R，S）–告依春含量测定

3.3.1 实验设备、药材、试剂

仪器、设备 Agilent Technologies–1260Infinity型高效液相色谱仪，SQP型电子天平（赛多利斯科学仪器（北京）有限公司），KQ–600DB型数控超声波清洗器（昆山市超声仪器有限公司），HWS26型电热恒温水浴锅。Millipore–超纯水机。

实验药材（表6-7）

表6-7 板蓝根供试药材来源

编号	采集地点	采集时间	采集经度	采集纬度
Y1	内蒙古赤峰牛营子（基地）	2016–07–12	118° 47′ 28″	42° 6′ 48″
Y2	甘肃省陇西县（市场）	2016–07–15	—	—
Y3	安国河北（市场）	2016–07–20	—	—
Y4	吉林（市场）	2016–07–24	—	—
Y5	内蒙古自治区通辽市奈曼旗昂乃（基地）	2016–07–30	120° 42′ 10″	42° 45′ 19″
Y6	内蒙古兴安盟扎赉特旗（基地）	2016–12–24	129° 27′ 9″	46° 49′ 13″
Y7	通辽市同士药店	2016–12–30	—	—

对照品 （R，S）–告依春（自国家食品药品监督管理总局采购，编号：111733–201205）。

试剂 甲醇（色谱纯），0.02%磷酸溶液。

3.3.2 实验方法

色谱条件 以十八烷基硅烷键合硅胶为填充剂，以甲醇–0.02%磷酸溶液（7∶93）为流动相，检测波长为245nm。理论板数按（R，S）–告依春峰计算应不低于5000。

对照品溶液的制备 取（R，S）–告依春对照品适量，精密称定，加甲醇制成每1ml含40μg的溶液，即得。

供试品溶液的制备 取本品粉末（过四号筛）约1g，精密称定，置圆底瓶中，精密加入水50ml，称定重量，煎煮2h，放冷，再称定重量，用水补足减失的重量，摇匀，滤过，取续滤液，即得。

测定法 分别精密吸取对照品溶液与供试品溶液各10~20μl，注入液相色谱仪，测定，即得。

本品按干燥品计算，含（R，S）告依春（C_5H_7NOS）不得少于0.020%。

3.3.3　实验操作

线性与范围　按3.3.2对照品溶液制备方法制备,精密吸取对照品溶液4μl、7μl、10μl、13μl、16μl,注入高效液相色谱仪,测定其峰面积值,并以进样量C(x)对峰面积值A(y)进行线性回归,得标准曲线回归方程为:$y=9000000x-12784$,$R=1$。

结果见表6-8及图6-19,表明(R,S)-告依春进样量在0.0544~0.2176μg范围内,与峰面积值具有良好的线性关系,相关性显著。

表6-8　线性关系考察结果

C(μg)	0.0544	0.0952	0.1360	0.1768	0.2176
A	494828	873787	1247083	1626071	2014847

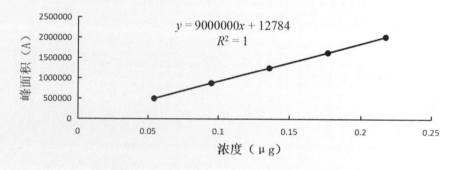

图6-19　(R,S)-告依春对照品的标准曲线图

3.3.4　样品测定

取板蓝根样品约1g,精密称取,分别按3.3.2项下的方法制备供试品溶液,精密吸取供试品溶液各10μl,分别注入液相色谱仪,测定,并按干燥品计算含量(表6-9)。

表6-9　板蓝根样品含量测定结果

样品批号	n	样品(g)	(R,S)-告依春含量(%)	平均值(%)	RSD(%)
2016712	1	1.02968	0.039		
	2	1.02968	0.039	0.039	1.50
	3	1.02968	0.040		
20160715	1	1.01234	0.044		
	2	1.01234	0.043	0.043	1.55
	3	1.01234	0.043		
20160720	1	1.00913	0.058		
	2	1.00913	0.076	0.070	15.15
	3	1.00913	0.077		

续表

样品批号	n	样品（g）	（R, S）-告依春含量（%）	平均值（%）	RSD（%）
	1	1.02807	0.043		
2016724	2	1.02807	0.045	0.044	3.97
	3	1.02807	0.046		
	1	1.01846	0.044		
20160730	2	1.01846	0.044	0.044	0.26
	3	1.01846	0.044		
	1	1.01182	0.107		
20161224	2	1.01182	0.110	0.110	2.48
	3	1.01182	0.112		
	1	1.00383	0.037		
20161230	2	1.00383	0.035	0.036	2.81
	3	1.00383	0.037		

3.3.5　结论

按照2015年版《中国药典》中板蓝根的含量测定方法测定，结果奈曼基地的板蓝根中（R, S）-告依春的含量符合《中国药典》规定要求。

4　经济效益分析

4.1　市场前景分析

菘蓝以根、叶入药，有清热解毒、凉血消斑的作用，对多种病毒和病菌有明显的抑制作用，是清热解毒类中药的代表药物。一年春、秋、冬三季大量使用，是一种用量极大且长期销售不衰的药材。目前我国生产的以板蓝根为主要原料的中西成药、中药饮片、兽药等已经超过2000多种。其中我国兽药厂用板蓝根生产的兽药已超过200多种。板蓝根全靠人工种植供应市场，南北适宜，生产周期短，种植面积大，需求量也大，其价格有波动周期，如种植应掌握好时机，切勿盲目种植。板蓝根，市场可供货源充足，近期买货商家不多，行情较前期有所疲软，现市场价格每千克在10~12元，后市行情变化有待继续关注。

4.2　投资预算

板蓝根种子　市场价每千克25元，每亩地用种子3kg，合计为75元。

种前整地和播种　包括施底肥、灌溉、犁地、耙地和播种，底肥包括1000kg有机肥、50kg复合肥，其中有机肥每吨120元，复合肥每袋120元，灌溉一次需要电费50元，犁、耙、播种一亩地需要150元，以上共计

440元。

田间管理 整个生长周期抗病除草需要4次，每次人工成本加药物成本约100元，合计约400元。灌溉6次，费用300元。追施复合肥每亩50千克，叶面喷施叶面肥4次，成本约200元。综上，板蓝根田间管理成本为900元。

采收与加工 收获成本（机械燃油费和人工费）约每亩400元。

合计成本 75+440+900+400=1815元。

4.3 产量与收益

板蓝根其根亩产量在250~300kg，现市场板蓝根价格（统货）每千克在10~12元，按最高产量，每千克12元计算，产值为1185~1785元/亩。大叶青亩产在150~200kg，每千克2~3元，按最高产量、每千克3元计算，产值400~600元/亩。

所以每年每亩收益为：1585~2385元/（亩·年）。

知 母 ᠵᠢᠮᠦᠰᠤ

ANEMARRHENAE RHIZOMA

蒙药材知母为百合科植物知母*Anemarrhena asphodeloides* Bge.的干燥根茎。

1 知母的研究概况

1.1 化学成分及药理作用

1.1.1 化学成分

根茎含知母皂苷（timosaponin）A-Ⅰ、A-Ⅱ、A-Ⅲ、A-Ⅳ、B-Ⅰ、B-Ⅱ，知母皂苷A-Ⅱ、A-Ⅳ，结构尚不明；知母皂苷A-Ⅲ，即知母皂苷（zhimusaponin）A，又是知母皂苷（anemarsaponin）A1；知母皂苷B-Ⅱ，即原知母皂苷A-Ⅲ（prototimosaponin A-Ⅲ）；还含知母皂苷（anemarsaponin）A2，即马尔考皂苷元-3-O-β-D-吡喃葡萄糖基（1→2）-β-D-吡喃半乳糖苷B〔markogenin-3-O-β-D-glucopyranosyl（1→2）-β-D-galactopyranoside B〕，去半乳糖替告皂苷（desgalactotigonin），F-芰脱皂苷（F-gitonin），伪原知母皂苷A-Ⅲ（pseudooprototimosaponinA-Ⅲ），异菝葜皂苷（smilageninoside）；根茎另含知母多糖（anemaran），A、B、C、D, 顺-扁柏树脂酚（cis-hinokiresinol），单甲基-顺-扁柏树脂酚（monomethyl-cis-hinokiresinol），2, 6, 4'-三羟基-4-甲氧基二苯甲酮（2, 6, 4'-trihydroxy-4-methoxy benzophenone），对羟苯基巴豆油酸（p-hydroxyphenyl crotonic acid），二十五烷酸乙烯酯（pentacosyl vinyl ester），β-谷甾醇（β-sitosterol），果苷（mangiferin），烟酸（nicotinic acid），烟酰胺（nicotinamide）及泛酸（pantothenic acid）。

1.1.2 药理作用

抑制Na^+, K^+-ATP酶活性　Na^+, K^+-ATP酶是基础代谢下产生热能最主要的酶。体外实验证明，知母皂苷及其水解产物菝葜皂苷元（sarsapogenin）是Na^+, K^+-ATP酶抑制剂，它对提纯的兔肾Na^+, K^+-ATP酶有极明显的抑制作用,其活性同专一性Na^+,K^+-ATP酶抑制剂毒毛花苷G相比,两者在2×10^{-3}mol/L时抑制程度相近。大鼠整体实验也表明,知母皂苷元每日25mg/只,口服3星期可抑制因同时口服甲状腺素引起的肝、肾和小肠黏膜中Na^+,K^+-ATP酶活性提高。

对肾上腺素能和胆碱能神经系统的作用　以50%知母水煎剂给大鼠口服,每日4ml,连续3星期,可使心率减慢,血清、肾上腺和脑内多巴胺-β-羟化酶活性降低。以甲状腺激素型及氢化可的松型两"阴虚"模型为对象,观察到知母有双向调节作用,即知母能使增多的β-肾上腺素受体最大结合位点数(RT)减少,使减少的M-胆碱能受体最大结合位点数增多,使细胞功能异常得到纠正。知母对β-肾上腺素受体向下调节作用机制主要是使异常升高的受体分子生成速率减慢。小鼠每日连续口服知母水提取物,4个月后测定脑M-受体,能明显提高亲和力受体的数量,但不影响其亲和力。

对激素作用的影响　服用知母皂苷口服液后,因服用糖皮质激素所致外周血淋巴细胞上升的β-受体明显下降,而血浆皮质醇浓度、细胞糖皮质激素受体及其亲和力并未受到影响,说明知母皂苷能减轻糖皮质激素的副作用。

对血糖的影响　知母根茎水提物花生四烯酸(AA)90mg/kg口服7h后,II型糖尿病KK-Ay小鼠模型血糖水平从(31.9±1.6)mmol/L降至(22.5±3.3)mmol/L,并且有降低血清胰岛素水平的趋势。在葡萄糖耐量试验中,预给予AA的KK-Ay小鼠血糖水平明显降低,其降糖机制可能是降低胰岛素抵抗性。

抗血小板聚集作用　知母总皂苷中分离出的知母皂苷A-III和马尔考皂苷元-3-O-β-D-吡喃葡萄糖基(1→2)-β-D-吡喃半乳糖苷对由ADP、5-HT和AA诱导的兔和人血小板聚集均有很强的抑制作用。两种皂苷的ED_{50}前者为2×10^{-4}mol/L,后者为2×10^{-5}mol/L。

抗病原微生物作用　知母煎剂在琼脂平板上对葡萄球菌、伤寒杆菌有较强的抑制作用,对痢疾杆菌、副伤寒杆菌、大肠杆菌、枯草杆菌、霍乱弧菌也有抑制作用。知母乙醇浸膏、乙醚浸膏及乙醚浸膏加丙酮处理所得的粗结晶对人型结核杆菌有较强抑制作用。对豚鼠实验性结核病以3%知母药饵治疗3~4个月,有较好疗效。用含2.5%知母粉的饲料喂饲实验性结核病小鼠,能使其肺部结核病灶减轻。8%~20%浓度知母煎剂在沙氏培养基上对常见致病性皮肤癣菌均有抑制作用。100%知母煎剂对白色念珠菌也有抑制作用。芒果苷体外有抗II型单纯疱疹病毒(HSV-2)的作用。

抗炎作用　知母芒果苷有显著的抗炎作用,知母总多糖(TPA)对多种致炎剂引起的急性毛细血管通透性增高、炎性渗出增加及组织水肿均有明显的抑制作用,对慢性肉芽肿增生有显著抑制作用。研究认为,TPA可增强肾上腺功能,减少ACTH分泌、释放,并且抑制PGE的合成或释放。

抗肿瘤作用　知母根茎部分对人类5种肿瘤细胞(A-549,SK-OV-3,SK-MEL-2,XF_{498}和HCT_{15})具有

细胞毒作用, 其活性成分知母皂苷A-Ⅲ显示出潜在的细胞毒活性。知母抑制胃癌细胞MKN$_{45}$和KATO-Ⅲ生长并诱导细胞凋亡, 其凋亡与在细胞色素C线粒体中释放有关。

其他作用 从知母中分离出的木脂类化合物被证明是较强的cAMP磷酸二酯酶抑制剂, 其中的顺-扁柏树脂酚, 大剂量100mg/kg腹腔注射时能延长环己巴比妥引起的睡眠时间。知母皂苷可减少甲胎球蛋白（AFP）的合成。知母中含的芒果苷具有明显的利胆作用。在应用体外诱生抗体方法研究中药免疫调节作用实验中, 证明芒果苷（0.1μg/ml）有免疫抑制作用而不影响细胞活力。

1.2 栽培技术与采收加工

繁殖方法 种子繁殖或分株繁殖。种子繁殖: 选三年以上生的植株采集成熟种子, 置30~40℃温水中浸泡24h, 捞出稍晾干即可播种。秋播在封冻前, 春播在4月份。条播, 行距10~25cm, 开1.5cm深的浅沟, 将种子均匀撒入沟内, 覆土1.5cm, 保持湿润, 20天左右出苗。苗出齐后间苗, 按株距7~10cm定苗。分株繁殖: 早春或晚秋, 将根茎挖出, 切成3~6cm长段, 每段带1~2个芽, 按行距25~30cm开沟, 株距10~15cm栽种, 覆土5cm, 镇压。

田间管理 每年除草松土2~3次, 雨季过后秋末要培土, 天旱要及时浇水, 除留种外应剪除花蕾, 促进根茎生长, 提高产量。每年4~8月, 每亩应分次追施尿素20kg、氯化钾195kg, 秋末冬初应施复合固体化肥（氮:磷:钾=5:5:5）495kg、可溶性磷肥99kg。

病虫害及防治 虫害有蛴螬, 幼虫咬断苗或嚼食根茎, 可浇施茶籽饼6倍液。

采收加工 春、秋两季采挖, 除去枯叶和须根, 晒干或烘干为"毛知母"。趁鲜剥去外皮, 晒干为"知母肉"。

2 生物学特性研究

2.1 奈曼地区栽培知母物候期

2.1.1 观测方法

从通辽奈曼旗蒙药材种植基地栽培的知母大田中, 选择10株生长良好、无病虫害的健壮植株编号挂牌, 作定株观测, 并记录。2016 年5月至2017年11月连续观测记录各定株物候出现的日期, 以10株平均期作为原始值。观测应具连续性, 不漏测任何一个物候期。观测时间和顺序固定, 开花期上午8: 00~11: 30, 晴天观测。观测部位以植株判断其物候期, 主茎受损时另选植株, 并注明。

2.1.2 物候期的划分

物候期的划分是根据栽培知母生长发育过程中不同时期植物生长发育特点,并参考其他植物物候期的划分情况完成的。为了划分依据统一,始、初期均以群体中植株出现开花或展叶或坐果5%~15%为标准,盛、旺期以40%~60%为标准,末期以80%~90%为标准。将知母的生育全过程分为播种期、出苗期、4~6叶期、分枝期、花蕾期、开花初期、盛花期、落花期、坐果初期、果实成熟期、枯萎期。出苗期是种子萌发后,幼苗露出地面2~3cm的时期;4~6叶期(伸长期)是叶生长的关键时期;分枝期是植株茎秆快速生长时期,其与伸长期基本同季,是植物营养生长高峰期;现蕾开花期是植株现蕾开花时期;坐果初期是知母开始坐果的时期;果实成熟期是整株植物结实及果实成熟的关键时期,其与现蕾开花期组成知母的生殖生长期;枯萎期是根据植株在夏末、初秋出现春发植株大量死亡现象而设置的一个生育时期;播种期是知母实际播种日期。

2.1.3 物候期观测结果

一年生知母播种期为5月12日,出苗期自6月2日起历时22天,4~6叶期从7月中旬开始至8月上旬历时19天,枯萎期历时16天。

二年生知母返青期从4月中旬开始历时7天,分枝期共计19天。花蕾期自6月下旬始至6月底共计8天,开花初期历时18天,盛花期13天,坐果初期5天,果实成熟期共计21天,枯萎期历时13天。

表7-1-1 知母物候期观测结果(m/d)

年份 \ 时期	播种期 / 二年返青期	出苗期	4~6叶期	分枝期	花蕾期	开花初期
一年生	5/12	6/2~6/24	7/12~8/1	—	—	—
二年生	4/14~4/21	5/12~5/25	6/1~6/20	6/22~6/30	6/20~7/8

表7-1-2 知母物候期观测结果(m/d)

年份 \ 时期	盛花期	落花期	坐果初期	果实成熟期	枯萎期
一年生	—	—	—	—	10/16~11/2
二年生	7/9~7/22	7/22~8/15	7/28~8/2	8/30~9/20	9/12~9/25

2.2 形态特征观察研究

根状茎粗0.5~1.5cm,叶长15~60cm,宽1.5~11mm,向先端渐尖而成近丝状,基部渐宽而成鞘状,具多条平行脉,没有明显的中脉。花葶比叶长得多;总状花序通常较长,可达20~50cm;苞片小、卵形或卵圆形,先端长渐尖;花被片条形,长5~10mm,中央具3脉,宿存。花粉红色、淡紫色至白色;蒴果狭椭圆形,长

8~13mm，宽5~6mm，顶端有短喙。种子长7~10mm。花、果期6~9月。

知母形态特征例图

图7-1 图7-2 图7-3

图7-4 图7-5

图7-6   图7-7

2.3 生长发育规律

2.3.2 知母营养器官生长动态

(1)知母地下部分生长动态 为掌握知母各种性状在不同生长时期的生长动态,分别在不同时期对知母的根长、根粗、侧根数、侧根长、侧根粗、根鲜重等性状进行了调查(见表7-2、7-3)。

表7-2 一年生知母地下部分生长情况

调查日期 (m/d)	根长 (cm)	根粗 (cm)	侧根数 (个)	侧根长 (cm)	侧根粗 (cm)	根鲜重 (g)
7/30	4.85	—	—	—	—	0.10
8/10	6.13	—	—	—	—	0.57
8/20	7.33	—	—	—	—	1.11
8/30	8.79	—	—	—	—	1.42
9/10	10.62	—	—	—	—	1.50
9/20	12.89	—	—	—	—	1.68

说明:"—"无数据或未达到测量的数据要求。

表7-3 二年生知母地下部分生长情况

调查日期 (m/d)	根长 (cm)	根粗 (cm)	侧根数 (个)	侧根长 (cm)	侧根粗 (cm)	根鲜重 (g)
5/17	10.23	—	—	—	—	6.03
6/8	12.10	—	—	—	—	8.20
6/30	14.00	—	—	—	—	10.26

调查日期 (m/d)	根长 (cm)	根粗 (cm)	侧根数 (个)	侧根长 (cm)	侧根粗 (cm)	根鲜重 (g)
7/22	15.23	—	—	—	—	12.33
8/11	17.24	—	—	—	—	14.11
9/02	19.10	—	—	—	—	18.54
9/24	20.71	—	—	—	—	26.06
10/16	22.68	—	—	—	—	33.06

说明:"—"无数据或未达到测量的数据要求。

一年生知母根长的变化动态 从图7-8可见,7月30日至9月20日根长基本上均呈稳定的增长趋势,说明知母在第一年里根长始终在增加。

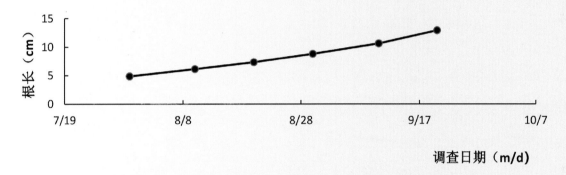

图7-8 一年生知母的根长变化

一年生知母根鲜重的变化动态 从图7-9可见,从7月30日至9月20日根鲜重均呈稳定的增长趋势。

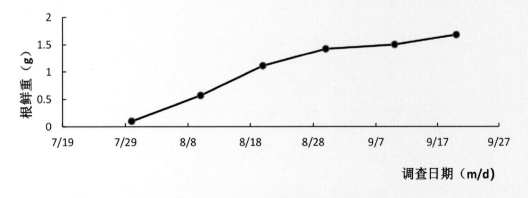

图7-9 一年生知母的根鲜重变化

二年生知母根长的变化动态 从图7-10可见,5月17日至10月16日根长均呈稳定的增长趋势。

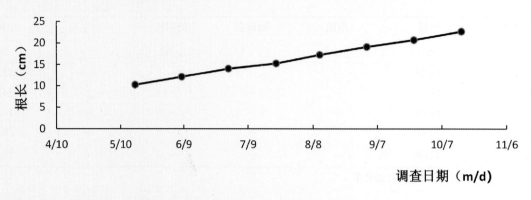

图7-10　二年生知母的根长变化

二年生知母根鲜重的变化动态　从图7-11可见，5月17日至10月16日根鲜重均呈稳定的增长趋势，生长后期增加较快。

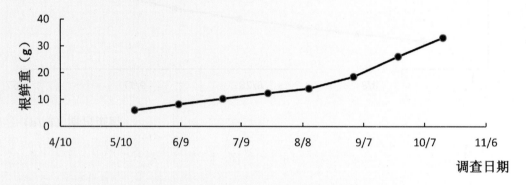

图7-11　二年生知母的根鲜重变化

（2）知母地上部分生长动态　为掌握知母各种性状在不同生长时期的生长动态，分别在不同时期对知母的株高，叶数，分枝数，茎、叶鲜重等性状进行了调查（表7-4、7-5）。

表7-4　一年生知母地上部分生长情况

调查日期	株高	叶数	分枝数	茎粗	茎鲜重	叶鲜重
（m/d）	（cm）	（个）	（个）	（cm）	（g）	（g）
7/25	12.30	3.8	—	—	—	0.64
8/12	22.31	5.7	—	—	—	0.66
8/20	30.54	8.0	—	—	—	1.03
8/30	32.62	8.5	—	—	—	1.49
9/10	35.23	9.1	—	—	—	1.64
9/21	36.20	10.4	—	—	—	1.53

说明："—"无数据或未达到测量的数据要求。

表7-5 二年生知母地上部分生长情况

调查日期 （m/d)	株高 （cm)	叶数 （个)	分枝数 （个)	茎粗 （cm)	茎鲜重 （g)	叶鲜重 （g)
5/14	15.75	10.7	—	—	—	1.24
6/8	27.76	13.2	—	—	—	3.21
7/1	48.11	16.8	—	—	—	4.91
7/23	64.20	21.1	—	—	3.96	5.31
8/10	83.35	28.1	—	—	7.65	6.16
9/2	87.22	32.8	—	—	10.94	7.55
9/24	89.24	33.4	—	—	12.20	7.50
10/18	86.59	28.1	—	—	7.98	4.78

说明："—"无数据或未达到测量的数据要求。

一年生知母株高的生长变化动态 从图7-12和表7-5可见，7月25日至9月21日株高逐渐增加。

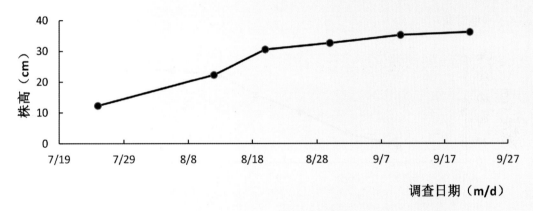

图7-12 一年生知母的株高变化

一年生知母叶数的生长变化动态 从图7-13可见，7月25日至9月21日叶数逐渐增长，但是长势非常缓慢。

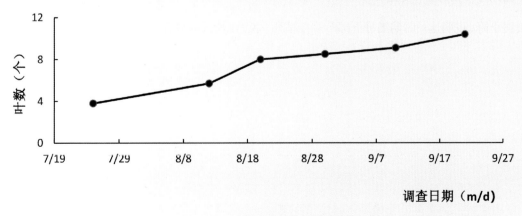

图7-13 一年生知母的叶数变化

一年生知母叶鲜重的变化动态　从图7-14可见，从8月12日至9月10日叶鲜重逐渐增加；从9月10日开始叶鲜重开始缓慢降低，这可能是由于生长后期叶片逐渐脱落和叶逐渐干枯所致。

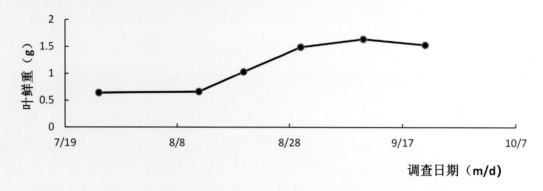

图7-14　一年生知母的叶鲜重变化

二年生知母株高的生长变化动态　从图7-15可见，5月14日至8月10日是株高增长速度最快的时期，8月10日之后进入了平稳时期。

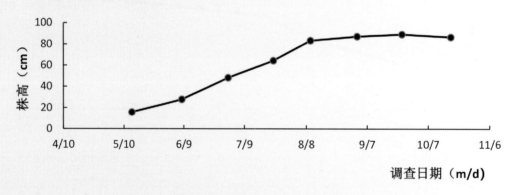

图7-15　二年生知母的株高变化

二年生知母叶数的生长变化动态　从图7-16可见，5月14至9月24日之间是叶数快速增长时期；9月24日开始叶数缓慢下降，说明这一时期知母下部叶片在枯死、脱落，所以叶数在减少。

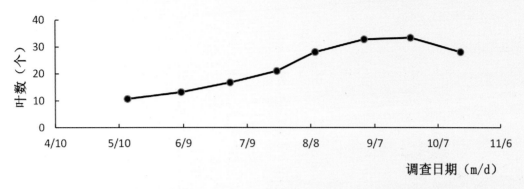

图7-16 二年生知母的叶数变化

二年生知母茎鲜重的变化动态 从图7-17可见, 5月14日至7月1日没有茎秆, 7月1日至9月24日茎鲜重快速增加; 9月24日之后茎鲜重开始大幅度降低, 这可能是由于生长后期茎逐渐干枯和脱落所致。

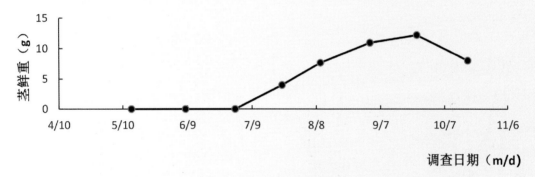

图7-17 二年生知母的茎鲜重变化

二年生知母叶鲜重的变化动态 从图7-18可见, 5月14日至9月2日是知母叶鲜重快速增加期, 9月2日至9月24日处于稳定状态; 9月24日开始叶鲜重开始大幅降低, 这是由于生长后期叶片逐渐脱落和叶片逐渐干枯所致。

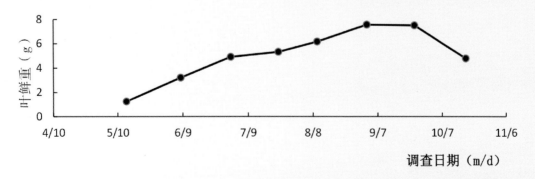

图7-18 二年生知母的叶鲜重变化

（3）知母单株生长图

一年生知母生长图

图7-19　　　　　　　　　　　　　　　　　图7-20

图7-21　　　　　　　　　图7-22　　　　　　　　　图7-23

二年生知母生长图

图7-24 　　　　　　　　　　　图7-25 　　　　　　　　　　　图7-26

图7-27 　　　　　　　　　　　　　　图7-28

2.3.2 知母不同时期根和地上部的关系

为掌握知母各种性状在不同生长时期的生长动态,分别在不同时期从知母的每个种植小区随机取样10株,将取样所得的知母从茎基部剪下,根、冠分离,去除杂物,将根、冠分别在105℃下杀青30分钟后60℃恒温2天(或2天以上干燥为止),然后放入干燥器中冷却,用1/10000的天平测量质量,以二者的比值为根冠比。

表7-6　一年生知母不同时期根和地上部的关系

调查日期（m/d）	7/25	8/12	8/20	8/30	9/10	9/21	9/30	10/15
根冠比	1.0457	1.1500	1.0333	0.8655	0.7126	0.8345	1.2457	1.1500

从表7-6可见，一年生知母幼苗期根系与枝叶的生长速度有显著差异，幼苗出土初期根冠比为1.0457∶1，根系生长和地上部分基本相同。到9月10日地上部光合能力增强，枝叶生长加速，根冠比为0.7126∶1。之后地上部分开始枯萎，10月中旬根冠比为1.1500∶1。

表7-7　二年生知母不同时期根和地上部的关系

调查日期（m/d）	5/14	6/8	7/1	7/23	8/10	9/2	9/24	10/18
根冠比	7.3081	3.4733	2.6413	1.0001	0.9220	1.8464	2.0564	3.7201

从表7-7可见，二年生知母幼苗期根系与枝叶的生长速度有显著差异，幼苗出土初期根冠比为7.3081∶1，根系生长占优势。到6月份，枝叶生长加速，地上部分光合能力增强，其生长总量逐渐接近地下部分，根冠比相应减小，到8月10日根冠比为0.9220∶1。之后地上部分开始枯萎，根冠比开始上升。总体上看，知母的地下部分的生长比地上部分快，其生长量常超过地上部分生长量的1~4倍。

2.3.3　知母不同生长期干物质积累

本实验共设计3个小区，每小区取样10株，分别取营养幼苗期、营养生长期、开花期、果实期、枯萎期等5个时期知母的全株，每穴以植株为中心，取长16~25cm、宽16~25cm、深20~40cm的土块，先用清水冲洗干净，注意避免丢失根量，用滤纸吸干附着的水分，然后将植株按根、茎、叶、花和果实部位装袋，于105℃杀青30min，60℃烘至恒重，测定干物质量，并折算为公顷干物质积累量。

表7-8　一年生知母各部器官总干物质重变化（kg/hm²）

调查期	根	茎	叶	花	果
幼苗期	202.75	—	384.00	—	—
营养生长期	328.12	—	464.21	—	—
枯萎期	1204.15	—	657.45	—	—

说明："—"无数据或未达到测量的数据要求。

从知母干物质积累与分配数据（见表7-8）可以看出，在不同时期均表现地上、地下部分各营养器官的干物质量随知母的生长不断增加。在幼苗期根、叶为202.75kg/hm²、384.00kg/hm²；进入营养生长期根、叶依次增加至328.12kg/hm²和464.21kg/hm²。进入枯萎期根、叶依次增加至1204.15kg/hm²、657.45kg/hm²，其中根增加较快，此时通辽市奈曼地区已进入霜期，霜后地上部枯萎后，自然越冬，当年不开花。

表7-9　二年生知母各部器官总干物质重变化（kg/hm²）

调查期	根	茎	叶	花	果
幼苗期	1401.20	—	198.40	—	—
营养生长期	2607.10	—	945.50	—	—
开花期	3189.90	1246.10	1317.50	1680.00	—
果实期	6550.30	1694.60	1794.90	1468.12	223.20
枯萎期	9870.40	1204.20	1069.50	—	333.25

说明："—"无数据或未达到测量的数据要求。

从知母干物质积累与分配平均数据（见表7-9）可以看出，在不同时期均表现地上、地下部分各营养器官的干物质量均随知母的生长不断增加。在幼苗期根、叶为1401.20kg/hm²、198.40kg/hm²；进入营养生长期根和叶依次增加至2607.10kg/hm²、945.50kg/hm²。进入开花期根、茎、叶、花依次增加至3189.90kg/hm²、2146.10kg/hm²、1317.50kg/hm²、1680.00kg/hm²，其中茎和花增加较快；进入果实期根、茎、叶、花、果实依次增加至6550.30 kg/hm²、1694.60kg/hm²、1794.90kg/hm²、1468.12kg/hm²、223.20kg/hm²。进入枯萎期根、茎、叶、果实依次变化，其生物量为9870.40kg/hm²、1204.20kg/hm²、1069.50kg/hm²、333.25kg/hm²。

2.4　生理指标

2.4.1　叶绿素

知母叶片中叶绿素含量的变化，如图7-29所示，自8月22日至采收期叶绿素含量总体呈上升趋势，光合能力逐渐增强。

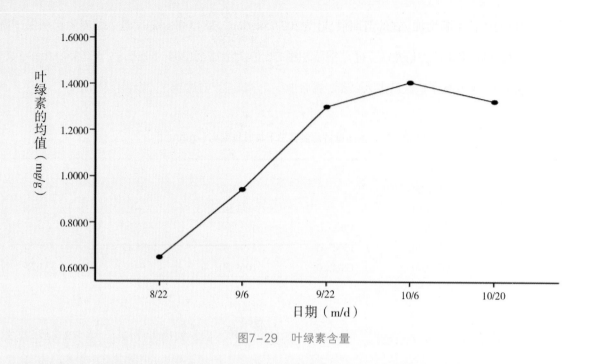

图7-29 叶绿素含量

2.4.2 可溶性多糖

知母的不同时期可溶性多糖含量变化趋势为先升后降,8月22日至9月22日一个月内呈显著上升趋势,到10月6日最低,最终收获期又有所回升。可溶性多糖是植物光合作用的直接产物,也是氮代谢的物质和能量来源,可溶性多糖含量的增加或减少,说明知母叶片营养物质的平衡状态,能加强自身的防御能力。

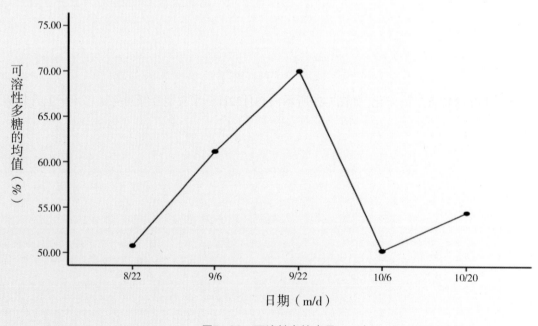

图7-30 可溶性多糖含量

2.4.3 可溶性蛋白

可溶性蛋白是重要的渗透调节物质和营养物质,它的增加和积累能提高细胞的保水能力,对细胞的生命物质及生物膜起到保护作用。从图7-31可见,在知母整个生长期,可溶性蛋白含量总体保持逐渐上升趋势,10月22日达到高峰,随后出现回落,可溶性蛋白含量以及叶绿素含量整体变化趋势一致,符合植物生长的一般规律。

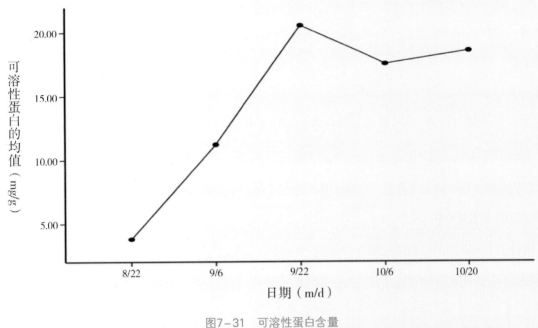

图7-31 可溶性蛋白含量

3 药材质量评价研究

3.1 常规鉴别研究

3.1.1 药材粉末鉴定鉴别

粉末米黄色,气微,味先甘,后苦涩,带黏液性。黏液细胞较多,含有针晶束。用斯氏液装置观察,可见细胞胀大,黏液质化细胞壁逐渐溶化、扩展,黏液质围绕于针晶束四周。用无水乙醇装置观察,完整的黏液细胞呈类圆形、椭圆形、长圆形或梭形,直径56~160μm,长约至340μm,无色或淡黄色,半透明,壁不明显或较明显,胞腔内含针晶束,黏液质一般无溶化现象,或稍溶化呈细颗粒状。草酸钙针晶较多,成束或散在,针晶长36~110μm,较细,有的粗至7μm,碎断后状如细小方晶。纤维(叶基)易察见,淡黄色。纤维较细长,直径8~14μm,壁稍厚,木质化,纹孔稀疏,有的呈"人"字形,胞腔宽大。导管为具缘纹孔、网纹及螺纹导管,常成片存在,较细小,直径14~24μm;网纹导管的网孔细小,椭圆形,似孔纹导管。木栓细胞表面观形状不一,壁薄,常多层上下重叠。木质化厚细胞(叶) 呈类长方形、长多角形或延长作短纤维状,稍弯曲,略交错排列,直径16~48μm,长约至112μm,壁厚5~8μm,水化,孔沟较密,胞腔内含棕黄色物。此外,可见鳞叶表皮细胞,呈长多角形或纺锤形,壁薄;气孔椭圆形,直径27~30μm,副卫细胞大多为5个。

3.2 常规检查研究(参照《中国药典》〈2015版〉)

3.2.1 常规检查测定方法

水分 取供试品(相当于含水量1~2g),精密称定,置A瓶中,加甲苯约200ml,必要时加入干燥、洁净的无赖小瓷片数片或玻璃珠数粒,连接仪器,自冷凝管顶端加入甲苯至充满B管的狭细部分。将A瓶置电热套中或用其他适宜方法缓缓加热,待甲苯开始沸腾时,调节温度,使每秒馏出2滴。待水分完全馏出,即测定管刻度部分的水量不再增加时,将冷凝管内部先用甲苯冲洗,再用饱蘸甲苯的长刷或其他适宜方法,将管壁上附着的甲苯推下,继续蒸馏5min,放冷至室温,拆卸装置。如有水附在B管的管壁上,可用蘸甲苯的铜丝推下,放置使水分与甲苯完全分离(可加亚甲蓝粉末少量,使水染成蓝色,以便分离观察)。检读水量,并计算成供试品的含水量(%)。

【附注】①测定用的甲苯须先加水少量充分振摇后放置,将水层分离弃去,经蒸馏后使用;②中药测定用的供试品,一般先破碎成直径不超过3nm的颗粒或碎片;直径和长度在3mm以下的可不破碎。

$$水分(\%)=\frac{V}{W}\times100\%$$

式中W:供试品的重量(g);V:检读的水的体积(ml)。试验所得数据用Microsoft Excel 2013进行整理计算。

总灰分 测定用的供试品须粉碎,使能通过二号筛,混合均匀后,取供试品2~3g(如需测定酸不溶性灰分,可取供试品3~5g),置炽灼至恒重的坩埚中,称定重量(准确至0.01g),缓缓炽热,注意避免燃烧,至完全炭化时,逐渐升高温度至500~600℃,使完全灰化并至恒重。根据残渣重量,计算供试品中总灰分的含量(%)。如供试品不易灰化,可将坩埚放冷,加热水或10%硝酸铵溶液2ml,使残渣湿润,然后置水浴上蒸干,残渣照前法炽灼,至坩埚内容物完全灰化。

$$总灰分(\%)=\frac{M_2-M_1}{M_3-M_1}\times100\%$$

式中M_1:坩埚重量(g);M_2:坩埚+灰分重量(g);M_3:坩埚+样品重量(g)。试验所得数据用Microsoft Excel 2013进行整理计算。

酸不溶性灰分 取上项所得的灰分,在坩埚中小心加入稀盐酸约10ml,用表面皿覆盖坩埚,置水浴上加热10min,表面皿用热水5ml冲洗,洗液并入坩埚中,用无灰滤纸滤过,坩埚内的残渣用水洗于滤纸上,并洗涤至洗液不显氯化物反应为止。滤渣连同滤纸移置同一坩埚中,干燥,炽灼至恒重。根据残渣重量,计算供试品中酸不溶性灰分的含量(%)。

$$酸不溶性灰分\ (\%) = \frac{M_2 - M_1}{M_3 - M_1} \times 100\%$$

式中M_1: 坩埚重量(g);M_2: 坩埚和酸不溶灰分的总重量(g);M_3: 坩埚和样品质量(g)。试验所得数据用Microsoft Excel 2013进行整理计算。

$$RSD = \frac{标准偏差}{平均值} \times 100\%$$

3.2.2 结果与分析

水分 参照《中国药典》2015年版四部(第103页)第四法(甲苯法)测定。取上述采集的知母药材样品,测定并计算知母药材样品中含水量(质量分数,%),平均值为7.62%,所测数值计算RSD≤1.96%。在《中国药典》(2015年版,一部)知母药材项下要求水分不得过12.0%,本药材符合药典规定要求(见表7-11)。

总灰分 参照《中国药典》2015年版四部(第202页)灰分测定法测定。取上述采集的知母药材样品,测定并计算知母药材样品中总灰分和酸不溶性灰分含量(%),总灰分含量平均值为4.17%,所测数值计算RSD≤2.58%;酸不溶性灰分含量平均值为1.45%,所测数值计算RSD≤2.34%。在《中国药典》(2015年版,一部)知母药材项下要求总灰分不得过9.0%,酸不溶性灰分不得过4.0%,本药材符合规定要求(表7-10)。

表7-10 知母药材样品中水分、总灰分、酸不溶性灰分含量

测定项	平均(%)	RSD(%)
水分	7.62	1.96
总灰分	4.17	2.58
酸不溶性灰分	1.45	2.34

本试验研究依照《中国药典》(2015年版,一部)知母药材项下内容,根据奈曼产地知母药材的实验测定结果,蒙药材知母样品水分、总灰分、酸不溶性灰分的平均含量分别为7.62%、4.17%、1.45%,符合《中国药典》规定要求。

3.3 不同产地知母中的芒果苷及知母皂苷BⅡ含量测定

3.3.1 实验设备、药材、试剂

仪器、设备 Agilent Technologies-1260Infinity型高效液相色谱仪,SQP型电子天平(赛多利斯科学仪器〈北京〉有限公司),KQ-600DB型数控超声波清洗器(昆山市超声仪器有限公司),HWS26型电热恒温水

浴锅。Millipore-超纯水机。

实验药材（表7-11）

表7-11 知母供试药材来源

编号	采集地点	采集日期	采集经度	采集纬度
1	内蒙古自治区通辽市扎鲁特旗（栽培）	2017-09-23	121° 41′ 35″	45° 1′ 12″
2	内蒙古自治区通辽市奈曼旗沙日浩来镇（栽培）	2017-10-03	120° 44′ 31″	42° 33′ 40″
3	河北省安国市霍庄村	2017-10-13	115° 17′ 44″	38° 21′ 27″
4	河北省安国市（市场）	2017-10-14	—	—
5	内蒙古自治区通辽市奈曼旗昂乃（栽培）	2017-10-21	120° 42′ 10″	42° 45′ 19″

对照品 芒果苷（自国家食品药品监督管理总局采购，编号：Y26M8H36926），知母皂苷BII（自国家食品药品监督管理总局采购，编号：P25S8F44）。

试剂 乙腈（色谱纯），0.2%冰醋酸水溶液，水。

3.3.2 实验方法

色谱条件与系统适用性试验 以十八烷基硅烷键合硅胶为填充剂，以乙腈-0.2%冰醋酸水溶液（15∶85）为流动相，检测波长为258nm。理论板数按芒果苷峰计算应不低于6000。

对照品溶液的制备 取芒果苷对照品适量，精密称定，加稀乙醇制成每1ml含50μg的溶液，即得。

供试品溶液的制备 取本品粉末（过三号筛）约0.1g，精密称定，置具塞锥形瓶中，精密加入稀乙醇25ml，称定重量，超声处理（功率400W，频率40kHz）30min，放冷，再称定重量，用稀乙醇补足减失的重量，摇匀，滤过，取续滤液，即得。

测定法 分别精密吸取对照品溶液和供试品溶液各10μl，注入液相色谱仪，测定，即得。

本品按干燥品计算，含芒果苷（$C_{19}H_{18}O_{11}$）不得少于0.70%。

3.3.3 实验操作

线性与范围 按3.3.2对照品溶液制备方法制备，精密吸取对照品溶液1.4μl、7μl、10μl、13μl，注入高效液相色谱仪，测定其峰面积值，并以进样量C（x）对峰面积值A（y）进行线性回归，得标准曲线回归方程为y=7000000x+127202，相关系数R=0.9992。

结果见表7-12及图7-32，表明芒果苷进样量在0.05～0.065μg范围内，与峰面积值具有良好的线性关系，相关性显著。

表7－12 线性关系考察结果

C（μg）	0.050	0.200	0.350	0.500	0.650
A	441246	1546645	2673962	3687187	4683979

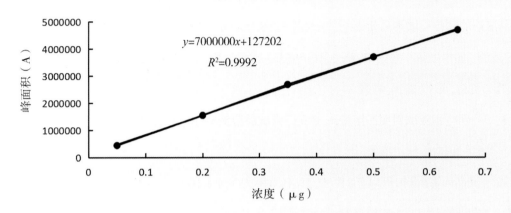

图7－32 芒果苷对照品的标准曲线图

3.3.4 样品测定

取知母样品约0.11g，再精密称取，分别按3.3.2项下的方法制备供试品溶液，精密吸取供试品溶液各10μl，分别注入液相色谱仪，测定，并干燥，计算含量（表7－13）。

表7－13 芒果苷含量测定结果

样品批号	n	样品（g）	芒果苷含量（%）	平均值（%）	RSD（%）
	1	0.1004	0.52		
20170923	2	0.1004	0.52	0.52	0.05
	3	0.1004	0.52		
	1	0.1008	0.53		
20171003	2	0.1008	0.53	0.53	0.46
	3	0.1008	0.53		
	1	0.1009	0.38		
20171013	2	0.1009	0.39	0.39	1.53
	3	0.1009	0.39		
	1	0.1004	0.41		
20171014	2	0.1004	0.41	0.41	0.38
	3	0.1004	0.41		
	1	0.1009	0.53		
20171021	2	0.1009	0.53	0.53	0.32
	3	0.1009	0.53		

知母皂苷BⅡ 按照高效液相色谱法（通则0512）测定。色谱条件与系统适用性试验：以辛烷基硅烷键合硅胶为填充剂，以乙腈-水（25∶75）为流动相，蒸发光散射检测器检测。理论板数按知母皂苷BⅡ峰计算应不低于10000。

对照品溶液的制备 取知母皂苷BⅡ对照品适量，精密称定，加30%丙酮制成每1ml含0.50mg的溶液，即得。

供试品溶液的制备 取本品粉末（过三号筛）约0.15g，精密称定，置具塞锥形瓶中，精密加入30%丙酮25ml，称定重量，超声处理（功率400W，频率40kHz）30min，取出，放冷，再称定重量，用30%丙酮补足减失的重量，摇匀。滤过，取续滤液，即得。

测定法 分别精密吸取对照品溶液5、10μl，供试品溶液5~10μl，注入液相色谱仪，测定，用外标两点法对数方程计算，即得。

本品按干燥品计算，含知母皂苷BⅡ（$C_{45}H_{76}O_{19}$）不得少于3.0%。

3.3.5 样品测定

取知母样品约0.15g，精密称取，分别按3.3.2项下的方法制备供试品溶液，精密吸取供试品溶液各10μl，分别注入液相色谱仪，测定，并按干燥品计算含量（表7-14）。

表7-14 知母皂苷BⅡ样品含量测定结果

样品批号	n	样品（g）	知母皂苷BⅡ含量（%）
20170923	1	0.1513	3.434
20171003	1	0.152	3.328
20171013	1	0.1525	2.499
20171014	1	0.1538	1.236
20171021	1	0.1523	3.328

3.3.6 结论

按照2015年版《中国药典》中知母含量测定方法测定，结果奈曼基地的知母中知母皂苷BⅡ的含量符合《中国药典》规定要求，但是芒果苷含量不符合《中国药典》规定要求。

4 经济效益分析

4.1 市场前景分析

知母以根状茎入药，有清热除烦、泻肺滋肾的作用。知母除供药用，也可做观赏植物。需求量逐年增加，其价格也不断攀升，种植知母除了关注价格以外，还要密切关注安徽亳州，山西、浙江、河北等主产区的种植面积情况。栽培知母需要三年时间，第一年要先育籽，第二年移栽，第三年才能供商品出售。适合林下套种。

知母在全国各地不论荒山、荒坡、荒原、草原、沙滩、林间、丘陵、坡地都能生长，适应多种环境，并郁郁葱葱，是封山绿化和改造水土流失的一个好品种。知母根系发达，固沙固土能力很强，而且抗旱抗涝抗严寒。知母茎叶发达，是牲畜的好饲料，今年吃完了，明年又长出，属于不断再生植物并长期生长下去越长越多，使地表形成一块千丝万缕既松软又牢固的"地板"，风吹难动，水冲难垮。亳州地产知母近阶段货源走动明显好转，行情保持坚挺，目前市场优质无硫片在18~19元/kg，一般统片17元/kg左右，陈货15元/kg左右。该品关注力度较强，随着需求的拉动，预计后市有小幅攀升可能，由于行情已处中高价位，增加幅度将有限。

4.2　投资预算（2018年）

知母种子　市场价每千克120元，每亩地用种子3kg，合计为360元。

种前整地和播种　包括施底肥、灌溉、犁地、耙地和播种；底肥包括1000kg有机肥，50kg复合肥，其中有机肥每吨120元，复合肥每袋120元，灌溉一次需要电费50元，犁、耙、播种一亩地各需要50元，以上共计需要费用440元。

田间管理　整个生长周期抗病除草需要6次，每次人工成本加药物成本约100元，合计约600元。灌溉6次，费用300元。追施复合肥每亩100kg，叶面喷施叶面肥3次，成本约360元。综上，知母田间管理成本为1260元。

采收与加工　收获成本（机械燃油费和人工费）每亩约需400元。

合计成本　360+440+1260+400=2460元。

4.3　产量与收益

目前，知母市场价格在28~38元/千克，每亩地平均可产400~600kg。按最高产量计算，知母为三年生，则收益为：4780~6780元/（亩·年）。

苦 参 ᠪᠠᠭᠠᠨ

SOPHORAE FLAVESCENTIS RADIX

蒙药材苦参为豆科植物苦参*Sophora flavescens* Ait.的干燥根。

1 苦参的研究概况

1.1 蒙药学考证

苦参为常用促热证成熟药。蒙古名为"陶高勒–额布苏""利德瑞";别名为"希日嘎勒达古""利德苏"。其药用始记载于《百方篇》:"其苦参为豆科植物苦参的干燥根。"《无误蒙药鉴》记载:"中药苦参之药性与其(利德瑞)药性相同,但味极苦,生于阴阳坡间,茎部蓝黄色,状如锦鸡儿,但无刺,叶小,圆或三角形,花白色,断面形如木通,具多雕纹,苔内皮开如锦鸡儿,黄色,有光泽,籽黑色,三角形体。苦参味甘、涩、苦、辛,消化之味甘、酸,效腻、凉,除赫依、协日及巴达干复合症。"《宝库》记载:"苦参味甘、涩、辛,清赫依热,疫热,以柔性平聚合症,尤对老年病和陶赖极佳。"《中华本草》(蒙药卷)载:"本品记载于《无误蒙药鉴》中,'药苦参之药性与其(利德瑞)药性相同,但味极苦,故清热。'据上述记载,蒙医药临床应用时间较长,临床疗效良好,历代蒙医药文献所记载的利德瑞是内蒙古地区习用品。"本品味苦、性平,腻、柔;具有促热证成熟、发汗、燥黄水、调元、表疹之功效;主要用于未成熟热,流感发热,赫依热,痛风,风湿病,关节黄水病,天花病,风疹,猩红热,麻疹,疫热,赫依热,陶赖,赫如虎,皮肤病,感冒,口苦,常伸懒腰,瘟疫,协日乌素病,疹毒不透等。

1.2 化学成分及药理作用

1.2.1 化学成分

生物碱 苦参碱(matrine),氧化苦参碱(oxymatrine),N–氧化槐根碱(N–oxysophocarpine)、槐定碱

（sophoridine），右旋别苦参碱（allomatrine），右旋异苦参碱（isomatrine），右旋槐花醇（sophoranol），（＋）槐花醇N-氧化物（sophoranol-N-oxide），左旋槐根碱（sophocarpine），左旋槐胺碱（sophoramine），右旋-N-甲基金雀花碱（N-methylcytisine），左旋臭豆碱（anagyrine），贋靛叶碱（baptifoline）。

黄酮类　苦参新醇（kushenol）A、B、C、D、E、F、G、H、I、J、K、L、M、N、O，苦参查耳酮（kuraridin），苦参查耳酮醇（kuraridinol），苦参醇（kurarinol），新苦参醇（neokurarinol），降苦参醇（norkurarinol），异苦参酮（isokurarinone），刺芒柄花素（formoronetin），苦参酮（kurarinone），降苦参酮（norkurarinone），甲基苦参新醇C（methylkushenol C），l-山槐素（l-maackiain），三叶豆紫檀苷（trifolirhizin）及三叶豆紫檀苷丙二酸酯（trifolirhizin-6"-O-malonate），苦参素（kushenin），异脱水淫羊藿素（isoanhydroicaritin），降脱水淫羊藿素（noranhydroicaritin），黄腐醇（xanthohumol），异黄腐醇（isoxanthohumol），高丽槐素（maackiain），4-甲氧基高丽槐素（4-methoxy maackiain），砂生槐黄烷酮（sophoraflavanone）B（6-isopentenyl-5，7，4（6-isopenten flaranone），木樨草素-7-葡萄糖苷（luteolin-7-glucoside）。

三萜皂苷　苦参皂苷（sophoraflavoside）Ⅰ、Ⅱ、Ⅲ、Ⅳ，大豆皂苷（soyasaponin）Ⅰ。

醌类　苦参醌（kushequinone）A。

1.2.2　药理作用

对心血管系统的作用　①对心脏的作用：苦参中所含的苦参碱、槐根碱、氧化苦参碱、槐定碱、槐胺碱等生物碱对离体豚鼠乳头肌标本均呈剂量依赖的正性肌力作用，过量时，出现自发性收缩或兴奋性降低。给麻醉大鼠静注苦参总黄酮30g/kg和60g/kg，呈现明显的负性频率作用和负性传导作用。苦参碱200μmol/L能显著减慢离体大鼠右心房自发频率，拮抗异丙肾上腺素诱发的心率加快，认为苦参碱有抗β-肾上腺受体作用。②抗心律失常作用：苦参碱和氧化苦参碱能显著对抗氯化钡、乌头碱和氯仿-肾上腺素诱发的大鼠心律失常，氯仿诱发的小鼠心室纤颤，提高乌头碱诱发大鼠心律失常所需的量，还可对抗结扎冠脉前降支所致的大鼠心律失常。③抗心肌缺血作用：大鼠急性失血性心脏停搏和兔静注垂体后叶素所致急性心肌缺血，预先腹腔注射200%苦参注射液2ml/kg可显著延缓大鼠心脏停搏时间，对心肌缺血造成的心电图病理变化也有一定改善作用。④对血管及血压的影响：苦参碱（1mmol/L）能明显对抗血管紧张素Ⅱ引起的血管中层平滑肌细胞增殖及肥大，其作用机制是苦参碱可抑制血管紧张素Ⅱ引起的血管中层平滑肌细胞内钙超载，从而对抗血管中层平滑肌细胞增殖。50mg/kg苦参碱能显著降低大鼠实验性高脂血症的血清三酰甘油，降低血液黏度，改善血液流变学各项指标。另一方面，苦参碱能抑制纤维蛋白原降解产物的作用，表现在能显著抑制大鼠主动脉内皮细胞释放乳酸脱氢酶及平滑肌细胞的增殖，减少小鼠腹腔巨噬细胞分泌白介素。

对中枢神经系统的作用　苦参碱、氧化苦参碱能明显抑制小鼠的自主活动，拮抗苯丙胺和咖啡因的中枢兴奋作用。增强戊巴比妥钠及水合氯醛的中枢抑制作用,扭体法与热刺激法测痛试验显示苦参碱具有显著的镇痛作用,苦参碱、氧化苦参碱尚有降低大鼠正常体温的作用。

平喘及抗过敏作用 苦参流浸膏、苦参煎剂、苦参总碱和苦参结晶碱对组胺引起的豚鼠哮喘具有明显的对抗作用,且可维持2h以上。苦参总黄酮0.8g/kg有明显的祛痰作用。氧化苦参碱可以减轻二硝基氯苯诱发的变应性接触性皮炎反应,抑制同系种细胞介导的肥大细胞脱颗粒,抑制率在46%~63%。槐根碱对乙酰胆碱和组胺所致的豚鼠哮喘有显著的对抗作用,其肌注平喘的ED_{50}为(1.8 ± 0.9)mg/kg。

对免疫系统的影响 苦参碱、氧化苦参碱和槐根碱等苦参碱型生物碱在$1/5LD_{50}$剂量下对小鼠免疫功能都有抑制作用,即抑制巨噬细胞的吞噬功能,减少空斑形成细胞数和抗体几何平均滴度,但对溶菌酶含量无影响。氧化苦参碱尚能抑制机体排异反应,明显延长小鼠异体游离移植心肌存活期。苦参碱强烈抑制活化T细胞的增殖及辅助T细胞产生IL-2的能力,但不明显抑制脾细胞增殖,显著抑制2,4-二硝基氟苯所致小鼠迟发型超敏反应。苦参碱还有明显降低巨噬细胞抑制P185肿瘤细胞增殖效应,表明苦参碱对巨噬细胞有直接细胞毒作用。

对血液系统的作用 静注或肌注30mg/kg苦参总碱和100mg/kg氧化苦参碱对正常家兔外周白细胞有明显的升高作用,对家兔经X线全身照射所致的白细胞减少症有显著治疗作用。氧化苦参碱尚能防止因丝裂霉素C(MMC)所致的白细胞减少症。

抗肿瘤作用 苦参碱可抑制人肝癌SMMC-7721、人胃腺癌SGC-7901细胞的增殖,可使细胞聚集于S期,起到诱导分化作用。苦参碱5mg/L可明显抑制肿瘤细胞与内皮细胞的黏附,抑制黏附因子CD_{44}、CD_{49}的表达,减轻内皮细胞的通透性,减少肿瘤的转移。苦参碱不仅可诱导药物敏感细胞K_{562}凋亡,同样对多药耐药细胞株K_{562}/vin,K_{562}/dox也有诱导凋亡作用,凋亡在24h内即可发生。苦参碱和氧化苦参碱对小鼠肉瘤S_{180}均有明显抑制活性,以氧化苦参碱的作用更为明显。脱氢苦参碱对某些动物移植性肿瘤,如艾氏腹水癌等有抑制作用。氧化苦参碱可提高环磷酰胺的代谢激活,并使其剂量减少一半,而抑瘤作用仍相当于原剂量,与环磷酰胺合用对艾氏腹水癌有协同抑制作用,并可使环磷酰胺引起白细胞降低的毒性明显减轻。苦参尚可促进K_{562}人类红白血病细胞系的诱导分化,使细胞增殖能力明显下降。

抗肝炎和肝纤维化作用 苦参碱可降低血清TNF和ALT水平及小鼠对致死毒性的敏感性,并可在体外抑制经痤疮丙酸杆菌预刺激的小鼠腹腔巨噬细胞释放TNF,能够抑制乙型肝炎病毒的复制。苦参碱50~100mg/kg均能显著减轻肝细胞变性坏死及纤维组织增生,降低不同实验阶段血清丙氨酸氨基转移酶、透明质酸、肝组织羟脯氨酸含量,具有抗四氯化碳诱发的实验大鼠肝纤维化作用。对其作用机制的研究发现,苦参碱在5~0.31μmol/L浓度范围内,浓度越高,对大鼠贮脂细胞株$HSCT_6$增殖、胶原和HA合成的抑制作用越强，表明苦参碱是通过抑制贮脂细胞的增殖及细胞外基质的合成，发挥抗肝纤维化作用。

体内过程：家兔静注苦参碱，血药浓度-时间曲线呈双指数型，符合开放式二室模型，大鼠灌胃苦参碱后组织含量依次为肾、肝、肺、脑、心、血，48h尿、24h粪及12h胆汁的原形药累积排出量分别为给药量的53.7%、0.36%、0.27%。

毒性 苦参总碱小鼠灌服的LD_{50}为（1.18±0.1）g/kg。小鼠肌注和静注氧化苦参碱的LD_{50}为（256.74±57.36）mg/kg和（144.24±22.8）mg/kg。另有报道槐胺碱、苦参碱和氧化苦参碱腹腔注射小鼠的LD_{50}分别为142.63mg/kg、150mg/kg和750mg/kg。槐根碱和槐定碱灌胃小鼠的LD_{50}为241.5mg/kg和243mg/kg。苦参生物碱对冷血和温血动物均有引起痉挛和麻痹呼吸中枢的作用，较大剂量可使小鼠出现躁跳、痉挛性抽搐等兴奋现象，家兔静注可因呼吸困难而死亡。

1.3 资源分布状况

生于沙地或向阳山坡草丛及溪沟边，分布于全国各地。

1.4 生态习性

喜温和或凉爽气候，对土壤要求不严，以土层深厚、肥沃、排水良好的沙质壤土为佳。

1.5 栽培技术与采收加工

选地整地 选择土层深厚、肥沃、排水良好的沙质壤土，每亩施堆肥或厩肥2000~3000kg，深耕20~25cm，整平耙细，作宽120~130cm的平畦或高畦。

繁殖方法 有性繁殖：①种子处理，种子有硬实性，必须经过处理才可播种，否则出苗极不整齐。种子处理方法：A. 砂纸搓磨，将种子用细砂纸搓磨，至表面失去光泽为止；B. 用60℃以上热水甚至开水烫种；C.用98%浓硫酸浸泡种子30min。②大田直播，4月中旬至5月上旬进行，按行距50~60cm，株距30~40cm开穴，每穴播种4~5粒，用细土拌草木灰覆盖，15~20天后出苗。待苗高6~10cm时定苗，每穴留壮苗2株。③育苗移栽，在露地或者保护地建苗床，苗床按宽150cm作畦。畦与畦之间留工作道。落水下种，点播或撒播，覆盖细土0.5~1.0cm，覆盖地膜或遮阳网保温保湿，幼苗出土后及时覆土。

无性繁殖：①地下茎分割繁殖，苦参植株生有大量横生地下茎，其上生有不定根，生产中结合采挖可剪取地下茎，每段地下茎带1~2芽。播种时将地下茎水平放置，芽向上，覆盖湿润细土。②芦头分割繁殖，秋末或早春采挖时将芦头切下,视芦上的越冬芽及须根切块繁殖。每个切块要有1~2个壮芽,并带有须根。按规定株行距挖穴栽培即可。

田间管理 间苗、定苗和补苗:当苗高5~10cm时,按株距5cm间苗。苗高10~15cm时,按株距15~20cm定苗。穴播者每穴留苗2株。发现缺苗,及时用间下的幼苗补栽,保证苗齐苗全。

中耕除草和追肥 齐苗后进行第1次中耕除草,以后每隔1个月除草1次,生长期保持地内无杂草。每年追肥3次,第一次在5月中下旬苗高15cm时,结合除草每亩施稀薄人畜粪水1500kg;第二次在7月苗高50~70cm时,再追肥1次,每亩施人畜粪水2500kg、过磷酸钙50kg;第三次在冬季苗枯后,结合中耕,每亩施腐熟厩肥或堆肥1500~2000kg、饼肥50kg或过磷酸钙50kg,于行间开沟施入,施后用畦沟土盖肥,与畦面齐平。

病害及其防治 ①苦参白粉病:主要发生于叶片正面,开始出现极小的白色稀疏粉状物,随着病害发展,粉状霉层不断加厚,病斑面积不断扩大。受害部位由绿变褐,无霉层覆盖部位逐渐变黄,致使全叶卷曲,最终脱落。7月中下旬开始发病,9月中旬达高峰期。防治方法:烧毁残株落叶,减少越冬菌源;发病初期、中期及后期各喷药1次,用25%粉锈宁4000倍液喷雾。②苦参叶斑病:发病初期叶片出现褐色小点,后病斑扩大、变白,病斑呈圆形,直径3~8mm。病斑上出现黑色小颗粒,颗粒物排列成同心轮纹。发病叶片在病斑以上逐渐变黄,提早脱落。一般仅在7月发病。防治方法:轮作;及时除去有病组织、集中烧毁;从发病初期开始喷药,常用药剂有20010硅唑咪鲜胺1000倍液,38%恶霜嘧铜菌酯800~1000倍液,4010氟硅唑1000倍液,50%托布津1000倍液,50%克菌丹500倍液等。

虫害及其防治 苦参野螟:6月出现幼虫,初龄幼虫取食叶片下表皮,造成圆形天窗;8月下旬至9月上旬,大龄幼虫取食叶片边缘,造成缺刻,或将叶片吃光仅残留叶柄。防治方法:及时清除田间残枝落叶;喷洒0.5%甲氨基阿维菌素苯甲酸盐微乳剂2000~3000倍液+4.5%高效顺式氯氰菊酯乳油1000~2000倍液,或22%氰氟虫腙悬浮剂2000~3000倍液,或15%阿维毒乳油1000~2000倍液,或2%阿维苏云菌可湿性粉剂2000~3000倍液,始花期开始用药,视虫害情况隔5~7天喷1次。

1.6 采收加工

采收 种子繁殖两三年可以采收,采收时间分为秋季和春季。秋季在植株枯萎之后采收,春季在植株萌芽之前采收。采收时,先除去枯枝,再从一端采挖,挖全根系,除净泥土,剪去残茎和细小侧根,晾晒,至七成干时扎把儿,再晾至完全干透为止。以色黄、味苦、粗壮、质坚实、无枯心为佳。

2 生物学特性研究

2.1 奈曼地区栽培苦参物候期

2.1.1 观测方法

自通辽市奈曼旗蒙药材种植基地栽培的苦参大田中,选择10株生长良好、无病虫害的健壮植株编号挂牌,作定株观测,并记录。2016 年5月至2017年11月间连续观测记录各定株物候出现的日期,以10 株平均期作为原始值。观测应具连续性,不漏测任何一个物候期。观测时间和顺序固定,开花期上午8:00~11:30,晴天观测。观测部位以植株判断其物候期,主茎受损时另选植株,并注明。

2.1.2 物候期的划分

物候期的划分是根据栽培苦参生长发育过程中不同时期植物生长发育的特点,并参考其他植物物候期的划分情况完成的。为了划分依据统一,始、初期均以群体中植株出现开花或展叶或坐果5%~15%为标准,盛、旺期以40%~60%为标准,末期以80%~90%为标准。将苦参的生育全过程分为播种期、出苗期、4~6叶期、分枝期、花蕾期、开花初期、盛花期、落花期、坐果初期、果实成熟期、枯萎期。出苗期为种子萌发后,幼苗露出地面2~3cm的时期;4~6叶期(伸长期)是叶生长的关键时期;分枝期是植株茎秆快速生长时期,其与伸长期基本同季,是植物营养生长高峰期;现蕾开花期是植株第一次现蕾的时间;坐果初期是苦参开始坐果的时期;果实成熟期是整株植物结实及果实成熟的关键时期,其与现蕾开花期组成苦参的生殖生长期;枯萎期是根据植株在夏末、秋初出现春发植株大量死亡现象而设置的一个生育时期;播种期是苦参实际播种日期。

2.1.3 物候期观测结果

一年生苦参播种期为5月12日,出苗期自6月2日起历时18天,4~6叶期为6月初开始至下旬历时20天,分枝期共8天,枯萎期历时8天。

二年生苦参返青期从4月中旬开始历时10天,分枝期共计6天。花蕾期自6月中旬至6月底共计10天,开花初期历时8天,盛花期12天,坐果初期16天,果实成熟期共计14天,枯萎期历时6天。

表8-1-1 苦参物候期观测结果（m/d）

表8-1-1 苦参物候期观测结果（m/d）

时期 年份	播种期	出苗期 二年返青期	4~6叶期	分枝期	花蕾期	开花初期
一年生	5/12	6/2~6/20	6/8~6/28	7/2~7/10	—	—
二年生		4/14~4/24	6/2~6/15	6/16~6/22	6/10~6/20	6/28~7/6

表8-1-2 苦参物候期观测结果（m/d）

时期 年份	盛花期	落花期	坐果初期	果实成熟期	枯萎期
一年生	—	—	—	—	10/12~10/20
二年生	7/10~7/22	8/18~9/8	8/24~9/10	9/10~9/24	9/25~10/1

2.2 形态特征观察研究

草本或亚灌木，稀呈灌木状，通常高1m左右，稀达2m。茎具纹棱，幼时疏被柔毛，后无毛。羽状复叶长达25cm；托叶披针状线形，渐尖，长6~8mm；小叶6~12对，互生或近对生，纸质，形状多变，椭圆形、卵形、披针形至披针状线形，长3~4（~6）cm，宽（0.5~）1.2~2cm，先端钝或急尖，上面无毛，下面疏被灰白色短柔毛或近无毛，中脉下面隆起。总状花序顶生，长15~25cm；花多数，疏或稍密；花梗纤细，长约7mm；苞片线形，长约2.5mm；花萼钟状，明显歪斜，具不明显波状齿，完全发育后近截平，长约5mm，宽约6mm，疏被短柔毛；花冠比花萼长1倍，白色或淡黄白色，旗瓣倒卵状匙形，长14~15mm，宽6~7mm，先端圆形或微缺，基部渐狭成柄，柄宽3mm，翼瓣单侧生，强烈皱褶几达瓣片的顶部，柄与瓣片近等长，长约13mm，龙骨瓣与翼瓣相似，稍宽，宽约4mm，雄蕊10个，分离或近基部稍连合；子房近无柄，被淡黄白色柔毛，花柱稍弯曲，胚珠多数。荚果长5~10cm，种子间稍缢缩，呈不明显串珠状，稍四棱形，疏被短柔毛或近无毛，成熟后开裂成4瓣，有种子1~5粒；种子长卵形，稍压扁，深红褐色或紫褐色。

苦参形态特征例图

图8-1

图8-2

图8-3

图8-4

图8-5   图8-6

2.3　生长发育规律

2.3.1　苦参营养器官生长动态

（1）苦参地下部分生长动态　为掌握苦参各种性状在不同生长时期的生长动态，分别在不同时期对苦参的根长、根粗、侧根数、侧根长、侧根粗、根鲜重等性状进行了调查（见表8-2、表8-3）。

表8-2　一年生苦参地下部分生长情况

调查日期 （m/d）	根长 （cm）	根粗 （cm）	侧根数 （个）	侧根长 （cm）	侧根粗 （cm）	根鲜重 （g）
7/30	5.27	0.1631	—	3.36	0.0800	0.67
8/10	7.54	0.4133	0.8	4.71	0.2010	1.87
8/20	10.31	0.5175	1.2	7.85	0.2390	5.23
8/30	13.65	0.6916	2.5	8.72	0.3304	8.54
9/10	17.60	0.7418	3.4	10.36	0.4581	10.36
9/20	19.74	0.9450	4.5	12.43	0.5081	12.34
9/30	21.81	1.0623	5.5	13.08	0.5152	13.89
10/15	23.80	1.1728	5.6	15.10	0.5321	17.23

说明："—"无数据或未达到测量的数据要求。

表8-3　二年生苦参地下部分生长情况

调查日期 （m/d）	根长 （cm）	根粗 （cm）	侧根数 （个）	侧根长 （cm）	侧根粗 （cm）	根鲜重 （g）
5/17	24.50	1.1960	6.1	15.89	0.5591	16.67
6/8	26.77	1.2251	6.3	16.75	0.5911	22.70
6/30	27.15	1.3198	6.4	20.25	0.6321	31.17

调查日期 （m/d）	根长 （cm）	根粗 （cm）	侧根数 （个）	侧根长 （cm）	侧根粗 （cm）	根鲜重 （g）
7/22	35.34	1.4165	7.4	20.89	0.6890	42.23
8/11	37.31	1.4932	7.5	22.25	0.7281	50.83
9/2	38.90	1.5582	8.1	24.01	0.7701	56.22
9/24	42.62	1.6032	8.9	24.90	0.7944	72.86
10/16	45.17	1.7096	9.2	25.57	0.8521	86.79

一年生苦参根长的变化动态　从图8-7可见，7月30日至10月15日基本上均呈稳定的增长趋势，说明苦参在第一年里根长始终在增加。

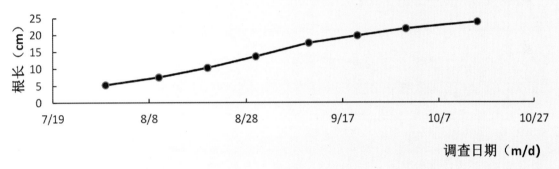

图8-7　一年生苦参的根长变化

一年生苦参根粗的变化动态　从图8-8可见，一年生苦参的根粗从7月30日至10月15日均呈稳定的增长趋势，说明苦参在第一年里根粗始终在增加。

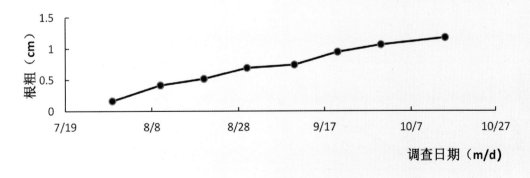

图8-8　一年生苦参的根粗变化

一年生苦参侧根数的变化动态　从图8-9可见，7月30日至9月30日侧根数均呈稳定的增长趋势，从9月30日开始进入稳定状态。

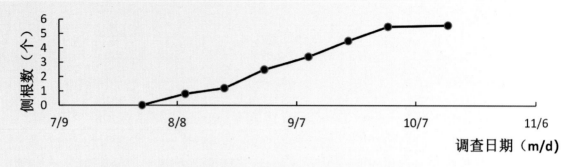

图8-9　一年生苦参的侧根数变化

一年生苦参侧根长的变化动态　从图8-10可见，7月30日至10月15日侧根长均呈稳定的增长趋势。

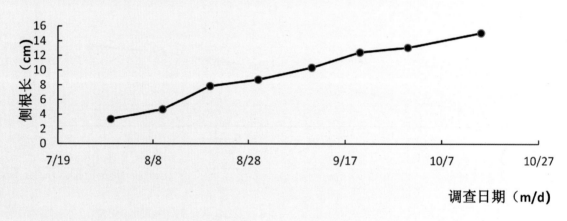

图8-10　一年生苦参的侧根长变化

一年生苦参侧根粗的变化动态　从图8-11可见，自7月30日开始一直到10月15日侧根粗均呈稳定的增长趋势，但是后期增长比较缓慢。

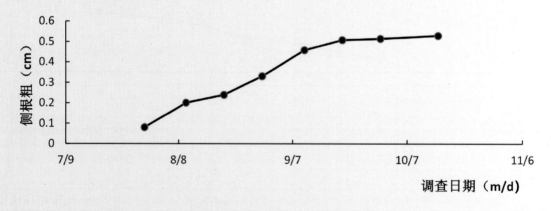

图8-11　一年生苦参的侧根粗变化

一年生苦参根鲜重的变化动态　从图8-12可见,全年生长期内根鲜重基本上均呈稳定的增长趋势,说明苦参在第一年持续生长。

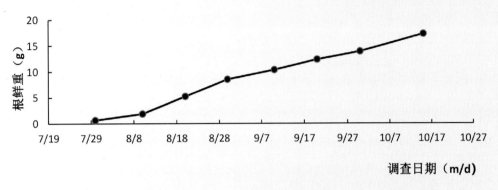

图8-12　一年生苦参的根鲜重变化

二年生苦参根长的变化动态　从图8-13可见,5月17日至10月16日根长均呈稳定的增长趋势。

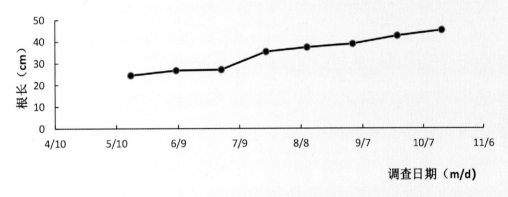

图8-13　二年生苦参的根长变化

二年生苦参根粗的变化动态　从图8-14可见,二年生苦参的根粗从5月17日开始到10月16日始终处于增加的状态。

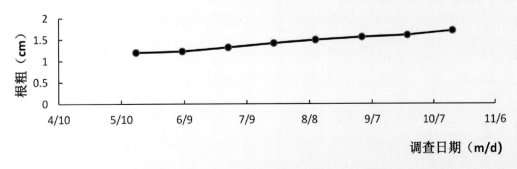

图8-14　二年生苦参的根粗变化

二年生苦参侧根数的变化动态　从图8-15可见,二年生苦参的侧根数基本上呈逐渐增加的趋势,但是增加非常缓慢。

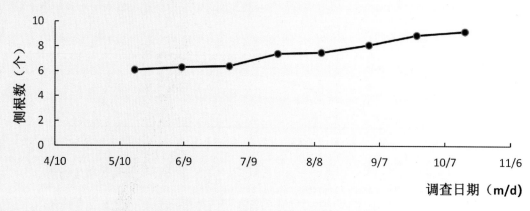

图8-15　二年生苦参的侧根数变化

二年生苦参侧根长的变化动态　从图8-16可见,5月17日至10月16日侧根长均呈稳定的增长趋势。

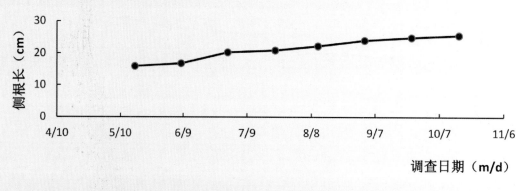

图8-16　二年生苦参的侧根长变化

二年生苦参侧根粗的变化动态　从图8-17可见,5月17日开始一直到10月16日侧根粗均呈稳定的增长趋势。

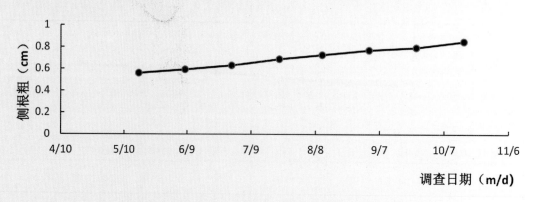

图8-17　二年生苦参的侧根粗变化

二年生苦参根鲜重的变化动态　从图8-18可见，5月17日至10月16日根鲜重变化均呈稳定的增长趋势，但是生长后期增长比较快，这是由于早晚温差大，所以根类药材长势好，速度快。

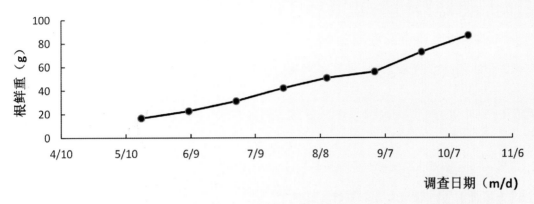

图8-18　二年生苦参的根鲜重变化

　　（2）苦参地上部分生长动态　为掌握苦参各种性状在不同生长时期的生长动态，分别在不同时期对苦参的株高、叶数、分枝数、茎鲜重、叶鲜重等性状进行了测量记录（见表8-4、8-5）。

表8-4　一年生苦参地上部分生长情况

调查日期 （m/d）	株高 （cm）	叶数 （个）	分枝数 （个）	茎粗 （cm）	茎鲜重 （g）	叶鲜重 （g）
7/25	10.83	9.0	—	0.1517	0.23	0.55
8/12	15.43	10.4	—	0.1990	0.75	3.01
8/20	23.42	11.6	3.0	0.2183	1.14	5.41
8/30	27.97	12.1	3.1	0.2842	1.62	7.25
9/10	30.04	15.0	4.5	0.3240	1.90	10.8
9/21	33.00	16.2	5.2	0.3859	1.84	12.23
9/30	33.89	11.4	5.8	0.4512	1.85	10.20
10/15	34.98	8.5	6.4	0.4845	1.40	7.19

说明："—"无数据或未达到测量的数据要求。

表8-5　二年生苦参地上部分生长情况

调查日期 （m/d）	株高 （cm）	叶数 （个）	茎粗 （cm）	茎鲜重 （g）	叶鲜重 （g）
5/14	19.16	20.5	0.1209	3.23	4.53
6/8	34.63	28.8	0.1960	6.44	8.36
7/1	45.58	50.8	0.2606	12.08	21.63
7/23	56.09	116.6	0.3239	14.87	35.84
8/10	66.82	122.5	0.3450	23.67	38.43
9/2	83.92	123.2	0.3901	27.28	40.01

续表

调查日期 （m/d）	株高 （cm）	叶数 （个）	茎粗 （cm）	茎鲜重 （g）	叶鲜重 （g）
9/24	85.18	73.7	0.4731	27.27	26.85
10/18	85.33	43.7	0.5054	23.25	16.46

一年生苦参株高的生长变化动态 从图8-19和表8-6可见，7月25日至10月15日株高逐渐增加，9月21日之后一年生苦参的株高生长非常缓慢几乎处于停滞状态。

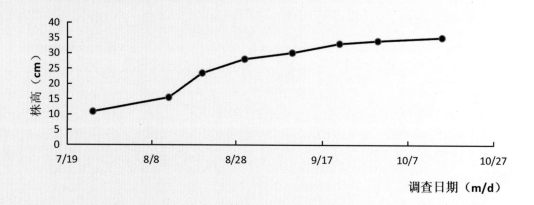

图8-19 一年生苦参株高变化

一年生苦参叶数的生长变化动态 从图8-20可见，7月25至9月21日叶数逐渐增加，之后从9月21日起缓慢减少，说明这一时期苦参下部叶片在枯死、脱落，所以叶数在减少。

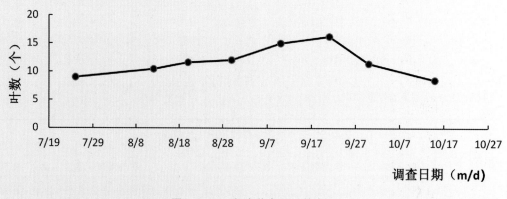

图8-20 一年生苦参的叶数变化

一年生苦参在不同生长时期分枝数的变化情况 从图8-21可见，8月12日之前由于没有分枝或太细不在调查范围之内，从8月12日至8月20日分枝数快速增加，8月20日开始呈缓慢而稳定的增加趋势。

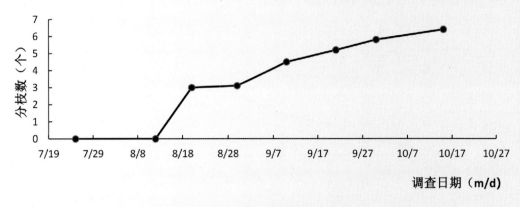

图8-21 一年生苦参的分枝数变化

一年生苦参茎粗的生长变化动态 从图8-22中可见,7月25日至10月15日茎粗均呈稳定的增长趋势。

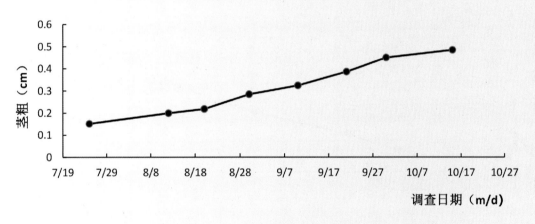

图8-22 一年生苦参的茎粗变化

一年生苦参茎鲜重的变化动态 从图8-23可见,从7月25日至9月10日是茎鲜重缓慢增长期,9月10日之后茎鲜重开始非常缓慢地降低,这可能是由于生长后期茎逐渐脱落和茎逐渐干枯所致。

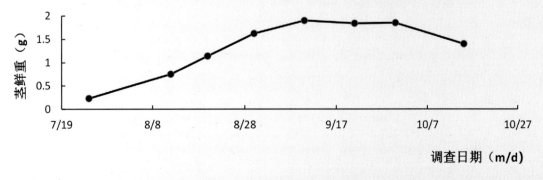

图8-23 一年生苦参的茎鲜重变化

一年生苦参叶鲜重的变化动态 从图8-24可见,7月25日至9月21日是叶鲜重快速增长期,9月21日之后叶鲜重开始大幅降低,这可能是由于生长后期叶片逐渐脱落和叶逐渐干枯所致。

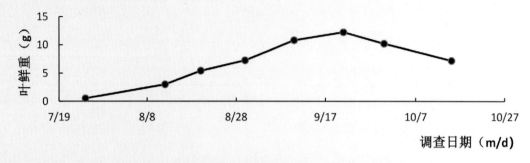

图8-24 一年生苦参的叶鲜重变化

二年生苦参株高的生长变化动态 从图8-25中可见,5月14日至9月2日是株高增长速度最快的时期,9月2日之后进入了平稳时期。

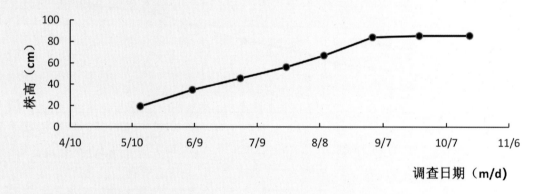

图8-25 二年生苦参的株高变化

二年生苦参叶数的生长变化动态 从图8-26可见,5月14日至7月23日是叶数快速增长时期,其后叶数进入稳定时期,从9月2号开始叶数大幅度下降,说明这一时期苦参下部叶片在枯死、脱落,所以叶数在减少。

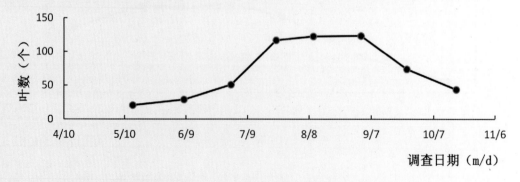

图8-26 二年生苦参的叶数变化

二年生苦参茎粗的生长变化动态图 从图8-27可见，5月14日至10月18日茎粗均呈稳定的增加趋势。

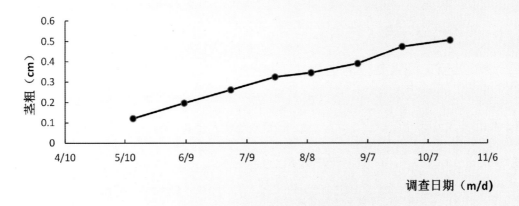

图8-27 二年生苦参的茎粗变化

二年生苦参茎鲜重的变化动态 从图8-28可见，5月14日至9月2日茎鲜重均在增加，但是生长前期增加稍快，9月2之后茎鲜重开始缓慢降低，这可能是由于生长后期茎逐渐干枯和脱落所致。

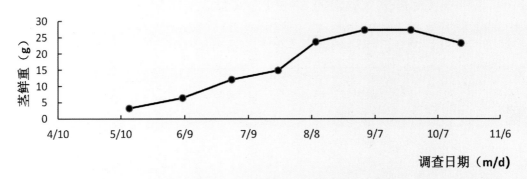

图8-28 二年生苦参的茎鲜重变化

二年生苦参叶鲜重的变化动态 从图8-29可见，5月14日至9月2日是苦参叶鲜重快速增加期，从9月2日开始叶鲜重开始大幅度降低，这是由于生长后期叶片逐渐脱落和叶片逐渐干枯所致。

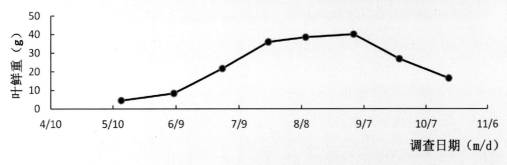

图8-29 二年生苦参的叶鲜重变化

苦参单株生长图

图8-30　　　　　　　　　　图8-31　　　　　　　　　　图8-32

图8-33　　　　　　　　　　图8-34

2.3.2　不同时期的根和地上部的关系

为掌握苦参各种性状在不同生长时期的生长动态, 分别在不同时期从苦参的每个种植小区随机取苦参样10株, 将取样所得的苦参从茎基部剪下, 根、冠分离, 去除杂物, 将根、冠分别在105℃下杀青30分钟后60℃恒温

2天（或2天以上干燥为止），然后放入干燥器中冷却，用1/10000的天平测量质量，以二者的比值为根冠比。

表8-6 一年生苦参不同时期的根和地上部的关系

调查日期（m/d）	7/25	8/12	8/20	8/30	9/10	9/21	9/30	10/15
根冠比	0.5167	0.3614	1.0437	0.7264	0.8734	0.8265	1.3108	2.0390

从表8-6可见，一年生苦参幼苗期根系与枝叶的生长速度有显著差异，幼苗出土初期根冠比为0.5167∶1，地上部分生长占优势。8月20日，根部生长总量逐渐接近地上部分，此时根冠比为1.0437∶1。之后一直处于平稳状态，枯萎期根冠比为2.0310∶1。

表8-7 二年生苦参不同时期的根和地上部的关系

调查日期（m/d）	5/14	6/8	7/1	7/23	8/10	9/2	9/24	10/18
根冠比	11.4993	2.1807	1.0494	1.2542	1.2387	1.6058	2.2197	3.4552

从表8-7可见，二年生苦参幼苗期根系与枝叶的生长速度有显著差异，幼苗出土初期根冠比基本在11.4993∶1，根系生长占优势。6月份开始枝叶生长加速，光合能力增强，生长总量逐渐接近地下部，到7月份根冠比相应减小为1.0494∶1。之后一直处于平稳状态，枯萎期时根冠比为3.4552∶1。

2.3.3 苦参不同生长期干物质积累

本实验共设计3个小区。每小区取样10株，分别取营养幼苗期、营养生长期、开花期、果实期、枯萎期等5个时期的苦参的全株，每穴以植株为中心，取长16~25cm、宽16~25cm、深20~40cm的土块，先用清水冲洗干净，注意避免丢失根量，用滤纸吸干附着的水分，然后将植株按根、茎、叶、花和果实部位装袋，于105℃杀青30 min，60℃烘至恒重，测定干物质量，并折算为公顷干物质积累量。

表8-8 一年生苦参各器官总干物质重变化（kg/hm²）

调查期	根	茎	叶	花	果
幼苗期	63.00	45.00	76.50	—	—
营养生长期	940.50	333.00	891.00	—	—
枯萎期	1695.50	378.00	567.50	—	—

说明："—"无数据或未达到测量的数据要求。

从一年生苦参干物质积累与分配数据（如表8-8所示）可以看出，在不同时期的地上、地下部分各营养器官的干物质量均随着苦参的生长不断增加。在幼苗期根、茎、叶干物质总量依次为63.00kg/hm²、45.00kg/hm²、76.50kg/hm²；进入营养生长期根、茎、叶具有增加的趋势，其根、茎、叶干物质总量依次为940.50kg/hm²、333.00kg/hm²和891.00kg/hm²，其中根和叶增加较快。进入枯萎期根、茎、叶依次增加至1695.50kg/hm²、378.00kg/hm²、567.50kg/hm²，其中根增加较快，叶生长具有下降的趋势，其原因为通辽市奈曼地区已进入霜期，霜后地上部分枯萎后，自然越冬，当年不开花。

表8-9　二年生苦参各器官总干物质重变化（kg/hm²）

调查期	根	茎	叶	花	果
幼苗期	2709.00	355.50	468.00	—	—
营养生长期	6862.50	2439.00	2569.50	—	—
开花期	8599.50	3465.00	3942.00	106.50	—
果实期	14800.50	4608.00	1989.00	—	724.50
枯萎期	17392.50	4275.00	630.00	—	—

说明："—"无数据或未达到测量的数据要求。

从二年生苦参干物质积累与分配的数据（如表8-9所示）可以看出，在不同时期的地上、地下部分各营养器官的干物质量均随苦参的生长不断增加。在幼苗期根、茎、叶干物质总量依次为2709.00kg/hm²、355.50kg/hm²、468.00kg/hm²；进入营养生长期根、茎、叶依次增加至6862.50kg/hm²、2439.00kg/hm²和2569.50kg/hm²。进入开花期根、茎、叶、花依次增加至8599.50kg/hm²、3465.00kg/hm²、3942.00kg/hm²和106.50kg/hm²，其中茎、叶和花增加特别快；进入果实期根、茎、叶和果依次为14800.5kg/hm²、4608.00kg/hm²、1989.00kg/hm²和724.50kg/hm²，其中根和果实增加较快，叶生长具有下降的趋势。进入枯萎期根、茎、叶干物质总量依次为17392.50kg/hm²、4275.00kg/hm²、630.00kg/hm²，其中根增加较快，茎和叶生长下降的趋势较明显，即茎和叶进入枯萎期。

2.4　生理指标

2.4.1　叶绿素

如图8-35所示，随着苦参生育期的推后，叶绿素含量总体呈上升趋势，叶绿素含量是反应植物光合能力的一个重要指标，说明苦参在生育后期也有较强的光和能力。

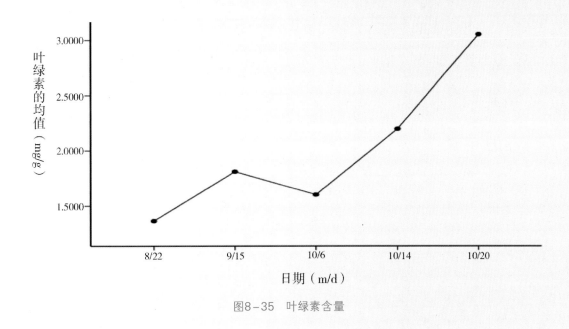

图8-35 叶绿素含量

2.4.2 可溶性多糖

苦参叶片在不同时期可溶性多糖含量变化呈"上升—下降"趋势,到了最终收获期可溶性多糖含量降到很低;可溶性多糖含量不同程度地增加或减少,说明随着生育期的推后,苦参地下部分快速生长,会影响叶片营养物质的平衡状态。

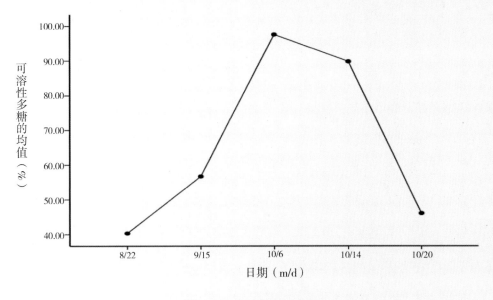

图8-36 可溶性多糖含量

2.4.3 可溶性蛋白

可溶性蛋白是重要的渗透调节物质和营养物质,它的增加和积累能提高细胞的保水能力,对细胞的生命物质及生物膜起到保护作用。从图8-37可见,苦参叶片可溶性蛋白含量保持平稳上升,采收期达到最高峰,可溶性蛋白能提供植物生长发育所需的营养和能量。

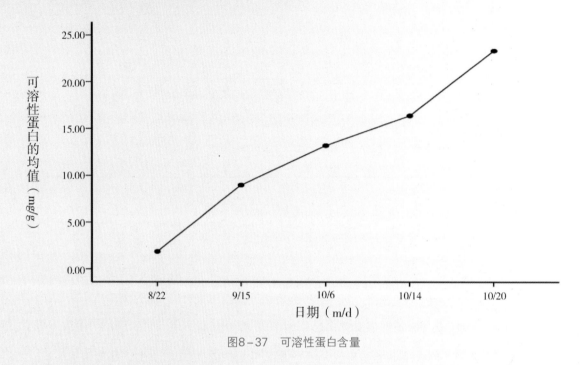

图8-37 可溶性蛋白含量

3 药材质量评价研究

3.1 常规鉴别研究

药材粉末鉴定鉴别 粉末淡黄色,气微,味极苦。淀粉粒众多。单粒类圆形或长圆形,直径4~22μm。脐点裂缝状,大粒层纹隐约可见;复粒较多,由2~12分粒组成。纤维及晶纤维众多,成束。纤维细长,平直或稍弯曲,直径11~27mm,壁甚厚,非木质化,孔沟不明显,胞腔线形,初生壁多少分离。纤维束周围的细胞中含草酸钙方晶,形成晶纤维,含晶细胞的壁不均匀,木质化,增厚。草酸钙方晶呈类双锥形、菱形或多面形,直径约至23μm,长至41μm。导管主要为具缘纹孔导管,淡黄色或黄色。一般较粗大,直径27~126μm,具缘纹孔椭圆形或六角形,排列紧密,有的数个纹孔口连接成线状。也有网纹导管,直径约至54μm。木栓细胞淡棕色或棕色。横断面观呈扁长方形,壁微弯曲;表面观呈类多角形,多层重叠,平周壁表面有不规则细裂纹,垂壁有纹孔呈断续状。薄壁细胞呈类圆形或类长方形,壁稍厚,有的呈不均匀连珠状,非木质化,纹孔大小不一,有的集成纹孔域,有的胞腔内含细小针晶,长约至11μm。

3.2 常规检查研究(参照《中国药典》,〈2015年版〉)

3.2.1 常规检查测定方法

水分 取供试品2~5g,平铺于干燥至恒重的扁形称量瓶中,厚度不超过5mm,疏松供试品不超过10mm,精密称定,开启瓶盖在100~105℃干燥5h,将瓶盖盖好,移置干燥器中,放冷30min,精密称定,再在上述温度干燥1h,放冷,称重,至连续两次称重的差异不超过5mg为止。根据减失的重量,计算供试品中含水量(%)。

本法适用于不含或少含挥发性成分的药品。

$$水分 (\%) = \frac{W_1 + W_2 - W_3}{W_1} \times 100\%$$

式中W_1为供试品的重量(g),W_2为称量瓶恒重的重量(g),W_3为(称量瓶+供试品)干燥至连续两次称重的差异不超过5mg后的重量(g)。试验所得数据用Microsoft Excel 2013进行整理计算。

总灰分 测定用的供试品须粉碎,使能通过二号筛,混合均匀后,取供试品2~3g(如需测定酸不溶性灰分,可取供试品3~5g),置炽灼至恒重的坩埚中,称定重量(准确至0.01g),缓缓炽热,注意避免燃烧,至完全炭化时,逐渐升高温度至500~600℃,使完全灰化并至恒重。根据残渣重量,计算供试品中总灰分的含量(%)。

如供试品不易灰化,可将坩埚放冷,加热水或10%硝酸铵溶液2ml,使残渣湿润,然后置水浴上蒸干,残渣照前法炽灼,至坩埚内容物完全灰化。

$$总灰分 (\%) = \frac{M_2 - M_1}{M_3 - M_1} \times 100\%$$

式中M_1: 坩埚重量(g);M_2: 坩埚+灰分重量(g);M_3: 坩埚+样品重量(g)。试验所得数据用Microsoft Excel 2013进行整理计算。

浸出物 水溶性冷浸法:取供试品约4g,精密称定,置250~300ml的锥形瓶中,精密加水100ml,密塞,冷浸,前6h内时时振摇,再静置18h,用干燥滤器迅速滤过,精密量取续滤液20ml,置已干燥至恒重的蒸发皿中,在水浴上蒸干后,于105℃干燥3h,置干燥器中冷却30min,迅速精密称定重量。除另有规定外,以干燥品计算供试品中水溶性浸出物的含量(%)。

$$浸出物 (\%) = \frac{(浸出物及蒸发皿重 - 蒸发皿重) \times 加水(或乙醇)体积}{供试品的重量 \times 量取滤液的体积} \times 100\%$$

$$RSD = \frac{标准偏差}{平均值} \times 100\%$$

3.2.2 结果与分析

水分 参照《中国药典》2015年版四部（第103页）第二法（烘干法）测定。取上述采集的苦参药材样品，测定并计算苦参药材样品中含水量（质量分数，%），平均值为4.99%，所测数值计算RSD≤1.53%，在《中国药典》（2015年版，一部）苦参药材项下要求水分不得过11.0%，本药材符合药典规定要求（见表8-11）。

总灰分 参照《中国药典》2015年版四部（第202页）灰分测定法测定。取上述采集的苦参药材样品，测定并计算苦参药材样品中总灰分和酸不溶性灰分含量（%），总灰分含量平均值为6.53%，所测数值计算RSD≤0.39%，在《中国药典》（2015年版，一部）苦参药材项下要求总灰分不得超过8.0%，本药材符合规定要求（见表8-11）。

浸出物 参照《中国药典》2015年版四部（第202页）水溶性浸出物测定法（冷浸法）测定。取上述采集的苦参药材样品，测定并计算苦参药材样品中含水量（质量分数，%），平均值为30.39%，所测数值计算RSD≤0.70%，在《中国药典》（2015年版，一部）苦参药材项下要求浸出物不得少于20.0%，本药材符合药典规定要求（见表8-10）。

表8-10　苦参药材样品中水分、总灰分、浸出物含量

测定项	平均（%）	RSD（%）
水分	4.99	1.53
总灰分	6.53	0.39
浸出物	30.39	0.70

本试验研究依据《中国药典》（2015年版，一部）苦参药材项下内容，根据奈曼产地苦参药材的实验测定结果，蒙药材苦参样品水分、总灰分、浸出物的平均含量分别为4.99%、6.53%、30.39%，符合《中国药典》规定要求。

3.3　不同产地苦参中的苦参碱、氧化苦参碱含量测定

3.3.1　实验设备、药材、试剂

仪器、设备 Agilent Technologies-1260Infinity型高效液相色谱仪，SQP型电子天平（赛多利斯科学仪器（北京）有限公司），KQ-600DB型数控超声波清洗器（昆山市超声仪器有限公司），HWS26型电热恒温水浴锅。Millipore-超纯水机。

实验药材（表8-11）

表8-11　苦参供试药材来源

编号	采集地点	采集日期	采集经度	采集纬度
1	内蒙古自治区通辽市奈曼旗昂乃（基地）	2017-10-21	120° 42′ 10″	42° 45′ 19″
2	内蒙古科尔沁左翼后旗阿古拉镇（野生）	2017-09-19	122° 37′ 18″	43° 18′ 21″
3	内蒙古自治区通辽市库伦旗库伦街道哈达图街风水山庄（野生）	2017-09-20	121° 43′ 2″	43° 49′ 31″
4	内蒙古自治区兴安盟科尔沁右翼中旗（野生）	2017-09-22	121° 19′ 33″	45° 6′ 22″
5	内蒙古自治区通辽市扎鲁特旗（基地）	2017-09-23	119° 48′ 15″	45° 9′ 16″
6	内蒙古自治区通辽市奈曼旗沙日浩来镇（基地）	2017-10-03	120° 44′ 31″	42° 33′ 40″
7	内蒙古自治区通辽市奈曼旗巴嘎波日河（野生）	2017-10-03	120° 33′ 57″	42° 55′ 48″
8	河北省安国市霍庄村（野生）	2017-10-13	115° 17′ 44″	38° 21′ 27″
9	河南（市场）	2017-10-14	—	—
10	内蒙古自治区通辽市科尔沁左翼中旗敖包乡（栽培）	2017-09-06	122° 5′ 2″	43° 49′ 1″

对照品　含苦参碱（自国家食品药品监督管理总局采购，编号：X05J6M6）。

氧化苦参碱（自国家食品药品监督管理总局采购，编号：Y30S6Y17043）。

试剂　乙腈（色谱纯）、无水乙醇、磷酸。

3.3.2　溶液的制备

色谱条件　以氨基键合硅胶为填充剂，以乙腈-无水乙醇-3%磷酸溶液（80∶10∶10）为流动相，检测波长为220nm。理论板数按氧化苦参碱峰计算应不低于2000。

对照品溶液的制备　取苦参碱对照品、氧化苦参碱对照品适量，精密称定，加乙腈-无水乙醇（80∶20）混合溶液分别制成每1ml含苦参碱50μg、氧化苦参碱0.15mg的溶液，即得。

供试品溶液的制备　取本品粉末（过三号筛）约0.3g，精密称定，置具塞锥形瓶中，加浓氨试液0.5ml，精密加入三氯甲烷20ml，密塞，称定重量，超声处理（功率250W，频率33kHz）30min，放冷，再称定重量，用三氯甲烷补足减失的重量，摇匀，滤过，精密量取续滤液5ml，加在中性氧化铝柱（100~200目，5g，内径1cm）上，依次以三氯甲烷、三氯甲烷-甲醇（7∶3）混合溶液各20ml洗脱，合并收集洗脱液，回收溶剂至干，残渣加无水乙醇适量使溶解，转移至10ml量瓶中，加无水乙醇至刻度，摇匀，即得。

测定法　分别精密吸取上述两种对照品溶液各5μl与供试品溶液5~10μl，注入液相色谱仪，测定，即得。

本品按干燥品计算，含苦参碱（$C_{15}H_{24}N_2O$）和氧化苦参碱（$C_{15}H_{24}N_2O_2$）的总量不得少于1.2%。

3.3.3　实验操作

线性与范围　按3.3.2对照品溶液制备方法制备，精密吸取对照品溶液3μl、7μl、11μl、15μl、19μl，注入高效液相色谱仪,测定其峰面积值,并以进样量C(x)对峰面积值A(y)进行线性回归,得标准曲线回归方程为:$y=1737630x+19273$,相关系数$R=0.9999$。

结果见表8-12及图8-38,表明苦参碱进样量在0.162~1.026μg范围内,与峰面积值具有良好的线性关系,相关性显著。

表8-12 线性关系考察结果

C(μg)	0.162	0.378	0.594	0.810	1.026
A	137663	297916	458544	619486	773518

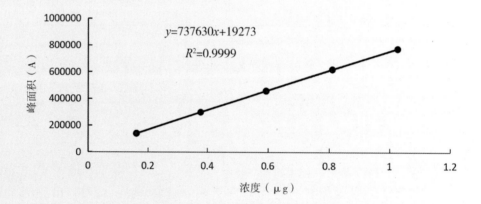

图8-38 苦参碱对照品的标准曲线图

按3.2.2对照品溶液制备方法制备,精密吸取对照溶液1μl、4μl、7μl、10μl、13μl,注入高效液相色谱仪,测定其峰面积值,并以进样量C(x)对峰面积值A(y)进行线性回归,得标准曲线回归方程为:$y=674542x+5254.9$,相关系数$R=0.9998$。

结果见表8-13及图8-39,表明氧化苦参碱进样量在0.15~1.95μg范围内,与峰面积值具有良好的线性关系,相关性显著。

表8-13 线性关系考察结果

C(μ)	0.150	0.600	1.050	1.500	1.950
A	101639	418419	713582	1010825	1323156

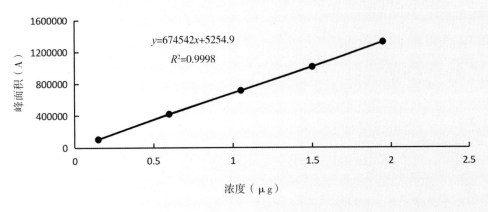

图8-39　氧化苦参碱对照品的标准曲线图

3.3.4　样品测定

取苦参样品约0.3g, 精密称取, 分别按3.3.2项下的方法制备供试品溶液, 精密吸取供试品溶液各10μl, 分别注入液相色谱仪, 测定, 并按干燥, 计算含量。结果见表8-14。

表8-14　苦参样品含量测定结果

样品批号	n	样品（g）	苦参碱含量（%）	平均值（%）	RSD（%）	氧化苦参碱量（%）	平均值（%）	RSD（%）
	1		1.21			1.30		
20171021	2	0.3001	1.21	1.21	0.71	1.37	1.35	3.29
	3		1.22			1.38		
	1		0.42			1.04		
20170919	2	0.3007	0.46	0.46	4.46	1.12	1.12	4.05
	3		0.44			1.08		
	1		0.69			1.07		
20170920	2	0.3024	0.69	0.69	0.73	1.08	1.08	0.64
	3		0.70			1.08		
	1		0.35			1.36		
20170922	2	0.3009	0.36	0.36	2.43	1.38	1.38	1.67
	3		0.36			1.41		
	1		0.31			1.03		
20170923	2	0.3001	0.33	0.33	2.89	1.06	1.06	2.44
	3		0.33			1.08		
	1		0.45			0.76		
2017100301	2	0.3006	0.45	0.45	2.55	0.75	0.75	2.20
	3		0.47			0.78		
	1		0.26			2.02		
2017100302	2	0.3001	0.28	0.28	4.08	2.04	2.04	0.78
	3		0.29			2.05		

续 表

样品批号	n	样品(g)	苦参碱含量(%)	平均值(%)	RSD(%)	氧化苦参碱量(%)	平均值(%)	RSD(%)
	1		0.26			0.24		
20171013	2	0.3008	0.26	0.26	3.30	0.24	0.24	3.61
	3		0.28			0.26		
	1		0.29			0.38		
20171014	2	0.3006	0.30	0.30	2.05	0.39	0.39	3.88
	3		0.30			0.41		
	1		0.30			0.71		
20170906	2	0.3008	0.28	0.29	3.98	0.68	0.68	2.68
	3		0.30			0.72		

3.3.5 结论

按照2015年版《中国药典》中苦参含量测定方法测定,结果奈曼基地的苦参中苦参碱和氧化苦参碱的含量符合《中国药典》规定要求。

4 经济效益分析

4.1 市场前景分析

苦参作为重要中药材,具有清热,燥湿,杀虫,利尿功效。主治黄疸、痢疾、疮疡、皮肤瘙痒等;外用可治滴虫性阴道炎、外阴瘙痒等症。有明显的抗菌、消炎、杀虫作用。近年除药用外,还广泛用于生物农药的开发,开发前景十分广阔。日益增加的临床医用需求量,仅靠野生资源,远远不能满足。从近年的苦参市场发展现状看,苦参的人工种植未来发展前景可观。

苦参在20世纪,由于用量不大,加之产地甚广,资源较为丰富,价位较低。20世纪90年代长期稳定在1.5~2元/千克,难以引起市场的关注。进入21世纪以来,随苦参系列药品的开发,市场需求稳步扩大,市场价格也稳步上涨,价格从2000年每千克4~5元,到2006年后价格持续上涨,于2010年价格为12~20元/千克,至2014年每千克涨到12~24元,到目前为止每千克13~18元。另外,苦参是野生品种,无序采挖导致市场上来货越来越少。前几年贵州、河南、山西资源较多,经过几年大面积采挖之后,产区资源明显减少,现在已难有大货应市。近几年主产地逐渐北移,先是河北承德地区,随着这部分资源的采挖,应市量少,现在又转移到辽宁等更北的地区。随着各大产区资源的萎缩,苦参资源产量下滑的趋势难以逆转,为价格上升提供了有力的支撑。加之目前苦参用途广泛,需求量大。为了满足市场需求,苦参人工种植逐渐增多,规模化种植技术发展迅速。目前,通过对安徽亳州、河北安国两大药材市场苦参的销售情况看,呈现出货源充足、行情稳定运行、交易顺畅等市场特点,苦参片价格在13~19元/千克。对苦参未来市场需求强劲,不管是短线品种还是中长线品种都值得关注,从市场走势来看,苦参存货不多,走势顺畅,未来发展前景可观。

苦参不占好地,沙滩、山坡、荒地、草原都能生长。如果做封山、封沙防护林带的绿化,是个不错的品种,可以多年生长,且越长越多。所以,发展苦参种植前景广阔。

4.2 投资预算(2018年)

苦参种子 市场价每千克35元,参考奈曼当地情况,每亩地用种子5千克,合计为175元。

种前整地和播种 包括施底肥、灌溉、犁地、耙地和播种,底肥包括1000kg有机肥,50kg复合肥,其中有机肥每吨120元,复合肥每袋120元,灌溉一次需要50元,犁、耙、播种一亩地共需要150元,以上合计需要费用440元。

田间管理 整个生长周期抗病除草需要10次,每次人工成本加药物成本约100元,合计约1000元。灌溉8次,费用400元。追施复合肥每亩50kg,叶面喷施叶面肥3次,成本约200元。综上,苦参田间管理成本为1600元。

收获与加工 收获成本(机械燃油费和人工费)约每亩400元。

合计成本为 175+440+1600+400=2615元。

黄 芩 ᠱᠢᡵᠠ

SCUTELLARIAE RADIX

蒙药材黄芩为唇形科植物黄芩*Scutellaria baicalensis* Georgi的干燥根。

1 黄芩的研究概况

1.1 蒙药学考证

蒙药材黄芩为常用血药,《无误蒙药鉴》记载:蒙文名为"浑钦",别名"巴布斯日布""协日-巴特尔"。《蒙药学》记载:"协日-浑钦"。占布拉道尔吉《无误蒙药鉴》记载:"唇形科黄芩属植物黄芩的干燥根,生于土质松软地。叶、茎如同紫茉莉,花紫色,根黄色,中空,味极苦。"《声明论》记载:"黄芩如同黄柏皮。"《西对》记载:"色黄,状如切成段的胡萝卜,即黄芩。"《五台山论说》记载:"用黄芩作巴布斯日布,清毒热,对马、骡病极好。"《晶珠本草》记载:"协日浑钦清毒热。"《植物史》中:"生于软土地。茎、叶如同紫茉莉,根空而黄,味苦,性凉,解毒。"《认药白晶鉴》中:"生于疏松的土壤,茎叶似紫茉莉,具花紫而小,根黄色,中空,味极苦。"并附植物形态图。上述植物形态及附图特征与蒙医药所用的黄芩形态特征相符。占布拉道尔吉《无误蒙药鉴》中记载:"黄芩巴特尔药用较为合理,故认定历代蒙医药文献所记载的巴特尔即浑钦(黄芩)。"本品为味苦,性寒,效钝、轻。具有清热、解毒之功效。蒙医主要用于毒热症,咽喉肿痛,伤风感冒等病,多配方用,在蒙成药中使用较为普遍。

1.2 化学成分及药理作用

1.2.1 化学成分

黄酮类化合物 黄芩素(baicalein),黄芩新素(neobaicalein)即黄芩黄铜Ⅱ(skullcapflavone),黄芩苷(baicalin),汉黄芩苷(wogonoside),汉黄芩素(wogonin),木蝴蝶素即木蝴蝶素A(oroxylin, oroxylin)A, 7-

甲氧基黄芩素（7-methoxybaicalein），黄芩黄酮（skullcapflavone）Ⅰ，二氢木蝴蝶素A（dihydrooroxylin A），白杨素（chrysin）5，8，2′-三羟基-7-甲氧基黄烷酮（5，8，2′-trihydroxy-7-methoxy-flavanone），5，7，4′-三羟基-6，7-二甲氧基黄酮（5，8，2′-trihydroxy-6，7-dimethoxyflavone），5，8，2′-三羟基-6-甲氧基黄酮（5，8，2′-trihydroxy-6-methoxyflavone），3，5，7，2′，6′-五羟基黄烷酮（3，5，7，2′，6′-pentahydroxyflavanone），汉黄芩素-5-β-D-葡萄糖苷（wogonin-5-β-D-glucoside），2-（3-羟基-4-甲氧基苯基）-乙基-1-O-α-L-鼠李糖基（1→3）-β-D-（4-阿魏酰基）-葡萄糖苷〔2-（3-hydroxy-4-methoxyphenyl）ethyl-1-O-α-L-rhamnosyl（1→3）-β-D-（4-feruloyl）glucoside〕，白杨素-8-C-β-D-葡萄糖苷（chrysin-8-C-β-D-glucoside），白杨素-6-C-β-葡萄糖苷-8-C-α-L-阿拉伯糖苷（chrysin-6-C-β-D-glucoside-8-C-α-L-arabinoside），白杨素-6-C-α-L-阿拉伯糖苷-8-C-β-D-葡萄糖苷（chrysin-6-C-α-L-arabinoside-8-C-β-D-glucoside），（2S）-5，7，2′，6′-四羟基黄烷酮〔（2S）-5，7，2′，6′-tetrahydroxyflavanone〕，5，7，2′，6′-四羟基黄酮（5，7，2′，6′-tetrahydroxyflavone），5，8-二羟基-6，7-二甲氧基黄酮（5，8-dihydroxy-6，7-dimethoxyflavone），5，7，4′-三羟基-8-甲氧基黄酮（5，7，4′-trihydroxy-8-methoxyflavone），木蝴蝶素A-7-O-葡萄糖醛酸苷（oroxylinA-7-O-glucuronide），5，7，2′-三羟基-6-甲氧基黄酮（5，7，2′-trihydroxy-6-methoxyflavone），5，2′-二羟基-6，7，8-三甲氧基黄酮（5，2′-dihydroxy-6，7，8-trimethoxyflavone），5-羟基-7，8-二甲氧基黄酮（5-hydroxy-7，8-dimethoxy flavone），去甲汉黄芩素（norwogonin），二氢黄芩素（dihydro-baicalin），5，7，2′-三羟基黄酮（5，7，2′-trihydroxyflavone），5，7，2′-三羟基-8，6′-二甲氧基黄酮（5，7，2′-trihydroxy-8，6′-dimethoxyflavone），5，7，2′，5′-四羟基-8，6′-二甲氧基黄酮即黏毛黄芩素Ⅲ（5，7，2′，5′-tetrahydroxy-8，6′-dimethoxyflavone，viscidulinⅢ），5，2′，5′-三羟基-6，7，8-三甲氧基黄酮（5，2′，5′-trihydroxy-6，7，8-trimethoxyflavone），黄芩素-7-O-β-D-吡喃葡萄糖苷（baicalein-7-O-β-D-glucopyranoside），5，7，2′-三羟基-8-甲氧基黄酮（5，7，2′-trihydroxy-8-methoxyflavone）即韧毛黄芩素Ⅱ（tenaxin），5，2′，6′-三羟基-7，8-甲氧基黄酮（5，2′，6′-trihydroxy-7，8-methoxyflavone）即黏毛黄芩素Ⅱ（viscidulin），5，7，2′-三羟基-6′-甲氧基黄酮（5，7，2′-trihydroxy-8-methoxhoxyflavone），5，7，2′，3′-四羟基黄酮（5，7，2′，3′-tetrahydroxyflavone），3，5，7，2′，6′-五羟基黄酮（3，5，7，2′，6′-pentahydroxyflavone）即黏毛黄芩素Ⅰ（viscidulin），（2S）-7，2′，6′-三羟基-5-甲氧基黄烷酮〔（2S）-7，2′，6′-trihydroxy-5-methoxyflavaone〕，2，6，2′，4′-四羟基-6′-甲氧基查尔酮（2，6，2′，4′-tetrahydroxy-6′-methoxychalcone），5，2′，6′-三羟基-6，7，8-三甲氧基黄酮-2′-O-葡萄糖苷（5，2′，6′-trihydroxy-6，7，8-trimethoxy flavone-2′-O-glucoside），5，2′，6′-三羟基-6，7-二甲氧基黄酮2′-O-葡萄糖苷（5，2′，6′-trihydroxy-6，7-dimethoxy flavone2′-O-glucoside），5，7，2′，5′，-四羟基黄酮（5，7，2′，

5′, –tetrahydroxyflavone), 左旋圣草素(eriodictyol), 半枝莲种素(rivularin)及黏毛黄芩素Ⅲ–2′–O–β–D–吡喃葡萄糖苷(visicdulinⅢ–2′–O–β–D–glucopyranoside)等。另外还含β–谷甾醇(β–sitosterol), 菜油甾醇(campesterol)及豆甾醇(stigmasterol)。

1.2.2 药理作用

抗微生物作用 黄芩煎剂在体外对葡萄球菌、溶血链球菌、白喉杆菌、伤寒杆菌和霍乱弧菌、肺炎链球菌、痢疾杆菌、大肠杆菌、副伤寒杆菌、变形杆菌和铜绿假单胞菌有抑制作用; 对志贺、斯密、福氏和宋内痢疾杆菌均有抑制或杀灭作用; 对炭疽杆菌也有抑制作用。煎剂对人型和牛型结核杆菌均有抑制作用。黄芩苷减轻金黄色葡萄球菌外毒素诱发的病理损害, 可能是通过阻断细胞的信号通讯通路而发挥作用。黄芩煎剂使流感病毒PR_8株感染后的小鼠肺部损伤减轻。黄芩苷能显著抑制植物血凝素引起的外周血单核细胞中HIV_1的复制, 其抑制作用具浓度依赖性。如果预先使用黄芩苷更有效。黄芩苷在一定浓度下对体外培养的T细胞株CEM无细胞毒性, 而在感染HIV病毒的CEM细胞则表现出明显的细胞毒性。

对免疫功能的影响 黄芩苷对脂多糖(LPS)诱导的小鼠淋巴细胞增殖反应具有剂量效应关系, 在低剂量时均表现为促进淋巴细胞增殖, 而高剂量时则表现为明显的抑制作用。腹腔注射黄芩苷可明显增加小鼠脾脏单核细胞内cAMP的含量, 而cAMP可以促进和诱导淋巴细胞的分化, 由此推断黄芩苷对淋巴细胞分化可能具有一定的调节作用。黄芩苷对红细胞免疫黏附功能具有促进作用, 其作用与浓度和时间有关。体外实验也证实黄芩苷对小鼠红细胞C_3b受体花环形成的促进作用是该药对红细胞膜上的相应位点的直接作用, 可能是通过直接影响红细胞膜上的CR_1受体结构改变所引起。在细胞免疫方面, 黄芩苷对实验性心肌梗死大鼠模型的治疗结果显示, 治疗组大鼠的CD_4/CD_8值以及实验动物的生存率与对照组差异有显著性, 表明黄芩苷能明显改善缺血性心力衰竭的细胞免疫功能异常, 推测黄芩苷的免疫调节作用可能是保护缺血性心力衰竭的重要机制。

降低血压和利尿作用 麻醉犬静注黄芩苷10mg/kg, 血压稍降(约20%), 10min后尿量开始增加, 20min达最高(原尿量的2倍)。90min恢复, 静注20及30mg/kg, 效果更明显, 血压下降40%~50%, 持续4~5min, 尿量迅速增加, 10min达高峰(约原尿量3倍), 50min后逐渐恢复, 切断两侧迷走神经, 尿量仍增加, 但血压未见下降, 继而上升。慢性肾性高血压犬灌服黄芩浸剂1g/kg, 每日3次, 连续4星期, 可使血压下降, 心率变慢。

降血脂作用 灌服乙醇诱发的实验性大鼠脂肪肝和血脂质升高, 口服汉黄芩素每日100mg/kg, 连续8日, 可降低血清三酰甘油, 口服黄芩素或黄芩苷可降低肝中总胆固醇、游离胆固醇和三酰甘油; 黄芩素可增加血清高密度脂蛋白胆固醇。在体外, 100μg/ml汉黄芩素、黄芩素、黄芩苷均可抑制去甲肾上腺素对大鼠离体脂肪组织促进脂肪分解的作用。

对缺血再灌注损伤的保护作用 经股静脉注射黄芩苷能显著降低缺血再灌注模型大鼠心肌的脂质过氧化物丙二醛的含量,升高组织内的超氧化物歧化酶和谷胱甘肽过氧化物酶的活性,提示黄芩苷对再灌注损伤的心肌有保护作用,其机制可能与抗氧自由基引起的脂质过氧化反应有关。对糖尿病大鼠脑缺血再灌注损伤的保护研究结果还证实,黄芩苷能缩小糖尿病大鼠脑缺血再灌注损伤的脑梗死体积,减轻白细胞浸润程度,缺血区的髓过氧化物酶活性和细胞间黏附分子1(ICAM$_1$)mRNA的表达均显著降低,并推测其保护作用可能与抑制ICAM$_1$的表达,降低微血管通透性等有关。另一方面缺血再灌注损伤时细胞内的钙离子超载既是损害的结果,又是造成细胞进一步损害的重要原因。在神经胶质瘤大鼠模型的研究中发现,黄芩苷能明显降低由去甲肾上腺素诱导的神经胶质瘤细胞内高钙离子浓度水平,且作用的强弱存在效应剂量关系,进一步研究还发现黄芩苷的降钙机制可能与降低细胞膜磷脂酶C的活性有关。

抗血小板聚集和抗凝作用 在体外,黄芩素、汉黄芩素、木蝴蝶素A、黄芩黄酮Ⅱ和白杨素(1.0mmol/L)可抑制胶原产生的大鼠血小板聚集,白杨素也能抑制ADP产生的血小板聚集,对花生四烯酸产生的血小板聚集,黄芩素和汉黄芩素有抑制作用。黄芩素和黄芩苷还可抑制由凝血酶诱导的由纤维蛋白原向纤维蛋白的转变。

抗氧化作用 大鼠灌服汉黄芩素、黄芩素或黄芩苷100mg/kg,可使腹腔注射FeCl$_2$抗坏血酸-ADP混合物产生的脂质过氧化物减少;在体外,由FeCl$_2$抗坏血酸和NADPH-ADP产生的脂质过氧化物也有抑制作用;大鼠灌服黄芩苷每日100mg/kg,连续3日,对口服氧化植物油(菜子油、玉米油和豆油混合物)升高的天冬氨酸氨基转移酶和丙氨酸氨基转移酶有降低作用。黄芩苷对羟自由基的清除作用强于羟自由基特异性清除剂甘露醇。黄芩苷在体内容易与金属离子如Cu^{2+}、Zn^{2+}通过螯合作用形成金属螯合物黄芩苷铜、黄芩苷锌,对氧自由基的清除作用比黄芩苷单体强。黄芩苷还可明显降低由二甲基亚硝胺诱导的大鼠肝纤维化模型中肝脏线粒体脂质过氧化产物丙二醛(MDA)含量。

抗癌作用 黄芩醚提物在体外对白血病L$_{1210}$细胞有细胞毒反应,ED$_{50}$为10.4μg/ml,黄芩黄酮Ⅱ的ED$_{50}$为1.5μg/ml。黄芩茎叶总黄酮对LA$_{795}$瘤株的体内增殖具有显著的抑制作用。用黄芩苷分别对离体培养的雄性激素依赖和非雄性激素依赖的前列腺癌细胞株LNCapap、Du$_{145}$研究后发现,黄芩苷不仅能调节细胞周期,而且能够通过上调促进凋亡基因P$_{53}$、Bax,下调凋亡抑制基因bcl-2、bcl-6的表达,同时抑制肿瘤细胞的增殖而表现为抑制肿瘤的生长。在黄芩苷的保肝机制研究中发现不同浓度的黄芩苷对肿瘤坏死因子-α(TNF-α)诱导的大鼠肝细胞凋亡均有明显的抑制作用,浓度越低作用越明显。

其他作用 黄芩煎剂每日4g/kg可明显延缓白内障的发生。

体内过程　人口服黄芩苷2000mg，尿排泄速度峰时（Tc）：9h，尿排泄速度峰值（G）：6.6μg/h，肾排泄率：4%，t1/25.6h。人肌注黄芩苷500mg，Tc：0.75h，CT：28.88μg/h，肾排泄率：12.2%，t1/21.2h

毒性　小鼠腹腔注射黄芩苷LD_{50}为3081mg/kg，用药后动物俯伏不动，闭眼，翻正反射不消失，呼吸慢，因窒息、抽搐死亡，心脏仍在跳；家兔静注黄芩浸剂2g/kg，15min后镇静，30min后睡眠，8~12h后死亡。犬灌服黄芩浸剂有呕吐，灌服每日5g/kg黄芩浸剂，连续8星期，可使粪便稀软。

1.3　资源分布状况

生于海拔60~2000m的向阳干燥山坡、荒地上，常见于路边；分布于东北及河北、陕西、内蒙古、山东、河南、山西、甘肃等地。

1.4　生态习性

喜生于高山地或高原草原温凉、半湿润、半干旱环境。耐寒，地下部在-35℃仍能安全越冬，35℃高温不致枯死，但不能经受40℃以上连续高温。喜光，光饱和点为1302μmol/（m^2·s），光补偿点为101.5μmol/（m^2·s），净光合速率日变化呈双峰曲线状，有典型的光合"午休"现象。耐干旱，不耐积水，在植株花前营养生长期要进行1次补水，使土壤相对含水量达到50%；生殖生长阶段一般不需补水；花后营养生长阶段，以根系生长为主，要及时排水，防止根部腐烂。土壤以肥沃的壤土和砂质壤土为好，酸碱度以中性和微酸性为佳。适宜野生黄芩生长的气候条件为：年太阳总辐射量在26.3~36.3kJ/cm^2，年降水量要求在400~600mm，土壤要求中性或微酸性，并含有一定腐殖质层，以淡栗钙土和砂质壤土为宜。

1.5　栽培技术与采收加工

1.5.1　选地、整地

选择排水良好、阳光充足、土层深厚、肥沃的砂质土壤，地势低洼、排水不良、质地黏重的土壤不宜栽培。忌连作，最好实行3年以上轮作，前茬以马铃薯、油菜、豆类、禾本科作物为好。黄芩主根粗壮，需肥量较大，每亩施用腐熟厩肥2000~2500kg作基肥，深翻30cm左右，耙细整平。

1.5.2　繁殖方法

种子繁殖　①直播，直播黄芩根系直、根权少，商品外观品质好，同时省工，生产中最常应用。多于春季进行，一般在地下5cm地温稳定在12~15℃时播种，北方地区多在4月上中旬前后。可采用普通条播或大行距宽播幅的播种方式。普通条播一般按行距30~35cm开沟条播。大行距宽播幅播种，应按行距40~50cm，开深3cm左右、宽8~10cm，且沟底平的浅沟，将种子均匀撒入沟内，覆湿土1cm左右，并适当镇压。对于春季土壤水分不足，又无灌溉条件的旱地，应视当地土壤水分情况，播后采用地膜或碎草、树叶覆盖，确保适时出苗，实现全苗、齐苗、壮苗。普通条播每亩用种1kg左右；宽带撒播每亩用种1.5~2kg。为加快出苗，播前将种子用40~45℃温水浸泡5~6h或冷水浸泡10h左右，捞出放在20~25℃条件下保湿，待部分种子萌芽后即可播种。②育苗移栽，该法可节省种子，延长生长时间，利于确保全苗，但较为费工，同时主根较短，根权较多，商品外观品质差，一般在种子昂贵或旱地缺水直播难以出苗保苗时采用。具体方法：选择疏松肥沃、背风向阳、靠近水源的地块，每平方米均匀撒施7.5~15kg充分腐熟农家肥和25~30g磷酸二铵，拌肥整地作面宽120~130cm、埂宽50~60cm、长10m左右的平畦，3月底至4月初，在作好的畦内浇足水，水渗后按6~7.5g/m^{2}干种子均匀撒播，播后覆盖0.5~1cm厚的过筛粪土或细表土，并适时覆盖薄膜或碎草保温保湿。出苗后及时通风去膜或去除盖草，及时疏苗和拔除杂草，并视具体情况适当浇水和追肥。苗高7~10cm时，按行距40cm和每10cm交叉栽植2株的密度进行开沟栽植，栽后覆土压实并浇水，也可先开沟浇水，水渗后再栽苗覆土。旱地无灌水条件者应结合降雨栽植，育苗面积和大田移栽面积之比一般为1∶（20~30）。此外，也可于七八月份大田加大播种量育苗，翌年春季萌芽前栽植。

扦插繁殖 生产中很少采用。扦插成败的关键在于扦插季节和取条部位。扦插时间以春季5~6月份为佳，插条应选茎尖半木质化的幼嫩部位，扦插成活率可达90%以上。扦插基质用砂、砂掺蛭石或砂质壤土均可。扦插时，剪取茎端6~10cm长嫩茎作插条，将下部叶去掉，保留3~4片叶，按行株距10cm×5cm插于准备好的苗床，时间以阴天为好，忌晴天中午前后扦插，要随剪随插，保持插条新鲜，插后浇水，并搭荫棚（荫蔽度50%~80%）遮阴，每天早晚浇水，水量不宜过大。插后40~50天即可移栽大田，行株距30cm×15cm。

分株繁殖 在收获时进行。采收时选取高产优质植株，切取主根留作药用，根头部分供繁殖用。冬季采收者可将根头埋在窖内，第二年春天再分根栽种。若春季采挖，可随挖随栽。根据根头大小和自然形状，用刀劈成若干个单株，每个单株保留3~4个芽，按行株距30cm×20cm栽于大田。分株繁殖虽然生长快，但繁殖系数低。

1.5.3 田间管理

间苗、定苗 直播时，当幼苗长到4cm高时要间去过密和瘦弱的小苗，按株距10cm定苗。育苗地不必间苗。

中耕除草 幼苗出土后，应及时松土除草，并结合松土向幼苗四周适当培土，保持疏松、无杂草，一年需除草3~4次。

追肥 苗高10~15cm时，追施人畜粪水1500~2000kg/亩。6月底至7月初，每亩追施过磷酸钙20kg+尿素5kg，行间开沟施用，覆土后浇水1次。次年收获的植株待枯萎后，于行间开沟每亩追施腐熟厩肥2000kg、过磷酸钙20kg、尿素5kg、草木灰150kg, 然后覆土盖平。

灌溉排水 雨季注意排水, 田间不可积水, 否则易烂根。遇严重干旱时或追肥后, 可适当浇水。

摘除花蕾 在抽出花序前将花梗剪掉, 可减少养分消耗, 促使根系生长, 提高产量。

1.5.4 病虫害及其防治

病害及其防治 ①叶枯病, 高温多雨季节易发病, 主要为害叶片。防治方法: 秋后清理田间, 除尽带病的枯枝落叶; 发病初期喷洒1:1:10波尔多液, 或用50%多菌灵1000倍液喷雾, 每隔7~10日喷药1次, 连用2~3次; 实施轮作。②根腐病, 栽植2年以上者易发此病, 根部呈现黑褐色病斑以致腐烂、全株枯死。防治方法: 保持土壤排水良好, 或将畦面整成龟背形, 以利排水; 及早拔除病株烧毁, 病穴用石灰消毒; 清除枯枝落叶及杂草, 消灭过冬病源; 发病前或发病时用120倍波尔多液或65%~80%可湿性代森锰锌500~600倍液喷雾或浇灌, 每隔7~10日1次, 连续3~4次。③白粉病, 主要为害叶片, 田间湿度大时易发病。防治方法: 喷0.1~0.3波美度石硫合剂, 或50%托布津可湿性粉剂800倍液, 或50%代森铵600倍液。

虫害及其防治 ①黄芩舞蛾, 主要为害叶片。防治方法: 秋后清园, 处理枯枝落叶及残株; 发病期用90%敌百虫或40%乐果乳油喷雾。②菟丝子病, 缠绕茎秆, 吸取养分, 造成早期枯萎。防治方法: 播种前精细选种, 生长期发现菟丝子随时拔除, 喷洒生物农药鲁保1号灭杀。

2 生物学特性研究

2.1 奈曼地区栽培黄芩物候期

2.1.1 观测方法

从通辽奈曼旗蒙药材种植基地的栽培黄芩大田中, 选择10株生长良好、无病虫害的健壮植株编号挂牌, 作定位观测, 并记录。自2016年5月至2017年11月连续观测记录各定株物候出现的日期, 以10株平均期作为原始值。观测应具连续性, 不漏测任何一个物候期。观测时间和顺序固定, 开花期上午8:00~11:30, 晴天观测。观测部位以植株判断其物候期, 主茎受损时另选植株, 并注明。

2.1.2 物候期的划分

物候期的划分是根据栽培黄芩生长发育过程中不同时期植物生长发育特点, 并参考其他植物物候期的划分情况完成的。为了划分依据统一, 始、初期均以群体中植株出现开花或展叶或坐果5%~15%为标准, 盛、旺期以40%~60%为标准, 末期以80%~90%为标准。将黄芩的生育全过程分为播种期、出苗期、4~6叶期、分枝期、花蕾期、开花初期、盛花期、落花期、坐果初期、果实成熟期、枯萎期。出苗期为种子萌发后,幼苗露出地面2~3cm的时期;4~6叶期(伸长期)是叶生长的关键时期;分枝期是植株茎秆快速生长时期,其与伸长期基本同季,是植物营养生长高峰期;现蕾开花期是植株现蕾开花时期;坐果初期是黄芩开始坐果的时期;果实成熟期是整株植物结实及果实成熟的关键时期,其与现蕾开花期组成黄芩的生殖生长期;枯萎期是根据植株在夏末、秋初出现春发植株大量死亡现象而设置的一个生育时期;播种期是黄芩实际播种日期。

2.1.3 物候期观测结果

一年生黄芩播种期为5月23日,出苗期自6月12日起历时4天,4~6叶期为自6月中旬开始至6月末历时8天,分枝期共4天,花蕾期自8月4日起历时8天,开花初期为8月中旬至8月下旬历时8天,枯萎期历时17天。

二年生黄芩返青期为自5月初开始历时10天,分枝期共计14天。花蕾期自6月下旬至7月初共计12天,开花初期历时13天,盛花期20天,坐果初期22天,果实成熟期共计3天,枯萎期历时20天。

表9-1-1 黄芩物候期观测结果 (m/d)

年份 \ 时期	播种期	出苗期	4~6叶期	分枝期	花蕾期	开花初期
	二年返青期					
一年生	5/23	6/12~6/16	6/16~6/24	7/24~7/28	8/4~8/12	8/16~8/24
二年生	5/1~5/11		5/21~6/1	6/4~6/18	6/20~7/2	7/21~8/4

表9-1-2 黄芩物候期观测结果 (m/d)

年份 \ 时期	盛花期	落花期	坐果初期	果实成熟期	枯萎期
一年生	—	—	10/5~	—	10/15~11/2
二年生	8/12~9/2	9/10~9/15	9/8~9/30	9/30~10/2	10/12~11/2

2.2 形态特征观察研究

多年生草本,根茎肥厚,肉质,径达2cm,伸长而分枝。茎基部伏地,上升,高(15~)30~120cm,基部径2.5~3mm,钝四棱形,具细条纹,近无毛或被上曲至开展的微柔毛,绿色或带紫色,自基部多分枝。叶坚纸质,披针形至线状披针形,长1.5~4.5cm,宽(0.3~)0.5~1.2cm,顶端钝,基部圆形,全缘,上面暗绿色,无毛或疏被贴生至开展的微柔毛,下面色较淡,无毛或沿中脉疏被微柔毛,密被下陷的腺点,侧脉4对,与中脉上面下陷、下面凸出;叶柄短,长2mm,腹凹背凸,被微柔毛。总状花序在茎及枝上顶生,长7~15cm,常于茎顶聚成圆锥花序;花梗长3mm,与序轴均被微柔毛;苞片下部者似叶,上部者远较小,卵圆状披针形至披针形,长4~11mm,近于无毛。花萼开花时长4mm,盾片高1.5mm,外面密被微柔毛,萼缘被疏柔毛，内面无毛，果时花萼长5mm，有高4mm的盾片。花冠紫、紫红至蓝色，长2.3～3cm，外面密被具腺短柔毛，内面在囊状膨大处被短柔毛；冠筒近基部明显膝曲，中部径1.5mm，至喉部宽达6cm；冠檐2唇形，上唇盔状，先端微缺，下唇中裂片三角状卵圆形，宽7.5mm，两侧裂片向上唇靠合。雄蕊4，稍露出，前对较长，具半药，退化半药不明显，后对较短，具全药，药室裂口具白色髯毛，背部具泡状毛；花丝扁平，中部以下前对在内侧，后对在两侧被小疏柔毛。花柱细长，先端锐尖，微裂。花盘环状，高0.75mm，前方稍增大，后方延伸成极短子房柄。子房褐色，无毛。小坚果卵球形，高1.5mm，径1mm，黑褐色，具瘤，腹面近基部具果脐。花期7～8月，果期8～9月。

黄芩形态特征例图

图9-1   图9-2   图9-3

图9-4   图9-5   图9-6

2.3.2 黄芩营养器官生长动态

（1）黄芩地下部分生长动态 为掌握黄芩各种性状在不同生长时期的生长动态，分别在不同时期对黄芩的根长、根粗、侧根数、侧根长、侧根粗、根鲜重等性状进行了调查（表9-2、表9-3）。

表9-2 一年黄芩生地下部分生长情况

调查日期 （m/d）	根长 （cm）	根粗 （cm）	侧根数 （个）	侧根长 （cm）	侧根粗 （cm）	根鲜重 （g）
7/30	4.14	0.2085	—	—	0.1211	0.55
8/10	5.56	0.3603	—	—	0.1506	1.60
8/20	6.66	0.3925	1.4	4.59	0.1864	3.25
8/30	7.62	0.4255	1.8	6.45	0.2024	5.04
9/10	10.81	0.4652	3.0	7.87	0.2238	6.20
9/20	13.44	0.4904	4.9	8.79	0.2453	7.55
9/30	14.03	0.5905	5.7	10.45	0.2955	8.84
10/15	15.79	0.6879	6.5	12.04	0.3447	9.24

说明："—"无数据或未达到测量的数据要求。

表9-3 二年生黄芩地下部分生长情况

调查日期 （m/d）	根长 （cm）	根粗 （cm）	侧根数 （个）	侧根长 （cm）	侧根粗 （cm）	根鲜重 （g）
5/17	17.33	0.7594	5.1	8.86	0.3668	9.53
6/8	18.83	0.7915	5.5	10.61	0.3810	10.48
6/30	20	0.8589	5.7	12.70	0.4043	11.39
7/22	21.16	0.9123	5.8	13.45	0.4873	11.91
8/11	21.58	1.0122	6.0	14.08	0.5251	12.36
9/2	22.38	1.1431	6.3	16.39	0.548	13.35
9/24	23.29	1.2586	7.0	18.89	0.5821	14.06
10/16	25.24	1.3121	7.3	19.07	0.6041	15.19

一年生黄芩根长的变化动态 从图9-7可见，7月30日至10月15日根长基本上均呈稳定的增加趋势，说明黄芩在第一年里根长始终在增加。

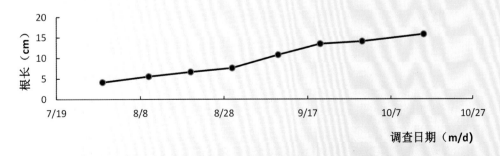

图9-7 一年生黄芩的根长变化

一年生黄芩根粗的变化动态　从图9-8可见，一年生黄芩的根粗从7月30日至10月15日均呈稳定的增长趋势。说明黄芩在第一年里根粗始终在增加，生长后期增速更快。

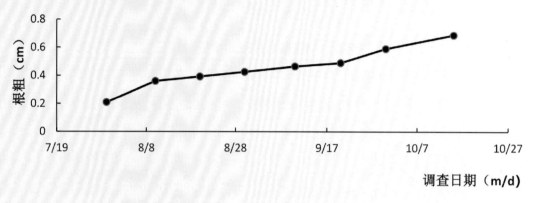

图9-8　一年生黄芩的根粗变化

一年生黄芩侧根数的变化动态　从图9-9可见，8月10日前，由于侧根太细，达不到调查标准，从8月10日至10月15日均呈稳定的增长趋势，其后侧根数的变化不大。

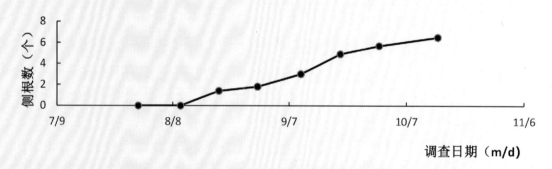

图9-9　一年生黄芩的侧根数变化

一年生黄芩侧根长的变化动态　从图9-10可见，8月10日前，由于侧根太细，达不到调查标准，从8月10日至10月15日侧根长均呈稳定的增长趋势。

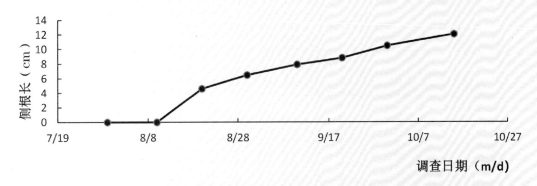

图9-10　一年生黄芩的侧根长变化

一年生黄芩侧根粗的变化动态　从图9-11可见，7月30日开始一直到10月15日侧根粗均呈稳定的增长趋势。

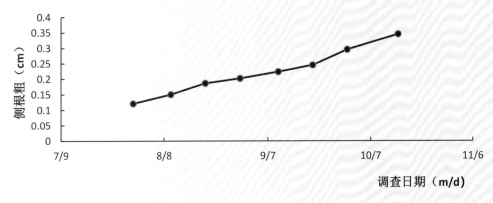

图9-11　一年生黄芩的侧根粗变化

一年生黄芩根鲜重的变化动态　从图9-12可见，根鲜重基本上均呈稳定的增长趋势，9月30日到10月15日生长速度慢一些。说明黄芩在第一年里生长前期根鲜重增长稍快。

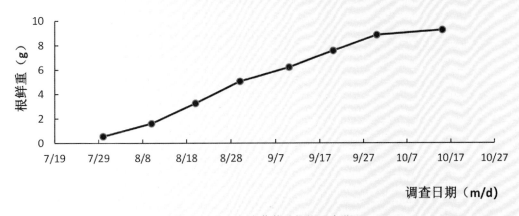

图9-12　一年生黄芩的根鲜重变化

二年生黄芩根长的变化动态　从图9-13可见，5月17日至10月16日根长均呈稳定的增加趋势。

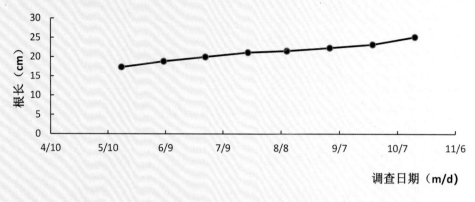

图9-13　二年生黄芩的根长变化

二年生黄芩根粗的变化动态　从图9-14可见，二年生黄芩的根粗从5月17日开始到10月16日始终处于增加的状态，而且后期（8月11日后）增速比前期稍快。

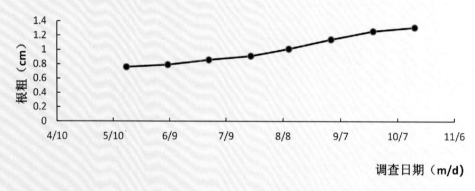

图9-14　二年生黄芩的根粗变化

二年生黄芩侧根数的变化动态　从图9-15可见，二年生黄芩的侧根数基本上呈逐渐增加的趋势，增加的高峰期是9月2日至10月16日，但是增加速度非常缓慢。

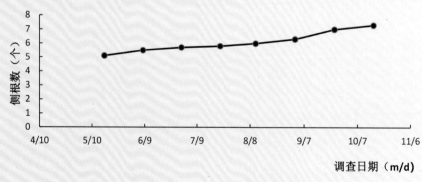

图9-15　二年生黄芩的侧根数变化

二年生黄芩侧根长的变化动态 从图9-16可见，5月17日至9月24日侧根长均呈稳定的增加趋势，但是9月24日之后进入了平稳期。

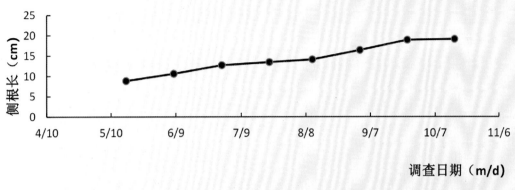

图9-16 二年生黄芩的侧根长变化

二年生黄芩侧根粗的变化动态 从图9-17可见，5月17日开始一直到10月16日侧根粗均呈稳定的增长趋势。

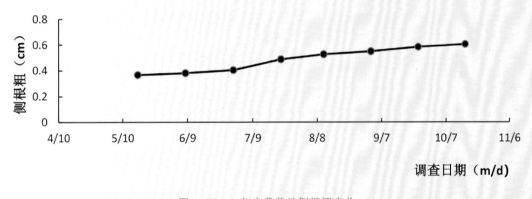

图9-17 二年生黄芩的侧根粗变化

二年生黄芩根鲜重的变化动态 从图9-18可见，5月17日至10月16日根鲜重变化趋于平稳，但是日益增长而且稳定。

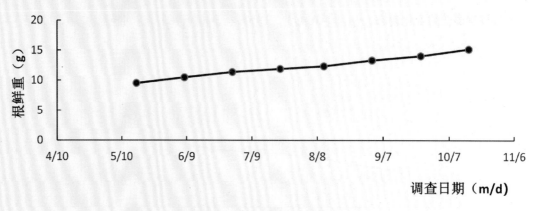

图9-18 二年生黄芩的根鲜重变化

　　(2)黄芩地上部分生长动态　为掌握黄芩各种性状在不同生长时期的生长动态,分别在不同时期对黄芩的株高、叶数、分枝数、茎鲜、叶鲜重等性状进行了调查(见表9-4、9-5)。

表9-4　一年生黄芩地上部分生长情况

调查日期 (m/d)	株高 (cm)	叶数 (个)	分枝数 (个)	茎粗 (cm)	茎鲜重 (g)	叶鲜重 (g)
7/25	5.66	10.3	—	0.1470	0.52	1.39
8/12	14.38	56.5	2.4	0.1833	1.92	2.2
8/20	21.82	83.7	3.8	0.2316	3.40	2.84
8/30	25.74	102.7	6.3	0.2671	4.98	3.16
9/10	28.75	132.4	6.9	0.2977	5.58	3.65
9/21	35.29	135.5	7.7	0.3364	6.12	3.89
9/30	36.28	110.0	8.2	0.3978	5.95	2.09
10/15	36.56	63.6	9.8	0.4209	5.71	0.51

说明:"—"无数据或未达到测量的数据要求。

表9-5　二年生黄芩地上部分生长情况

调查日期 (月/日)	株高 (cm)	叶数 (个)	分枝数 (个)	茎粗 (cm)	茎鲜重 (g)	叶鲜重 (g)
5月14日	10.59	63.5	—	0.1483	2.50	1.27
6月8日	35.17	157.9	5.0	0.2613	10.11	10.73
7月1日	56.0	233.1	7.0	0.3156	23.55	16.63
7月23日	63.28	361.1	7.6	0.3564	28.09	23.43
8月10日	66.17	405.3	7.9	0.3871	30.36	33.43
9月2日	69.38	415.7	8.3	0.4127	32.68	30.97
9月24日	71.41	259.5	9.5	0.4203	25.56	17.64
10月18日	72.26	168.6	10.1	0.5295	9.93	6.59

说明:"—"无数据或未达到测量的数据要求。

一年生黄芩株高的生长变化动态 从图9-19可见,7月25日至9月21日株高逐渐增加,9月21日之后一年生黄芩的株高停止生长。

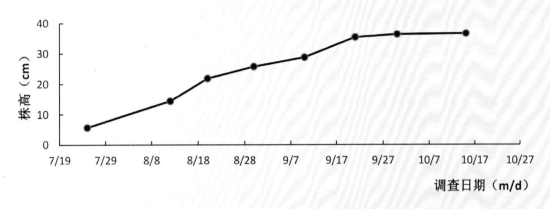

图9-19 一年生黄芩的株高变化

一年生黄芩叶数的生长变化动态 从图9-20可见,7月25日至9月10日是叶数增长时期,9月10日至9月21日叶数进入稳定状态,之后从9月21日缓慢减少,说明这一时期黄芩下部叶片在枯死、脱落,所以叶数在减少。

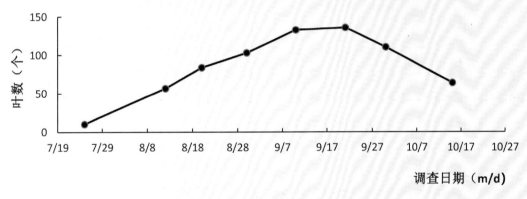

图9-20 一年生黄芩的叶数变化

一年生黄芩在不同生长时期分枝数的变化动态 从图9-21可见,从7月25日至10月15日分枝数均呈稳定的增长趋势。

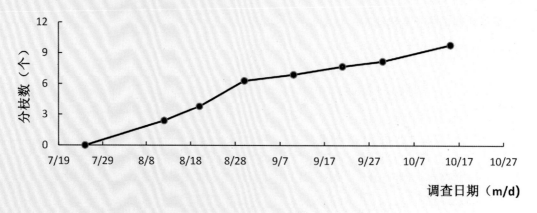

图9-21　一年生黄芩的分枝数变化

一年生黄芩茎粗的生长变化动态　从图9-22可见，7月25日至10月15日茎粗均呈稳定的增长趋势。

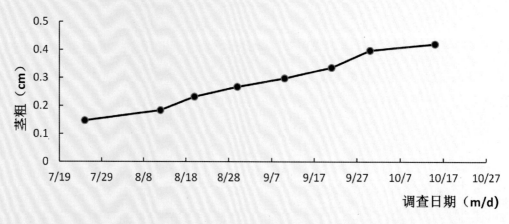

图9-22　一年生黄芩的茎粗变化

一年生黄芩茎鲜重的变化动态　从图9-23可见，7月25日至9月21日是茎鲜重缓慢增长期，9月21日之后茎鲜重开始非常缓慢地降低，这可能是由于生长后期茎逐渐脱落和茎逐渐干枯所致。

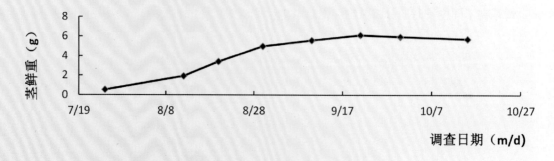

图9-23　一年生黄芩的茎鲜重变化

一年生黄芩叶鲜重的变化动态　从图9-24可见，7月25日至9月21日是叶鲜重快速增加期，9月21日之后叶鲜重开始大幅降低，这可能是由于生长后期叶片逐渐脱落和叶逐渐干枯所致。

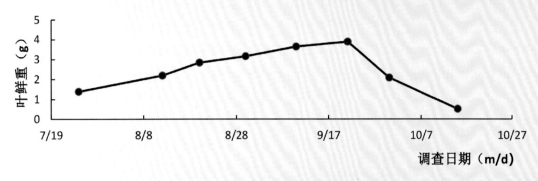

图9-24　一年生黄芩的叶鲜重变化

二年生黄芩株高的生长变化动态　从图9-25中可见，5月14日至7月1日是株高增长速度最快的时期，7月1日至9月2日株高增长非常缓慢，之后进入了平稳增长时期。

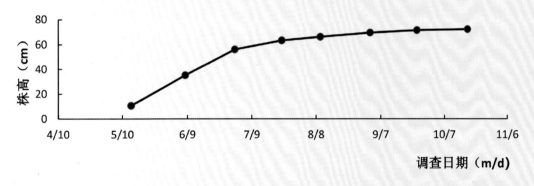

图9-25　二年生黄芩的株高变化

二年生黄芩叶数的生长变化动态　从图9-26可见，5月14日至8月10日是叶数增加最快的时期，其后叶数进入稳定时期，从9月2日开始叶数大幅度下降，说明这一时期黄芩下部叶片在枯死、脱落，所以叶数在减少。

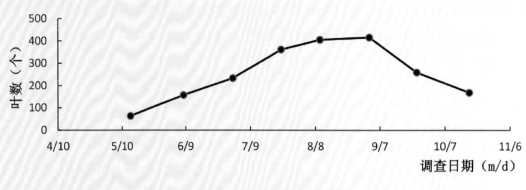

图9-26 二年生黄芩的叶数变化

二年生黄芩在不同生长时期分枝数的变化情况 从图9-27可见,5月14日至6月8日是分枝数快速增长期,6月8日至10月18日分枝数呈现非常缓慢增长和平稳趋势。

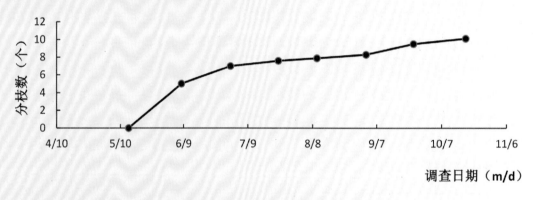

图9-27 二年生黄芩的分枝数变化

二年生黄芩茎粗的生长变化动态 从图9-28中可见,5月14日至10月18日茎粗均呈稳定的增长趋势。

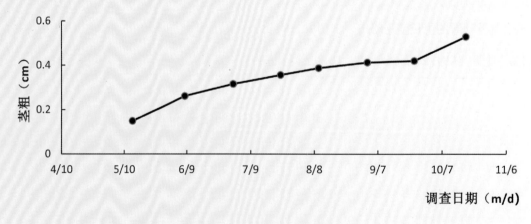

图9-28 二年生黄芩的茎粗变化

二年生黄芩茎鲜重的变化动态　从图9-29可见，5月14日至9月2日茎鲜重均在增加，但是生长前期增加稍快，9月2日之后茎鲜重开始大幅降低，这可能是由于生长后期茎逐渐干枯和脱落所致。

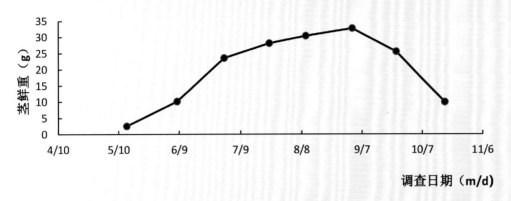

图9-29　二年生黄芩的茎鲜重变化

二年生黄芩叶鲜重的变化动态　从图9-30可见，5月14日至8月10日是黄芩叶鲜重快速增加期，在8月10日至9月2日叶鲜重缓慢下降，其后叶鲜重开始大幅降低，这是由于生长后期叶片逐渐脱落和叶片逐渐干枯所致。

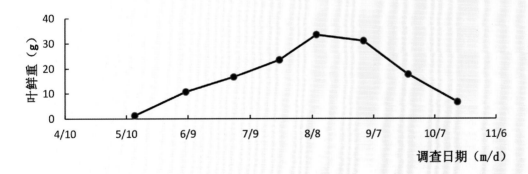

图9-30　二年生黄芩的叶鲜重变化

（3）黄芩单株生长图

一年生黄芩生长图

图9-31

图9-32

图9-33

图9-34

图9-35   图9-36

二年生黄芩生长图

图9-37   图9-38

图9-39

图9-40

图9-41

图9-42

2.3.2 不同时期的根和地上部的关系

为掌握黄芩各种性状在不同生长时期的生长动态,分别在不同时期从黄芩的每个种植小区随机取样10株,将取样所得的黄芩从茎基部剪下,根、冠分离,去除杂物,将根、冠分别在105℃下杀青30分钟后60℃恒温2天(或2天以上干燥为止),然后放入干燥器中冷却,用1/10000的天平测量质量,以二者的比值为根冠比。

表9-6 一年生黄芩不同时期的根和地上部的关系

调查日期(m/d)	7/25	8/12	8/20	8/30	9/10	9/21	9/30	10/15
根冠比	0.3407	0.6159	0.6202	0.8653	0.9676	0.7976	1.1678	1.1226

从表9-6可见,一年生黄芩幼苗期根系与枝叶的生长速度有显著差异,幼苗出土初期根冠比为0.3407:1,地上部分生长占优势。之后黄芩地下部分生长逐渐旺盛,到枯萎期根冠比为1.1226:1。

表9-7 二年生黄芩不同时期的根和地上部的关系

调查日期(m/d)	5/14	6/8	7/1	7/23	8/10	9/2	9/24	10/18
根冠比	6.2773	0.9092	0.4114	0.3802	0.2356	0.3549	0.9386	2.4242

从表9-7可见,二年生黄芩幼苗期根系与枝叶的生长速度有显著差异,根冠比基本在6.2773:1,表现为幼苗出土初期,根系生长占优势。6月份开始,由于地上部分光合能力增强,枝叶生长加速,其生长总量逐渐接近地下部。8月份根冠比相应减小为0.2356:1,地上部生长特别旺盛,到枯萎期根冠比为2.4242:1。

2.3.3 黄芩不同生长期干物质积累

本实验共设计3个小区。每小区取样10株,分别取营养幼苗期、营养生长期、开花期、果实期、枯萎期等5个时期的黄芩的全株,每穴以植株为中心,取长16~25cm、宽16~25cm、深20~40cm的土块,先用清水冲洗干净,注意避免丢失根量,用滤纸吸干附着的水分,然后将植株按根、茎、叶、花和果实部位装袋,于105℃杀青30min,60℃烘至恒重,测定干物质量,并折算为公顷干物质积累量。

表 9-8 一年生黄芩各部器官总干物质重变化(kg/hm²)

调查期	根	茎	叶	花	果
幼苗期	104.00	130.00	124.80	—	—
营养生长期	426.40	275.60	436.80	—	—
开花期	624.00	374.40	447.20	120.00	—
果实期	1476.80	1097.20	504.40	52.00	140.40
枯萎期	1627.60	1003.60	338.00	—	—

说明:"—"无数据或未达到测量的数据要求。

从黄芩干物质积累与分配平均数据（如表9-8所示）可以看出，在不同时期地上、地下部分各营养器官的干物质量随黄芩的生长不断增加。在幼苗期根、茎、叶为104.00kg/hm²、130.00kg/hm²、124.80kg/hm²；进入营养生长期根、茎、叶具有增加的趋势，其根、茎、叶干物质总量依次为426.40kg/hm²、275.60kg/hm²和436.80kg/hm²。进入开花期根、茎、叶、花具有增加的趋势，其根、茎、叶、花干物质总量依次为624.00kg/hm²、374.40kg/hm²、447.20kg/hm²和120.00kg/hm²；进入果实期根、茎、叶、花和果干物质总量依次为1476.80kg/hm²、1097.20kg/hm²、504.40kg/hm²、52.00kg/hm²和140.40kg/hm²，其中根和茎增加较快。进入枯萎期根、茎、叶干物质总量依次为1627.60kg/hm²、1003.60kg/hm²、338.00kg/hm²，其中根增加较快，茎和叶仍然具有下降的趋势，即进入枯萎期。

表9-9　二年生黄芩各部器官总干物质重变化（kg/hm²）

调查期	根	茎	叶	花	果
幼苗期	1908.40	228.80	187.20	—	—
营养生长期	2132.00	2329.60	3723.20	—	—
开花期	2220.40	3296.80	4232.80	436.80	—
果实期	2652.00	4222.40	2251.60		655.20
枯萎期	3016.00	4206.80	1185.60	—	748.80

说明："—"无数据或未达到测量的数据要求。

从黄芩干物质积累与分配平均数据（如表9-9所示）可以看出，在不同时期均表现地上、地下部分各营养器官的干物质量随黄芩的生长不断增加。在幼苗期根、茎、叶为1908.40kg/hm²、228.80kg/hm²、187.20kg/hm²；进入营养生长期根、茎、叶具有增加的趋势，其根、茎、叶干物质总量依次为2132.00kg/hm²、2329.60kg/hm²和3723.200kg/hm²，其中茎和叶增加较快。进入开花期根、茎、叶、花具有增加的趋势，其根、茎、叶、花干物质总量依次为2220.40kg/hm²、3296.80kg/hm²、4232.80kg/hm²和436.80kg/hm²，其中茎、花增加特别快；进入果实期根、茎、叶和果干物质总量依次为2652.00kg/hm²、4222.40kg/hm²、2251.60kg/hm²、655.20kg/hm²。进入枯萎期根、茎、叶和果干物质总量依次为3016.00kg/hm²、4206.80kg/hm²、1185.60kg/hm²、748.80kg/hm²，茎和叶仍然具有下降的趋势，即进入枯萎期。

2.4 生理指标

2.4.1 叶绿素

叶片中叶绿素含量是反应植物光合能力的一个重要指标，如图9-43所示，黄芩8月27日至10月11日叶绿素含量一直呈上升趋势，到采收期光合能力已开始下降。

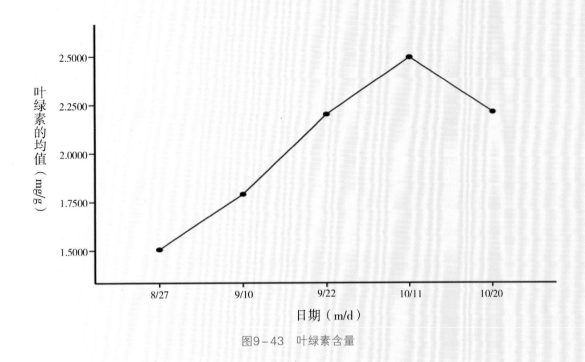

图9-43 叶绿素含量

2.4.2 可溶性多糖

黄芩叶片中可溶性多糖含量变化趋势如图9-44所示，8月27日至10月11日呈显著下降趋势，此时期黄芩地下部分快速生长，养分向地下转移，在10月11日以后到采收期出现回升，此时地上部分开始枯萎，越冬植物体内的可溶性多糖含量增加，以增加抗冻能力。

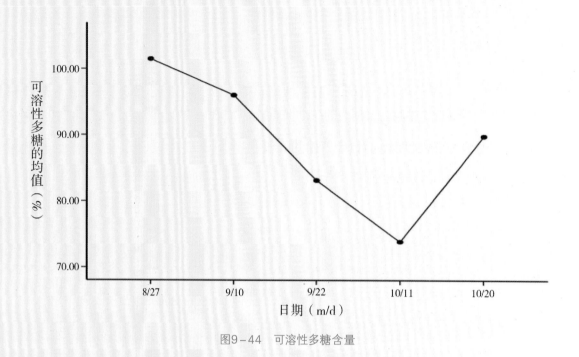

图9-44　可溶性多糖含量

2.4.3　可溶性蛋白

可溶性蛋白是重要的渗透调节物质和营养物质，如图9-45所示，8月27日至10月11日可溶性蛋白含量变化幅度不大，随后到采收期骤然上升，植物对逆境做出反应，植物在低温胁迫下，细胞内渗透调节物质代谢的水平和途径发生一系列适应性和抵抗性变化。

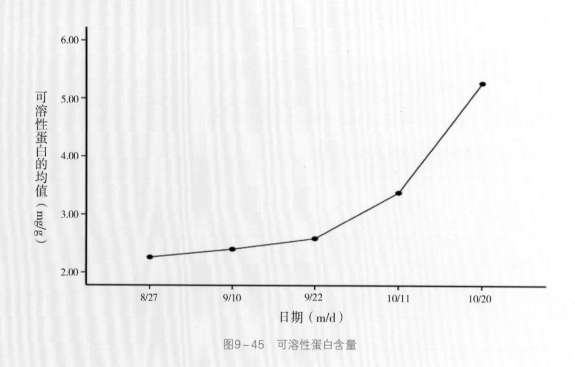

图9-45　可溶性蛋白含量

3 药材质量评价研究

3.1 药材粉末鉴定鉴别

粉末深黄色,气微,味苦。韧皮纤维较多,单个散在或2至数个成束,或与薄壁细胞连结,微黄色。呈梭形,有的稍弯曲,两端尖或斜尖,有的钝圆,长51~200μm,稀至271μm,直径9~33μm,壁甚厚,木质化,孔沟明显。石细胞较多,单个散在或2~3个成群,淡黄色。呈类方形、类圆形、椭圆形、类三角形、类多角形、纺锤形或不规则形,直径24~48μm,长约至85μm,稀至160μm,壁较厚或甚厚,约至24μm,孔沟有分叉。偶见黄棕色的石细胞,系存在于木栓组织中,呈类圆形,直径约66μm。导管主要为网纹导管,也有具缘纹孔及环纹导管,直径24~72μm,导管分子较短,有的长仅56μm,端壁倾斜,常延长成尾状。有的导管扭曲。纺锤形木薄壁细胞常伴于导管旁,壁稍厚,非木质化,胞中部有横隔。木纤维较细长,直径约17μm,壁厚约34μm,微木质化,有斜纹孔,并有具缘纹孔,纹孔口线形或相交成人字形、十字形。韧薄壁细胞呈纺锤形或长圆形,壁连珠状增厚,中部有菲薄微弯曲的横隔。淀粉粒为单粒圆球形、类圆形或长圆形,点状或裂缝状,复粒少,由2~3分粒组成。木细胞少见,淡黄棕色。表面观呈类多角形或稍狭长,壁较薄,微木质化。

3.2 常规检查研究(参照《中国药典》〈2015年版〉)

3.2.1 常规检查测定方法

水分 取供试品2~5g,平铺于干燥至恒重的扁形称量瓶中,厚度不超过5mm,疏松供试品不超过10mm,精密称定,开启瓶盖在100~105℃干燥5h,将瓶盖盖好,移置干燥器中,放冷30min,精密称定,再在上述温度干燥1h,放冷,称重,至连续两次称重的差异不超过5mg为止。根据减失的重量,计算供试品中含水量(%)。

本法适用于不含或少含挥发性成分的药品。

$$水分(\%) = \frac{W_1 + W_2 - W_3}{W_1} \times 100\%$$

式中W_1为供试品的重量(g),W_2为称量瓶恒重的重量(g),W_3为(称量瓶+供试品)干燥至连续两次称重的差异不超过5mg后的重量(g)。试验所得数据用Microsoft Excel 2013进行整理计算。

灰分 测定用的供试品粉碎,使能通过二号筛,混合均匀后,取供试品2~3g(如测定酸不溶性灰分,可取供试品3~5g),置炽灼至恒重的坩埚中,称定重量(准确至0.01g),缓缓炽热,注意避免燃烧,至完全炭化时,逐渐升高温度至500~600℃,使完全灰化并至恒重。根据残渣重量,计算供试品中总灰分的含量(%)。

如供试品不易灰化,可将坩埚放冷,加热水或10%硝酸铵溶液2ml,使残渣湿润,然后置水浴上蒸干,残渣照前法炽灼,至坩埚内容物完全灰化。

$$总灰分(\%)=\frac{M_2-M_1}{M_3-M_1}\times100\%$$

式中M_1:坩埚重量(g);M_2:坩埚+灰分重量(g);M_3:坩埚+样品重量(g)。试验所得数据用Microsoft Excel 2013进行整理计算。

浸出物 醇溶性热浸法:取供试品2~4g,精密称定,置100~250ml的锥形瓶中,精密加水50~100ml,密塞,称定重量,静置1h后,连接回流冷凝管,加热至沸腾,并保持微沸1h。放冷后,取下锥形瓶,密塞,再称定重量,用水补足减失的重量,摇匀,用干燥滤器滤过,精密量取滤液25ml,置已干燥至恒重的蒸发皿中,在水浴上蒸干后,于105℃干燥3h,置干燥器中冷却30min,迅速精密称定重量。除另有规定外,以干燥品计算供试品中水溶性浸出物的含量(%)。

$$浸出物(\%)=\frac{(浸出物及蒸发皿重-蒸发皿重)\times加水(或乙醇)体积}{供试品的重量\times量取滤液的体积}\times100\%$$

$$RSD(\%)=\frac{标准偏差}{平均值}\times100\%$$

3.2.2 结果与分析

水分 参照《中国药典》2015年版四部(第103页)第二法(烘干法)测定。取上述采集的黄芩药材样品,测定并计算黄芩样品中含水量(质量分数,%),平均值为6.16%,所测数值计算RSD≤0.96%,在《中国药典》(2015年版,一部)黄芩项下要求水分不得过12.0%,本药材符合药典规定要求(见表9-10)。

总灰分 参照《中国药典》2015年版四部(第202页)灰分测定法测定。取上述采集的黄芩药材样品,测定并计算黄芩样品中总灰分含量(%),平均值为4.11%,所测数值计算RSD≤5.62%,在《中国药典》(2015年版,一部)黄芩项下要求总灰分不得过6.0%,本药材符合药典规定要求(见表9-10)。

浸出物 参照《中国药典》2015年版四部(第202页)醇溶性浸出物测定法(热浸法)测定。取上述采集的黄芩药材样品,测定并计算黄芩样品中含水量(质量分数,%),平均值为47.54%,所测数值计算RSD≤0.99%,在《中国药典》(2015年版,一部)黄芩项下要求浸出物不得少于40%,本药材符合药典规定要求(见表9-10)。

表9-10 黄芩药材样品中水分、总灰分、浸出物含量

测定项	平均（%）	RSD（%）
水分	6.16	0.96
总灰分	4.11	5.62
浸出物	47.54	0.99

本实验研究依据《中国药典》（2015年版，一部）黄芩药材项下内容，根据奈曼产地黄芩药材的实验测定，结果蒙药黄芩样品水分、总灰分、浸出物的平均含量分别为6.16%、4.11%、47.54%，符合《中国药典》规定要求。

3.3 不同产地黄芩中的黄芩苷含量测定

3.3.1 实验设备、药材、试剂

仪器、设备 Agilent Technologies-1260Infinity型高效液相色谱仪，SQP型电子天平（赛多利斯科学仪器（北京）有限公司），KQ-600DB型数控超声波清洗器（昆山市超声仪器有限公司），HWS26型电热恒温水浴锅。Millipore-超纯水机。

实验药材（表9-11）

表9-11 黄芩供试药材来源

编号	采集地点	采集日期	采集经度	采集纬度
1	内蒙古自治区通辽市科尔沁左翼中旗敖包乡（栽培）	2017-09-06	122° 5′ 2″	43° 49′ 1″
2	内蒙古自治区通辽市扎鲁特旗（特金罕山野生）	2017-09-09	119° 48′ 15″	45° 9′ 16″
3	内蒙古自治区通辽市库伦旗库伦街道哈达图街风水山庄（野生）	2017-09-20	121° 43′ 2″	43° 49′ 31″
4	内蒙古自治区通辽市奈曼旗沙日浩来镇（基地）	2017-10-03	120° 44′ 31″	42° 33′ 40″
5	陕西（市场）	2017-10-14	115° 17′ 44″	38° 21′ 27″
6	赤峰市牛营子镇（野生）	2017-10-15		
7	赤峰市牛营子镇（基地）	2017-10-17	118° 47′ 28″	42° 6′ 48″
8	内蒙古自治区通辽市奈曼旗昂乃（基地）	2017-10-21	120° 42′ 10″	42° 45′ 19″

对照品 黄芩苷（自国家食品药品监督管理总局采购，编号：21967-41-9）。

试剂 甲醇（色谱纯）、水、磷酸。

3.3.2 溶剂的配制

色谱条件与系统适用性试验 以十八烷基硅烷键合硅胶为填充剂，以甲醇-水-磷酸（47∶53∶0.2）为流

动相,检测波长为280nm。理论板数按黄芩苷峰计算应不低于2500。

对照品溶液的制备 取在60℃减压干燥4h的黄芩苷对照品适量,精密称定,加甲醇制成每1ml含60μg的溶液,即得。

供试品溶液的制备 取本品中粉约0.3g,精密称定,加70%乙醇40ml,加热回流3h,放冷,滤过,滤液置100ml量瓶中,用少量70%乙醇分次洗涤容器和残渣,洗液滤入同一量瓶中,加70%乙醇至刻度,摇匀。精密量取1ml,置10ml量瓶中,加甲醇至刻度,摇匀,即得。

测定法 分别精密吸取对照品溶液与供试品溶液各10μl,注入液相色谱仪,测定,即得。

本品按干燥品计算,含黄芩苷($C_{21}H_{18}O_{11}$)不得少于9.0%。

3.3.3 实验操作

线性与范围 分别精密吸取黄芩苷对照品溶液2μl、6μl、10μl、14μl、18μl,注入液相色谱仪,测定其峰面积值。并以进样量C(x)对峰面积值A(y)进行线性回归,标准曲线回归方程:$y=500000x+124967$,相关系数$R=0.9991$。表明黄芩苷的取样量在0.12~1.08μg范围内,线性关系良好(见表9–12、图9–46)。

表9–12 线性关系考察结果

C(μg)	0.120	0.360	0.600	0.840	1.080
A	711836	1983849	3273042	4553314	5643311

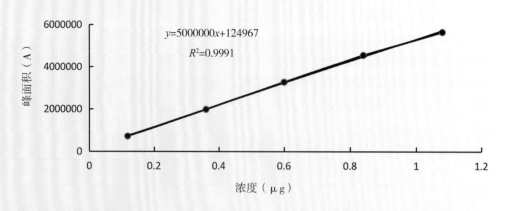

图9–46 黄芩苷对照品的标准曲线图

3.3.4 样品测定

取黄芩样品约0.3g,精密称定,分别按3.3.2项下的方法制备供试品溶液,精密吸取供试品溶液10μl,分别注入液相色谱仪;测定,并计算干燥品含量,结果见表9–13。

表 9-13　黄芩样品含量测定结果

样品批号	n	样品（g）	黄芩苷含量（%）	平均值（%）	RSD（%）
	1	0.3005	13.86		
20170906	2	0.3005	14.58	14.58	4.06
	3	0.3005	15.03		
	1	0.3009	11.37		
20170909	2	0.3009	12.49	12.49	6.11
	3	0.3009	12.83		
	1	0.3004	8.93		
20170920	2	0.3004	8.95	8.95	0.57
	3	0.3004	9.02		
	1	0.3009	10.20		
20171003	2	0.3009	10.49	10.49	1.68
	3	0.3009	10.52		
	1	0.3002	14.90		
20171014	2	0.3002	14.93	14.93	0.10
	3	0.3002	14.91		
	1	0.3004	10.71		
20171015	2	0.3004	10.93	10.93	1.08
	3	0.3004	10.90		
	1	0.3005	16.17		
20171017	2	0.3005	16.18	16.18	1.37
	3	0.3005	15.79		
	1	0.3006	20.47		
20171021	2	0.3006	20.64	20.64	2.45
	3	0.3006	21.42		

3.3.5　结论

按照2015年版《中国药典》中黄芩含量测定方法测定，结果奈曼基地的黄芩中黄芩苷的含量符合《中国药典》规定要求。

4　经济效益分析

4.1　市场前景分析

黄芩为传统常用大宗中药材，用途广泛，用量较大，常用于中成药、中药提取物、中药饮片和出口等。目前市场黄芩主要以家种供应为主，占供给的90%以上，野生黄芩供应量较少。

黄芩受淡季影响，近阶段货源走动有所减弱，山西统货稳定在20元/千克左右，甘肃货15～16元/千克。该品今年可采挖面积不大，甘肃产区又遭遇严重干旱，加之库存降至近年来最低点，目前黄芩行情处于较大幅度上涨后相对平稳的价格运行阶段，预计未来黄芩市场价稳定或稳中见涨。

4.2　投资预算

黄芩种子　市场价每千克220元，参考奈曼当地情况，每亩地用种子2kg，合计为440元。

种前整地和播种　包括施底肥、灌溉、犁地、耙地和播种，底肥包括1000kg有机肥，50kg复合肥，其中有机肥每吨120元，复合肥每袋120元，灌溉一次需要50元，犁、耙、播种一亩地各需要50元，以上共计需要费用440元。

田间管理　整个生长周期抗病除草需要10次，每次人工成本加药物成本约100元，合计约1000元。灌溉8次，费用400元。追施复合肥每亩50kg，叶面喷施叶面肥2次，成本约200元。综上，黄芩田间管理成本为1600元。

采收与加工　收获成本（机械燃油费和人工费）每亩约需400元。

合计成本　440+440+1600+400=2880元

4.3　产量与收益

按照2018年市场价格，黄芩21～28元/千克，每亩地平均可产200～350kg。由于黄芩是两年生，按最高产量和最高价计算收益为：（9800-2880）/2=3460元/（亩·年）。

蒲公英

TARAXACIHERBA

蒙药材蒲公英为菊科植物蒲公英*Taraxacummongolicum* Hand.–Mazz.的干燥全草。

1 蒲公英的研究概况

1.2 化学成分及药理作用

1.2.1 化学成分

蒲公英全草含蒲公英甾醇（taraxasterol），胆碱（choline），菊糖（inulin），果胶（pectin），芹菜素（apigenin），芹菜素–7–O–葡萄糖苷（apigenin–7–O–glucoside），芸香苷（rutinoside），胡萝卜苷（daucosterol），伪蒲公英甾醇棕榈酸酯（ψ–taraxasterol palmitate），伪蒲公英甾醇乙酸乙酯（ψ–taraxasterol acetate）；蒲公英含的挥发油有正己醇（n–hexanol），3–正己烯–1–醇（3–hexen–1–ol），2–呋喃甲醛（2–furancarboxaldehyde），樟脑（camphor），苯甲醇（benzaldehyde），正辛醇（n–octanol），3，5–正辛烯–2–酮（3，5–octadien–2–one），反式石竹烯（trans–caryophyllene），正十四烷（n–tetradecane），萘（naphthalene），β–紫罗兰醇（β–Ionone），正十五烷（n–pentadecane），正二十一烷（n–heneicosane），正十八烷（n–octadecane），α–雪松醇（α–cedrol）；碱地蒲公英含咖啡酸，阿魏酸（ferulic acid），绿原酸，木樨草酸素（luteolin），香叶木素（diosmetin），伪蒲公英甾醇棕榈酸酯，伪蒲公英甾醇乙酸乙酯。东北蒲公英含β–谷甾醇，香草醛（vanillin），3–乙酰伪蒲公英甾醇（3–acetyl pseudotaraxasterol）。

1.2.2 药理作用

抗病原微生物作用 蒲公英水煎液对金黄色葡萄球菌、大肠杆菌、铜绿假单胞菌、弗氏痢疾杆菌、副伤寒甲型杆菌、白色念珠球菌、牛型布氏杆菌有一定的抑制作用。100%蒲公英煎剂纸片法试验对伤寒杆菌有抑制作用，蒲公英提取物的1/100、1/200、1/400浓度，试管法试验，对人型结核杆菌（$H_{37}RV$）有抑制作用。

其提取液在一定浓度下可杀死钩端螺旋体。蒲公英水浸剂对堇色毛癣菌、同心性癣菌、许兰黄癣菌、奥杜益小芽孢癣菌、铁锈色小芽孢癣菌、羊毛样小芽孢癣菌、石膏样小芽孢癣菌、腹股沟表皮癣菌、红色表皮癣菌、星形奴卡菌等均有抑杀作用。但水煎液对各种致病性皮肤癣菌无抗菌作用。蒲公英煎剂及95%乙醇提取液均以10mg/ml浓度经管外用药,对I型单纯疱疹病毒(HSVI)原代人胚肌皮单层细胞培养方法试验,表明有抗单纯疱疹病毒的作用。

抗内毒素作用 蒲公英提取液中加入内毒素,相互作用后测得内毒素的活性降低,其减毒倍数为9.3。

抗肿瘤作用 蒲公英热水提取物以30mg/kg、40mg/kg腹腔注射,于小鼠艾氏腹水癌(EAC)和小鼠MM$_{46}$瘤细胞接种后期给药11～20日,每日连续给药10日,或隔日给药10次,均有抗肿瘤作用,但是对早期给药(第一至第十日)EAC和MM$_{46}$两种肿瘤均无效;40mg/kg、160mg/kg腹腔注射,对抗体依赖巨噬细胞中介肿瘤细胞破坏效应有激活作用。对小鼠后足掌注射EAC、MM$_{46}$肿瘤细胞引起的迟发型超敏反应有促进作用。因此,认为蒲公英的抗肿瘤作用机制是类似于抗癌多糖类,如香菇多糖的作用机制。蒲公英根有抗癌作用,其甲醇提取物和水提取物50μg/丙酮0.1ml,局部皮肤应用,连续用20星期,对二甲基苯蒽(DMBA)、佛波酯(TPA)所致小鼠皮肤乳头状瘤有抑制作用;水提物360μg/丙酮0.1ml,局部皮肤应用,连续用20星期,对DMBA+FumonishB$_1$所致小鼠皮肤乳头状瘤有抑制作用;水提物960μg/丙酮0.1ml,局部应用,对(±)(E)methyl-21(E)hydroxyimminol-5-nitro-6-methoxy-3-hex-enamide(NOR1)+TPA所致小鼠皮肤乳头状瘤有抑制作用;蒲公英根甲醇提取物10μg/ml、100μg/ml,对TPA激活EB病毒早期抗原(EBVEA)有抑制作用,抑制率分别为45%及100%;水提物也有类似作用。经实验研究,蒲公英根中的抗致癌成分主要为蒲公英甾醇及蒲公英赛醇。蒲公英中提取的多糖(Tof-CFr),以40mg/kg、60mg/kg腹腔注射给予接种MM$_{46}$肿瘤细胞的C$_3$H小鼠,前期给药未见作用,但11～20日和2～20日的后期隔日给药则有效。

抗胃溃疡作用 蒲公英醇沉水煎剂3g/kg、10g/kg腹腔注射,对清醒大鼠胃酸分泌有抑制作用,在麻醉大鼠用pH4盐酸生理盐水胃灌流实验,蒲公英有明显抑制组胺、五肽胃泌素及氨甲酰胆碱诱导的胃酸分泌作用。蒲公英水煎剂对大鼠应激性溃疡有明显的保护作用,能明显减轻大鼠胃黏膜损害,使溃疡发生率和溃疡指数明显下降。对大鼠幽门结扎性胃溃疡和无水乙醇损伤大鼠胃黏膜均有明显的保护作用。

利胆及保肝作用 蒲公英注射液15g(生药)/kg或蒲公英乙醇提取物0.1g经十二指肠给药,能使麻醉大鼠的胆汁分泌量增加40%以上,切除胆囊后重复试验结果亦同,提示为肝脏的直接作用所致。用胆囊瘘犬进行试验,蒲公英利胆活性成分主要在树脂部分,挥发油的作用微弱而不稳定,生物碱及苷类对胆汁分泌无影响。每日给大鼠肌注蒲公英注射液5g(生药)/只或200%蒲公英煎剂1ml灌胃,连给7日,对四氯化碳所致肝损伤均有显著降低血清丙氨酸氨基转移酶和减轻肝细胞脂肪变性的作用。

免疫调节作用 蒲公英有提高及改善小鼠细胞免疫和非特异性免疫功能的作用,对环磷酰胺所造成的小鼠免疫功能损害有明显的恢复和保护作用。蒲公英能增强动物的免疫功能,其富含维生素及微量元素有利于免疫细胞的增殖分化。

抗氧自由基作用 蒲公英提取物总黄酮具有类SOD的作用,这些物质能有效清除超氧阴离子自由基、羟自由基,抑制不饱和脂肪酸的氧化。另外,蒲公英提取物具有较强的抑制酪胺酸酶活性的作用,减少黑色素的生成及色素沉着。

其他作用 本品煎剂能提高兔离体十二指肠的紧张性并加强其收缩力。

体内过程 煎剂给大鼠每日按30g/kg剂量灌胃,连给4日,收集隔日尿并测定其抗菌效力,证明尿尚能保持一定的抗菌作用,提示蒲公英吸收良好。

2 生物学特性研究

2.1 奈曼地区栽培蒲公英物候期

2.1.1 观测方法

从通辽奈曼旗蒙药材种植基地栽培的蒲公英大田中,选择10株生长良好、无病虫害的健壮植株编号挂牌,作定位观测,并记录。2016年5月至2017年11月间连续观测记录各定株物候出现的日期,以10株平均期作为原始值。观测应具连续性,不漏测任何一个物候期。观测时间和顺序固定,开花期上午8:00~11:30,晴天观测。观测部位以植株判断其物候期,主茎受损时另选植株,并注明。

2.1.2 物候期的划分

物候期的划分是根据栽培蒲公英生长发育过程中不同时期植物生长发育特点,并参考其他植物物候期的划分情况完成的。为了划分依据统一,始、初期均以群体中植株出现开花或展叶或坐果5%~15%为标准,盛、旺期以40%~60%为标准,末期以80%~90%为标准。将蒲公英的生育全过程分为播种期、出苗期、4~6叶期、分枝期、花蕾期、开花初期、盛花期、落花期、坐果初期、果实成熟期、枯萎期。出苗期为种子萌发后,幼苗露出地面2~3cm的时期;4~6叶期(伸长期)是叶生长的关键时期;分枝期是植株茎秆快速生长时期,其与伸长期基本同季,是植物营养生长高峰期;现蕾开花期是植株现蕾开花时期;坐果初期是蒲公英开始坐果的时期;果实成熟期是整株植物结实及果实成熟的关键时期,其与现蕾开花期组成蒲公英的生殖生长期;枯萎期是根据植株在夏末、秋初出现春发植株大量死亡现象而设置的一个生育时期;播种期是蒲公英实际播种日期。

2.1.3 物候期观测结果

一年生蒲公英播种期为5月13日,出苗期自6月3日起历时9天,4~6叶期为自6月10日开始至中旬历时8天,枯萎期历时18天。

二年生蒲公英返青期自4月中旬开始,历时10天,花蕾期自6月10日开始,开花初期自6月15日开始,坐果初期自6月22日起,枯萎期历时6天。

表10-1-1　蒲公英物候期观测结果(m/d)

年份＼时期	播种期 二年返青期	出苗期	4~6叶期	分枝期	花蕾期	开花初期
一年生	5/13	6/3~6/12	6/10~6/18	—	—	—
二年生	4/14~4/24		6/2~6/15	—	6/10~	6/15~

表10-1-2　蒲公英物候期观测结果(m/d)

年份＼时期	盛花期	落花期	坐果初期	果实成熟期	枯萎期
一年生	—	—	—	—	10/12~10/30
二年生	—	—	6/22~		9/25~10/1

2.2 形态特征观察研究

多年生草本。根圆柱状,黑褐色,粗壮。叶倒卵状披针形、倒披针形或长圆状披针形,长4~20cm,宽1~5cm,先端钝或急尖,边缘有时具波状齿或羽状深裂,有时倒向羽状深裂或大头羽状深裂,顶端裂片较大,三角形或三角状戟形,全缘或具齿,每侧裂片3~5片,裂片三角形或三角状披针形,通常具齿,平展或倒向,裂片间常夹生小齿,基部渐狭成叶柄,叶柄及主脉常带红紫色,疏被蛛丝状白色柔毛或几乎无毛。花葶1至数个,与叶等长或稍长,高10~25cm,上部紫红色,密被蛛丝状白色长柔毛;头状花序直径在30~40mm;总苞钟状,长12~14mm,淡绿色;总苞片2~3层,外层总苞片卵状披针形,长8~10mm,宽1~2mm,边缘宽膜质,基部淡绿色,上部紫红色,先端增厚或具小到中等的角状突起;内层总苞片线状披针形,长10~16mm,宽2~3mm,先端紫红色,具小角状突起;舌状花黄色,舌片长约8mm,宽约1.5mm,边缘花舌片背面具紫红色条纹,花药和柱头暗绿色。瘦果倒卵状披针形,暗褐色,长4~5mm,宽1~1.5mm,上部具小刺,下部具成行排列的小瘤,顶端逐渐收缩为长约1mm的圆锥至圆柱形喙基,喙长6~10mm,纤细;冠毛白色,长约6mm。花期4~9月,果期5~10月。

蒲公英形态特征例图

图10-1

图10-2

图10-3

图10-4

图10-5   图10-6

2.3 生长发育规律

2.3.2 蒲公英营养器官生长动态

（1）蒲公英地下部分生长动态 为掌握蒲公英各种性状在不同生长时期的生长动态，分别在不同时期对蒲公英的根长、根粗、侧根数、侧根长、侧根粗、根鲜重等性状进行了调查（见表10-2，10-3）。

表10-2 一年生蒲公英地下部分生长情况

调查日期 （m/d）	根长 （cm）	根粗 （cm）	侧根数 （个）	侧根长 （cm）	侧根粗 （cm）	根鲜重 （g）
7/30	3.20	0.1771	—	—	—	0.69
8/10	5.61	0.2952	—	—	—	1.71
8/20	13.80	0.3144	0.9	4.80	0.2020	2.37
8/30	13.81	0.4529	1.5	5.77	0.2209	4.45
9/10	18.41	0.4710	2.5	6.50	0.2581	5.25
9/20	18.41	0.5119	2.7	7.30	0.2711	6.25
9/30	21.70	0.5870	2.8	8.18	0.2846	6.82
10/15	22.40	0.6011	2.9	9.18	0.3288	6.75

说明："—"无数据或未达到测量的数据要求。

表10-3　二年生蒲公英地下部分生长情况

调查日期 （m/d）	根长 （cm）	根粗 （cm）	侧根数 （个）	侧根长 （cm）	侧根粗 （cm）	根鲜重 （g）
5/17	14.69	0.3849	3.4	8.45	0.2151	6.56
6/8	14.86	0.4060	3.9	8.95	0.2450	6.59
6/30	15.35	0.4591	4.3	9.25	0.2869	6.70
7/22	15.82	0.5021	4.3	9.70	0.3361	6.95
8/11	16.00	0.6180	4.0	10.32	0.3771	7.57
9/2	16.41	0.6801	4.6	10.85	0.4112	7.59
9/24	16.54	0.7102	4.6	11.35	0.4811	8.14
10/16	17.02	0.8060	4.8	11.21	0.4750	8.90

一年生蒲公英根长的变化动态　从图10-7可见，7月30日至10月15日根长基本上均呈稳定的增长趋势，说明蒲公英在第一年里根长始终在增加。

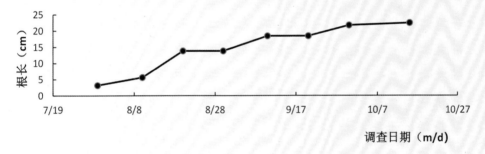

图10-7　一年生蒲公英的根长变化

一年生蒲公英根粗的变化动态　从图10-8可见，一年生蒲公英的根粗从7月30日至10月15日均呈稳定的增长趋势，说明蒲公英在第一年里根粗始终在增加。

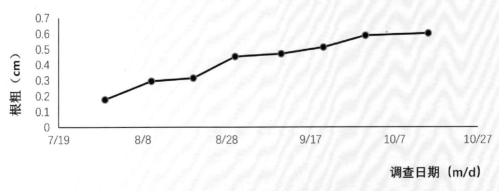

图10-8　一年生蒲公英的根粗变化

一年生蒲公英侧根数的变化动态 从图10-9可见，8月10日前由于侧根太细，达不到调查标准，因而8月10日至10月15日均呈稳定的增长趋势，其后侧根数的变化不大。

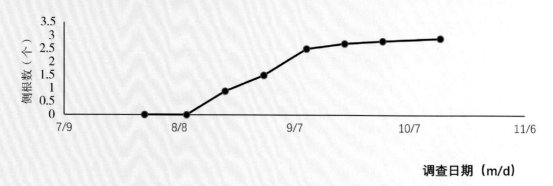

图10-9 一年生蒲公英的侧根数变化

一年生蒲公英侧根长的变化动态 从图10-10可见，8月10日前由于侧根太细，达不到调查标准，8月10日至10月15日均呈稳定的增长趋势。

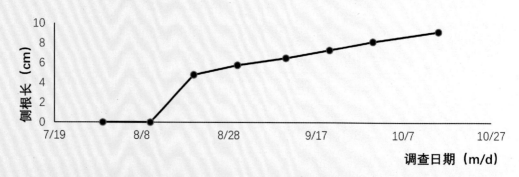

图10-10 一年生蒲公英的侧根长变化

蒲公英侧根粗的变化动态 从图10-11可见，8月10日前由于侧根太细，达不到调查标准，8月10日开始一直到10月15日均呈稳定的增长趋势。

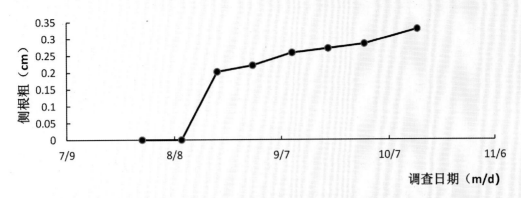

图10-11 一年生蒲公英的侧根粗变化

一年生蒲公英根鲜重的变化动态 从图10-12可见，根鲜重基本上均呈稳定的增长趋势，9月30号开始进入平衡状态。

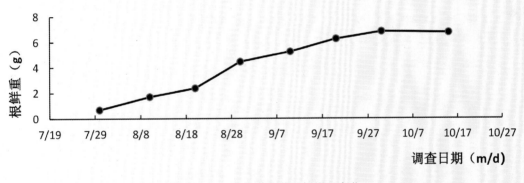

图10-12 一年生蒲公英的根鲜重变化

二年生蒲公英根长的变化动态 从图10-13可见，5月17日至10月16日根长均呈稳定的增长趋势。

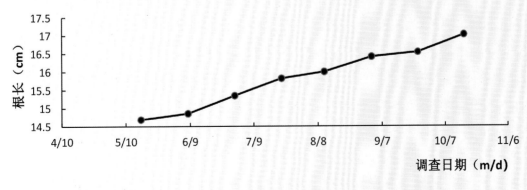

图10-13 二年生蒲公英的根长变化

二年生蒲公英根粗的变化动态 从图10-14可见，二年生蒲公英的根粗从5月17日开始到10月16日始终处于增加的状态。

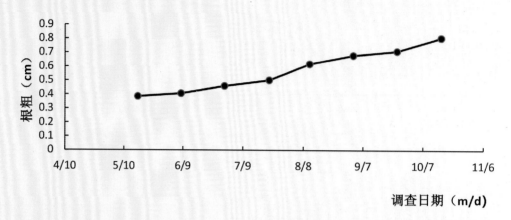

图10-14 二年生蒲公英的根粗变化

二年生蒲公英侧根数的变化动态　从图10-15可见，二年生蒲公英的侧根数基本上呈逐渐增加的趋势，但是增加速度非常缓慢。

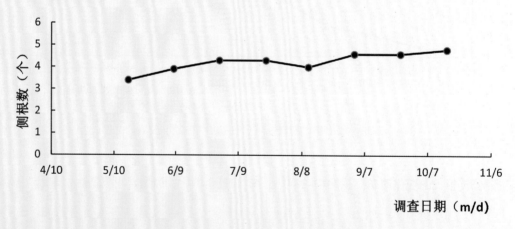

图10-15 二年生蒲公英的侧根数变化

二年生蒲公英侧根长的变化动态　从图10-16可见，从5月17日至9月24日侧根长均呈稳定的增长趋势，但是9月24日之后进入平稳期。

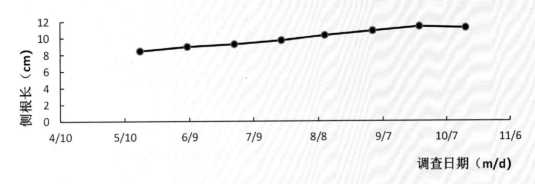

图10-16 二年生蒲公英的侧根长变化

二年生蒲公英侧根粗的变化动态 从图10-17可见,5月17日开始一直到9月24日侧根粗均呈稳定的增长趋势,其后缓慢降低。

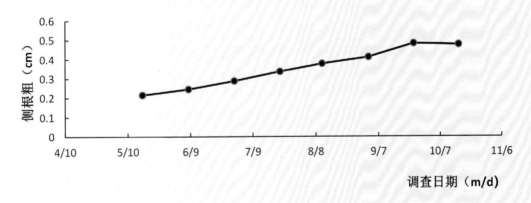

图10-17 二年生蒲公英的侧根粗变化

二年生蒲公英根鲜重的变化动态 从图10-18可见,5月17日至9月24日根鲜重变化趋于平稳,但是日益增长而且稳定。

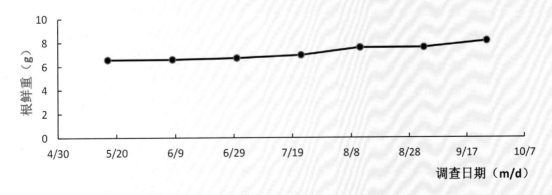

图10-18 二年生蒲公英的根鲜重变化

（2）**蒲公英地上部分生长动态**　为掌握蒲公英各种性状在不同生长时期的生长动态，分别在不同时期对蒲公英的株高、叶数、分枝数、茎鲜重、叶鲜重等性状进行了调查（见表10-4、表10-5）。

表10-4　一年生蒲公英地上部分生长情况

调查日期 （m/d）	株高 （cm）	叶数 （个）	分枝数 （个）	茎粗 （cm）	茎鲜重 （g）	叶鲜重 （g）
7/25	15.5	4.03	—	—	—	0.57
8/12	17.03	2.01	—	—	—	1.21
8/20	26.70	4.21	—	—	—	3.26
8/30	27.50	5.59	—	—	—	7.84
9/10	29.51	13.80	—	—	—	9.80
9/21	32.00	13.80	—	—	—	11.47
9/30	37.60	15.50	—	—	—	12.89
10/15	39.35	11.20	—	—	—	8.92

说明："—"无数据或未达到测量的数据要求。

表10-5　二年生蒲公英地上部分生长情况

调查日期 （m/d）	株高 （cm）	叶数 （个）	分枝数 （个）	茎粗 （cm）	茎鲜重 （g）	叶鲜重 （g）
5/14	18.32	7.6	—	—	—	0.84
6/8	23.30	14.1	—	—	—	1.24
7/1	29.71	18.0	—	—	—	1.53
7/23	32.30	19.5	—	—	—	2.54
8/10	33.15	20.4	—	—	—	3.55
9/2	34.75	19.5	—	—	—	3.55
9/24	32.53	17.5	—	—	—	3.04
10/18	30.54	12.4	—	—	—	1.32

说明："—"无数据或未达到测量的数据要求。

一年生蒲公英株高的生长变化动态　从图10-19中可见，7月25日至10月15日株高逐渐增加。

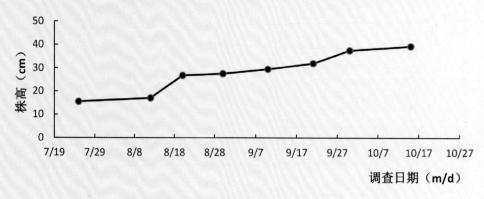

图10-19　一年生蒲公英株高变化

一年生蒲公英叶数的生长变化动态 从图10-20可见，7月25日至9月10日是叶数增长时期，9月10日至 9月30日叶数进入稳定状态，之后从9月21日开始缓慢减少，说明这一时期蒲公英下部叶片在枯死、脱落，所以叶数在减少。

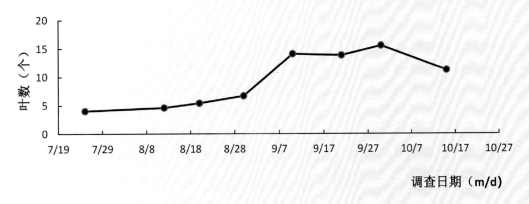

图10-20　一年生蒲公英的叶数变化

一年生蒲公英叶鲜重的变化动态 从图10-21可见，从7月25日至9月30日是叶鲜重快速增长期，9月30日之后叶鲜重开始大幅降低，这可能是由于生长后期叶片逐渐脱落干枯所致。

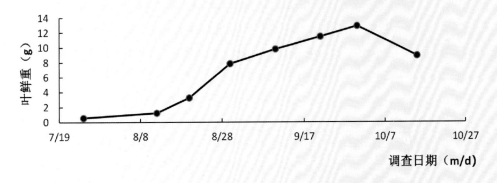

图10-21　一年生蒲公英的叶鲜重变化

二年生蒲公英株高的生长变化动态 从10-22可见，5月14日至9月2日株高一直花缓慢增长，其后株高缓慢降低。

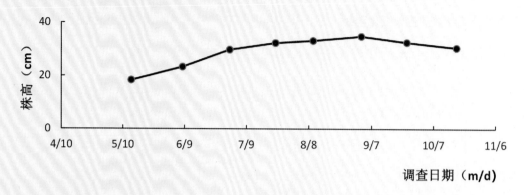

图10-22 二年生蒲公英株高变化

二年生蒲公英叶数的生长变化动态 从图10-23可见，5月14日至8月10日是叶数增加最快的时期，从8月10日开始叶数缓慢下降，说明这一时期蒲公英下部叶片在枯死、脱落，所以叶数在减少。

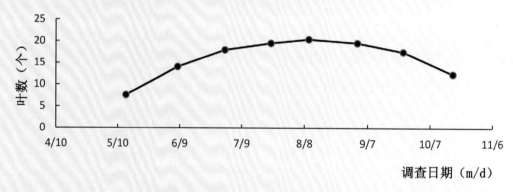

图10-23 二年生蒲公英叶数变化

二年生蒲公英叶鲜重的变化动态 从图10-24可见，从5月14日至8月10日蒲公英叶鲜重逐渐增加，8月10日至9月2日叶鲜重呈稳定状态，其后叶鲜重开始缓慢降低，这是由于生长后期叶片逐渐脱落和叶片逐渐干枯所致。

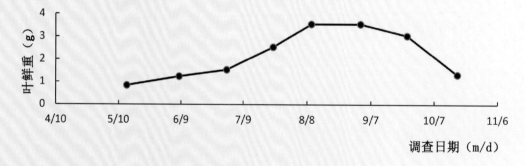

图10-24 二年生蒲公英的叶鲜重变化

（3）蒲公英单株生长图

一年生蒲公英生长图

图10-25

图10-26

图10-27

图10-28

图10-29

图10-30

二年生蒲公英生长图

图10-31

图10-32

图10-33

图10-34

图10-35

2.3.2 蒲公英不同时期的根和地上部分的关系

为掌握蒲公英各种性状在不同生长时期的生长动态，分别在不同时期从蒲公英的每个种植小区随机取样10株，将取样所得的蒲公英从茎基部剪下，根、冠分离，去除杂物，将根、冠分别在105℃下杀青30分钟后60℃恒温2天（或2天以上干燥为止），然后放入干燥器中冷却，用1/10000的天平测量质量，以二者的比值为根冠比。

表10-6　蒲公英不同时期的根和地上部分的关系

调查日期（m/d）	7/25	8/12	8/20	8/30	9/10	9/21	9/30	10/15
根冠比	0.7541	0.8183	0.9307	0.9802	1.3327	1.0256	0.6915	1.0799

从表10-6可见，蒲公英幼苗期根系与枝叶的生长速度有显著差异，幼苗出土初期根冠比基本在0.7541∶1，地上部生长占优势。8月中旬开始，根部生长逐渐加速，接近地上部分，到枯萎期根冠比为1.0799∶1。

2.3.3 蒲公英不同生长期干物质积累

本实验共设计3个小区。每小区取样10株，分别在营养幼苗期、营养生长期、开花期、果实期、枯萎期等5个时期取蒲公英的全株，每穴以植株为中心，取长16~25cm、宽16~25cm、深20~40cm的土块，先用清水冲洗干净，注意避免丢失根量，用滤纸吸干附着的水分，然后将植株按根、茎、叶、花和果实部位装袋，于105℃杀青30 min，60℃烘至恒重，测定干物质量，并折算为公顷干物质积累量。

表10-7　蒲公英各器官总干物质重变化（kg/hm²）

调查期	根	茎	叶	花和果
幼苗期	164.00	—	168.00	—
营养生长期	457.60	—	688.80	—
开花期	1218.60	—	1299.00	245.00
果实期	1430.20	—	1893.00	114
枯萎期	1502.40	—	1154.80	—

从蒲公英干物质积累与分配的数据（如表10-7所示）可以看出，在不同时期地上、地下部分各营养器官的干物质量均随蒲公英的生长不断增加。在幼苗期根、叶干物质总量依次为164.00kg/hm²、168.00kg/hm²；进入营养生长期根、叶依次增加至457.60kg/hm²、688.80kg/hm²。进入开花期根、叶、花和果依次增加至1218.60kg/hm²、1299.00kg/hm²、245.00kg/hm²；进入果实期根、叶、花和果依次

为1430.20kg/hm²、1893.00kg/hm²、114kg/hm²，其中叶生长有上升的趋势。进入枯萎期根、叶依次为1502.40kg/hm²、1154.80kg/hm²，其中根增加，叶的生长具有下降的趋势，即叶进入枯萎期。

2.4　生理指标

2.4.1　叶绿素

从图10-37可见，蒲公英叶片中叶绿素含量自9月4日至10月5日呈上升趋势，光合能力上升。到了采收期出现了回落，即接近采收期地上部分出现黄叶，光合能力下降。

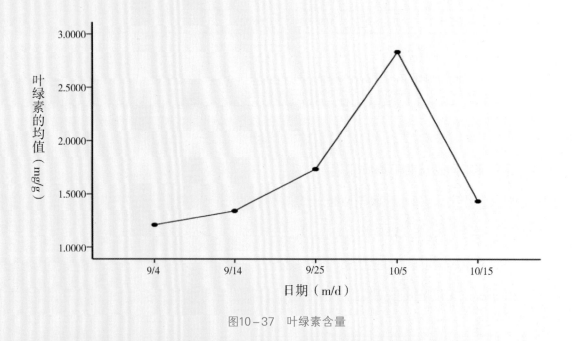

图10-37　叶绿素含量

2.4.2　可溶性多糖

蒲公英叶片不同时期可溶性多糖含量变化趋势从图10-38可见，9月4日至10月5日呈显著下降趋势，此后，到采收期又出现回升，随着光合作用增强，叶片中的可溶性多糖的代谢转化增强，接近采收期时，由于气温降低，可溶性多糖含量增加，以增加抗冻能力。

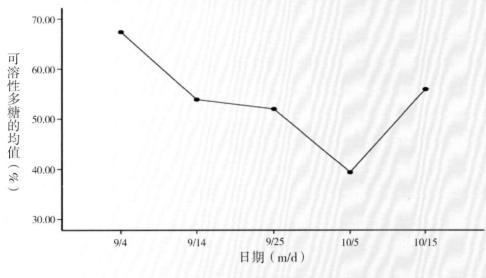

图10-38 可溶性多糖含量变化

2.4.3 可溶性蛋白

从图10-39可见，在蒲公英生育后期，可溶性蛋白含量总体保持上升趋势，9月25日达到最高峰，随后有小幅回落。可溶性蛋白是重要的渗透调节物质和营养物质，保持较高的含量有利于蒲公英贮藏能量，抵御冻害。

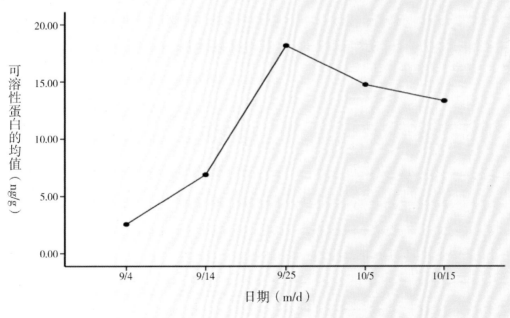

图10-39 可溶性蛋白含量变化

3 药材质量评价研究

3.1 常规鉴别研究

药材粉末鉴定鉴别　粉末为土黄色，多细胞非腺毛多见，顶端细胞呈棒状或长椭圆形。叶下表皮细胞表面观垂周壁波状弯曲，角质层隐约可见，上表皮细胞多角形或类长方形，垂周壁略不均匀增厚，厚 $4 \sim 7 \mu m$，上下表皮均见气孔。气孔长圆形，长 $35 \sim 4 \mu m$，直径 $25 \sim 29 \mu m$，副卫细胞 $3 \sim 5 \mu m$，不定式或不等式，细胞中含有菊糖结晶。苞片上表皮细胞表面观呈类圆多角形，垂周壁细波状弯曲，壁连珠状增厚，隐约可见角质纹理；下表皮细胞类长方形或多角形，垂周壁略弯曲，壁稍厚，上下表皮均有不定式气孔，可见，有节乳汁管，直径 $9 \sim 17 \mu m$，壁稍厚，侧面内充满细小的淡黄色颗粒物，菊糖较多，粉末用水合氯醛装置（不加热），可见菊糖团块散在或存在于薄壁细胞中，呈扇形，或不规则形。花表皮细胞壁厚在 $2.5 \sim 6 \mu m$，隐约可见细而疏的角质纹理，细胞中含有黄棕色颗粒物，毛茸多见。花粉粒无色，类圆球形，直径 $23 \sim 31 \mu m$，表面具细小的犹突，3孔沟，外壁分层明显，外层较厚。冠毛为多列性分枝状毛，各分枝为长条状单细胞，直径 $6 \sim 10 \mu m$，壁稍厚，先端渐尖，呈刺状。导管均为有螺纹和网纹导管，直径 $11 \sim 38 \mu m$。草酸钙晶体众多，呈长方形、类方形、不规则形，直径 $4 \sim 13 \mu m$。

3.2 常规检查研究

3.2.1 常规检查测定方法

水分　取供试品 $2 \sim 5 g$，平铺于干燥至恒重的扁形称量瓶中，厚度不超过5mm，疏松供试品不超过10mm，精密称定，开启瓶盖在 $100 \sim 105 ℃$ 干燥5h，将瓶盖盖好，移置干燥器中，放冷30min，精密称定，再在上述温度干燥1h，放冷，称重，至连续两次称重的差异不超过5mg为止。根据减失的重量，计算供试品中含水量（%）。

本法适用于不含或少含挥发性成分的药品。

$$水分（\%）= \frac{W_1 + W_2 - W_3}{W_1} \times 100\%$$

式中 W_1 为供试品的重量（g）；W_2 为称量瓶恒重的重量（g）；W_3 为（称量瓶+供试品）干燥至连续两次称重的差异不超过5mg后的重量（g）。试验所得数据用Microsoft Excel 2013进行整理计算。

$$RSD(\%) = \frac{标准偏差}{平均值} \times 100\%$$

3.2.2 结果与分析

水分 参照《中国药典》2015年版四部第二法（烘干法）测定。取上述采集的蒲公英药材样品，测定并计算蒲公英药材样品中含水量（质量分数，%），平均值为5.89%，所测数值计算RSD≤3.16%，在《中国药典》（2015年版，一部）蒲公英药材项下要求水分不得超过13.0%，本药材符合药典规定要求（表10-10）。

表10-10 蒲公英药材样品中水分含量

测定项	平均（%）	RSD（%）
水分	5.89	3.16

本试验研究依据《中国药典》（2015年版，一部）的蒲公英药材项下内容，根据奈曼产地蒲公英药材的实验测定，结果蒙药材蒲公英样品水分平均含量为5.89%，符合《中国药典》规定要求。

3.3 不同产地蒲公英中的咖啡酸含量测定

3.3.1 实验设备、药材、试剂

仪器、设备 Agilent Technologies-1260Infinity型高效液相色谱仪，SQP型电子天平（赛多利斯科学仪器（北京）有限公司），KQ-600DB型数控超声波清洗器（昆山市超声仪器有限公司），HWS26型电热恒温水浴锅。Millipore-超纯水机。

实验药材（表10-11）

表10-11 蒲公英供试药材来源

编号	采集地点	采集时间	采集经度	采集纬度
Y1	内蒙古自治区通辽市奈曼旗昂乃（基地）	2017-09-15	120° 42′ 10″	42° 45′ 19″
Y2	通辽市同士药店	2016-12-30	—	—

对照品 咖啡酸（自国家食品药品监督管理总局采购，编号：110885-200102）。

试剂 甲醇（色谱纯）、磷酸盐、磷酸二氢钠、水、磷酸。

3.2 实验方法

色谱条件 以十八烷基硅烷键合硅胶为填充剂，以甲醇-磷酸盐缓冲液（取磷酸二氢钠1.56g，加水使溶解成1000ml，再加1%磷酸溶液调节pH至3.8~4.0，即得）（23∶77）为流动相，检测波长为323nm，柱温

40℃。理论板数按咖啡酸峰计算应不低于3000。

对照品溶液的制备　取咖啡酸对照品适量，精密称定，加甲醇制成每1ml含30μg的溶液，即得。

供试品溶液的制备　取本品粗粉约1g，精密称定，置50ml具塞锥形瓶中，精密加含5%甲酸的甲醇溶液10ml，密塞，摇匀，称定重量，超声处理（功率250W，频率40kHz）30min，取出，放冷，再称定重量，用含5%甲酸的甲醇溶液补足减失的重量，摇匀，离心，取上清液，置棕色量瓶中，即得。

测定法　分别精密吸取对照品溶液10μl与供试品溶液5~20μl，注入液相色谱仪，测定，即得。

本品按干燥品计算，含咖啡酸（$C_9H_8O_4$）不得少于0.020%。

3.3.2　溶液的配制

线性与范围　按3.3.2对照品溶液制备方法制备，精密吸取对照品溶液6μl、8μl、10μl、12μl、14μl，注入高效液相色谱仪，测定其峰面积值，并以进样量C（x）对峰面积值A（y）进行线性回归，得标准曲线回归方程为：$y = 995184x - 2000000$，相关系数$R = 0.9998$。表明咖啡酸进样量在2.46~5.74μg范围内，与峰面积值具有良好的线性关系，相关性显著（见表10-12、图10-40）。

表10-12　线性关系考察结果

C（μg）	2.460	3.280	0.410	4.920	5.740
A	801647	1634994	2460140	3287869	4055464

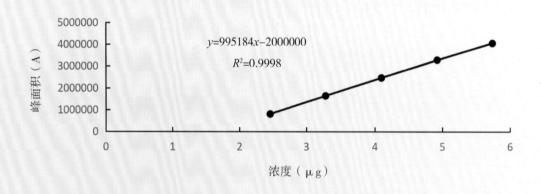

图10-40　咖啡酸对照品的标准曲线图

3.3.4　样品测定

取蒲公英样品约1.0g，精密称取，分别按3.3.2项下的方法制备供试品溶液，精密吸取供试品溶液各10μl，分别注入液相色谱仪，测定，并计算含量，结果见表10-13。

表10-13 蒲公英样品含量测定结果

样品批号	n	样品（g）	咖啡酸含量（%）	平均值（%）	RSD（%）
	1	1.0001	0.22		
20160915	2	1.0001	0.24	0.22	5.41
	3	1.0001	0.23		
	1	1.0001	0.04		
20161230	2	1.0001	0.04	0.04	0.58
	3	1.0001	0.04		

3.3.5 结论

按照2015年版《中国药典》中蒲公英含量测定方法测定，结果奈曼基地的蒲公英中咖啡酸的含量符合《中国药典》规定要求。

4 经济效益分析

4.1 市场前景分析

蒲公英带根全草入药，是一味常见的中草药，被国家卫生部列入药食两用的品种。蒲公英分野生和家种，叶子和根分开入药，野生蒲公英叶比种植的贵几元，供应量不足，家种发展势头猛。因为蒲公英根需求大涨、暴涨，价格扶摇直上，从十几元涨到最高60元，市场一片火热。蒲公英茶是新开发的保健品，市场逐渐打开，并出口韩国，对原材料需求暴涨，鲜品收购价4元多，促使种植大发展，仍供不应求。蒲公英正值新产，由于购货商家较多，货源走动较为顺畅，价格坚挺，目前市场价在6~7元/kg，野生蒲公英9~10元/kg，含量高的甘肃山蒲公英11元/kg左右。

该品由于前几年行情持续低迷，农民种植没有得到利益，故纷纷弃种和改种其他农作物，造成家种蒲公英严重缩减；而野生蒲公英由于需求量大，货源供不应求，后市行情仍会继续保持坚挺。

4.2 投资预算

蒲公英种子 市场价每千克200元，每亩地用种子0.5kg，合计为100元。

种前整地和播种 施底肥、灌溉、犁地、耙地和播种，底肥包括1000kg有机肥，50kg复合肥，其中有机肥每吨120元，复合肥每袋120元，灌溉一次需要电费50元，犁、耙、播种一亩地需要150元，以上共计需要费用440元。

　　田间管理　整个生长周期抗病除草需要4次, 每次人工成本加药物成本约100元, 合计约400元。灌溉6次, 需费用300元。追施复合肥每亩50kg, 叶面喷施叶面肥3次, 成本约200元。综上, 蒲公英田间管理成本为900元。

　　采收与加工　收获成本(机械燃油费和人工费)每亩约需300元。

　　合计成本　100+440+900+300=1740元。

黑种草 ᠬᠠᠷ

NIGELLAE SEMEN

蒙药材为毛茛科植物腺毛黑种草*Nigella glandulifera Freyn* et Sint.的干燥成熟种子。

1　黑种草的研究概况

1.1　蒙药学考证

黑种草为常用祛巴达干药,蒙古名"哈日-赛拉",别名"塞拉纳赫布""塞拉纳赫布-朝格""色雅担""哈尔塞拉""哈尔乌热图-乌布斯""斯亚担"。《无误蒙药鉴》中记载:"茎如细管状,叶具油性,小而圆,花小而呈蓝色。籽如萹蓄豆,三棱形,味甘,具油性者为佳;从印度、尼泊尔进。次品产于藏区,形态与正品相似,但叶大,有花苞。本品祛肝寒。"《认药白晶鉴》中记载:"茎细长,中空,叶圆,油绿色花,花小,蓝色种子如三角形。"《认药学》中记载:"油叶,细茎开蓝色花,种子如铁屑,味甘、微辛,油性,治胃病;茎中空而茎节上开微褐色花,黑色种子即黑种草子。为毛茛科一年生草本植物黑种草的干燥果实。"《晶珠本草》中记载:"治肝寒病。"《植物史》记载:"黑种草为油叶,茎细长,开小蓝色花,种子如铁屑,味甘、微辛,油性,治胃病。"《比较史》记载:"种子如猪虱,黑而粗糙,三棱形;如扁黑芝麻或菊的种子,生于印度、西藏的黑种草同上相似而叶大。"本品《中华本草》(蒙药卷)载:"本品茎细长,中空,叶圆,开油绿色花,花小,蓝色种子三角形。"《无误蒙药鉴》又记载:"该项附植物形态图。上述植物形态及附图形态及特征与蒙医药所认用的黑种草之特征相似,故认定为历代蒙医药文献所记载的塞拉纳赫布(黑种草子)。"该药味甘、辛,性温,效轻、糙、燥;具有调理胃火、助消化、固齿之功效,主要用于消化不良、肝区疼痛、肝功衰退、胃火衰败、胃肠胀满、食后肝区疼痛、呕吐、颜面浮肿、腹胀及牙病等。

1.2 化学成分及药理作用

1.2.1 化学成分

油脂和挥发油类 黑种草子富含35%~50%的油脂，其中不饱和脂肪酸的含量可占到84%，主要含有亚油酸（55.6%）、油酸（23.4%）、棕榈酸（12.5%）以及十六烷酸等，具有较高的营养价值。黑种草子中的挥发油主要是β–榄香烯、吉玛烯等。黑种草子油中主要含有百里醌、二聚百里醌、百里酚及2–甲基–5–异丙基对二苯酚等成分。

皂苷类 黑种草子中含有丰富的皂苷类成分，主要以常春藤皂苷苷元为母核，如常春藤皂苷元，常春藤皂苷元3–O–a–L–鼠李糖基–（1→2）–a–L–吡喃阿拉伯糖苷，11–甲氧基–16–羟基–17–乙酰氧–常春藤皂苷苷元3–O–β–D–木糖基（1→3）–α–L–鼠李糖基（1→4）–β–D–葡萄糖基苷等。

黄酮类 黑种草子中含有黄酮醇及其苷类成分，包括槲皮素、山奈酚、芦丁、山奈酚–3砒喃–O–β–D–葡萄糖基–（1→2）–β–D–砒喃葡萄糖基–（1→2）–β–D–砒喃葡萄糖苷、黄酮醇三苷、四糖苷、阿魏酰基、咖啡酰基、莽草酰基等成分。

生物碱类 从黑种草子中分离出来的生物碱有黑种草碱、Nigellidine、Nigel–licine、人工衍生物黑种草伪碱（nige–glapine）、nigellamine、Nigegla–aquine、nigeglapine、methxoynigeglanine。

其他类 黑种草子中含有酚酸类化合物，已分离鉴定的主要有对羟基甲苯酸、2,4–二羟基苯乙酸、3,4–二羟基–苯乙醇、2,4–二羟基苯乙酸甲酯、2–（2–甲酰基）–5–甲基–1,4–苯二醇、2,4–二羟基苯甲酸甲酯等，黑种草子中还含有β–谷甾醇、油菜甾醇、羊毛甾醇、β–香树脂醇等多种甾体和三萜化合物，以及寡糖、磷脂类、脂类等。

1.2.2 药理作用

抗肿瘤作用 黑种草子提取物按100mg/kg局部给药，可延迟二甲基苯并蒽（DMBA）所致的小鼠皮肤乳头状癌的发生，并使癌肿发生数减少。其水提物能抑制20–甲基胆蒽（MCA）所致的小鼠软组织瘤的发生。皮下注射MCA后，腹腔注射该药给药组肿瘤的发生率仅为对照组的33.3%。

对肝酶浓度的影响 黑种草子水提取物给SD雄性大鼠口服14日，可使血浆中丙氨酸氨基转移酶等浓度增高。

抑制血小板聚集和体外血栓形成 黑种草子油0.25g/kg、0.5g/kg能明显地抑制ADP、胶原诱导的大鼠血小板聚集，0.5g/kg能抑制大鼠体外血栓长度，1g/kg能减轻大鼠体外血栓重量。

其他作用 本品能降低三酰甘油，黑种草子油具有抗病原微生物和驱肠虫作用。此外，其提取物有防止cisplatin引起的小鼠血红蛋白水平下降和白细胞数减少。

1.3 资源分布状况

黑种草原产欧洲南部,分布于我国新疆、西藏、云南;地中海地区、中欧及俄罗斯、埃及等地区。因为生长环境差异,大部分在新疆、西藏、云南等高原地区种植,近几年在内蒙古地区种植或移栽。在我国一些城市有栽培,供观赏。

1.4 生态习性

黑种草耐旱,抗寒性不强,对土壤要求不严格。田间栽培以沙壤土为好,土壤肥力要求中等以上。黑种草现在我国北部地区有种植,通常在每年的6~7月开花,8月结果,黑种草花瓣有桃红、紫红、淡黄、白色及浅蓝多种颜色。

1.5 栽培技术与采收加工

1.5.1 繁殖方法

播种时间 春播、夏播、秋播均可,春播以4月底、5月初播种。

播种方法 平畦条播,将土地整平耙细后,开浅沟,深2~3cm,行距35~45cm、株距15~20cm,将种子均匀撒入沟内,然后覆土压实,播后12~15日出苗,出苗后要及时中耕除草,以促进幼苗和根系的生长。

1.5.2 田间管理

间苗、定苗和补苗 黑种草出苗后要及时中耕除草,以促进幼苗和根系的生长。开花结果期要确保正常的水肥供应,保持土壤见干见湿,果实成熟期要适当控制浇水。当苗高5~7cm时进行间苗,株距15~20cm,生长期间要经常除草、松土和浇水。7月结果期间,需追肥1次,施尿素、过磷酸钙,以提高种子产量。

1.5.3 病虫害及其防治

病害及其防治 以枯病为主,高温高湿易发病,发病初期芦头及茎基产生粉白色霉,后变褐呈干腐状,最后全株枯萎。防治方法:从苗木出土时起,每7天用0.2%高锰酸钾和1%硫酸亚铁溶液交替喷施预防病害,喷施后要用清水冲洗苗木。一旦发生病害,要用2%~3%的硫酸亚铁水溶液或1%高锰酸钾溶液喷洒床面,喷洒前、后半小时用清水冲洗苗木,以防发生药害,同时要彻底地清除已发病的苗木。可用遮阳网预防幼苗被日光灼伤。

1.5.4　采收加工

8月初当大部分蒴果由绿变黄时收割。收后晒干碾去果壳，取种子簸去杂质，存冷凉处。

2　生物学特性研究

2.1　奈曼地区栽培黑种草物候期

2.1.1　观测方法

从通辽奈曼旗蒙药材种植基地栽培的黑种草大田中，选择10株生长良好、无病虫害的健壮植株，编号挂牌，作定位观测，并记录。2017年5月至2017年11月间连续观测记录各定株物候出现的日期，以10株平均期作为原始植。观测应具连续性，不漏测任何一个物候期。观测时间和顺序固定，开花期上午8：00～11：30，晴天观测。观测部位以植株判断其物候期，主茎受损时另选植株，并注明。

2.1.2　物候期的划分

物候期的划分是根据栽培黑种草生长发育过程中不同时期植物生长发育的特点，并参考其他植物物候期的划分情况完成。为划分依据统一，始、初期均以群体中植株出现开花或展叶或坐果5%～15%为标准，盛、旺期以40%～60%为标准，末期以80%～90%为标准。将黑种草的生育全过程分为播种期、出苗期、4～6叶期、分枝期、花蕾期、开花初期、盛花期、落花期、坐果初期、果实成熟期、枯萎期。出苗期为种子萌发后，幼苗露出地面2～3cm的时期；4～6叶期（伸长期）是叶生长的关键时期；分枝期是植株茎秆快速生长时期，其与伸长期基本同季，是植物营养生长高峰期；现蕾开花期是植株现蕾开花时期；坐果初期是黑种草开始坐果的时期；果实成熟期是整株植物结实及果实成熟的关键时期，其与现蕾开花期组成黑种草的生殖生长期；枯萎期是根据植株在夏末、秋初出现春发植株大量死亡现象而设置的一个生育时期；播种期是黑种草子实际播种的日期。

2.1.3　物候期观测结果

黑种草子播种期为5月13日，出苗期自6月12日起历时12天，4～6叶期为6月下旬开始至7月上旬历时14天，分枝期共13天，花蕾期自7月下旬始共5天，开花初期为7月下旬，盛花期6天，落花期历时8天，坐果初期为8月5日起至30日共计25天，果实成熟期历时11天，枯萎期为9月中旬。

表11-1-1　黑种草物候期观测结果（m/d）

年份　时期	播种期	出苗期	4～6叶期	分枝期	花蕾期	开花初期
一年生	5/13	6/12～6/24	6/24～7/8	7/8～7/21	7/21～7/26	7/26～7/29

表11-1-2 黑种草物候期观测结果（m/d）

年份 时期	盛花期	落花期	坐果初期	果实成熟期	枯萎期
一年生	7/29～8/4	8/4～8/12	8/5～8/30	9/1～9/12	9/15～

2.2 形态特征观察研究

全株无毛。茎高25～50cm，不分枝或上部分枝。叶为二至三回羽状复叶，末回裂片狭线形或丝形，顶端锐尖。花直径约2.8cm，下面有叶状总苞；萼片蓝色，卵形，顶端锐渐尖，基部有短爪；花瓣与腺毛黑种草相似；心皮通常5，子房合生至花柱基部。蒴果椭圆球形，长约2cm。

黑种草形态特征例图

图11-1　　　　　　　　　　　图11-2

图11-3　　　　　　　　　　　图11-4

图11-5　　　　　　　　　　　　　　　图11-6

2.3　生长发育规律

2.3.1　黑种草营养器官生长动态

（1）黑种草地下部分生长动态　为掌握黑种草各种性状在不同生长时期的生长动态，分别在不同时期对黑种草的根长、根粗、侧根数、根鲜重等性状进行了调查（见表11-2）。

表11-2　黑种草地下部分生长情况

调查日期 （月/日）	根长 （cm）	根粗 （cm）	侧根数 （个）	侧根长 （cm）	侧根粗 （cm）	根鲜重 （g）
6/28	3.94	0.1975	—	—	—	0.15
7/8	5.06	0.2553	0.2	0.84	0.0109	0.22
7/18	8.01	0.2170	1.6	3.92	0.0628	0.47
7/28	9.94	0.2819	1.8	5.91	0.0694	0.31
8/8	11.05	0.2912	2.2	5.64	0.0788	0.85
8/18	14.50	0.3120	2.3	6.50	0.0792	0.95
8/28	14.82	0.3813	2.9	7.22	0.1112	2.18
9/12	14.95	0.5291	3.1	7.55	0.1250	2.32

说明："—"无数据或未达到测量的数据要求。

黑种草根长的变化动态　从图11-7可见，6月28至8月18日是根长快速增长期，说明一年生黑种草根长主要是在8月18日前增长的，8月18日至9月12日黑种草根长进入平稳状态，这说明从8月18日开始黑种草根停止生长，其主要养分在它的花果上。

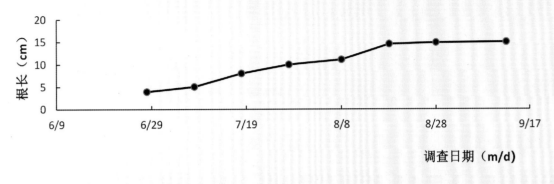

图11-7 黑种草的根长变化

一年生黑种草根粗的变化动态 从图11-8可见,一年生黑种草的根粗从6月28日至9月12日均呈稳定的增长趋势。说明黑种草在第一年里根粗始终在增加,生长前期增速更快。

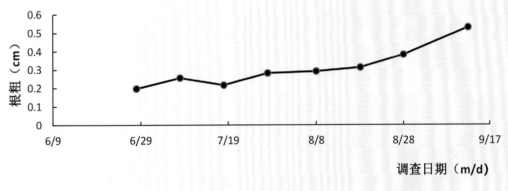

图11-8 黑种草的根粗变化

一年生黑种草侧根数的变化动态 从图11-9可见,从7月8日开始一年生黑种草的侧根数基本上呈逐渐增加的趋势。

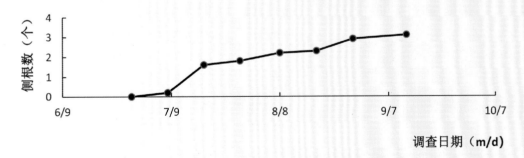

图11-9 黑种草的侧根数变化

一年生黑种草侧根长的变化动态 从图11-10可见，6月28日至9月12日侧根长均呈稳定的增长趋势。

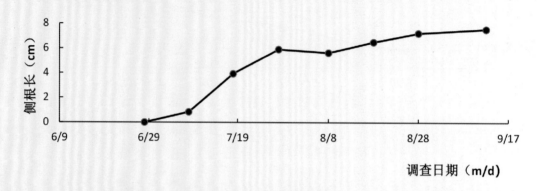

图11-10 黑种草的侧根长变化

一年生黑种草侧根粗的变化动态 从图11-11可见，6月28日至7月8日侧根生长缓慢，7月8日至7月18日侧根粗快速增长，7月18日至9月12日稳定增长，其后侧根粗的变化不大。

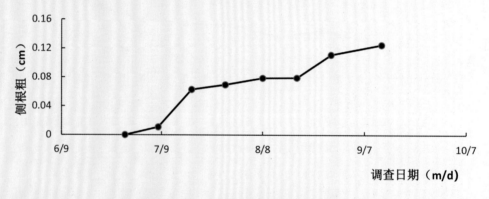

图11-11 黑种草的侧根粗变化

一年生黑种草根鲜重的变化动态 从图11-12可见，根鲜重全年生长期内基本上均呈稳定的增长趋势，但是生长非常缓慢。

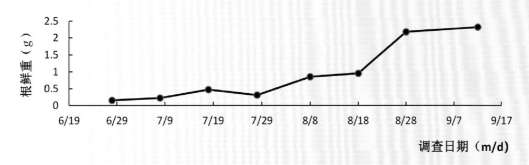

图11-12 黑种草的根鲜重变化

（2）黑种草地上部分生长动态 为掌握黑种草各种性状在不同生长时期的生长动态，分别在不同时期对黑种草的株高，叶数，分枝数，茎、叶鲜重等性状进行了调查（见表11-3）。

表11-3 黑种草地上生长曲线

调查日期 （m/d）	株高 （cm）	叶数 （个）	分枝数 （个）	茎粗 （cm）	茎鲜重 （g）	叶鲜重 （g）
6/28	15.11	12.6	—	0.1800	0.92	1.09
7/8	19.31	16.3	1.8	0.2367	1.14	1.59
7/18	31.45	27.0	4.4	0.2323	2.5	2.61
7/28	42.57	51.4	5.8	0.2391	4.13	2.91
8/8	43.35	54.5	6.0	0.2440	4.46	2.48
8/18	47.20	50.9	6.5	0.2834	4.25	2.24
8/28	48.36	29.2	6.8	0.3717	5.16	1.32
9/12	47.65	10.4	6.8	0.3950	4.73	0.59

说明："—"无数据或未达到测量的数据要求。

一年生黑种草株高的生长变化动态 从图11-13可见，6月28日至7月28日是株高增长速度最快的时期，7月28日至8月28日增长缓慢；从8月28日开始进入稳定状态，这说明黑种草生理生长期的株高增长平稳。

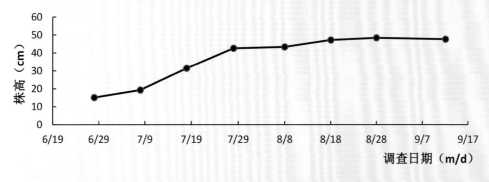

图11-13 黑种草的株高变化

一年生黑种草叶数的生长变化动态 从图11-14可见,6月28日至7月28日是叶数增加最快的时期;7月28日至8月18日叶数增长平稳,说明这一时期进入了平衡时期;但在8月18日至9月12日叶数慢慢变少,说明这一时期黑种草下部叶片在枯死、脱落,所以叶数在减少。

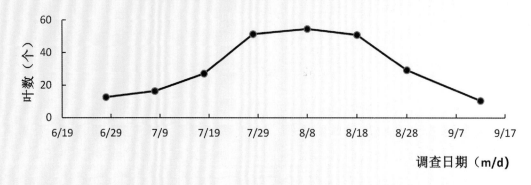

图11-14 黑种草的叶数变化

一年生黑种草在不同生长时期分枝数的变化情况 从图11-15可见,6月28日至7月28日是分枝数快速增长期,7月28日至8月28日是分枝数缓慢增长期;8月28日后分枝数进入了稳定期,这是由于黑种草分枝进入了稳定期的原因。

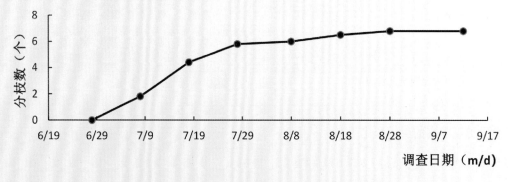

图11-15 黑种草的分枝数变化

一年生黑种草茎粗的生长变化动态 从图11-16可见,6月28日至7月8日是茎粗的增长较快,其后增长较缓慢并趋于平稳,从8月18日开始茎的增长又变快;9月12日后进入了平稳状态,可能是由于茎在生长后期生理功能停止所致。

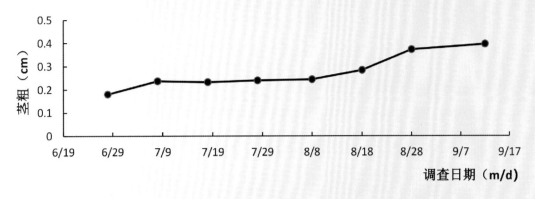

图11-16 黑种草的茎粗变化

一年生黑种草茎鲜重的变化动态 从图11-17可见，6月28日至7月28日是茎鲜重快速增长期，在7月28日至8月8日是茎鲜重缓慢增长期；自8月28日茎鲜重开始缓慢降低，这可能是由于生长后期茎逐渐干枯所致。

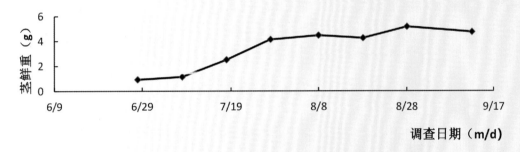

图11-17 黑种草的茎鲜重变化

一年生黑种草叶鲜重的变化动态 从图11-18可见，6月28日至7月28日是叶鲜重快速增长期，从7月28日开始叶鲜重开始缓慢降低，这可能是由于生长后期叶片逐渐脱落和叶片逐渐干枯所致。

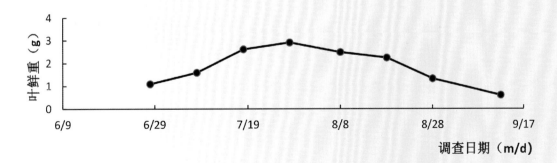

图11-18 黑种草的叶鲜重变化

黑种草单株生长图

图11-19

图11-20

图11-21

图11-22

图11-23　　　　　　　　　　图11-24　　　　　　　　　　图11-25

2.3.2　黑种草不同时期的根和地上部的关系

为掌握黑种草各种性状在不同生长时期的生长动态，分别在不同时期从黑种草的每个种植小区随机取样10株，将取样所得的黑种草从茎基部剪下，根、冠分离，去除杂物，将根、冠分别在105℃下杀青30分钟后60℃下恒温2天（或2天以上干燥为止），然后放入干燥器中冷却，用1/10000的天平测量质量，以二者的比值为根冠比。

表11-4　黑种草不同时期的根和地上部的关系

调查日期（m/d）	7/25	8/12	8/20	8/30	9/10	9/21	9/30	10/15
根冠比	0.1542	0.1394	0.2306	0.2506	0.2828	0.3447	0.7890	0.8580

从表11-4可见，黑种草幼苗期根系与枝叶的生长速度有显著差异，根冠比基本在0.1542∶1，表现为幼苗出土初期，地上部分生长占优势。到8月份地上部分光合能力增强，枝叶生长一直加速，到枯萎期根冠比为0.8580∶1。

2.3.3　黑种草不同生长期干物质积累

本实验共设计3个小区。每小区取样10株，分别取营养幼苗期、营养生长期、开花期、果实期、枯萎期等5个时期的黑种草的全株,每穴以植株为中心,取长16~25cm、宽16~25cm、深20~40cm的土块,先用清水冲洗干净,注意避免丢失根量,用滤纸吸干附着的水分,然后将植株按根、茎、叶、花和果实部位装袋,于105℃杀青30min,60℃烘干至恒重,测定干物质量,并折算为公顷干物质积累量。

表11-5　黑种草各部器官总干物质重变化(kg/hm²)

调查期	根	茎	叶	花	果
幼苗期	8.30	74.70	141.10	—	—
营养生长期	124.10	348.60	481.40	—	—
开花期	274.70	564.40	423.30	41.50	—
果实期	1722.55	286.35	241.52	166.00	66.40
枯萎期	1822.10	323.70	215.60	—	622.50

说明:"—"无数据或未达到测量的数据要求。

从黑种草干物质积累与分配的数据(如表11-5所示)可以看出,在不同时期地上、地下部分各营养器官的干物质量均随黑种草的生长不断增加。在幼苗期根、茎、叶干物质总量依次为8.30kg/hm²、74.70kg/hm²、141.10kg/hm²;进入营养生长期根、茎、叶依次增加至124.10kg/hm²、348.60kg/hm²和481.40kg/hm²。进入开花期根、茎、叶、花依次为274.70kg/hm²、564.40kg/hm²、423.30kg/hm²和41.50kg/hm²;进入果实期根、茎、叶、花和果依次为1722.55kg/hm²、286.35kg/hm²、241.52kg/hm²、166.00kg/hm²和66.40kg/hm²,其中根和花增加较快,茎和叶生长有下降趋势。进入枯萎期根、茎、叶和果依次为1822.10kg/hm²、323.70kg/hm²、215.61和622.50kg/hm²,其中果实增加较快,并进入成熟期,即茎和叶进入枯萎期。

3　药材质量评价研究

3.1　药材粉末鉴定鉴别

粉末灰黑色。种皮表皮细胞暗棕色,表面观类多角形,大小不一,外壁拱起或呈乳突状。种皮内表皮细胞棕色,表面观长方形、类方形或类多角形,垂周壁连珠状增厚,平周壁有细密网状纹理。胚乳细胞多角形,内含油滴和糊粉粒。外种皮细胞方形,暗褐色,有乳突状毛,内种皮细胞长方形或多角形,有明显的细横纹或不规则的细纹;胚乳细胞多角形,内含油滴和糊粉粒。

3.2 常规检查研究（参照《中国药典》2015年版）

3.2.1 常规检查测定方法

水分 A为500ml的短颈圆底烧瓶，B为水分测定管，C为直形冷凝管，外管长40cm。使用前，全部仪器应清洁，并置烘箱中烘干。

取供试品适量（约相当于含水量1~4ml），精密称定，置A瓶中，加甲苯约200ml，必要时加干燥、洁净的无赖小瓷片数片或玻璃珠数粒，连接仪器，自冷凝管顶端加入甲苯至充满B管的狭细部分。将A瓶置电热套中或用其他适宜方法缓慢加热，待甲苯开始沸腾时，调节温度，使每秒馏出2滴。待水分完全馏出，即测定管刻度部分的水量不再增加时，将冷凝管内部先用甲苯冲洗，再用饱蘸甲苯的长刷或其他适宜方法，将管壁上附着的甲苯推下，继续蒸馏5min，放冷至室温，拆卸装置，如有水滴附在B管的管壁上，可用蘸甲苯的铜丝推下，放置使水分与甲苯完全分离（可加亚甲蓝粉末少量，使水染成蓝色，以便分离观察）。检读水量，并计算成供试品的含水量（%）。

$$水分（\%）=\frac{V}{W}\times100\%$$

式中W：供试品的重量（g）；V：检读水的体积（ml）。试验所得数据用Microsoft Excel 2013进行整理计算。

灰分 测定用的供试品须粉碎，使能通过二号筛，混合均匀后，取供试品2~3g（如需测定酸不溶性灰分，可取供试品3~5g），置炽灼至恒重的坩埚中，称定重量（准确至0.01g），缓缓炽热，注意避免燃烧，至完全炭化时，逐渐升高温度至500~600℃，使完全灰化并至恒重。根据残渣重量，计算供试品中总灰分的含量（%）。

如供试品不易灰化，可将坩埚放冷，加热水或10%硝酸铵溶液2ml，使残渣湿润，然后置水浴上蒸干，残渣照前法炽灼，至坩埚内容物完全灰化。

$$总灰分（\%）=\frac{M_2-M_1}{M_3-M_1}\times100\%$$

式中M_1：坩埚重量（g）；M_2：坩埚+灰分重量（g）；M_3：坩埚+样品重量（g）。试验所得数据用Microsoft Excel 2013进行整理计算。

浸出物 醇溶性热浸法：取供试品2~4g，精密称定，置100~250ml的锥形瓶中，精密加水50~100ml，密塞，称定重量，静置1h后，连接回流冷凝管，加热至沸腾，并保持微沸1h。放冷后，取下锥形瓶，密塞，再称定重量，用水补足减失的重量，摇匀，用干燥滤器滤过，精密量取滤液25ml，置已干燥至恒重的蒸发皿中，在水浴上蒸干后，于105℃干燥3h，置干燥器中冷却30min，迅速精密称定重量。除另有规定外，以干燥品计算供试品中水溶性浸出物的含量（%）。

$$浸出物（\%）=\frac{（浸出物及蒸发皿重-蒸发皿重）\times 加水（或乙醇）体积}{供试品的重量\times 量取滤液的体积}\times 100\%$$

$$RSD=\frac{标准偏差}{平均值}\times 100\%$$

3.2.2　结果与分析

水分　参照《中国药典》2015年版四部（第103页）第四法（甲苯法）测定。取上述采集的黑种草药材样品，测定并计算样品中含水量（质量分数，%），平均值为4.06%，所测数值计算RSD≤3.54%，在《中国药典》（2015年版，一部）黑种草项下要求水分不得超过10%，本药材符合药典规定要求（见表11-6）。

总灰分　参照《中国药典》2015年版四部（第202页）灰分测定法测定。取上述采集的黑种草药材样品，测定并计算样品中总灰分和酸不溶性灰分含量（%），总灰分含量平均值为5.88%，所测数值计算RSD≤2.90%，在《中国药典》（2015年版，一部）黑种草项下要求总灰分不得超过8%，本药材符合药典规定要求（见表11-6）。

浸出物　参照《中国药典》2015年版四部（第202页）醇溶性浸出物测定法（热浸法）测定。取上述采集的黑种草药材样品，测定并计算样品中含水量（质量分数，%），平均值为29.72%，所测数值计算RSD≤0.31%，在《中国药典》（2015年版，一部）黑种草项下要求浸出物不得少于25%，本药材符合药典规定要求（见表11-6）。

表11-6　黑种草药材样品中水分、总灰分、浸出物含量

测定项	平均（%）	RSD（%）
水分	4.06	3.54
总灰分	5.88	2.90
浸出物	29.72	0.31

本试验研究依据《中国药典》（2015年版，一部）黑种草药材项下内容，根据奈曼产地黑种草药材的实验测定结果，蒙药黑种草样品水分、总灰分、浸出物的平均含量分别为4.06%、5.88%、29.72%，符合《中国药典》规定要求。

3.3　不同产地黑种草中的常春藤皂苷元含量测定

3.3.1　实验设备、药材、试剂

仪器、设备　Agilent Technologies-1260Infinity型高效液相色谱仪，SQP型电子天平（赛多利斯科学仪器

〈北京〉有限公司），KQ-600DB型数控超声波清洗器（昆山市超声仪器有限公司），HWS26型电热恒温水浴锅。Millipore-超纯水机。

实验药材（表11-7）

表11-7 黑种草供试药材来源

编号	采集地点	采集时间	采集经度	采集纬度
Y1	内蒙古通辽市奈曼旗昂乃村（基地）	2016-09-24	120° 42′ 10″	42° 45′ 19″
Y2	新疆	2016-12-30	—	—

对照品 常春藤皂苷元（自国家食品药品监督管理总局采购，编号：111733-201205）。

试剂 甲醇（色谱纯）、水、冰醋酸、三乙胺、石油醚、正丁醇、三氯甲烷。

3.3.2 溶液的配制

色谱条件 以十八烷基硅烷键合硅胶为填充剂，以甲醇-水-冰醋酸-三乙胺（87∶13∶0.04∶0.02）为流动相，检测波长为210nm。理论板数按常春藤皂苷元峰计算应不低于3000。

对照品溶液的制备 取常春藤皂苷元对照品适量，精密称定，加甲醇制成每1ml含0.6mg的溶液，即得。

供试品溶液的制备 取本品粉末（过三号筛）约1.0g，精密称定，置索氏提取器中，加石油醚（60~90℃）适量，加热回流提取2h，弃去石油醚液，药渣挥干，加甲醇适量，继续加热回流提取4h，回收溶剂至干，残渣饱和正丁醇的水15ml使溶解，并转移至分液漏斗中，加水饱和的正丁醇振摇提取3次，每次20ml，合并正丁醇液，回收溶剂至干，残渣加甲醇20ml、盐酸加2ml，加热回流4h，放冷，加水10ml，摇匀，用三氯甲烷振摇提取3次，每次20ml，合并三氯甲烷液，回收溶剂至干，残渣加甲醇溶解，转移至10ml量瓶中，加甲醇至刻度，摇匀，滤过，取续滤液，即得。

测定法：分别精密吸取对照品溶液与供试品溶液各10μl，注入液相色谱仪，测定，即得。本品按干燥品计算，含常春藤皂苷元（$C_{30}H_{48}O_4$）不得少于0.50%。

3.3.3 实验操作

线性与范围 按3.3.2对照品溶液制备方法制备，精密吸取对照品溶液6μl、8μl、10μl、12μl、14μl，注入高效液相色谱仪，测定其峰面积值，并以进样量C（x）对峰面积值A（y）进行线性回归，得标准曲线回归方程为：$y = 405674x + 136176$，相关系数$R = 0.9998$。

结果 表11-8及图11-26，表明常春藤皂苷元进样量在3.6~8.4μg范围内，与峰面积值具有良好的线性关系，相关性显著。

表11-8 线性关系考察结果

C（μg）	3.600	4.800	6.000	7.200	8.400
A	1589730	2081583	2583285	3063853	3532636

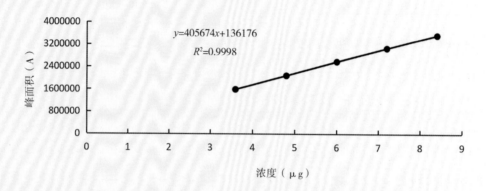

图11-26 常春藤皂苷元对照品的标准曲线图

3.3.4 样品测定

取黑种草样品约1.0g，精密称定，分别按3.3.2项下的方法制备供试品溶液，精密吸取供试品溶液各10μl，分别注入液相色谱仪，测定，并计算含量，结果见表11-9。

表11-9 黑种草样品含量测定

样品批号	n	样品（g）	常春藤皂苷元含量（%）	平均值（%）	RSD（%）
	1	1.00028	1.56		
20160924	2	1.00028	1.61	1.61	2.06
	3	1.00028	1.62		
	1	1.00071	1.91		
20161230	2	1.00071	1.89	1.89	0.56
	3	1.00071	1.89		

3.3.5 结论

按照2015年版《中国药典》中黑种草含量测定方法测定，结果奈曼基地的黑种草中常春藤皂苷元的含量符合《中国药典》规定要求。

荆 芥 ᠬᠠᠷᠠ

SCHIZONEPETAE HERBA

蒙药材荆芥为唇形科植物荆芥*Schizonepeta tenuifolia* Briq. 的干燥地上部分。

1 荆芥的研究概况

1.1 蒙药学考证

荆芥在蒙医中为驱虫药，蒙名"哈热-吉如格巴"，别名"吉如格-纳格布""吉如格"。《让热勒》中记载："有黄、黑两种，黑者为裂叶荆芥，唇形科一年生草本植物裂叶荆芥[*Schizonepeta tenuifiolia*（Benth）Birq.]或多裂叶荆芥[*Schizonepeta multifida*（L.）Birq.]的干燥地上部分。生于畜圈黑地上。茎方形，由节生枝，犹如母鹿耳或绿松石匙般形叶；子穗形如兽尾。气味芳香。"《晶川》记载："不能以花色为据，花色可能有蓝、紫、黄等。本品防治伤蛆和清蛆症。"《认药白晶鉴》中记载："吉如格巴有两种……黑种者茎方形，分枝，色紫。"《认药学》中记载："叶蓝色和果实如金搭，味辛，涩，生于地边。"《晶珠本草》中记载："防治伤蛆和清蛆肿症，宝如病、旧热病。"《植物史》中记载："吉如格巴生于田边、泉边、草原等地；船形叶，子穗形如兽尾。花褐色，气味芳香；用于肛门虫，阴道虫，皮肤虫，胃虫等病。"《无误蒙药鉴》记载："吉如格巴有两种，黑色者茎方形，节上分枝，叶似母鹿耳，花如野兽尾巴，色碧绿，上述植物形态及附图形态及附图特征与蒙医药所认用的荆芥的生境、形态特征相似，故认定历代蒙医药文献所记载的吉如格巴即哈日-吉如格巴（荆芥）。"本品为味苦、辛、涩，性温，效燥、轻；具有杀虫、防糜烂、疗伤、祛巴达干之功效。治疗阴道虫、肛门虫、肠内寄生虫及皮肤寄生虫等诸虫症以及外伤感染化脓，肌肉肿痛等疾病。

1.2 化学成分及药理作用

1.2.1 化学成分

挥发油 主要成分均为胡薄荷酮(pulegone),薄荷酮(menthone),异薄荷酮(isomenthone),异胡薄荷酮(iospulegone)。还含新薄荷醇(neomenthol),薄荷醇(menthol),辣薄荷醇(piperitone),辣薄荷烯酮(piperitenone),葛缕酮(carvone),二氢葛缕酮(dihydrocarvone),马鞭草烯酮(verbenone)等几十种。

单萜类成分 荆芥苷(schizonepetoside)A、B、C、D、E荆芥醇(schizonol),荆芥二醇(schizonodiol);黄酮类成分:香叶木素(diosmetin),橙皮苷(hesperidin),木樨草素(luteolin),芹菜素-7-O-葡萄糖苷(apiganin-7-O-β-D-glucoside),木樨草素-7-O-葡萄糖苷(luteolin-7-O-β-D-glucoside);

酚酸类成分 咖啡酸(caffeisacide),迷迭香酸(rosmarrinicacid),迷迭香酸单甲酯(rosmarrinicacidmonomethylestes),荆芥素(schizotenuin)A,1-羧基-2-(3,4-二羟苯基)乙基-(E)-3-〔3-羟基-4-[(E)-1-甲氧基羰基-2-(3,4-二羟苯基)-乙烯氧基]〕丙烯酸酯{1-carboxy-2-(3,4-dihydroxyphenyl)ethyl-(E)-3-(3-hydroxy-4-[(E)-1-methoxycarbonyl-2-(3,4-dihydroxyphenyl)ethenoxy]〕propenoate}等。荆芥穗含挥发油在1.34%,其中主要成分为胡薄荷酮和薄荷酮,还含环己酮(cyclohexanone),3-甲基环己酮,1-辛烯-3-醇,异松油烯(terpinolene),乙酸-1-辛烯酯(octen-1-olacetate),4α,5-二甲基-3-异丙基八氢萘酮〔octahydro-4α,5-dimethyl-3-(1-methylethyl)naphthalenone〕,辣薄荷酮,丁香烯,马鞭草烯酮,环辛二烯酮(cyclooctenone)等十几种。有机酸:二十四酸(tetracosanoic acid),山萮酸(behenicacid),琥珀酸(succinic acid),去氧齐墩果酸(deoxyoleanolicacid),neoenneaanetetraoicacid,又含dehydrosylvestrene。

1.2.2 药理作用

解热和降温作用 荆芥煎剂4.4g/kg(生药)腹腔注射,对伤寒、副伤寒甲菌与破伤风类毒素混合制剂所致家兔发热,有显著解热作用。荆芥挥发油0.5ml/kg灌胃,对正常大鼠有降体温作用,给药后1h体温逐渐下降,3h后较用药前体温可下降2.2℃,表明荆芥挥发油有降低正常大鼠体温的作用。

镇静作用 荆芥挥发油0.5ml/kg腹腔注射,使家兔活动明显减少,四肢肌肉略有松弛,呈镇静作用。

抗炎作用 荆芥挥发油主要成分胡薄荷酮100mg/kg灌胃对腹腔渗出的抑制率为39.8%,其抗炎主要强度与氨基比林大致相等。3-辛醇和β-蒎烯也有一定抗炎作用。荆芥花蕾中所含苯并呋喃基丙烯酸衍生物也有明显抗炎作用,在体外对3α-羟基类固醇脱氢酶的IC_{50}为2.4μg/ml。

止血作用 荆芥炭溶性提取物(StE)有显著止血作用,42mg/kg给大鼠灌胃,22mg/kg给兔灌胃或11.16mg/kg给兔腹腔注射,可显著缩短动物的凝血酶原时间(PT)、凝血酶时间(TT)、白陶土部分凝血活酶时间（KPTT）、血浆复钙时间（RT）和优球蛋白溶解时间（ELT），并能抑制纤溶活性（FA）；30mg/kg能明显缩短肝素化小鼠的凝血时间，具有体内抗肝素作用。但另有报道，荆芥在0.01～0.04g（生药）/ml时，有强大的抗凝血酶作用。

对心脏的作用　荆芥油4μg/ml使离体蟾蜍心脏心率减慢和心收缩力代偿性增强。当浓度提高至0.04mg/ml时，能明显抑制心脏收缩，直至停搏，但换液后仍可恢复跳动。荆芥所含迷迭香酸有钙拮抗剂作用，其抑制尼群地平与兔骨骼肌膜蛋白结合的IC_{50}为$1.2×10^{-6}$mol/ml。

对肠管和子宫平滑肌的作用　荆芥水煎剂对兔十二指肠平滑肌有较强的抑制作用。StE对大鼠离体子宫有一定兴奋作用，浓度为$8.0×10^{-6}$g/ml时开始作用，达$1.6×10^{-6}$g/ml时兴奋作用增强，但达$3.2×10^{-6}$g/ml时兴奋作用消失。

对机体免疫功能的影响　荆芥油对致敏豚鼠平滑肌的慢反应物质（SRS-A）释放有抑制作用，并能直接拮抗SRS-A所致豚鼠回肠的收缩，表明其有抗SRS-A作用。荆芥油对大鼠被动皮肤过敏反应均有一定抑制作用。荆芥穗50%甲醇提取物，在0.05g/ml（生药）时有中等强度的抗补体作用。从该提取物中分离出的香叶木素、木樨草素和荆芥醇在1.5mg/ml时均显示有一定程度的抗补体作用。

抗氧化作用　荆芥甲醇提取物中含有能抑制大鼠脑匀浆过氧化脂质（LPO）生成的物质。在这些物质中，迷迭香酸相关化合物的作用较强，并在甲酯化后活性增强。

抗微生物作用　荆芥100%浸液在试管内对痢疾杆菌、变形杆菌、肺炎杆菌、伤寒杆菌、大肠杆菌和金黄色葡萄球菌等也有不同程度的抑制作用。50%荆芥水煎剂有明显抑制流感病毒A_3的作用。

其他作用　荆芥提取物对地西泮受体、多巴胺受体、血管紧张Ⅱ素受体有轻度抑制作用，对胆囊收缩素、β-羟基-β-甲基戊二酸辅酶A（hmG-CoA）还原酶有较明显的抑制作用。此外荆芥对磷酸二酯酶和腺苷环化酶有抑制作用。

毒性　荆芥水煎剂小鼠腹腔注射的LD_{50}为39.8g（生药）/kg。荆芥油小鼠灌胃的LD_{50}为1.1ml/kg。荆芥炭脂溶性提取物（StE）小鼠灌胃的LD_{50}为2.652g/kg，相当原炭药41.90g/kg，为临床剂量的244～367倍。StE小鼠腹腔注射的LD_{50}为1.945g/kg。

1.3　资源分布状况

分布于新疆、甘肃、陕西、河南、山西、山东、湖北、贵州、四川及云南等地。多生于宅旁或灌丛中，海拔一般不超过2500m。自中南欧经阿富汗，向东一直分布到日本。模式标本采自欧洲。

1.4 生态习性

适应性强,我国南北均可栽培。喜温暖湿润气候,幼苗喜潮湿,怕干旱,忌积水,以疏松肥沃,排水良好的沙质土壤、油沙土、夹沙土栽培为宜。

1.5 栽培技术与采收加工

1.5.1 选地整地

生物学特性 适应性强,我国南北各地均可栽培。喜温暖湿润气候,幼苗喜潮湿,怕干旱,忌积水。以疏松肥沃,排水良好的沙质土壤、油沙土、夹沙土栽培为宜。忌连作。前作物以小麦、玉米和大豆为好。

1.5.2 繁殖方法

种子繁殖。在田间选择株壮、枝繁、穗多而密,又无病虫的单株或田块留作种用,种子需充分成熟、饱满、呈深褐色或棕褐色时采收。直播或育苗移栽。春播,于3月下旬至4月上旬为适期;秋播,于9~10月穴播,行株距各17~20cm;每亩用种量0.25~0.3kg。条播行距20cm,深5cm;每亩用种量0.5kg。撒播,每亩用种量0.5~0.75kg。育苗移栽,春播,4月上旬撒播,每亩用重量0.75~1kg。5~6月苗高约15cm时移栽,行株距20cm×15cm。奈曼地区一般选择在4月上旬至6月上旬栽种。

1.5.3 田间管理

间苗、定苗和补苗 苗期注意间苗、补苗。中耕除草1~2次,幼苗期浅锄,以免损伤幼苗。追肥以氮肥为主,适当施用磷、钾肥。一般追肥3次。幼苗期遇旱及时灌水,遇涝及时排除积水。

1.5.4 病虫害及其防治

病害及其防治 立枯病,注意排水或选用高畦栽种,发病时用50%多菌灵1000倍液浇灌;茎枯病,遇禾本科等植物轮作,选干燥地种植,雨季注意排水,增施磷、钾肥,加强田间管理,发病初期,喷50%托布津、多菌灵可湿性粉剂1000倍液每7~10日1次,连续2~3次。

虫害及其防治 银纹夜蛾、跳甲、小地老虎、蝼蛄等。另有菟丝子寄生于植株上,在菟丝子开花前收获荆芥,减少来年为害,初期一旦发现,应立即彻底清除,并用20%硫酸亚铁100倍液喷洒地面。

1.5.5 采收加工

8~9月开花穗绿时割取地上部分,晒干。也可现摘下花穗,再割取茎枝,分别晒干。

2 生物学特性研究

2.1 奈曼地区栽培荆芥物候期

2.1.1 观测方法

从通辽奈曼旗蒙药材种植基地栽培的荆芥大田中,选择10株生长良好、无病虫害、健壮植株编号挂牌,作定位观测,并记录。2016年5月起连续观测记录各定株物候出现的日期,以10株平均期作为原始值。观测应具连续性,不漏测任何一个物候期。观测时间和顺序固定,开花期上午8:00~11:30,晴天观测。观测部位以植株判断其物候期,主茎受损时另选植株,并注明。

2.1.2 物候期的划分

物候期的划分是根据栽培荆芥生长发育过程中不同时期植物生长发育的特点,并参考其他植物物候期的划分情况完成的。为划分依据统一,始、初期均以群体中植株出现开花或展叶或坐果5%~15%为标准,盛、旺期以40%~60%为标准,末期以80%~90%为标准。将荆芥的生育全过程分为播种期、出苗期、4~6叶期、分枝期、花蕾期、开花初期、盛花期、落花期、坐果初期、果实成熟期、枯萎期。出苗期为种子萌发后,幼苗露出地面2~3cm的时期;4~6叶期(伸长期)是叶生长的关键时期;分枝期是植株茎秆快速生长时期,其与伸长期基本同季,是植物营养生长高峰期;现蕾开花期是植株现蕾开花时期;坐果初期是荆芥开始坐果的时期;果实成熟期是整株植物结实及果实成熟的关键时期,其与现蕾开花期组成荆芥的生殖生长期;枯萎期是根据植株在夏末、秋初出现春发植株大量死亡现象而设置的一个生育时期;播种期是荆芥实际播种的日期。

2.1.3 物候期观测结果

一年生荆芥播种期为5月13日,出苗期自6月2日起历时9天,4~6叶期为6月末开始至7月初历时5天,分枝期共16天,花蕾期自7月下旬始共10天,开花初期为7月下旬至8月上旬历时12天,盛花期历时15天,落花期自9月18日至9月28日历时10天,坐果初期共计6天,枯萎期历时10天。

表12-1-1 荆芥物候期观测结果(m/d)

年份 \ 时期	播种期	出苗期	4~6叶期	分枝期	花蕾期	开花初期
一年生	5/13	6/2~6/11	6/26~7/1	6/30~7/16	7/26~8/6	7/28~8/10

表12-1-2　荆芥物候期观测结果（m/d）

年份 ＼ 时期	盛花期	落花期	坐果初期	果实成熟期	枯萎期
一年生	9/1～9/16	9/18～9/28	9/28～10/3	10/3～10/12	10/5～10/15

2.2　形态特征观察研究

多年生植物。茎坚强，基部木质化，多分枝，高40～150cm，基部近四棱形，上部钝四棱形，具浅槽，被白色短柔毛。叶卵状至三角状心脏形，长2.5～7cm，宽2.1～4.7cm，先端钝至锐尖，基部心形至截形，边缘具粗圆齿或牙齿，草质，上面黄绿色，被极短硬毛，下面略发白，被短柔毛但在脉上较密，侧脉3～4对，斜上升，在上面微凹陷，下面隆起；叶柄长0.7～3cm，细弱。花序为聚伞状，下部的腋生，上部的组成连续或间断、较疏松或极密集的顶生分枝圆锥花序，聚伞花序呈二歧状分枝；苞叶叶状，或上部的变小而呈披针状，苞片、小苞片钻形，细小。花萼开花时管状，长约6mm，径1.2mm，有白色短柔毛，内面仅萼齿被疏硬毛，齿锥形，长1.5～2mm，后齿较长，花后花萼增大成瓮状，纵肋十分清晰。花冠白色，下唇有紫点，外被白色柔毛，内面在喉部被短柔毛，长约7.5mm，冠筒极细，径约0.3mm，自萼筒内骤然扩展成宽喉，冠檐二唇形，上唇短，长约2毫米，宽约3mm，先端具浅凹，下唇3裂，中裂片近圆形，长约3mm，宽约4mm，基部心形，边缘具粗牙齿，侧裂片圆裂片状。雄蕊内藏，花丝扁平，无毛。花柱线形，先端2等裂。花盘杯状，裂片明显。子房无毛。小坚果卵形，几三棱状，灰褐色，长约1.7mm，径约1mm。花期7～9月，果期9～10月。

荆芥形态特征例图

图12-1　　　　　　　　　　　　　　　　　　图12-2

图12-3　　　　　　　　　　图12-4

2.3　生长发育规律

2.3.1　荆芥营养器官生长动态

（1）荆芥地下部分生长动态　为掌握荆芥各种性状在不同生长时期的生长动态，分别在不同时期对荆芥的根长、根粗、侧根数、根鲜重等性状进行了调查（见表12-2）。

表12-2　一年生荆芥地下部分生长情况

调查日期 （m/d）	根长 （cm）	根粗 （cm）	侧根数 （个）	侧根长 （cm）	侧根粗 （cm）	根鲜重 （g）
7/30	7.79	0.1332	—	—	—	0.23
8/10	9.78	0.1952	0.7	2.64	—	0.48
8/20	9.80	0.3316	1.7	3.91	0.1017	0.98
8/30	12.68	0.5059	6.1	5.60	0.1444	1.50
9/10	14.66	1.0542	6.4	9.05	0.2840	4.37
9/20	16.91	1.1692	6.6	9.81	0.34994	4.74
9/30	15.27	1.1836	7.3	12.48	0.4039	6.77
10/15	17.42	1.1563	7.6	13.42	0.3769	6.87

说明："—"无数据或未达到测量的数据要求。

荆芥根长的变化动态　从图12-5可见,7月30日至10月15日根长一直缓慢增长,说明荆芥根长是在长期生长。

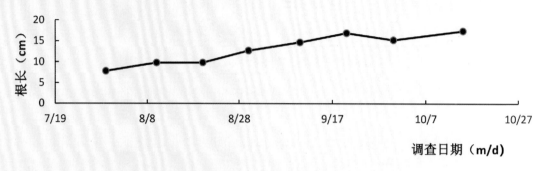

图12-5　荆芥的根长变化

荆芥根粗的变化动态　从图12-6可见,荆芥的根粗从7月30日至8月30日均呈稳定的增长趋势,但是速度缓慢。8月30日至9月10日快速增长,9月10日开始呈稳定趋势并缓慢下降,说明这是因荆芥在后期根的水分流失而逐渐干枯所致。

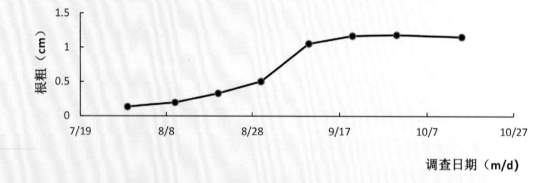

图12-6　荆芥的根粗变化

荆芥侧根数的变化动态　从图12-7可见,7月30日至8月20日荆芥侧根数增加缓慢,8月20日至8月30日侧根数进入快速增加期,8月30日至10月15日侧根数增加缓慢,其后侧根数的变化不大,这是因为荆芥进入了生理指标稳定期。

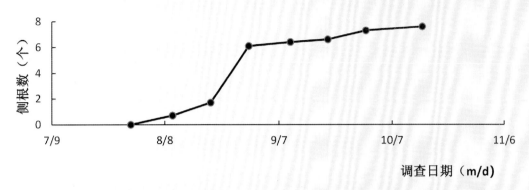

图12-7 荆芥的侧根数变化

荆芥侧根长的变化动态 从图12-8可见，7月30日至10月15日侧根长均呈稳定的增长趋势。

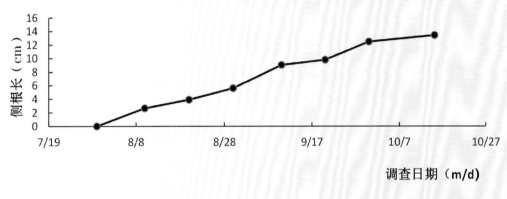

图12-8 荆芥的侧根长变化

荆芥侧根粗的变化动态 从图12-9可见，8月10日至9月30日侧根粗稳定增加，其后侧根粗的变化不大。

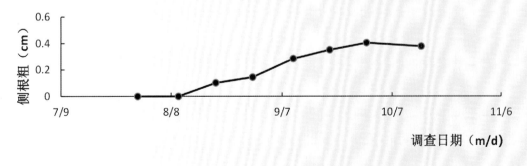

图12-9 荆芥的侧根粗变化

荆芥根鲜重的变化动态 从图12-10可见，7月30日至9月30日根鲜重基本上均呈稳定的增加趋势，生长后期稍快，9月30日之后无明显变化。

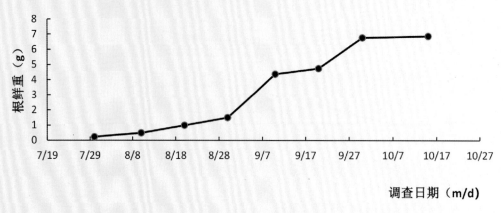

图12-10 荆芥的根鲜重变化

（2）荆芥地上部分生长动态　为掌握荆芥各种性状在不同生长时期的生长动态，分别在不同时期对荆芥的株高、叶数、分枝数、茎鲜重、叶鲜重等性状进行了调查（见表12-3）。

表12-3　荆芥地上部分生长情况

调查日期（m/d）	株高（cm）	叶数（个）	分枝数（个）	茎粗（cm）	茎鲜重（g）	叶鲜重（g）
7/25	17.82	39.8	—	0.1478	0.71	0.8
8/12	34.7	64.7	—	0.225	1.17	1.63
8/20	44.65	91.3	2	0.366	3.52	4.02
8/30	60.21	145.3	3.1	0.4691	9.7	8.57
9/10	80.18	197.7	3.4	0.625	32.54	9.07
9/21	115.5	257.5	3.9	0.7792	36.26	10.6
9/30	118.48	206.4	4.2	0.8045	35.63	8.4
10/15	107.98	—	4.8	0.8183	21.51	—

说明："—"无数据或未达到测量的数据要求。

荆芥株高的生长变化动态　从图12-11中可见，7月25日至9月21日是株高缓慢增长时期，9月21日至9月30日呈稳定状态，之后开始株高逐渐下降，是因为荆芥穗开始成熟收割或者叶片开始逐渐脱落所致。

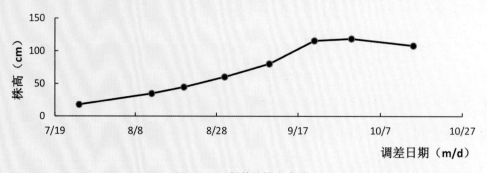

图12-11　荆芥的株高变化

荆芥叶数的生长变化动态 从图12-12可见，7月25日至9月21日叶数一直增加，但是速度稳定；9月21日后叶数迅速变少，说明这一时期荆芥下部叶片在枯死、脱落，所以叶片数在减少。

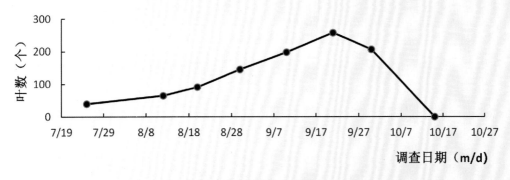

图12-12 荆芥的叶数变化

在不同生长时期荆芥分枝数的变化情况 从图12-13可见，7月25日至9月30日是分枝数快速增加期，而且生长很平稳，其后分枝数呈现很稳定的状态。

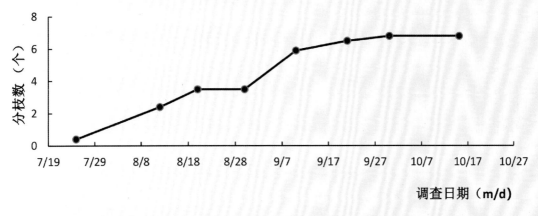

图12-13 荆芥的分枝数变化

荆芥茎粗的生长变化动态 从图12-14可见，7月25日至8月12日是茎粗的缓慢增长期，8月12日至9月30日是茎粗的快速增加期，其后增长较缓慢并趋于平稳状态。

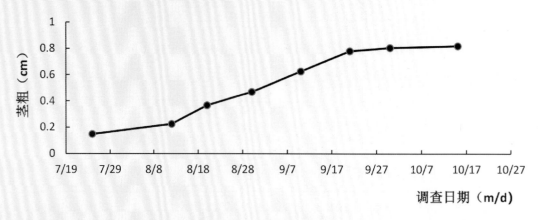

图12-14　荆芥的茎粗变化

荆芥茎鲜重的变化动态　从图12-15可见，7月25日至8月30日是茎鲜重缓慢增长期，8月30日至9月20日是茎鲜重快速增加期；其后茎鲜重开始缓慢降低，这可能是由于生长后期茎逐渐干枯所致。

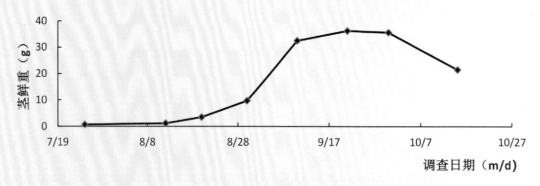

图12-15　荆芥的茎鲜重变化

荆芥叶鲜重的变化动态　从图12-16可见，7月25日至9月21日是叶鲜重增长期；自9月21日开始叶鲜重开始降低，这可能是由于生长后期叶片逐渐脱落和叶片逐渐干枯所致。

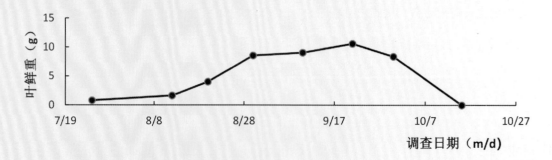

图12-16　荆芥的叶鲜重变化

（3）荆芥单株生长图

图12-17

图12-18

图12-19

图12-20

图12-21   图12-22

2.3.2 荆芥不同时期的根和地上部的关系

为掌握荆芥各种性状在不同生长时期的生长动态,分别在不同时期从荆芥的每个小区随机取样10株,将取样所得的荆芥从茎基部剪下,根、冠分离,去除杂物,将根、冠分别在105℃下杀青30分钟后60℃恒温2天(或2天以上干燥为止),然后放入干燥器中冷却,用1/10000的天平测量质量,以二者的比值为根冠比。

表12-4   荆芥不同时期的根和地上部的关系

调查日期（m/d）	7/25	8/12	8/20	8/30	9/10	9/21	9/30	10/15
根冠比	0.2067	0.3646	0.1013	0.1484	0.0925	0.0854	0.0730	0.2434

从表12-4可见,荆芥幼苗期根系与枝叶的生长速度有显著差异,幼苗出土初期根冠比为0.2067:1,地上部分生长占优势。8月中旬由于地上部光合能力增强,枝叶生长加速,到9月10日根冠比为0.0925:1。枯萎期根冠比为0.2434:1。

2.3.3 荆芥不同生长期干物质积累

本实验共设计3个小区。每小区取样10株,分别取营养幼苗期、营养生长期、开花期、果实期、枯萎期等5个时期的荆芥全株,每穴以植株为中心,取长16~25cm、宽16~25cm、深20~40cm的土块,先用清水冲洗干净,注意避免丢失根量,用滤纸吸干附着的水分,然后将植株按根、茎、叶、花和果实部位装袋,于105℃杀青30min,60℃烘干至恒重,测定干物质量,并折算为公顷干物质积累量。

表12-5　荆芥各器官总干物质重变化(kg/hm²)

调查期	根	茎	叶	花和果
幼苗期	80.00	184.00	208.00	—
营养生长期	160.00	520.00	936.00	—
开花期	560.00	1792.00	1760.00	1904.00
果实期	1824.00	13200.00	4336.00	6928.00
枯萎期	1744.00	12744.00	3880.00	1789.00

说明:"—"无数据或未达到测量的数据要求。

从荆芥干物质积累与分配的数据(表12-5)可以看出,在不同时期均表现地上、地下部分各营养器官的干物质量均随荆芥的生长不断增加。在幼苗期根、茎、叶干物质总量依次为80.00kg/hm²、184.00kg/hm²、208.00kg/hm²;进入营养生长期根、茎、叶依次增加至160.00kg/hm²、520.00kg/hm²和936.00kg/hm²,其中茎和叶增加较快。进入开花期根、茎、叶、花和果依次增加至560.00kg/hm²、1792.00kg/hm²、1760.00kg/hm²和1904.00kg/hm²;进入果实期根、茎、叶、花和果依次增加至1824.00kg/hm²、13200.00kg/hm²、4336.00kg/hm²、6928.00kg/hm²。进入枯萎期根、茎、叶、花和果依次为1744.00kg/hm²、12744.00kg/hm²、3880.00kg/hm²、1789.00kg/hm²,各器官生长具有下降的趋势。

3　药材质量评价研究

3.1　常规检查研究(参照《中国药典》2015版)

3.1.1　常规检查测定方法

水分　甲苯法,取供试品适量(约相当于含水量1~4ml),精密称定,置A瓶中,加甲苯约200ml,必要时加入干燥、洁净的无赖小瓷片数片或玻璃珠数粒,连接仪器,自冷凝管顶端加入甲苯至充满B管的狭细部分。将A瓶置电热套中或用其他适宜方法缓缓加热,待甲苯开始沸腾时,调节温度,使每秒馏出2滴。待水分完全馏出，即测定管刻度部分的水量不再增加时，将冷凝管内部先用甲苯冲洗，再用饱蘸甲苯的长刷或其他适宜方法，将管壁上附着的甲苯推下，继续蒸馏5min，放冷至室温，拆卸装置，如有水附在B管的管壁上，可用蘸甲苯的铜丝推下，放置使水分与甲苯完全分离（可加亚甲蓝粉末少许，使水染成蓝色，以便分离观察）。检读水量，并计算成供试品的含水量（%）。

$$水分（\%）=\frac{V}{W}\times100\%$$

式中W：供试品的重量（g）；V：检读的水的体积（ml）。试验所得数据用Microsoft Excel 2013进行整理计算。

总灰分及酸不溶性灰分　总灰分测定法：测定用的供试品须粉碎，使能通过二号筛，混合均匀后，取供试品2~3g（如需测定酸不溶性灰分，可取供试品3~5g），置炽灼至恒重的坩埚中，称定重量（准确至0.01g），缓缓炽热，注意避免燃烧，至完全炭化时，逐渐升高温度至500~600℃，使完全灰化并至恒重。根据残渣重量，计算供试品中总灰分的含量（%）。如供试品不易灰化，可将坩埚放冷，加热水或10%硝酸铵溶液2ml，使残渣湿润，然后置水浴上蒸干，残渣照前法炽灼，至坩埚内容物完全灰化。

酸不溶性灰分测定法：取上项所得的灰分，在坩埚中小心加入稀盐酸约10ml，用表面皿覆盖坩埚，置水浴上加热10min，表面皿用热水5ml冲洗，洗液并入坩埚中，用无灰滤纸滤过，坩埚内的残渣用水洗于滤纸上，并洗涤至洗液不显氯化物反应为止。滤渣连同滤纸移置同一坩埚中，干燥，炽灼至恒重。根据残渣重量，计算供试品中酸不溶性灰分的含量（%）。

$$总灰分（\%）=\frac{M_2-M_1}{M_3-M_1}\times100\%$$

式中M_1：坩埚重量（g）；M_2：坩埚+灰分重量（g）；M_3：坩埚+样品重量（g）。试验所得数据用Microsoft Excel 2013进行整理计算。

$$酸不溶性灰分（\%）=\frac{M_2-M_1}{M_3-M_1}\times100\%$$

式中M_1：坩埚重量（g）；M_2：坩埚和酸不溶灰分的总重量（g）；M_3：坩埚和样品总质量（g）。试验所得数据用Microsoft Excel 2013进行整理计算。

$$RSD=\frac{标准偏差}{平均值}\times100\%$$

3.1.2　结果与分析

水分　参照《中国药典》2015年版四部（第103页）第二法（烘干法）测定。取上述采集的荆芥药材样品，测定并计算荆芥药材样品中含水量（质量分数，%），平均值为4.46%，所测数值计算RSD≤2.34%，在

《中国药典》(2015年版,一部)荆芥药材项下要求水分不得过12.0%,本药材符合药典规定要求(见表12-6)。

总灰分 参照《中国药典》2015年版四部(第202页)灰分测定法测定。取上述采集的荆芥药材样品,测定并计算荆芥药材样品中总灰分和酸不溶性灰分含量(%),总灰分含量平均值为6.72%,所测数值计算RSD≤0.36%;酸不溶性灰分含量平均值为0.27%,所测数值计算RSD≤1.41%,在《中国药典》(2015年版,一部)荆芥药材项下要求总灰分不得过10.0%,酸不溶性灰分不得超过3.0%,本药材符合药典规定要求(见表12-6)。

表12-6 荆芥药材样品中水分、总灰分、酸不溶性灰分含量

测定项	平均(%)	RSD(%)
水分	4.46	2.34
总灰分	6.72	0.36
酸不溶性灰分	0.27	1.41

本试验研究依据《中国药典》(2015年版,一部)荆芥药材项下内容,根据奈曼产地荆芥药材的实验测定结果,蒙药材荆芥样品水分、总灰分、酸不溶性灰分的平均含量分别为4.46%、6.72%、0.27%,符合《中国药典》规定要求。

3.2 不同产地荆芥中的胡薄荷酮含量测定

3.2.1 实验设备、药材、试剂

仪器、设备 Agilent Technologies-1260Infinity型高效液相色谱仪,SQP型电子天平(赛多利斯科学仪器〈北京〉有限公司),KQ-600DB型数控超声波清洗器(昆山市超声仪器有限公司),HWS26型电热恒温水浴锅。Millipore-超纯水机。

实验药材(表12-7)

表12-7 荆芥供试药材来源

编号	采集地点	采集时间	采集经度	采集纬度
Y1	内蒙古自治区通辽市奈曼旗昂乃(基地)	2016-10-15	120° 42′ 10″	42° 45′ 19″
Y2	通辽市同士药店	2016-12-30	—	—

对照品 胡薄荷酮(自国家食品药品监督管理总局采购)。

试剂 甲醇(色谱纯)、水。

3.2.2 实验方法

色谱条件 按照高效液相色谱法(2015年版《中国药典》通则0512)测定。

色谱条件与系统适用性试验 以十八烷基硅烷键合硅胶为填充剂,以甲醇-水(80:20)为流动相,检测波长为252nm。理论板数按胡薄荷酮峰计算应不低于3000。

对照品溶液的制备 取胡薄荷酮对照品适量,精密称定,加甲醇制成每1ml含10μg的溶液,即得。

供试品溶液的制备 取本品粉末(过二号筛)约0.5g,精密称定,置具塞锥形瓶中,加甲醇10ml,超声处理(功率250W,频率50kHz)20min,滤过,滤渣和滤纸再加甲醇10ml,同法超声处理一次,滤过,加甲醇适量洗涤2次,合并滤液和洗液,转移至25ml量瓶中,加甲醇至刻度,摇匀,即得。

测定法 分别精密吸取对照品溶液与供试品溶液各10μl,注入液相色谱仪,测定,即得。

本品按干燥品计算,含胡薄荷酮($C_{10}H_{16}O$)不得少于0.020%。

3.2.3 实验操作

线性与范围 按3.2.2对照品溶液制备方法制备,精密吸取对照品溶液5μl、8μl、10μl、12μl、15μl,注入高效液相色谱仪,测定其峰面积值,并以进样量C(x)对峰面积值A(y)进行线性回归,得标准曲线回归方程为:$y = 4000000x - 8667.2$,相关系数$R = 0.9998$。

结果 胡薄荷酮进样量在0.05~0.15μg范围内,与峰面积值具有良好的线性关系,相关性显著(见表12-8,图12-23)。

表12-8 线性关系考察结果

C/(μg)	0.050	0.080	0.100	0.120	0.150
A	198019	322813	399940	486464	610796

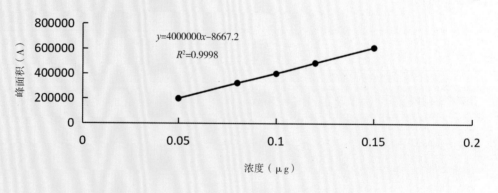

图12-23 胡薄荷酮对照品的标准曲线图

3.2.4 样品测定

取荆芥样品约0.5g,精密称取,分别按3.3.2项下的方法制备供试品溶液,精密吸取供试品溶液各10μl,分别注入液相色谱仪,测定,并干燥品计算含量(见表12-9)。

表12-9 荆芥样品含量测定结果

样品批号	n	样品(g)	胡薄荷酮含量(%)	平均值(%)	RSD(%)
	1	0.5001	0.43		
20161015	2	0.5001	0.39	0.43	5.55
	3	0.5001	0.42		
	1	0.5006	0.04		
20161230	2	0.5006	0.04	0.04	2.17
	3	0.5006	0.04		

3.2.5 结论

按照2015年版《中国药典》中荆芥含量测定方法测定,结果奈曼基地的荆芥中胡薄荷酮的含量符合《中国药典》规定要求。

4 经济效益分析

4.1 市场前景分析

荆芥具有发汗解表、祛风功效,主治感冒风寒、发热恶寒、无汗、头痛、身痛等症。为常用中药材。荆芥主产河北安国周边,又称"祁荆芥",是著名的"祁八味"之一。近几年随各地引种试种,面积有所扩大,但由于近两年行情效益不好,各地缩减面积较大,其他零星新产区基本停止种植,主要种植面积又集中到了安国周边。

近年价低,种植萎缩,但库存消耗需要一个过程,种植风险不大,但没收益。

4.2 投资预算

荆芥种子 市场价每千克在30元,每亩地用1.5kg种子,合计为45元。

种前整地和播种 施底肥、灌溉、犁地、耙地和播种,底肥包括1000kg有机肥,50kg复合肥,其中有机肥每吨120元,复合肥每袋120元,灌溉一次需要电费50元,犁、耙、播种一亩地各需要50元,以上合计共需要费用440元。

田间管理 整个生长周期抗病除草需要4次，每次人工成本加药物成本约100元，合计约400元。灌溉6次，费用300元。追施复合肥每亩50kg，叶面喷施叶面肥2次，成本约200元。综上，荆芥田间管理成本为900元。

采收与加工 收获成本（机械燃油费和人工费）每亩约需300元。

合计成本 45+440+900+300=1685元

4.3 产量与收益

2018年市场价格，全荆芥在5～6元/千克，亩产500～600kg，按最高产量、计算，收益为：1315～1915元/（亩·年）。

急性子 ᠵᠠᠭᠠᠨ ᠬᠠᠮᠠᠷ ᠴᠡᠴᠡᠭ

IMPATIENTIS SEMEN

蒙药材急性子为凤仙花科植物凤仙花 *Impatiens balsamina* L.的干燥花。

1 急性子的研究概况

1.1 蒙药学考证

急性子为常用利尿消肿药,蒙古名"扎阿内–哈玛尔–其其格",别名"朗尼莫得嘎"。《无误蒙药鉴》中载:"具有愈伤、利水的功效,临床上用于尿闭,水肿,膀胱热,关节肿痛,骨'协日乌苏'病。其种子,中药材名急性子,有软坚消积、降气行淤等功效。急性子为独茎,紫绿色裂叶、对生,像紫草茸,中间开状如大象鼻样花。"《晶珠本草》记载:"愈伤,分解水。"《认药学》记载:"急性子为生于阳阴地,独根和茎,粉色花,花瓣细,愈创伤,像紫草茸,中间开状如大象鼻样花,凤花。"《认药白晶鉴》载:"根、茎单一,叶多,花暗紫色,具距突似象鼻。"上述植物形态及附图形态与蒙医药所认用的急性子之形状特征基本相符,故认定其为历代蒙医药文献所记载的"扎阿内–哈玛尔–其其格"(急性子)。本品为味甘,性凉,效钝、轻、柔、燥;利尿,愈伤,燥协日乌素,主要用于尿闭、水肿、膀胱热、月经不调、瘙痒、关节酸痛等。

1.2 化学成分及药理作用

1.2.1 化学成分

脂肪酸 十八碳四烯酸(parinaric acid)约占27%。9–十八碳烯酸–1–甘油酯〔(R、Z)–glycerol–1–(9–octadecenoate)〕、棕榈酸 (palmitic acid)、硬脂酸(stearic acid)、油酸(oleic acid)和棕榈酸乙酯(ethyl palmi–tate)、硬脂酸乙酯(ethyl stearate)、油酸乙酯(ethyl oleate),蒽醌苷类。

甾醇类成分 凤仙甾醇（balsaminasterol）、α-菠菜甾醇（α-spinasterol）、β-谷甾醇（β-sitosterol）。

三萜类成分 β-香树脂醇（β-amyrin）、凤仙萜四醇（hosenkol）-A。

黄酮类 山柰酚（kaempferol）、山柰酚-3-葡萄糖苷（kaempfero1-3-glucoside）、山柰酚-3-葡萄糖鼠李糖苷（kaempferol-3-glucosyl-rhamnoside）。

1.2.2 药理作用

抗生育作用 急性子煎剂3g/kg给小鼠灌胃，连续10日，第五日开始雌雄合笼，停药35日后剖检，避孕率达到100%，此作用与争性子可抑制排卵、使子宫和卵巢萎缩有关。

抗菌作用 水煎剂对金黄色葡萄球菌、溶血性链球菌、铜绿假单胞菌、福氏痢疾杆菌、宋内痢疾杆菌、伤寒杆菌均有不同程度的抑制作用。

抗过敏作用 急性子35%乙醇提取物可抑制鸡蛋白溶菌酶特异性过敏小鼠血压下降，对正常小鼠或只以鸡蛋白溶菌酶激发而未致敏的小鼠注射，未发现有升压作用。在被动皮肤过敏反应实验（PCA）中，急性子乙醇提取物可减少PCA反应蓝斑点的直径，提示急性子乙醇提取物可抑制抗体的产生。其抗过敏作用不同于H_1受体阻滞剂盐酸苯海拉明（DPH）的作用，急性子乙醇提取物明显抑制一氧化氮（NO）依赖性血压降低，其作用机制为抗NO作用。凤仙花乙醇提取物可明显抑制血小板激活因子（PAF）依赖性低血压和引发剂所致的低血压，认为抗过敏机制为抗PAF及脱颗粒抑制作用。

对子宫平滑肌的作用 急性子糖浆对小鼠离体子宫，煎剂、酊剂水浸剂对未孕兔离体子宫及已孕或未孕兔静注或肌注急性子水浸剂0.05~0.3g/kg亦有兴奋子宫作用。

其他作用 凤仙花水浸液（1:3）在试管内抑制堇色毛癣菌、许兰黄癣菌等多种致病真菌。凤仙花中的两种1,4-萘醌的钠盐有选择性环加氧酶-2（COX-2）抑制作用。

1.3 资源分布状况

急性子科共有900多种植物，但仅有4个属，其中急性子（急性子）属占有绝对优势。急性子别名小桃红、金凤子、山金凤、指甲花、金凤花（江西）、凤仙透骨草、列毫薄（彝族）、海莲花（河北）、灯盏花（湖北）。主产于安徽、江苏、浙江、河北、江西等地，其他各地亦产，以安徽产量较大。我国各地庭、园广泛栽培，为习见的观赏花卉。

1.4　栽培技术与采收加工

1.4.1　繁殖方法

一般用种子繁殖,可将种子直播或育苗移栽。栽培前施足基肥,整平耙细土地。种子直播在清明至立夏前后均可进行,按行距60~80cm、沟深1.5cm进行条播,播后覆土踩实,浇透水,苗高10cm左右时按株距50~60cm间苗定苗;育苗移栽,先做好苗床,在畦内开1.6cm左右的横沟,将种子均匀撒入沟中,覆土、耧平、浇水,苗高10cm左右时适当拔除过密的苗,苗高15cm左右时移栽大田,按行距60~80cm、株距50~60cm进行移栽,移栽后浇水保墒。

1.4.2　田间管理

间苗、定苗和补苗　间苗与松土除草:当苗高10cm左右时间苗,并结合松土除草,根部培土,以防倒伏。苗高15cm左右时,松土1次,保持土壤干松,促使植株扎根、茎秆粗壮。

中耕除草和追肥　当苗高40cm左右时,可去掉植株下部的老叶,摘去顶尖,促其多发枝。此时可适当浇施稀粪水,肥不宜过浓,否则易引起根和茎的腐烂。开花前追施1次腐熟的厩肥,每株1kg左右,在植株旁开沟施入后覆土,施肥后浇水。

1.4.3　病虫害及其防治

病害及其防治　病害有白粉病,危害叶片。发现病株后,用0.3波美度石硫合剂防治,每周1次,连续2~3次;适当增加通风度,及时排除田间积水。

虫害及其防治　幼苗期易受地老虎危害,防治方法与其他农作物相同。

1.4.4　采收加工

急性子在果实八成熟时开始采收。因种子易迸出果实,应随采随收,去净杂质,晒干即可。急性子宜在盛花期采收,忌晒,要阴干。透骨草即凤仙全草,在果实全熟后及时割取,反复晾晒,保持颜色赤黄,忌黑霉。

2　生物学特性研究

2.1　奈曼地区栽培急性子物候期

2.1.1　观测方法

从通辽市奈曼旗蒙药材种植基地栽培的急性子大田中,选择10株生长良好、无病虫害的健壮植株编号挂牌，作定位观测，并记录。2016年5月至2016年11月间连续观测记录各定株物候出现的日期，以10株平均期作为原始值。观测应具连续性，不漏测任何一个物候期。观测时间和顺序固定，开花期上午8：00~11：30，晴天观测。观测部位以植株判断其物候期，主茎受损时另选植株，并注明。

2.1.2 物候期的划分

物候期的划分是根据栽培急性子生长发育过程中不同时期植物生长发育的特点，并参考其他植物物候期的划分情况完成的。为了划分依据统一，始、初期均以群体中植株出现开花或展叶或坐果5%~15%为标准，盛、旺期以40%~60%为标准，末期以80%~90%为标准。将急性子的生育全过程分为播种期、出苗期、4~6叶期、分枝期、花蕾期、开花初期、盛花期、落花期、坐果初期、果实成熟期、枯萎期。出苗期为种子萌发后，幼苗露出地面2~3cm的时期；4~6叶期（伸长期）是叶生长的关键时期；分枝期是植株茎秆快速生长时期，其与伸长期基本同季，是植物营养生长高峰期；现蕾开花期是植株现蕾开花时期；坐果初期是急性子开始坐果的时期；果实成熟期是整株植物结实及果实成熟的关键时期，其与现蕾开花期组成急性子的生殖生长期；枯萎期是根据植株在夏末、秋初出现春发植株大量死亡现象而设置的一个生育时期；播种期是急性子实际播种日期。

2.1.3 物候期观测结果

一年生急性子播种期为5月23日，出苗期自6月3日起历时7天，4~6叶期为6月中旬开始至下旬历时12天，分枝期共6天，花蕾期自7月中旬始共3天，开花初期为7月下旬历时6天，盛花期历时20天，落花期自8月18日至9月1日历时13天，坐果初期共计8天，枯萎期历时5天。

表13-1-1 急性子物候期观测结果（m/d）

年份 \ 时期	播种期	出苗期	4~6叶期	分枝期	花蕾期	开花初期
一年生	5/23	6/3~6/10	6/14~6/26	7/8~7/14	7/16~7/19	7/22~7/28

表13-1-2 急性子物候期观测结果（m/d）

年份 \ 时期	盛花期	落花期	坐果初期	果实成熟期	枯萎期
一年生	7/22~8/12	8/18~9/1	8/24~9/2	9/1~9/12	9/15~9/20

2.2 形态特征观察研究

一年生草本，高60~100cm。茎粗壮，肉质，直立，不分枝或有分枝，无毛或幼时被疏柔毛，基部直径可达8mm，具多数纤维状根，下部节常膨大。叶互生，最下部叶有时对生；叶片披针形、狭椭圆形或倒披针形，长4~12cm、宽1.5~3cm，先端尖或渐尖，基部楔形，边缘有锐锯齿，向基部常有数对无柄的黑色腺体，两面无毛或被疏柔毛，侧脉4~7对；叶柄长1~3cm，上面有浅沟，两侧具数对具柄的腺体。花单生或2~3朵簇生于叶腋，无总花梗，白色、粉红色或紫色，单瓣或重瓣；花梗长2~2.5cm，密被柔毛；苞片线形，位于花梗的基部；侧生萼片2，卵形或卵状披针形，长2~3mm，唇瓣深舟状，长13~19mm，宽4~8mm，被柔毛，基部急尖成长1~2.5cm内弯的距；旗瓣圆形兜状，先端微凹，背面中肋具狭龙骨状突起，顶端具小尖，翼瓣具短柄，长23~35mm，2裂，下部裂片小，倒卵状长圆形，上部裂片近圆形，先端2浅裂，外缘近基部具小耳；雄蕊5，花丝线形，花药卵球形，顶端钝；子房纺锤形，密被柔毛。蒴果宽纺锤形，长10~20mm，两端尖，密被柔毛。种子多数，圆球形，直径1.5~3mm，黑褐色。花期7~10月。

急性子形态特征例图

图13-1

图13-2

图13-3

图13-4

图13-5

图13-6

图13-7

2.3 生长发育规律

2.3.1 急性子营养器官生长动态

（1）急性子地下部分生长动态　为掌握急性子各种性状在不同生长时期的生长动态，分别在不同时期对急性子的根长、根粗、侧根数、根鲜重等性状进行了调查（见表13-2）。

表13-2　急性子地下部分生长情况

调查日期 （m/d）	根长 （cm）	根粗 （cm）	侧根数 （个）	侧根长 （cm）	侧根粗 （cm）	根鲜重 （g）
7/30	6.08	0.1234	—	—	0.0585	1.056

续表

调查日期 （m/d）	根长 （cm）	根粗 （cm）	侧根数 （个）	侧根长 （cm）	侧根粗 （cm）	根鲜重 （g）
8/10	9.98	0.2967	—	—	0.139	4.31
8/20	12.99	0.3875	2	3.6	0.1795	8.3
8/30	14.11	0.4786	2.8	4.12	0.2298	13.32
9/10	18.80	0.6012	3.2	4.98	0.2899	15.35
9/20	20.7	0.7921	4.1	5.21	0.3559	18.85
9/30	23.08	0.9481	4.8	5.98	0.4392	22.5
10/15	25.08	1.1346	5.25	6.57	0.5598	22.5

说明："—"无数据或未达到测量的数据要求。

急性子根长的变化动态　从图13-8可见，7月30日至10月15日根增长速度缓慢而稳定，说明急性子根在整个生长过程中一直在缓慢增长。

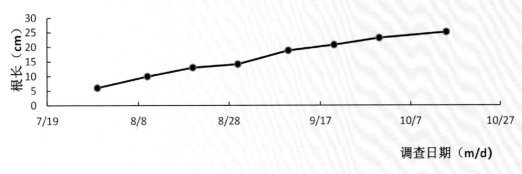

图13-8　急性子的根长变化

急性子根粗的变化动态　从图13-9可见，急性子的根粗从7月30日至10月15日均呈稳定的增长趋势，说明急性子根粗始终在增加，生长速度平稳。

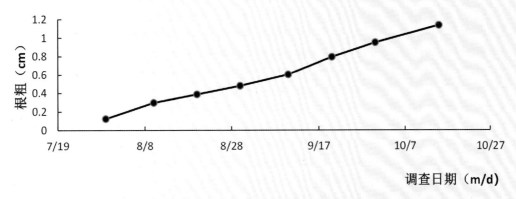

图13-9　急性子的根粗变化

急性子侧根数的变化动态　从图13-10可见,急性子在7月30日至8月10日侧根太细达不到调查标准,从8月10日至10月15日是侧根数的稳定增加时期,其后侧根数的变化不大。

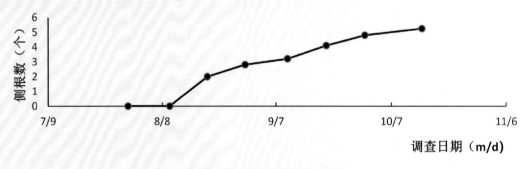

图13-10　急性子的侧根数变化

急性子侧根长的变化动态　从图13-11可见,8月10日至10月15日侧根长均呈稳定的增长趋势。

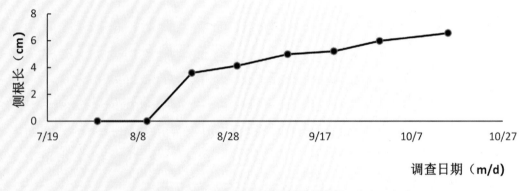

图13-11　急性子的侧根长变化

急性子侧根粗的变化动态　从图13-12可见,7月30日至10月15日侧根粗一直稳定增长。

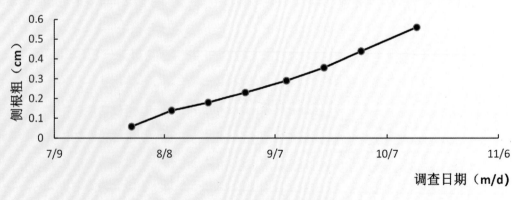

图13-12　急性子的侧根粗变化

急性子根鲜重的变化动态 从图13-13可见,7月30日至9月30日根鲜重基本上均呈稳定的增加趋势,9月30日之后无明显变化。

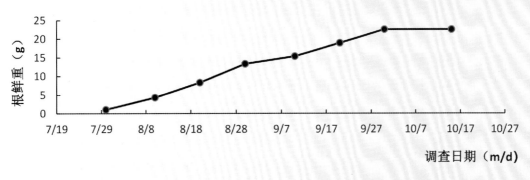

图13-13 急性子的根鲜重变化

(2)**急性子地上部分生长动态** 为掌握急性子各种性状在不同生长时期的生长动态,分别在不同时期对急性子的株高,叶数,分枝数,茎、叶鲜重等性状进行了调查(见表13-3)。

表13-3 急性子地上部分生长情况

调查日期 （m/d）	株高 （cm）	叶数 （个）	分枝数 （个）	茎粗 （cm）	茎鲜重 （g）	叶鲜重 （g）
7/25	11.11	16.5	—	0.2583	1.733	3.0431
8/12	18.13	30.9	—	0.3332	1.91	10.32
8/20	38.39	50.7	2	0.5086	16.66	15.74
8/30	47.29	70.9	3.4	0.8926	35.4	20.44
9/10	82.10	87.6	4.9	1.0938	49.7	26.87
9/21	99.47	102.3	6.2	1.232	77.6	33.03
9/30	98.62	88.66	7.3	1.4311	99.37	33.03
10/15	101.54	55.38	8.04	1.323	18.3	9.1

说明："—"无数据或未达到测量的数据要求。

急性子株高的生长变化动态 从图13-14中可见,7月25日至9月21日株高一直在缓慢增加,9月21日之后进入稳定期。

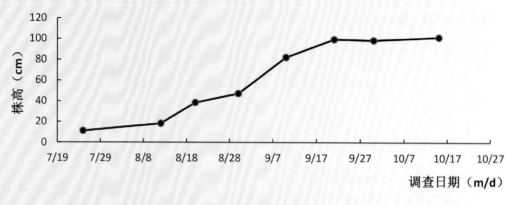

图13-14 急性子的株高变化

急性子叶数的生长变化动态 从图13-15可见,7月25日至9月21日是叶数增加时期,但在9月21日至10月15日叶数逐渐变少,说明这一时期急性子下部叶片在枯死、脱落,所以叶数在减少。

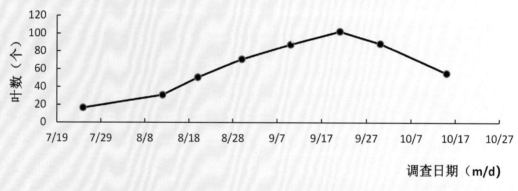

图13-15 急性子的叶数变化

在不同生长时期急性子分枝数的变化情况 从图13-16可见,7月25日至8月12日没有分枝,8月12日至10月15日分枝数缓慢增加,到10月15日后就停止生长。

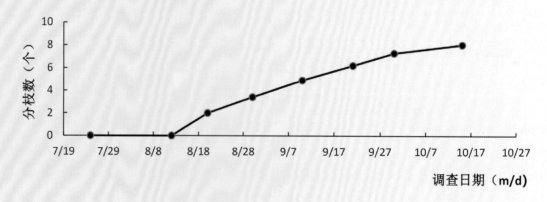

图13-16 急性子的分枝数变化

急性子茎粗的生长变化动态 从图13-16中可见，7月25日至8月12日是茎粗的缓慢增长期，8月12日至9月30日为快速增长期，9月30到10月15日后茎粗开始有所下降，也许是由于茎在生长后期脱水干燥导致的。

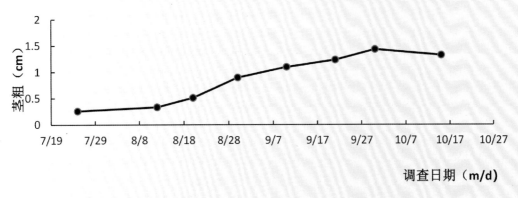

图13-17　急性子的茎粗变化

急性子茎鲜重的变化动态 从图13-18可见，7月25日至8月12日茎较细，不在考察范围之内，在8月12至9月30日茎鲜重缓慢增加，其后茎鲜重开始快速降低，这也许是由于生长后期茎逐渐干枯所致。

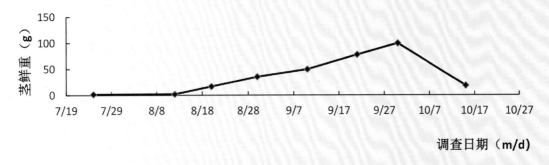

图13-18　急性子的茎鲜重变化

急性子叶鲜重的变化动态 从图13-19可见，7月25日至9月21日是茎叶鲜重快速增加期，9月21至9月30日叶鲜重基本保持不变，其后叶鲜重开始大幅降低，这也许是由于生长后期叶片逐渐脱落和叶逐渐干枯所致。

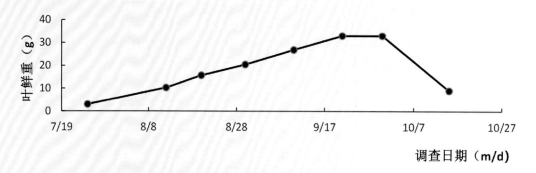

图13-19 急性子的叶鲜重变化

(3)急性子单株生长图

图13-20　　　　　　　　图13-21

图13-22　　　　　　　　图13-23

图13-24　　　　　　　　图13-25　　　　　　　　图13-26

2.3.2　不同时期的根和地上部分的关系

为掌握急性子各种性状在不同生长时期的生长动态,分别在不同时期从急性子的每个种植小区随机取样10株,将取样所得的急性子从茎基部剪下,根、冠分离,去除杂物,将根、冠分别在105℃下杀青30分钟后60℃恒温2天(或2天以上干燥为止),然后放入干燥器中冷却,用1/10000的天平测量质量,以二者的比值为根冠比。

表13-4　急性子不同时期的根和地上部分的关系

调查日期（m/d）	7/25	8/12	8/20	8/30	9/10	9/21	9/30	10/15
根冠比	0.5885	0.4217	0.4637	0.4859	0.3185	0.2788	0.2673	1.6556

从表13-4可见,急性子幼苗期根系与枝叶的生长速度有显著差异,幼苗出土初期根冠比基本在0.5885:1,地上部分生长速率比根系快。之后枝叶生长逐渐加速,其生长总量为地下部分生长量的2~3倍,9月21日根冠比在0.2788:1。到枯萎期根冠比为1.6556:1。

2.3.3　急性子不同生长期干物质积累

本实验共设计3个小区。每小区取样10株,分别取营养幼苗期、营养生长期、开花期、果实期、枯萎期等

5个时期的急性子全株,每穴以植株为中心,取长16~25cm、宽16~25cm、深20~40cm的土块,先用清水冲洗干净,注意避免丢失根量,用滤纸吸干附着的水分,然后将植株按根、茎、叶、花和果实部位装袋,于105℃杀青30 min,60℃烘至恒重,测定干物质量,并折算为公顷干物质积累量。

表13-5 急性子各器官总干物质重变化(kg/hm²)

调查期	根	茎	叶	花	果
幼苗期	450.00	450.00	294.30	—	—
营养生长期	1170.00	2592.00	1404.00	—	—
开花期	1710.00	3406.50	2583.00	187.00	—
果实期	2970.00	5859.00	3195.00	450.00	1170.00
枯萎期	3501.00	2610.00	2250.00	—	810.00

说明:"—"无数据或未达到测量的数据要求。

从急性子干物质积累与分配的数据(表13-5)可以看出,在不同时期地上、地下部分各营养器官的干物质量均随急性子的生长不断增加。在幼苗期根、茎、叶干物质总量依次为450.00kg/hm²、450.00kg/hm²、294.30kg/hm²;进入营养生长期根、茎、叶依次增加至1170.00kg/hm²、2592.00kg/hm²和1404.00kg/hm²,其中茎和叶增加较快。进入开花期根、茎、叶、花依次增加至1710.00kg/hm²、3406.50kg/hm²、2583.00kg/hm²和187.00kg/hm²;进入果实期根、茎、叶、花和果依次增加至2970.00kg/hm²、5859.00kg/hm²、3195.00kg/hm²、450.00kg/hm²和1170.00kg/hm²,其中根和果实增加较快,茎和叶生长也有上升的趋势;进入枯萎期根、茎、叶和果依次为3501.00kg/hm²、2610.00kg/hm²、2250.00kg/hm²和810.00kg/hm²,其中根增加较快,果实进入成熟期,茎、叶的生长具有下降的趋势,即茎和叶进入枯萎期。

3 药材质量评价研究

3.1 常规检查研究(参照《中国药典》2015版)

3.1.1 常规检查测定方法

水分 取供试品2~5g,平铺于干燥至恒重的扁形称量瓶中,厚度不超过5mm,疏松供试品不超过10mm,精密称定,开启瓶盖在100~105℃干燥5h,将瓶盖盖好,移置干燥器中,放冷30min,精密称定,再在上述温度干燥1h,放冷,称重,至连续两次称重的差异不超过5mg为止。根据减失的重量,计算供试品中含水量(%)。

本法适用于不含或少含挥发性成分的药品。

$$水分（\%）=\frac{W_1+W_2-W_3}{W_1}\times100\%$$

式中W_1为供试品的重量（g），W_2为称量瓶恒重的重量（g），W_3为（称量瓶+供试品）干燥至连续两次称重的差异不超过5mg后的重量（g）。试验所得数据用Microsoft Excel 2013进行整理计算。

总灰分　测定用的供试品须粉碎，使能通过二号筛，混合均匀后，取供试品2~3g（如需测定酸不溶性灰分，可取供试品3~5g），置炽灼至恒重的坩埚中，称定重量（准确至0.01g），缓缓炽热，注意避免燃烧，至完全炭化时，逐渐升高温度至500~600℃，使完全灰化并至恒重。根据残渣重量，计算供试品中总灰分的含量（%）。

如供试品不易灰化，可将坩埚放冷，加热水或10%硝酸铵溶液2ml，使残渣湿润，然后置水浴上蒸干，残渣照前法炽灼，至坩埚内容物完全灰化。

$$总灰分（\%）=\frac{M_2-M_1}{M_3-M_1}\times100\%$$

式中M_1：坩埚重量（g）；M_2：坩埚+灰分重量（g）；M_3：坩埚+样品重量（g）。试验所得数据用Microsoft Excel 2013进行整理计算。

浸出物　醇溶性热浸法：取供试品2~4g，精密称定，置100~250ml的锥形瓶中，精密加水50~100ml，密塞，称定重量，静置1h后，连接回流冷凝管，加热至沸腾，并保持微沸1h。放冷后，取下锥形瓶，密塞，再称定重量，用水补足减失的重量，摇匀，用干燥滤器滤过，精密量取滤液25ml，置已干燥至恒重的蒸发皿中，在水浴上蒸干后，于105℃干燥3h，置干燥器中冷却30min，迅速精密称定重量。除另有规定外，按干燥品计算供试品中水溶性浸出物的含量（%）。

$$浸出物（\%）=\frac{（浸出物及蒸发皿重-蒸发皿重）\times加水（或乙醇）体积}{供试品的重量\times量取滤液的体积}\times100\%$$

$$RSD（\%）=\frac{标准偏差}{平均值}\times100\%$$

3.1.2　结果与分析

水分　参照《中国药典》2015年版四部（第103页）第二法（烘干法）测定。取上述采集的急性子药材样品，测定并计算急性子样品中含水量（质量分数，%），平均值为6.92%，所测数值计算RSD≤0.47%，在《中国药典》（2015年版，一部）急性子项下要求水分不得超过11.0%，本药材符合药典规定要求（见表13-6）。

总灰分　参照《中国药典》2015年版四部（第202页）灰分测定法测定。取上述采集的急性子药材样品，测定并计算急性子样品中总灰分含量（%），平均值为4.92%，所测数值计算RSD≤5.52%，在《中国药典》

（2015年版，一部）急性子项下要求总灰分不得过6.0%，本药材符合药典规定要求（见表13—6）。

浸出物 参照《中国药典》2015年版四部（第202页）醇溶性浸出物测定法（热浸法）测定。取上述采集的急性子药材样品，测定并计算急性子样品中含水量（质量分数，%），平均值为25.46%，所测数值计算RSD≤3.78%，在《中国药典》（2015年版，一部）急性子项下要求浸出物不得少于10.0%，本药材符合药典规定要求（见表13-6）。

表13-6　急性子药材样品中水分、总灰分、浸出物含量

测定项	平均（%）	RSD（%）
水分	6.92	0.47
总灰分	4.92	5.52
浸出物	25.46	3.78

本试验研究依据《中国药典》（2015年版，一部）急性子药材项下内容，根据奈曼产地急性子药材的实验测定，结果蒙药急性子样品水分、总灰分、浸出物的平均含量分别为6.92%、4.92%、25.46%，符合《中国药典》规定要求。

3.2　急性子中的凤仙萜类四醇皂苷K和凤仙萜四醇皂苷A含量测定

3.2.1　实验设备、药材、试剂

仪器、设备 Agilent Technologies-1260Infinity型高效液相色谱仪，SQP型电子天平（赛多利斯科学仪器（北京）有限公司），KQ-600DB型数控超声波清洗器（昆山市超声仪器有限公司），HWS26型电热恒温水浴锅。Millipore-超纯水机。

实验药材（表13-7）

表13-7　急性子供试药材来源

编号	采集地点	采集日期	采集经度	采集纬度
1	内蒙古自治区通辽市奈曼旗昂乃（基地）	2017-10-21	120° 42′ 10″	42° 45′ 19″

对照品 凤仙萜四醇皂苷K（自国家食品药品监督管理总局采购，编号：P20J9F53282）。

凤仙萜四醇皂苷A（自国家食品药品监督管理总局采购，编号：P20J9F53283）。

试剂 乙腈（色谱纯）、水、甲醇。

3.2.2　溶液的配制

色谱条件与系统适用性试验　以十八烷基硅烷键合硅胶为填充剂；以乙腈为流动相A,以水为流动相B,按表13-8中的规定进行梯度洗脱；蒸发光散射检测器检测。理论板数按凤仙萜四醇皂苷K峰计算应不低于3000。

表13-8

时间（min）	流动相A（%）	流动相B（%）
0~15	24~28	76~72
15~25	28	72
25~30	28~40	72~60

对照品溶液的制备　取凤仙萜四醇皂苷K对照品、凤仙萜四醇皂苷A对照品适量,精密称定,加甲醇分别制成每1ml各含凤仙萜四醇皂苷K0.5mg、凤仙萜四醇皂苷A0.25mg的溶液,即得。

供试品溶液的制备　取本品粉末（过三号筛）约1g,精密称定,置索氏提取器中,加石油醚（60~90℃）适量,加热回流2h,弃去石油醚液,药渣挥去溶剂,转移至具塞锥形瓶中,精密加入80%甲醇50ml,称定重量,加热回流1h,放冷,再称定重量,用80%甲醇补足减失的重量,摇匀,滤过,精密量取续滤液20ml,回收溶剂至干,残渣加甲醇适量使溶解并转移至2ml量瓶中,加甲醇至刻度,摇匀,滤过,取续滤液,即得。

测定法:分别精密吸取对照品溶液5μl、15μl,供试品溶液10μl,注入液相色谱仪,测定,用外标两点法对数方程计算,即得。

本品按干燥品计算,含凤仙萜四醇皂苷K（$C_{54}H_{92}O_{25}$）和凤仙萜四醇皂苷A（$C_{48}H_{82}O_{20}$）的总量不得少于0.20%。

3.2.3　实验操作

线性与范围　按3.3.2对照品溶液制备方法制备,精密吸取对照品凤仙萜四醇皂苷K溶液和凤仙萜四醇皂苷A5μl、15μl,供试品溶液10μl,注入液相色谱仪,测定,用外标两点法对数方程计算,即得。在0.3μg范围内,与峰面积值具有良好的线性关系,相关性显著（表13-9）。

表13-9　急性子样品含量测定结果

样品批号	样品（g）	凤仙萜四醇皂苷K含量（%）	凤仙萜四醇皂苷A含量（%）
20171021	1.0036	0.22	0.25

3.2.4 结论

按照2015年版《中国药典》中急性子含量测定方法测定,结果奈曼基地的急性子中凤仙萜四醇皂苷K和凤仙萜四醇皂苷A的含量符合《中国药典》规定要求。

4 经济效益分析

4.1 市场前景分析

急性子又名指甲花、透骨草。其种子中药材名急性子,是传统中药,有软坚消积、降气行瘀等功效。另外,急性子的花也入药,能活血、消积、通经、解毒;急性子的全草也可供药用,也是庭院栽花的常用品种。急性子为小品种,市场销量相对不大,因此,目前并没形成集中的产区,多是分散种植。小品种市场专营性较强,经营者少,市场的存量并不多,种植简单,投资也较低,后市价格变化不大,看准市场,可以种植。急性子适应性很强,在全国各地都可生长,技术要求简单,凡能长草的地方这个品种就能种植,也是绿化庭院及荒山荒地的好品种。

急性子因销量不大,近期行情与前期持平,现市场价格统货在25~31元/kg,货源正常购销中,后市波动空间有限。

4.2 投资预算

急性子种子 市场价每千克50元,参考奈曼当地情况,每亩地用种子2kg,合计为100元。

种前整地和播种 包括施底肥、灌溉、犁地、耙地和播种,底肥包括1000kg有机肥,50kg复合肥,其中有机肥每吨120元,复合肥每袋120元,灌溉以此需要电费50元,犁、耙、播种一亩地各需要50元,以上合计共计需要费用440元。

田间管理 整个生长周期抗病除草需要4次,每次人工成本加药物成本约100元,合计约400元。灌溉4次,费用200元。追施复合肥每亩50kg,叶面喷施叶面肥2次,成本约200元。综上,急性子田间管理成本为800元。

采收与加工 收获成本(机械燃油费和人工费)约每亩300元。

合计成本 100+440+800+300=1640元。

4.3　产量与收益

2018年市场价格在25~31元/千克,每亩地可产150~200kg。按最高产量计算,收益为:3360~4560元/(亩·年)。

鸡冠花 ᢺᠥᢺᠥᢺᠥ

CELOSIAE CRISTATAE FLOS

蒙药材鸡冠花为苋科植物鸡冠花*Cetera cristoto* L.的干燥花序。

1 鸡冠花的研究概况

1.1 蒙药学考证

蒙药鸡冠花为常用理血药, 蒙文名为"塔黑彦–斯其格–其其格"。《中华本草》(蒙药卷), 别名"塔黑彦–乌日勃勒格–其其格""札波斯赛"。占布拉道尔吉《无误蒙药鉴》记载: "可生于金露梅、锦鸡儿, 上川柳等灌间。"《甘露佛灯》记载: "根状如独头蒜。主茎具多枝, 叶似黄精叶, 花形如达乌里龙胆, 黄色或蓝色两种。种子如同栀子, 治月经。"《识药学》记载: "鸡冠花是紫色花, 红色果实, 止血。"《宝集》: "根如白蒜, 叶如黄精, 果实如栀子。治头伤似甘露, 接骨似轻粉, 治子宫出血。"《晶珠本草》记载: "札波斯赛治妇女月经血。"《蓝琉璃》记载: "生于石地、间地、低地等或树间; 叶小而粗糙, 微老红色, 有粗糙毛, 红蓝白色有小龙胆形特征。"《中华本草》(蒙药卷) 载: "苋科青葙属的一年生草本植物鸡冠花 (*Calosia cristata* L.) 的干燥花序。"本品味甘, 性凉, 效轻、燥、柔。具有止血, 止泻之功效。蒙医主要用于月经淋漓, 腰腿酸痛, 肠刺痛, 腹痛下泻, 关节肿胀疼痛等病, 多配方用, 在蒙成药中使用较为普遍。

1.2 化学成分及药理作用

1.2.1 化学成分

花含山奈苷 (kaempferitin)、苋菜红苷 (amaranthin)、松醇 (pinte) 及多量硝酸钾。黄色花序中含微量苋菜红素。

1.2.2　药理作用

对生殖系统的作用　鸡冠花注射液宫腔内给药,对已孕小鼠、豚鼠和家兔等有中期引产作用。鸡冠花水浸液增强兔与豚鼠子宫肌收缩力。试管法证明鸡冠花煎剂对人阴道毛滴虫有杀灭作用。

降脂作用　鸡冠花乙醇提取物灌胃,降低高脂模型大鼠血清总胆固醇(TC),升高血清高密度脂蛋白胆固醇,预防脂肪肝;并使模型大鼠血清和肝脏铜下降、锌升高,血清钙、铁无显著变化,但肝脏铁升高、钙下降。鸡冠花提取物灌胃,还增加高脂大鼠红细胞超氧化物歧化酶(SOD)水平、降低动脉壁TC、丙二醛(MDA)及血清LDH钙含量。

抗凝作用　鸡冠花液灌胃,缩短家兔凝血时间,增高血中维生素C和钙质量浓度。小鼠灌胃鸡冠花水煎剂,缩短出血时间。家兔给以鸡冠花水煎剂,凝血酶原时间、血浆复钙时间等缩短,优球蛋白溶解时间延长。

对骨代谢的影响　鸡冠花乙醇提取物喂饲,提高氟中毒大鼠体重,降低肝MDA、尿羟脯氨酸、尿氟含量,减少饮食高氟对大鼠骨代谢的影响。鸡冠花黄酮类化合物促进体外骨成骨细胞的增殖、分化及矿化结节形成,并有促进转化生长因子-β的分泌和胰岛素生长因子-1的阳性表达功能,预防骨质疏松症的发生。

抗肿瘤、增强免疫作用　鸡冠花水煎液、搅拌液灌胃可降低肉瘤S180荷瘤小鼠的瘤重,提高胸腺和脾脏重量。鸡冠花水提液兔灌胃,增强小鼠特异和非特异性免疫功能,可及对环磷酰胺所致的免疫损伤有恢复和保护作用。

其他作用　鸡冠花提取液灌胃,提高D-半乳糖致衰老小鼠血清SOD、谷胱甘肽过氧化物酶活性及总抗氧化能力,降低MDA和肝脏脂褐质含量。鸡冠花提取液灌胃,增强小鼠耐缺氧、耐高温、游泳实验时间,增加小鼠肌糖原、肝糖原储备。

1.3　资源分布状况

我国南北各地均有栽培,广布于温暖地区。

1.4　生态习性

喜温暖湿润气候,对土壤要求不严,以排水良好的砂质壤土栽培为宜。

1.5　栽培技术与采收加工

繁殖方法　种子繁殖,直播或育苗移栽。8~9月份,采收种子,晒干备用。直播,3月份播种,将种子与拌有人畜粪水的火灰混匀, 使成种子灰。播时, 在畦上按行株距各约33cm开穴, 深约3cm, 先施入人畜粪水, 再播入种子灰。

田间管理　苗高6~10cm时, 匀苗、补苗, 每穴留壮苗4~5株。除草、追肥2次, 第一次在匀苗后, 第二次在5月份, 可施人畜粪水, 遇干旱要浇水。

病虫害防治　虫害有蛞蝓、跳蚄, 可在清晨撒生石灰粉防治。

采收加工　当年8~9月份采收。把花序连一部分茎秆割下, 捆成小把儿晒或晾干后, 剪去茎秆即成。

2　生物学特性研究

2.1　奈曼地区栽培鸡冠花物候期

2.1.1　观测方法

从通辽奈曼旗蒙药材种植基地栽培的鸡冠花大田中, 选择10株生长良好、无病虫害的健壮植株编号挂牌, 作定位观测, 并记录。2016年5月至2016年11月间连续观测记录各定株物候出现的日期, 以10株平均期作为原始值。观测应具连续性, 不漏测任何一个物候期。观测时间和顺序固定, 开花期上午8: 00~11: 30, 晴天观测。观测部位以植株判断其物候期, 主茎受损时另选植株, 并注明。

2.1.2　物候期的划分

物候期的划分是根据栽培鸡冠花生长发育过程中不同时期植物生长发育特点, 并参考其他植物物候期的划分情况完成的。为了划分依据统一, 始、初期均以群体中植株出现开花或展叶或坐果5%~15%为标准, 盛、旺期以40%~60%为标准, 末期以80%~90%为标准。将鸡冠花的生育全过程分为播种期、出苗期、4~6叶期、分枝期、花蕾期、开花初期、盛花期、落花期、坐果初期、果实成熟期、枯萎期。出苗期为种子萌发后, 幼苗露出地面2~3cm的时期; 4~6叶期(伸长期)是叶生长的关键时期; 分枝期是植株茎秆快速生长时期, 其与伸长期基本同季, 是植物营养生长高峰期; 现蕾开花期是植株现蕾开花时期; 坐果初期是鸡冠花开始坐果的时期; 果实成熟期是整株植物结实及果实成熟的关键时期, 其与现蕾开花期组成鸡冠花的生殖生长期; 枯萎期是根据植株在夏末、秋初出现春发植株大量死亡现象而设置的一个生育时期; 播种期是鸡冠花实际播种日期。

2.1.3　物候期观测结果

一年生鸡冠花播种期为5月12日, 出苗期自6月1日起历时10天, 分枝期共16天, 花蕾期自7月下旬至8月6日共10天, 开花初期为7月下旬至8月上旬历时12天, 盛花期历时18天, 落花期自9月20日至10月10日历时20天,坐果初期共计9天, 枯萎期历时7天。

表14-1-1 鸡冠花物候期观测结果 (m/d)

年份　　時期	播种期	出苗期	4~6叶期	分枝期	花蕾期	开花初期
一年生	5/12	6/1~6/10	6/20~6/25	6/30~7/16	7/26~8/6	7/28~8/10

表14-1-2 鸡冠花物候期观测结果 (m/d)

年份　　時期	盛花期	落花期	坐果初期	果实成熟期	枯萎期
一年生	8/18~9/6	9/20~10/10	9/21~9/30	9/28~10/2	10/5~10/12

2.2 形态特征观察研究

本种和青葙极相近, 但叶片卵形、卵状披针形或披针形, 宽2~6cm; 花多数, 极密生, 成扁平肉质鸡冠状、卷冠状或羽毛状的穗状花序, 一个大花序下面有数个较小的分枝, 圆锥状矩圆形, 表面羽毛状; 花被片红色、紫色、黄色、橙色或红色黄色相间。花、果期7~9月。

鸡冠花形态特征例图

图14-1　　　　　　　图14-2　　　　　　　图14-3

图14-4 图14-5

2.3 生长发育规律

2.3.1 鸡冠花营养器官生长动态

（1）鸡冠花地下部分生长动态 为掌握鸡冠花各种性状在不同生长时期的生长动态,分别在不同时期对鸡冠花的根长、根粗、侧根数、侧根长、侧根粗、根鲜重等性状进行了调查（见表14-2）。

表14-2 鸡冠花地下部分生长情况

调查日期 （月/日）	根长 （cm）	根粗 （cm）	侧根数 （个）	侧根长 （cm）	侧根粗 （cm）	根鲜重 （g）
7/30	8.79	0.3181	—	4.12	0.1446	2.26
8/10	10.94	0.8701	0.6	5.30	0.5617	2.28
8/20	12.41	1.0540	2.1	7.09	0.6121	9.75
8/30	15.39	1.4662	4.7	9.05	0.8473	18.97
9/10	18.85	1.7467	6.5	13.42	1.0517	27.57
9/20	20.37	2.1806	7.7	14.05	1.2645	33.46
9/30	21.2	2.2785	7.9	15.72	1.2919	35.05
10/15	21.71	2.3861	8.0	16.20	1.3251	35.54

说明:"—"无数据或未达到测量的数据要求。

鸡冠花根长的变化动态 从图14-6可见,7月30日至9月30日根长基本上均呈稳定的增长趋势,其后进入平衡状态。

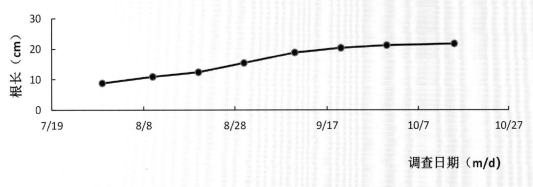

图14-6 鸡冠花的根长变化

鸡冠花根粗的变化动态 从图14-7可见，鸡冠花的根粗在7月30日至10月15日均呈稳定的增加趋势。

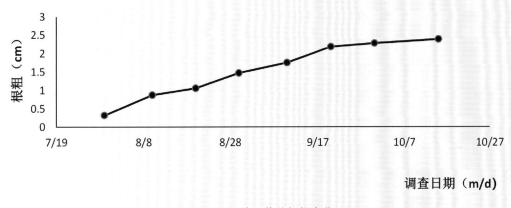

图14-7 鸡冠花的根粗变化

鸡冠花侧根数的变化动态 从图14-8可见，8月10日前，由于侧根太细，达不到调查标准，而8月10日至9月20日均呈稳定的增长趋势，其后侧根数的变化不大。

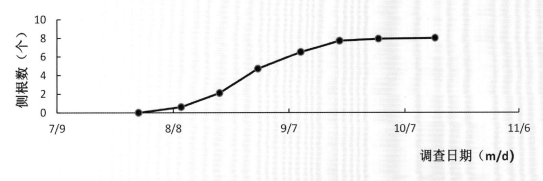

图14-8 鸡冠花的侧根数变化

鸡冠花侧根长的变化动态 从图14-9可见,从7月30日至10月15日侧根长均呈稳定的增加趋势。

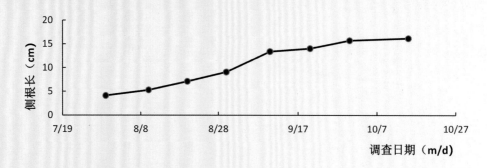

图14-9 鸡冠花的侧根长变化

鸡冠花侧根粗的变化动态 从图14-10可见,从7月30日开始一直到9月20日侧根粗均呈稳定的增加趋势,其后侧根粗的变化不大。

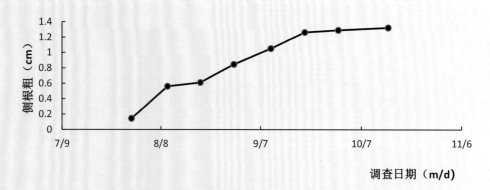

图14-10 鸡冠花的侧根粗变化

鸡冠花根鲜重的变化动态 从图14-11可见,8月10日之前由于根太细不在调查范围内,从8月10日到9月30日根鲜重逐渐增加,其后根鲜重的变化不大。

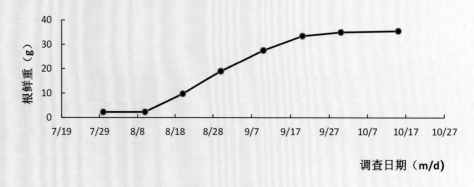

图14-11 鸡冠花的根鲜重变化

（2）**鸡冠花地上部分生长动态**　为掌握鸡冠花各种性状在不同生长时期的生长动态,分别在不同时期对鸡冠花的株高,叶数,分枝数,茎、叶鲜重等性状进行了调查（见表14-3）。

表14-3　鸡冠花地上部分生长情况

调查日期 （月/日）	株高 （cm）	叶数 （个）	分枝数 （个）	茎粗 （cm）	茎鲜重 （g）	叶鲜重 （g）
7/25	14.03	11.8	—	0.3308	1.03	2.68
8/12	25.05	40.2	—	0.7267	4.97	9.76
8/20	47.51	74.9	0.5	1.0560	17.49	9.75
8/30	83.80	89.4	1.3	1.3494	42.68	19.02
9/10	99.07	89.4	4.2	1.3631	88.66	31.63
9/21	113.87	127.0	5.2	1.4407	118.39	39.13
9/30	111.30	131.9	5.8	1.6636	113.13	35.40
10/15	111.70	55.6	6.1	1.6636	113.13	18.60

说明:"—"无数据或未达到测量的数据要求。

鸡冠花株高的生长变化动态　从图14-12和表14-3中可见,7月25日至9月21日株高逐渐增加,其后非常缓慢地降低。

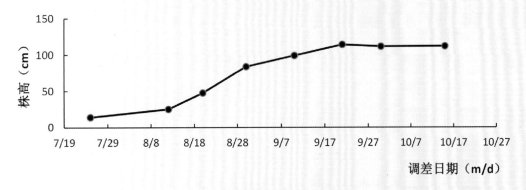

图14-12　鸡冠花的株高变化

鸡冠花叶片数的生长变化动态　从图14-13可见,从7月25日至9月30日是叶数增加时期,之后从9月30日开始缓慢减少,说明这一时期鸡冠花下部叶片在枯死、脱落,所以叶数在减少。

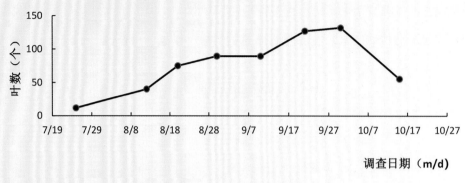

图14-13　鸡冠花的叶数变化

在不同生长时期鸡冠花分枝数的变化情况　从图14-14可见，8月12日之前分枝数太细或不在调查范围内，从8月12日至10月15日均呈稳定的增长趋势。

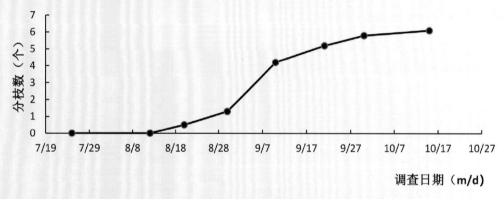

图14-14　鸡冠花的分枝数变化

鸡冠花茎粗的生长变化动态　从图14-15可见，7月25日至9月30日茎粗均呈稳定的增加趋势，其后进入平稳状态。

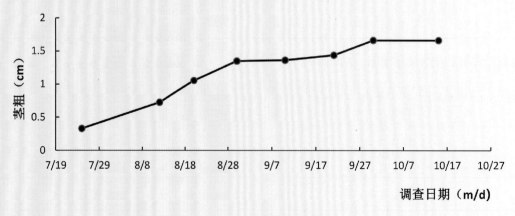

图14-15　鸡冠花的茎粗变化

鸡冠花茎鲜重的变化动态　从图14-16可见,7月25日至9月21日茎鲜重逐渐增长,9月21日之后茎鲜重开始非常缓慢地降低,这可能是由于生长后期茎逐渐脱落和茎逐渐干枯所致。

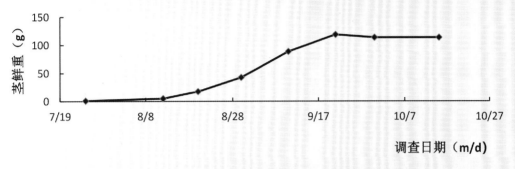

图14-16　鸡冠花的茎鲜重变化

鸡冠花叶鲜重的变化动态　从图14-17可见,7月25日至9月21日是叶鲜重快速增长期,9月21日之后叶鲜重开始大幅降低,这可能是由于生长后期叶片逐渐脱落和叶逐渐干枯所致。

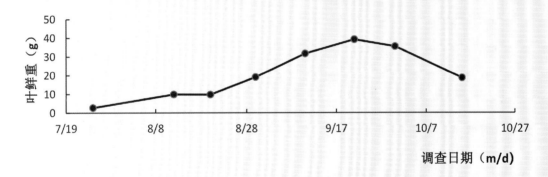

图14-17　鸡冠花的叶鲜重变化

（3）鸡冠花单株生长图

图14-18   图14-19

图14-20   图14-21

图14-22　　　　　　　　　　　　　　　图14-23

2.3.2　不同时期的根和地上部的关系

为掌握鸡冠花各种性状在不同生长时期的生长动态,分别在不同时期从鸡冠花的每个种植小区随机取样10株,将取样所得的鸡冠花从茎基部剪下,根、冠分离,去除杂物,将根、冠分别在105℃下杀青30分钟后60℃恒温2天(或2天以上干燥为止),然后放入干燥器中冷却,用1/10000的天平测量质量,以二者的比值为根冠比。

表14-4　鸡冠花不同时期的根和地上部分的关系

调查日期(m/d)	7/25	8/12	8/20	8/30	9/10	9/21	9/30	10/15
根冠比	0.7516	0.4016	0.1500	0.4766	0.1992	0.1282	0.1237	0.1382

从表14-4可见,鸡冠花幼苗期根系与枝叶的生长速度有显著差异,幼苗出土初期根冠比基本在0.7516∶1,地上部分生长速率比根系快。之后枝叶生长加速,其生长总量是地下部分生长量的2~6倍,到枯萎为止。

2.3.3 鸡冠花不同生长期干物质积累

本实验共设计3个小区。每小区取样10株,分别取营养幼苗期、营养生长期、开花期、果实期、枯萎期等5个时期的鸡冠花的全株,每穴以植株为中心,取长16~25cm、宽16~25cm、深20~40cm的土块,先用清水冲洗干净,注意避免丢失根量,用滤纸吸干附着的水分,然后将植株按根、茎、叶、花和果实部位装袋,于105℃杀青30min,60℃烘至恒重,测定干物质量,并折算为公顷干物质积累量。

表14-5 鸡冠花各器官总干物质重变化(kg·hm^{-2})

调查期	根	茎	叶	花和果
幼苗期	168.00	113.40	155.40	—
营养生长期	1503.60	1722.00	1041.60	—
开花期	2469.60	3973.20	1276.80	79.80
果实期	3129.00	14343.00	4221.00	7828.80
枯萎期	3246.60	12369.00	2952.60	9088.80

说明:"—"无数据或未达到测量的数据要求。

从鸡冠花干物质积累与分配的数据(表14-5)可以看出,在不同时期地上、地下部分各营养器官的干物质量均随鸡冠花的生长不断增加。在幼苗期根、茎、叶干物质总量依次为168.00kg/hm²、113.40kg/hm²、155.40kg/hm²;进入营养生长期根、茎、叶依次增加至1503.60kg/hm²、1722.00kg/hm²和1041.60kg/hm²;进入开花期根、茎、叶、花和果依次增加至2469.60kg/hm²、3973.20kg/hm²、1276.80kg/hm²和79.80kg/hm²,其中茎增加较快;进入果实期根、茎、叶、花和果实依次增加至3129.00kg/hm²、14343.00kg/hm²、4221.00kg/hm²、7828.80kg/hm²,其中茎、花和果实增加特别快;进入枯萎期根、茎、叶、花和果实依次为3246.60kg/hm²、12369.00kg/hm²、2952.60kg/hm²和9088.80kg/hm²,果实进入成熟期,茎和叶的生长具有下降的趋势,即茎和叶进入枯萎期。

3 药材质量评价研究

3.1 常规检查研究(参照《中国药典》2015年版)

3.1.1 常规检查测定方法

水分 取供试品2~5g,平铺于干燥至恒重的扁形称量瓶中,厚度不超过5mm,疏松供试品不超过

10mm，精密称定，开启瓶盖在100～105℃干燥5h，将瓶盖盖好，移置干燥器中，放冷30min，精密称定，再在上述温度干燥1h，放冷，称重，至连续两次称重的差异不超过5mg为止。根据减失的重量，计算供试品中含水量（%）。

本法适用于不含或少含挥发性成分的药品。

$$水分 （\%） = \frac{W_1 + W_2 - W_3}{W_1} \times 100\%$$

式中W_1为供试品的重量（g）；W_2为称量瓶恒重的重量（g）；W_3为（称量瓶+供试品）干燥至连续两次称重的差异不超过5mg后的重量（g）。试验所得数据用Microsoft Excel 2013进行整理计算。

总灰分及酸不溶性灰分 总灰分测定法：测定用的供试品须粉碎，使能通过二号筛，混合均匀后，取供试品2～3g（如需测定酸不溶性灰分，可取供试品3～5g），置炽灼至恒重的坩埚中，称定重量（准确至0.01g），缓缓炽热，注意避免燃烧，至完全炭化时，逐渐升高温度至500～600℃，使完全灰化并至恒重。根据残渣重量，计算供试品中总灰分的含量（%）。如供试品不易灰化，可将坩埚放冷，加热水或加10%硝酸铵溶液2ml，使残渣湿润，然后置水浴上蒸干，残渣照前法炽灼，至坩埚内容物完全灰化。

酸不溶性灰分测定法：取上项所得的灰分，在坩埚中小心加入稀盐酸约10ml，用表面皿覆盖坩埚，置水浴上加热10min，表面皿用热水5ml冲洗，洗液并入坩埚中，用无灰滤纸滤过，坩埚内的残渣用水洗于滤纸上，并洗涤至洗液不显氯化物反应为止。滤渣连同滤纸移置同一坩埚中，干燥，炽灼至恒重。根据残渣重量，计算供试品中酸不溶性灰分的含量（%）。

$$总灰分 （\%） = \frac{M_2 - M_1}{M_3 - M_1} \times 100\%$$

式中M_1：坩埚重量（g）；M_2：坩埚+灰分重量（g）；M_3：坩埚+样品重量（g）。试验所得数据用Microsoft Excel 2013进行整理计算。

$$酸不溶性灰分 （\%） = \frac{M_2 - M_1}{M_3 - M_1} \times 100\%$$

式中M_1：坩埚重量（g）；M_2：坩埚和酸不溶灰分的总重量（g）；M_3：坩埚和样品总质量（g）。试验所得数据用Microsoft Excel 2013进行整理计算。

浸出物 水溶性热浸法：取供试品2～4g，精密称定，置100～250ml的锥形瓶中，精密加水50～100ml，密塞，称定重量，静置1h后，连接回流冷凝管，加热至沸腾，并保持微沸1h时。放冷后，取下锥形瓶，密塞，再称定重量，用水补足减失的重量，摇匀，用干燥滤器滤过，精密量取滤液25ml，置已干燥至恒重的蒸发皿中，在水浴上蒸干后，于105℃干燥干燥3h，置干燥器中冷却30min，迅速精密称定重量。除另有规定外，以干燥品计算供试品中水溶性浸出物的含量（%）。

$$浸出物（\%）=\frac{（浸出物及蒸发皿重-蒸发皿重）\times 加水（或乙醇）体积}{供试品的重量\times 量取滤液的体积}\times 100\%$$

$$RSD=\frac{标准偏差}{平均值}\times 100\%$$

3.1.2 结果与分析

水分　参照《中国药典》2015年版四部（第103页）第二法（烘干法）测定。取上述采集的鸡冠花药材样品，测定并计算鸡冠花药材样品中含水量（质量分数，%），平均值为5.28%，所测数值计算RSD为1.09%，在《中国药典》（2015年版，一部）鸡冠花药材项下要求水分不得超过13.0%，本药材符合药典规定要求（见表14-6）。

总灰分　参照《中国药典》2015年版四部（第202页）灰分测定法测定。取上述采集的知母药材样品，测定并计算鸡冠花药材样品中总灰分和酸不溶性灰分含量（%），总灰分含量平均值为4.60%，所测数值计算RSD为3.34%，酸不溶性灰分含量平均值为0.79%，所测数值计算RSD为2.07%，在《中国药典》（2015年版，一部）鸡冠花材项下要求总灰分不得超过13.0%，酸不溶性灰分不得超过3.0%，本药材符合药典规定要求（见表14-6）。

浸出物　参照《中国药典》2015年版四部（第202页）水溶性浸出物测定法（冷浸法）测定。取上述采集的鸡冠花药材样品，测定并计算鸡冠花药材样品中含水量（质量分数，%），平均值为23.64%，所测数值计算RSD为2.23%，在《中国药典》（2015年版，一部）鸡冠花药材项下要求浸出物不得少于17%，本药材符合药典规定要求（见表14-6）。

表14-6　鸡冠花药材干燥样品中水分、总灰分、酸不溶性灰分、浸出物含量

测定项	平均（%）	RSD（%）
水分	5.28	1.09
总灰分	4.60	3.34
酸不溶性灰分	0.79	2.07
浸出物	23.64	2.23

本试验研究依据《中国药典》（2015年版，一部）的鸡冠花药材项下内容，根据奈曼产地鸡冠花药材的实验测定结果，蒙药材鸡冠花样品水分、总灰分、酸不溶性灰分、浸出物的平均含量分别为5.28%、4.60%、0.79%、23.64%，符合《中国药典》规定要求。

4 经济效益分析

鸡冠花以花入药，现代研究表明，其具有止血，降血脂等药理作用，另还有抗疲劳的保健功能以及良好的食疗作用。

鸡冠花是一种适应能力很强的草本植物，易于栽种，分布范围很广。药用价值应用的领域大部分是与人们的日常生活方式、饮食习惯有关的慢性病，且尚无不良反应的报道，已经引起了研究者的关注。鸡冠花植株所具有的增进机体耐受力，抗衰老，提高机体免疫力，调血脂作用被逐步认识，表明其具有较高的药用价值。在药用资源日趋紧缺、药品价格不断上涨的情况下，加快、加深对鸡冠花的研究和开发具有十分重要的现实意义。

由于需求有限，行情不温不火，目前市场色白货每千克在12~13元，色红货在10元左右，优质选货在17~20元。该品近年产量有所增加，加之销量不大，预计，低迷之势短期内难以改观。鸡冠花也是常用药材，以花序入药，种子也可入药。鸡冠花作为常用花卉，也是人们时常种植的品种，花朵大且鲜艳，适合庭院、公园、住宅小区等种植用于绿化、观赏。这都是小面积种植，如果大规模种植就可见到收益了。完全开放的鸡冠花花朵大，分量重，收割下花朵晒干就可入药。药材市场长期收购，亩产量在250~300kg，货源紧缺的时候鸡冠花价格在15元以上，因为种植管理都简单，投资少，收益不错。

黄秋葵

1　黄秋葵资源分布状况

我国河北、山东、江苏、浙江、湖南、湖北、云南和广东等省引入栽培。原产于印度。由于生长周期短、耐干热,已广泛栽培于热带和亚热带地区。

2　生物学特性研究

2.1　奈曼地区栽培黄秋葵物候期

2.1.1　观测方法

从通辽奈曼旗蒙药材种植基地栽培的黄秋葵大田中,选择10株生长良好、无病虫害的健壮植株编号挂牌,作定位观测,并记录。2017年5月至2017年11月间连续观测记录各定株物候出现的日期,以10株平均期作为原始值。观测应具连续性,不漏测任何一个物候期。观测时间和顺序固定,开花期上午8:00~11:30,晴天观测。观测部位以植株判断其物候期,主茎受损时另选植株,并注明。

2.1.2　物候期的划分

物候期的划分是根据栽培黄秋葵生长发育过程中不同时期植物生长发育的特点,并参考其他植物物候期的划分情况完成的。为了划分依据统一,始、初期均以群体中植株出现开花或展叶或坐果5%~15%为标准,盛、旺期以40%~60%为标准,末期以80%~90%为标准。将黄秋葵的生育全过程分为播种期、出苗期、4~6叶期、分枝期、花蕾期、开花初期、盛花期、落花期、坐果初期、果实成熟期、枯萎期。出苗期为种子萌发后,幼苗露出地面2~3cm的时期;4~6叶期(伸长期)是叶生长的关键时期;分枝期是植株茎秆快速生长时期,其与伸长期基本同季,是植物营养生长高峰期;现蕾开花期是植株现蕾开花时期;坐果初期是黄秋葵开始坐果的时期;果实成熟期是整株植结实及果实成熟的关键时期,其与现蕾开花期组成黄秋葵的生殖生长期；枯萎期是根据植株在夏末、秋初出现春发植株大量死亡现象而设置的一个生育时期；播种期是黄秋葵实际播种日期。

2.1.3 物候期观测结果

一年生黄秋葵播种期为5月12日，出苗期自6月2日起历时10天，4～6叶期为6月上旬开始至下旬历时13天，分枝期共22天，花蕾期自7月上旬始共11天，开花初期为7月上旬至8月10日历时12天，盛花期历时28天，落花期自9月28日至10月10日历时12天，坐果初期共计9天，枯萎期历时7天。

表15-1-1 黄秋葵物候期观测结果（m/d）

年份 \ 时期	播种期	出苗期	4～6叶期	分枝期	花蕾期	开花初期
一年生	5/12	6/2～6/12	6/9～6/22	6/10～7/2	7/5～7/16	7/28～8/10

表15-1-2 黄秋葵物候期观测结果（m/d）

年份 \ 时期	盛花期	落花期	坐果初期	果实成熟期	枯萎期
一年生	8/18～9/16	9/28～10/10	9/21～9/30	9/22～10/2	10/5～10/12

2.2 形态特征观察研究

一年生草本，高1～2m；茎圆柱形，疏生散刺。叶掌状3～7裂，直径10～30cm，裂片阔至狭，边缘具粗齿及凹缺，两面均被疏硬毛；叶柄长7～15cm，被长硬毛；托叶线形，长7～10mm，被疏硬毛。花单生于叶腋间，花梗长1～2cm，疏被糙硬毛；小苞片8～10片，线形，长约1.5cm，疏被硬毛；花萼钟形，较长于小苞片，密被星状短绒毛；花黄色，内面基部紫色，直径5～7cm，花瓣倒卵形，长4～5cm。蒴果筒状尖塔形，长10～25cm，直径1.5～2cm，顶端具长喙，疏被糙硬毛；种子球形，多数，直径4～5mm，具毛脉纹。花期5～9月份。

黄秋葵形态特征例图

图15-1

图15-2

图15-3

图15-4

图15-5

图15-6

2.3 生长发育规律

2.3.1 黄秋葵营养器官生长动态

(1)黄秋葵地下部分生长动态 为掌握黄秋葵各种性状在不同生长时期的生长动态,分别在不同时期对黄秋葵的根长、根粗、侧根数、侧根长、侧根粗、根鲜重等性状进行了调查(见表15-2)。

表15-2 黄秋葵地下部分生长情况

调查日期 (m/d)	根长 (cm)	根粗 (cm)	侧根数 (个)	侧根长 (cm)	侧根粗 (cm)	根鲜重 (g)
7/30	5.80	0.1426	—	—	0.0775	2.47
8/10	8.63	0.4150	1.2	4.30	0.2108	8.14
8/20	14.03	0.6296	1.9	6.57	0.3601	11.04
8/30	18.60	1.3856	2.6	7.60	0.6084	13.41
9/10	19.52	1.7520	3.1	9.25	0.6271	16.54
9/20	20.55	1.9970	3.6	10.66	0.7021	18.99
9/30	21.7	2.1509	4.1	13.50	0.9766	21.45
10/15	21.94	2.1450	4.2	14.58	1.0576	22.35

说明:"—"无数据或未达到测量的数据要求。

黄秋葵根长的变化动态 从图15-7可见,7月30日至9月30日根长基本上均呈稳定的增加趋势,其后进入稳定期。

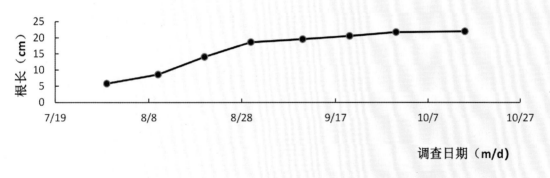

图15-7 黄秋葵的根长变化

黄秋葵根粗的变化动态 从图15-8可见,黄秋葵的根粗从7月30日至9月30日均呈稳定的增加趋势。其后进入稳定期。

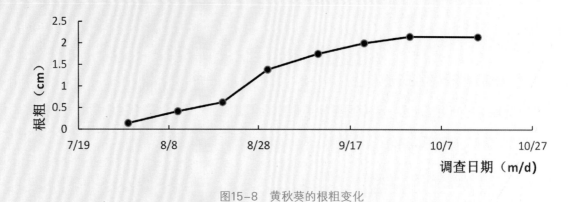

图15-8　黄秋葵的根粗变化

黄秋葵侧根数的变化动态　从图15-9可见，7月30日至9月30日侧根数均呈稳定的增加趋势，其后侧根数的变化不大。

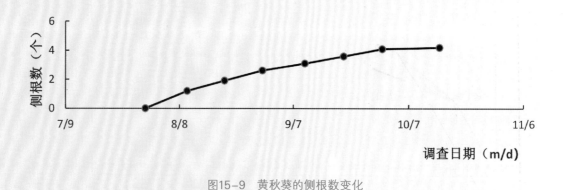

图15-9　黄秋葵的侧根数变化

黄秋葵侧根长的变化动态　从图15-10可见，7月30日至10月15日侧根长均呈稳定的增长趋势。

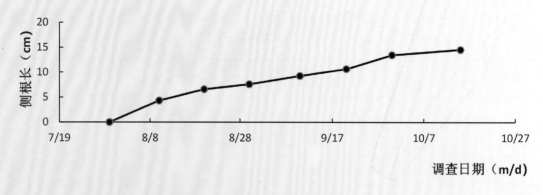

图15-10　黄秋葵的侧根长变化

黄秋葵侧根粗的变化动态　从图15-11可见，7月30日至10月15日侧根粗均呈缓慢增长趋势。

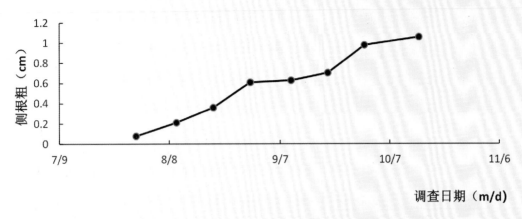

图15-11 黄秋葵的侧根粗变化

黄秋葵根鲜重的变化动态 从图15-12可见，从7月30日至10月15日根鲜重基本上均呈稳定的增加趋势。

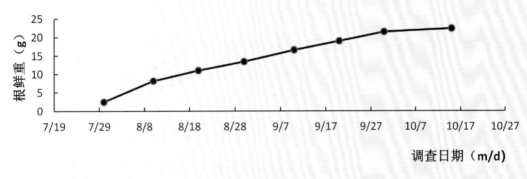

图15-12 黄秋葵的根鲜重变化

（2）**黄秋葵地上部分生长动态** 为掌握黄秋葵各种性状在不同生长时期的生长动态，分别在不同时期对黄秋葵的株高，叶数，分枝数，茎、叶鲜重等性状进行了调查（见表15-3）。

表15-3 黄秋葵地上部分生长情况

调查日期 （m/d）	株高 （cm）	叶数 （个）	分枝数 （个）	茎粗 （cm）	茎鲜重 （g）	叶鲜重 （g）
7/25	9.25	2.6	—	0.1851	2.64	2.42
8/12	18.35	3.1	1.2	0.3135	8.52	5.32
8/20	41.86	5.9	2.5	0.5557	36.95	19.21
8/30	92.25	13.2	3.1	1.1703	81.05	34.93
9/1	98.62	17.4	3.5	1.4898	136.95	42.69
9/21	105.59	19.6	3.8	1.5440	198.70	43.65
9/30	110.35	17.9	4.1	1.6405	189.38	45.62
10/15	109.50	8.5	4.2	1.6849	178.95	19.51

说明："—"无数据或未达到测量的数据要求。

黄秋葵株高的生长变化动态 从图15-13可见,7月25日至8月12日株高缓慢增长,8月12日至8月30日快速增长,8月30日至9月30日增长缓慢,其后进入稳定状态。

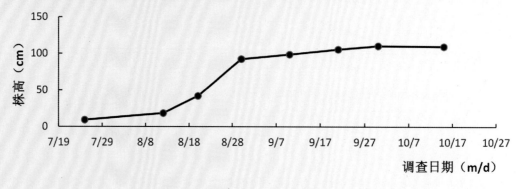

图15-13 黄秋葵的株高变化

黄秋葵叶数的生长变化动态 从图15-14可见,8月12日至9月21日叶数一直缓慢增加,其后开始缓慢减少,说明这一时期黄秋葵下部叶片在枯死、脱落,所以叶数在减少。

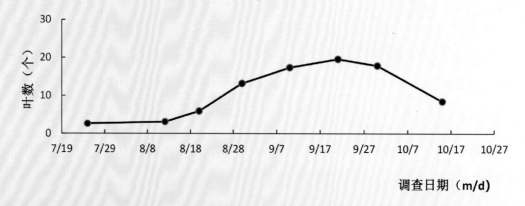

图15-14 黄秋葵的叶数变化

在不同生长时期黄秋葵分枝数的变化情况 从图15-15可见,7月25日至10月15日分枝数均呈稳定的增加趋势,但是长势非常缓慢。

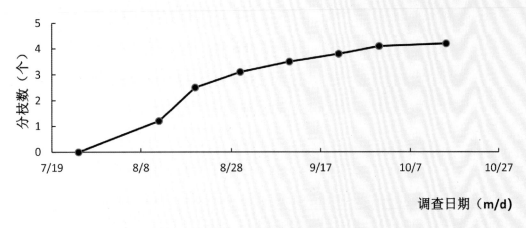

图15-15 黄秋葵的分枝数变化

黄秋葵茎粗的生长变化动态 从图15-16可见，7月25日至9月30日茎粗缓慢增加，其后进入平稳期。

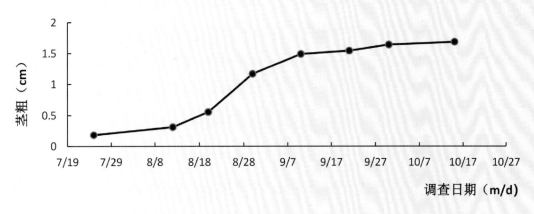

图15-16 黄秋葵的茎粗变化

黄秋葵茎鲜重的变化动态 从图15-17可见，8月12日至9月21日为茎鲜重快速增加期，9月21日之后茎叶鲜重开始非常缓慢地降低，这可能是由于生长后期茎逐渐干枯所致。

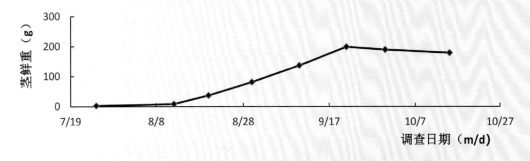

图15-17 黄秋葵的茎鲜重变化

黄秋葵叶鲜重的变化动态　从图15-18可见，7月25日至8月12日叶鲜重缓慢增加，8月12日至9月30日叶鲜重快速增加，9月30日之后叶鲜重开始大幅降低，这可能是由于生长后期叶片逐渐脱落和叶逐渐干枯所致。

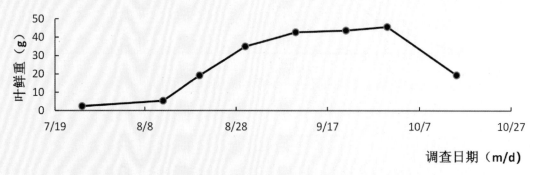

图15-18　黄秋葵的叶鲜重变化

（3）黄秋葵单株生长图

图15-23

图15-24   图15-25

2.3.2 不同时期的根和地上部的关系

为掌握黄秋葵各种性状在不同生长时期的生长动态,分别在不同时期从黄秋葵的每个种植小区随机取样10株,将取样所得的黄秋葵从茎基部剪下,根、冠分离,去除杂物,将根、冠分别在105℃下杀青30分钟后60℃恒温2天(或2天以上干燥为止),然后放入干燥器中冷却,用1/10000的天平测量质量,以二者的比值为根冠比。

表15-4　黄秋葵不同时期的根和地上部的关系

调查日期（m/d）	7/25	8/12	8/20	8/30	9/10	9/21	9/30	10/15
根冠比	0.7215	0.6549	0.2304	0.1879	0.2108	0.0781	0.0883	0.1374

从表15-4可见，一年生黄秋葵幼苗期根系与枝叶的生长速度有显著差异，根冠比基本在0.7215∶1，表现为幼苗出土初期，地上部分生长比根系快。之后枝叶生长加速，其生长总量为地下部分的2~10倍，到枝萎为止。

2.3.3　黄秋葵不同生长期干物质积累

本实验共设计3个小区。每小区取样10株，分别取营养幼苗期、营养生长期、开花期、果实期、枯萎期等5个时期黄秋葵的全株，每穴以植株为中心，取长16~25cm、宽16~25cm、深20~40cm的土块，先用清水冲洗干净，注意避免丢失根量，用滤纸吸干附着的水分，然后将植株按根、茎、叶、花和果实部位装袋，于105℃杀青30min，60℃烘至恒重，测定干物质量，并折算为公顷干物质积累量。

表15-5　黄秋葵各器官总干物质重变化（kg/hm^2）

调查期	根	茎	叶	花	果
幼苗期	268.80	189.00	273.00	—	—
营养生长期	1192.80	3389.40	1915.20	—	—
开花期	1499.40	5132.40	3469.20	189.00	—
果实期	2843.40	24410.40	4204.20	—	2696.40
枯萎期	3918.60	25557.00	2473.80	—	3309.60

从黄秋葵干物质积累与分配的数据（表15-5）可以看出，在不同时期地上、地下部分各营养器官的干物质量均随黄秋葵的生长不断增加。在幼苗期根、茎、叶干物质总量依次为268.80kg/hm^2、189.00kg/hm^2、273.00kg/hm^2；进入营养生长期根、茎、叶依次增加至1192.80kg/hm^2、3389.40kg/hm^{2}和1915.20kg/hm^2；进入开花期根、茎、叶、花依次增加至1499.40kg/hm^2、5132.40kg/hm^2、3469.20kg/hm^{2}和189.00kg/hm^2，其中茎、叶和花增加特别快；进入果实期根、茎、叶、果依次增加至2843.40kg/hm^2、24410.40kg/hm^2、4204.20kg/hm^{2}和2696.40kg/hm^2，其中茎和果实增加较快，根和叶生长也有上升的趋势；进入枯萎期根、茎、叶和果依次为3918.60kg/hm^2、25557.00kg/hm^2、2473.80kg/hm^{2}和3309.60kg/hm^2，果实进入成熟期，叶的生长具有下降的趋势，即叶进入枯萎期。

香青兰 ᠬᠥᠵᠢᠷᠭᠡᠨᠡ

HERBA DRACOCEPHALI

蒙药材香青兰为唇形科植物香青兰Dracocephalum moldovica L.的地上部分。

1 香青兰的研究概况

1.1 蒙药学考证

蒙药香青兰为常用清血药, 蒙文名为"毕日阳古", 别名为"宝德-古日古木""亲满贼乌""丁勒金""昂给陆莫勒-毕日阳古"。《认药白晶鉴》记载: "茎细, 叶粗糙, 绿色, 开蓝花, 味甘。"《无误蒙药鉴》记载: "茎细, 微蓝色裂叶, 花如蓝绸飘扬, 有香味。"上述植物形态特征及附图与蒙医所沿用的香青兰的植物形态特征相符, 故认定历代蒙医药文献所记载的"宝德-古日古木, 即毕日阳古 (香青兰)"。该药材味苦、甜, 性凉, 效钝、轻、糙、腻, 具有清胃肝热、止血、愈合伤口、燥协日乌素的使用。主治黄疸、肝热、胃扩散热、胃痉挛、烧心口苦、吐酸水、青腿病、食物中毒、胃出血、胃肝热、赫如虎、巴木病等。

1.2 化学成分及药理作用

1.2.1 化学成分

挥发油类成分 香叶醇, 橙花醇, 柠檬烯, 香茅醇, 百里香酚, 萜烯, 倍半萜烯, 柠檬醛, 棕榈酸, 香叶醇乙酸酯, 胡萝卜素, α-蒎烯、β-蒎烯、宁烯、γ-萜品烯、冰片烯、萜品醇-4,8-异丙叉二环等。

黄酮类成分 2, 5, 7, 4-四羟基黄酮, 5, 4, 7-三羟基-3-甲氧基黄酮; 4, 7, 3, 4-四羟基-3-α-β-glu-rha黄酮, 香青兰苷, 山奈酚, 木樨草素, 洋芹素, 异鼠李素, 山奈酚-3-O-β-D-(6-O-对羟基桂皮酰)半乳吡喃糖苷, takalin-8-O-β-D-葡萄吡喃糖苷, 金合欢素, 金合欢素-7-O-(4-乙酰基)-葡萄糖苷, 芹菜素, 玄参黄酮, 鼠尾草素, 8-羟基-鼠尾草素, 金圣草素, 栀子素乙, 金合欢素-7-O-β-D-葡萄糖醛酸苷,芹菜素-7-O-β-D-半乳糖苷, takalin-8-O-β-D-葡萄糖苷, 槲皮素, 槲皮素-3-O-[α-L-鼠李糖 (1→6)]-β-D-葡萄糖苷, 山奈酚-3-O-葡萄糖苷, 山奈酚-7-O-葡萄糖苷, 槲皮素-3-O-葡萄糖苷, 槲皮素-3-O-半乳糖苷, 田蓟苷, 高车前苷, 金合欢素-7-O-(3-乙酰基)-葡萄糖苷, 金合欢素-7-O-(4-乙酰基)-葡萄糖苷, 藿香苷, 山奈酚-3-O-β-D-(6-O-对羟基桂皮酰)半乳吡喃糖苷, 山奈酚-3-O-β-D-(6-O-对羟基桂皮酰)葡萄吡喃糖苷, 2-对羟基肉桂酰氧基黄芪苷, 香叶木素, 芹菜素-7-O-β-D-葡萄糖苷, 木樨草素-7-O-β-D-葡萄糖苷, 金合欢素-7-O-β-D-(6-O-丙二酰基)-葡萄糖苷, 黄酮, 黄酮醇, 金合欢素-7-O-β-D-(6-O-丙二酰基)-葡萄糖苷, 金合欢素-7-O-β-D-葡萄糖苷, 香叶木素-7-β-O-葡萄糖苷, Agsttachoside, Acacetin-7-O-(6-O-malonyl-β-D-glucopyranoside), 丁香脂素, 2"-对羟基肉桂酰氧基黄芪苷, 山奈酚-3-O-β-D-(6-O-对羟基桂皮酰)半乳吡喃糖苷, takalin-8-O-β-D-葡萄吡喃糖苷, 木樨草素-7-O-β-D-葡萄糖醛酸苷, 芹菜素-7-O-β-D-葡萄糖醛酸苷, 香叶木素-7-O-β-D-葡萄糖醛酸苷, 田蓟苷, 丁香脂素-4-O-β-D-葡萄糖苷, 丁香脂素-4, 4-O-双-β-D-葡萄糖苷等。

三萜及甾体类成分 齐墩果酸, 熊果酸, 乌发醇, 白桦脂醇, 白桦脂酸, 豆甾醇, β-胡萝苷, 谷甾醇, 齐墩果烷型, 羽扇豆醇型, 乌苏烷型, 白桦脂醇-28-乙酯, 胡萝卜苷, 五环三萜, 三萜熊果酸, 齐墩果烷-12-烯-28-酸-3-酮, 乌苏烷-12-烯-28-酸-2α-2β-二醇, 乌苏烷-12-烯-28-酸-3β-24-醇等。

苯丙素类 迷迭香酸, 绿原酸, 咖啡酸, 迷迭香酸甲酯, 迷迭香酸乙酯, 对-香豆酸, 阿魏酸, 咖啡酸-4-O-β-D-葡萄糖苷, 二氢咖啡酸, 咖啡酸-4-O-β-D-吡喃葡萄糖苷, 七叶内酯等。

糖类 木糖, 葡萄糖, 蔗糖等。

微量元素 Fe, Zn, Cu, Mn, Sr, Al, Ca, Ge, Ni, C, Se, Co, Mg, Br等。

其他类 6-丙二酰基-熊果苷, Δ12-齐墩果烯, Δ12-熊果烯三萜类, Δ12-熊果烯醇, 黄芪苷, 阿魏酸, 2, 5-二羟基苯甲酸, 6, 7-二羟基香豆素, 日本椴苷, 5, 7-二羟基-4-甲氧基黄酮-7-O-β-D-葡萄糖苷等。

1.2.2 药理作用

对血液流变性及血小板功能的作用 近年来许多研究证明, 冠心病患者全血黏度增高, 流动性差, 易导致组织缺血缺氧, 局部循环障碍。病人服用香青兰后, 全血黏度、低切及高切变率及红细胞压积较治疗前明显降低。表明香青兰有改善与调节血液流变性的作用。血小板功能异常在动脉粥样硬化发生的损伤学说中起重要作用。冠心病患者血小板聚集黏附及释放功能增高, 通过释放生长因子, 前列腺素代谢产物及形成血管内血栓多种途径, 参与病理生理发生发展过程。用香青兰后, 血小板聚集率明显降低, 可反映冠心病血小板聚集功能改善, 是病情缓解的客规指标。

降血脂作用　有效地降低CH、TG、LDL和升高HDL,特别是石油醚层,作用非常显著,推测这可能是归功于香青兰中的萜类物质和黄酮类的香青兰苷、氨基酸、微量元素、胡萝卜素等多种活性成分。萜类化合物与黄酮类化合物具多种多样的生理活性,如降血脂、抑制血小板聚集凝结和血栓的形成,此外,还有保肝、抗炎、抗病毒、抗菌等作用。

抗心衰作用　对一些分离部位和含量相对较大的单体化合物进行了体外的心衰酶模型活性筛选。被筛各化合物中抑制效率之比大于70%的化合物为木樨草素、2-对羟基肉桂酰氧基黄芪苷、山奈酚、异鼠李素、熊果酸。

抗氧化作用　对人的实验结果表明,香青兰中多糖含量为6.38%,香青兰多糖对O^{2-}、$-OH$ 和H_2O_2具有良好的清除能力,同时,还有较强的还原能力,它们的活性与多糖的用量呈正相关性,且均比枸杞多糖的活性强。

增强机体免疫力　对香青兰氨基酸种类含量及蛋白质含量进行的研究表明,香青兰含有蛋白质、多肽、氨基酸等有效成分,而且蛋白质含量在8%以上,各类氨基酸共16种,其中含8种人体必需的氨基酸,总氨基酸含量为3.08%。总人体必需的氨基酸含量为1.03%,氨基酸除了具有官能团作用外,有的还有神经递质的作用,在调节神经、内分泌、免疫和酶等方面发挥作用。

对心肌缺血的保护作用　曾经有人采用经典的异丙基肾上腺素(ISP)诱发小白鼠急性心肌缺血损伤模型,以丹参为对照,应用五种香青兰剂量进行动物实验。结果显示,香青兰组较缺血组心肌浆网Ca+2-ATP酶、SOD、SE-G-SH-Px 酶活力明显增高,血清及心肌组织 MDA 含量下降,血清 CPK 酶活力降低,心肌超微结构改变减轻。初步表明,香青兰可通过提高心肌组织中自由基清除酶活力,保护肌浆网 Ca+2-ATP 酶活力,减轻钙超载,而发挥对缺血心肌的保护用。

1.3　资源分布状况

分布于黑龙江,吉林,辽宁,内蒙古,河北,山西,河南,陕西,甘肃及青海等。多生于干燥山地、山谷、河滩多石处,海拔220~1600m(青海至2700m)。俄罗斯西伯利亚及东欧,中欧地区,南延至克什米尔地区均有分布。

1.4　栽培技术与采收加工

香青兰喜凉爽,宜选择阴凉通风的沙壤土栽培,耕前施足基肥,灌水,翻犁,耙平作畦。香青兰一般采用分根繁殖,3月下旬挖出母株,将根部顺其自然生长势分成小株,每棵留芽2~3个,穴栽,行株距

40cm×30cm,深度15cm,将分好的小株栽入其中,使之根部舒展,填土压紧,芽尖向上覆土2cm。苗高约6cm时,中耕除草,10cm时结合中耕除草施腐熟厩肥,翻入株旁土中,注意灌水后松土。香青兰既不能受旱,亦忌浸渍,因此,保持湿润是种植的关键。入冬前需灌一次越冬水。

1.5 采收加工

夏季盛花期至初果期割取,晒干,置阴凉干燥处保管。

2 生物学特性研究

2.1 奈曼地区栽培香青兰物候期

2.1.1 观测方法

从通辽奈曼旗蒙药材种植基地栽培的香青兰大田中,选择10株生长良好、无病虫害的健壮植株编号挂牌,作定位观测,并记录。2016年5月至2017年11月间连续观测记录各定株物候出现的日期,以10株平均期作为原始值。观测应具连续性,不漏测任何一个物候期。观测时间和顺序固定,开花期上午8:00~11:30,晴天观测。观测部位以植株判断其物候期,主茎受损时另选植株,并注明。

2.1.2 物候期的划分

物候期的划分是根据栽培香青兰生长发育过程中不同时期植物生长发育特点,并参考其他植物物候期的划分情况完成的。为了划分依据统一,始、初期均以群体中植株出现开花或展叶或坐果5%~15%为标准,盛、旺期以40%~60%为标准,末期以80%~90%为标准。将香青兰的生育全过程分为播种期、出苗期、4~6叶期、分枝期、花蕾期、开花初期、盛花期、落花期、坐果初期、果实成熟期、枯萎期。出苗期为种子萌发后,幼苗露出地面2~3cm的时期;4~6叶期(伸长期)是叶生长的关键时期;分枝期是植株茎秆快速生长时期,其与伸长期基本同季,是植物营养生长高峰期;现蕾开花期是植株现蕾开花时期;坐果初期是香青兰开始坐果的时期;果实成熟期是整株植物结实及果实成熟的关键时期,其与现蕾开花期组成香青兰的生殖生长期;枯萎期是根据植株在夏末、秋初出现春发植株大量死亡现象而设置的一个生育时期;播种期是香青兰实际播种日期。

2.1.3 物候期观测结果

一年生香青兰播种期为5月12日,出苗期自6月2日起历时12天,4~6叶期为自7月初开始至下旬历时14天,枯萎期历时18天。

二年生香青兰返青期为自4月中旬开始历时10天，分枝期共计6天。花蕾期自6月中旬至6月底共计8天，开花初期历时15天，盛花期7天，坐果初期16天，果实成熟期共计6天，枯萎期历时20天。

表16-1-1　香青兰物候期观测结果（m/d）

| 时期
年份 | 播种期 | 出苗期 | 4~6叶期 | 分枝期 | 花蕾期 | 开花初期 |
		二年返青期				
一年生	5/12	6/2~6/14	7/8~7/22	—	—	—
二年生		4/14~4/24	5/2~5/15	5/26~6/2	6/12~6/20	7/1~7/16

表16-1-2　香青兰物候期观测结果（m/d）

时期 年份	盛花期	落花期	坐果初期	果实成熟期	枯萎期
一年生	—	—	—	—	10/12~10/30
二年生	7/16~7/23	8/28~9/2	8/24~9/10	9/14~9/20	9/2~9/22

2.2　形态特征观察研究

一年生草本，高22~40cm，直根圆柱形，径2~4.5mm。茎数个，直立或渐升，常在中部以下具分枝，不明显四棱形，被倒向的小毛，常带紫色。基生叶卵圆状三角形，先端圆钝，基部心形，具疏圆齿，具长柄，很快枯萎。下部茎生叶与基生叶近似，具与叶片等长柄，中部以上者具短柄，柄为叶片之1/2~1/4以下，叶片披针形至线状披针形，先端钝，基部圆形或宽楔形，长1.4~4cm，宽0.4~1.2cm，两面只在脉上疏被小毛及黄色小腺点，边缘通常具不规则至规则的三角形牙齿或疏锯齿，有时基部的牙齿成小裂片状，分裂较深，常具长刺。轮伞花序生于茎或分枝上部5~12节处，疏松，通常具4花；花梗长3~5mm，花后平折；苞片长圆形，稍长或短于萼，疏被贴伏的小毛，每侧具2~3小齿，齿具长2.5~3.5mm的长刺。花萼长8~10mm，被金黄色腺点及短毛，下部较密，脉常带紫色，2裂近中部，上唇3浅裂至本身1/4~1/3处，3齿近等大，三角状卵形，先端锐尖，下唇2裂近本身基部，裂片披针形。花冠淡蓝紫色，长1.5~2.5cm，喉部以上宽展，外面被白色短柔毛，冠檐二唇形，上唇短舟形，长约为冠筒的1/4，先端微凹，下唇3裂，中裂片扁，2裂，具深紫色斑点，有短柄，柄上有2突起，侧裂片平截。雄蕊微伸出，花丝无毛，先端尖细。花柱无毛，先端2等裂。小坚果长约2.5mm，长圆形，顶平截，光滑。

香青兰形态特征例图

图16-1

图16-2

图16-3

图16-4

图16-5

2.3　生长发育规律

2.3.1　香青兰营养器官生长动态

（1）香青兰地下部分生长动态　为掌握香青兰各种性状在不同生长时期的生长动态，分别在不同时期对香青兰的根长、根粗、侧根数、根鲜重等性状进行了调查（见表16-2、16-3）。

表16-2　一年生香青兰地下部分生长情况

调查日期 （m/d）	根长 （cm）	根粗 （cm）	侧根数 （个）	侧根长 （cm）	侧根粗 （cm）	根鲜重 （g）
7/30	5.38	0.064	—	—	0.0431	0.81
8/10	6.27	0.103	—	—	0.0497	1.14
8/20	7.8	0.2329	2	4.64	0.1198	1.67
8/30	10.89	0.3581	2.5	5.58	0.183	2.014
9/10	14.62	0.4397	3.2	7.33	0.24	2.11
9/20	16.02	0.4835	3.4	10.07	0.3617	2.68
9/30	18.2	0.5358	4.2	12.51	0.4069	3.28
10/15	18.52	0.5914	5.8	14.57	0.4021	3.88

说明："—"无数据或未达到测量的数据要求。

表16-3　二年生香青兰地下部分生长情况

调查日期 （m/d）	根长 （cm）	根粗 （cm）	侧根数 （个）	侧根长 （cm）	侧根粗 （cm）	根鲜重 （g）
5/17	5.68	0.5259	—	—	—	3.98
6/80	6.77	0.6231	2.00	2.60	0.2598	5.16
6/30	7.30	0.9206	2.69	3.50	0.3098	8.96
7/22	9.15	1.1633	3.00	4.54	0.5012	10.59
8/11	12.68	1.2152	3.70	5.47	0.5721	13.63
9/20	15.07	1.3167	4.00	6.48	0.6212	16.99
9/24	16.19	1.3973	4.10	7.81	0.6621	18.23
10/16	18.51	1.4631	4.40	9.33	0.7142	20.81

说明："—"无数据或未达到测量的数据要求。

一年生香青兰根长的变化动态　从图16-6可见，7月30日至9月30日根一直在缓慢增加，9月30日开始进入稳定状态，说明一年生香青兰根长主要是在10月份前增长的。

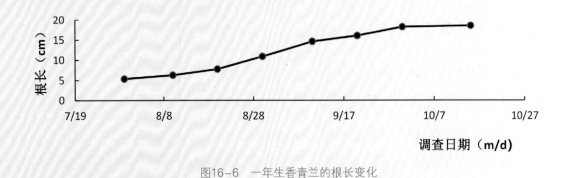

图16-6　一年生香青兰的根长变化

一年生香青兰根粗的变化动态　从图16-7可见，一年生香青兰的根粗从7月30日至10月15日均呈稳定的增加趋势。说明香青兰在第1年里根粗始终在增加。

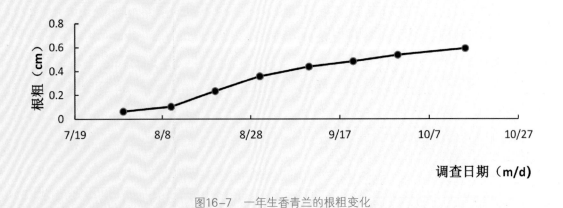

图16-7　一年生香青兰的根粗变化

一年生香青兰侧根数的变化动态　从图16-8可见，7月30日至8月10日之间没有长侧根，8月10日至10月15日为缓慢而稳定的增加期，其后侧根数的变化不大。

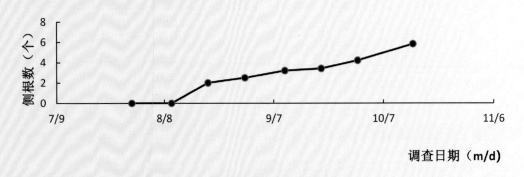

图16-8　一年生香青兰的侧根数变化

一年生香青兰侧根长的变化动态　从图16-9可见，8月10日至10月15日侧根长均呈稳定的增长趋势。

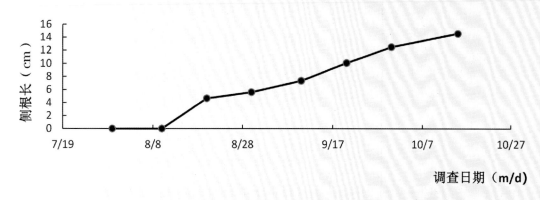

图16-9 一年生香青兰的侧根长变化

一年生香青兰侧根粗的变化动态 从图16-10可见，自8月10日至9月30日侧根粗均呈稳定的增加趋势，其后进入了平稳状态。

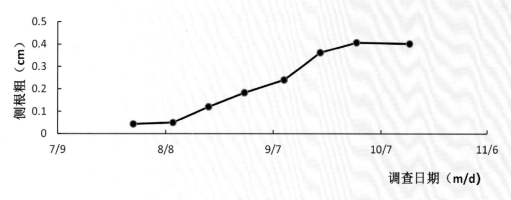

图16-10 一年生香青兰的侧根粗变化

一年生香青兰根鲜重的变化动态 从图16-11可见，自7月30日至10月15日根鲜重均呈稳定的增加趋势。

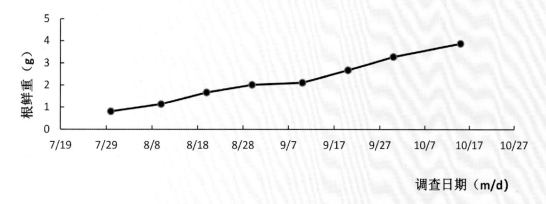

图16-11 一年生香青兰的根鲜重变化

二年生香青兰根长的变化动态　从图16-12可见，5月17日至10月16日为止根长一直在缓慢增长。

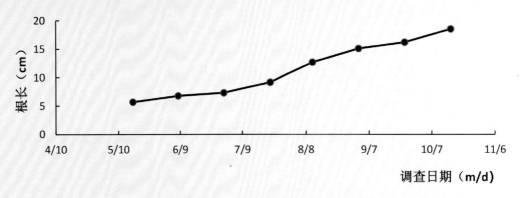

图16-12　二年生香青兰的根长变化

二年生香青兰根粗的变化动态　从图16-13可见，二年生香青兰的根粗始终处于增加的状态，而且6月8日至7月22日比别的时间增长速度相对稍快。

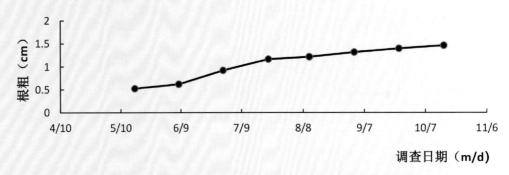

图16-13　二年生香青兰的根粗变化

二年生香青兰侧根数的变化动态　从图16-14可见，二年生香青兰的侧根数基本上呈逐渐增加的趋势，增加的高峰期是5月17日至6月8日。

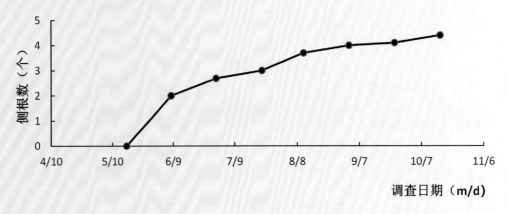

图16-14　二年生香青兰的侧根数变化

二年生香青兰侧根长的变化动态　从图16–15可见，5月17日至10月16日侧根长均呈稳定的增长趋势。

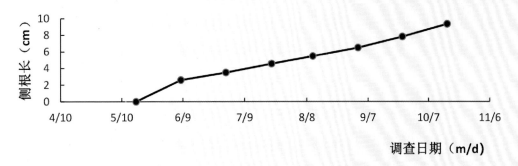

图16–15　二年生香青兰的侧根长变化

二年生香青兰侧根粗的变化动态　从图16–16可见，5月17日至10月16日侧根粗均呈稳定的增加趋势。

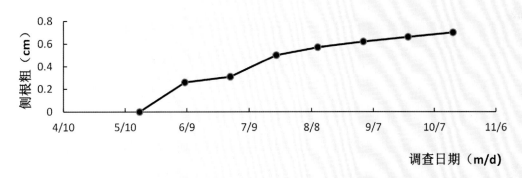

图16–16　二年生香青兰的侧根粗变化

二年生香青兰根鲜重的变化动态　从图16–17可见，5月17日至10月16日根鲜重变化基本上呈逐渐增加的趋势，而且很平稳，根鲜重变化较小。

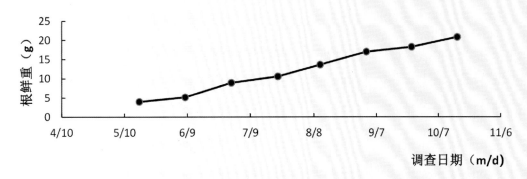

图16–17　二年生香青兰的根鲜重变化

（2）香青兰地上部分生长动态　为掌握香青兰各种性状在不同生长时期的生长动态，分别在不同时期对香青兰的株高，叶数，分枝数，茎、叶鲜重等性状进行了调查。

表16-4　一年生香青兰地上部分生长情况

调查日期 （m/d）	株高 （cm）	叶数 （个）	分枝数 （个）	茎粗 （cm）	茎鲜重 （g）	叶鲜重 （g）
7/25	6.97	8.1	—	—	—	0.23
8/12	7.35	14.9	—	—	—	4.00
8/20	10.37	23.0	—	—	—	7.33
8/30	12.54	29.9	—	—	—	10.13
9/10	15.13	32.3	—	—	—	11.90
9/21	16.27	31.6	—	—	—	10.00
9/30	20.89	17.0	—	—	—	7.82
10/15	21.60	8.0	—	—	—	5.25

说明："—"无数据或未达到测量的数据要求。

表16-5　二年生香青兰地上部分生长情况

调查日期 （m/d）	株高 （cm）	叶数 （个）	分枝数 （个）	茎粗 （cm）	茎鲜重 （g）	叶鲜重 （g）
5/14	20.92	22.0	5.2	0.1399	14.29	4.50
6/8	35.39	127.0	6.9	0.2633	16.11	14.41
7/1	70.60	521.2	6.1	0.3198	65.04	20.15
7/23	99.72	856.0	7.7	0.4142	72.93	25.21
8/10	118.29	740.9	6.6	0.5306	92.93	28.85
9/2	105.29	683.8	9.4	0.5747	102.45	24.56
9/24	106.44	335.8	9.3	0.6134	55.01	15.81
10/18	103.76	83.1	8.4	0.6427	34.99	4.52

一年生香青兰株高的生长变化动态　从图16-18可见，7月25日至8月12日是株高增长平稳期，8月12至9月30日是增长速度最快的时期，9月30日之后一年生香青兰的株高增长较少。

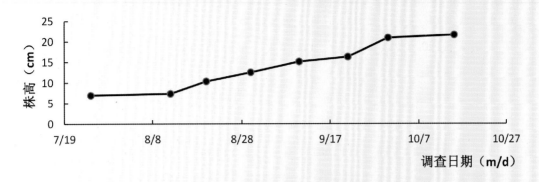

图16-18 一年生香青兰的株高变化

一年生香青兰叶数的生长变化动态 从图16-19可见,7月25日至8月12日叶数增加缓慢,8月12日至9月10日是叶数增加最快的时期,其后叶数增加进入平稳期,但自9月21日开始叶数迅速变少,其后缓慢减少,说明这一时期香青兰下部叶片在枯死、脱落,所以叶数在减少。

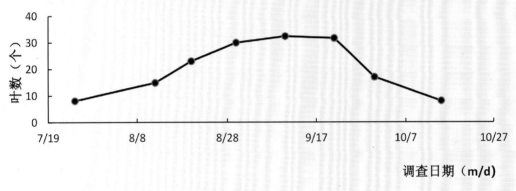

图16-19 一年生香青兰的叶数变化

一年生香青兰叶鲜重的变化动态 从图16-20可见,7月25日至9月10日是叶鲜重快速增加期,其后叶鲜重开始大幅降低,这可能是由于生长后期叶片逐渐脱落和叶逐渐干枯所致。

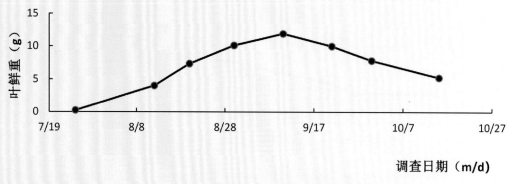

图16-20　一年生香青兰的叶鲜重变化

二年生香青兰株高的生长变化动态　从图16-21可见，5月14日至8月10日是株高增长速度最快的时期，8月10日至9月2号株高下降，这可能是由于生长后期茎秆和叶片逐渐脱落和茎叶逐渐干枯所致，之后香青兰的株高进入平稳状态。

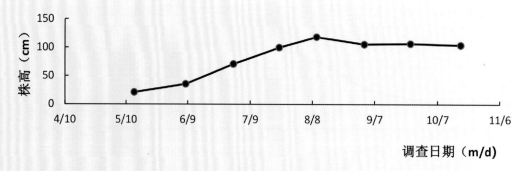

图16-21　二年生香青兰的株高变化

二年生香青兰叶数的生长变化动态　从图16-22可见，5月14日至6月8日是叶数增长缓慢的时期，6月8日至7月23日是叶数增加最快时期，但自7月23日开始叶数迅速变少，说明这时期香青兰下部叶片在枯死、脱落，所以叶数在减少。

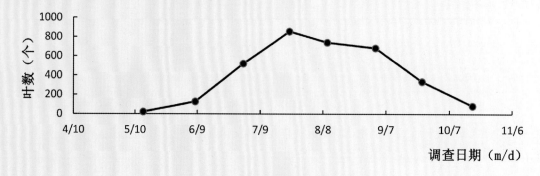

图16-22　二年生香青兰的叶数变化

二年生香青兰在不同生长时期分枝数的变化　从图16-23可见，5月14日至9月2日分枝数一直在非常缓慢地增加，其后分枝数呈现平稳趋势。

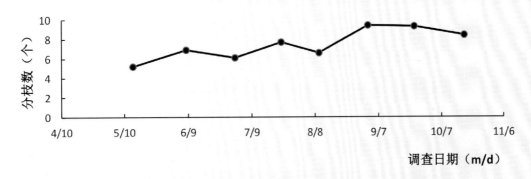

图16-23　二年生香青兰的分枝数变化

二年生香青兰茎粗的生长变化动态　从图16-24可见，5月14日至10月18日茎粗一直在缓慢增加，可以看出二年生香青兰的茎粗基本上在整个生长期内呈逐渐增加的趋势。

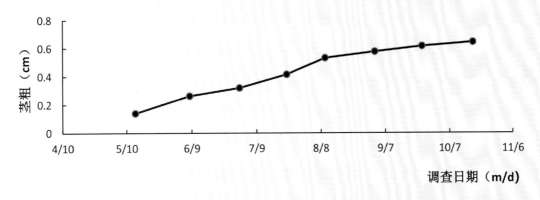

图16-24　二年生香青兰的茎粗变化

二年生香青兰茎鲜重的变化动态　从图16-25可见，5月14日至6月8日茎鲜重处于平稳状态，6月8日开始缓慢而平稳地增加，自9月2日开始茎鲜重开始逐渐降低，可能是由于生长后期茎秆逐渐干枯所致。

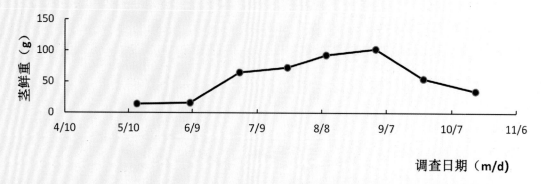

图16-25　二年生香青兰的茎鲜重变化

二年生香青兰叶鲜重的变化动态　　从图16-26可见，5月14日至8月10日叶鲜重缓慢而平稳发增加，8月10开始叶鲜重开始逐渐降低，可能是由于生长后期叶片逐渐脱落和叶逐渐干枯所致。

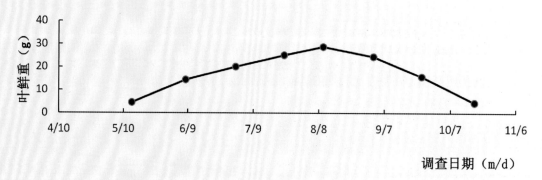

图16-26　二年生香青兰的叶鲜重变化

（3）香青兰单株生长图

一年生香青兰生长图

图16-27

图16-28

图16-29

图16-30

二年生香青兰生长图

图16-31　　　　　　　　　　图16-32　　　　　　　　　　图16-33

图16-34　　　　　　　　　　图16-35　　　　　　　　　　图16-36

2.3.2　香青兰的不同时期的根和地上部的关系

为掌握香青兰各种性状在不同生长时期的生长动态，分别在不同时期从香青兰的每个种植小区随机取样10株，将取样所得的香青兰从茎基部剪下，根、冠分离，去除杂物，将根、冠分别在105℃下杀青30分钟后60℃恒温2天（或2天以上干燥为止），然后放入干燥器中冷却，用1/10000的天平测量质量，以二者的比值为根冠比。

表16-6 一年生香青兰不同时期的根和地上部的关系

调查日期（m/d）	7/25	8/12	8/20	8/30	9/10	9/21	9/30	10/15
根冠比	1.1124	0.7091	0.6832	0.4122	0.6750	0.8612	1.2578	1.5676

从表16-6可见，一年生香青兰幼苗期根系与枝叶的生长速度基本相同，根冠比基本在1.1124：1，表现为幼苗出土初期，根系生长占优势。8月份由于地上部分光合能力增强，枝叶生长加速，其生长总量逐渐超出地下部分，根冠比减小为0.4122：1。9月下旬开始地下部分生长特别旺盛。

表16-7 二年生香青兰不同时期的根和地上部的关系

调查日期（m/d）	5/14	6/8	7/1	7/23	8/10	9/2	9/24	10/18
根冠比	2.3237	1.2040	0.7973	0.4881	0.2701	0.1679	0.2781	0.6760

从表16-7可见，二年生香青兰幼苗期根系与枝叶的生长速度有显著差异，幼苗出土初期的根冠比在2.3237：1，根系生长占优势。6月初开始枝叶生长加速，地上部光合能力增强，其生长总量逐渐超出地下部，到9月初根冠比相应减小为0.1679：1。进入枯萎期根冠比为0.6760：1。

2.3.3 香青兰不同生长期干物质积累

本实验共设计3个小区。每小区取样10株，分别取营养幼苗期、营养生长期、开花期、果实期、枯萎期等5个时期的香青兰全株，每穴以植株为中心，取长16～25cm、宽16～25cm、深20～40cm的土块，先用清水冲洗干净，注意避免丢失根量，用滤纸吸干附着的水分，然后将植株按根、茎、叶、花和果实部位装袋，于105℃杀青30min，60℃烘至恒重，测定干物质量，并折算为公顷干物质积累量。

表16-8 一年生香青兰各部器官总干物质重变化（kg/hm²）

调查期	根	茎	叶	花	果
幼苗期	35.60	—	8.90	—	—
营养生长期	872.20	—	1112.50	—	—
枯萎期	1103.60	—	1958.00	—	—

说明："—"无数据或未达到测量的数据要求。

从一年生香青兰干物质积累与分配数据（如表16-8所示）可以看出，在不同时期地上、地下部分各营养器官的干物质量随香青兰的生长不断增加。在幼苗期根、叶为35.60kg/hm²、8.9kg/hm²；进入营养生长期根、叶依次增加至872.20kg/hm²和1112.50kg/hm²。进入枯萎期根、叶依次增加至1103.60kg/hm²、1958.00kg/hm²，其中叶增加较快，地上仍然具有增长的趋势，其原因为通辽市奈曼地区已进入霜期，霜后地上部枯萎后，自然越冬，当年不开花。

表16-9　二年生香青兰各部器官总干物质重变化（kg/hm²）

调查期	根	茎	叶	花	果
幼苗期	842.80	2064.00	842.80	—	—
营养生长期	3405.60	9683.60	4833.20	—	—
开花期	4807.40	15428.40	5529.80	369.80	—
果实期	7301.40	16047.60	3809.80	—	2322.00
枯萎期	8488.20	11334.80	154.80	—	2597.20

说明："—"无数据或未达到测量的数据要求。

从二年生香青兰干物质积累与分配平均数据（如表16-9所示）可以看出，在不同时期地上、地下部分各营养器官的干物质量均随香青兰的生长不断增加。在幼苗期根、茎、叶为842.80kg/hm²、2064.00kg/hm²、842.80kg/hm²；进入营养生长期根、茎和叶依次增加至3405.60kg/hm²、9683.60kg/hm²、4833.20kg/hm²。进入开花期根、茎、叶、花依次增加至4807.40kg/hm²、15428.40kg/hm²、5529.80kg/hm²、369.80kg/hm²，其中茎增加特别快；进入果实期根、茎、叶和果依次为7301.40kg/hm²、16047.60kg/hm²、3809.80kg/hm²、2322.00kg/hm²。进入枯萎期根、茎、叶和果依次为8488.20kg/hm²、11334.80kg/hm²、154.80kg/hm²、2597.20kg/hm²，即茎和叶进入枯萎期。

3　经济效益分析

香青兰，对于心脑血管疾病、肝炎等的治疗作用明显，还可以应用于食品香料和工业香料，用途较广，有待进一步研究开发，拓宽其用途。香青兰经蒸馏得到的精油具有清爽的甜香气，似花香，宜用于食物和日用香精。工业上可用于制作香料的原料，可以制成香青兰香烟、茶、保健饮料、糖果和化妆品等。

追肥，在6月份植株现蕾时应追肥一次，以氮、磷肥为主，每亩用尿素15~25kg，过磷酸钙25~40kg，以提高产量和挥发油的含量。留种田施肥可以促进种子饱满，提高种子产量和质量。每亩用种子1.5~2kg。

益母草 ᠡᠵᠡ

LEONURI HERBA

蒙药材益母草为唇形科植物益母草*Leonurusja ponicus* Houtt.的干燥地上部分。

1 益母草的研究概况

1.1 蒙药学考证

蒙药材益母草蒙古名"都尔布勒吉–乌布斯",别名"西莫梯格勒""阿木塔图–道斯勒"。鲜品春季幼苗期至初夏花前期采割。干品夏季茎叶茂盛、花未开或初开时采割,晒干,或切段晒干。《认药白晶鉴》记载:"西莫梯格勒种类较多,但白色者质佳,黑色者为优。黑色者生于草坪或干旱地,其他方面与前者(与白色者)相似;茎四棱,单生,花红色,种子状如裂开的荞麦,味甘。"《无误蒙药鉴》记载:"黑色者生于田间或黑土地,形状同上(白色者),茎四棱,叶粗糙,参差不齐,花白色或红色,状如飞翔于天空的小鸟,似荞麦的黑色小种子,味甘。上述植物生境、形态特征与蒙医所沿用的益母草之生境、形态特征相似,故认定历代蒙医药文献所载的西莫梯格勒即都尔布勒吉–乌布斯(益母草)。"本品味苦,性凉,效腻、钝、燥;具有活血、调经、明目、消云翳之功效;主要用于月经不调、胎漏难产、胞衣不下、产后血晕、瘀血腹痛、崩中漏下、尿血、泻血、痈肿疮疡、痛经、妇女血症、经闭、目赤翳障、血疫病、产后腹痛等。

1.2 化学成分及药理作用

1.2.1 化学成分

生物碱 益母草碱(leonurine),水苏碱(stachydrine);萜类:前西班牙夏罗草酮(prehispanolone),西班牙夏罗草酮(hispanolone),鼬瓣花二萜(galeopsin),前益母草二萜(preleoheterin)及益母草二萜(leoheterin)。

1.2.2 药理作用

对子宫的作用 益母草是常用的调经止血药,具有较强的子宫兴奋作用,能增加子宫收缩幅度、频率及张力。以大鼠离体子宫为模型,观察益母草的缩宫作用,结果新鲜的营养期益母草的缩宫作用明显强于同一批干品的缩宫作用。益母草碱可使大鼠动情前期的大鼠离体子宫从小振幅不规则的自发性收缩变为大振幅的规律收缩,但在动情期制备的子宫标本上加益母草碱可使收缩力和收缩频率增加。益母草碱的作用与剂量相关,浓度为$0.2\mu g/ml$时即可引起子宫收缩,益母草碱的收缩可持续数小时,但冲洗后可恢复。用益母草水煎液对离休小鼠子宫进行实验,结果小鼠子宫活动力明显增加,益母草对子宫的兴奋作用可能与兴奋组胺H_1受体及肾上腺素α受体有关。给大鼠腹腔注射益母草水煎液,对其子宫肌电活动的变化进行观察,结果给药后大鼠子宫肌电的慢波频率加快、平均振幅增大、单波频率加快、最大振幅增加,益母草对子宫的兴奋作用可能是通过改变一些与电活动有关离子的浓度,使起步细胞活动加强及动作电位去极化加快所致。

对心血管的作用 益母草能明显抑制血中和心肌组织中的丙二醛(MDA)的产生,保护超氧化物歧化酶(SOD)和谷胱甘肽过氧化物酶(GSH-Px)的活性,益母草注射液还可通过保护ATP酶的活性、减轻脂质过氧化反应心肌内Ca^{2+}超负荷和减少心肌内心肌酶的逸出而发挥保护心肌细胞结构和功能的作用;除此之外,尚可通过改善血液流变学及冠状血流量而减轻缺血再灌注损伤。益母草对大鼠异丙肾上腺素性心肌缺血也有很好的治疗作用,经益母草治疗后1h内大部分动物心电图均恢复正常。结扎大鼠冠状动脉左室支复制心肌缺血的动物模型,心肌缺血1h后从尾静脉注射益母草注射液,缺血2h后取血栓测各项指标,结果益母草注射液能明显降低大鼠心肌缺血过程中升高的全血黏度、血浆黏度、血沉及血浆纤维蛋白原,并可降低二磷酸腺苷及胶原诱导的血小板聚集率,显著抑制体外血栓的形成,表明益母草注射液具有抗心肌缺血的作用。益母草水提液虽然自身很难引起大鼠主动脉血管的收缩,但却是可以显著增强苯福林(phenylephrine)诱导下大鼠主动脉血管的收缩。

抗血小板聚集及抗血栓形体外实验表明,益母草及其提取物有拮抗ADP诱导的正常动物血小板聚集作用。体内实验亦证明益母草能显著减少外周循环中的血小板总数和肺泡壁毛细血管内血小板及其聚集物。对大鼠冰水游泳或大面积烫伤引起的血小板聚集活性增高也有显著抑制作用。大鼠灌胃益母草煎剂可使血栓形成时间延长,长度缩短,重量减轻,还可使血小板计数减少,聚集功能减弱,凝血酶原时间和白陶土部分凝血活酶时间延长,以及浆纤维蛋白原减少,优球蛋白溶解时间缩短。

对免疫功能的作用 用3H-胸腺嘧啶掺入法表明,前西班牙夏罗草酮对由刀豆球蛋白A(ConA)活化的小鼠T淋巴细胞有较强的促进增殖作用,其作用是单独使用ConA的$5\sim8$倍,表明能够增强机体的细胞免疫功能。

对肾脏的作用 益母草对初发期急性肾小管坏死（ATN）有一定的防治作用；在庆大霉素所致急性肾衰竭的发生、发展中对肾脏具有保护作用；益母草注射液对甘油生理盐水引起的家兔急性肾衰竭有明显增加肾皮质血流量作用，改善肾脏功能，减轻或恢复肾小管细胞的变性、浑浊肿胀等病理改变。以肌酐（Cr）、尿素氮（BUN）、滤过钠排泄分数（EFNC）、肾血流量（RBF）及动物存活情况作为观察指标，证明益母草治疗犬缺血型初发期急性肾衰竭具有显著效果。

毒性 益母草毒性较小。小鼠静注益母草注射液，其LD_{50}为$30\sim60g/kg$。小鼠静注益母草总碱LD_{50}为$0.572\pm0.037g/kg$，家兔皮下注射$30mg/kg$，连续2星期未见毒性作用。慢性毒性试验，未见动物的心、肝、肺、肾的病理损伤。

1.3 资源分布状况

生于田埂、路旁、溪边或山坡草地，尤以向阳地带为多，生长地可达海拔3000m以上。分布于全国各地。

1.4 生态习性

生物学特性喜温暖湿润气候，海拔在1000m以下的地区者可栽培，对土壤要求不严，但以向阳、肥沃、排水良好的砂质壤土栽培为宜。

1.5 栽培技术与采收加工

1.5.1 间苗、定苗

苗高7cm时，间苗2~3次，至苗高17cm左右定苗，每穴留壮苗2~3株，每亩保持存苗3万~4万株产量最高。秋播者中耕除草3~4次，第一次在12月间苗时，第二年视杂草及植株生长情况进行2~3次。春播者进行2~3次，中耕宜浅。播种前除施基肥外，在生长期可结合中耕除草进行追肥，以人畜粪尿、尿素等氮肥为主。

1.5.2 病虫害及其防治

病害及其防治 白粉病，在发病前后用25%粉绣宁1000倍液防治。菌核病，可喷1：500的瑞枯霉；或喷1：1：300倍波尔多液；或喷40%菌核利500倍液等防治。还有花叶病等为害。

虫害及其防治 蚜虫，春、秋季发生，用化学制剂防治。小地老虎，于早晨捕杀，或堆草诱杀。

1.5.3　采收加工

移栽后第二年秋季,当茎叶枯萎时选晴天挖取,除去茎叶,将大鳞茎作药用,小鳞茎作种栽。将大鳞茎剥离成片,按大、中、小分别洗净泥土、沥干水滴,然后投入水中烫煮一下,大片约10min,小片5~7min,捞出,在清水中漂去黏液,摊晒在席上,晒至全干。以瓣匀肉厚、色黄白、质坚、筋少者为佳。

2　生物学特性研究

2.1　奈曼地区栽培益母草物候期

2.1.1　观测方法

从通辽奈曼旗蒙药材种植基地栽培的益母草大田中,选择10株生长良好、无病虫害的健壮植株编号挂牌,作定位观测,并记录。2016年5月至2017年11月连续观测记录各定株物候出现的日期,以10株平均期作为原始值。观测应具连续性,不漏测任何一个物候期。观测时间和顺序固定,开花期上午8:00~11:30,晴天观测。观测部位以植株判断其物候期,主茎受损时另选植株,并注明。

2.1.2　物候期的划分

物候期的划分是根据栽培益母草生长发育过程中不同时期植物生长发育特点,并参考其他植物物候期的划分情况完成的。为了划分依据统一,始、初期均以群体中植株出现开花或展叶或坐果5%~15%为标准,盛、旺期以40%~60%为标准,末期以80%~90%为标准。将益母草的生育全过程分为播种期、出苗期、4~6叶期、分枝期、花蕾期、开花初期、盛花期、落花期、坐果初期、果实成熟期、枯萎期。出苗期为种子萌发后,幼苗露出地面2~3cm的时期;4~6叶期(伸长期)是叶生长的关键时期;分枝期是植株茎秆快速生长时期,其与伸长期基本同季,是植物营养生长高峰期;现蕾开花期是植株现蕾开花时期;坐果初期是益母草开始坐果的时期;果实成熟期是整株植物结实及果实成熟的关键时期,其与现蕾开花期组成益母草的生殖生长期;枯萎期是根据植株在夏末、秋初出现春发植株大量死亡现象而设置的一个生育时期;播种期是益母草实际播种日期。

2.1.3　物候期观测结果

一年生益母草播种期为5月12日,出苗期自6月2日起历时10天,4~6叶期为6月末开始至7月1日历时11天,枯萎期历时16天。

二年生益母草返青期为自4月中旬开始历时7天,分枝期共计22天。花蕾期自7月初开始至7月底共计20天,开花初期历时24天,盛花期22天,枯萎期历时17天。

表17-1-1 益母草物候期观测结果（m/d）

年份	时期 播种期	出苗期 二年返青期	4~6叶期	分枝期	花蕾期	开花初期
一年生	5/12	6/2~6/12	6/20~7/1	—	—	—
二年生	4/14~4/21	5/2~5/25	5/10~6/2	7/2~7/22	8/2~8/26	

表17-1-2 益母草物候期观测结果（m/d）

年份	时期 盛花期	落花期	坐果初期	果实成熟期	枯萎期
一年生	—		—	—	10/16~11/2
二年生	8/28~9/20	9/26~10/6	—	—	9/22~10/9

2.2 形态特征观察研究

一年生或二年生草本，有于其上密生须根的主根。茎直立，通常高30~120cm，钝四棱形，微具槽，有倒向糙伏毛，在节及棱上尤为密集，在基部有时近于无毛，多分枝，或仅于茎中部以上有能育的小枝条。叶轮廓变化很大，茎下部叶轮廓为卵形，基部宽楔形，掌状3裂，裂片呈长圆状菱形至卵圆形，通常长2.5~6cm，宽1.5~4cm，裂片上再分裂，上面绿色，有糙伏毛，叶脉稍下陷，下面淡绿色，被疏柔毛及腺点，叶脉突出，叶柄纤细，长2~3cm，由于叶基下延而在上部略具翅，腹面具槽，背面圆形，被糙伏毛；茎中部叶轮廓为菱形，较小，通常分裂成3个或偶有多个长圆状线形的裂片，基部狭楔形，叶柄长0.5~2cm；花序最上部的苞叶近于无柄，线形或线状披针形，长3~12cm，宽2~8mm，全缘或具稀少牙齿。轮伞花序腋生，具8~15花，轮廓为圆球形，径2~2.5cm，多数远离而组成长穗状花序；小苞片刺状，向上伸出，基部略弯曲，比萼筒短，长约5mm，有贴生的微柔毛；花梗无。花萼管状钟形，长6~8mm，外面有贴生微柔毛，内面于离基部1/3以上被微柔毛，5脉，显著，齿5，前2齿靠合，长约3mm，后3齿较短，等长，长约2mm，齿均宽三角形，先端刺尖。花冠粉红至淡紫红色，长1~1.2cm，外面于伸出萼筒部分被柔毛，冠筒长约6mm，等大，内面在离基部1/3处有近水平向的不明显鳞毛毛环，毛环在背面间断，其上部多少有鳞状毛，冠檐二唇形，上唇直伸，内凹，长圆形，长约7mm，宽4mm，全缘，内面无毛，边缘具纤毛，下唇略短于上唇，内面在基部疏被鳞状毛，3裂，中裂片倒心形，先端微缺，边缘薄膜质，基部收缩，侧裂片卵圆形，细小。雄蕊4，均延伸至上唇片之下，平行，前对较长，花丝丝状，扁平，疏被鳞状毛，花药卵圆形，二室。花柱丝状，略超出于雄蕊而与上唇片等长，无毛，先端有相等2浅裂，裂片钻形。花盘平顶。子房褐色，无毛。小坚果长圆状三棱形，长2.5mm，顶端截平而略宽大，基部楔形，淡褐色，光滑。花期通常在6~9月，果期9~10月。

益母草形态特征例图

图17-1　　　　　　　　　　图17-2　　　　　　　　　　图17-3

图17-4　　　　　　　　　　　　　图17-5

2.3 生长发育规律

2.3.1 益母草营养器官生长动态

(1)益母草地下部分生长动态 为掌握益母草各种性状在不同生长时期的生长动态,分别在不同时期对益母草的根长、根粗、侧根数、根鲜重等性状进行了调查(见表17-2、表17-3)。

表17-2 一年生益母草地下部分生长动态

调查日期 (m/d)	根长 (cm)	根粗 (cm)	侧根数 (个)	侧根长 (cm)	侧根粗 (cm)	根鲜重 (g)
7/30	3.91	—	—	—	—	0.26
8/10	4.22	—	—	—	—	1.26
8/20	6.07	—	—	—	—	1.93
8/30	8.91	—	—	—	—	2.36
9/10	10.30	—	—	—	—	3.23
9/20	12.78	—	—	—	—	4.52
9/30	13.35	—	—	—	—	7.28
10/15	14.31	—	—	—	—	7.60

说明:"—"无数据或未达到测量的数据要求。

表17-3 二年生益母草地下部分生长动态

调查日期 (m/d)	根长 (cm)	根粗 (cm)	侧根数 (个)	侧根长 (cm)	侧根粗 (cm)	根鲜重 (g)
5/17	12.15	—	—	—	—	5.74
6/8	14.16	—	—	—	—	5.72
6/30	16.40	—	—	—	—	8.31
7/22	18.07	—	—	—	—	22.03
8/11	19.50	—	—	—	—	52.81
9/2	21.80	—	—	—	—	129.56
9/24	22.79	—	—	—	—	136.01
10/16	23.51	—	—	—	—	138.80

说明:"—"无数据或未达到测量的数据要求。

一年生益母草根长的变化动态 从图17-6可见,7月30日至10月15日根长一直在缓慢增长,说明一年生益母草根长在整个生长期均生长。

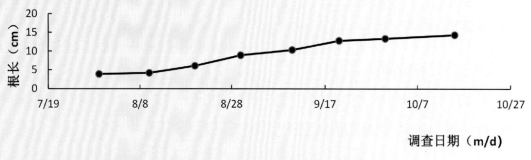

图17-6　一年生益母草的根长变化

一年生益母草根鲜重的变化动态　从图17-7可见，7月30日至10月15日根鲜重一直在增加，但是生长后期较慢。

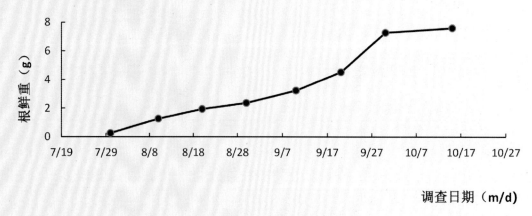

图17-7　一年生益母草的根鲜重变化

二年生益母草根长的变化动态　从图17-8可见，5月17日到10月16日为止根长一直呈缓慢增长的趋势。

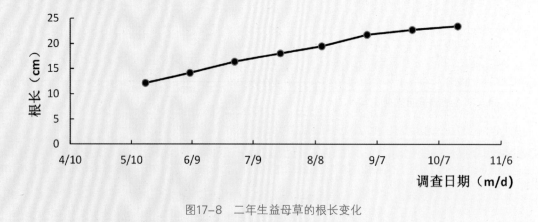

图17-8　二年生益母草的根长变化

二年生益母草根鲜重的变化动态　从图17-9可见，5月17日至6月30日根鲜重变化基本上呈稳定状态，6

月30日至9月2日呈快速增加的趋势, 从9月2日开始进入稳定状态。

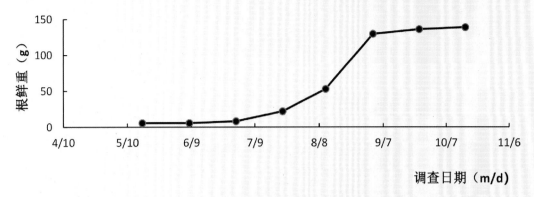

图17-9　二年生益母草的根鲜重变化

（2）益母草地上部分生长动态　为掌握益母草各种性状在不同生长时期的生长动态, 分别在不同时期对益母草的株高, 叶数, 分枝数, 茎、叶鲜重等性状进行了调查（见表17-4、表17-5）。

表17-4　一年生益母草地上部分生长情况

调查日期 （m/d）	株高 （cm）	叶数 （个）	分枝数 （个）	茎粗 （cm）	茎鲜重 （g）	叶鲜重 （g）
7/25	3.66	4.89	—	—	—	0.37
8/12	5.03	8.90	—	—	—	0.63
8/20	8.23	12.4	—	—	—	1.79
8/30	9.62	16.2	—	—	—	2.37
9/10	11.48	22.81	—	—	—	4.07
9/21	14.01	24.38	—	—	—	4.38
9/30	16.39	22.40	—	—	—	3.38
10/15	19.49	19.20	—	—	—	2.37

说明:"—"无数据或未达到测量的数据要求。

表17-5　二年生益母草地上部分生长情况

调查日期 （m/d）	株高 （cm）	叶数 （个）	分枝数 （个）	茎粗 （cm）	茎鲜重 （g）	叶鲜重 （g）
5/14	12.33	37.8	—	—	—	5.56
6/8	31.99	68.0	—	0.4492	16.33	10.21
7/1	55.30	134.2	1.4	0.6798	42.59	29.28
7/23	133.22	351.4	4.2	0.7338	63.05	43.74
8/10	162.81	548.6	7.5	1.0701	78.21	157.28
9/2	198.50	692.6	7.6	1.2531	97.49	184.62
9/24	237.50	500.6	8.8	1.4701	108.10	114.08
10/18	241.79	240.5	8.8	1.5797	106.10	74.08

说明:"—"无数据或未达到测量的数据要求。

一年生益母草株高的生长变化动态 从图17-10和表17-4中可见,7月25日至10月15日株高逐渐增长。

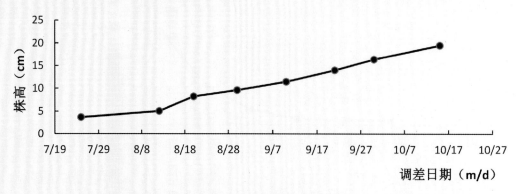

图17-10 一年生益母草的株高变化

一年生益母草叶数的生长变化动态 从图17-11可见,7月25日至9月21日叶数缓慢增加,但从9月21日开始叶数缓慢减少,说明这一时期益母草下部叶片在枯死、脱落,所以叶数在减少。

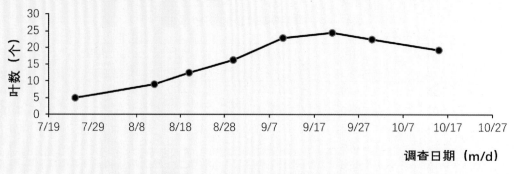

图17-11 一年生益母草的叶数变化

一年生益母草叶鲜重的变化动态 从图17-12可见,7月25日至9月21日叶鲜重一直在缓慢增加,其后叶鲜重开始大幅降低,这可能是由于生长后期叶片逐渐脱落和茎叶逐渐干枯所致。

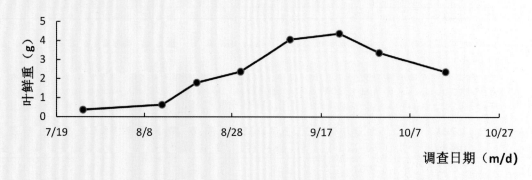

图17-12 一年生益母草的叶鲜重变化

二年生益母草株高的生长变化动态　从图17-13可见，5月14日至9月24日是株高增长速度最快的时期，9月24日之后二年生益母草的株高生长进入平稳状态。

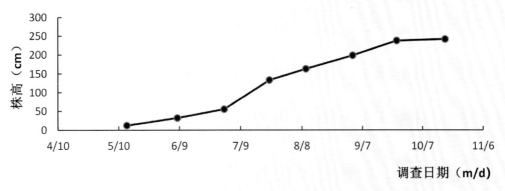

图17-13　二年生益母草的株高变化

二年生益母草叶数的生长变化动态　从图17-14可见，5月14日至9月2日是叶数快速增加时期，但自9月2日开始叶数迅速变少，说明这一时期益母草下部叶片在枯死、脱落，所以叶数在减少。

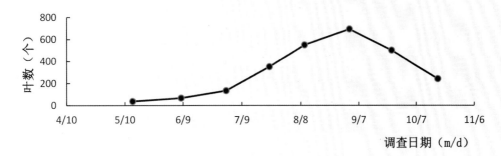

图17-14　二年生益母草叶数变化

二年生益母草在不同生长时期分枝数的变化情况　见图17-15，从6月8日至8月10日分枝数一直缓慢增加，其后分枝数呈现平稳趋势。

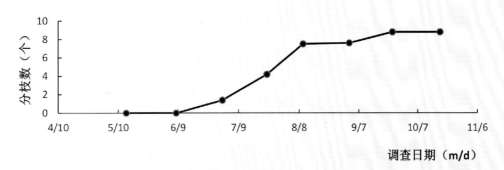

图17-15　二年生益母草分枝数变化

二年生益母草茎粗的生长变化动态 从图17-16可见,5月14日至10月18日茎粗一直在缓慢增加,可以看出二年生益母草的茎粗基本上在整个生长期内呈逐渐增加的趋势。

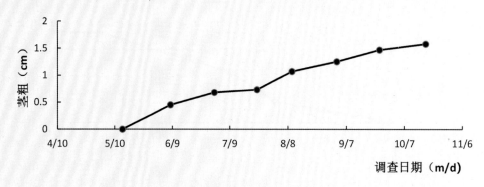

图17-16 二年生益母草的茎粗变化

二年生益母草茎鲜重的变化动态 从图17-17可见,5月14日至9月24日茎鲜重平稳增加,自9月24日开始茎鲜重开始缓慢降低,这可能是由于生长后期茎秆逐渐脱落和茎秆逐渐干枯所致。

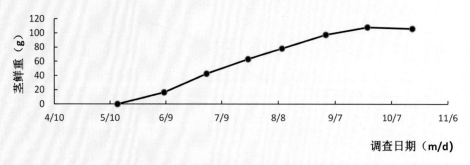

图17-17 二年生益母草的茎鲜重变化

二年生益母草叶鲜重的变化动态 从图17-18可见,5月14日至9月2日为叶鲜重增加期,自9月2日开始叶鲜重开始降低,这可能是由于生长后期叶片逐渐脱落和叶逐渐干枯所致。

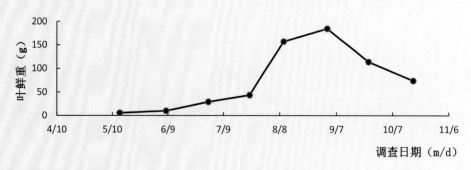

图17-18 二年生益母草的叶鲜重变化

（3）益母草单株生长图

一年生益母草生长图

图17-19　　　　　　　　　　　图17-20

图17-21　　　　　　　　　　　图12-22

图17-23　　　　　　　　　　　图17-24

二年生益母草生长图

图17-25

图17-26

图17-27

图17-28

图17-29

图17-30

2.3.2 益母草不同时期根和地上部的关系

为掌握益母草各种性状在不同生长时期的生长动态,分别在不同时期从益母草的每个种植小区随机取样10株,将取样所得的益母草从茎基部剪下,根、冠分离,去除杂物,将根、冠分别在105℃下杀青30分钟后60℃恒温2天(或2天以上干燥为止),然后放入干燥器中冷却,用1/10000的天平测量质量,以二者的比值为根冠比。

表17-6 一年生益母草不同时期根和地上部的关系

调查日期(m/d)	7/25	8/12	8/20	8/30	9/10	9/21	9/30	10/15
根冠比	1.2565	1.1920	1.1511	0.6997	0.9966	0.8113	1.5506	2.4383

从表17-6可见,一年生益母草幼苗期根系与枝叶的生长速度有差异,根冠比基本在1.2565:1,表现为幼苗出土初期,根系生长占优势。8月中旬由于地上部分光合能力增强,枝叶生长加速,其生长总量逐渐接近地下部。到8月下旬地上部生长特别旺盛,根冠比减小为0.6997:1。9月中旬地上部分开始枯萎,10月15日根冠比为2.4383:1。

表17-7 二年生益母草不同时期根和地上部的关系

调查日期(m/d)	5/14	6/8	7/1	7/23	8/10	9/2	9/24	10/18
根冠比	1.2510	0.2433	0.2707	0.2935	0.3353	0.6142	0.6253	0.6872

从表17-7可见,二年生益母草幼苗期根系与枝叶的生长速度有显著差异,幼苗出土初期的根冠比在1.2510:1,根系生长占优势。随后地上部分光合能力增强,地上部生长特别旺盛,到7月初根冠比相应减小为0.2707:1,其后生长量常超过根系生长量的1~4倍。

2.3.3 益母草不同生长期干物质积累

本实验共设计3个小区。每小区取样10株,分别取营养幼苗期、营养生长期、开花期、果实期、枯萎期等5个时期的益母草全株,每穴以植株为中心,取长16~25cm、宽16~25cm、深20~40cm的土块,先用清水冲洗干净,注意避免丢失根量,用滤纸吸干附着的水分,然后将植株按根、茎、叶、花和果实部位装袋,于105℃杀青30min,60℃烘至恒重,测定干物质量,并折算为公顷干物质积累量。

表 17-8　一年生益母草各部器官总干物质重变化（kg/hm²）

调查期	根	茎	叶	花	果
幼苗期	78.26	—	86.00	—	—
营养生长期	206.40	—	266.60	—	—
枯萎期	1255.60	—	670.80	—	—

说明："—"无数据或未达到测量的数据要求。

从一年生益母草干物质积累与分配数据（如表17-8所示）可以看出，在不同时期地上、地下部分各营养器官的干物质量随益母草的生长不断增加。在幼苗期根、叶为78.26kg/hm²、86.00kg/hm²；进入营养生长期根、叶依次增加至206.40kg/hm²和266.60kg/hm²。进入枯萎期根、叶依次增加至1255.60kg/hm²、670.80kg/hm²，其中根增加较快，地上部分仍然具有增长的趋势，其原因为通辽市奈曼地区已进入霜期，霜后地上部枯萎后，自然越冬，当年不开花。

表 17-9　二年生益母草各器官总干物质重变化（kg/hm²）

调查期	根	茎	叶	花	果
幼苗期	838.20	—	686.40	—	—
营养生长期	1485.00	4461.60	5121.60	—	—
开花期	3095.40	10428.00	7101.60	66.00	—
果实期	29944.20	27198.60	26360.40	1503.00	100.00
枯萎期	31369.80	28287.40	12507.00	1089.0	1600.00

说明："—"无数据或未达到测量的数据要求。

从二年生益母草干物质积累与分配平均数据（如表17-9所示）可以看出，在不同时期地上、地下部分各营养器官的干物质量均随益母草的生长不断增加。在幼苗期根、叶为838.20kg/hm²、686.40kg/hm²；进入营养生长期根、茎和叶依次增加至1485.00kg/hm²、4461.60kg/hm²、5121.60kg/hm²，其中茎和叶增加较快。进入开花期根、茎、叶、花依次增加至3095.40kg/hm²、10428.00kg/hm²、7101.60kg/hm²、66.00kg/hm²，其中茎和叶增加特别快；进入果实期根、茎、叶、花、果依次增加至29944.20kg/hm²、27198.60kg/hm²、26360.4kg/hm²、1503.00kg/hm²、100.00kg/hm²。进入枯萎期根、茎、叶、花、果依次为31369.80kg/hm²、28287.40kg/hm²、12507.00kg/hm²、1089.00kg/hm²、1600.00kg/hm²，即叶进入枯萎期。

2.4 生理指标

2.4.1 叶绿素

如图17-31所示,益母草叶片中叶绿素含量的变化自8月24日至9月25日,叶绿素一直呈上升趋势,随后叶绿素含量下降,这时期有明显的气温变化,到了采收期叶绿素含量仍然很高,益母草在此时期仍保持很强的光合能力。

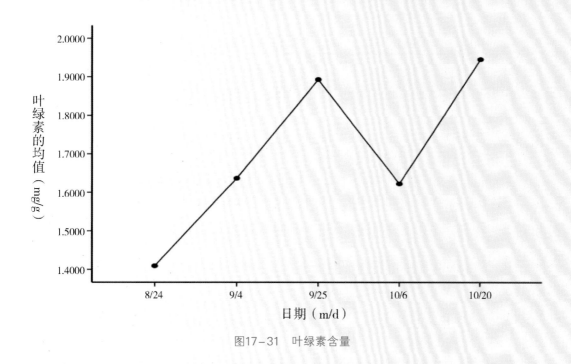

图17-31 叶绿素含量

2.4.2 可溶性多糖

如图17-32所示,益母草的不同时期可溶性多糖含量变化趋势为:8月24日至9月19日呈下降趋势,在9月19日至10月6日出现骤升,到了最终收获期又有所下降。可溶性多糖是植物光合作用的直接产物,可溶性多糖含量的增加是储存营养物质的一种行为,同时,能增强在低温逆境中的防御能力。

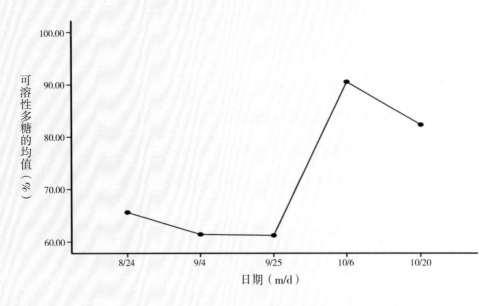

图17-32　可溶性多糖含量

2.4.3　可溶性蛋白

从图17-33可见，8月24日至9月19日，益母草可溶性蛋白含量保持上升趋势，随后有所回落，最终采收时期达到高峰。

可溶性蛋白是重要的渗透调节物质和营养物质，它的增加和积累能提高细胞的保水能力，对细胞的生命物质及生物膜起到保护作用。益母草在整个生育后期，可溶性蛋白含量整体变化趋势与叶绿素含量变化趋势一致。

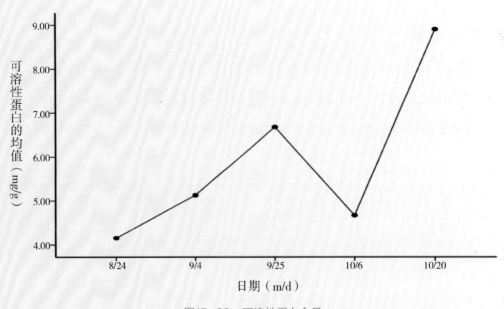

图17-33　可溶性蛋白含量

3 药材质量评价研究

3.1 药材粉末鉴定鉴别

表皮细胞壁呈波状,下表皮有气孔,主要为直轴式,也有不定式的气孔。非腺毛极多,大多由2个细胞组成,略弯,长310μm、粗20μm,先端的细胞特长。毛茸的细胞壁颇厚,顶端处胞腔细窄,基部围以3~6个略隆起的表皮细胞,偶见单细胞或5个细胞的非腺毛较少,腺头扁头形,由8个细胞组成,柄极短。另外稀有腺头1~4个细胞、柄极短的腺毛,叶肉细胞中有草酸钙小针晶。

3.2 常规检查研究(参照《中国药典》2015年版)

3.2.1 常规检查测定方法

水分 取供试品2~5g,平铺于干燥至恒重的扁形称量瓶中,厚度不超过5mm,疏松供试品不超过10mm,精密称定,开启瓶盖在100~105℃干燥5h,将瓶盖盖好,移置干燥器中,放冷30min,精密称定,再在上述温度干燥1h,放冷,称重,至连续两次称重的差异不超过5mg为止。根据减失的重量,计算供试品中含水量(%)。

本法适用于不含或少含挥发性成分的药品。

$$水分\ (\%) = \frac{W_1 + W_2 - W_3}{W_1} \times 100\%$$

式中W_1为供试品的重量(g),W_2为称量瓶恒重的重量(g),W_3为(称量瓶+供试品)干燥至连续两次称重的差异不超过5mg后的重量(g)。试验所得数据用Microsoft Excel 2013进行整理计算。

总灰分 测定用的供试品须粉碎,使能通过二号筛,混合均匀后,取供试品2~3g(如需测定酸不溶性灰分,可取供试品3~5g),置炽灼至恒重的坩埚中,称定重量(准确至0.01g),缓缓炽热,注意避免燃烧,至完全炭化时,逐渐升高温度至500~600℃,使完全灰化并至恒重。根据残渣重量,计算供试品中总灰分的含量(%)。

如供试品不易灰化,可将坩埚放冷,加热水或10%硝酸铵溶液2ml,使残渣湿润,然后置水浴上蒸干,残渣照前法炽灼,至坩埚内容物完全灰化。

$$总灰分\ (\%) = \frac{M_2 - M_1}{M_3 - M_1} \times 100\%$$

式中M_1:坩埚重量(g);M_2:坩埚+灰分重量(g);M_3:坩埚+样品重量(g)。试验所得数据用Microsoft

Excel 2013进行整理计算。

浸出物 水溶性热浸法:取供试品2~4g,精密称定,置100~250ml的锥形瓶中,精密加水50~100ml,密塞,称定重量,静置1h后,连接回流冷凝管,加热至沸腾,并保持微沸1h。放冷后,取下锥形瓶,密塞,再称定重量,用水补足减失的重量,摇匀,用干燥滤器滤过,精密量取滤液25ml,置已干燥至恒重的蒸发皿中,在水浴上蒸干后,于105℃干燥3h,置干燥器中冷却30min,迅速精密称定重量。除另有规定外,以干燥品计算供试品中水溶性浸出物的含量(%)。

$$浸出物(\%)=\frac{(浸出物及蒸发皿重-蒸发皿重)×加水(或乙醇)体积}{供试品的重量×量取滤液的体积}×100\%$$

$$RSD=\frac{标准偏差}{平均值}×100\%$$

3.2.2 结果与分析

水分 参照《中国药典》2015年版四部(第103页)第二法(烘干法)测定。取上述采集的益母草药材样品,测定并计算益母草药材样品中含水量(质量分数,%),平均值为5.07%,所测数值计算RSD≤0.77%,在《中国药典》(2015年版,一部)益母草药材项下要求水分不得过13%,本药材符合药典规定要求(见表17–10)。

总灰分 参照《中国药典》2015年版四部(第202页)总灰分测定法测定。取上述采集的益母草药材样品,测定并计算益母草药材样品中总灰分和酸不溶性灰分含量(%),总灰分含量平均值为4.09%,所测数值计算RSD≤0.96%,在《中国药典》(2015年版,一部)益母草药材项下要求总灰分不得过11.0%,本药材符合药典规定要求(见表17–10)。

浸出物 参照《中国药典》2015年版四部(第202页)水溶性浸出物测定法(热浸法)测定。上述采集的益母草药材样品,测定并计算益母草药材样品中含水量(质量分数,%),平均值为41.41%,所测数值计算RSD≤1.69%,在《中国药典》(2015年版,一部)益母草药材项下要求浸出物不得少于15%,本药材符合药典规定要求(见表17–10)。

表17–10　益母草药材样品中水含量

测定项	平均(%)	RSD(%)
水分	5.07	0.77
总灰分	4.09	0.96
浸出物	41.41	1.69

本试验研究依据《中国药典》(2015年版,一部)益母草药材项下内容,根据奈曼产地益母草药材的

实验测定,结果蒙药益母草药材样品水分、总灰分、浸出物的平均含量分别为5.07%、4.09%、41.41%,符合《中国药典》规定要求。

3.3 不同产地益母草中的盐酸益母草碱含量测定

3.3.1 实验设备、药材、试剂

仪器、设备　Agilent Technologies–1260Infinity型高效液相色谱仪,SQP型电子天平(赛多利斯科学仪器(北京)有限公司),KQ–600DB型数控超声波清洗器(昆山市超声仪器有限公司),HWS26型电热恒温水浴锅。Millipore–超纯水机。

实验药材(表17–11)

表17–11　益母草供试药材来源

编号	采集地点	采集日期	采集经度	采集纬度
1	内蒙古自治区通辽市科尔沁左翼中旗敖包乡(栽培)	2017–09–06	122° 5′ 2″	43° 49′ 1″
2	内蒙古自治区兴安盟科尔沁前旗(野生)	2017–09–06	121° 25′ 29″	46° 22′ 53″
3	内蒙古自治区通辽市扎鲁特旗(特金罕山野生)	2017–09–09	119° 48′ 15″	45° 9′ 16″
4	内蒙古科尔沁左翼后旗阿古拉镇(栽培)	2017–09–19	122° 37′ 18″	43° 18′ 21″
5	内蒙古自治区兴安盟科尔沁右翼中旗(蒙格罕山野生)	2017–09–22	121° 19′ 33″	45° 6′ 22″
6	内蒙古自治区通辽市奈曼旗道劳代村(基地)	2017–10–03	120° 32′ 55″	42° 24′ 29″
7	河北省安国市(市场)	2017–10–14	115° 17′ 44″	38° 21′ 27″
8	内蒙古自治区通辽市奈曼旗昂乃(基地)	2017–10–21	120° 42′ 10″	42° 45′ 19″

对照品　盐酸益母草碱(自国家食品药品监督管理总局采购,编号:111823–201704)。

试剂　乙腈(色谱纯)、辛烷磺酸钠、磷酸、水、无水乙醇。

3.3.2 溶液的配制

色谱条件与系统适用性试验　以十八烷基硅烷键合硅胶为填充剂,以乙腈–0.4%辛烷磺酸钠的0.1%磷酸溶液(24:76)为流动相,检测波长为277nm。理论塔板数按盐酸益母草碱峰计算应不低于6000。

对照品溶液的制备　取盐酸益母草碱对照品适量,精密称定,加70%乙醇制成每1ml含30μg的溶液,即得。测定法:分别精密吸取对照品溶液与盐酸水苏碱供试品溶液各10μl,注入液相色谱仪,测定,即得。

本品按干燥品计算,含盐酸益母草碱($C_{14}H_{21}O_5N_3 \cdot HCl$)不得少于0.50%。

3.3.3 实验操作

按3.3.2对照品溶液制备方法制备,精密吸取对照品溶液10μl,注入高效液相色谱仪,测定其峰面积值,用外标两点法对数字方程计算,即得。

结果 益母草样品中的盐酸益母草碱含量见表17–12。

表17–12 益母草样品含量测定结果

样品批号	样品（g）	盐酸益母草碱含量（%）
20170919	1.0088	0.59
20170922	1.0118	0.69
20171003	1.0071	0.81
20171014	1.0137	0.70
20171021	1.0059	0.91

3.3.4 结论

按照2015年版《中国药典》中益母草含量测定方法测定,结果奈曼基地的益母草中盐酸益母草碱的含量符合《中国药典》规定要求。

4 经济效益分析

4.1 市场前景分析

益母草为历代治疗妇科疾病、益身养颜的良药,具有抗氧化、防衰老、抗疲劳的功效,又是营养价值很高的野生保健蔬菜。

近年国内益母草药食两用需求增长很快,像大家所熟悉的益母草口服液、益母草颗粒、益母草胶囊、益母草浸膏、益母草注射液等20多个品种,都需要益母草为主要原料。到2016年,益母草的年销量已达10000t以上。近年益母草苗产地售价在4~6元/千克,高价可能导致扩种,将对来年行情走低埋下隐患。

4.2 投资预算

益母草种子 市场价40元/kg,每亩地用种子3kg,合计为120元。

种前整地和播种 包括施底肥、犁地、耙地和播种,底肥包括1000kg有机肥,50kg复合肥,其中有机肥每吨120元,复合肥需要120元,犁、耙、播种一亩地各需要50元,以上合计共计需要费用390元。

田间管理 整个生长周期抗病除草需要3次，每次人工成本加药物成本约需100元，合计约需300元。灌溉5次，费用250元。追施复合肥每亩50kg，成本约120元。综上，益母草田间管理成本为670元。

采收与加工 收获成本（机械燃油费和人工费）每亩约需200元。

合计成本 120+390+670+200=1380元。

5　小结

本实验对益母草中盐酸益母草碱的含量进行测定，结果显示出奈曼种植的益母草含量合格，适合在奈曼地区种植。

石 竹

DIANTHI HERBA

蒙药材石竹为石竹科植物石竹*Dianthus chinensis* L.的干燥地上部分。

1 石竹的研究概况

1.1 蒙药学考证

石竹为蒙药常用清血热药,蒙药名为"高优–巴沙嘎",别名"瞿麦""野麦""木蝶花""剪刀花""巴沙嘎"等。《五体清文鉴》记载:"本药是美丽的花,并对妇女血症有良好的治疗作用,故名。"其药用始载于《百方篇》。《中华本草》(蒙药卷)载:"历代蒙医药文献所记载巴沙嘎和各地所认用的巴沙嘎较为混乱,大部分地区蒙医所认用的巴沙嘎为瞿麦和石竹,故认定巴沙嘎即高优–巴沙嘎(瞿麦)。"本品味苦,性凉,效钝、轻、稀;有清血热、止痛、解毒之功效。用于血热、血热型刺痛、肝热、热寒兼杂期、疹症、产后发热、恶血扩散引起的头痛、胸肋作痛、暴发火眼等血热型病症,以及麻疹、肝血旺盛、鼻衄、乳腺肿、搏血、胃口疼痛、宝如病等。

1.2 化学成分

石竹的带花全草含黄酮类化合物;三萜皂苷:石竹皂苷(dianchinenoside)A,B;吡喃酮苷:瞿麦吡喃酮苷(dianthoside)。花含丁香油酚(eugenol),苯乙醇(phenylethyl alcohol),苯甲酸苄酯(benzylbenzoate),水杨酸甲酯(methyl salicylate),水杨酸苄酯(benzylsalicylate)。

1.3 资源分布状况

分布于我国东北、内蒙古、河北(西北部)等省区,以及俄罗斯、蒙古国等。生于草原、草甸草原、山地草甸、林缘沙地、山坡灌丛及石砾上。

1.4 生态习性

耐寒,喜潮湿,忌干旱。土壤以砂质土壤或黏土壤最好。

1.5 栽培技术与采收加工

种植方法 以种子繁殖。春、夏、秋三季都能种植,以春季种植较佳。每亩约需种子2.5kg。播前施足基肥,翻耕做畦。条播,行距25cm,划1cm浅沟将种子均匀播入,覆土。

田间管理 苗高5cm时,生长期要及时松土、除草、浇水,保持土壤湿润。苗高10~15cm时,每亩施尿素10kg。开花季节,适当增加浇水次数。如收割两次,收割前浇一次水。越冬前要灌冻水。

病虫害防治 虫害有青蚰和黏虫危害茎叶,可用50%杀螟松乳油1000~2000倍液毒杀。多雨季节低洼积水处容易烂根、倒伏,要注意排水。

收获加工 夏、秋季花果期采割地上部分,除去杂质,晒干备用;春、秋季采挖根,除去茎枝,洗净泥土,晒干备用。

2 生物学特性研究

2.1 奈曼地区栽培石竹物候期

2.1.1 观测方法

从通辽奈曼旗蒙药材种植基地栽培的石竹大田中,选择10株生长良好、无病虫害的健壮植株编号挂牌,作定位观测,并记录。2016年5月至2017年11月间连续观测记录各定株物候出现的日期,以10株平均期作为原始值。观测应具连续性,不漏测任何一个物候期。观测时间和顺序固定,开花期上午8:00~11:30,晴天观测。观测部位以植株判断其物候期,主茎受损时另选植株,并注明。

2.1.2 物候期的划分

物候期的划分是根据栽培石竹生长发育过程中不同时期植物生长发育特点,并参考其他植物物候期的划分情况完成的。为了划分依据统一,始、初期均以群体中植株出现开花或展叶或坐果5%~15%为标准,盛、旺期以40%~60%为标准,末期以80%~90%为标准。将石竹的生育全过程分为播种期、出苗期、4~6叶期、分枝期、花蕾期、开花初期、盛花期、落花期、坐果初期、果实成熟期、枯萎期。出苗期为种子萌发后,幼苗露出地面2~3cm的时期;4~6叶期(伸长期)是叶生长的关键时期;分枝期是植株茎秆快速生长时期,其与伸长期基本同季,是植物营养生长高峰期;现蕾开花期是植株现蕾开花时期;坐果初期是石竹开始坐果的时期;果实成熟期是整株植物结实及果实成熟的关键时期,其与现蕾开花期组成石竹的生殖生长期;枯萎期是根据植株在夏末、秋初出现春发植株大量死亡现象而设置的一个生育时期;播种期是石竹实际播种日期。

2.1.3 物候期观测结果

一年生石竹播种期为5月22日,出苗期自6月2日起历时12天,4~6叶期为自6月中旬开始至下旬历时4天,分枝期共12天,花蕾期自7月中旬起共8天,开花初期为7月中旬起历时6天,盛花期历时13天,落花期历时22天,坐果初期共计10天,枯萎期历时14天。

二年生石竹返青期自4月中旬开始历时10天,分枝期共计6天。花蕾期自5月中旬至5月20日共计8天,开花初期历时10天,盛花期6天,坐果初期20天,果实成熟期共计17天,枯萎期历时4天。

表18-1-1 石竹物候期观测结果(m/d)

年份	时期 播种期 二年返青期	出苗期	4~6叶期	分枝期	花蕾期	开花初期
一年生	5/22	6/2~6/14	6/18~6/22	6/20~7/2	7/12~7/20	7/18~7/24
二年生	4/10~4/20	4/14~4/25	4/26~5/2	5/12~5/20	5/24~6/4	

表18-1-2 石竹物候期观测结果(m/d)

年份	时期 盛花期	落花期	坐果初期	果实成熟期	枯萎期
一年生	7/26~8/9	8/20~9/12	9/12~9/22	9/18~9/26	9/18~9/30
二年生	6/16~6/22	6/28~7/12	7/20~8/10	9/8~9/25	9/20~9/24

2.2 形态特征观察研究

多年生草本,高30~50cm,全株无毛,粉绿色。茎由根茎生出,疏丛生,直立,上部分枝。叶片线状披针形,长3~5cm,宽2~4mm,顶端渐尖,基部稍狭,全缘或有细小齿,中脉较显。花单生枝端或数花集成聚伞花序;花梗长1~3cm;苞片4,卵形,顶端长渐尖,长达花萼1/2以上,边缘膜质,有缘毛;花萼圆筒形,长15~25mm,直径4~5mm,有纵条纹,萼齿披针形,长约5mm,直伸,顶端尖,有缘毛;花瓣长16~18mm,瓣片倒卵状三角形,长13~15mm,紫红色、粉红色、鲜红色或白色,顶缘不整齐齿裂,喉部有斑纹,疏生髯毛;雄蕊露出喉部外,花药蓝色;子房长圆形,花柱线形。蒴果圆筒形,包于宿存萼内,顶端4裂;种子黑色,扁圆形。花期5~6月，果期7~9月。

石竹形态特征例图

图18-1   图18-2

图18-3

| 图18-4 | 图18-5 | 图18-6 |

2.3 生长发育规律

2.3.1 石竹营养器官生长动态

(2)石竹地下部分生长动态 为掌握石竹各种性状在不同生长时期的生长动态,分别在不同时期对石竹的根长、根粗、侧根数、根鲜重等性状进行了调查(见表18-2、表18-3)。

表18-2 一年生石竹地下部分生长情况

调查日期 (m/d)	根长 (cm)	根粗 (cm)	侧根数 (个)	侧根长 (cm)	侧根粗 (cm)	根鲜重 (g)
7/30	9.41	0.3038	3.3	9	0.2032	0.98
8/10	10.5	0.4439	3.5	10.18	0.264	1.19
8/20	12.04	0.5859	4.2	11.2	0.3418	1.38
8/30	14.3	0.7038	4.7	11.89	0.3549	1.58
9/10	15.45	0.8452	5.1	12.42	0.4236	1.92
9/20	16.35	0.9545	5.6	12.76	0.4783	2.36
9/30	17.26	1.0683	6.3	14.9	0.5350	2.80
10/15	17.46	1.1695	6.4	15.3	0.5556	3.00

表18-3 二年生石竹地下部分生长情况

调查日期 （m/d））	根长 （cm）	根粗 （cm）	侧根数 （个）	侧根长 （cm）	侧根粗 （cm）	根鲜重 （g）
5/17	15.05	0.8075	6.5	13.60	0.354	9.26
6/8	15.40	0.9075	7.9	14.18	0.454	14.49
6/30	16.90	0.9544	9.1	15.70	0.487	18.18
7/22	18.50	1.0544	10.3	16.16	0.512	20.85
8/11	19.65	1.1686	12.2	17.80	0.547	21.12
9/2	20.16	1.2105	14.1	18.39	0.573	22.12

一年生石竹根长的变化动态 从图18-7可见，7月30日至9月30日根一直在缓慢增长，9月30日开始进入稳定状态，说明一年生石竹根长主要是在10月前增长。

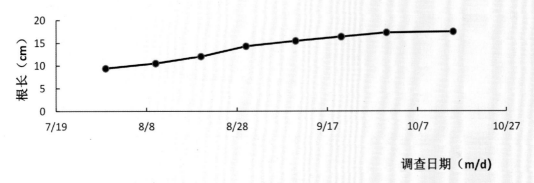

图18-7 一年生石竹的根长变化

一年生石竹根粗的变化动态 从图18-8可见，一年生石竹的根粗从7月30日至10月15日均呈稳定的增加趋势，说明石竹在第一年里根粗始终在增加。

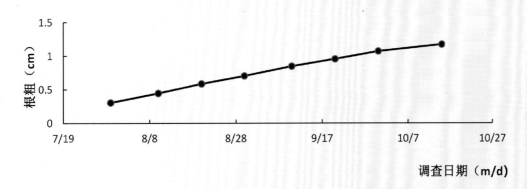

图18-8 一年生石竹的根粗变化

一年生石竹侧根数的变化动态 从图18-9可见,7月30日至9月30日侧根数均呈稳定的增加趋势,说明在第一年里侧根数在生长前期一直在增加,其后侧根数的变化不大。

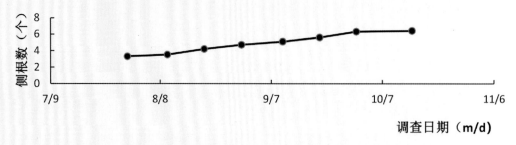

图18-9 一年生石竹的侧根数变化

一年生石竹侧根长的变化动态 从图18-10可见,一年生石竹的侧根长从7月30日至10月15日均呈稳定的增长趋势,说明石竹在第一年里侧根长始终在增加,但是长势缓慢。

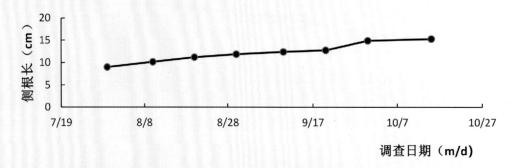

图18-10 一年生石竹的侧根长变化

一年生石竹侧根粗的变化动态 从图18-11可见,一年生石竹的侧根粗从7月30日至10月15日均呈稳定的增加趋势,说明石竹在第一年里侧根粗始终在增加。

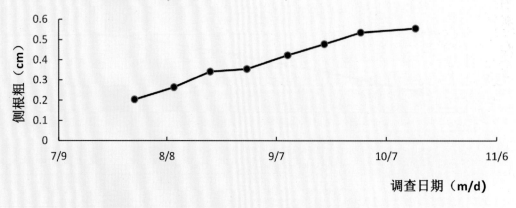

图18-11 一年生石竹的侧根粗变化

一年生石竹根鲜重的变化动态 从图18-12可见，7月30日至10月15日根鲜重均呈稳定的增加趋势。

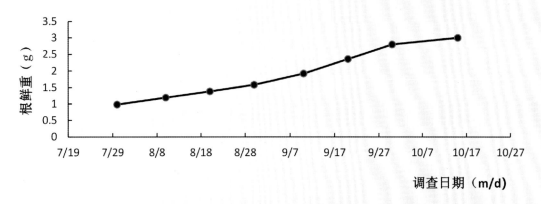

图18-12 一年生石竹的根鲜重变化

二年生石竹根长的变化动态 从图18-13可见，自5月17日开始到8月11日根长一直缓慢增加，其后从8月11日开始进入稳定阶段。

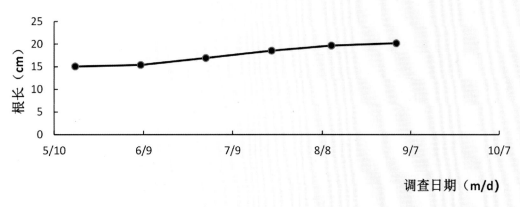

图18-13 二年生石竹的根长变化

二年生石竹根粗的变化动态 从图18-14可见，二年生石竹的根粗从5月17日至9月2日均呈稳定的增加趋势，但是长势非常缓慢。

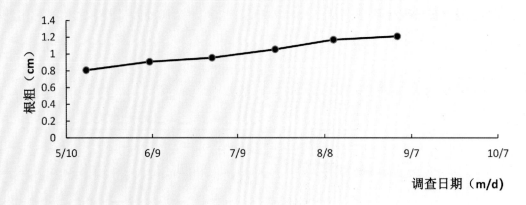

图18-14　二年生石竹的根粗变化

二年生石竹侧根数的变化动态　从图18-15可见,二年生石竹的侧根数基本上呈逐渐增加的趋势,增加的高峰期是7月22日至9月2日。

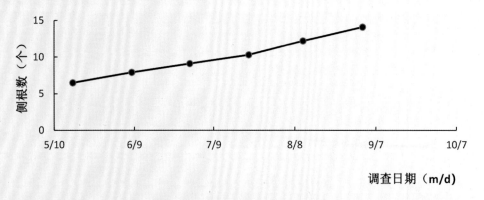

图18-15　二年生石竹的侧根数变化

二年生石竹侧根长的变化动态　从图18-16可见,二年生石竹的侧根长从5月17日至9月2日均呈稳定的增长趋势,说明石竹在第二年里侧根长始终在增加,但是长势缓慢。

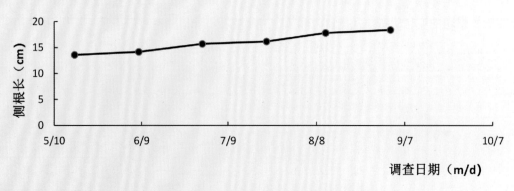

图18-16　二年生石竹的侧根长变化

二年生石竹侧根粗的变化动态 从图18-17可见，二年生石竹的侧根粗从5月17日至9月2日均呈稳定的增加趋势，说明石竹在第二年里侧根粗始终在增加。

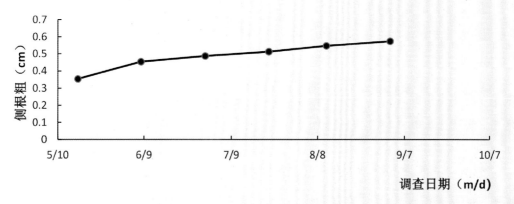

图18-17 二年生石竹的侧根粗变化

二年生石竹根鲜重的变化动态 从图18-18可见，5月17日至9月2日之间根鲜重变化基本上呈逐渐增加的趋势，而且很平稳，根鲜重变化较小。

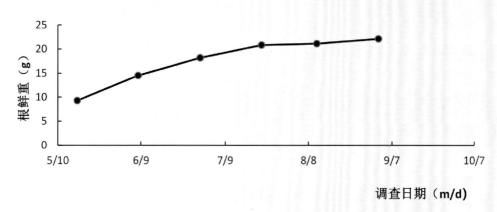

图18-18 二年生石竹的根鲜重变化

（2）石竹地上部分生长动态 为掌握石竹各种性状在不同生长时期的生长动态，分别在不同时期对石竹的株高、叶数、分枝数、茎粗、叶鲜重等性状进行了调查。

表18-4 一年生石竹地上部分生长情况

调查日期 （m/d）	株高 （cm）	叶数 （个）	分枝数 （个）	茎粗 （cm）	茎鲜重 （g）	叶鲜重 （g）
7/25	18.10	49.71	2.6	0.1364	3.79	13.65
8/12	29.62	75.80	3.7	0.1987	4.11	17.56
8/20	35.19	83.60	4.3	0.2312	5.68	16.89

续表

调查日期 (m/d)	株高 (cm)	叶数 (个)	分枝数 (个)	茎粗 (cm)	茎鲜重 (g)	叶鲜重 (g)
8/30	41.00	99.70	7.0	0.2641	6.79	18.65
9/10	42.49	143.81	8.2	0.322	15.32	19.21
9/21	42.99	179.50	9.2	0.3821	19.34	20.19
9/30	43.50	147.60	10.2	0.4322	19.35	18.40
10/15	42.50	60.60	11.3	0.4420	20.45	10.40

表18-5 二年生石竹地上部分生长情况

调查日期 (m/d)	株高 (cm)	叶数 (个)	分枝数 (个)	茎粗 (cm)	茎鲜重 (g)	叶鲜重 (g)
5/14	24.58	108.20	11.5	0.2254	5.72	5.90
6/8	39.62	143.80	11.9	0.2987	12.11	10.16
7/1	43.50	203.61	12.1	0.3910	25.69	16.59
7/23	51.33	223.50	12.7	0.6172	37.59	17.31
8/10	53.34	219.21	13.0	0.8190	38.66	11.06
9/2	53.35	69.20	14.8	0.9847	21.66	4.06

一年生石竹株高的生长变化动态 从图18-19中可见，7月25日至8月30日是株高增长速度最快的时期，8月30日之后一年生石竹的株高进入平稳期。

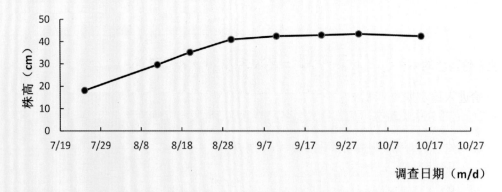

图18-19 一年生石竹的株高变化

一年生石竹叶数的生长变化动态 从图18-20可见，7月25日至9月21日是叶数增加最快的时期，其后叶数开始逐渐减少，说明这一时期石竹下部叶片在枯死、脱落，所以叶数在减少。

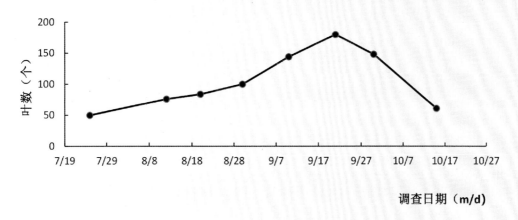

图18-20　一年生石竹的叶数变化

一年生石竹在不同生长时期分枝数的变化情况　从图18-21可见，7月25日至10月15日分枝数在逐渐增加。

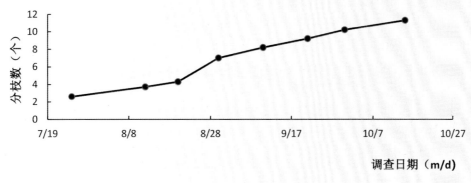

图18-21　一年生石竹的分枝数变化

一年生石竹茎粗的生长变化动态　从图18-22可见，一年生石竹在7月25至9月30日茎粗在逐渐增加，但从9月30日开始进入稳定期。

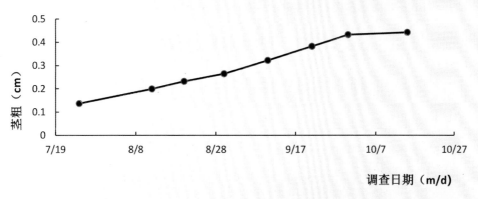

图18-22　一年生石竹的茎粗变化

一年生石竹茎鲜重的变化动态 从图18-23可见，7月25日至8月30日茎鲜重缓慢增加，8月30日开始进入快速增长期，到9月21日茎鲜重开始逐渐稳定，这可能是由于生长后期石竹开花结果后茎秆停止生长所致。

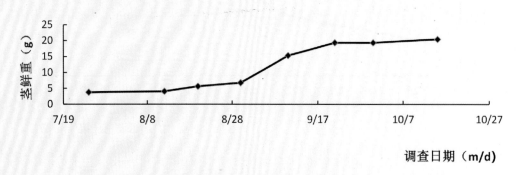

图18-23 一年生石竹的茎鲜重变化

一年生石竹叶鲜重的变化动态 从图18-24可见，7月25日至9月21日叶鲜重逐渐增加，其后叶鲜重开始大幅降低，这可能是由于生长后期叶片逐渐脱落和叶逐渐干枯所致。

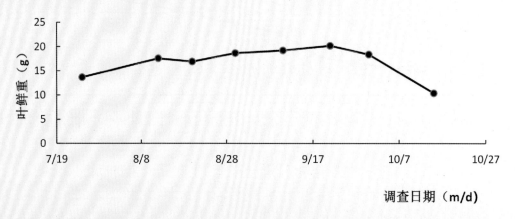

图18-24 一年生石竹的叶鲜重变化

二年生石竹株高的生长变化动态 从图18-25中可见，5月14日至8月10日是株高增长速度最快的时期，8月10日至9月2日是株高稳定时期。

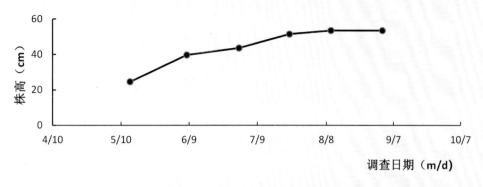

图18-25　二年生石竹的株高变化

二年生石竹叶数的生长变化动态　从图18-26可见，5月14日至7月23日是叶数增加最快的时期，7月23日至8月10日叶数呈稳定状态。其后叶数开始逐渐减少，说明这一时期石竹下部叶片在枯死、脱落，所以叶数在减少。

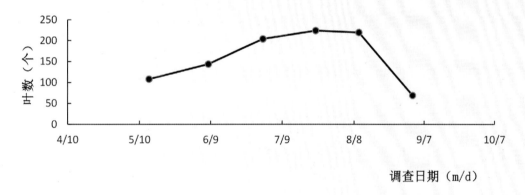

图18-26　二年生石竹叶数变化

二年生石竹在不同生长时期分枝数的变化情况　从图18-27可见，从5月14日至9月2日分枝数在缓慢增加。

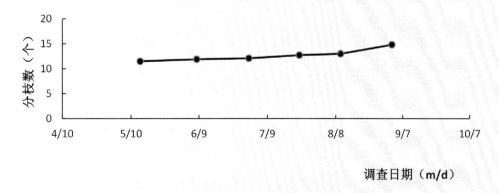

图18-27　二年生石竹的分枝数变化

二年生石竹茎粗的生长变化动态 从图18-28可见，5月14日至7月1日是茎粗的缓慢增加期，7月1日至9月2日茎粗长势相对快一些，可以看出二年生石竹的茎粗基本上在整个生长期内呈逐渐增加的趋势。

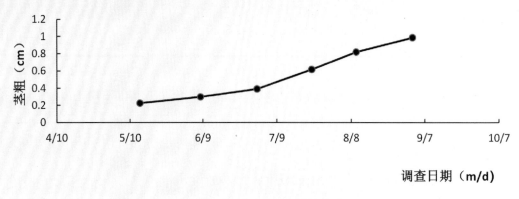

图18-28 二年生石竹的茎粗变化

二年生石竹茎鲜重的变化动态 从图18-29可见，从5月14日至7月23日茎鲜重快速而平稳的增长，7月23日至8月10日进入平稳期，其后茎鲜重开始逐渐降低，这可能是由于生长后期茎秆逐渐脱落和茎秆逐渐干枯所致。

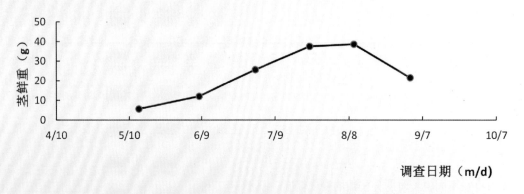

图18-29 二年生石竹的茎鲜重变化

二年生石竹叶鲜重的变化动态 从图18-30可见，5月14日至7月1日叶鲜重呈快速而平稳的增加，7月1日至7月23日为稳定期。其后叶鲜重开始逐渐降低，这可能是由于生长后期叶片逐渐脱落和叶片逐渐干枯所致。

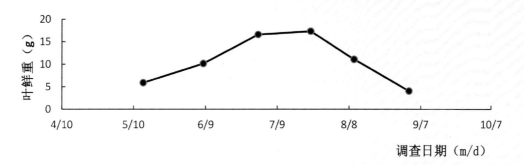

图18-30 二年生石竹的叶鲜重变化

（3）石竹单株生长图

图18-31   图18-32

图18-33   图18-34   图18-35

2.3.2 石竹不同时期的根和地上部的关系

为掌握石竹各种性状在不同生长时期的生长动态, 分别在不同时期从石竹的每个种植小区随机取石竹10株, 将取样所得的石竹从茎基部剪下, 根、冠分离, 去除杂物, 将根、冠分别在105℃下杀青30分钟后60℃恒温2天(或2天以上干燥为止), 然后放入干燥器中冷却, 用1/10000的天平测量质量, 以二者的比值为根冠比。

表18-6　一年生石竹不同时期的根和地上部分的关系

调查日期(m/d)	7/25	8/12	8/20	8/30	9/10	9/21	9/30	10/15
根冠比	0.1487	0.3030	0.3135	0.3085	0.2929	0.2729	0.3347	0.3482

从表18-6可见, 一年生石竹幼苗期根系与枝叶的生长速度有显著差异, 根冠比基本在0.1487:1, 表现为幼苗出土初期, 地上部生长占优势。到8月12日根冠比相应减小为0.3030:1。之后一年生石竹地上部分的生长量和根系生长量相当。

表18-7　二年生石竹不同时期的根和地上部分的关系

调查日期(m/d)	5/14	6/8	7/1	7/23	8/10	9/2	9/24	10/18
根冠比	1.7302	0.3296	0.4393	0.4071	0.6398	0.7374	—	—

从表18-7可见, 二年生石竹幼苗期根系与枝叶的生长速度有显著差异, 幼苗出土初期的根冠比在1.7302:1, 根系生长占优势。6月初开始地上部光合能力增强, 枝叶生长加速, 其生长总量超过地下部分2~3倍。枯萎期根冠比为0.7374:1。

2.3.3 石竹不同生长期干物质积累

每小区取样10株。分别取营养幼苗期、营养生长期、开花期、果实期、枯萎期等5个时期的石竹的全株, 每穴以植株为中心, 取长16~25cm、宽16~25cm、深20~40cm的土块, 先用清水冲洗干净, 注意避免丢失根量, 用滤纸吸干附着的水分, 然后将植株按根、茎、叶、花和果实部位装袋, 于105℃杀青30min, 60℃烘干至恒重, 测定干物质量, 并折算为公顷干物质积累量。

表18-8　一年生石竹各器官总干物质重变化（kg/hm²）

调查期	根	茎	叶	花	果
幼苗期	316.20	428.40	1927.80	—	—
营养生长期	1642.20	1428.00	3121.20	—	—
开花期	1958.40	1662.60	4967.40	102.00	—
果实期	3325.20	4488.00	4182.00	—	1632.00
枯萎期	3435.40	4284.00	3386.40	—	2142.00

说明："—"无数据或未达到测量的数据要求。

从干物质积累与分配平均数据（如表18-8所示）可以看出，在不同时期地上、地下部分各营养器官的干物质量均随石竹的生长而不断增加。在幼苗期根、茎和叶为316.20kg/hm²、428.40kg/hm²、1927.80kg/hm²；进入营养生长期根、茎和叶依次增加至1642.20kg/hm²、1428.00kg/hm²、3121.20kg/hm²。进入开花期根、茎、叶、花依次增加至1958.40kg/hm²、1662.60kg/hm²、4967.40kg/hm²、102.00kg/hm²；进入果实期根、茎、叶和果依次为3325.20kg/hm²、4488.00kg/hm²、4182.00kg/hm²、1632.00kg/hm²，其中，叶干物质量开始下降。进入枯萎期根、茎、叶和果依次为3435.40kg/hm²、4284.00kg/hm²、3386.40kg/hm²、2142.00kg/hm²，其中果实增加，茎和叶下降，即茎和叶进入枯萎期。

表18-9　二年生石竹各器官总干物质重变化（kg/hm²）

调查期	根	茎	叶	花	果
幼苗期	3401.00	999.60	1387.20	—	—
营养生长期	3896.40	4477.80	3723.00	—	—
开花期	6630.00	9894.00	3407.20	2091.00	—
果实期	10587.60	9496.20	3111.00	1122.00	3100.80
枯萎期	12627.60	10557.00	2091.00	—	5018.40

说明："—"无数据或未达到测量的数据要求。

从干物质积累与分配平均数据（表18-9）可以看出，二年生石竹在不同时期地上、地下部分各营养器官的干物质量均随其生长而不断增加。在幼苗期根、茎和叶为3401.00kg/hm²、999.60kg/hm²、1387.20kg/hm²；进入营养生长期根、茎和叶依次增加至3896.40kg/hm²、4477.80kg/hm²、3723.00kg/hm²。进入开花期根、茎、叶、花依次为6630.00kg/hm²、9894.00kg/hm²、3407.20kg/hm²、2091.00kg/hm²，其中根、茎、花增加；进入果实期根、茎、叶、花、果依次为10587.60kg/hm²、9496.20kg/hm²、3111.00kg/hm²、1122.00kg/hm²、3100.80kg/hm²，其中根、果增加，而茎、叶、花干物质量开始下降。进入枯萎期根、茎、叶、果依次为12627.60kg/hm²、10557.00kg/hm²、2091.00kg/hm²、5018.40kg/hm²，即进入枯萎期。

3　药材质量评价研究

3.1　粉末鉴定鉴别

粉末黄绿色，气微，味淡。纤维及晶纤维较多。纤维多成束，细长，末端钝圆，边缘较平整或波状；直径8~22μm，壁厚3~7μm，孔沟不明显，胞腔线形。有的纤维束外侧的细胞中含草酸钙簇晶，形成晶纤维，含晶细胞呈类圆形，壁稍厚，微木质化，散列或纵向成行。草酸钙簇晶较多，散在或存在于薄壁细胞中。类圆形或椭圆形，直径5~75μm，棱角短钝或较平截。非腺毛较少，1~11个细胞，较平直或弯曲，先端钝圆成稍膨大，直径7~33μm，长50~298μm，壁厚至12μm，向上壁渐薄，有的胞腔内含黄棕色或黄色物。此外，叶的边缘有角锥状突起，角质层较厚。叶上表皮为表面观细胞呈类多角形或类方形，垂周壁连珠状增厚，表面有角质纹理。气孔长圆形或类圆形，直径25~30μm，长30~35μm，主要为直轴式，也有不定式。茎表皮表面观细胞呈类方形或类多角形，垂周壁连珠状增厚，表面有粗而稀疏的角质纹理。有气孔、毛茸或毛茸脱落痕。花粉粒呈圆球形，直径27~53μm，具散孔，孔数9~14，孔径约至13μm，表面有网状雕纹。果皮栅状细胞淡黄绿色。横断面观细胞1列，呈类长方形或长条形，长（径向）43~175μm，宽（切向）20~72μm，外壁厚或外壁及侧壁特厚，约至94μm，木质化，层纹隐约可见，胞腔位于下端，侧面观呈扁长方形，外壁厚，有从外向内的纵缝隙，层纹波状，表面观略呈梭形或稍延长，长约至288μm，外平周壁具紧密的宽带状增厚。种皮表皮细胞黄棕色或红棕色。表面观呈类长方形，垂周壁深波状弯曲，表面有较密集的颗粒状角质突起，内含棕色物。此外，具缘纹孔、梯纹或螺纹导管，直径在7~25μm。

3.2　常规检查研究（参照《中国药典》2015年版）

3.2.1　常规检查测定方法

水分　取供试品2~5g，平铺于干燥至恒重的扁形称量瓶中，厚度不超过5mm，疏松供试品不超过10mm，精密称定，开启瓶盖在100~105℃干燥5h，将瓶盖盖好，移置干燥器中，放冷30min，精密称定，再在上述温度干燥1h，放冷，称重，至连续两次称重的差异不超过5mg为止。根据减失的重量，计算供试品中含水量（%）。

本法适用于不含或少含挥发性成分的药品。

$$水分（\%）=\frac{W_1+W_2-W_3}{W_1}\times100\%$$

式中W_1为供试品的重量（g），W_2为称量瓶恒重的重量（g），W_3为（称量瓶+供试品）干燥至连续两次称重的差异不超过5mg后的重量（g）。试验所得数据用Microsoft Excel 2013进行整理计算。

总灰分　测定用的供试品须粉碎，使能通过二号筛，混合均匀后，取供试品2~3g（如需测定酸不溶性灰分，可取供试品3~5g），置炽灼至恒重的坩埚中，称定重量（准确至0.01g），缓缓炽热，注意避免燃烧，至完全炭化时，逐渐升高温度至500~600℃，使完全灰化并至恒重。根据残渣重量，计算供试品中总灰分的含量（%）。

如供试品不易灰化，可将坩埚放冷，加热水或10%硝酸铵溶液2ml，使残渣湿润，然后置水浴上蒸干，残渣照前法炽灼，至坩埚内容物完全灰化。

$$总灰分（\%）=\frac{M_2-M_1}{M_3-M_1}\times100\%$$

式中M_1：坩埚重量（g）；M_2：坩埚+灰分重量（g）；M_3：坩埚+样品重量（g）。试验所得数据用Microsoft Excel 2013进行整理计算。

$$RSD=\frac{标准偏差}{平均值}\times100\%$$

3.2.2　结果与分析

水分　参照《中国药典》2015年版四部（第103页）第二法（烘干法）测定。取上述采集的石竹药材样品，测定并计算石竹药材样品中含水量（质量分数，%），平均值为5.42%，所测数值计算RSD≤2.09%，在《中国药典》（2015年版，一部）石竹药材项下要求水分不得过12%，本药材符合药典规定要求（见表18—10）。

总灰分　参照《中国药典》2015年版四部（第202页）总灰分测定法测定。取上述采集的石竹药材样品，测定并计算石竹药材样品中总灰分和酸不溶性灰分含量（%），总灰分含量平均值为9.08%，所测数值计算RSD≤0.20%，在《中国药典》（2015年版，一部）石竹药材项下要求总灰分不得过10.0%，本药材符合药典规定要求（见表18-10）。

表18-10　石竹药材样品中水含量

测定项	平均(%)	RSD(%)
水分	5.42	2.09
总灰分	9.08	0.20

本试验研究依据《中国药典》(2015年版,一部)石竹药材项下内容,根据奈曼产地石竹药材的实验测定结果,蒙药材石竹样品水分、总灰分的平均含量分别为5.42%、9.08%,符合《中国药典》规定要求。

苍 术 ᠴᠠᠭᠠᠨ

ATRACTYLODIS RHIZOMA

蒙药材苍术为菊科植物北苍术 *Atractylodes chinensis* （DC.）Koidz.的干燥根茎。

1 苍术的研究概况

1.2 化学成分及药理作用

1.2.1 化学成分

茅苍术 根茎含挥发油：2-莰烯（2-carene），1，3，4，5，6，7-六氢-2，5，5-三甲基-2H-2，4α-桥亚乙基萘（1，3，4，5，6，7-hexahydro-2，5，5-trimethyl-2H-2，4α-ethanonaphthalene），β-橄榄烯（β-maaliene），α及δ-愈创木烯（guaiene），花柏烯（chamigrene），丁香烯（caryophyllene），榄香烯（elemene），葎草烯（humulene），芹子烯（selinene），广藿香烯（patchoulene），1，9-马兜铃二烯（1，9-aristolodiene），愈创醇（guaiol），橄香醇（elemol），苍术酮（atractylone），芹子二烯酮〔selina-4（14），7（11）-diene-8-one〕，苍术呋喃烃（atractylodin），茅术醇（hinesol），β-桉叶醇（β-eudesmol）等。根茎还含糠醛（furaldehyde），3β-乙酰氧基苍术酮（3β-acetoxyatractylone），3β-羟基苍术酮（3β-hydroxyatractylone），白术内酯（butenolide）B等。半萜糖苷：2-（1，4α-二甲基-3-葡萄糖氧基-2-酮基-2，3，4，4a，5，6，7，8-八氢萘-7-基）异丙醇葡萄糖苷〔2-（1，4a-dimethyl-3-glucosyloxy-2-oxo-2，3，4，4a，5，6，7，8-octahydronaphthalen-7-yl）-isopropanolglucoside〕，2-（8-甲基-2，8，9-三羟基-2-羟甲双环[5.3.0]癸-7-基）异丙醇葡萄糖苷{2-〔8-methyl-2，8，9-trihydroxy-2-hydroxymethyl-bicyclo[5.3.0]decan-7-yl〕isopropanolglucoside}，2-（8-甲基-2，8-二羟基-9-酮基-2-羟甲双环[5.3.0]癸-7-基）异丙醇葡萄糖苷{2-〔8-methyl-2，8-dihydroxy-9-oxo-2-hydroxymethylbicyclo[5.3.0]decan-7-yl〕isopropanolglucoside}，2-（1，4a-二甲基-2，3-二羟基十氢萘-7-基）异丙醇葡萄糖苷〔2-（1，

4a-dimethyl-2，3-dihydroxydecahydroxynaphthalen-7-yl）isopropanol glucoside〕等；炔烯类化合物：2-〔（2′E）-3′，7′二甲基-2′，6′-辛二烯〕-4-甲氧基-6-甲基苯酚{2-〔（2′E）-3′，7′-dimethyl-2′，6′-octadienyl〕-4-methoxy-6-methlyphenol}，（3Z，5E，11E）-十三碳三烯-7，9-二炔基-1-O-（E）-阿魏酸酯〔（3Z，5E，11E）-tridecatriene-7，9-diynyl-1-O-（E）-ferulate〕，古柯-（1，3Z，11E）-十三碳三烯-7，9-二炔-5，6-二乙酸基〔erythro-（1，3Z，11E）-tridecatriene-7，9-diyne-5，6-diyl diacetate〕，（1Z）-苍术呋喃烃〔（1Z）-atractylodin〕，（1Z）-苍术呋喃醇〔（1Z）-atractylodinol〕，（1Z）-乙酰基苍术呋喃醇〔（1Z）-acetylatractylodinol〕，（4E，6E，12E）-十四碳三烯-8，10-二炔-5，6-二乙酸基〔（4E，6E，12E）-tetradecatriene-8，10-diyne-5，6-diyl diacetate〕；还含钴、铬、铜、锰、钼、镍、锶、锡、钒、锌、铁、磷、铝、锆、钛、镁、钙等无机元素。

北苍术 根茎含挥发油1.5%，主含β-桉叶醇和苍术呋喃烃，还含β-芹子烯、左旋的α-甜没药萜醇（α-bisabolol）、茅术醇、榄香醇、苍术酮、芹子二烯酮等；又含聚乙炔化合物：苍术呋喃烃醇（atractylodinol）、乙酰基苍术呋喃烃醇（acetylatractylodinol），还含有苍术烯内酯丙（atractylenolidⅢ）、汉黄芩素（wogonin）、香草酸（3-methoxy-4-hydroxybenzoic acid）、3，5-二甲氧基-4-羟基苯甲酸（3，5-dimethoxy-4-hydroxybenzoic）、柠檬苦素（limonin）、双（5-甲酰基糖基）〔bis（5-formylfurfuryl）ether〕、2-呋喃甲酸（2-furoic acid）。

关苍术 苍术内酯Ⅲ（atractylenolideⅢ），香草酸（vanillicacid），β-谷甾醇（β-sitosterol），胡萝卜苷（daucosterol），2-〔（2'E）-3'，7'-二甲基-2'，6'-环二烯〕-4-甲氧基-6-甲基苯酚{2-〔（2'E）-3'，7'-dimethyl-2'，6'-octadienyl〕-4-methoxy-6-methylphenol}，多糖。

1.2.2 药理作用

对消化系统的作用 抗实验性胃炎及胃溃疡作用：苍术水煎剂1g/kg灌胃对大鼠盐酸所致急性胃炎和幽门结扎所致胃溃疡有显著的拮抗作用。提取物对实验性胃溃疡有细胞保护作用。对胃液潴留的幽门结扎溃疡，阿司匹林引起的胃黏膜破坏，胃酸过剩引起的黏膜溃疡，苍术与北苍术有明显的预防作用。对应激性溃疡有显著的抑制作用。关苍术正丁醇萃取物对醋酸型、幽门结扎型、酒精型及吲哚美辛型胃溃疡均有明显的对抗作用，而对应激型和利舍平型胃溃疡的形成则无对抗作用。

对胃肠运动的影响 苍术对胃肠运动有调节作用，对整体动物用炭末推进实验研究发现，苍术丙酮提取物75mg/kg能明显促进胃肠运动，苍术中的β-桉叶醇和茅术醇为该作用的主要成分。苍术的醇提液和水溶液对兔十二指肠活动都有较明显的抑制作用，具有对抗乙酰胆碱引起的肠管平滑肌收缩作用，而对弛张后的胃平滑肌则有轻微的增强收缩作用。苍术水煎剂能对抗乙酰胆碱、氯化钡引起的离体豚鼠回肠收缩。

苍术水煎液对大鼠小肠酚红推进运动有显著抑制作用。

对肝脏的影响 苍术水煎剂10g(生药)/kg给小鼠灌胃，连续7日，能明显促进肝蛋白合成。苍术及其所含苍术醇、苍术酮、β-桉叶醇对四氯化碳和D-氨基半乳糖诱发的一级培养鼠肝细胞损害具有显著的预防作用。研究发现，苍术酮对叔丁基过氧化物诱导的DNA损伤及大鼠肝细胞毒性有抑制作用。

对血糖的影响 苍术水煎液、醇浸液灌胃或皮下注射8g/kg，使家兔血糖升高，1h内达高峰，以后缓慢下降，持续6h以上。苍术提取物可使经链脲霉素前处理的大鼠明显升高的血糖水平降低，经链脲霉素（20μl/ml）前处理而很快降低的血清胰岛素水平，给予依赖剂量2.0g/kg苍术水提取物可使血清胰岛素水平升高；给链脲霉素前处理的大鼠逐渐降低的血清淀粉酶水平，给苍术水提取物8日后恢复到正常水平。

抗缺氧作用 苍术的丙酮提取物及β-桉叶醇能明显延长氰化钾中毒小鼠的存活时间，降低死亡率，说明其有较强的抗缺氧能力。

利尿作用 苍术通过抑制Na^+，K^+-ATP酶的活性产生利尿作用，对乌巴因的利尿作用关苍术醇提取物强于茅苍术。

对烟碱（N）受体的阻断作用 小鼠骨骼肌N受体实验表明，β-桉叶醇能降低肌肉紧张性，终板动作电位减少，振幅降低，这是由于β-桉叶醇不仅阻断神经肌肉接点上的N受体通道，而且影响通道的打开和关闭两个方面，加速N受体的脱敏。对小鼠膈肌N受体，离子通道非收缩性慢流Ca^{2+}活动的影响实验，表明β-桉叶醇能明显地缩短时程，但很少影响波峰。

抗心律失常作用 关苍术的乙醇提取物对乌头碱引起的室性心律失常、氯化钡所致大鼠心律失常、哇巴因引起的豚鼠心律失常均有保护作用。苍术的抗心律失常作用可能与降低心肌细胞的自律性、延长不应期、保护心肌细胞膜上$Na+$，K^+-ATP酶的功能等多种因素有关。

抗菌抗病毒作用 苍术对结核菌、金黄色葡萄球菌、大肠杆菌、枯叶杆菌和铜绿假单胞菌有明显灭菌作用。关苍术对HIV-1病毒重组蛋白酶有轻微的抑制作用。茅苍术中果聚糖酸对白色酵母感染的小鼠有明显的预防作用，可以延长小鼠存活时间。

其他作用 关苍术中新化合物2-〔(2′E)-3′,7′-二甲基-2′,6′-环二烯〕-4-甲氧基-6-甲基苯酚{2-〔(2′E)-3′,7′-dimethyl-2′,6′-octa dienyl〕-4-methoxy-6-methylphenol}对5-脂氧酶（5-LOX）和环氧酶-1（COX-1）有很强的抑制作用，但只表现微弱的抗氧化作用。5种聚炔类化合物有两种表现出对5-LOX和COX-1强抑制作用。苍术根茎热水提取物有明显的致有丝分裂活性。苍术中多糖对骨髓细胞增殖有刺激性作用。小量苍术挥发油可抑制心搏，使心率减慢，对大脑有镇静作用；大量可致心脏麻痹，呼吸麻痹而致死。

1.3 资源分布状况

分布于黑龙江、辽宁、吉林、内蒙古、河北、山西、甘肃、陕西、河南、江苏、浙江、江西、安徽、四川、湖南、湖北等地。野生山坡草地、林下、灌丛及岩缝隙中。各地药圃多有栽培。朝鲜及俄罗斯远东地区亦有分布。模式标本采自日本。

1.4 生态习性

喜凉爽气候，耐寒，怕强光和高温、高湿。北苍术野生于山坡草地、林下、灌丛及岩缝中，对土壤要求不严，荒山、坡地、瘠薄土壤均可生长，以排水良好、地下水位低、结构疏松、富含腐殖质的砂壤土较好，忌水浸。主要分布于长江流域，年均气温为14~17℃，年平均无霜期为220~260天，年日照在1900h以上，年降雨量在1000~1400mm，海拔高度为150~750m的丘陵和低中山地区。适宜生长在土壤结构疏松、富含腐殖质的砂质土壤中，若生于低洼地易浸泡烂根。

1.5 栽培技术与采收加工

选地、整地 育苗地选择海拔偏高的通风、凉爽环境及土质深厚、肥沃疏松的土壤。选择地块最好，有一定坡度，排水良好。播种前深翻，按照土壤肥力情况施用基肥。整细耙平后，开垄，垄宽1m，长度不限，沟深15~20cm，沟宽30cm。

1.5.1 繁殖方法

播种时间 无性繁殖：当年9~10月，有性繁殖第二年秋季可产生小鳞茎，移栽9月份为宜。

播种方法 种子繁殖：种子选择与处理，选颗粒饱满、色泽新鲜、成熟度一致的无病虫害种子作种。播前用25℃温水浸种，让种子吸足水分，严格控制温度在10~20℃，待种子萌动，胚根露白，立即播种。条播或撒播。条播在床面横向开沟，沟距20~30cm，播幅5~10cm，开深2~3cm浅沟，沟底宜平整，种子均匀撒入沟内，施入充分腐熟土杂肥或复合肥料，然后覆土压紧，上盖茅草或稻草，以保温保湿。撒播是将种子均匀撒入畦面，每亩用种4~6kg，播后应在上面蒙一层杂草，经常浇水保持土壤湿度。一般秋播优于春播，秋播时间为10月底至11月初，种子萌发生根，翌年春季气温回升即可出苗，出苗整齐一致，且出苗率高；春播时间为2月底至3月。苗期管理，出苗后及时揭去盖草，拔除杂草，剪去过密苗、弱苗、病苗。当苗出2~3片真叶时，地下根茎开始形成，按株距3cm定苗。及早进行第一次速效肥料的追施。幼苗期，如遇干旱，早、晚用清洁水浇灌，既要保持土壤湿润，又要防止水分过多。根据苗情，7~8月再进行第二次追肥，注意不能过量施用氮肥,以免生长过旺,提早抽薹,若有抽薹者应及时摘除。遇干旱、日照过强干燥气候,没有遮阴植物时,可用遮阳网或树枝等遮阴,能明显提高出苗率和成苗率。种苗耐寒性较强,可以田间越冬,越冬前,应清除地上残枝落叶和杂草,适当培土,保护根芽。移栽,适宜移栽时间为早春萌发前和深秋休眠期、起苗过程中尽量不要挖伤、碰伤种芽,移栽前拣除弱苗、病苗和坏苗。一般先开4~6cm深的沟,沟距30cm,然后将种苗按15~20cm株距放于沟内,尽量保证根芽朝上,覆土后镇压,移栽后及时浇透水,保证成活。

分株繁殖 ①种根选择和处理,4月初,将芽刚萌发的根茎连根掘出,抖去泥土,用刀将每块根状茎切成若干小块,使每小块上至少有1~3个根芽。待根茎伤口愈合,准备定植。②定植,按照育苗移栽的方法定植,阴天定植成活率更高。

1.5.2 田间管理

间苗、定苗 中耕除草:5~7月份杂草丛生,应及早除草松土,先深后浅,不要伤及根部,靠近苗周围的杂草用手拔除。封行后浅锄除草,适当培土。

追肥 早施苗肥,重施蕾肥,增施磷钾肥。早施苗肥是指4月上旬施速效氮肥1次,以促进幼苗迅速健壮生长。5~7月份植株由营养生长盛期进入孕蕾期,可以适当增施1次氮肥,保持植株生长茂盛。7~8月份,植株进入生殖生长阶段,地下根茎迅速膨大,是需肥量最大的时期,主要施钾肥,注意控制氮肥用量,避免植株生长过旺,降低抗病能力。开花结果期,可用1%~2%磷酸二氢钾或过磷酸钙溶液根外施肥,延长叶片功能期,增加干物质积累,对根茎膨大十分有利。

摘蕾 孕蕾开花消耗大量养分,非留种田在植株现蕾尚未开花之前及时摘蕾。摘蕾时防止损坏叶片和摇动根系,宜一手握茎,一手摘蕾。

灌溉和排水 灌溉:天气过于干旱时要适当浇水。排水:雨季注意及时排水,保持畦面无积水。

1.5.3 病虫害及其防治

病害及其防治 主要有黑斑病、轮纹病、枯萎病、软腐病、白绢病和线虫等,一般采用预防为主,主要措施:忌轮作;深沟排水防涝;栽种前用多菌灵浸种。如果出现病虫害,用甲基托布津、多菌灵、代森锰锌等化学药剂,采取土壤消毒、种子处理、叶面喷洒、灌根等方式防治。

虫害及其防治 主要是蚜虫,应注意选用高效、低残留农药防治,优先选用生物农药,在虫害发生初期防治,将为害控制在点片发生阶段。

1.5.4 采收加工

采收 野生苍术以春、秋二季采挖最佳。栽培品种采收年限应在2年及2年以上,于早春或晚秋采挖,以秋后至翌年初春幼苗出土前为最好,挖出后,去掉地上部分并抖落根茎上的泥土,晒至五成干时,装进筐中,撞去部分须根(或者用火燎),然后晒至六七成干时,再撞1次,以去掉全部老皮,晒至全干时最后再撞1次,使表皮呈黄褐色即可。干燥过程中,要注意反复发汗,以利于干透。以个大,质坚实,断面朱砂点多,香气浓郁者为佳。

2 生物学特性研究

2.1 奈曼地区栽培苍术物候期

2.1.1 观测方法

从通辽奈曼旗蒙药材种植基地栽培的苍术大田中,选择10株生长良好、无病虫害的健壮植株编号挂牌,作定位观测,并记录。2016年5月至2017年11月间连续观测记录各定株物候出现的日期,以10株平均期作为原始值。观测应具连续性,不漏测任何一个物候期。观测时间和顺序固定,开花期上午8: 00~11: 30, 晴天观测。观测部位以植株判断其物候期,主茎受损时另选植株,并注明。

2.1.2 物候期的划分

物候期的划分是根据栽培苍术生长发育过程中不同时期植物生长发育的特点,并参考其他植物物候期的划分情况完成的。为了划分依据统一,始、初期均以群体中植株出现开花或展叶或坐果5%~15%为标准,盛、旺期以40%~60%为标准,末期以80%~90%为标准。将苍术的生育全过程分为播种期、出苗期、4~6叶期、分枝期、花蕾期、开花初期、盛花期、落花期、坐果初期、果实成熟期、枯萎期。出苗期为种子萌发后,幼苗露出地面2~3cm的时期;4~6叶期(伸长期)是叶生长的关键时期;分枝期是植株茎秆快速生长时期,其与伸长期基本同季,是植物营养生长高峰期;现蕾开花期是植株现蕾开花时期;坐果初期是苍术开始坐果的时期;果实成熟期是整株植物结实及果实成熟的关键时期,其与现蕾开花期组成苍术的生殖生长期;枯萎期是根据植株在夏末、秋初出现春发植株大量死亡现象而设置的一个生育时期;播种期为苍术实际播种日期。

2.1.3 物候期观测结果

一年生苍术播种期为5月22日,出苗期自6月2日起历时12天,4~6叶期为6月中旬开始历时4天,分枝期共12天,花蕾期自7月中旬开始共8天,开花初期为7月中旬开始历时6天,盛花期历时13天,落花期自8月20日至9月12日历时22天,坐果初期共计10天,枯萎期历时12天。

二年生苍术返青期为4月初开始历时10天,分枝期共计6天。花蕾期自5月中旬至5月底共计8天,开花初期历时10天,盛花期历时6天,坐果初期历时20天,果实成熟期共计17天,枯萎期历时4天。

表19-1-1　苍术物候期观测结果（m/d）

时期 年份	播种期	出苗期	4~6叶期	分枝期	花蕾期	开花初期
		二年返青期				
一年生	5/22	6/2~6/14	6/18~6/22	6/20~7/2	7/12~7/20	7/18~7/24
二年生		4/10~4/20	4/14~4/25	4/26~5/2	5/12~5/20	5/24~6/4

表19-1-2　苍术物候期观测结果（m/d）

时期 年份	盛花期	落花期	坐果初期	果实成熟期	枯萎期
一年生	7/26~8/9	8/20~9/12	9/12~9/22	9/18~9/26	9/18~9/30
二年生	6/16~6/22	6/28~7/12	7/20~8/10	9/8~9/25	9/20~9/24

2.2　形态特征观察研究

多年生草本。根状茎平卧或斜生，粗长或通常呈疙瘩状，生多数等粗等长或近等长的不定根。茎直立，高（15~20）30~100cm，单生或少数茎成簇生，下部或中部以下常紫红色，不分枝或上部分枝，但少有自下部分枝的，全部茎枝有稀疏的蛛丝状毛或无毛。基部叶花期脱落；中下部茎叶长8~12cm，宽5~8cm，3~5（7~9）羽状深裂或半裂，基部楔形或宽楔形，几无柄，扩大半抱茎，或基部渐狭成长达3.5cm的叶柄；顶裂片与侧裂片不等形或近等形，圆形、倒卵形、偏斜卵形、卵形或椭圆形，宽1.5~4.5cm；侧裂片1~2（3~4）对，椭圆形、长椭圆形或倒卵状长椭圆形，宽0.5~2cm；有时中下部茎叶不分裂；中部以上或仅上部茎叶不分裂，倒长卵形、倒卵状长椭圆形或长椭圆形，有时基部或近基部有1~2对三角形刺齿或刺齿状浅裂；或全部茎叶不裂。中部茎叶倒卵形、长倒卵形、倒披针形或长倒披针形，长2.2~9.5cm，宽1.5~6cm，基部楔状，渐狭成长0.5~2.5cm的叶柄，上部的叶基部有时有1~2对三角形刺齿裂。全部叶质地硬，硬纸质，两面同色，绿色，无毛，边缘或裂片边缘有针刺状缘毛或三角形刺齿或重刺齿。头状花序单生茎枝顶端，但不形成明显的花序式排列，植株有多数或少数（2~5个）头状花序。总苞钟状，直径1~1.5cm。苞叶针刺状羽状全裂或深裂。总苞片5~7层，覆瓦状排列，最外层及外层卵形至卵状披针形，长3~6mm；中层长卵形至长椭圆形或卵状长椭圆形，长6~10mm；内层线状长椭圆形或线形，长11~12mm。全部苞片顶端钝或圆形，边缘有稀疏蛛丝毛，中内层或内层苞片上部有时变红紫色。小花白色，长9mm。瘦果倒卵圆状，被稠密的顺向贴伏的白色长直毛，有时变稀毛。冠毛刚毛褐色或污白色，长7~8mm，羽毛状，基部连合成环。

苍术形态特征例图

图19-1   图19-2   图19-3

图19-4   图19-5

2.3　生长发育规律

2.3.1　苍术营养器官生长动态

（1）苍术地下部分生长动态　为掌握苍术各种性状在不同生长时期的生长动态，分别在不同时期对苍术的根长、根粗、侧根数、侧根长、侧根粗、根鲜重等性状进行了调查（见表19-2）。

表19-2　二年生苍术地下部分生长情况

调查日期 （m/d）	根长 （cm）	根粗 （cm）	侧根数 （个）	侧根长 （cm）	侧根粗 （cm）	根鲜重 （g）
5/17	7.30	0.9205	—	—	—	7.18
6/8	7.79	1.2350	—	—	—	8.21
6/30	8.20	1.4219	—	—	—	11.65
7/22	9.11	1.9645	—	—	—	16.99
8/11	10.27	2.4971	—	—	—	22.08
9/2	11.00	2.6111	—	—	—	24.87
9/24	12.40	2.8240	—	—	—	30.14
10/16	13.70	2.9863	—	—	—	32.10

说明："—"无数据或未达到测量的数据要求。

二年生苍术根长的变化动态　从图19-6可见，5月17日至10月16日根均呈稳定的增长趋势。

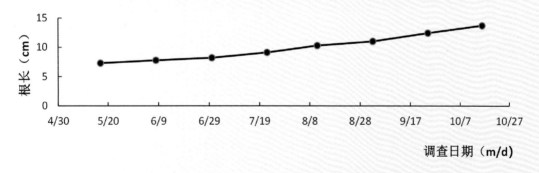

图19-6　二年生苍术的根长变化

二年生苍术根粗的变化动态　从图19-7可见，二年生苍术的根粗从5月17日开始到10月16日始终处于增加的状态，但是长势非常缓慢。

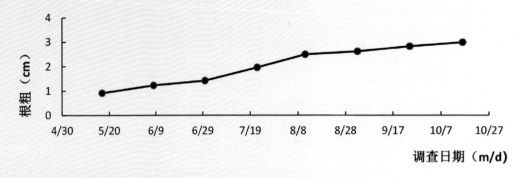

图19-7　二年生苍术的根粗变化

二年生苍术根鲜重的变化动态　从图19-8可见，5月17日至10月16日根鲜重变化趋于平稳，但是日益增长而且稳定。

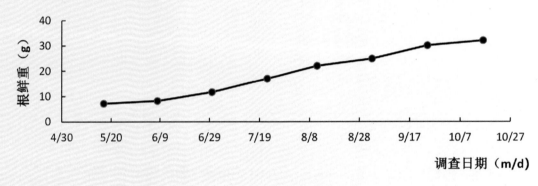

图19-8　二年生苍术的根鲜重变化

（2）苍术地上部分生长动态　为掌握苍术各种性状在不同生长时期的生长动态，分别在不同时期对苍术的株高，叶数，分枝数，茎、叶鲜重等性状进行了调查（见表19-3）。

表19-3　二年生苍术地上部分生长情况

调查日期 （m/d）	株高 （cm）	叶数 （个）	分枝数 （个）	茎粗 （cm）	茎鲜重 （g）	叶鲜重 （g）
5/14	14.30	5.80	—	0.1841	0.90	0.65
6/8	18.22	8.30	—	0.1981	1.17	1.23
7/1	21.59	13.61	—	0.2333	1.29	1.57
7/23	23.59	15.30	—	0.2915	1.65	1.96
8/10	25.40	16.41	—	0.3573	1.98	2.15
9/2	26.70	17.70	—	0.3954	2.35	2.42
9/24	27.80	14.10	—	0.4121	2.63	1.54
10/18	28.70	10.90	—	0.4324	2.56	1.24

说明："—"无数据或未达到测量的数据要求。

二年生苍术株高的生长变化动态　从图19-9中可见，5月14日至10月18日株高一直在逐渐增长。

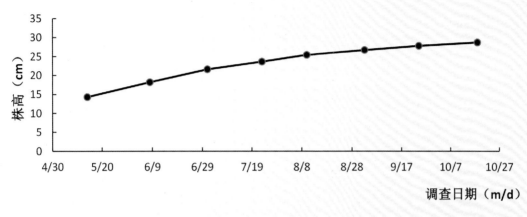

图19-9　二年生苍术的株高变化

二年生苍术叶数的生长变化动态　从图19-10可见，5月14日至9月2日是叶数增加最快的时期，9月2日开始叶数缓慢下降，说明这一时期苍术下部叶片在枯死、脱落，所以叶数在减少。

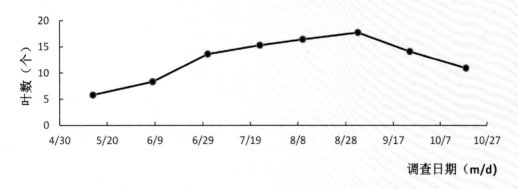

图19-10　二年生苍术的叶数变化

二年生苍术茎粗的生长变化动态　从图19-11可见，5月14日至10月18日茎粗均呈稳定的增加趋势，但是长势非常缓慢。

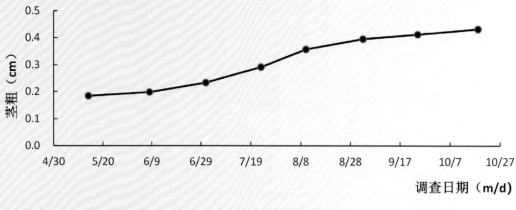

图19-11 二年生苍术的茎粗变化

二年生苍术茎鲜重的变化动态 从图19-12可见，5月14日至9月24日茎鲜重均在缓慢地增加，9月24日之后茎鲜重开始进入平稳期。

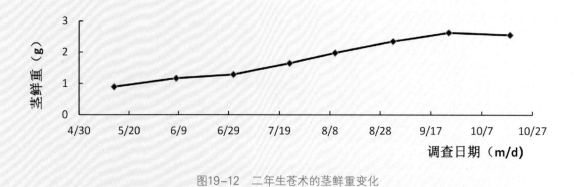

图19-12 二年生苍术的茎鲜重变化

二年生苍术叶鲜重的变化动态 从图19-13可见，5月14日至9月2日是苍术叶鲜重缓慢增加期，其后叶鲜重开始大幅降低，这是由于生长后期叶片逐渐脱落和叶片逐渐干枯所致。

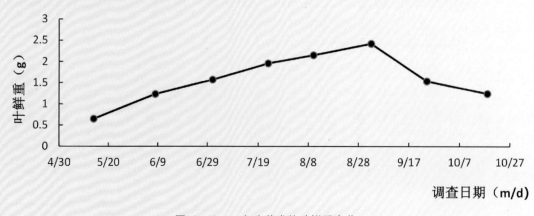

图19-13 二年生苍术的叶鲜重变化

（3）苍术单株生长图

图19-14 　　　　　　　　　　图19-15 　　　　　　　　　　图19-16

图19-17 　　　　　　　　　　图19-18 　　　　　　　　　　图19-19

图19-20 　　　　　　　　　　　　　　图19-21

2.3.2 苍术不同时期的根和地上部分的关系

为掌握苍术各种性状在不同生长时期的生长动态,分别在不同时期从苍术的每个种植小区随机取样10株,将取样所得的苍术从茎基部剪下,根、冠分离,去除杂物,将根、冠分别在105℃下杀青30分钟后60℃下恒温2天(或2天以上干燥为止),然后放入干燥器中冷却,用1/10000的天平测量质量,以二者的比值为根冠比。

表19-4 苍术不同时期的根和地上部分的关系

调查日期(m/d)	7/25	8/12	8/20	8/30	9/10	9/21	9/30	10/15
根冠比	6.9483	4.8236	4.2442	4.4199	3.8426	3.9483	5.5624	6.1065

从表19-4可见,对苍术块根繁殖的一年生长量的观察数据表明,幼苗期根系与枝叶的生长速度有显著差异,幼苗出土初期根冠比在6.9483:1,根系生长占优势。苍术生长期一般地下部分生长量常超过地上部分的生长量的4~6倍。

2.3.3 苍术不同生长期干物质积累

本实验共设计3个小区。每小区取样10株,分别取营养幼苗期、营养生长期、枯萎期等3个时期的苍术全株,每穴以植株为中心,取长16~25cm、宽16~25cm、深20~40cm的土块,先用清水冲洗干净,注意避免丢失根量,用滤纸吸干附着的水分,然后将植株按根、茎、叶部位装袋,于105℃杀青30min,60℃烘干至恒重,测定干物质量,并折算为公顷干物质积累量。

表19-5 一年生苍术各器官总干物质重变化(kg/hm²)

调查期	根	茎	叶	花	果
幼苗期	1339.30	118.00	59.00	—	—
营养生长期	2271.50	318.60	236.00	—	—
枯萎期	6047.50	743.40	303.26		

说明:"—"无数据或未达到测量的数据要求。

苍术干物质积累与分配平均数据(表19-5)可以看出,在不同时期地上、地下部分各营养器官的干物质量均随苍术的生长不断增加。在幼苗期根、茎、叶干物质总量依次为1339.30 kg/hm²、118.00 kg/hm²、59.00 kg/hm²;进入营养生长期根、茎、叶具有增加的趋势,其根、茎、叶干物质总量依次为2271.50 kg/hm²、318.60 kg/hm²、236.00 kg/hm²。进入枯萎期根、茎、叶有增加的趋势,分别为6047.50 kg/hm²、743.40 kg/hm²、303.26 kg/hm²,其中根仍然具有增长的趋势,通辽市奈曼地区已进入霜期,霜后地上部分枯萎后,自然越冬,当年不开花。苍术一般从第三年开始生长特别快，本实验就观察了一年的数据，长势较好。

3 药材质量评价研究

3.1 药材粉末鉴定鉴别

粉末棕色，气香，味微甘。菊糖散在或存在于薄壁细胞中，略呈扇形或不规则块状。在细胞中菊糖和针晶黏结。木栓石细胞较多，单个散在或数个成群，有的与木栓细胞相联结，淡黄色，呈多角形、类方形、长方形或类圆形，直径28~80μm，少数类圆形者可至96μm，长方形者长约至135μm，壁颇厚，层纹可见，孔沟较密，胞腔内常含黄色内容物，有的并含针晶；也有石细胞壁极厚，胞腔不明显，仅见多数细点状纹孔。木纤维大多成束，淡黄色，呈长梭形或长纺锤形，末端钝圆或稍尖，长104~256μm，直径19~40μm，壁甚厚，孔沟明显，胞腔狭细，少数较宽大。纤维束旁伴有导管碎片。草酸钙针晶众多，不规则地充塞于薄壁细胞中，或偏靠手细胞，并随处散在。针晶细小，长8~30μm。稀有结晶呈小杆状或方形的。有螺纹导管。木栓细胞淡黄色或黄棕色，表面观呈多角形，壁薄，有的连接木栓细胞。油室已破碎，完整者极难察见，偶见油室碎片的细胞中含有淡黄色挥发油滴。此外，黄棕色块状物随处可见，形状不一，系油室中的内容物。

3.2 常规检查研究（参照《中国药典》2015年版）

3.2.1 常规检查测定方法

水分　取供试品（相当于含水量1~2g），精密称定，置A瓶中，加甲苯约200ml，必要时加入干燥、洁净的无釉小瓷片数片或玻璃珠数粒，连接仪器，自冷凝管顶端加入甲苯至充满B管的狭细部分。将A瓶置电热套中或用其他适宜方法缓缓加热，待甲苯开始沸腾时，调节温度，使每秒馏出2滴。待水分完全馏出，即测定管刻度部分的水量不再增加时，将冷凝管内部先用甲苯冲洗，再用饱蘸甲苯的长刷或其他适宜方法，将管壁上附着的甲苯推下，继续蒸馏5min，放冷至室温，拆卸装置，如有水黏附在B管的管壁上，可用蘸甲苯的铜丝推下，放置使水分与甲苯完全分离（可加亚甲蓝粉末少量，使水染成蓝色，以便分离观察）。检读水量，并计算成供试品的含水量（%）。

$$水分（\%）=\frac{V}{W}\times100\%$$

式中W：供试品的重量（g）；V：检读的水的体积（ml）。试验所得数据用Microsoft Excel 2013进行整理计算。

总灰分　测定用的供试品须粉碎, 使能通过二号筛, 混合均匀后, 取供试品2~3g (如需测定酸不溶性灰分, 可取供试品3~5g), 置炽灼至恒重的坩埚中, 称定重量 (准确至0.01g), 缓缓炽热, 注意避免燃烧, 至完全炭化时, 逐渐升高温度至500~600℃, 使完全灰化并至恒重。根据残渣重量, 计算供试品中总灰分的含量 (%)。如供试品不易灰化, 可将坩埚放冷, 加热水或10%硝酸铵溶液2ml, 使残渣湿润, 然后置水浴上蒸干, 残渣照前法炽灼, 至坩埚内容物完全灰化。

$$总灰分 (\%) = \frac{M_2 - M_1}{M_3 - M_1} \times 100\%$$

式中M_1: 坩埚重量 (g); M_2: 坩埚+灰分重量 (g); M_3: 坩埚+样品重量 (g)。试验所得数据用Microsoft Excel 2013进行整理计算。

$$RSD = \frac{标准偏差}{平均值} \times 100\%$$

3.2.2　结果与分析

水分　参照《中国药典》2015年版四部 (第103页) 第四法 (甲苯法) 测定。取上述采集的苍术药材样品, 测定并计算苍术药材样品中含水量 (质量分数, %), 平均值为9.81%, 所测数值计算RSD≤0.71%, 在《中国药典》(2015年版, 一部) 苍术药材项下要求水分不得超过13.0%, 本药材符合药典规定要求 (见表19-6)。

总灰分　参照《中国药典》2015年版四部 (第202页) 灰分测定法测定。取上述采集的苍术药材样品, 测定并计算苍术药材样品中总灰分和酸不溶性灰分含量 (%), 总灰分含量平均值为3.91%, 所测数值计算RSD≤5.43%, 在《中国药典》(2015年版, 一部) 苍术药材项下要求总灰分不得过7.0%, 本药材符合药典规定要求 (见表19-6)。

表19-6　苍术药材样品中水分、总灰分含量

测定项	平均 (%)	RSD (%)
水分	9.81	0.71
总灰分	3.91	5.43

本试验研究依据《中国药典》(2015年版, 一部) 苍术药材项下内容, 根据奈曼产地苍术药材的实验测定, 结果苍术样品水分、总灰分的平均含量分别为9.81%, 3.91%, 符合《中国药典》规定要求。

3.3　苍术中的苍术素含量测定

3.3.1　实验设备、药材、试剂

仪器与设备　Agilent Technologies-1260Infinity型高效液相色谱仪, SQP型电子天平 (赛多利斯科学仪器

〈北京〉有限公司)，KQ-600DB型数控超声波清洗器（昆山市超声仪器有限公司），HWS26型电热恒温水浴锅。Millipore-超纯水机。

实验药材 （见表19-7）

表19-7 苍术供试药材来原

采集地点	采集日期	采集经度	采集纬度
内蒙古自治区通辽市奈曼旗昂乃（基地）	2017-08-26	120° 42′ 10″	42° 45′ 19″

对照品 苍术素（自国家食品药品监督管理总局采购，编号：111924-201605）。

试剂 乙腈（色谱纯）、磷酸、水。

3.3.2 实验方法

色谱条件与系统适用性试验 以十八烷基硅烷键合硅胶为填充剂，以甲醇-水（79：21）为流动相，检测波长为340nm。理论板数按苍术素峰计算应不低于5000。

对照品溶液的制备 取苍术素对照品适量，精密称定，加甲醇制成每1ml含20μg的溶液，即得。

供试品溶液的制备 取本品粉末（过三号筛）约0.2g，精密称定，置具塞锥形瓶中，精密加入甲醇50ml，密塞，称定重量，超声处理（功率250W，频率40kHz）1h，放冷，再称定重量，用甲醇补足减失的重量，摇匀，滤过，取续滤液，即得。

测定法 分别精密吸取对照品溶液与供试品溶液各10μl，注入液相色谱仪，测定，即得。本品按干燥品计算，含苍术素（$C_{13}H_{10}O$）不得少于0.30%。

3.3.3 实验操作

线性与范围 按3.3.2苍术素对照品溶液制备方法制备，分别精密吸取苍术素对照品溶液2μl、6μl、10μl、14μl、18μl、22μl，注入液相色谱仪，测定其峰面积值。并以进样量C(x)对峰面积值A(y)进行线性回归，的标准曲线回归方程为：y=10000000x+50608，相关系数R=0.9998。

结果见表19-8，表明苍术素进样量在0.0414~0.4554μg范围内，与峰面积值具有良好的线性关系。

表19-8 线性关系考察结果

C（μg）	0.0414	0.1242	0.2070	0.2898	0.3726	0.4554
A	580327	1634580	2769666	3788396	4887174	5922354

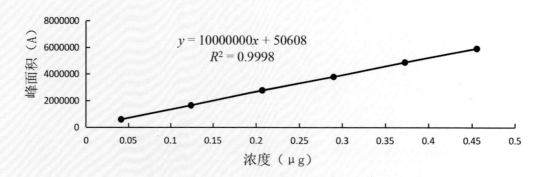

$$y = 10000000x + 50608$$
$$R^2 = 0.9998$$

图19-22　苍术素对照品的标准曲线图

3.3.4　样品测定

取苍术样品约0.2g, 精密称取, 分别按3.3.2项下的方法制备供试品溶液, 精密吸取供试品溶液各10μl, 分别注入液相色谱仪, 测定, 并按干燥品计算含量, 结果见表19-9。

表19-9　苍术样品含量测定结果

样品	取样量（g）	A	苍术素（%）	平均含量（%）	RAD（%）
		4010053	0.991		
20170826	0.20052	4019896	0.992	0.998	1.27
		4102802	1.013		

3.3.5　结论

按照2015年版《中国药典》中苍术含量测定方法测定, 结果奈曼基地的苍术中苍术素的含量符合《中国药典》规定要求。

4　经济效益分析

4.1　市场前景分析

苍术以根茎入药, 具有燥湿健脾的功效。随着科技进步和创新, 研究发现, 苍术根茎含挥发油为5%~9%, 在临床上对肝癌有一定疗效。以苍术为主要原料的药物也不断上市。苍术还用于饲料、兽药等的制作, 成为牲畜饲料和兽药的主要原料, 每年需求量均在成倍增加。从20世纪90年代末期开始, 该品种野生资源逐年递减, 货源供应渐渐呈偏紧态势。

4.2　投资预算（2018年）

苍术种子　市场价每千克960元，参考奈曼当地情况，每亩地用种子2kg，合计为1920元。

种前整地和播种　包括施底肥、灌溉、犁地、耙地和播种，底肥包括100kg有机肥、50kg复合肥，其中有机肥每吨120元，复合肥每袋120元，灌溉一次需要50元，犁、耙、播种一亩地各需要50元，以上共计需要费用440元。

田间管理　整个生长周期抗病除草需要8次，每次人工成本加药物成本约100元，合计约800元。灌溉10次，费用500元。追施复合肥每亩50kg，叶面喷施叶面肥3次，成本约需300元。综上，北苍术田间管理成本为1600元。

收获与加工　收获成本（机械燃油费和人工费）每亩约需400元。

合计成本　1920+440+1600+400=4360元。

4.3　产量与收益

按照2018年市场价格，苍术85~100元/千克，每亩地平均可产300~350kg。按最高产量、最高价计算三年生的北苍术收益为：35000元/3年=11667元/（亩·年）。

甘 草 ᠡᠡᠡᠡᠡ

GLYCYRRHIZAE RADIX ET RHIZOMA

蒙药材甘草为豆科植物甘草*Glycyrrhiza uralensis* Fisch.的干燥根和根茎。

1 甘草的研究概况

1.1 蒙药学考证

蒙药材甘草为常用止咳祛痰药。蒙古名"希和尔-额布苏""兴阿日"。始载于《智慧之源》,其意为甘草,本品因味甜而得名。其药用始记载于《百方篇》。《无误蒙药鉴》记载:"甘草为豆科多年生草本植物甘草(*Glycyrrhiza uralensis* Fisch.)的干燥根及根茎,藏语称兴阿日,亦称砸珠德、兴敖日布、砸嘎日、兴珠格,满语称占出日奥日好。叶绿黄色,对生,下垂;根黄色,味甘;生于沙地和原地、水边、林间,分为雄、雌、中性或上、中、下三品。"《铁鬘》记载:"甘草性平,消化后性凉,治肺病、脉病,尤为利水。"《中华本草》(蒙药卷)载:"叶对生,绿黄色,下垂,根黄色,味甘。生于沙地、庭院、水边、林下。上述植物生境、特征及附图特征与所沿用的甘草之特征基本相似,故认定历代蒙医药文献所记载的兴阿日,即希和日-乌布斯(甘草)。"本品味甘,性凉,效稀、和、轻、柔;具有止咳、祛痰、开肺窍、止吐、滋补、止渴、清热、解毒之功效;主要用于肺病、脉病、肺热咳嗽、黄痰、胸闷、气喘、肺热刺痛、妊娠初期的呕吐、赫依病的呕吐、肺脓疡、慢性支气管炎、感冒咳嗽、口舌咽发干、烦渴、咽喉肿痛、精神疲乏、体弱无力、食欲不振及肢体麻木、行走不便、抽搐等白脉病。

1.2 化学成分及药理作用

1.2.1 化学成分

三萜皂苷 其中主要为甘草甜素(glycyrrhizin),乌拉尔甘草皂苷(uralsaponin)A、B,甘草皂苷（licoricesaponin）A₃、B₂、C₂、D₃、E₂、F₃、G₂、H₂、J₂、K₂，3-O-〔β-D-葡萄糖醛酸甲酯-（1→2）-β-D-葡萄糖醛酸〕-24-羟基甘草内酯{3-O-〔β-D-（6-methyl）glucuronopyranosyl-（1→2）-β-D-glucuronopyranosyl〕-24-hydroxyglabrolide}，6″-O-乙酰基甘草苷（6″-O-acetylliquiritin），3-甲酰基光果甘草内酯（3-formylglabrolide），22-乙酰光果甘草酸（22-acetylglabricacid），2，3-二氢异甘草素（2，3-dihydroisoliquiritigenin），3-氧化甘草次酸（3-oxoglycyrrhetic acid），3β-乙酰甘草次酸（3β-acetylglycyrrhetic acid）。

黄酮类化合物　甘草苷元（liquiritigenin），甘草苷（liquiritin），异甘草苷（isoliquiritin），异甘草苷元（isoliquiritigenin），新甘草苷（neoliquiritin），新异甘草苷（neoisoliquiritin），甘草西定（licoricidin），甘草利酮（licoricone），刺芒柄花素（formononetin），5-O-甲基甘草西定（5-O-methyllicoricidin），甘草苷元-4′-芹糖葡萄糖苷〔liquiritigenin-4′-apiofuranosyl（1→2）glucopyranoside, apioliquiritin〕，甘草苷元-7，4′-二葡萄糖苷（liquiritigenin-7，4′-diglucoside），新西兰牡荆苷（vicenin）Ⅱ即6，8-二-C-葡萄糖基芹菜素，芒柄花苷（ononin），异甘草黄酮醇（isolicoflavonol），异甘草苷元-4′-芹糖葡萄糖苷〔isoliquiritigenin-4′-apiofuranosyl（1→2）glucopyranoside, licurazid, apioisoliquiritin〕，异芒柄花苷（isoononin）即异芒柄花素-4-葡萄糖苷（isoformononetin-4-glucoside），甘草苷元-7，4′-二葡萄糖苷（liquiritigenin-7，4″-diglucoside），kanzonols F-J，刺毛甘草查耳酮（echinatin），虎儿草苷（saxifragin），光果甘草宁（glabranin），生松黄烷酮（pinocembrin），高良姜素（galangin），甘草素-4′-O-〔β-D-（3-O-乙酰基）-呋喃芹菜糖基-（1→2）〕-β-D-吡喃葡萄糖{liquiritigenin-4′-O-〔β-D-（3-O-acetyl）-apiofuranosyl-（1→2）〕-β-D-glucopyranoside}，甘草查耳酮（licochalcone）A。

香豆素类化合物　甘草香豆素（glycycoumarin），甘草酚（glycyrol），异甘草酚（isoglycyrol），甘草香豆素-7-甲醚（glycyrin），新甘草酚（neoglycyrol），甘草吡喃香豆素（licopyranocoumarin），甘草香豆酮（licocoumarone）等。

生物碱类　5，6，7，8-四氢-4-甲基喹啉（5，6，7，8-tetrahydro-4-methylquinoline），5，6，7，8-四氢-2，4-二甲基喹啉（5，6，7，8-tetrahydro-2，4-dimethylquinoline），3-甲基-6，7，8-三氢吡咯并[1，2-a]嘧啶-3-酮〔3-methyl-6，7，8-trihydropyrrolo[1，2-a]pyrimidin-3-one〕，喹啉（quinoline）类，异喹啉（isoquinoline）类。

多糖　甘草葡聚糖（glucan）GBW，甘草多糖（glycyrrigan）UA、UB、UC，多糖（polysaccharide）GR-2Ⅱa、GR-2Ⅱb、GR-2Ⅱc和GPS，西北甘草根多糖（glycyrrhizan）UA、UB和β-D-葡聚糖（β-D-glucan）。

皂苷和皂醇　甘草皂苷（licorice-saponin）D₃、E₂、F₃、G₂、H₂、J₂、K₂、L₃，异甘草苷芹菜苷（isoliquiritin apioside）。

其他成分 甘草苯并呋喃（licobenzofuran）即甘草新木脂素（liconeolignan），β-谷甾醇，正二十三烷（n-tricosane），正二十六烷（n-hexacosane），正二十七烷（n-heptacosane）等。

1.2.2 药理作用

抗微生物作用 甘草浸出液体外抑制大肠杆菌、金黄色葡萄球菌、铜绿假单胞菌、乙型链球菌等。光果甘草的光果甘草定和光果甘草素、胀果甘草的甘草查耳酮A、甘草的甘草西定和甘草异耳酮B抑制普通及抗药性幽门杆菌。甘草多糖体外抑制水疱性口炎病毒、I型单纯性疱疹病毒和牛痘病毒等。甘草酸抗柯萨奇病毒、腺病毒、合胞病毒能力较强。甘草酸单胺能灭活艾滋病病毒。甘草热水提取物对华支睾吸虫有杀虫作用。

肾上腺皮质激素样作用 甘草制剂有肾上腺皮质激素样作用，主要活性成分甘草酸与甘草次酸可能抑制肾脏11β-羟甾脱氢酶而起效。大鼠灌胃光果甘草冷冻干燥水提取物，抑制肾上腺-脑垂体轴功能，并促进肾脏肾素产生。给大鼠灌胃过大剂量甘草甜素，减少尿量和钠排泄率。腹腔注射甘草次酸，对阿霉素性肾病大鼠有拮抗外源性皮质激素所致的肾上腺皮质反馈抑制现象。

对心血管系统的作用 甘草黄酮静脉注射，对抗乌头碱、氯化钡、结扎左冠状动脉前降支诱发的大鼠室性心律失常以及氯化钙与乙酰胆碱混合液诱发的小鼠心房纤颤或扑动，对大鼠有负性频率与负性传导的作用。甘草次酸具有血管紧张素 II AT$_1$ 受体的激动剂样作用。甘草次酸钠肌内注射减少结扎冠状动脉引起的兔急性心肌梗死的范围。大鼠饮用甘草甜素，反应性引起血压升高。光果甘草给予高胆固醇大鼠，降低大鼠血清、肝脏等胆固醇和血脂，提高磷脂含量。甘草甜素延长血浆复钙时间等，抑制血小板聚集。

对消化系统的作用 对胃肠、胰腺功能的影响：灌胃生甘草乙醇提取物，抑制小鼠蓖麻油性腹泻、水浸应激性溃疡和盐酸性溃疡，增加大鼠胆汁流量。十二指肠给甘草提取物FM100（含甘草甜素较少的甲醇浸膏精制组分）可提高血中分泌素浓度及胰腺HCO$_3^-$的排出。水煎剂灌胃，抑制氨甲酰甲胆碱引起的大鼠十二指肠和空肠收缩反应。

保肝作用 甘草提取物灌胃，对五氯硝基苯造成的大鼠肝损伤有保护作用。提取液预防豚鼠氟烷性肝炎。腹腔注射甘草甜素，抑制大鼠四氯化碳（CCl$_4$）与乙醇诱导的肝脏脂肪变性和肝纤维化。大鼠离体肝细胞膜上有与甘草次酸、甘草酸相结合的位点，以甘草次酸更显著。

抗炎、镇咳、祛痰作用 甘草次酸钠外涂抑制小鼠巴豆油耳肿胀，腹腔注射或肌内注射抑制大鼠棉球肉芽肿、足跖蛋清性炎症、组胺致皮肤毛细血管通透性的升高，还对抗组胺或乙酰胆碱引起的离体豚鼠气管收缩等；腹腔注射减少氨水法致小鼠咳嗽次数；肌内注射降低呼吸道酚红分泌量。甘草酸铵灌胃，抑制角叉菜胶所致大鼠胸膜炎症渗出，炎症细胞浸润及过敏性哮喘的豚鼠支气管肺泡灌洗液中嗜酸性粒细胞的趋化和浸润。

对免疫系统功能的影响　甘草及其成分对机体免疫功能作用复杂。甘草多糖灌胃或腹腔注射，提高小鼠网状内皮系统单核功能。无菌条件下生长的光果甘草和甘草中的粗多糖成分体外能诱导小鼠腹腔巨噬细胞的一氧化氮产生。甘草甜素增强刀豆球蛋白A（ConA）诱导淋巴细胞分泌ⅠL-2的能力。口服和静脉注射甘草酸二铵提高小鼠血清α-INF水平。甘草次酸钠灌胃升高正常小鼠T淋巴细胞比率，但降低佐剂性关节炎大鼠异常升高的T淋巴细胞比率。甘草粗提物-LX（除去甘草甜素以外的热稳定成分）能抑制致敏大鼠抗体生成，防治青霉素类过敏性休克。甘草甜素抑制卵清蛋白致敏大鼠腹腔肥大细胞释放组胺，还抑制抗IgE、ConA、化合物48/80诱导的肥大细胞释放组胺。B-甘草次酸是人补体经典途径抑制剂。

抗肿瘤、抗突变　甘草提取物体外选择性诱导人胃癌MGC-803、肝癌HepG$_2$、肺癌NSCLC与人宫颈癌传代HeLa细胞等凋亡，原癌基因c-fos、c-jun与c-myc蛋白表达上调。异甘草苷元能抑制DU$_{145}$和LNCaP前列腺癌细胞的增殖。光果甘草提取物抑制X射线、N-甲基亚硝脲等的诱变作用及大鼠、小鼠骨髓细胞染色体的老化。

解毒、影响药物代谢　甘草水煎液与马钱子煎液的混合煎沸液给小鼠腹腔注射，能降低马钱子毒性。甘草类黄酮与异甘草素腹腔注射拮抗附子中的乌头碱诱发的大、小鼠心脏毒性，甘草甜素无效。皮下注射甘草甜素对大鼠镉中毒性肝损伤有防护作用。甘草甜素灌胃，提高环磷酰胺和长春新碱的抗癌活性，降低环磷酰胺毒副作用。甘草水提取物和甘草次酸灌胃，选择性增加小鼠肝脏细胞色素P450及亚型CYP1A1、CYP2B1和CYP2C11，也增加芳基烃羟化酶等。

对脑、肾功能的影响　甘草总黄酮对大鼠大脑中动脉局灶性脑缺血再灌注损害有保护作用。甘草酸静脉滴注，提高完全性缺血再灌注犬脑线粒体ATP酶、脑组织乳酸脱氢酶活性，减轻脑水肿。甘草酸腹腔注射，减轻夹闭双侧肾蒂造成大鼠急性缺血再灌注模型的肾损伤。

对生殖系统的作用　甘草提取液拮抗去甲肾上腺素、乙酰胆碱、组胺引起的大鼠离体输精管的收缩。水煎液十二指肠给药，抑制家兔在体子宫活动和由15-甲基前列腺素F$_{2\alpha}$所致的子宫收缩。水煎液灌胃，对催产素等诱发的大鼠痛经有镇痛作用。甘草酸单铵促进苯酚性输卵管炎模型大鼠免疫功能。

抗氧化作用　光果甘草中的光果甘草定和西班牙光果甘草定A、B等对肝脏线粒体过氧化损伤有保护作用。甘草中的黄酮可对抗血卟啉衍生物的光溶血。胀果香豆素A清除超氧阴离子自由基作用较强。

其他作用　甘草提取物口服降低糖尿病大鼠红细胞山梨醇。甘草甜素小鼠黑素瘤细胞的酪氨酸酶活性和黑素含量等。甘草酸灌胃，对CCl$_4$致肝纤维化小鼠骨丢失有防治作用。甘草次酸肌注，可提高豚鼠内耳听觉功能。甘草次酸结膜下注射,抑制大鼠角膜新生血管模型进行穿透性移植术后T淋巴细胞和巨噬细胞的增殖,延长角膜移植物的存活时间。

毒性 甘草毒性甚小,甘草水提取物对小鼠腹腔注射的LD_{50}为2.52g/kg,皮下注射的LD_{100}为3.6g/kg;甲醇提取物腹腔注射的LD_{50}为1.33g/kg;FM100腹腔注射的LD_{50}为760mg/kg;甘草甜素小鼠灌服LD_{50}为3g/kg,静注为683mg/kg。甘草及其制剂临床应用有时能发生高血压、低血钾症、低血钾性肌病等假醛固酮增多症。

1.3 资源分布状况

分布于东北、华北、西北各省区及山东地区。常生于干旱沙地、河岸砂质地、山坡草地及盐渍化土壤中。蒙古国及俄罗斯西伯利亚地区也有分布。

1.4 生态习性

抗寒、抗旱和喜光,是钙质土的指示植物。宜选土层深厚,排水良好,地下水位较低的砂质壤土栽种,涝洼和地下水位高的地区不宜种植,土壤酸碱度以中性或微碱性为好,在酸性土壤中生长不良。

1.5 栽培技术与采收加工

繁殖方法 用种子和根状茎繁殖,以根状茎繁殖生长快。种子繁殖:播前应在头年8~9月份土地深翻0.8~1m,施入厩肥作基肥,施用量每亩2500kg,翻后耙平、作畦,畦宽1m、高17cm,按行距30~40cm开沟条播,沟深6cm,点播株行距15~30cm,每穴点5~6颗种子,覆土后镇压。播种量每亩用2~3kg。甘草种皮质硬而厚,透气透水性差,播前最好将种皮磨破或用温水浸泡后用湿沙藏1~2个月播种。根茎繁殖:于早春、晚秋采挖甘草时,选择细小的根状茎,截成12~20cm的小段,每段须有1~3芽,按行距30cm开沟,沟深10cm,株距15cm,将根状茎平摆沟内,最后覆土耙平,镇压,浇水。

田间管理 出苗前后经常保持土壤湿润以利出苗和幼苗生长,在2~3片真叶时,按株距10~15cm定苗,每年须除草、松土、培土2~3次,追肥1~2次,施用量每亩2000~2500kg,以腐熟的人粪尿、厩肥和磷肥为主。

病虫害防治 病害有白粉病、锈病、褐斑病,主要危害叶部,5~8月份发生,初期喷0.3~0.4波美度石硫合剂。虫害有蚜虫、甘草种子小蜂,防治方法主要是进行清园,减少虫源,发生期用化学药剂防治。

采收加工 8~9月份采挖,除去芦头、茎基、须根,截成适当长短的段,晒至半干,打成小捆,再晒至全干。

2 生物学特性研究

2.1 奈曼地区栽培甘草物候期

2.1.1 观测方法

从通辽奈曼旗蒙药材种植基地栽培的甘草大田中,选择10株生长良好、无病虫害的健壮植株编号挂牌,作定位观测,并记录。2016年5月至2017年11月间连续观测记录各定株物候出现的日期,以10株平均期作为原始值。观测应具连续性,不漏测任何一个物候期。观测时间和顺序固定,开花期上午8:00~11:30,晴天观测。观测部位以植株判断其物候期,主茎受损时另选植株,并注明。

2.1.2 物候期的划分

物候期的划分是根据栽培甘草生长发育过程中不同时期植物生长发育特点,并参考其他植物物候期的划分情况完成的。为了划分依据统一,始、初期均以群体中植株出现开花或展叶或坐果5%~15%为标准,盛、旺期以40%~60%为标准,末期以80%~90%为标准。将甘草的生育全过程分为播种期、出苗期、4~6叶期、分枝期、花蕾期、开花初期、盛花期、落花期、坐果初期、果实成熟期、枯萎期。出苗期为种子萌发后,幼苗露出地面2~3cm的时期;4~6叶期(伸长期)是叶生长的关键时期;分枝期是植株茎秆快速生长时期,其与伸长期基本同季,是植物营养生长高峰期;现蕾开花期是植株现蕾开花时期;坐果初期是甘草开始坐果的时期;果实成熟期是整株植物结实及果实成熟的关键时期,其与现蕾开花期组成甘草的生殖生长期;枯萎期是根据植株在夏末、秋初出现春发植株大量死亡现象而设置的一个生育时期;播种期是甘草实际播种日期。

2.1.3 物候期观测结果

一年生甘草播种期为5月23日,出苗期自6月12日起历时4天,4~6叶期为6月下旬开始历时4天,分枝期共20天,枯萎期历时15天。

二年生甘草返青期为自5月初开始历时9天,分枝期共计14天,枯萎期历时12天。

表20-1-1　甘草物候期观测结果（m/d）

时期 年份	播种期	出苗期	4~6叶期	分枝期	花蕾期	开花初期
	二年返青期					
一年生	5/23	6/12~6/16	6/20~6/24	7/4~7/24	—	—
二年生	5/2~5/11		5/14~5/20	5/18~6/2	—	—

表20-1-2　甘草物候期观测结果（m/d）

时期 年份	盛花期	落花期	坐果初期	果实成熟期	枯萎期
一年生	—	—	—	—	10/5~10/20
二年生	—	—	—	—	10/10~10/22

2.2　形态特征观察研究

多年生草本。根与根状茎粗壮，直径1~3cm，外皮褐色，里面淡黄色，具甜味。茎直立，多分枝，高30~120cm，密被鳞片状腺点、刺毛状腺体及白色或褐色的绒毛，叶长5~20cm；托叶三角状披针形，长约5mm，宽约2mm，两面密被白色短柔毛；叶柄密被褐色腺点和短柔毛；小叶5~17枚，卵形、长卵形或近圆形，长1.5~5cm，宽0.8~3cm，上面暗绿色，下面绿色，两面均密被黄褐色腺点及短柔毛，顶端钝，具短尖，基部圆，边缘全缘或微呈波状，多少反卷。总状花序腋生，具多数花，总花梗短于叶，密生褐色的鳞片状腺点和短柔毛；苞片长圆状披针形，长3~4mm，褐色，膜质，外面被黄色腺点和短柔毛；花萼钟状，长7~14mm，密被黄色腺点及短柔毛，基部偏斜并膨大呈囊状，萼齿5，与萼筒近等长，上部2齿大部分连合；花冠紫色、白色或黄色，长10~24mm，瓣长圆形，顶端微凹，基部具短瓣柄，翼瓣短于旗瓣，龙骨瓣短于翼瓣；子房密被刺毛状腺体。荚果弯曲呈镰刀状或呈环状，密集成球，密生瘤状突起和刺毛状腺体。种子3~11，暗绿色，圆形或肾形，长约3mm。花期6~8月，果期7~10月。

甘草形态特征例图

图20-1　　　　　　　　　图20-2　　　　　　　　　图20-3

图20-4

2.3 生长发育规律

2.3.1 甘草营养器官生长动态

(1)甘草地下部分生长动态 为掌握甘草各种性状在不同生长时期的生长动态,分别在不同时期对甘草的根长、根粗、侧根数、根鲜重等性状进行了调查(见表20-2)。

表20-2 一年甘草地下部分生长情况

调查日期 (m/d)	根长 (cm)	根粗 (cm)	侧根数 (个)	侧根长 (cm)	侧根粗 (cm)	根鲜重 (g)
7/30	8.32	0.1611	—	—	—	1.19
8/10	9.75	0.2772	—	—	—	3.67
8/20	10.10	0.3648	1.7	3.32	0.1525	5.65
8/30	14.80	0.4077	2.7	8.48	0.1720	7.28
9/10	15.87	0.5310	3.5	9.66	0.2140	10.98
9/20	18.69	0.5726	3.7	11.49	0.2819	12.93
9/30	19.32	0.6841	4.0	12.71	0.2850	19.89
10/15	23.63	0.7592	4.5	14.98	0.3000	23.35

说明:"—"无数据或未达到测量的数据要求。

表20-3 二年甘草地下部分生长情况

调查日期 (m/d)	根长 (cm)	根粗 (cm)	侧根数 (个)	侧根长 (cm)	侧根粗 (cm)	根鲜重 (g)
5/17	21.39	0.8617	4.000	14.97	0.42	19.66
6/8	25.06	1.0160	4.800	15.39	0.50	20.01
6/30	26.79	1.1134	5.301	16.70	0.52	20.63
7/22	28.35	1.2959	5.499	17.14	0.59	21.16
8/11	29.90	1.3829	5.901	19.30	0.64	22.31
9/2	30.70	1.4233	6.102	19.99	0.69	22.29
9/24	32.90	1.4832	6.501	21.30	0.72	24.29
10/16	39.70	1.5531	6.698	22.00	0.71	25.29

一年生甘草根长的变化动态 从图20-5可见,7月30日至10月15日根一直在缓慢增长,说明一年生甘草根长在整个生长期始终在增加。

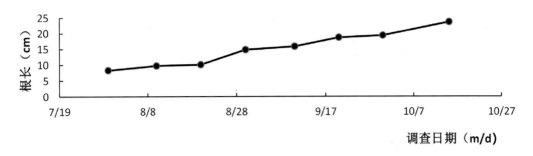

图20-5 一年生甘草的根长变化

一年生甘草根粗的变化动态 从图20-6可见, 一年生甘草的根粗从7月30日至10月15日均呈稳定的增加趋势, 说明甘草在第一年里根粗始终在增加。

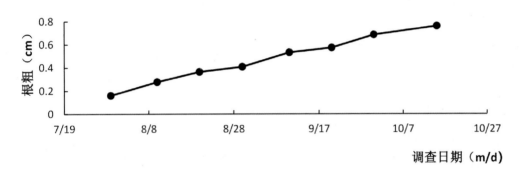

图20-6 一年生甘草的根粗变化

一年生甘草侧根数的变化动态 从图20-7可见, 8月10日前, 由于侧根太细, 达不到调查标准, 而8月10日至10月15日侧根数逐渐增加, 其后侧根数的变化不大。

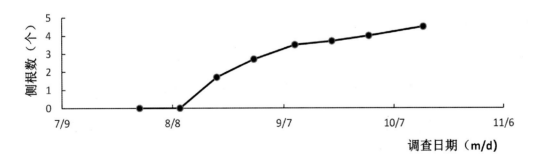

图20-7 一年生甘草的侧根数变化

一年生甘草侧根长的变化动态 从图20-8可见, 8月10日至10月15日侧根长均呈稳定的增长趋势。

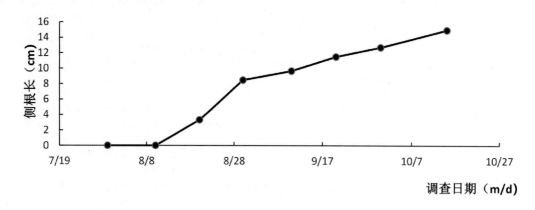

图20-8　一年生甘草的侧根长变化

一年生甘草侧根粗的变化动态　从图20-9可见，8月10日至10月15日侧根粗均呈稳定的增加趋势，但是后期增长比较缓慢。

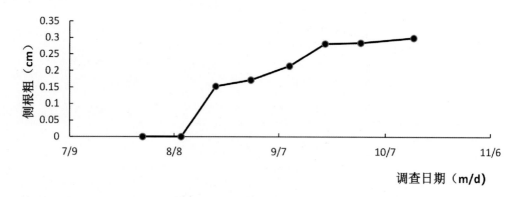

图20-9　一年生甘草的侧根粗变化

一年生甘草根鲜重的变化动态　从图20-10可见，根鲜重全年生长期内基本上均呈稳定的增加趋势，说明甘草在第一年里均在生长。

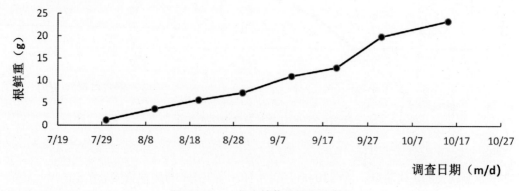

图20-10　一年生甘草的根鲜重变化

二年生甘草根长的变化动态 从图20-11可见,5月17日至9月24日为根长缓慢增长期,9月24日后为根长迅速增长期,说明二年生甘草的根长在早晚温差大的情况下生长速度快。

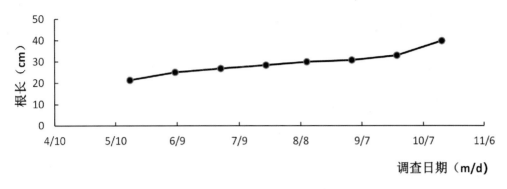

图20-11 二年生甘草的根长变化

二年生甘草根粗的变化动态 从图20-12可见,二年生甘草的根粗从5月17日开始始终处于增加的状态。

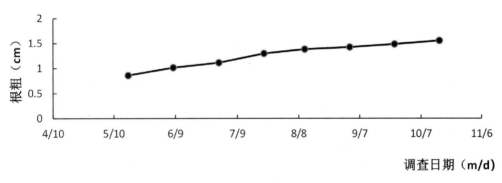

图20-12 二年生甘草的根粗变化

二年生甘草侧根数的变化动态 从图20-13可见,二年生甘草的侧根数基本上呈逐渐增加的趋势。

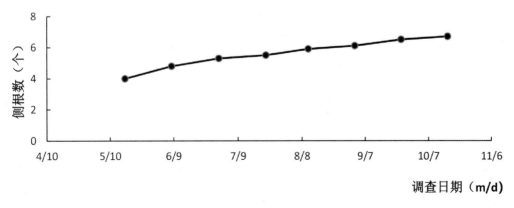

图20-13 二年生甘草的侧根数变化

二年生甘草侧根长的变化动态　从图20-14可见，5月17日至10月16日侧根长均呈稳定的增长趋势。

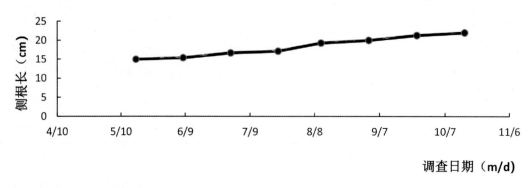

图20-14　二年生甘草的侧根长变化

二年生甘草侧根粗的变化动态　从图20-15可见，5月17日至9月24日侧根粗均呈稳定的增加趋势，之后变化不大。

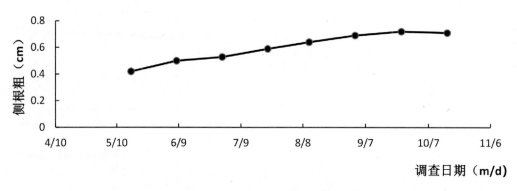

图20-15　二年生甘草的侧根粗变化

二年生甘草根鲜重的变化动态　从图20-16可见，5月17日至10月16日二年生甘草的根鲜重始终处于增加的状态。

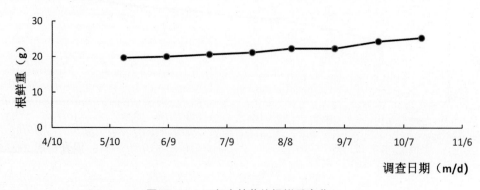

图20-16　二年生甘草的根鲜重变化

（2）**甘草地上部分生长动态** 为掌握甘草各种性状在不同生长时期的生长动态,分别在不同时期对甘草的株高,叶数,分枝数,茎、叶鲜重等性状进行了调查(表20-4,表20-5)。

表20-4 一年生甘草地上部分生长情况

调查日期 （m/d）	株高 （cm）	叶数 （个）	分枝数 （个）	茎粗 （cm）	茎鲜重 （g）	叶鲜重 （g）
7/25	10.09	7.8	—	0.1051	0.46	0.40
8/12	29.70	12.2	—	0.1293	1.17	4.65
8/20	34.16	26.5	—	0.1742	1.82	6.98
8/30	36.91	38.0	2.3	0.2036	2.16	8.07
9/10	47.56	82.0	3.2	0.2323	2.49	10.66
9/21	58.10	80.1	3.7	0.3007	3.29	12.26
9/30	61.09	67.1	4.8	0.3452	3.70	10.56
10/15	56.60	25.3	5.6	0.3844	4.85	3.10

说明:"—"无数据或未达到测量的数据要求。

表20-5 二年生甘草地上部分生长情况

调查日期 （m/d）	株高 （cm）	叶数 （个）	分枝数 （个）	茎粗 （cm）	茎鲜重 （g）	叶鲜重 （g）
5/14	10.97	9.40	1.8	0.2960	0.96	0.64
6/8	32.24	33.10	2.2	0.3077	4.86	5.98
7/1	57.90	85.80	3.2	0.3255	18.59	22.79
7/23	94.94	96.60	4.2	0.3515	27.19	25.65
8/10	103.40	117.51	5.4	0.3930	42.70	27.86
9/2	125.10	128.30	5.3	0.4253	42.68	28.90
9/24	127.21	93.50	6.4	0.4959	44.69	27.86
10/18	127.79	63.00	6.5	0.5152	29.10	14.23

一年生甘草株高的生长变化动态 从图20-17可见,7月25日至9月30日是株高逐渐增长时期,但是9月30日之后株高开始逐渐降低。

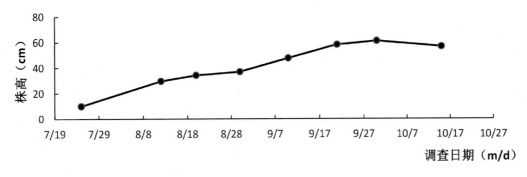

图20-17 一年生甘草的株高变化

一年生甘草叶数的生长变化动态　从图20-18可见,7月25日至8月12日是叶数增加最慢的时期,从8月12日至9月10日为叶数快速增加时期,但从9月12日开始叶数迅速变少,说明这一时期甘草下部叶片在枯死、脱落,所以叶数在减少。

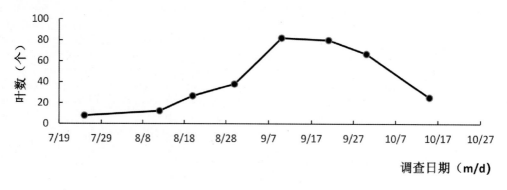

图20-18　一年生甘草的叶数变化

一年生甘草在不同生长时期分枝数的变化情况　从图20-19可见,8月20日之前没有分枝数,从8月20号开始一直缓慢增加。

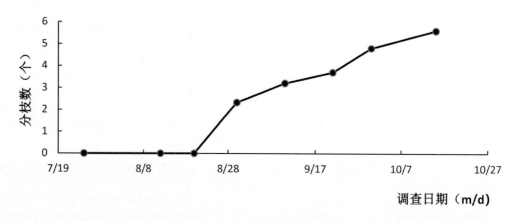

图20-19　一年生甘草的分枝数变化

一年生甘草茎粗的生长变化动态　从图20-20可见,7月25日至8月12日是茎粗的缓慢增长期,其后至10月15日之前茎粗增长较快。

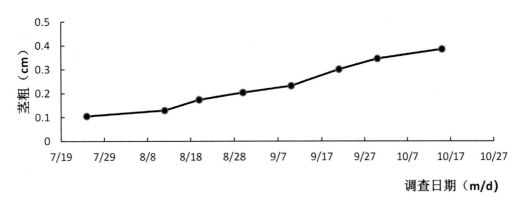

图20-20　一年生甘草的茎粗变化

一年生甘草茎鲜重的变化动态　从图20-21可见,7月25日至10月15日茎鲜重一直在缓慢增加。

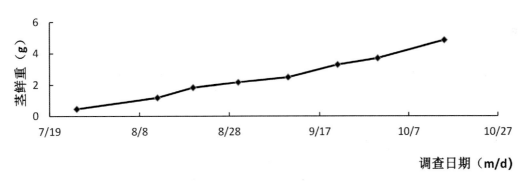

图20-21　一年生甘草的茎鲜重变化

一年生甘草叶鲜重的变化动态　从图20-22可见,7月25日至9月21日叶鲜重逐渐增加,从9月21日开始叶鲜重开始大幅度降低,这可能是由于生长后期叶片逐渐脱落和叶片逐渐干枯所致。

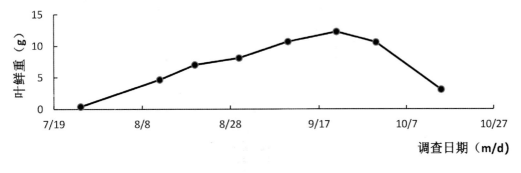

图20-22　一年生甘草的叶鲜重变化

二年生甘草株高的生长变化动态　从图20-23中可见,7月14日至9月2日是株高增长速度最快的时期,9月

2日之后甘草的株高进入了平稳期，这可能是与甘草根生长速度快，所以株高停止生长有关。

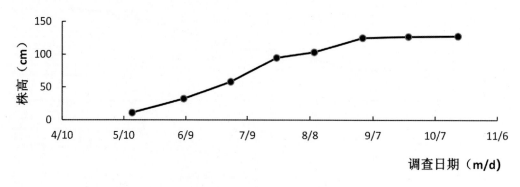

图20-23　二年生甘草的株高变化

二年生甘草叶数的生长变化动态　从图20-24可见，5月14日至9月2日叶数逐渐增加，从9月2日开始叶数迅速变少，说明这时期甘草下部叶片在枯死、脱落，所以叶数在减少。

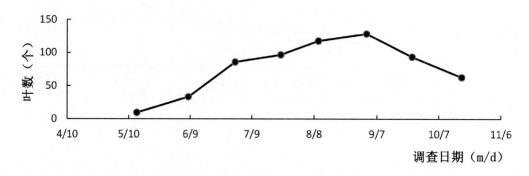

图20-24　二年生甘草的叶数变化

二年生甘草在不同生长时期分枝数的变化情况　从图20-25可见，5月14日至9月24日分枝数一直在缓慢增加，但是从9月末后分枝数进入了平稳状态。

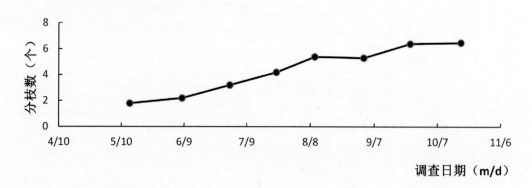

图20-25　二年生甘草的分枝数变化

二年生甘草茎粗的生长变化动态 从图20-26可见，5月14日至10月18日茎粗一直在缓慢增长，之后进入了平稳状态。

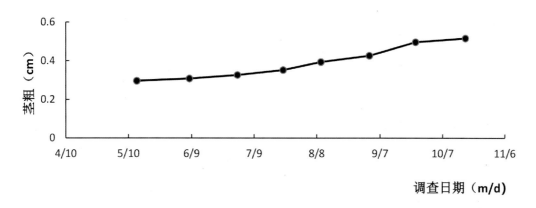

图20-26 二年生甘草的茎粗变化

二年生甘草茎鲜重的变化动态 从图20-27可见，5月14日至8月10日茎鲜重逐渐增加，8月10日至9月24日茎鲜重基本保持不变，其后茎鲜重开始大幅降低，这可能是由于生长后期茎秆逐渐脱落和茎逐渐干枯所致。

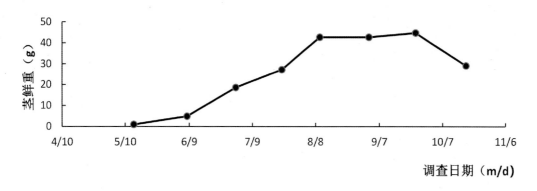

图20-27 二年生甘草的茎鲜重变化

二年生甘草叶鲜重的变化动态 从图20-28可见，5月14日至7月1日是叶鲜重快速增加期，7月1日至9月2日叶鲜重缓慢增加，其后叶鲜重开始大幅度降低，这可能是由于生长后期叶片逐渐脱落和叶逐渐干枯所致。

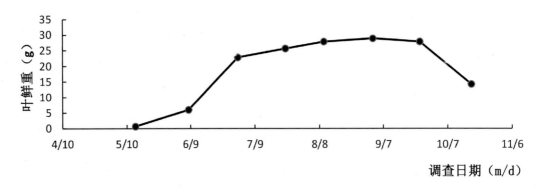

图20-28　二年生甘草的叶鲜重变化

（3）甘草单株生长图

一年生甘草生长图

图20-29　　　　　　　　　　　　　　　　图20-30

图20-31　　　　　　　　　　　　　　　　图20-32

图20-33

图20-34

二年生甘草生长图

图20-35

图20-36

图20-37

图20-38

图20-39

图20-40

2.3.2　甘草不同时期的根和地上部的关系

为掌握甘草各种性状在不同生长时期的生长动态,分别在不同时期从甘草的每个种植小区随机取样10株,将取样所得的甘草从茎基部剪下,根、冠分离,去除杂物,将根、冠分别在105℃下杀青30分钟后60℃恒温2天(或2天以上干燥为止),然后放入干燥器中冷却,用1/10000的天平测量质量,以二者的比值为根冠比。

表20-6　一年生甘草不同时期的根和地上部的关系

调查日期(m/d)	7/25	8/12	8/20	8/30	9/10	9/21	9/30	10/15
根冠比	0.5500	1.0552	0.8653	0.8995	1.3997	2.9250	10.5898	11.7517

从表20-6可见,一年生甘草幼苗期根系与枝叶的生长速度有显著差异,幼苗出土初期根冠比为0.5500:1,地上部分生长占优势。之后根部生长加快,其生长逐渐接近地上部分,8月末根冠比为0.8653:1;9月中旬至10月中旬地下部分生长特别快,而地上部分慢慢枯萎;10月中旬根冠比为11.7517:1。

表20-7　二年生甘草不同时期的根和地上部的关系

调查日期(m/d)	5/14	6/8	7/1	7/23	8/10	9/2	9/24	10/18
根冠比	15.1869	3.0173	1.1222	1.0259	0.9874	1.8949	2.2659	2.7726

从表20-7可见,二年生甘草幼苗期根系与枝叶的生长速度有显著差异,根冠比基本在15.1869:1,表现为分蘖出土初期,根系生长占优势。随着地上部分光合能力的增强,地上部分的生长加速,到8月10日根冠比为0.9874:1。之后基本稳定,枯萎期根冠比为2.7726:1。

2.3.3　甘草不同生长期干物质积累

本实验共设计3个小区。每小区取样10株,分别取营养幼苗期、营养生长期、枯萎期等3个时期的甘草全株,每穴以植株为中心,取长16~25cm、宽16~25cm、深20~40cm的土块,先用清水冲洗干净,注意避免丢失根量,用滤纸吸干附着的水分,然后将植株按根、茎、叶、花和果实部位装袋,于105℃杀青30min,60℃烘至恒重,测定干物质量,并折算为公顷干物质积累量。

表20-8　一年生甘草各器官总干物质重变化（kg/hm²）

调查期	根	茎	叶	花	果
幼苗期	82.50	82.50	75.00	—	—
营养生长期	1957.50	892.50	1462.50	—	—
枯萎期	7020.00	1147.50	1424.00	—	—

说明："—"无数据或未达到测量的数据要求。

从一年生甘草干物质积累与分配的数据（如表20-8所示）可以看出，在不同时期地上、地下部分各营养器官的干物质量均随甘草的生长不断增加。在幼苗期根、茎、叶干物质总量依次为82.50kg/hm²、82.50kg/hm²、75.00kg/hm²；进入营养生长期根、茎、叶具有增加的趋势，其根、茎、叶干物质总量依次为1957.50kg/hm²、892.50kg/hm²和1462.50kg/hm²，营养器官增加较快。进入枯萎期根、茎、叶依次为7020.00kg/hm²、1147.50kg/hm²、1424.00kg/hm²，其中根增加较快，茎仍然具有增长的趋势，叶干物质总量有下降的趋势，其原因为通辽市奈曼地区已进入霜期，霜后地上部枯萎后，自然越冬，当年不开花。

表20-9　二年生甘草各器官总干物质重变化（kg/hm²）

调查期	根	茎	叶	花	果
幼苗期	7157.50	157.50	135.00	—	—
营养期	15598.50	3960.00	840.00	—	—
枯萎期	28622.50	10725.00	2700.00	—	—

说明："—"无数据或未达到测量的数据要求。

从二年生甘草干物质积累与分配的数据（如表20-9所示）可以看出，在不同时期地上、地下部分各营养器官的干物质量随甘草的生长不断增加。在幼苗根、茎、叶干物质总量依次为7157.50kg/hm²、157.50kg/hm²、135.00kg/hm²；进入营养生长期根、茎、叶具有增加的趋势，其根、茎、叶干物质总量依次为15598.50kg/hm²、3960.00kg/hm²和840.00kg/hm²，营养器官增加较快。进入枯萎期根、茎、叶依次增加至28622.50kg/hm²、10725.00kg/hm²、2700.00kg/hm²，其中根增加较快，茎仍然在增长，其原因为通辽市奈曼地区已进入霜期，霜后地上部枯萎后，自然越冬，当年不开花。

3 药材质量评价研究

3.1 药材粉末鉴定鉴别

粉末淡棕黄色,气微,味甜而特殊。纤维及晶纤维成束,也有散离的。纤维细长,微弯曲,末端渐尖,直径8~14μm,壁极厚,微木质化,孔沟不明显,胞腔线形。纤维束周围的细胞中,含有草酸钙方晶,形成晶纤维,含晶细胞的壁增厚,微木质化或非木质化。导管主要为具纹孔导管,较大,多破碎,微显黄色。完整者直径约至163μm,具缘纹孔较密,椭圆形或类斜方形,对列或互列,有的导管旁可见细小具缘纹孔管胞,并有狭长、具单纹孔的木薄壁细胞。稀有网纹导管。草酸钙方晶呈略扁的类双锥形、长方形或类方形,直径约至16μm,长至24μm。淀粉粒较多,单粒椭圆形、卵形或类球形,直径3~10μm,长至12μm,脐点点状或短缝状,大粒层纹隐约可见;复粒稀少,由2分粒组成。木栓细胞棕红色,表面观呈多角形,大小均匀,壁薄微木质化;横断面观细胞排列整齐。色素块较少,带黄棕色,形状不一。射线细胞径向纵断面及切向纵断面均易察见,壁薄,非木质化,无纹孔。

3.2 常规检查研究

3.2.1 常规检查测定方法

水分 取供试品2~5g,平铺于干燥至恒重的扁形称量瓶中,厚度不超过5mm,疏松供试品不超过10mm,精密称定,开启瓶盖在100~105℃干燥5h,将瓶盖盖好,移置干燥器中,放冷30min,精密称定,再在上述温度干燥1h,放冷,称重,至连续两次称重的差异不超过5mg为止。根据减失的重量,计算供试品中含水量(%)。

本法适用于不含或少含挥发性成分的药品。

$$水分（\%）=\frac{W_1+W_2-W_3}{W_1}\times100\%$$

式中 W_1 为供试品的重量(g),W_2 为称量瓶恒重的重量(g),W_3 为(称量瓶+供试品)干燥至连续两次称重的差异不超过5mg后的重量(g)。试验所得数据用Microsoft Excel 2013进行整理计算。

总灰分及酸不溶性灰分 总灰分测定法:测定用的供试品须粉碎,使能通过二号筛,混合均匀后,取供试品2~3g(如需测定酸不溶性灰分,可取供试品3~5g),置炽灼至恒重的坩埚中,称定重量(准确至0.01g),缓缓炽热,注意避免燃烧,至完全炭化时,逐渐升高温度至500~600℃,使完全灰化并至恒重。根据残渣重量,计算供试品中总灰分的含量(%)。如供试品不易灰化,可将坩埚放冷,加热水或10%硝酸铵溶液2ml,使残渣湿润,然后置水浴上蒸干,残渣照前法炽灼,至坩埚内容物完全灰化。

酸不溶性灰分测定法:取上项所得的灰分,在坩埚中小心加入稀盐酸约10ml,用表面皿覆盖坩埚,置水浴上加热10min,表面皿用热水5ml冲洗,洗液并入坩埚中,用无灰滤纸滤过,坩埚内的残渣用水洗于滤纸上,并洗涤至洗液不显氯化物反应为止。滤渣连同滤纸移置同一坩埚中,干燥,炽灼至恒重。根据残渣重量,计算供试品中酸不溶性灰分的含量(%)。

$$总灰分\ (\%)=\frac{M_2-M_1}{M_3-M_1}\times100\%$$

式中M_1:坩埚重量(g);M_2:坩埚+灰分重量(g);M_3:坩埚+样品重量(g)。试验所得数据用Microsoft Excel 2013进行整理计算。

$$酸不溶性灰分\ (\%)=\frac{M_2-M_1}{M_3-M_1}\times100\%$$

式中 M_1:坩埚重量(g);M_2:坩埚和酸不溶灰分的总重量(g);M_3:坩埚和样品总质量(g)。试验所得数据用Microsoft Excel 2013进行整理计算。

$$RSD=\frac{标准偏差}{平均值}\times100\%$$

3.2.2 结果与分析

水分 参照《中国药典》2015年版四部(第103页)第二法(烘干法)测定。取上述采集的甘草药材样品,测定并计算甘草药材样品中含水量(质量分数,%),平均值为5.33%,所测数值计算RSD≤0.50%,在《中国药典》(2015年版,一部)甘草药材项下要求水分不得过12.0%,本药材符合药典规定要求(见表20-10)。

总灰分 参照《中国药典》2015年版四部(第202页)总灰分测定法测定。取上述采集的甘草药材样品,测定并计算甘草药材样品中总灰分和酸不溶性灰分含量(%),总灰分含量平均值为5.45%,所测数值计算RSD≤0.68%;酸不溶性灰分含量平均值为1.83%,所测数值计算RSD≤1.94%,在《中国药典》2015年版一部甘草药材项下内容要求总灰分不得过7.0%,酸不溶性灰分不得过2.0%,本药材符合药典规定要求(见表20-10)。

表20-10 甘草药材样品中水分、总灰分、酸不溶性灰分含量

测定项	平均(%)	RSD(%)
水分	5.33	0.51
总灰分	5.45	0.68
酸不溶性灰分	1.83	1.94

本试验研究依据《中国药典》(2015年版，一部)甘草药材项下内容，根据奈曼产地甘草药材的实验测定结果，蒙药材甘草样品水分、总灰分、酸不溶性灰分平均含量分别为5.33%，5.45%，1.83%，符合《中国药典》规定要求。

3.3　不同产地甘草中的甘草苷、甘草酸铵含量测定

3.3.　实验设备、药材、试剂

仪器与设备　Agilent Technologies-1260Infinity型高效液相色谱仪，SQP型电子天平(赛多利斯科学仪器〈北京〉有限公司)，KQ-600DB型数控超声波清洗器(昆山市超声仪器有限公司)，HWS26型电热恒温水浴锅。Millipore-超纯水机。

实验药材 (表20-11)

表20-11　甘草供试药材来源

编号	采集地点	采集日期	采集经度	采集纬度
1	内蒙古科尔沁左翼后旗阿古拉镇(野生)	2017-09-19	122° 36′ 50″	43° 17′ 16″
2	内蒙古自治区通辽市库伦旗库伦街道哈达图街风水山庄(野生)	2017-09-20	121° 45′ 12″	43° 45′ 40″
3	内蒙古自治区通辽市奈曼旗昂乃村(基地)	2017-10-18	120° 42′ 10″	42° 45′ 19″

对照品　甘草苷(自国家食品药品监督管理总局采购，编号：111610-201607)，甘草酸胺(自国家食品药品监督管理总局采购，编号：110731-201619)。

试剂　乙腈(色谱纯)、磷酸。

3.3.2　实验方法

色谱条件　以十八烷基硅烷键合硅胶为填充剂；以乙腈为流动相A，以0.05%磷酸溶液为流动相B，按下表中的规定进行梯度洗脱；检测波长为237nm。理论板数按甘草苷峰计算应不低于5000(见表20-12)。

表20-12　色谱条件

时间(min)	流动相A(%)	流动相B(%)
0~8	19	81
8~35	19→50	81→50
35~36	5→100	50→0
36~40	10→19	0→81

对照品溶液的制备　取甘草苷对照品、甘草酸铵对照品适量，精密称定，加70%乙醇分别制成每1ml含

甘草苷20μg、甘草酸铵0.2mg的溶液，即得（甘草酸重量=甘草酸铵重量/1.0207）。

供试品溶液的制备 取本品粉末（过三号筛）约0.2g，精密称定，置具塞锥形瓶中，精密加入70%乙醇100ml，密塞，称定重量，超声处理（功率250W，频率40kHz）30min，放冷，再称定重量，用70%乙醇补足减失的重量，摇匀，滤过，取续滤液，即得。

测定法 分别精密吸取对照品溶液与供试品溶液各10μl，注入液相色谱仪，测定，即得。

本品按干燥品计算，含甘草苷（$C_{21}H_{22}O_9$）不得少于0.50%，甘草酸（$C_{42}H_{62}O_{16}$）不得少于2.0%。

3.3.3 实验操作

线性与范围 按3.3.2甘草苷对照品溶液制备方法制备，精密吸取对照品溶液2μl、4μl、6μl、8μl、10μl，注入高效液相色谱仪，测定其峰面积值，并以进样量C（x）对峰面积值A（y）进行线性回归，得标准曲线回归方程为：$y = 6000000x - 36011$，相关系数$R = 1$。

结果 表明甘草苷进样量在0.04～0.2μg范围内，与峰面积值具有良好的线性关系，相关性显著（见表20-13，图20-41）。

表20-13　线性关系考察结果

C（μg）	0.040	0.080	0.120	0.160	0.200
A	219121	483846	737726	994614	1253287

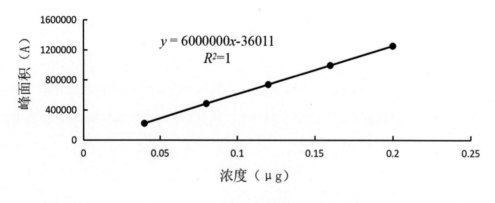

图20-41　甘草苷对照品的标准曲线图

按3.3.2甘草酸铵对照品溶液制备方法制备，精密吸取对照品溶液2.5μl、5μl、10μl、15μl、17.5μl，注入高效液相色谱仪，测定其峰面积值，并以进样量C（x）对峰面积值A（y）进行线性回归，得标准曲线回归方程为：$y = 6000000x - 3162.8$，相关系数$R = 0.9999$。

结果 甘草酸铵进样量在0.02~0.14μg范围内，与峰面积值具有良好的线性关系，相关性显著（见表20-14，图20-42）。

表20-14 线性关系考察结果

C（μg）	0.020	0.040	0.080	0.120	0.140
A	119743	248440	488499	739933	866118

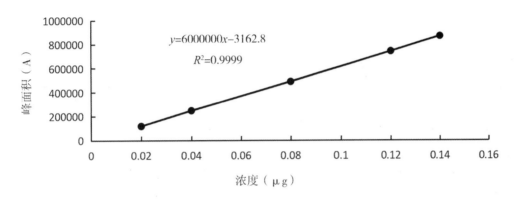

图20-42 甘草酸铵对照品的标准曲线图

3.3.4 样品测定

取甘草样品约0.2g，精密称取，分别按3.3.2项下的方法制备供试品溶液，精密吸取供试品溶液各10μl，分别注入液相色谱仪，测定，并按干燥品计算含量，结果见表20-15。

表20-15 甘草样品含量测定结果

样品批号	n	样品（g）	甘草苷含量（%）	平均值（%）	RSD（%）	甘草酸铵含量（%）	平均值（%）	RSD（%）
	1		0.50			1.30		
20170919	2	0.2008	0.51	0.51	0.66	1.31	1.30	6.07
	3		0.51			1.30		
	1		0.15			0.11		
20171018	2	0.2005	0.15	0.15	0.86	0.11	0.11	0.28
	3		0.15			0.11		
	1		0.71			2.30		
20171102	2	0.2008	0.71	0.71	0.26	2.31	2.30	6.07
	3		0.71			2.30		

3.3.5 结论

按照2015年版《中国药典》中甘草含量测定方法测定，结果奈曼基地的甘草中甘草苷、甘草酸铵的含量符合《中国药典》规定要求。

红 花 ᠭᠦᠷᠭᠦᠮ

CARTHAMI FLOS

蒙药材红花为菊科植物红花 *Carthamus tinctorius* L.的干燥花。

1 红花的研究概况

1.1 蒙药学考证

蒙药红花为常用清血药,蒙古名为"古日古木""宝得古日古木""额利格内赛茵""鲁莫古日古木""嘎杰得"。始载于《智慧之源》,意为红色供给者,因本品呈红色,有滋补强身之功效;红花在六良药中属治肝脏病症良药。其药用首载于《百方篇》:"是菊科红花属植物红花(*Carthamus tinctorius* L.)的干燥花。"占布拉道尔吉《无误蒙药鉴》载:"古日古木茎细长,色绿黄,无叶脉,果实椭圆形,具刺。"《认药白晶鉴》载:"栽于花园中,叶、茎具刺。"《中华本草》(蒙药卷)载:"茎细长,色绿黄,无叶脉,果实椭圆形,具刺。"上述古日古木的形态、生境的描述及附图特征,与蒙医所沿用的红花之特征基本相符,故认定蒙医药文献所记载的额布森-古日古木即古日古木(红花)。本品味甘、微苦,性凉,效钝、和、重、固。具有锁脉止血、调经、清肝热、滋补强身、止痛、消肿之功效。蒙医用于肝肿大、肝损伤、目黄、肝血热、血热、月经不调、呕血、鼻衄、创伤出血、血热头痛、心热、经闭、痛经、恶露不行、癥瘕痞块、跌打损伤、疮疡肿痛等症,多配方用,在蒙成药中使用较为普遍。

1.2 化学成分及药理作用

1.2.1 化学成分

花含黄酮类化合物 红花苷(carthamin),前红花苷(precarthamin),红花黄色素(safflow yellow)A及B,红花明苷(safflomin)A,6-羟基山柰酚(6-hydroxykaempferol),山柰酚-3-葡萄糖苷(kaempferol-3-

glucoside），槲皮素–7–葡萄糖苷（quercetin–7–glucoside），山柰酚–3–芸香糖苷（kaempferol–3–rutinoside），槲皮素3–O–β–半乳糖苷（quercetin–3–O–β–galactoside），刺槐素7–O–β–D–呋喃芹糖（1‴–6″）–O–β–D–吡喃葡萄糖苷〔acacetin 7–O–β–D–apiofuranosyl（1‴–6″）–O–β–D–glucopyranoside〕，山柰酚–7–O–β–D–葡萄糖苷（kaempferol–7–O–β–D–glucopyranoside），刺槐素7–O–α–L–吡喃鼠李糖苷（acacetin7–O–α–L–rhamnopyranoside），刺槐素（acacetin）；查尔酮tinctorimine, cartorimin。

多酚类　绿原酸（chlorogencic acid），咖啡酸（caffeic acid），儿茶酚（catechol），焦性儿茶酚（pyrocatechol），多巴（dopa），还含挥发性成分80余种，主要有马鞭烯酮（verbenone），桂皮酸甲酯（methyl cinnamate），丁香烯（caryophyllene），（E）–β–金合欢烯〔（E）–β–farnesene〕，β–紫罗兰酮（β–ionone），β–芹子烯（β–selinene），二氢猕猴桃内脂（dihydroactinidiolide），1–十五碳烯（1–pentadecene），δ–荜澄茄烯（δ–cadinene），丁香烯环氧化物（caryophyllene epoxide），（Z、Z）–1，3，11–十三碳三烯–5，7，9–三炔〔（Z、Z）1，3，11–tridecatriene–5，7，9–triyne〕，（Z、Z）–1，8，11–十七碳三烯〔（Z、Z）–1，8，11–heptadecatriene〕，1，3，11–十三碳三烯–5，7，9–三炔（1，3，11–tridecatriene–5，7，9–triyne）的（Z、E）和（E、E）的两种异构体，（E）–1，11–十三碳二烯–3，5，7，9–四炔〔（E）–1，11–tridecatriene–3，5，7，9–tetrayne〕，1，3–十三碳二烯–5，7，9，11–四炔（1，3–tridecadiene5，7，9，11–tetrayne）有（E）和（Z）两种异构体，（E、E）–1，3，5–十三碳三烯–7，9，11–三炔〔（E、E）–1，3，5–tridecatriene–7，9，11–triyne〕，3–甲基丁酸–（E、Z）–2，8–癸二烯–4，6–二炔–1–醇酯〔（E、Z）–2，8–decadiene–4，6–diyn–1–yl 3–methyl butyrate〕，6S，8R–正27烷烃–6，8二醇（6S，8R–C27–allkane–6，8–diols），6S，8R–正29烷烃–6，8二醇（6S，8R–C29–alkane–6，8–diols）等。

1.2.2　药理作用

对心血管系统的作用　对实验性心肌缺血的作用：红花对实验性心肌缺血、心肌梗死或心律失常等动物模型均有不同程度的对抗作用。红花煎剂腹腔注射对垂体后叶素引起的大鼠或家兔的急性心肌缺血有明显的保护作用，可使反复、短暂阻断冠脉血流造成麻醉犬急性心肌缺血的程度减轻、范围缩小、心率减慢。并保护急性心肌梗死区的"边缘区"而缩小梗死范围及降低边缘区心电图ST段抬高的幅度，从而改善缺血心肌氧的供求关系。

对血管、血压和微循环的作用　用含微量肾上腺素或去甲肾上腺素的乐氏液灌流血管，使动物离体血管平滑肌收缩保持一定的血管紧张性，红花注射液可使紧张性增高的豚鼠后肢和兔耳呈现血管扩张作用。红花水提醇沉制剂动脉内给药，可增加麻醉犬股动脉血流量。红花煎剂、水提液、提取的白色结晶体溶液及红花黄色素等对麻醉犬、猫或兔均有不同程度的降压作用。其作用迅速、短暂，并伴有呼吸兴奋。在大剂量时可致血压骤降、呼吸抑制而死亡。从红花分离的丙三醇—呋喃阿拉伯糖—吡喃葡萄糖苷腹腔注射

100mg/kg，可使家兔收缩压降低10.3%。对高分子右旋糖酐所致兔眼球结膜微循环障碍，红花黄色素及黄Ⅱ、Ⅲ（粗提物）有改善外周微循环障碍作用，使血流加速、毛细血管开放数目增加和血细胞聚集程度减轻。

抗凝血作用 大鼠灌服红花煎剂有明显延长血栓形成时间，缩短血栓长度和减轻重量的作用，血小板计数降低，聚集功能抑制，凝血酶原时间及白陶土部分凝血活酶时间延长。红花黄色素在试管内能延长家兔血浆的复钙时间，家兔肌内注射红花黄色素能显著延长凝血酶原时间和凝血酶时间。

对血脂的作用 口服红花油可降低高胆固醇血症家兔的血清总胆固醇、总脂、三酰甘油及非酯化脂肪酸水平，并可降低大鼠血清胆固醇，但增加肝内脂质及胆固醇；恒河猴每日口服红花油5g/kg，在第五个月时血清总胆固醇显著下降，主动脉斑块面积缩小，有明显逆转作用。用4%红花油的普通饲料喂高胆固醇血症的小鼠30日有降血清胆固醇、肝内胆固醇和三酰甘油的作用，4%红花油和高脂饲料喂饲健康小鼠30日则使血胆固醇明显升高。

对缺氧耐受能力的影响 红花注射液、醇提物、红花苷、红花黄色素能显著提高小鼠的耐缺氧能力。红花浸出液腹腔注射对预防新生大鼠减压缺氧缺血后脑神经元的变性有强力的保护性。

对平滑肌的作用 红花能增强大鼠子宫肌电活动，从而兴奋子宫平滑肌细胞。在摘除卵巢小鼠的阴道周围注射红花煎剂，可使子宫重量明显增加。红花煎剂对肠管平滑肌的作用不很一致，但主要呈兴奋作用，也有的表现抑制作用。另有报道红花对乙酰胆碱所致离体肠管痉挛有解痉作用。

免疫活性和抗炎作用 红花黄色素有降低血清溶菌酶含量，腹腔巨噬细胞和全血白细胞吞噬功能；使空斑形成细胞（PFC）、脾特异性玫瑰花结形成细胞（SRFC）和抗体产生减少；抑制迟发型超敏反应（DHA）和超适剂量免疫法（SOI）诱导的抑制T细胞（Ts）活化。体外，红花黄色素抑制[3H] TdR掺入的T、B淋巴细胞转化，混合淋巴细胞（MLC）反应，白介素-2（IL-2）的产生及其活性。红花注射液皮下注射能提高大鼠外周血淋巴细胞酸性α-醋酸萘酯酶（ANAE）检测的阳性百分率。腹腔注射红花黄色素对甲醛性足肿胀、组胺引起的毛细血管通透性增加及棉球肉芽肿形成均有明显的抑制作用。抗炎有效成分还含棕榈酸、肉豆蔻酸、月桂酸等。

对神经系统作用 腹腔注射红花黄色素550mg/kg对醋酸诱发小鼠扭体反应抑制率为58.76%，并能增强巴比妥类及水合氯醛的中枢神制作用。还能减少尼可刹米性惊厥的反应率和死亡率。红花又能减轻脑组织中单胺类神经递质的代谢紊乱，使下降的神经递质恢复正常或接近正常。体外和体内实验都表明红花黄色素能保护神经元免受损伤。

抗氧化作用 红花水提液可消除羟自由基，抑制自由基诱发的透明质酸解聚及小鼠肝匀浆脂质过氧化,且呈明显的量效关系。

其他作用 红花在试管内能抑制变形链球菌附着能力,菌斑形成量减少,细菌总蛋白亦下降,菌斑中胞外葡聚糖含量降低。红花可显著提高小鼠的抗寒能力及游泳时的抗疲劳能力和在亚硝酸钠中毒缺氧时的抗缺氧能力,即适应原样作用。对预防婴鼠减压缺氧缺血后的脑神经元有强力的保护作用。对于雌激素缺乏的大鼠,红花能促进其骨增长防止发生骨质疏松。

毒性 红花煎剂腹腔注射LD_{50}为(2.4 ± 0.35)g/kg,灌胃为20.7g/kg。中毒症状有萎靡不振,活动减少,行走困难等。红花黄色素的静脉注射LD_{50}为2.35g/kg、腹腔注射5.4g/kg和灌胃5.53g/kg,当剂量增加至7g/kg腹腔注射或9g/kg灌同时,小鼠则100%死亡。中毒症状为活动增加,行动不稳,呼吸急促,竖尾,惊厥,呼吸抑制死亡等。

1.3 资源分布状况

产于云南西北部及四川西南部。生于亚热带林林缘、林内及草丛中,生长在海拔2000~2300m处。

1.4 生态习性

适应性较强,喜温和干燥,阳光充足的气候,具一定耐寒,耐旱,耐盐碱能力,怕高温,高湿。以向阳高燥,土层深厚,中等肥力,排水良好的砂质壤土栽培为宜。忌连作,花期忌涝,前作以豆科、乔本科作物为好,可与蔬菜间作。

1.5 栽培技术与采收加工

繁殖方法 用种子繁殖。选生长健壮,高度适中,分枝低而多,花序多,花橘红色,无病虫害的植株作留种植株。播种前一般用52~54℃温水浸种10min,转入冷水中冷却,取出晾干后播种。亦可用退菌特或多菌灵可湿性粉剂按种量的0.3%拌种后放塑料袋内闷1~2日,再行播种。播种期为南方10月中旬至11月初,北方3~4月初,宜早不宜迟。穴播或条播。穴播按行株距40cm×25cm开穴,穴深6cm,每穴播种5~6颗;条播按行距40cm开条沟,沟深5~6cm,将种子均匀播入沟内,覆土,稍加镇压。

田间管理 苗距,3枚真叶期苗,每穴留苗2~3株。苗高8~10cm时定苗,每穴留苗1株。生长期需中耕除草3次,结合追肥培土。施肥应施足基肥,早施春肥,重施抽薹肥。基肥施用完全腐熟的堆肥或厩肥。苗期追施两次粪肥,3~4月施人粪尿及过磷酸钙。4月上旬现蕾时施硫酸铵、过磷酸钙;开花前用1%的尿素、3%过磷酸钙浇施,亦可根外追肥,用0.1%~0.3%磷酸二氢钾单一或混合喷施,可促使花蕾多而大。苗期和开花期遇旱,需要浇水保持土壤一定的湿度;多雨季节要及时开沟排水。抽薹后摘除顶芽,促使分枝和花蕾增多,如栽培过密或土地瘠薄则不宜摘心打顶。

病虫害防治 红花炭疽病,可实行水旱轮作;发病时可用代森锌500～600倍或可湿性甲基托布津500～600倍液喷射。锈病,高湿期易发病。应选地势高燥处实行轮作,种子进行消毒;发病时喷15%粉锈宁500倍液。红花枯萎病,可用50%甲基托布津1000倍液浇灌或50%多菌灵500～600倍液灌根部。另有菌核病等为害。虫害有红花实蝇,用90%敌百虫800倍液喷射;红花指管蚜,现用食蚜蝇作天敌进行防治。

采收加工 5月底至6月中、下旬盛花期,分批采摘。选晴天,每日早晨6～8时,待管状花充分展开呈金黄色时采摘,过迟则管状花发蔫并呈红黑色,收获困难,质量差,产量低。采回后放在白纸上在阳光下干燥;或在阴凉通风处阴干;或40～60℃低温烘干。

2 生物学特性研究

2.1 奈曼地区栽培红花物候期

2.1.1 观测方法

从通辽奈曼旗蒙药材种植基地栽培的红花大田中,选择10株生长良好、无病虫害的健壮植株编号挂牌,作定位观测,并记录。2017年5月至2017年11月间连续观测记录各定株物候出现的日期,以10株平均期作为原始值。观测应具连续性,不漏测任何一个物候期。观测时间和顺序固定,开花期上午8:00～11:30,晴天观测。观测部位以植株判断其物候期,主茎受损时另选植株,并注明。

2.1.2 物候期的划分

物候期的划分是根据栽培红花生长发育过程中不同时期植物生长发育特点,并参考其他植物物候期的划分情况完成的。为了划分依据统一,始、初期均以群体中植株出现开花、展叶或坐果5%～15%为标准,盛、旺期以40%～60%为标准,末期以80%～90%为标准。将红花的生育全过程分为播种期、出苗期、4～6叶期、分枝期、花蕾期、开花初期、盛花期、落花期、坐果初期、果实成熟期、枯萎期。出苗期为种子萌发后,幼苗露出地面2～3cm的时期;4～6叶期(伸长期)是叶生长的关键时期;分枝期是植株茎秆快速生长时期,其与伸长期基本同季,是植物营养生长高峰期;现蕾开花期是植株现蕾开花时期;坐果初期是红花开始坐果的时期;果实成熟期是整株植物结实及果实成熟的关键时期,其与现蕾开花期组成红花的生殖生长期;枯萎期是根据植株在夏末、秋初出现春发植株大量死亡现象而设置的一个生育时期;播种期为红花实际播种日期。

2.1.3 物候期观测结果

一年生红花播种期为5月12日,出苗期自6月1日起历时9天,4~6叶期为6月中开始至下旬历时10天,分枝期共11天,花蕾期共3天,开花初期从7月下旬开始历时7天,盛花期历时14天,落花期自8月16日至8月20日历时4天,坐果初期共计5天,枯萎期自9月12日始。

表21-1-1　红花物候期观测结果（m/d）

时期 年份	播种期	出苗期	4~6叶期	分枝期	花蕾期	开花初期
一年生	5/12	6/1~6/10	6/17~6/27	7/8~7/19	7/19~7/22	7/22~7/29

表21-1-2　红花物候期观测结果（m/d）

时期 年份	盛花期	落花期	坐果初期	果实成熟期	枯萎期
一年生	8/1~8/15	8/16~8/20	8/16~8/21	8/21~9/10	9/12

2.2　形态特征观察研究

一年生草本。高(20)50~100(150)cm。茎直立,上部分枝,全部茎枝白色或淡白色,光滑,无毛。中下部茎叶披针形、披状披针形或长椭圆形,长7~15cm,宽2.5~6cm,边缘具大锯齿、重锯齿、小锯齿以至无锯齿而全缘,极少有羽状深裂的,齿顶有针刺,针刺长1~1.5mm,向上的叶渐小,披针形,边缘有锯齿,齿顶针刺较长,长达3mm。全部叶质地坚硬,革质,两面无毛无腺点,有光泽,基部无柄,半抱茎。头状花序多数,在茎枝顶端排成伞房花序,为苞叶所围绕,苞片椭圆形或卵状披针形,包括顶端针刺长2.5~3cm,边缘有针刺,针刺长1~3mm,或无针刺,顶端渐长,有篦齿状针刺,针刺长2mm。总苞卵形,直径2.5cm。总苞片4层,外层竖琴状,中部或下部有收缢,收缢以上叶质,绿色,边缘无针刺或有篦齿状针刺,针刺长达3mm,顶端渐尖,长有1~2mm,收缢以下黄白色;中内层硬膜质,倒披针状椭圆形至长倒披针形,长达2.2cm,顶端渐尖。全部苞片无毛无腺点。小花红色、橘红色,全部为两性,花冠长2.8cm,花冠筒长2cm,花冠裂片几乎达檐部基部。瘦果倒卵形,长5.5mm,宽5mm,乳白色,有4棱,棱在果顶伸出,侧生着生面、无冠毛。花、果期5~8月。

图21-1

图21-2

图21-3

图21-4

图21-5

红花形态特征例图

2.2.1 红花营养器官生长动态

（1）红花地下部分生长动态 为掌握红花各种性状在不同生长时期的生长动态，分别在不同时期对红花的根长、根粗、侧根数、根鲜重等性状进行了调查（见表21-2）。

表21-2 红花地下部分生长情况

调查日期 （m/d）	根长 （cm）	根粗 （cm）	侧根数 （个）	侧根长 （cm）	侧根粗 （cm）	根鲜重 （g）
7/30	8.88	0.1159	—	1.95	—	0.78
8/10	9.63	0.2719	0.7	2.73	0.1210	0.88
8/20	9.94	0.3765	1.4	3.55	0.1740	1.07
8/30	10.35	0.4627	2.3	4.91	0.2310	1.32
9/10	11.10	0.5686	3.2	5.61	0.2769	2.33
9/20	12.70	0.6027	5.1	7.60	0.3020	3.63
9/30	14.31	0.6482	6.2	9.67	0.3239	4.32
10/15	16.16	0.6517	6.3	11.56	0.3312	4.41

说明："—"无数据或未达到测量的数据要求。

红花根长的变化动态 从图21-6可见，7月30日至10月15日根长一直在缓慢增长，说明一年生红花根长是一直在生长。

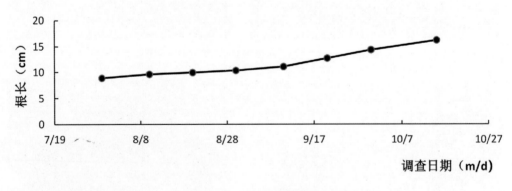

图21-6 红花的根长变化

红花根粗的变化动态 从图21-7可见，一年生红花的根粗从7月30日至9月30日均呈稳定的增加趋势，但是速度缓慢。9月30日开始根粗进入了稳定状态。

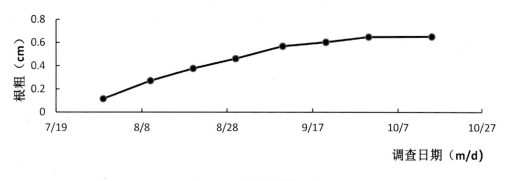

图21-7 红花的根粗变化

红花侧根数的变化动态 从图21-8可见,7月30日至9月30日侧根数均呈稳定的增加趋势,但是速度缓慢。9月30日开始侧根数进入了稳定状态。

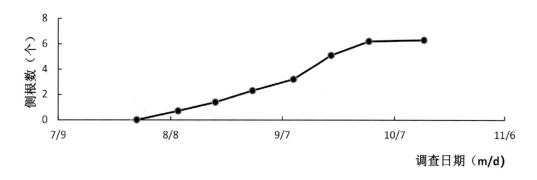

图21-8 红花的侧根数变化

红花侧根长的变化动态 从图21-9可见,7月30日至10月15日侧根长均呈稳定的增长趋势。

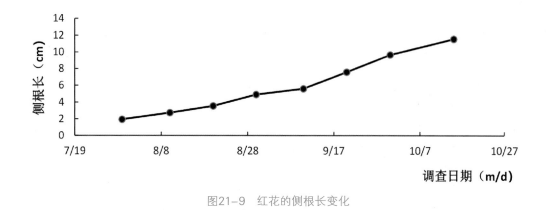

图21-9 红花的侧根长变化

红花侧根粗的变化动态 从图21-10可见,7月30日至10月15日侧根粗一直在缓慢增长,生长后期相对缓慢。

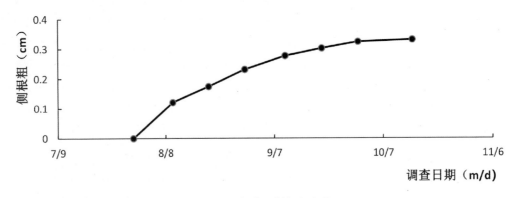

图21-10 红花的侧根粗变化

红花根鲜重的变化动态 从图21-11可见，7月30日至9月30日根鲜重基本上均呈稳定的增加趋势，但是生长后期稍快，从9月30日开始进入了一个稳定期。

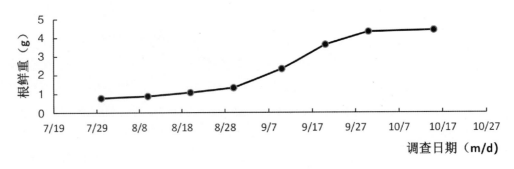

图21-11 红花的根鲜重变化

（2）**红花地上部分生长动态** 为掌握红花各种性状在不同生长时期的生长动态，分别在不同时期对红花的株高，叶数，分枝数，茎、叶鲜重等性状进行了调查（见表21-3）。

表21-3 红花地上部分生长情况

调查日期 （m/d）	株高 （cm）	叶数 （个）	分枝数 （个）	茎粗 （cm）	茎鲜重 （g）	叶鲜重 （g）
7/25	17.33	12.4	—	0.1270	6.13	5.26
8/12	33.04	21.3	—	0.2118	7.25	6.91
8/20	53.50	28.3	0.8	0.2921	10.11	7.26
8/30	68.83	41.3	3.2	0.3664	14.98	8.45
9/10	79.84	59.8	4.6	0.4799	16.64	9.98
9/21	87.06	66.8	8.0	0.5089	18.79	10.59
9/30	96.17	64.1	8.4	0.5737	18.77	8.93
10/15	98.26	21.6	8.4	0.5963	11.33	2.23

说明："—"无数据或未达到测量的数据要求。

红花株高的生长变化动态 从图21-12中可见，7月25日至9月30日为株高逐渐增长时期，9月30日之后进入稳定状态。

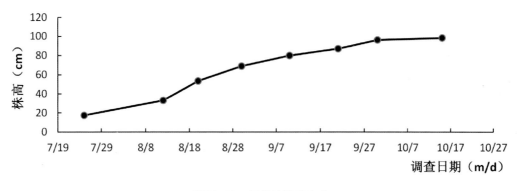

图21-12 红花的株高变化

红花叶数的生长变化动态 从图21-13可见，7月25日至9月21日叶数逐渐增加，9月21日至9月30日进入稳定状态，从9月30日开始叶数迅速变少，说明这一时期红花下部叶片在枯死、脱落，所以叶数在减少。

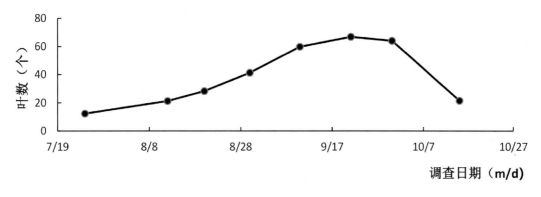

图21-13 红花的叶数变化

红花在不同生长时期分枝数的变化 从图21-14可见，8月12日之前没有分枝，8月12日至9月30日是分枝数快速增加期，其后分枝数呈现很稳定的趋势。

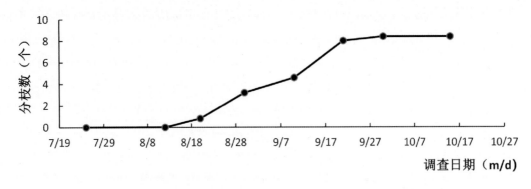

图21-14 红花的分枝数变化

红花茎粗的生长变化动态 从图21-15可见, 7月25日至10月15日茎粗均呈稳定的增加趋势。

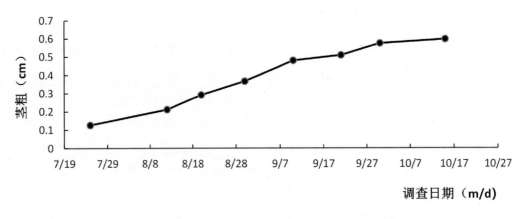

图21-15 红花的茎粗变化

    红花茎鲜重的变化动态 从图21-16可见, 7月25日至8月12日是茎鲜重缓慢增加期, 8月12日至9月21日茎鲜重快速增加, 9月21日至9月30日进入了稳定期, 其后茎鲜重开始缓慢降低, 这可能是由于生长后期茎逐渐干枯所致。

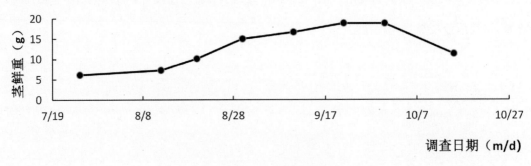

图21-16 红花的茎鲜重变化

红花叶鲜重的变化动态　从图21-17可见,7月25日至9月21日是叶鲜重快速增加期,从9月21日开始叶鲜重开始降低,可能是由于生长后期叶片逐渐脱落和叶片逐渐干枯所致。

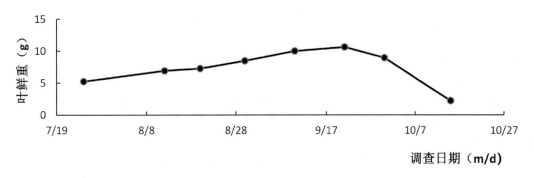

图21-17　红花的叶鲜重变化

(3) 红花单株生长图

图21-18

图21-19

图21-20　　　　　　　　　图21-21　　　　　　　　　图21-22

图21-23　　　　　　　　　图21-24　　　　　　　　　图21-25

2.3.2　红花不同时期的根和地上部的关系

为掌握红花各种性状在不同生长时期的生长动态，分别在不同时期从红花的每个小区随机取10株，将取样所得的红花从茎基部剪下，根、冠分离，去除杂物，将根、冠分别在105℃下杀青30分钟后60℃恒温2天（或2天以上干燥为止），然后放入干燥器中冷却，用1/10000的天平测量质量，以二者的比值为根冠比。

表21-4　红花不同时期的根和地上部分的关系

调查日期（m/d）	7/25	8/12	8/20	8/30	9/10	9/21	9/30	10/15
根冠比	0.0514	0.0806	0.0982	0.0869	0.0845	0.1016	0.0791	0.1044

从表21-4可见，红花幼苗期根系与枝叶的生长速度有显著差异，幼苗出土初期根冠比基本在0.0514∶1，地上部分生长速率比根系快。红花地上部分的生长量和根系生长量比例基本不变。

2.3.3　红花不同生长期干物质积累

本实验共设计3个小区。每小区取样10株，分别取营养幼苗期、营养生长期、开花期、果实期、枯萎期等5个时期的红花全株，每穴以植株为中心，取长16~25cm、宽16~25cm、深20~40cm的土块，先用清水冲洗干净，注意避免丢失根量，用滤纸吸干附着的水分，然后将植株按根、茎、叶、花和果实部位装袋，于105℃杀青30min，60℃烘干至恒重，测定干物质量，并折算为公顷干物质积累量。

表 21-5　红花各器官总干物质重变化（kg/hm²）

调查期	根	茎	叶	花	果
幼苗期	107.90	863.20	1485.70	—	—
营养生长期	323.70	1693.20	1909.00	—	—
开花期	356.90	2373.80	2174.60	697.20	4772.50
果实期	1137.10	4955.10	1900.70	514.60	5967.70
枯萎期	1220.10	4423.90	780.20	—	—

说明："—"无数据或未达到测量的数据要求。

从红花干物质积累与分配平均数据（如表21-5所示）可以看出，在不同时期地上、地下部分各营养器官的干物质量均随红花的生长不断增加。在幼苗期根、茎、叶干物质总量依次为107.90kg/hm²、863.20kg/hm²、1485.70kg/hm²；进入营养生长期根、茎、叶依次增加至323.70kg/hm²、1693.20kg/hm²和1909.00kg/hm²。进入开花期根、茎、叶、花依次增加至356.90kg/hm²、2373.80kg/hm²、2174.60kg/hm²和697.20kg/hm²，其中茎和花增加特别快；进入果实期根、茎、花和果依次为1137.10kg/hm²、4955.10kg/hm²、1900.70kg/hm²、514.60kg/hm²、4772.50kg/hm²，其中根、茎、果实增加较快，叶、花生长下降。进入枯萎期根、茎、叶、果依次为1220.10kg/hm²、4423.90kg/hm²、780.20kg/hm²和5967.70kg/hm²，其中根的生长有增加的趋势，果进入成熟期，茎、叶生长下降，即茎和叶进入枯萎期。

3 药材质量评价研究

3.1 药材粉末鉴定鉴别

粉末红棕色，气微香，味微苦。分泌细胞呈长管道状，直径5～66μm，胞腔内充满黄色或红棕色分泌物。分泌细胞常伴同导管自花冠基部分出（直至花冠裂片、花丝及柱头各部）。花粉粒深黄色，呈类圆形、椭圆形或橄榄形，直径39～60μm，有3个萌发孔，孔口类圆形或长圆形，外壁厚3～5μm光切面观显示外壁齿状突起。草酸钙方晶存在于薄壁细胞中，呈方形或长方柱形，直径2～6μm，长约至14μm。花柱碎片深黄色。表皮细胞分化成单细胞毛，呈圆锥形，平直或稍弯曲，先端尖，直径7～16μm，长约至101μm，壁薄。花冠裂片表皮细胞表面观呈类长方形或长条形，直径10～21μm，波状或微波状弯曲。有的细胞（裂片顶端）深黄色，壁稍厚，外壁突起呈短绒毛状。花粉囊内壁细胞表面观呈类方形或类长方形，有2～3条纵向条状增厚。花药基部细胞呈类方形或长方形，排列较整齐，直径9～12μm，壁稍厚。网纹（药隔）呈长条形，末端斜尖或稍平，直径9～14μm，网孔较密，椭圆形，大小不一。

3.2 常规检查研究（参照《中国药典》2015年版）

3.2.1 常规检查测定方法

水分 取供试品2～5g，平铺于干燥至恒重的扁形称量瓶中，厚度不超过5mm，疏松供试品不超过10mm，精密称定，开启瓶盖在100～105℃干燥5h，将瓶盖盖好，移置干燥器中，放冷30min，精密称定，再在上述温度下干燥1h，放冷，称重，至连续两次称重的差异不超过5mg为止。根据减失的重量，计算供试品中含水量（%）。

本法适用于不含或少含挥发性成分的药品。

$$水分 (\%) = \frac{W_1 + W_2 - W_3}{W_1} \times 100\%$$

式中W_1为供试品的重量（g），W_2为称量瓶恒重的重量（g），W_3为（称量瓶+供试品）干燥至连续两次称重的差异不超过5mg后的重量（g）。试验所得数据用Microsoft Excel 2013进行整理计算。

总灰分　测定用的供试品须粉碎,使能通过二号筛,混合均匀后,取供试品2~3g(如需测定酸不溶性灰分,可取供试品3~5g),置炽灼至恒重的坩埚中,称定重量(准确至0.01g),缓缓炽热,注意避免燃烧,至完全炭化时,逐渐升高温度至500~600℃,使完全灰化并至恒重。根据残渣重量,计算供试品中总灰分的含量(%)。　如供试品不易灰化,可将坩埚放冷,加热水或10%硝酸铵溶液2ml,使残渣湿润,然后置水浴上蒸干,残渣照前法炽灼,至坩埚内容物完全灰化。

$$总灰分（\%）= \frac{M_2 - M_1}{M_3 - M_1} \times 100\%$$

式中M$_1$:坩埚重量(g);M$_2$:坩埚+灰分重量(g);M$_3$:坩埚+样品重量(g)。试验所得数据用Microsoft Excel 2013进行整理计算。

酸不溶性灰分　取上项所得的灰分,在坩埚中小心加入稀盐酸约10ml,用表面皿覆盖坩埚,置水浴上加热10min,表面皿用热水5ml冲洗,洗液并入坩埚中,用无灰滤纸滤过,坩埚内的残渣用水洗于滤纸上,并洗涤至洗液不显氯化物反应为止。滤渣连同滤纸移置同一坩埚中,干燥,炽灼至恒重。根据残渣重量,计算供试品中酸不溶性灰分的含量(%)。

$$酸不溶性灰分（\%）= \frac{M_2 - M_1}{M_3 - M_1} \times 100\%$$

式中　M$_1$:坩埚重量(g);M$_2$:坩埚和酸不溶灰分的总重量(g);M$_3$:坩埚和样品总质量(g)。试验所得数据用Microsoft Excel 2013进行整理计算。

$$RSD = \frac{标准偏差}{平均值} \times 100\%$$

3.2.2　结果与分析

水分　参照《中国药典》2015年版四部(第103页)第二法(烘干法)测定。取上述采集的红花药材样品,测定并计算红花药材样品中含水量(质量分数,%),平均值为8.02%,所测数值计算RSD≤0.14%,在《中国药典》(2015年版,一部)红花药材项下要求水分不得过13.0%,本药材符合药典规定要求(见表21-6)。

总灰分　参照《中国药典》2015年版四部(第202页)总灰分测定法测定。取上述采集的红花药材样品,测定并计算知红花药材样品中总灰分和酸不溶性灰分含量(%),总灰分含量平均值为9.06%,所测数值计算RSD≤0.37%,酸不溶性灰分含量平均值为1.24%,所测数值计算RSD≤1.40%,在《中国药典》(2015年版,一部)红花药材项下要求总灰分不得过10.0%,酸不溶性灰分不得过5.0%,本药材符合药典规定要求(见表21-6)。

表21-6　红花药材样品中水分、总灰分、酸不溶性灰分含量

测定项	平均（%）	RSD（%）
水分	8.02	0.14
总灰分	9.06	0.37
酸不溶性灰分	1.24	1.40

本试验研究依据《中国药典》（2015年版，一部）红花药材项下内容，根据奈曼产地红花药材的实验测定结果，蒙药材红花样品水分、总灰分、酸不溶性灰分的平均含量分别为8.02%、9.06%、1.24%，符合《中国药典》规定要求。

3.3　红花的羟基红花黄色素A、山柰素含量测定

3.3.1　实验设备、药材、试剂

仪器、设备　Agilent 1260 Infinity 高效液相色谱仪（美国），Agilent 1260 LC化学工作站；MettlerToledoNewClassic 柱子C18ZORBAXSB-C18（54.6mm×250mm）；SQP型电子天平（赛多利斯科学仪器〈北京〉有限公司）；KQ-600DB型数控超声波清洗器（昆山市超声仪器有限公司）；HWS26 型电热恒温水浴锅。Millipore-超纯水。

实验药材（表21-7）

表21-7　红花供试药材来源

编号	采集地点	采集时间	采集经度	采集纬度
Y1	内蒙古通辽市奈曼旗昂乃村（基地）	2016-09-02	120° 42′ 10″	42° 45′ 19″

对照品　羟基红花黄色素A、山柰素。

试剂　甲醇（分析纯）、乙腈（色谱纯）、磷酸、盐酸。

3.3.2　实验方法

色谱条件与系统适用性试验　以十八烷基硅烷键合硅胶为填充剂，以甲醇-乙腈-0.7%磷酸溶液（26∶2∶72）为流动相，检测波长为403nm。理论板数按羟基红花黄色素A峰计算应不低于3000。

对照品溶液的制备　取羟基红花黄色素A对照品适量，精密称定，加25%甲醇制成每1ml含0.13mg的溶液，即得。

供试品溶液的制备　取本品粉末（过三号筛）约0.4g，精密称定，置具塞锥形瓶中，精密加入25%甲醇

50ml, 称定重量, 超声处理 (功率300W, 频率50kHz) 40min, 放冷, 再称定重量, 用25%甲醇补足减失的重量, 摇匀, 滤过, 取续滤液, 即得。

测定法 分别精密吸取对照品溶液与供试品溶液各10μl, 注入液相色谱仪, 测定, 即得。

本品按干燥品计算, 含羟基红花黄色素A ($C_{27}H_{32}O_{16}$) 不得少于1.0%。

3.3.3 实验操作线性与范围

按3.3.2对照品溶液制备方法制备, 精密吸取对照品溶液1μl、2μl、3μl、4μl、5μl、6μl, 注入高效液相色谱仪, 测定其峰面积值, 并以进样量C (x) 对峰面积值A (y) 进行线性回归, 得标准曲线回归方程为: $y = 44859x - 11803$, 相关系数 $R = 0.9999$。

结果 表明红花羟基红花黄色素A进样量在10~250μg范围内, 与峰面积值具有良好的线性关系, 相关性显著。

表21-8 线性关系考察

C (μg)	10	50	100	150	200	250
A	485422	2186198	4469173	6721868	8911242	11247952

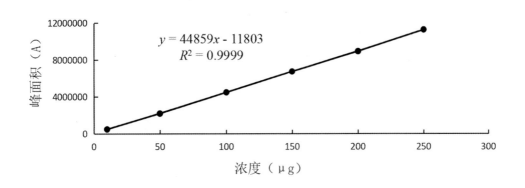

图21-26 红花羟基红花黄色素A对照品的标准曲线图

3.3.4 样品测定

取红花样品约0.4g, 精密称取, 分别按3.2.2项下的方法制备供试品溶液, 精密吸取供试品溶液各10μl, 分别注入液相色谱仪, 测定, 并计算含量 (见表21-9)。

表21-9 红花样品含量测定

样品批号	n	样品（g）	羟基红花黄色素A含量（%）	平均值（%）	RSD（%）
	1	0.40021	1.248		
	2	0.40021	1.274		
20161021	3	0.40021	1.250		
	4	0.40021	1.281	1.28	1.14
	5	0.40021	1.279		
	6	0.40021	1.273		

色谱条件与系统适用性试验　以十八烷基硅烷键合硅胶为填充剂，以甲醇-0.4%磷酸溶液（52∶48）为流动相，检测波长为367nm。理论板数按山奈素峰计算应不低于3000。

对照品溶液的制备　取山奈素对照品适量，精密称定，加甲醇制成每1ml含9μg的溶液，即得。

供试品溶液的制备　取本品粉末（过三号筛）约0.5g，精密称定，置具塞锥形瓶中，精密加入甲醇25ml称定重量，加热回流30min，放冷，再称定重量，用甲醇补足减失的重量，摇匀，滤过，精密量取续滤液15ml，置平底烧瓶中，加盐酸溶液（15→37）5ml，摇匀，置水浴中加热水解30min，立即冷却，转移至25ml量瓶中，用甲醇稀释至刻度，摇匀，滤过，取续滤液，即得。

测定法　分别精密吸取对照品溶液与供试品溶液各10μl，注入液相色谱仪，测定，即得。

本品按干燥品计算，含山奈素（$C_{15}H_{10}O_6$）不得少于0.050%。

3.3.5　实验操作线性与范围

按3.3.2对照品溶液制备方法制备，精密吸取对照品溶液1μl、3μl、5μl、7μl、9μl，注入高效液相色谱仪，测定其峰面积值，并以进样量C（x）对峰面积值A（y）进行线性回归，得标准曲线回归方程为：y=5000000x−6933.6，相关系数R=0.9999。

结果　表明红花山奈素进样量在0.0932～0.8388μg范围内，与峰面积值具有良好的线性关系，相关性显著。

表21-10 线性关系考察

C（μg）	0.0932	0.2796	0.466	0.6524	0.8388
A	416776	1310603	2132658	3014171	3880904

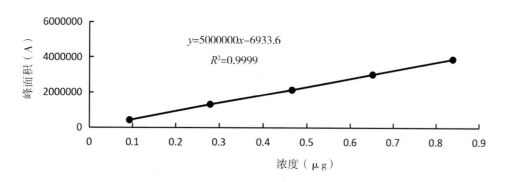

$$y=5000000x-6933.6$$
$$R^2=0.9999$$

图21-27　红花山柰素对照品的标准曲线图

3.3.6　样品测定

取红花样品约0.5g, 精密称取, 分别按3.3.2项下的方法制备供试品溶液, 精密吸取供试品溶液各10μl, 分别注入液相色谱仪, 测定, 并计算含量。

表21-11　红花样品含量测定

样品批号	n	样品(g)	山柰素含量(%)	平均值(%)	RSD(%)
	1	0.50034	0.272		
	2	0.50034	0.272		
20161021	3	0.50034	0.274	0.27	0.91
	4	0.50034	0.275		
	5	0.50034	0.276		
	6	0.50034	0.279		

3.3.7　结论

按照2015年版《中国药典》中红花含量测定方法测定, 结果奈曼基地的红花中山柰素和羟基红花黄色素A的含量符合《中国药典》规定要求。

4　经济效益分析

4.1　市场前景分析

红花又名草红花, 花入药, 有活血化瘀, 消肿止痛的功效, 是我国传统常用中药材, 又是中药的油料作物。种子含油量达20%以上, 也是一种重要的工业原料及保健用油。红花不仅用于饮片配方, 也是多种中成药的基本原料。在综合利用上,经济价值也较高,例如,红花素可用作染料、食品、化妆品;红花油除食用外,制作油漆干性好,保色性强;红花的青苗、秸秆及榨油后的籽饼,还可用作牲畜饲料,用途极为广泛。在国际贸易中,红花是我国传统的出口药材。红花生产周期短,一年一熟,药油兼用,适应性强,生产投资小,容易发展。由于红花需求量的不断增加,生产得以大力发展,其市场价格也起落不定。红花虽已进入销售淡季,但由于产地所剩余货源不多。行情保持坚挺,新疆产地统货每千克85元左右,市场新疆货每千克88元左右,优质货每千克90左右,云南货每千克90元左右。

该品新疆产区种植结束,2018年种植面积较去年略微减少,预计,后市行情仍有小幅攀升可能。

4.2　投资预算(2018年)

红花种子　市场价每千克20元,参考奈曼当地情况,每亩地用种子3千克,合计为60元。

种前整地和播种　包括施底肥、灌溉、犁地、耙地和播种,底肥包括1000kg有机肥,50kg复合肥,其中有机肥每吨120元,复合肥每袋120元,灌溉一次需要电费50元,犁、耙、播种一亩地共需要150元,以上共计需要费用440元。

田间管理　整个生长周期抗病除草需要4次,每次人工成本加药物成本约100元,合计约400元。灌溉6次,费用300元。追施复合肥每亩100千克,叶面喷施叶面肥2次,成本约300元。综上,红花田间管理成本为1000元。

采收与加工　收获成本(机械燃油费和人工费)每亩约需300元。

合计成本　60+440+1000+300=1800元。

4.3　产量与收益

按照2018年市场价格,红花95~105元/千克,每亩地平均可产30~40kg。按最高产量计算,收益为:2000~2400元/(亩·年)。

地 黄 ᠊ᠢ

REHMANNIAE RADIX

蒙药材地黄为玄参科植物地黄*Rehmannia glutinosa* Libosch.的新鲜或干燥块根。

1 地黄的研究概况

1.2 化学成分及药理作用

1.2.1 化学成分

地黄的成分以苷类为主,其中以环烯醚萜苷类为主。从鲜地黄分离得到的环烯醚萜苷:益母草苷(leonuride),桃叶珊瑚苷(aucubin),梓醇(catalpol),地黄苷(rehmannioside)A、B、C、D,美利妥双苷(melittoside),都桷子苷(geniposide),8-表马钱子苷酸(8-epiloganic acid),筋骨草苷(ajugoside),6-O-E-阿魏酰基筋骨草醇(6-O-E-feruloyl ajugol),6-O-Z-阿魏酰基筋骨草醇(6-O-Z-feruloyl ajugol),6-O-香草酰基筋骨草醇(6-O-vanilloyl ajugol),6-O-对香豆酰基筋骨草醇(6-O- p-coumaroyl ajugol),6-O-(4″-O-α-L-吡喃鼠李糖基)香草酰基筋骨草醇[6-O-(4″-O-α-L-rhamnopyranosyl) vanilloloyl ajugol],焦地黄苷(jioglutoside)A、B等;以梓醇的含量最高。又含糖类:D-葡萄糖,D-半乳糖,D-果糖,蔗糖,棉籽糖,水苏糖,甘露三糖,毛蕊花糖,以水苏糖的含量最高达64.9%。还含赖氨酸,组氨酸,精氨酸,天冬氨酸,谷氨酸,苏氨酸,丝氨酸,甘氨酸,丙氨酸,缬氨酸,异亮氨酸,亮氨酸,酪氨酸,苯丙氨酸,r-氨基丁酸等氨基酸,以及葡萄糖胺(glucosamine),D-甘露醇(D-mannitol),磷酸(phosphoric acidi),β-谷甾醇(β-sitosterol),胡萝卜苷(daucosterol),1-乙基-β-D-半乳糖苷(1-ethyl-β-D-galactoside),腺苷(adenosine)及无机元素等。

1.2.2 药理作用

对免疫功能的影响 生地黄水煎剂灌胃抑制小鼠脾脏中免疫性玫瑰花形成细胞。生地黄促进刀豆球蛋白A活化的脾淋巴细胞DNA和蛋白质的生物合成, 增强白介素–2产生。鲜地黄汁、鲜地黄煎液灌胃可提高醋酸泼尼松龙诱导的免疫低下的小鼠腹腔巨噬细胞的吞噬功能。

对内分泌的影响 生地黄治疗甲状腺功能亢进大鼠后, 使其增加的肾脏β–受体最大结合容量恢复到正常。生地黄煎剂给家兔灌胃能对抗地塞米松引起的血浆皮质酮浓度的下降, 防止肾上腺皮质萎缩; 家兔在较长时间使用糖皮质激素的同时加用生地黄, 可部分拮抗激素导致的垂体–肾上腺皮质功能低下。

其他作用 鲜地黄汁、鲜地黄煎液灌胃可拮抗阿司匹林诱导的小鼠凝血时间延长; 使甲状腺素造成的类阴虚证小鼠的脾脏淋巴细胞碱性磷酸酶的表达能力增强。

1.3 资源分布状况

国内各地及国外均有栽培, 我国主要分布于辽宁、河北、河南、山东、山西、陕西、甘肃、内蒙古、江苏、湖北等省区。生于海拔50~1100m之砂质壤土、荒山坡、山脚、墙边、路旁等处。

1.4 生态习性

主要为栽培, 野生于海拔50~1100m的山坡及路旁荒地等处。

1.5 栽培技术与采收加工

1.5.1 选地整地

地黄性喜阳光充足、干燥而温暖的气候; 对土壤适应性差, 宜在土层深厚、土质疏松、腐殖质多、地势高燥、能排能灌的中性或微碱性沙质土壤中生长, 黏土则生长不良。忌重茬, 收获后, 须隔7~8年才能再种。前茬忌芝麻、花生、棉花、油菜、豆类、白菜、萝卜和瓜类等作物, 因这些作物易发生根线虫病和红蜘蛛。栽种春地黄(早地黄)的土地, 应于秋收之后, 施足底肥(每亩施3000~5000kg的堆肥或厩肥)、深耕0.33~0.4m (1~1.2尺), 让土垄越冬风化, 以提高肥力, 减少害虫和杂草; 翌春解冻后, 深耕细耙, 做到上虚下实, 整平作畦。可根据地势高低和排灌需要, 作成平畦或垄栽。平畦一般长6.67m(2丈)、宽1.67m(5尺)。畦埂宽0.2~0.27m (0.6~0.8尺)、高0.2m(0.6尺)为宜。过长过宽, 在浇灌时则水流时间长, 渗透量大或积水, 易造成块根腐烂。做垄, 垄面宽0.5m(1.5尺), 长短视地形而定, 垄沟宽0.27~0.33m(0.8~1尺), 深1.17~1.33m(3.5~4.0尺), 便于灌溉。栽种麦茬地黄(晚地黄)的土地, 可在夏收之后施足底肥, 深耕细耙。平整作畦, 然后栽培。

1.5.2　繁殖方法

由于地黄有性繁殖的后代生长极不整齐，故生产上不宜采用，而多在育种工作中应用，生产上主要用根茎进行无性繁殖。地黄根茎上有稀疏的念珠状结节，节上有叶痕（芽眼），在叶痕中一般有3个以上的休眠芽，它们在去除地上部分的顶端优势后，在适宜的环境条件下，均可萌发成植株。故地黄根茎可作为无性繁殖材料，此时根茎又称种栽。地黄根茎的头部、中部、尾部均可作种栽，但头部根茎产量最高，中部次之，尾部产量最低。此外，根茎质量的优劣对地黄出苗有较大的影响。如根茎内部已变黑，栽种后，虽能出苗，但生长不良，甚至死亡，萎蔫的根茎出苗也差，因此，应选择无病，1cm粗细的根茎，去掉尾部1~2节后，截成5cm左右的小段作种栽，每段必须保证有3~5个芽眼。地黄根茎栽种后，发芽需要一定的温度。根茎在18~21℃，约10天出苗；11~13℃时则需30~45天出苗。温度在8℃以下时，则不能发芽。如此时水分又过大，则常常造成烂种栽（作为繁殖用的根状茎称作种栽）缺苗；如果遇到高温干旱，使种栽脱水抽干，也能造成大量缺苗。种栽来源有：①窖藏种栽，是头年地黄收获时，选优良品种无病虫害的根状茎，在地窖里，贮藏越冬的种栽。②大田留种，是头年地黄收获时，选留一部分不挖，留在田里越冬，翌春刨起作种栽。③倒栽，即头年春栽地黄，于当年7月下旬刨出，在别的地块上再按春栽方法栽植一次，秋季生长，于田间越冬，翌春再刨起作种栽。三种种栽中倒栽的种栽最好，生活力最强，粗细较均匀，单位面积种栽用量小。栽植前，将种栽选无病虫害和霉烂，折成5cm长小段，以备栽植。后两种留种法，只适于较温暖的地区应用。地黄多春栽。栽种时按行距0.33m（1尺）开沟，在沟内每隔15cm放根状茎1段（每亩8000~10000株，约40kg），然后覆土3~5cm，稍压实后浇透水，15~20天后出苗。

1.5.3　田间管理

盖草　地黄下种覆土后，用毛草或其他作物蒿秆盖畦面，盖草后可抑制杂草生长和保持土壤疏松。

间苗　出苗后20~30天，在中耕除草时将过多的幼苗摘除。原则是去劣存优，每处留1~2条苗。

追肥　地黄出苗后1个月开始形成大量的肉质根茎，两个月后根茎干物质急剧增加，约两个半月封行，所以必须在封行前施完追肥。在地黄整个生长期中需追肥2~3次。第一次在齐苗后15~20天，第二次在第一次追肥后20~30天，第三次根据苗的生长强弱而定。追肥以氮为主，每亩每次用人畜粪尿20~30kg或尿素3.5~5kg。

中耕除草　地黄的根系分布较浅，中耕次数不宜太多，过多往往因损伤根系而减产。全生长期只需中耕（浅耕）1~2次。但有杂草需及时拔除。

排灌　播种后若遇干旱宜及时浇水，以提高出苗率。播种后2~3个月根茎迅速形成，需要较多的水分，也是根茎易腐烂的时期，故在此时应注意合理灌水和及时排水。

摘花 若非留种的地黄,发现孕蕾开花,要及时摘除,以免消耗养分。

1.5.4 病虫害防治

①轮纹病:病原是真菌中的一种半知菌,学名*Phyllosticta* sp.。叶面病斑黄褐色,近圆形或不规则形,有明显的同心轮纹,上生小黑点。防治方法:清除病叶,集中烧毁。雨后及时开沟排水;发病前及时喷1:1:500的波尔多液,每隔10~14天一次,连续3~4次或用65%代森锌500~600倍液,每隔7~10天一次,连续3~4次。②枯萎病:病原是真菌中的半知菌,学名*Fusarium* sp.。初期叶柄出现水浸状的褐色病斑,外缘叶片向心叶蔓延,叶柄腐烂。地上部分逐步萎蔫下垂,地下部分腐烂。防治方法:实行轮作,每隔3~5年轮种一次;及时开沟排水;种前用50%退菌特1000倍液浸泡种栽3~5min;发病初期用50%退菌特1000倍液或50%多菌灵1000倍液浇注。每隔7~10天一次,连续2~3次。③轮斑病:发生于6~7月份干旱季节。发病初期,叶子上出现略圆而有轮纹的病斑,斑上有许多小黑点;后期,病斑破裂穿孔。防治方法:烧掉病株或在发病前(6月上旬)喷洒1:1:(120~140)倍的波尔多液,每15天一次,连续3次,有良好的防治作用。④胞囊绒虫病:是异皮颗胞囊绒虫属绒虫为害。由大豆胞囊线虫引起,多发生在7月份,发病后上部萎黄,叶子和块根瘦小,生许多根毛。病根和根毛上有许多白毛状线虫和棕色胞囊。严重时可造成绝收。防治方法:与禾本科作物轮作;注意选无病品种;收获或倒栽时将病残株,尤其是老株附近的细根集中处理;采用倒栽法留种,选留无病种栽。

1.5.5 虫害

①红蜘蛛:发生在6~7月间。发生后,叶上出现黄白点,进而渐黄,叶背出现蜘蛛网,后期叶片皱缩而布满许多红色小点(即红蜘蛛)。②拟豹纹蛱蝶幼虫(又名黄毛虫或毛虫):越冬幼虫3月即出现活动。第一代幼虫6月,第二代7月下旬,第三代9月上旬孵化。8月为繁殖盛期,干旱期尤甚。发生后,叶、肉被幼虫吃成网状。3龄以上的幼虫分散生活,将叶片吃成不规则的大型虫孔,重者只剩下叶脉。

1.5.6 收获

一般秋季收获,在叶逐渐枯黄,茎发干萎缩,苗心练顶,停止生长,根开始进入休眠期,嫩的地黄根变为红黄色时即可采收。采收时先铲去植株,在地边开一沟,深0.33m(1尺)左右,然后顺沟逐行挖掘,做到不丢、不折、不损伤块根。在地里按大小不同分等级,以便上焙加工。鲜地黄不宜长时间存放,应及时加工。新采挖的地黄摊晾3~5天,至表皮稍干时,用较湿润的河沙埋藏。冬季温度应不低于5℃。如在地窖内储存,可将鲜药材晒一天,然后挑选完整的,一层沙一层生地排放几层,高度控制在30~40cm,不宜过高。此法可以减少霉烂,延长贮藏期。

2 生物学特性研究

2.1 奈曼地区栽培地黄物候期

2.1.1 观测方法

从通辽奈曼旗蒙药材种植基地栽培的地黄大田中,选择10株生长良好、无病虫害的健壮植株编号挂牌,作定位观测,并记录。2016年5月至2016年11月间连续观测记录各定株物候出现的日期,以10株平均期作为原始值。观测应具连续性,不漏测任何一个物候期。观测时间和顺序固定,开花期上午8:00~11:30,晴天观测。观测部位以植株判断其物候期,主茎受损时另选植株,并注明。

2.1.2 物候期的划分

物候期的划分是根据栽培地黄生长发育过程中不同时期植物生长发育的特点,并参考其他植物物候期的划分情况完成的。为了划分依据统一,始、初期均以群体中植株出现开花或展叶或坐果5%~15%为标准,盛、旺期以40%~60%为标准,末期以80%~90%为标准。将地黄的生育全过程分为播种期、出苗期、4~6叶期、分枝期、花蕾期、开花初期、盛花期、落花期、坐果初期、果实成熟期、枯萎期。出苗期为种子萌发后,幼苗露出地面2~3cm的时期;4~6叶期(伸长期)是叶生长的关键时期;分枝期是植株茎秆快速生长时期,其与伸长期基本同季,是植物营养生长高峰期;现蕾开花期是植株现蕾开花时期;坐果初期是地黄开始坐果的时期;果实成熟期是整株植物结实及果实成熟的关键时期,其与现蕾开花期组成地黄的生殖生长期;枯萎期是根据植株在夏末、秋初出现春发植株大量死亡现象而设置的一个生育时期;播种期是地黄实际播种日期。

2.1.3 物候期观测结果

一年生地黄播种期为4月23日,出苗期自6月2日起历时22天,4~6叶期为6月下旬开始历时4天,花蕾期历时3天,开花初期历时5天,盛花期历时12天,落花期自9月2日至9月12日历时10天,枯萎期历时4天。

表22-1-1 地黄物候期观测结果(m/d)

年份＼时期	播种期	出苗期	4~6叶期	分枝期	花蕾期	开花初期
一年生	4/23	6/2~6/24	6/25~6/29	—	8/4~8/7	8/7~8/12

表22-1-2　地黄物候期观测结果（m/d）

年份＼时期	盛花期	落花期	坐果初期	果实成熟期	枯萎期
一年生	8/14～8/26	9/2～9/12	—	—	10/10～10/14

2.2　形态特征观察研究

植株高10～30cm，密被灰白色多细胞长柔毛和腺毛。根茎肉质，鲜时黄色，在栽培条件下，直径可达5.5cm，茎紫红色。叶通常在茎基部成莲座状，向上则强烈缩小成苞片，或逐渐缩小而在茎上互生；叶片卵形至长椭圆形，上面绿色，下面略带紫色或成紫红色，长2～13cm，宽1～6cm，边缘具不规则圆齿或钝锯齿以至牙齿；基部渐狭成柄，叶脉在上面凹陷，下面隆起。花梗长0.5～3cm，细弱，弯曲而后上升，在茎顶部略排列成总状花序或几乎全部单生叶腋而分散在茎上；萼长1～1.5cm，密被多细胞长柔毛和白色长毛，具10条隆起的脉；萼齿5枚，矩圆状披针形或卵状披针形或三角形，长0.5～0.6cm，宽0.2～0.3cm，稀前方2枚各开裂而使萼齿总数达7枚之多；花冠长3～4.5cm；花冠筒多少弓曲，外面紫红色，被多细胞长柔毛；花冠裂片，5枚，先端钝或微凹，内面黄紫色，外面紫红色，两面均被多细胞长柔毛，长5～7mm，宽4～10mm；雄蕊4枚；药室矩圆形，长2.5mm，宽1.5mm，基部叉开，而使两药室常排成一直线，子房幼时2室，老时因隔膜撕裂而成一室，无毛；花柱顶部扩大成2枚片状柱头。蒴果卵形至长卵形，长1～1.5cm。花、果期4～7月。

地黄形态特征例图

图22-1　　　　　　　　　图22-2　　　　　　　　　图22-3

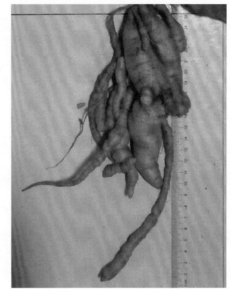

图22-4   图22-5

2.2.1　地黄营养器官生长动态

（1）地黄地下部分生长动态　为掌握地黄各种性状在不同生长时期的生长动态，分别在不同时期对地黄的根长、根粗、侧根数、侧根长、侧根粗、根鲜重等性状进行了调查（见表22-2）。

表22-2　一年生地黄地下部分生长情况

调查日期 （m/d）	根长 （cm）	根粗 （cm）	侧根数 （个）	侧根长 （cm）	侧根粗 （cm）	根鲜重 （g）
7/30	11.18	1.1640	2.9	7.50	0.2074	9.39
8/10	13.01	1.1394	6.0	8.01	0.2791	28.17
8/20	14.69	1.4357	6.7	8.49	0.6853	43.47
8/30	16.34	1.9919	7.8	10.98	0.7416	72.41
9/10	24.65	2.3890	10.9	19.37	1.0274	192.09
9/20	29.32	2.5188	12.0	21.67	1.1399	206.36
9/30	28.87	2.7920	12.7	22.07	1.2859	216.70
10/15	32.40	2.9944	13.0	22.20	1.5546	219.91

地黄根长的变化动态　从图22-6可见，7月30日至10月15日根长逐渐增加，说明地黄根在整个生长期始终在增长。

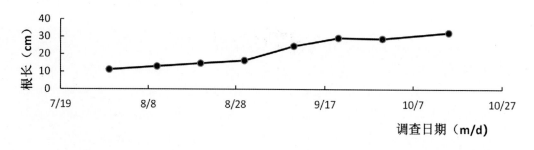

图22-6　地黄的根长变化

地黄根粗的变化动态　从图22-7可见，地黄的根粗从7月30日至10月15日均呈稳定的增长趋势。

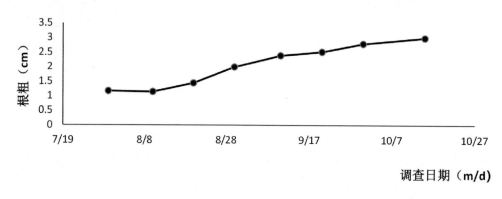

图22-7　地黄的根粗变化

地黄侧根数的变化动态　从图22-8可见，7月30日至9月30日侧根数均呈稳定的增加趋势，其后侧根数进入平稳期。

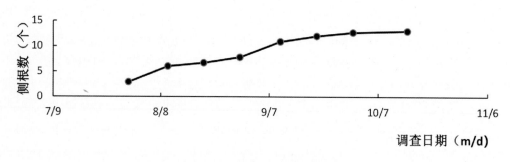

图22-8　地黄的侧根数变化

地黄侧根粗的变化动态　从图22-9可见，7月30日至10月15日侧根粗均呈增加趋势。

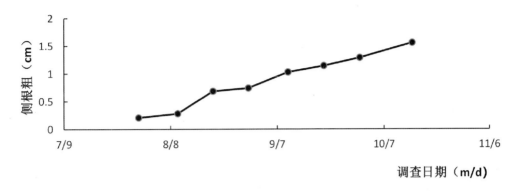

图22-9 地黄的侧根粗变化

地黄侧根长的变化动态 从图22-10可见，7月30日至8月30日侧根长缓慢增长，8月30日至9月20日为快速增长期，其后进入稳定期。

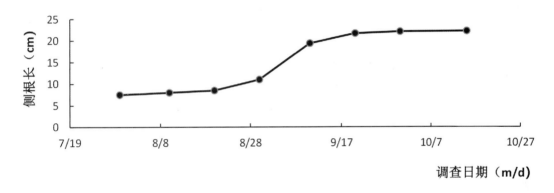

图22-10 地黄的侧根长变化

地黄根鲜重的变化动态 从图22-11可见，7月30日至8月30日生长速度慢一些。8月30日到9月20日根鲜重快速增加，其后缓慢增加，说明地黄在生长中期根鲜重增加稍快。

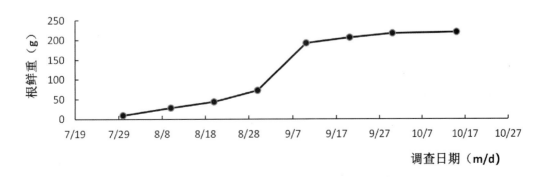

图22-11 地黄的根鲜重变化

（2）**地黄地上部分生长动态**　为掌握地黄各种性状在不同生长时期的生长动态，分别在不同时期对地黄的株高，叶数，分枝数，茎、叶鲜重等性状进行了调查（见表22-3）。

表22-3　地黄地上部分生长情况

调查日期 （m/d）	株高 （cm）	叶数 （个）	分枝数 （个）	茎粗 （cm）	茎鲜重 （g）	叶鲜重 （g）
7/25	15.17	11.99	—	—	—	15.12
8/12	16.17	14.35	—	—	—	36.42
8/20	18.00	15.00	—	—	—	52.16
8/30	18.66	17.99	—	—	—	57.47
9/10	19.01	21.35	—	—	—	77.37
9/21	18.67	25.67	—	—	—	90.92
9/30	19.35	18.00	—	—	—	40.84
10/15	20.24	21.23	—	—	—	37.53

说明："—"无数据或未达到测量的数据要求。

地黄株高的生长变化动态　从图22-12可见，7月25日至10月15日株高逐渐增加，长势非常缓慢。

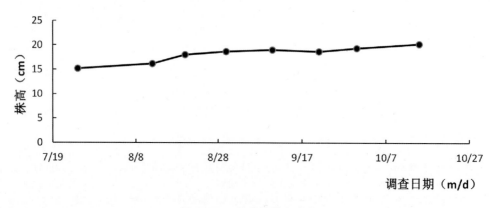

图22-12　地黄的株高变化

地黄叶数的生长变化动态　从图22-13可见，7月25日至9月21日是叶数增加时期，9月21日至9月30日叶数减少，这是由于9月份降雨量大，底部叶片枯死所致。

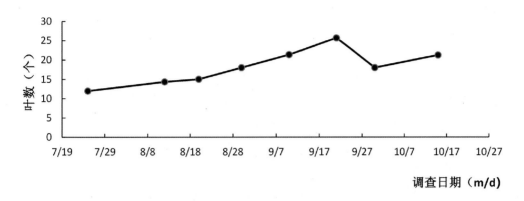

图22-13　地黄的叶数变化

地黄叶鲜重的变化动态　从图22-14可见，7月25日至9月21日是叶鲜重快速增加期，9月21日之后叶鲜重开始大幅度降低，这可能是由于9月份降雨量大或者生长后期叶片逐渐脱落和叶片逐渐干枯所致。

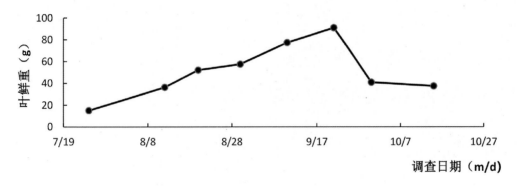

图22-14　地黄的叶鲜重变化

（3）地黄单株生长图

图22-15   图22-16

图22-17   图22-18

图22-19   图22-20

2.3.2　地黄不同时期的根和地上部的关系

为掌握地黄各种性状在不同生长时期的生长动态,分别在不同时期从地黄的每个种植小区随机取样10株,将取样所得的地黄从茎基部剪下,根、冠分离,去除杂物,将根、冠分别在105℃下杀青30分钟后60℃恒温2天(或2天以上干燥为止),然后放入干燥器中冷却,用1/10000的天平测量质量,以二者的比值为根冠比。

表22-4　地黄不同时期的根和地上部分的关系

调查日期(m/d)	7/25	8/12	8/20	8/30	9/10	9/21	9/30	10/15
根冠比	0.6714	0.8386	1.1761	4.7924	2.9417	2.8661	6.2307	4.4012

从表22-4可见,地黄幼苗期根系与枝叶的生长速度有显著差异,根冠比基本在0.6714∶1,表现为幼苗出土初期,根系生长占优势。地黄生长初期时,地上部分占优势,后期就地下部占优势,其地下部生长量常超过地上部生长量的1~5倍。

2.3.3　地黄不同生长期干物质积累

本实验共设计3个小区。每小区取样10株,分别取营养幼苗期、营养生长期、枯萎期等3个时期的地黄全株,每穴以植株为中心,取长16~25cm、宽16~25cm、深20~40cm的土块,先用清水冲洗干净,注意避免丢失根量,用滤纸吸干附着的水分,然后将植株按根、茎、叶、花和果实部位装袋,于105℃杀青30min,60℃烘至恒重,测定干物质量,并折算为公顷干物质积累量。

表22-5　地黄各部器官总干物质重变化(kg/hm²)

调查期	根	茎	叶	花和果
幼苗期	584.00	—	756.00	—
营养生长期	3220.00	—	2808.00	—
枯萎期	16412.00	—	3264.00	—

说明:"—"无数据或未达到测量的数据要求。

从地黄干物质积累与分配平均数据(如表22-5所示)可以看出,在不同时期地上、地下部分各营养器官的干物质量均随地黄的生长不断增加。在幼苗期根、叶干物质总量依次为584.00kg/hm²、756.00kg/hm²;进入营养生长期根、叶具有增加的趋势,其根、叶干物质总量依次为3220.00kg/hm²、2808.00kg/hm²。进入枯萎期根、叶增加为16412.00kg/hm²、3264.00kg/hm²,其中根增长较快。霜期是地黄最佳采收期。

3 药材质量评价研究

3.1 常规鉴别研究

3.1.1 药材粉末鉴定鉴别

粉末灰棕色,气微,味颜甜。薄壁细胞较多,淡灰棕色或黑棕色。细胞呈类多角形,大多皱缩,形状较不规则,细胞中含有棕色类圆形核状物,直径$11\sim13\mu m$。分泌细胞粉末以水合氯醛液装置(不加热),于薄壁组织中明显可见分泌细胞,其形状一般与薄壁细胞相似,含有橙黄色油滴或橙黄色、橙红色油状物,通常于近木栓细胞处较多见。导管主要为具缘纹孔及网纹导管,直径$20\sim921\mu m$。导管分子较短,长$80\sim150\mu m$;具缘纹孔较密,互列。草酸钙方晶 细小,直径约$5\mu m$,在薄壁细胞中有时可见木栓细胞,显棕黑色。横断面观细胞排列较整齐,微弯曲。

3.2 常规检查研究(参照《中国药典》2015年版)

3.2.1 常规检查测定方法

水分 取供试品$2\sim5g$,平铺于干燥至恒重的扁形称量瓶中,厚度不超过5mm,疏松供试品不超过10mm,精密称定,开启瓶盖在$100\sim105℃$干燥5h,将瓶盖盖好,移置干燥器中,放冷30min,精密称定,再在上述温度干燥1h,放冷,称重,至连续两次称重的差异不超过5mg为止。根据减失的重量,计算供试品中含水量(%)。

本法适用于不含或少含挥发性成分的药品。

$$水分(\%) = \frac{W_1 + W_2 - W_3}{W_1} \times 100\%$$

式中W_1:供试品的重量(g);W_2:称量瓶恒重的重量(g);W_3:称量瓶+供试品干燥至连续两次称重的差异不超过5mg后的重量(g)。试验所得数据用Microsoft Excel 2013进行整理计算。

总灰分及酸不溶性灰总灰分 测定法:测定用的供试品须粉碎,使能通过二号筛,混合均匀后,取供试品$2\sim3g$(如需测定酸不溶性灰分,可取供试品$3\sim5g$),置炽灼至恒重的坩埚中,称定重量(准确至0.01g),缓缓炽热,注意避免燃烧,至完全炭化时,逐渐升高温度至$500\sim600℃$,使完全灰化并至恒重。根据残渣重量,计算供试品中总灰分的含量(%)。如供试品不易灰化,可将坩埚放冷,加热水或10%硝酸铵溶液2ml,使残渣湿润,然后置水浴上蒸干,残渣照前法炽灼,至坩埚内容物完全灰化。

酸不溶性灰分测定法:取上项所得的灰分,在坩埚中小心加入稀盐酸约10ml,用表面皿覆盖坩埚,置水浴上加热10min，表面皿用热水5ml冲洗，洗液并入坩埚中，用无灰滤纸滤过，坩埚内的残渣用水洗于滤纸上，并洗涤至洗液不显氯化物反应为止。滤渣连同滤纸移置同一坩埚中，干燥，炽灼至恒重。根据残渣重量，计算供试品中酸不溶性灰分的含量（%）。

$$总灰分（\%）=\frac{M_2-M_1}{M_3-M_1}\times100\%$$

式中M_1：坩埚重量（g）；M_2：坩埚+灰分重量（g）；M_3：坩埚+样品重量（g）。试验所得数据用Microsoft Excel 2013进行整理计算。

$$酸不溶性灰分（\%）=\frac{M_2-M_1}{M_3-M_1}\times100\%$$

式中M_1：坩埚重量（g）；M_2：坩埚和酸不溶灰分的总重量（g）；M_3：坩埚和样品总质量（g）。试验所得数据用Microsoft Excel 2013进行整理计算。

浸出物　水溶性冷浸法：取供试品约4g，精密称定，置250~300ml的锥形瓶中，精密加水100ml，密塞，冷浸，前6h内时时振摇，再静置18h，用干燥滤器迅速滤过，精密量取续滤液20ml，置已干燥至恒重的蒸发皿中，在水浴上蒸干后，于105℃干燥3h，置干燥器中冷却30min，迅速精密称定重量。除另有规定外，以干燥品计算供试品中水溶性浸出物的含量（%）。

$$浸出物（\%）=\frac{（浸出物及蒸发皿重-蒸发皿重）\times加水（或乙醇）体积}{供试品的重量\times量取滤液的体积}\times100\%$$

$$RSD=\frac{标准偏差}{平均值}\times100\%$$

3.2.2　结果与分析

水分　参照《中国药典》2015年版四部（第103页）第二法（烘干法）测定。取上述采集的地黄药材样品，测定并计算地黄药材样品中含水量（质量分数，%），平均值为7.12%，所测数值计算RSD≤4.78%，在《中国药典》（2015年版，一部）地黄药材项下要求水分不得超过15.0%，本药材符合药典规定要求（见表22-6）。

总灰分　参照《中国药典》2015年版四部（第202页）总灰分测定法测定。取上述采集的地黄药材样品，测定并计算地黄药材样品中总灰分和酸不溶性灰分含量（%），总灰分含量平均值为3.75%，所测数值计算RSD≤2.26%，酸不溶性灰分含量平均值为0.59%，所测数值计算RSD≤7.75%，在《中国药典》（2015年版，一部）地黄药材项下要求总灰分不得超过8.0%，酸不溶性灰分不得超过3.0%，本药材符合药典规定要求（见表22-6）。

浸出物　参照《中国药典》2015年版四部（第202页）水溶性浸出物测定法（冷浸法）测定。取上述采集的地黄药材样品，测定并计算地黄药材样品中含水量（质量分数，%），平均值为72.12%，所测数值计算

RSD≤1.06%,在《中国药典》(2015年版,一部)地黄药材项下要求浸出物不得少于65.0%,本药材符合药典规定要求(见表22-6)。

表22-6　地黄药材样品中水分、总灰分、酸不溶性灰分及浸出物的含量

测定项	平均(%)	RSD(%)
水分	7.12	4.78
总灰分	3.75	2.26
酸不溶性灰分	0.59	7.75
浸出物	72.12	1.06

本试验研究依据《中国药典》(2015年版,一部)地黄药材项下内容,根据奈曼产地地黄药材的实验测定结果,蒙药材地黄样品水分、总灰分、酸不溶性灰分、浸出物的平均含量分别为7.12%、3.75%、0.59%、72.12%,符合《中国药典》规定要求。

3.3　地黄中的毛蕊花糖苷含量测定

3.3.1　实验设备、药材、试剂

仪器、设备　Agilent Technologies-1260 Infinity型高效液相色谱仪,SQP型电子天平(赛多利斯科学仪器〈北京〉有限公司),KQ-600DB型数控超声波清洗器(昆山市超声仪器有限公司),HWS26型电热恒温水浴锅。Millipore-超纯水机。

实验药材(表22-7)

表22-7　地黄供试药材来源

编号	采集地点	采集时间	采集经度	采集纬度
Y1	内蒙古自治区通辽市奈曼旗昂乃(基地)	2016-10-20	120° 42′ 10″	42° 45′ 19″

对照品　毛蕊花糖苷(自国家食品药品监督管理总局采购,编号:2415-24-9)。

试剂　乙腈(色谱纯)、磷酸。

3.3.2　实验方法

毛蕊花糖苷　按照高效液相色谱法(通则0512)测定。色谱条件与系统适用性试验以十八烷基硅烷键合硅胶为填充剂,以乙腈0.1%醋酸溶液(16∶84)为流动相,检测波长为334nm。理论板数按毛蕊花糖苷峰计算应不低于5000。

对照品溶液制备　取毛蕊花糖苷对照品适量,精密称定,加流动相制成每1ml含10μg的溶液,即得。

供试品溶液制备　取本品切成5mm加小块,经80℃减压干燥24小时后,磨成粗粉,取约0.8g,精密称定,置具塞锥形瓶中,精密加入甲醇50ml,称定重量,用甲醇补足减少的重量,摇匀,滤过,精密量取续滤液10ml,浓缩至近干,残渣用流动相溶解,轻移至10ml量瓶中,并用流动相稀释至刻度,摇匀,滤过,取续滤液20ml,减压回收溶剂近干,残渣用流动相溶解,转移至5ml量瓶中,加流动相至刻度,摇匀,滤过,取续滤液,即得。

测定法　分别精密吸取对照品溶液与供试品溶液各20μl,注入液相色谱仪,测定,即得。

生地黄按干燥品计算,含毛蕊花糖苷($C_{29}H_{36}O_{15}$)不得少于0.020%。

3.3.3　实验操作

线性与范围　按3.3.2对照品溶液制备方法制备,精密吸取对照品溶液16μl、18μl、20μl、22μl、24μl,注入高效液相色谱仪,测定其峰面积值,并以进样量$C(x)$对峰面积值$A(y)$进行线性回归,得标准曲线回归方程为:$y = 908430x + 191396$,相关系数$R = 0.9991$。

结果　表明毛蕊花糖苷进样量在0.16~0.24μg范围内,与峰面积值具有良好的线性关系,相关性显著。

表22-8　线性关系考察结果

C(μg)	0.160	0.180	0.200	0.220	0.240
A	337805	354003	372167	391571	409864

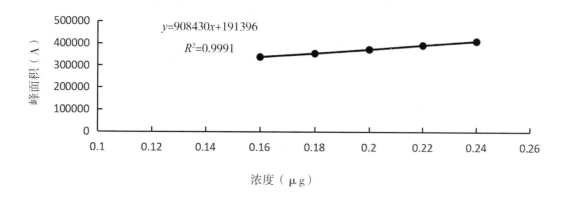

图22-21　毛蕊花糖苷对照品的标准曲线图

3.3.4　样品测定

取地黄样品约0.8g,精密称取,分别按3.3.2项下的方法制备供试品溶液,精密吸取供试品溶液各10μl,分别注入液相色谱仪,测定,并按干燥品计算含量(见表22-9)。

表22-9　地黄样品测定

样品批号	n	样品（g）	毛蕊花糖苷含量（%）	平均值（%）	RSD（%）
	1	0.80092	0.044		
20161020	2	0.80092	0.043	0.043	2.06
	3	0.80092	0.045		

3.3.5　结论

按照2015年版《中国药典》中地黄含量测定方法测定,结果奈曼基地的地黄中毛蕊花糖苷的含量符合《中国药典》规定要求。

冬葵果 ᠮᠠᠨᠢᠩ

MALVAE FRUCTUS

蒙药材冬葵果为锦葵科植物冬葵*Malva verticillata* L.的干燥成熟果实。

1　冬葵的研究概况

1.1　蒙药学考证

蒙药材冬葵果为常用利尿消肿药,蒙古名"玛宁占巴",别名"尼嘎""额布勒珠尔其其格""萨尔玛宁占巴""占巴""陶日爱诺高""哈热诺高"。始记载于《智慧之源》:"三种占巴之一。"其药用首记载于《医经八支》:"冬葵果为锦葵科二年草本植物冬葵(*Malva verticillata* L.)的干燥成熟果实。"《无误蒙药鉴》记载:"玛宁占巴,亦称尼嘎、阿贼嘎、门占巴、楚满,生于地势较低之处。茎细,叶圆,花白色,小,种子味甘,涩,质佳。"《绕高日》中记载:"占巴籽性凉,效锐,治尿闭,烦渴和泻泄,尤为清深热。"《认药学》记载:"阿贼嘎生于低矮处,叶为尼嘎,种子为阿贼嘎,根、茎裂开,味涩甘,功效治尿闭,伤燥,止渴;茎细、叶圆、花白色,种子功极佳;冬葵果为锦葵科一年生植物冬葵果(*Malva verticillata* L.)的干燥成熟果实。"《晶珠本草》记载:"生于低矮处,茎细,叶圆,花白色,种子味甘、涩;玛宁占巴,亦称尼嘎,阿贼嘎、门占巴、楚满,生于地势较低之处。茎细,叶圆,花白色,小,种子味甘,涩,质佳。"《认药白晶鉴》记载:"生于低矮处,茎细,叶圆,花白色,种子味甘、涩。"上述植物形态及附图形态及附图特征与蒙医药所认用的冬葵之特征相似,故认定历代蒙医药文献所记载的尼嘎即萨日木格、占巴(冬葵果)。该药性凉,味甘、涩,效锐、重、燥;具有通脉、利尿消肿、清热、燥脓、止泻之功效,主要用于肾热、膀胱热、肾膀胱结石、腰腹疼痛、小便不利、尿时作痛、血尿、浮肿、遗精、尿闭淋病、水肿、口渴、舌燥、肾热、尿路感染等症。

1.2 资源分布状况

我国早在汉代以前即已栽培供蔬食，现在在湖南、四川、江西、贵州、云南等省仍有栽培以供蔬食者；北京、甘肃会宁等地也偶见栽培。其叶圆，边缘折皱曲旋，秀丽多姿，是园林观赏的佳品，地植与盆栽均宜。

2 生物学特性研究

2.1 奈曼地区栽培冬葵物候期

2.1.1 观测方法

从通辽市奈曼旗蒙药材种植基地栽培的冬葵大田中，选择10株生长良好、无病虫害的健壮植株编号挂牌，作定位观测，并记录。2016年5月至2017年11月间连续观测记录各定株物候出现的日期，以10株平均期作为原始值。观测应具连续性，不漏测任何一个物候期。观测时间顺序固定，开花期上午8:00～11:30，晴天观测。观测部位以植株判断其物候期，主茎受损时另选植株，并注明。

2.1.2 物候期的划分

物候期的划分是根据栽培冬葵生长发育过程中不同时期植物生长发育特点，并参考其他植物物候期的划分情况完成的。为了划分依据统一，始、初期均以群体中植株出现开花或展叶或坐果5%～15%为标准，盛、旺期以40%～60%为标准，末期以80%～90%为标准。将冬葵的生育全过程分为播种期、出苗期、4～6叶期、分枝期、花蕾期、开花初期、盛花期、落花期、坐果初期、果实成熟期、枯萎期。出苗期为种子萌发后，幼苗露出地面2～3cm的时期；4～6叶期（伸长期）是叶生长的关键时期；分枝期是植株茎秆快速生长时期，其与伸长期基本同季，是植物营养生长高峰期；现蕾开花期是植株现蕾开花时期；坐果初期是冬葵开始坐果的时期；果实成熟期是整株植物结实及果实成熟的关键时期，其与现蕾开花期组成冬葵的生殖生长期；枯萎期是根据植株在夏末、秋初出现春发植株大量死亡现象而设置的一个生育时期；播种期是冬葵实际播种日期。

2.1.3 物候期观测结果

一年生冬葵播种期为5月12日，出苗期自6月2日起历时10天，4～6叶期为自6月初开始至下旬历时15天，花蕾期自7月上旬始共12天，开花初期为7月中旬至7月下旬历时10天，盛花期历时9天，落花期历时10天，坐果初期共计9天，枯萎期历时7天。

表23-1-1　冬葵物候期观测结果（m/d）

年份＼时期	播种期	出苗期	4~6叶期	分枝期	花蕾期	开花初期
一年生	5/12	6/2~6/12	6/8~6/23	—	7/2~7/14	7/15~7/25

表23-1-2　冬葵物候期观测结果（m/d）

年份＼时期	盛花期	落花期	坐果初期	果实成熟期	枯萎期
一年生	7/25~8/4	8/10~8/20	8/21~8/20	8/22~8/30	9/5~9/12

2.2　形态特征观察研究

一年生草本，高1m，不分枝，茎被柔毛。叶圆形，常5~7裂或角裂，径5~8cm，基部心形，裂片三角状圆形，边缘具细锯齿，并极皱缩扭曲，两面无毛至疏被糙伏毛或星状毛，在脉上尤为明显；叶柄瘦弱，长4~7cm，疏被柔毛。花小，白色，直径约6mm，单生或几个簇生于叶腋，近无花梗至具极短梗；小苞片3，披针形，长4~5mm，宽1mm，疏被糙伏毛；萼浅杯状，5裂，长8~10mm，裂片三角形，疏被星状柔毛；花瓣5，较萼片略长。果扁球形，径约8mm，分果11，网状，具细柔毛；种子肾形，径约1mm，暗黑色。花期6~9月。

冬葵果形态特征例图

图23-1　　　　　　　　　图23-2　　　　　　　　　图23-3

图23-4　　　　　　　　　　　　　　　图23-5

图23-6

2.2.1　冬葵营养器官生长动态

（1）冬葵地下部分生长动态　为掌握冬葵各种性状在不同生长时期的生长动态，分别在不同时期对冬葵的根长、根粗、侧根数、根鲜重等性状进行了调查（见表23-2）。

表23-2 一年生冬葵果地下部分生长情况

调查日期 （m/d）	根长 （cm）	根粗 （cm）	侧根数 （个）	侧根长 （cm）	侧根粗 （cm）	根鲜重 （g）
7/30	6.04	0.0940	—	—	—	0.56
8/10	7.20	0.1249	1.4	3.18	0.0619	0.56
8/20	9.26	0.2553	2.2	5.01	0.1241	2.38
8/30	10.08	0.3473	2.9	6.08	0.1699	3.16
9/10	10.99	0.4759	3.4	7.61	0.2321	4.42
9/20	12.31	0.5912	3.7	8.80	0.2820	5.64
9/30	14.22	0.7023	3.9	9.31	0.3801	6.00
10/15	16.20	0.8024	4.4	11.77	0.4210	6.86

说明："—"无数据或未达到测量的数据要求。

冬葵根长的变化动态 从图23-7可见，7月30日至10月15日根一直在缓慢增长。

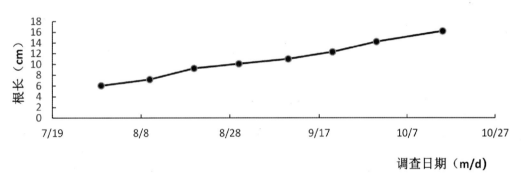

图23-7 冬葵的根长变化

冬葵根粗的变化动态 从图23-8可见，冬葵的根粗从7月30日至10月15日均呈稳定的增长趋势。说明冬葵在一年里根粗始终在增加。

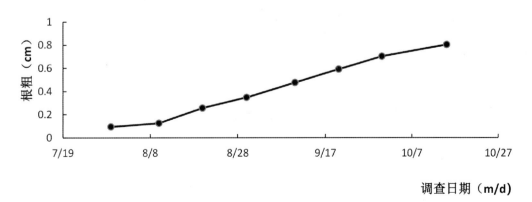

图23-8 冬葵的根粗变化

冬葵侧根数的变化动态 从图23-9可见，7月30日至10月15日侧根数均呈稳定的增加趋势，但是长势非常缓慢。

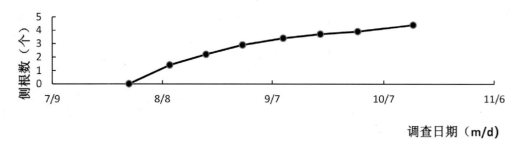

图23-9　冬葵的侧根数变化

冬葵侧根长的变化动态 从图23-10可见，冬葵的侧根长从7月30日至10月15日均呈稳定的增长趋势。说明冬葵在一年里侧根长始终在增加，但是长势缓慢。

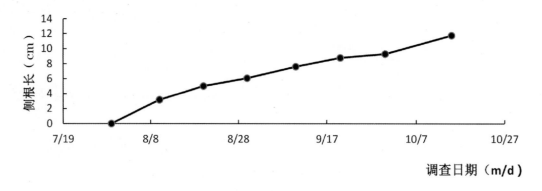

图23-10　冬葵的侧根长变化

冬葵侧根粗的变化动态 从图23-11可见，冬葵的侧根粗从7月30日至10月15日非常缓慢地增加。说明冬葵在一年里侧根粗始终在增加。

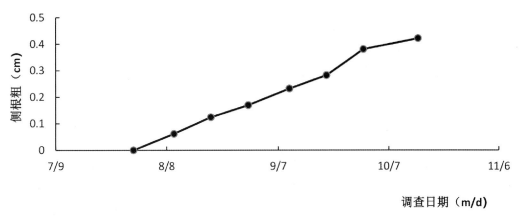

图23-11 冬葵的侧根粗变化

冬葵根鲜重的变化动态 从图23-12可见,从8月10日至10月15日根鲜重均呈稳定的增加趋势。

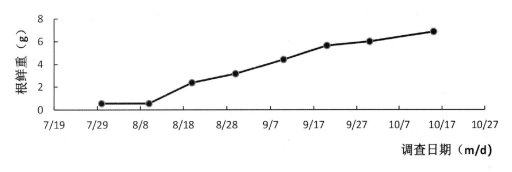

图23-12 冬葵的根鲜重变化

(2)**冬葵地上部分生长动态** 为掌握冬葵各种性状在不同生长时期的生长动态,分别在不同时期对冬葵的株高,叶数,分枝数,茎、叶鲜重等性状进行了调查(见表23-3)。

表23-3 冬葵果地上部分生长情况

调查日期 (m/d)	株高 (cm)	叶数 (个)	分枝数 (个)	茎粗 (cm)	茎鲜重 (g)	叶鲜重 (g)
7/25	10.37	2.28	—	—	—	0.5
8/12	13.35	3.29	—	—	—	2.78
8/20	14.55	4.1	—	—	—	4.76
8/30	16.73	16.12	—	0.245	1.89	5.76
9/10	54.34	16.89	—	0.3066	9.2	7

续表

调查日期 （m/d）	株高 （cm）	叶数 （个）	分枝数 （个）	茎粗 （cm）	茎鲜重 （g）	叶鲜重 （g）
9/21	90.2	41.8	1.2	0.5788	18.33	9.37
9/30	94.92	55.4	3.3	0.6546	18.32	5.5
10/15	94.89	6.7	3.9	0.686	18.33	0.31

说明："—"无数据或未达到测量的数据要求。

冬葵株高的生长变化动态　从图23-13可见，7月25日至8月30日是株高增长速度非常缓慢时期，8月30日至9月21日为生长最快时期，之后冬葵的株高进入平稳期。

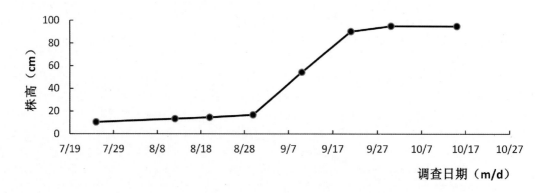

图23-13　冬葵的株高变化

冬葵叶数的生长变化动态　从图23-14可见，8月20日至9月30日是叶数增加最快的时期，其后叶数开始迅速变少，说明这一时期冬葵下部叶片在枯死、脱落，所以叶数在减少。

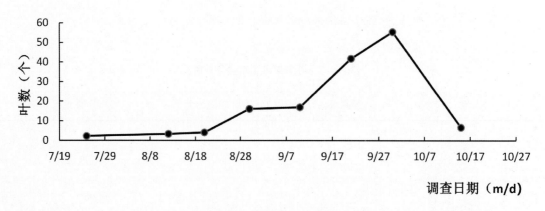

图23-14　冬葵的叶数变化

冬葵在不同生长时期分枝数的变化　从图23-15可见，9月10日之前没有分枝，从9月10日至10月15日分枝数逐渐增加。

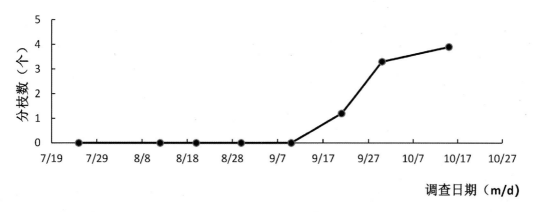

图23-15 冬葵的分枝数变化

冬葵茎粗的生长变化动态 从图23-16中可见,冬葵茎粗在8月20日之前不在调查范围内,8月20日至10月15日逐渐增加。

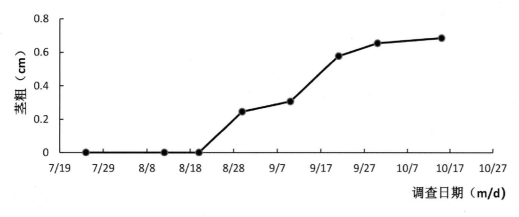

图23-16 冬葵的茎粗变化

冬葵茎鲜重的变化动态 从图23-17可见,冬葵茎鲜重在8月20日之前不在调查范围内,8月20日至9月21日茎鲜重快速增加,之后茎鲜重开始进入稳定期,这可能是由于生长后期冬葵开花、结果,茎秆停止生长所致。

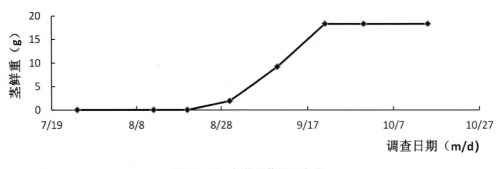

图23-17　冬葵的茎鲜重变化

冬葵茎叶鲜重的变化动态　从图23-18可见，7月25日至9月21日茎叶鲜重逐渐增加，其后茎叶鲜重开始大幅降低，这可能是由于生长后期叶片逐渐脱落和茎叶逐渐干枯所致。

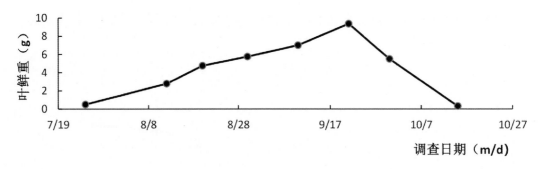

图23-18　冬葵的叶鲜重变化

(3)冬葵果单株生长图

图23-19

图23-20

图23-21

图23-22

图23-23

图23-24

2.3.2　冬葵不同时期的根和地上部的关系

为掌握冬葵果各种性状在不同生长时期的生长动态,分别在不同时期从冬葵果的每个种植小区随机取样10株,将取样所得的冬葵从茎基部剪下,根、冠分离,去除杂物,将根、冠分别在105℃下杀青30分钟后60℃恒温2天(或2天以上干燥为止),然后放入干燥器中冷却,用1/10000的天平测量质量,以二者的比值为根冠比。

表23-4　冬葵不同时期的根和地上部分的关系

调查日期(m/d)	7/25	8/12	8/20	8/30	9/10	9/21	9/30	10/15
根冠比	1.4000	1.2071	1.0517	0.9733	0.4346	0.4524	0.4586	0.6810

从表23-4可见,冬葵幼苗期根系与枝叶的生长速度有显著差异,幼苗出土初期根冠比基本在1.4000:1,根系生长速率比地上部分快。8月下旬开始光合能力增强,枝叶生长加速,其生长地上逐渐接近地下,根冠比为0.9733:1,到9月根冠比基本保持不变,9月21日为0.4524:1,而地上部分慢慢枯萎,10月中旬根冠比为0.6810:1。

2.3.3　冬葵不同生长期干物质积累

本实验共设计3个小区。每小区取样10株,分别取营养幼苗期、营养生长期、开花期、果实期、枯萎期等5个时期的冬葵果全株,每穴以植株为中心,取长16~25cm、宽16~25cm、深20~40cm的土块,先用清水冲洗干净,注意避免丢失根量,用滤纸吸干附着的水分,然后将植株按根、茎、叶、花和果实部位装袋,于105℃杀青30min,60℃烘干至恒重,测定干物质质量,并折算为公顷干物质积累量。

表23-5　冬葵各器官总干物质重变化(kg/hm²)

调查期	根	茎	叶	花和果
幼苗期	112.00	—	80.00	—
营养生长期	688.00	—	856.00	—
开花期	1056.00	472.00	672.00	108.00
果实期	1784.00	3024.00	1408.00	120.30
枯萎期	2032.00	2448.00	136.00	616.00

说明:"—"无数据或未达到测量的数据要求。

从冬葵干物质积累与分配的数据(表23-5)可以看出,在不同时期地上、地下部分各营养器官的干物质量均随冬葵的生长不断增加。在幼苗期根、叶干物质总量依次为112.00kg/hm²、80.00kg/hm²；进入营养生长期根、叶依次增加至688.00kg/hm²、856.00kg/hm²，根和叶增加较快。进入开花期根、茎、叶、花和果依次为1056.00kg/hm²、472.00kg/hm²、672.00kg/hm²和108.00kg/hm²；进入果实期根、茎、叶、花和果实依次增加至1784.00kg/hm²、3024.00kg/hm²、1408.00kg/hm²、120.30kg/hm²。进入枯萎期根、茎、叶、花和果依次为2032.00kg/hm²、2448.00kg/hm²、136.00kg/hm²和616.00kg/hm²，其中根增加较快，果实进入成熟期，茎的生长具有下降的趋势，即茎和叶进入枯萎期。

3　药材质量评价研究

水分　取供试品2~5g，平铺于干燥至恒重的扁形称量瓶中，厚度不超过5mm，疏松供试品不超过10mm，精密称定，开启瓶盖在100~105℃干燥5h，将瓶盖盖好，移置干燥器中，放冷30min，精密称定，再在上述温度干燥1h，放冷，称重，至连续两次称重的差异不超过5mg为止。根据减失的重量，计算供试品中含水量（%）。

本法适用于不含或少含挥发性成分的药品。

$$水分（\%）=\frac{W_1+W_2-W_3}{W_1}\times100\%$$

式中W_1：器皿重量（g）；W_2：器皿+样品烘前重量（g）；W_3：器皿+样品烘恒重后重量（g）。试验所得数据用Microsoft Excel 2013进行整理计算。

总灰分　测定用的供试品须粉碎，使能通过二号筛，混合均匀后，取供试品2~3g（如需测定酸不溶性灰分，可取供试品3~5g），置炽灼至恒重的坩埚中，称定重量（准确至0.01g），缓缓炽热，注意避免燃烧，至完全炭化时，逐渐升高温度至500~600℃，使完全灰化并至恒重。根据残渣重量，计算供试品中总灰分的含量（%）。

如供试品不易灰化，可将坩埚放冷，加热水或10%硝酸铵溶液2ml，使残渣湿润，然后置水浴上蒸干，残渣照前法炽灼，至坩埚内容物完全灰化。

$$总灰分（\%）=\frac{M_2-M_1}{M_3-M_1}\times100\%$$

式中M_1：坩埚重量（g）；M_2：坩埚+灰分重量（g）；M_3：坩埚+样品重量（g）。试验所得数据用Microsoft Excel 2013进行整理计算。

3.2.2 结果与分析

水分 参照《中国药典》2015年版四部（第103页）第二法（烘干法）测定。取上述采集的冬葵药材样品，测定并计算冬葵药材样品中含水量（质量分数，%），平均值为8.35%，所测数值计算RSD数值为0.37%，在《中国药典》（2015年版，一部）冬葵药材项下要求水分不得过10.0%，本药材符合药典规定要求（表23-6）。

总灰分 参照《中国药典》2015年版四部（第202页）灰分测定法测定。总取上述采集的冬葵药材样品，测定并计算冬葵药材样品中总灰分和酸不溶性灰分含量（%），总灰分含量平均值为6.82%，所测数值计算RSD数值为1.70%，在《中国药典》（2015年版，一部）冬葵药材项下要求总灰分不得过9.0%，本药材符合药典规定要求（见表23-6）。

表23-6 冬葵药材样品中含水量

测定项	平均（%）	RSD（%）
水分	6.72	0.37
总灰分	6.82	1.70

本试验研究依据《中国药典》（2015年版，一部）冬葵药材项下内容，根据奈曼产地冬葵药材的实验测定，结果蒙药材冬葵样品水分、总灰分的平均含量分别为6.72%、6.82%，符合《中国药典》规定要求。

3.3 冬葵果中的咖啡酸含量

3.3.1 实验设备、药材、试剂

仪器、设备 T6新世纪紫外可见分光光度计，SQP型电子天平（赛多利斯科学仪器〈北京〉有限公司），KQ-600DB型数控超声波清洗器（昆山市超声仪器有限公司）。Millipore-超纯水机。

实验药材（表23-7）

表23-7 冬葵供试药材来源

编号	采集地点	采集时间	采集经度	采集纬度
Y1	内蒙古自治区通辽市奈曼旗昂乃（基地）	2016-10-20	120° 42′ 10″	42° 45′ 19″
Y2	通辽市同士药典	2016-12-30	—	—

对照品 咖啡酸（自国家食品药品监督管理总局采购，编号：110885-200102）。

试剂 无水乙醇、甲醇（色谱纯）、十二烷基硫酸钠、三氯化铁、铁氰化钾、盐酸。

3.3.2　溶剂的配制

对照品溶液的制备　取咖啡酸对照品适量，精密称定，加甲醇制成每1ml含30μg的溶液，即得。

标准曲线的制备　精密量取对照品溶液0.25ml、0.5ml、1ml、1.5ml、2ml、2.5ml、3ml、4ml，分别置25ml量瓶中，加无水乙醇补至5.0ml，加0.3%十二烷基硫酸钠2.0ml及0.6%三氯化铁0.9%铁氰化钾（1∶0.9）混合溶液1.0ml，混匀，在暗处放置5min，加0.1mol/L盐酸溶液至刻度，摇匀，在暗处放置20min，以相应的试剂为空白，照紫外–可见分光光度法（通则0401），在700nm波长测定吸光度，以吸光度为纵坐标，浓度为横坐标，绘制标准曲线。

测定法　取本品粉末约2.5g，精密称定，置圆底烧瓶中，加70%乙醇50ml，加热回流提取2h，滤过，用70%乙醇20ml，分2次洗涤容器，洗液并入同一圆底烧瓶中，40℃减压回收溶剂至近干，加适量无水甲醇溶解，并转移至25ml量瓶中，用无水甲醇稀释至刻度，摇匀，精密量取5ml，置10ml量瓶中，加无水甲醇至刻度，摇匀（避光备用）。精密量取0.5ml，置25ml量瓶中，照标准曲线制备项下的方法，自加无水乙醇补至5.0ml补起，依法测定吸光度，从标准曲线上读出供试品溶液中含咖啡酸的重量，计算，即得。

本品按干燥品计算，含总酚酸以咖啡酸（$C_9H_8O_4$）计，不得少于0.15%。

3.3.3　实验操作

线性与范围　按3.3.2对照品溶液制备方法制备，精密吸取对照品溶液0.25ml、0.5ml、1ml、1.5ml、2ml、2.5ml、3ml、3.5ml、4ml，按紫外–可见分光光度法（通则0401），在700nm波长测定吸光度，以吸光度为纵坐标，浓度为横坐标，绘制标准曲线。并以进样量C(x)对吸光度值A(y)进行线性回归，得标准曲线回归方程为：$y = 312.84x + 0.0994$，相关系数$R = 0.9992$。

结果　表明咖啡酸进样量在0.0003～0.0048μg范围内，与峰面积值具有良好的线性关系，相关性显著。

表23-8　线性关系考察结果

C（μg）	0.0003	0.0006	0.0012	0.0018	0.0024	0.003	0.0036	0.0048
A	0.177	0.286	0.473	0.679	0.87	1.024	1.235	1.588

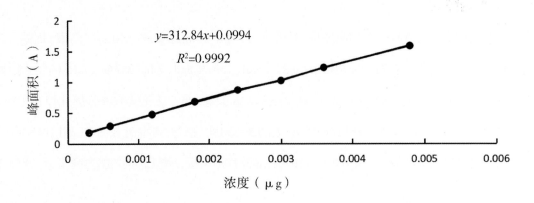

图23-25　冬葵果咖啡酸对照品的标准曲线图

3.3.4　样品测定

取冬葵果样品约2.5g，精密称取，分别按3.3.2项下的方法制备供试品溶液，精密吸取供试品溶液各5ml，分别照紫外-可见分光光度法（通则0401），测定，并干燥品计算含量，结果见表23-9。

表23-9　样品测定结果

样品批号	n	样品（g）	吸光度（%）
	1		
20160929	2	2.5003	0.462
	3		
	1		
20161230	2	2.5005	0.457
	3		

3.3.5　结论

按照2015年版《中国药典》中冬葵果含量测定方法测定，结果奈曼基地的冬葵果中咖啡酸的含量符合《中国药典》规定要求。

4　经济效益分析

蒙药材冬葵果是蒙古族习用的药材，为锦葵科植物冬葵的干燥成熟果实，其药性凉，味甘、涩，具有通尿，利尿，清"协日"，燥脓，消水肿，除肾热、膀胱热，治淋病、尿闭、膀胱结石，消渴，治创伤等功能。冬葵以幼苗或嫩茎叶供食，营养丰富，同时也是园林观赏的佳品，地植与盆栽均宜。冬葵果，近期市场货源走销一般,行情与前期相差不大。现市场冬葵果价格在每千克16元,货源批量走动中,后市行情变化需继续关注。冬葵果,小品种之一,市场需求量小,药商关注度不高,偶尔有药商来市正常购销,货源走动平稳,产地供货有保障。

蜀 葵 ᠵᠣ

ABELMOSCHI COROLLA

蒙药材蜀葵花为锦葵科植物蜀葵*Althaea rosea*（L.）Cavan.的干燥花。

1 蜀葵的研究概况

1.1 蒙药学考证

蒙药蜀葵花为常用杀黏药，秋季果成熟时采摘，阴干。蒙药名"额热–占巴"，别名"哈洛其其格""哈老莫德格""扎布吉拉哈–苏荣–达日雅干"。占布拉道尔吉《无误蒙药鉴》中记载："藏语称炮占木，亦称哈老、道格丹、宝德占巴。生于园中。茎大，叶大，花有白色或红褐色两种，花固遗精。"《晶珠本草》中记载："额热–占巴名色极好。"《植物史》中记载："哈老莫德格开白紫花，叶如冬葵果；生于园地茎高，叶、花大，花有紫、白色两种，固精；根开胃，治消瘦病。"《识药学》中记载："哈老莫德格在药用植物白紫花，叶如葵花叶，锦葵科植物蜀葵*Althaea rosea*（L.）Cavan.的干燥花。"《认药白晶鉴》中记载："叶蓝色，具长柄，花白色或暗紫色。"上述植物形态及附图特征与蒙医药所认用的蜀葵花形态特征相符，故认定历代蒙医药文献所记载的哈老莫德格即额热–占巴（蜀葵花）。本品味咸、甘，性寒。具有利尿、消水肿、清热、固精、调经血之功效。蒙医主要用于水肿肾热、膀胱热、遗精、月经不调、月经淋漓、尿频、全身水肿、膀胱脉伤、尿闭、身疲发烧、浮肿、腰痛等病，多配方用，在蒙成药中使用较为普遍。

1.2 化学成分及药理作用

1.2.1 化学成分

花含1-对羟基苯基-2-羟基-3-（2，4，6）-三羟基苯基-1，3-丙二酮〔1-p-hydroxyphenyl-2-hydroxy-3-（2，4，6）-trihydroxyphenyl-1，3-propandione〕，二氢山柰酚葡萄糖苷（dihydrokaempferolglucoside）及蜀葵苷

（herbacin）。

1.2.2　药理作用

镇痛抗炎作用　蜀葵花乙醇提取物5g/kg、10g/kg灌胃对小鼠醋酸性扭体反应及大鼠光辐射热甩尾反应有显著的抑制作用。对醋酸所致的小鼠腹腔毛细管通透性增加、大鼠角叉菜胶及右旋糖酐性足浮肿有明显的抑制作用。能显著抑制炎症组织内前列腺素E（PGE）的释放。

毒性　蜀葵花乙醇提取物80g/kg给小鼠灌胃。可见小鼠自发活动减少，连续观察72h无一死亡。小鼠静脉注射的LD_{50}为（2.76±0.08）g/kg。

1.3　资源分布状况

原产于我国西南地区，全国各地广泛栽培供园林观赏用。世界各国均有栽培供观赏用。

1.4　生态习性

喜阳光充足及温暖气候，耐寒，宜在排水良好的肥沃土壤栽种。

1.5　栽培技术与采收加工

1.5.1　繁殖方法

播种方法　种子繁殖或分株繁殖。种子繁殖：夏、秋季播种为宜，6~7月种子成熟，采下即播，约1星期后发芽，当真叶2~3枝时，移植一次，次年就可开花。分株繁殖：花后至春季抽梢前进行，常作二年生栽培，生长期可施液肥。

1.5.2　病虫害及其防治

蜀葵锈病，为害叶片，可在春季和夏季于植株上喷洒波尔多液。播种前应进行种子消毒。

2　生物学特性研究

2.1　奈曼地区栽培蜀葵物候期

2.1.1　观测方法

从通辽奈曼旗蒙药材种植基地栽培的蜀葵大田中，选择10株生长良好、无病虫害的健壮植株编号挂牌，作定位观测，并记录。2016年5月至2016年11月间连续观测记录各定株物候出现的日期，以10株平均期作为原始值。观测应具连续性，不漏测任何一个物候期。观测时间和顺序固定，开花期上午8: 00~11: 30, 晴天观测。观测部位以植株判断其物候期，主茎受损时另选植株，并注明。

2.1.2 物候期的划分

物候期的划分是根据栽培蜀葵生长发育过程中不同时期植物生长发育特点，并参考其他植物物候期的划分情况完成的。为了划分依据统一，始、初期均以群体中植株出现开花或展叶或坐果5%~15%为标准，盛、旺期以40%~60%为标准，末期以80%~90%为标准。将蜀葵的生育全过程分为播种期、出苗期、4~6叶期、分枝期、花蕾期、开花初期、盛花期、落花期、坐果初期、果实成熟期、枯萎期。出苗期为种子萌发后，幼苗露出地面2~3cm的时期；4~6叶期（伸长期）是叶生长的关键时期；分枝期是植株茎秆快速生长时期，其与伸长期基本同季，是植物营养生长高峰期；现蕾开花期是植株现蕾开花时期；坐果初期是蜀葵开始坐果的时期；果实成熟期是整株植物结实及果实成熟的关键时期，其与现蕾开花期组成蜀葵的生殖生长期；枯萎期是根据植株在夏末、秋初出现春发植株大量死亡现象而设置的一个生育时期；播种期是蜀葵实际播种日期。

2.1.3 物候期观测结果

一年生蜀葵播种期为5月13日，出苗期自6月2日起历时15天，4~6叶期为6月初开始至下旬历时21天，分枝期共8天，枯萎期历时21天。

表24-1-1 蜀葵物候期观测结果（m/d）

年份 \ 时期	播种期	出苗期	4~6叶期	分枝期	花蕾期	开花初期
一年生	5/13	6/2~6/17	6/6~6/27	6/28~7/6	—	—

表24-1-2 蜀葵物候期观测结果（m/d）

年份 \ 时期	盛花期	落花期	坐果初期	果实成熟期	枯萎期
一年生	—	—	—	—	10/12~11/3

2.2 形态特征观察研究

二年生直立草本，高达2m，茎枝密被刺毛。叶近圆心形，直径6~16cm，掌状5~7浅裂或波状棱角，裂片三角形或圆形，中裂片长约3cm，宽4~6cm，上面疏被星状柔毛，粗糙，下面被星状长硬毛或绒毛；叶柄长5~15cm，被星状长硬毛；托叶卵形，长约8mm，先端具3尖。花腋生，单生或近簇生，排列成总状花序式，具叶状苞片，花梗长约5mm，果时延长至1~2.5cm，被星状长硬毛；小苞片杯状，常6~7裂，裂片卵状披针形，长10mm，密被星状粗硬毛，基部合生；萼钟状，直径2~3cm，5齿裂，裂片卵状三角形，长1.2~1.5cm，密被星状粗硬毛；花大，直径6~10cm，有红、紫、白、粉红、黄和黑紫等色，单瓣或重瓣，花瓣倒卵状三角形，长约4cm，先端凹缺，基部狭，爪被长髯毛；雄蕊柱无毛，长约2cm，花丝纤细，长约2mm，花药黄色；花柱分枝多数，微被细毛。果盘状，直径约2cm，被短柔毛，多数，背部厚达1mm，具纵槽。花期2~8月。

蜀葵形态特征例图

图24-1

图24-2

图24-3

图24-4

图24-5

2.2.1 蜀葵营养器官生长动态

（1）蜀葵地下部分生长动态　为掌握蜀葵各种性状在不同生长时期的生长动态，分别在不同时期对蜀葵的根长、根粗、侧根数、侧根粗、根鲜重等性状进行了调查（见表24-2）。

表24-2　蜀葵地下部分生长情况

调查日期 （m/d）	根长 （cm）	根粗 （cm）	侧根数 （个）	侧根长 （cm）	侧根粗 （cm）	根鲜重 （g）
7/30	6.84	0.3523	2.6	3.43	0.1407	0.91
8/10	12.29	0.5065	3.9	6.45	0.3374	3.55
8/20	15.27	0.7072	4.2	8.81	0.4134	11.11
8/30	17.01	0.9420	5.2	10.06	0.6863	15.63
9/10	20.02	1.1499	7.0	13.06	0.7863	22.64
9/20	23.54	1.4253	8.6	14.45	0.8275	37.08
9/30	24.28	1.6722	8.9	15.50	0.82251	40.22
10/15	25.37	1.6997	9.5	15.76	0.8667	42.45

一年生蜀葵根长的变化动态　从图24-6可见，7月30日至10月15日根长一直在缓慢增加，说明一年生蜀葵根在整个生长期都在生长。

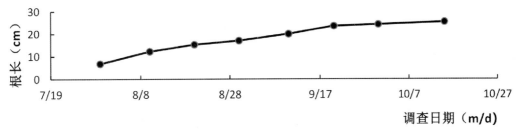

图24-6　一年生蜀葵的根长变化

一年生蜀葵根粗的变化动态　从图24-7可见，7月30日至9月30日根粗一直在缓慢增加，其后进入稳定时期。

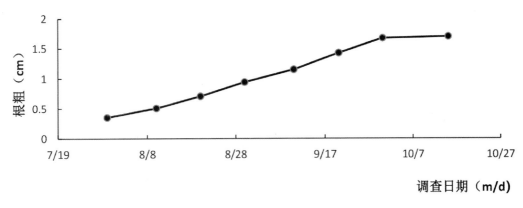

图24-7　一年生蜀葵的根粗变化

一年生蜀葵侧根数的变化动态　从图24-8可见，7月30日至10月15日蜀葵侧根一直在缓慢增加。

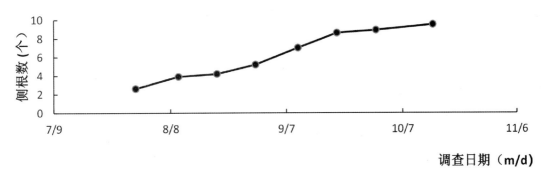

图24-8　一年生蜀葵的侧根数变化

蜀葵侧根长的变化动态　从图24-9可见，7月30日至10月15日侧根长逐渐生长。

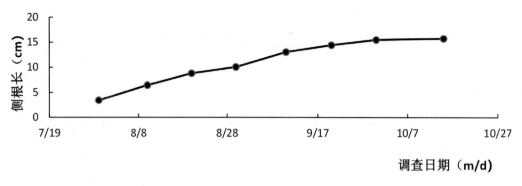

图24-9　一年生蜀葵的侧根长变化

蜀葵侧根粗的变化动态　从图24-10可见，7月30日至10月15日侧根粗逐渐增加，但是长势非常缓慢。

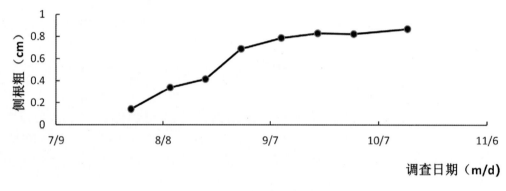

图24-10　一年生蜀葵的侧根粗变化

蜀葵根鲜重的变化动态　从图24-11可见，7月30日至10月15日根鲜重变化基本上呈逐渐增加的趋势。

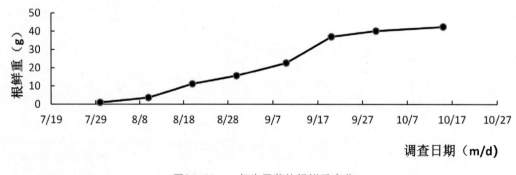

图24-11　一年生蜀葵的根鲜重变化

（2）**蜀葵地上部分生长动态**　为掌握蜀葵各种性状在不同生长时期的生长动态，分别在不同时期对蜀葵的株高，叶数，分枝数，茎、叶鲜重等性状进行了调查（见表24-3）。

表24-3 一年生蜀葵地上部分生长情况

调查日期 （m/d）	株高 （cm）	叶数 （个）	分枝数 （个）	茎粗 （cm）	茎鲜重 （g）	叶鲜重 （g）
7/25	11.37	4.7	—	—	—	2.31
8/12	29.84	7.7	—	—	—	13.03
8/20	38.83	8.81	—	—	—	25.99
8/30	45.38	10.5	—	—	—	47.93
9/10	48.37	12.3	—	—	—	67.93
9/21	51.45	18	—	—	—	70.34
9/30	49.25	19.1	—	—	—	68.38
10/15	46.09	12.4	—	—	—	46.12

说明："—"无数据或未达到测量的数据要求。

一年生蜀葵株高的生长变化动态 从图24-12和表24-3可见，7月25日至9月21日是株高快速增长期，9月21日开始缓慢下降。

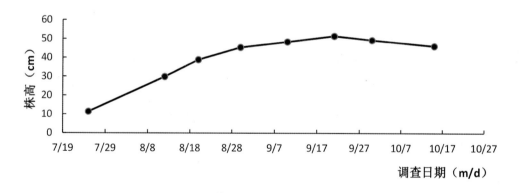

图24-12 一年生蜀葵的株高变化

一年生蜀葵叶数的生长变化动态 从图24-13可见，7月25日至9月30日叶数一直在增加，但是速度缓慢，其后叶数迅速变少，说明这一时期蜀葵下部叶片在枯死、脱落，所以叶数在减少。

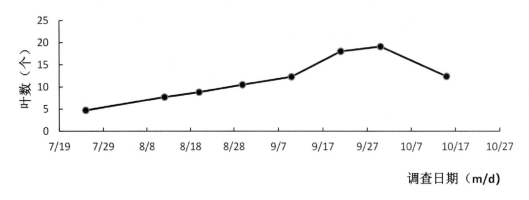

图24-13　一年生蜀葵的叶数变化

一年生蜀葵叶鲜重的变化动态　从图24-14可见，7月25日至9月10日叶鲜重快速增加，9月10日至9月30日进入稳定期，其后叶鲜重开始降低，这可能是由于生长后期叶片逐渐脱落和叶片逐渐干枯所致。

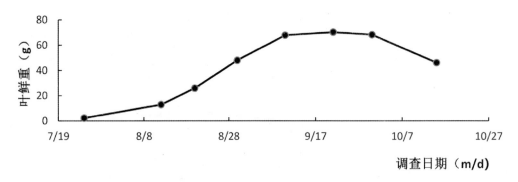

图24-14　一年生蜀葵的叶鲜重变化

蜀葵单株生长图

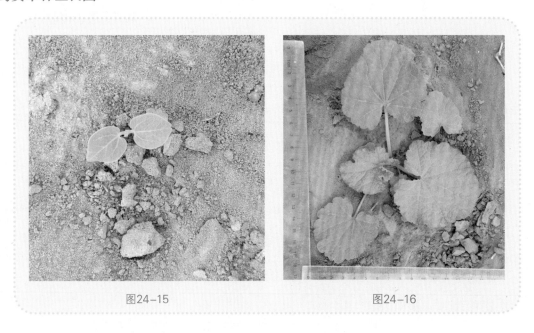

图24-15　　　　　　　　　　　　　　图24-16

图24-17

图24-18   图24-19

2.3.2 蜀葵不同时期的根和地上部分的关系

为掌握蜀葵各种性状在不同生长时期的生长动态，分别在不同时期从蜀葵的每个种植小区随机取样10株，将取样所得的蜀葵从茎基部剪下，根、冠分离，去除杂物，将根、冠分别在105℃下杀青30分钟后60℃恒温2天（或2天以上干燥为止），然后放入干燥器中冷却，用1/10000的天平测量质量，以二者的比值为根冠比。

表24-4 一年生蜀葵不同时期的根和地上部分的关系

调查日期（m/d）	7/25	8/12	8/20	8/30	9/10	9/21	9/30	10/15
根冠比	0.6481	0.3015	0.5220	0.4937	0.5563	0.6245	0.7475	1.1053

从表24-4可见，一年生蜀葵幼苗期根系与枝叶的生长速度有显著差异，幼苗出土初期根冠比基本在0.6481：1，地上部分生长速率比根系快。8~9月份枝叶生长加速，其生长总量约为地下部分生长量的2倍，到10月份地上部分慢慢枯萎，根冠比为1.1053：1。

2.3.3 蜀葵不同生长期干物质积累

本实验共设计3个小区。每小区取样10株，分别取营养幼苗期、营养生长期、枯萎期等3个时期的蜀葵全株，每穴以植株为中心，取长16~25cm、宽16~25cm、深20~40cm的土块，先用清水冲洗干净，注意避免丢失根量，用滤纸吸干附着的水分，然后将植株按根、茎、叶、花和果实部位装袋，于105℃杀青30min，60℃烘干至恒重，测定干物质量，并折算为公顷干物质积累量。

表24-5　蜀葵各器官总干物质重变化（kg/hm^2）

调查期	根	茎	叶	花和果
幼苗期	129.60	—	225.60	—
营养生长期	1598.40	—	2832.00	—
枯萎期	5318.40	—	7123.20	—

说明："—"无数据或未达到测量的数据要求。

从蜀葵干物质积累与分配平均数据（如表24-5所示）可以看出，在不同时期地上、地下部分各营养器官的干物质量均随蜀葵的生长不断增加。在幼苗期根、叶干物质总量依次为129.60kg/hm^2、225.60kg/hm^2；进入营养生长期根、叶依次增加至1598.40kg/hm^2、2832.00kg/hm^2。进入枯萎期根、叶依次增加至5318.40kg/hm^2、7123.20kg/hm^2，根、叶增加较快，其原因为通辽市奈曼地区已进入霜期，霜后地上部枯萎后，自然越冬，当年不开花，根增加较快。

2.3　生理指标

2.3.1　叶绿素

从图24-20可见，蜀葵叶片中叶绿素含量自8月16日以后总体呈上升趋势，随着生育期推进先升高后降低。叶绿素是光合作用最重要的色素，叶绿素含量增加，光合作用逐渐增强。

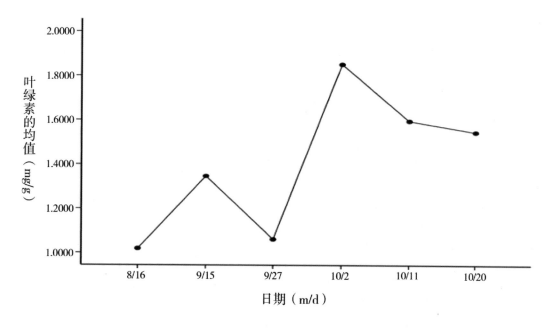

图24-20 叶绿素含量

2.3.2 可溶性多糖

蜀葵的不同生长时期可溶性多糖含量变化是先升后降的趋势，在10月2日达到高峰，而后出现回落。可溶性多糖是植物光合作用的直接产物，也是氮代谢的物质和能量，可溶性多糖含量以及叶绿素含量整体变化趋势一致，均先升高，后降低，并在同时期达最大值，符合植物生长一般规律。

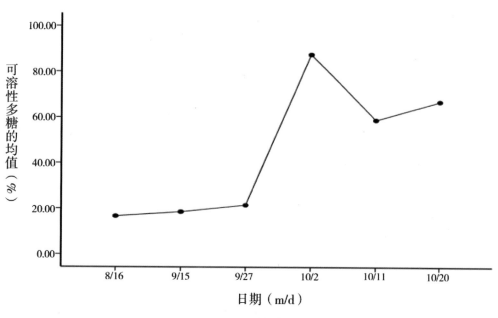

图24-21 可溶性多糖含量

2.3.3 可溶性蛋白

可溶性蛋白是重要的渗透调节物质和营养物质,它的增加和积累能提高细胞的保水能力,对细胞的生命物质及生物膜起到保护作用。从图24-22可见,在整个生育后期可溶性蛋白含量保持平稳上升趋势,可溶性蛋白含量变化趋势与可溶性多糖和叶绿素含量变化趋势是一致的。

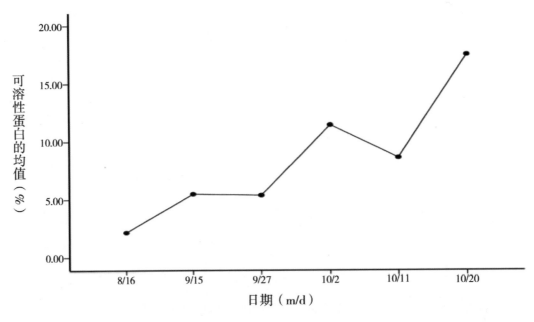

图24-22 可溶性蛋白含量

3 经济效益分析

蒙药蜀葵花来源为锦葵科植物蜀葵的干燥花,夏季花盛开时挑选紫红色者采摘。原产于我国西南地区,全国各地均有栽培。蒙医认为,蜀葵花味咸、甘,性寒;全草入药,有清热止血、消肿解毒之功,治吐血、血崩等症。世界各国均有栽培供观赏用。该植物的根、茎叶、种子亦供药用。嫩叶及花可食,皮为优质纤维,全株入药,有清热解毒、镇咳利尿之功效。从花中提取的花青素,可作为食品的着色剂。蜀葵子产新,新货上市量不大,行情较前期上涨,统货价由前期的每千克35~36元上升至40~42元。该品由于今年干旱产量略小于往年,但因是小品种销量受限,后期行情暴升空间不大。黄蜀葵花,产新临近,目前处于新陈不接之时,受此影响,行情高于前期,现亳州市场黄蜀葵花价格质量稍差点的每千克价在35元左右,质量稍好点的每千克价在45~50元;箱装优质货可供量显少,每千克价在55~60元。一年栽植可连年开花,是院落、路侧、场地布置花境的好种源。可组成繁花似锦的绿篱、花墙,美化园林环境。从花中提取的花青素,可为食品的着色剂。世界各国均有栽培供观赏用。

党　参 ᠺᠦᠩᡥᠢ

CODONOPSIS RADIX

蒙药材党参为党参植物党参 *Codonopsis pilosula*（Franch.）Nannf. 的干燥根。

1　党参的研究概况

1.1　蒙药学考证

蒙药党参为常用燥协日乌素药，秋时采挖，除去泥土，洗净，阴干。蒙古名"宋–敖日浩岱"，别名"鲁杜德道尔吉""鲁杜德道尔吉–朝格"。占布拉道尔吉《无误蒙药鉴》中记载："藏语称鲁杜德道尔吉，亦称大满。分黑、白两种。黑者，生于背阴处灌丛林间。银扣状紫色叶。茎长如铁丝。花色如灰白大象，形如小铃下垂。如金刚杵。气味大，具白乳汁。味苦、辛、涩，性凉。花色有红、黄两种。白者：生于低洼向阳处。叶形同上，但稍有绒毛。花如白净瓶，流白乳汁。"《晶球》中记载："本品抑中风，龙王邪、巴木病和邪症。"《晶珠本草》记载："治龙王邪、巴木病、邪症等。"《智慧之源》记载："巴嘎鲁杜德是润僵之药，花白色者治血不调。黑色者为《植物史》中的鲁杜德道尔吉，生于背阴处灌丛林间，银扣状叶而紫色。茎长如铁丝。花色如灰白大象，形如小铃下垂。如金刚杵。气味大，具白乳汁。味苦、辛、涩，性凉。花色有红、黄、白等。白者：生于低洼向阳处。叶形同上，但稍有绒毛。花如白净瓶，流白乳汁。"本品味苦、辛、涩，性凉，效锐、软。具有祛协日乌素、消肿、舒筋之功效。蒙医主要用于巴木病，陶赖，赫如虎，关节协日乌素病，黏性肿疮，牛皮癣，瘫消肿，口渴，腹泻，食欲不振，肺结核初期咳嗽、盗汗，痛风，麻风等病，多配方用，在蒙成药中使用较为普遍。

1.2 化学成分药理作用

1.2.1 化学成分

糖类 果糖，菊糖，多糖和4种杂多糖CP_1、CP_2、CP_3、CP_4。

苷类 丁香苷（syringin），正己基–正己基吡喃葡萄糖苷（n–hexyl–exylglucopyranoside），乙基–乙基呋喃果糖苷（ethyl–thylfructofuranoside），党参苷（tangshenoside）。

生物碱和含氮成分 胆碱（choline），黑麦草碱（perlolyrine），脲基甲酸正丁酯（n–butyl allophanate），焦谷氨酸–N–果糖苷（pyro–glutamic acid–N–fructoside），烟酸（nicotinic–acid），5–羟基–2–吡啶甲醇（5–hydroxy–2–pyridine methanol）；甾醇及三萜成分：蒲公英赛醇（taraxerol），乙酸蒲公英甾醇酯（taraxeryl acetate），无羁萜（friedelin），α–菠菜甾醇（α–spinasterol），α–菠菜甾醇–β–D–葡萄糖苷（α–spinasteryl–β–D–glulcoside），7–豆甾烯醇（stigmast–7–en–3β–ol），7–豆甾烯醇–3–酮（stigmasta–7–ene–3–one），α–菠菜甾酮（stigmasta–7，22–dien–3–one），5，22豆甾二烯–3–酮（stigmasta–5，22–dien–3–one）。

炔类 十四碳–4E，12E–二烯–8，10二炔–1，6，7–三醇–6–O–6，7葡萄糖苷（tetradeca–4E，12E–diene–8，10–diyne–1，6，7–triol–6–O–ene–glucoside），十四碳–4E，12E–二烯–8，10–二炔–1，6，7–三醇（tetradeca–4E，12E–diene–8，10–diyne–1，6，7–triol）。

其他成分 丁香醛（syringaldehyde），香草酸（vanillic acid），2–呋喃羧酸（2–furan carboxylic acid），苍术内酯（atractylenolide）Ⅱ及Ⅲ，5–羟甲基糠醛（5–hydroxymethyl–2–furaldehyde），5–甲氧基甲基糠醛（5–methoxymethyl–2–furaldehyde），棕榈酸甲酯（methylpalmitate）。

挥发油 棕榈酸甲酯，α–蒎烯（α–pinene），2，4–壬二烯醛（nona–2，4–dienal），龙脑（borneol），δ，愈创木烯（δ，guaiene），α–姜黄烯（α–curcumene），苍术内酯（atrctylenolide）Ⅲ，白芷内酯（angelicin），补骨脂内酯（psoralen）。

1.2.2 药理作用

增强机体应激能力 党参多糖给小鼠腹腔注射206mg/kg，能延长小鼠游泳时间，提高小鼠耐高温能力，增强正常及摘除肾上腺小鼠的耐缺氧能力，并减少正常大鼠肾上腺内维生素C含量，对麻醉大鼠则无此种作用，表明党参增强应激作用可能与兴奋丘脑–垂体–肾上腺皮质系统有关。

增强机体免疫功能 党参注射液能使小鼠腹腔巨噬细胞的数量增加，细胞体积增大，伪足增多，吞噬力加强；细胞内DNA、RNA、糖类、酸性磷酸酶（ACP）、ATP酶、酸性α–醋酸萘酚酯酶（ANAE）、琥珀酸脱氢酶活性均明显增强。花粉多糖腹腔注射，也能使小鼠腹腔巨噬细胞内的糖类、ACP酶及酸性α–醋酸萘酚酯酶（ANAE）活性增强。党参醇提物对正常小鼠的免疫增强作用并不显著，但对环磷酰胺造成免疫抑制的小鼠，能明显增强淋巴细胞转化、抗体形成细胞的功能，提高血凝抗体滴度，提示党参对细胞、体液免疫的调节作用与机体的免疫功能状态密切相关。党参多糖对小鼠脾细胞分泌抗体的能力具有促进作用，对免疫受抑小鼠可使血清抗体水平及脾细胞分泌抗体能力得到恢复，可促进正常小鼠体内白介素-2的产生，但对正常小鼠可明显抑制血清溶血素的产生，对血清凝集素的生成无明显影响。

延缓衰老作用　20%党参水煎液浸泡桑叶后喂蚕，可延长蚕的幼虫期、全生存期，并增加体重。体外试验表明，党参提取物能提高人血的超氧化物歧化酶（SOD）活性，增强清除自由基的能力，提示党参具有一定的延缓衰老作用。

抗溃疡作用　党参煎剂及其提取物Ⅰ、Ⅶ灌胃，对无水乙醇、强酸和强碱引起的大鼠胃黏膜损伤均有明显的保护作用。煎剂和水煎剂醇沉液、正丁醇中性提取物或多糖灌胃给药，对大鼠应激型、幽门结扎型、吲哚美辛（消炎痛）型、阿司匹林型及慢性醋酸型胃溃疡，具有明显的保护作用或促进溃疡愈合作用。研究发现，党参及其提取物能减少大鼠胃液分泌量，降低胃液总酸度，减少总酸排出量。抑制胃蛋白酶活性，但对游离酸无明显影响。水煎醇沉液能防止应激型大鼠胃黏膜组织中组胺含量降低。多糖能抑制毛果芸香碱引起的大鼠胃酸分泌增加，并增加胃液中前列腺素E_2（PGE_2）含量，表明党参抑制胃酸分泌和抗溃疡作用可能与其对PG代谢有关。

对中枢神经系统作用　党参水煎醇提液腹腔注射，能显著延长士的宁、戊四唑诱发的小鼠惊厥潜伏期及死亡时间，并有抗电惊厥作用。党参多糖腹腔给药，除延长士的宁惊厥潜伏期外，还能降低正常小鼠及实验性发热大鼠的体温，抑制醋酸诱发的小鼠扭体反应，甲醇提取物也有后一作用。醇提物灌胃或正丁醇提取物腹腔注射，均能拮抗或改善东莨菪碱造成的小鼠记忆获得障碍、亚硝酸钠造成的记忆巩固障碍和乙醇造成的记忆再现障碍；正丁醇提取物还能增加脑内M受体数量，提示党参的益智作用可能与胆碱能神经系统有关。

对血液与造血功能的影响　党参水浸膏与醇浸膏可使家兔红细胞数及血红蛋白量增加，白细胞总数减少。中性粒细胞相对增多，淋巴细胞减少，摘除脾脏后，红细胞仍增加，但效应明显减弱，白细胞不减少。血液流变学研究表明，家兔静注党参注射液，能抑制体外血栓形成，减少血细胞比容，降低红细胞电泳值和血液黏度。

对心血管的作用　党参提取物给麻醉猫静注，能提高心泵血量而不影响心率；增加脑、下肢和内脏血流量，将该提取物滴在小鼠肠系膜上，能扩张微血管并使血流量增加，且能对抗肾上腺素的作用。党参注射液及醇提物低浓度时对离体蟾蜍心脏呈抑制作用，高浓度可使心搏停止。家兔或大鼠静脉注射党参注射液，对垂体后叶素引起的心肌缺血有明显保护作用，对大鼠正常心率有减慢作用，但对垂体后叶素引起的心律失常并无影响。党参注射液静脉注射可使晚期失血性休克家兔血压明显回升，中心静脉压降低，心率轻度减慢，动物存活时间明显延长。

抗肿瘤辅助作用　党参煎剂能显著延长皮下移植Lewis肺癌及荷瘤小鼠的平均存活时间，动物的半数死亡时间和全部死亡时间均延长，日存活率也提高；抑制肿瘤体积和重量增长，明显减少肺转移灶。这些作用均优于单用环磷酰胺。煎剂能抑制原噬菌体的诱导释放，对大肠杆菌SOS反应有较强的抑制作用，表明党参有抗诱发作用，同时还能抑制羟基脲诱发的酵母细胞的基因突变。

对血糖的影响　党参煎剂家兔灌胃可使血糖明显升高。小鼠腹腔注射、兔静脉注射，均有升高血糖作用，但大鼠每日皮下注射对血糖无明显影响。注射液对小鼠胰岛素引起的低血糖有对抗作用，对肾上腺素引起的高血糖则无影响。家兔注射党参浸膏溶液，血糖量增加，但喂饲党参及注射发酵后党参溶液，则血糖无变化，故推测其升血糖作用与党参所含糖分有关。

毒性　党参注射液小鼠腹腔注射的LD_{50}为(79.21 ± 3.60) mg/kg。给大鼠每日皮下注射0.5g/只，连续13日，无异常反应；家兔每日腹腔注射1g/只，连续15日，血清氨基转移酶活性无改变，也无中毒表现。党参碱小鼠腹腔注射的LD_{50}为666~778mg/kg。党参多糖给小鼠1次灌胃10g/kg，未见中毒表现及死亡。

1.3　资源分布状况

主要分布于西藏东南部、四川西部、云南西北部、甘肃东部、陕西南部、宁夏、青海东部、河南、山西、河北、内蒙古及东北等地区。朝鲜、蒙古国和俄罗斯远东地区均有分布。生长于海拔1560~3100 m的山地林边及灌丛中。

1.4　生态习性

喜气候温和，夏季较凉爽的环境，忌高温，幼苗喜阴，成株喜阳光，以土层深厚，排水良好，富含腐殖质的砂质壤土栽培为宜。不宜在黏土，低洼地，盐碱地和连作地上种植。

2　生物学特性研究

2.1　奈曼地区栽培党参物候期

2.1.1　观测方法

从通辽市奈曼旗蒙药材种植基地栽培的党参大田中，选择10株生长良好、无病虫害的健壮植株编号挂牌，作定位观测，并记录。2016年5月至2017年11月间连续观测记录各定株物候出现的日期，以10株平均期作为原始值。观测应具连续性，不漏测任何一个物候期。观测时间和顺序固定，开花期上午8：00~11：30，晴天观测。观测部位以植株判断其物候期，主茎受损时另选植株，并注明。

2.1.2 物候期的划分

物候期的划分是根据栽培党参生长发育过程中不同时期植物生长发育特点，并参考其他植物物候期的划分情况完成的。为了划分依据统一，始、初期均以群体中植株出现开花或展叶或坐果5%~15%为标准，盛、旺期以40%~60%为标准，末期以80%~90%为标准。将党参的生育全过程分为播种期、出苗期、4~6叶期、分枝期、花蕾期、开花初期、盛花期、落花期、坐果初期、果实成熟期、枯萎期。出苗期为种子萌发后，幼苗露出地面2~3cm的时期；4~6叶期（伸长期）是叶生长的关键时期；分枝期是植株茎秆快速生长时期，其与伸长期基本同季，是植物营养生长高峰期；现蕾开花期是植株现蕾开花时期；坐果初期是党参开始坐果的时期；果实成熟期是整株植物结实及果实成熟的关键时期，其与现蕾开花期组成党参的生殖生长期；枯萎期是根据植株在夏末、秋初出现春发植株大量死亡现象而设置的一个生育时期；播种期是党参实际播种日期。

2.1.3 物候期观测结果

一年生党参播种期为5月12日，出苗期自6月2日起历时22天，4~6叶期为7月中旬开始至8月初历时19天，分枝期共10天，花蕾期共14天，枯萎期历时16天。

二年生党参返青期为5月中旬开始历时4天，分枝期共计20天。花蕾期自7月中旬开始，开花初期历时10天，盛花期10天，果实成熟期共计12天，枯萎期历时20天。

表25-1-1　党参物候期观测结果（m/d）

年份　　　时期	播种期　　　　出苗期 二年返青期		4~6叶期	分枝期	花蕾期	开花初期
一年生	5/12	6/2~6/24	7/12~8/1	8/2~8/12	8/14~8/28	—
二年生	5/14~5/19		5/20~5/25	5/25~6/2	7/12~	7/2~7/12

表25-1-2　党参物候期观测结果（m/d）

年份　　　时期	盛花期	落花期	坐果初期	果实成熟期	枯萎期
一年生	—	—	9/12~	—	9/28~10/14
二年生	7/28~8/8	8/26~8/31	8/22~	8/20~9/2	9/12~10/2

2.2 形态特征观察研究

茎基具多数瘤状茎痕，根常肥大呈纺锤状或纺锤状圆柱形，较少分枝或中部以下略有分枝，长15～30cm，直径1～3cm，表面灰黄色，上端5～10cm部分有细密环纹，而下部则疏生横长皮孔，肉质。茎缠绕，长1～2m，直径2～3mm，有多数分枝，侧枝15～50cm，小枝1～5cm，具叶，不育或先端着花，黄绿色或黄白色，无毛。叶在主茎及侧枝上的互生，在小枝上的近于对生，叶柄长0.5～2.5cm，有疏短刺毛，叶片卵形或狭卵形，长1～6.5cm，宽0.8～5cm，端钝或微尖，基部近于心形，边缘具波状钝锯齿，分枝上叶片渐趋狭窄，叶基圆形或楔形，上面绿色，下面灰绿色，两面疏或密地被贴伏的长硬毛或柔毛，少为无毛。花单生于枝端，与叶柄互生或近于对生，有梗。花萼贴生至子房中部，筒部半球状，裂片宽披针形或狭矩圆形，长1～2cm，宽6～8mm，顶端钝或微尖，微波状或近于全缘，其间弯缺尖狭；花冠上位，阔钟状，长1.8～2.3cm，直径1.8～2.5cm，黄绿色，内面有明显紫斑，浅裂，裂片正三角形，端尖，全缘；花丝基部微扩大，长约5mm，花药长形，长5～6mm；柱头有白色刺毛。蒴果下部半球状，上部短圆锥状。种子多数，卵形，无翼，细小，棕黄色，光滑无毛。花、果期7～10月。

党参形态特征例图

 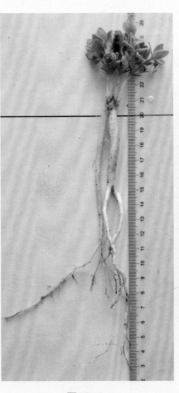 

图25-3

图25-1   图25-2

图25-4   图25-5

图25-6

2.3.2 党参营养器官生长动态

(1)党参地下部分生长动态 为掌握党参各种性状在不同生长时期的生长动态,分别在不同时期对党参的根长、根粗、侧根数、侧根长、侧根粗、根鲜重等性状进行了调查(见表25-2,表25-3)。

表25-2　一年生党参地下部分生长情况

调查日期 （m/d）	根长 （cm）	根粗 （cm）	侧根数 （个）	侧根长 （cm）	侧根粗 （cm）	根鲜重 （g）
7/30	8.98	0.1584	—	—	—	0.70
8/10	10.18	0.1985	1.4	5.93	0.1079	1.00
8/20	11.15	0.2991	1.7	6.24	0.1323	1.54
8/30	12.50	0.5112	1.7	7.45	0.2096	2.66
9/10	13.66	0.7464	2.9	7.80	0.3477	3.95
9/20	15.21	0.8736	3.1	8.34	0.3615	4.16
9/30	16.36	1.0528	3.6	9.11	0.3751	5.63
10/15	17.43	1.2270	3.7	10.42	0.4143	6.11

说明："—"无数据或未达到测量的数据要求。

表25-3　二年党参地下部分生长情况

调查日期 （m/d）	根长 （cm）	根粗 （cm）	侧根数 （个）	侧根长 （cm）	侧根粗 （cm）	根鲜重 （g）
5/17	16.43	0.9904	4	9.26	0.4573	6.5
6/8	17.02	1.1241	4	9.35	0.6162	6.5
6/30	17.82	1.3449	4.1	9.88	0.7770	9.6
7/22	18.22	1.457	4.3	10.31	0.8971	10.61
8/11	18.71	1.6681	4.8	11.50	0.9579	12.5
9/2	19.67	1.778	5.3	11.98	1.0210	13.98
9/24	19.88	1.8869	5.9	12.34	1.1141	14.99
10/16	20.13	1.9522	6.0	13.65	1.2451	15.72

一年生党参根长的变化动态　从图25-7可见，7月30日至10月15日根长基本上均呈稳定的增长趋势，说明党参在第一年里根长始终在增加。

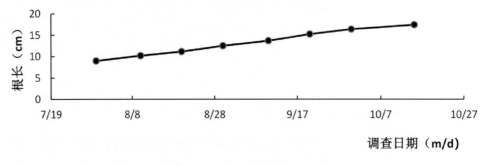

图25-7　一年生党参的根长变化

一年生党参根粗的变化动态　从图25-8可见，一年生党参的根粗从7月30日至10月15日均呈稳定的增加趋势。说明党参在第一年里根粗始终在增加,生长后期增速更快。

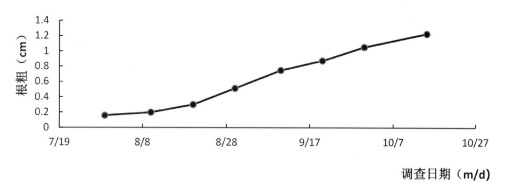

图25-8　一年生党参的根粗变化

一年生党参侧根数的变化动态　从图25-9可见,从7月30日至10月15日侧根数均呈稳定的增加趋势,其后侧根数基本不变。

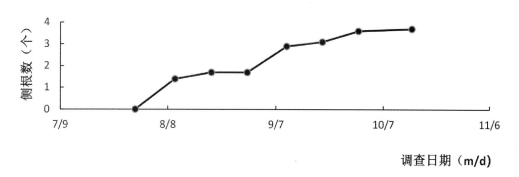

图25-9　一年生党参的侧根数变化

一年生党参侧根长的变化动态　从图25-10可见,从7月30日至10月15日侧根长均呈稳定的增长趋势。

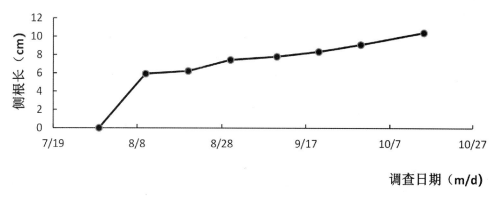

图25-10　一年生党参的侧根长变化

一年生党参侧根粗的变化动态 从图25-11可见,7月30日至10月15日侧根粗均呈缓慢的增加趋势。

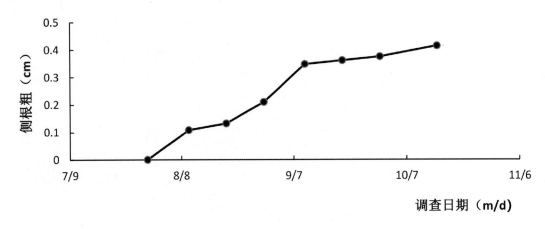

图25-11 一年生党参的侧根粗变化

一年生党参根鲜重的变化动态 从图25-12可见,7月30日至10月15日根鲜重一直在缓慢增加,基本上均呈稳定的增长趋势。

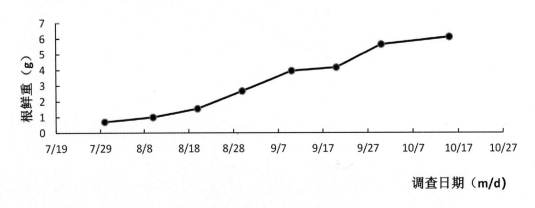

图25-12 一年生党参的根鲜重变化

二年生党参根长的变化动态 从图25-13可见,5月17日至10月16日根长均呈稳定的增长趋势。

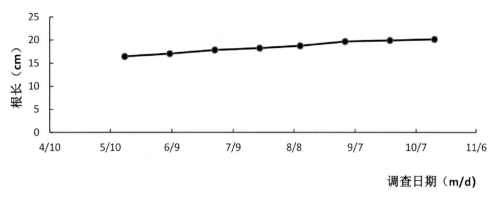

图25-13 二年生党参的根长变化

二年生党参根粗的变化动态 从图25-14可见，二年生党参的根粗从5月17日至10月16日始终处于增加的状态，而且很稳定。

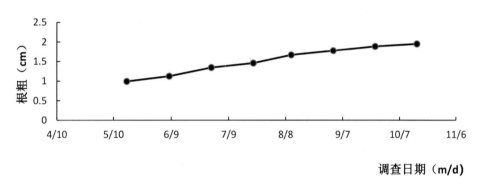

图25-14 二年生党参的根粗变化

二年生党参侧根数的变化动态 从图25-15可见，二年生党参的侧根数基本上呈逐渐增加的趋势，相对地增加的高峰期是7月22日至9月24日，但是增加非常缓慢。

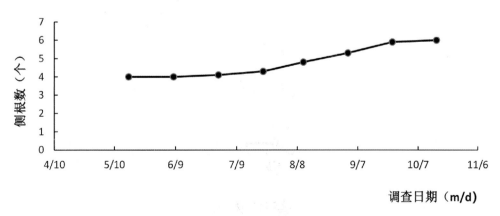

图25-15 二年生党参的侧根数变化

二年生党参侧根长的变化动态 从图25-16可见,从5月17日至10月16日侧根长均呈稳定的增长趋势。

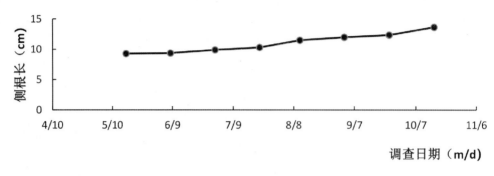

图25-16 二年生党参的侧根长变化

二年生党参侧根粗的变化动态 从图25-17可见,5月17日至10月16日侧根粗均呈稳定的增加趋势。

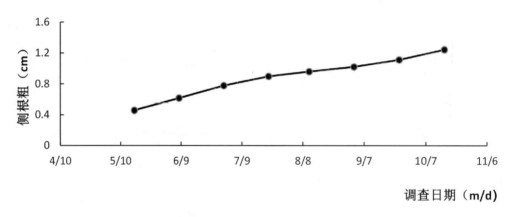

图25-17 二年生党参的侧根粗变化

二年生党参根鲜重的变化动态 从图25-18可见,从5月17日至10月16日根鲜重均呈稳定的增加趋势。

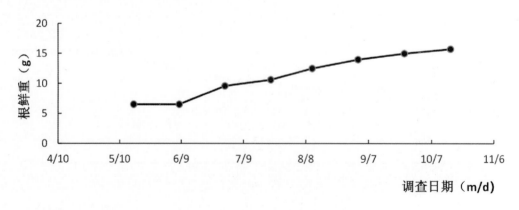

图25-18 二年生党参的根鲜重变化

（2）**党参地上部分生长动态** 为掌握党参各种性状在不同生长时期的生长动态,分别在不同时期对党参的株高、叶数、分枝数、茎粗、茎鲜重、叶鲜重等性状进行了调查(见表25-4、表25-5)。

表25-4 一年生党参地上部分生长情况

调查日期 （m/d）	株高 （cm）	叶数 （个）	分枝数 （个）	茎粗 （cm）	茎鲜重 （g）	叶鲜重 （g）
7/25	9.67	19.10	—	0.2080	0.23	1.86
8/12	12.19	72.50	—	0.2397	0.68	6.67
8/20	15.80	150.19	1.3	0.2486	0.97	8.57
8/30	19.10	256.11	2.0	0.2772	1.57	14.13
9/10	26.81	343.81	3.2	0.2799	1.90	19.83
9/21	52.69	350.18	3.5	0.2887	3.89	20.20
9/30	91.59	373.21	4.0	0.2971	4.94	21.79
10/15	93.65	241.10	4.2	0.2897	5.48	12.37

说明:"—"无数据或未达到测量的数据要求。

表25-5 二年生党参地上部分生长情况

调查日期 （m/d）	株高 （cm）	叶数 （个）	分枝数 （个）	茎粗 （cm）	茎鲜重 （g）	叶鲜重 （g）
5/14	7.66	9.57	3.8	0.1311	0.30	0.52
6/8	19.86	25.68	4.0	0.1986	1.38	2.05
7/1	28.49	112.20	4.3	0.2579	2.84	11.55
7/23	78.99	146.78	4.6	0.2810	8.58	15.15
8/10	131.98	204.50	5.5	0.3140	16.19	21.09
9/2	178.77	213.95	5.5	0.3251	22.80	22.08
9/24	181.25	234.51	6.0	0.3580	25.59	24.20
10/18	182.65	131.39	5.9	0.3871	27.48	13.56

一年生党参株高的生长变化动态 从图25-19和表25-4可见,7月25日至9月10日株高缓慢增加,9月10日至9月30日快速增长,因为这一时期党参生长出藤条,之后一年生党参的株高停止生长进入平稳期。

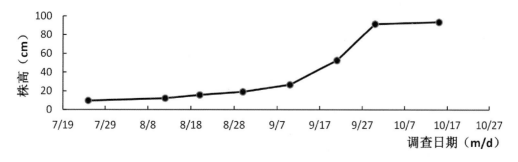

图25-19 一年生党参的株高变化

　　一年生党参叶数的生长变化动态　　从图25-20可见,7月25日至9月30日是叶数增加时期,之后从9月30日开始缓慢减少,说明这一时期党参下部叶片在枯死、脱落,所以叶数在减少。

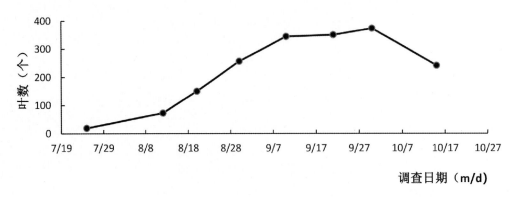

图25-20　一年生党参的叶数变化

　　一年生党参在不同生长时期分枝数的变化情况　　见图25-21,8月12日之前没有分枝或不在调查范围之内,从8月12日至10月15日均呈稳定的增加趋势。

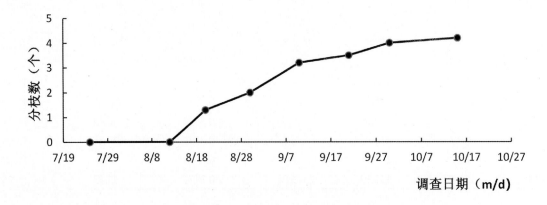

图25-21　一年生党参的分枝数变化

　　一年生党参茎粗的生长变化动态　　从图25-22可见,7月25日至9月30日茎粗均呈稳定的增加趋势,其后进入平稳状态。

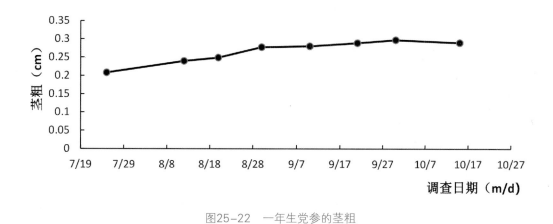

图25-22 一年生党参的茎粗

一年生党参茎鲜重的变化动态 从图25-23可见，7月25日至9月10日是茎鲜重缓慢增加期，9月10日至10月15日为茎鲜重快速增加时期。

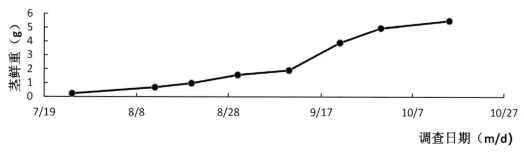

图25-23 一年生党参的茎鲜重变化

一年生党参叶鲜重的变化动态 从图25-24可见，7月25日至9月30日是叶鲜重快速增加期，9月30日之后叶鲜重开始大幅降低，这可能是由于生长后期叶片逐渐脱落和叶片逐渐干枯所致。

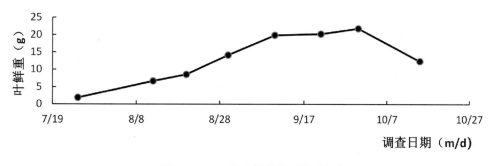

图25-24 一年生党参的叶鲜重变化

二年生党参株高的生长变化动态 从图25-25可见，5月14日至7月1日是株高增长速度缓慢时期，7月1日至9月2日株高增长非常快,之后进入了平稳时期。

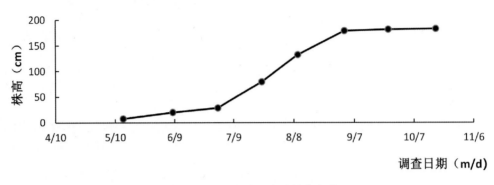

图25-25 二年生党参的株高变化

二年生党参叶数的生长变化动态 从图25-26可见,5月14日至9月24日叶数一直在快速增加,从9月24日开始叶数大幅度下降,说明这一时期党参下部叶片在枯死、脱落,所以叶数在减少。

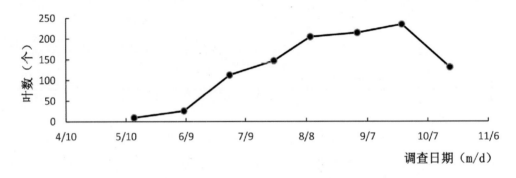

图25-26 二年生党参叶数变化

二年生党参在不同生长时期分枝数的变化情况 从图25-27可见,5月14日至10月18日分枝数呈现非常缓慢增加和平稳趋势。

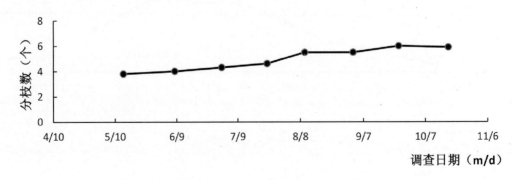

图25-27 二年生党参的分枝数变化

二年生党参茎粗的生长变化动态　从图25-28可见，5月14日至10月18日茎粗均呈稳定的增加趋势。

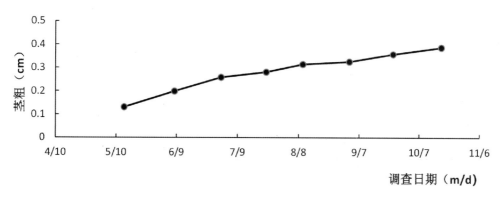

图25-28　二年生党参的茎粗变化

二年生党参茎鲜重的变化动态　从图25-29可见，5月14日至10月18日茎鲜重均在增加，但是生长中期增加稍快。

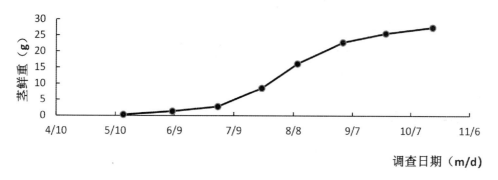

图25-29　二年生党参的茎鲜重变化

二年生党参叶鲜重的变化动态　从图25-30可见，5月14日至9月24日党参叶鲜重一直在快速增加，其后叶鲜重开始大幅降低，这是由于生长后期叶片逐渐脱落和叶片逐渐干枯所致。

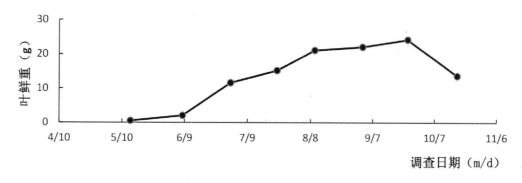

图25-30　二年生党参的叶鲜重变化

(3) 党参单株生长图

图25-31

图25-32

图25-33

图25-34

图25-35

图25-36

图25-37

图25-38

2.3.2 党参的不同时期的根和地上部的关系

为掌握党参各种性状在不同生长时期的生长动态，分别在不同时期从党参的每个种植小区随机取党参10株，将取样所得的党参从茎基部剪下，根、冠分离，去除杂物，将根、冠分别在105℃下杀青30分钟后60℃恒温2天（或2天以上干燥为止），然后放入干燥器中冷却，用1/10000的天平测量质量，以二者的比值为根冠比。

表25-6 一年生党参不同时期的根和地上部分的关系

调查日期（m/d）	7/25	8/12	8/20	8/30	9/10	9/21	9/30	10/15
根冠比	0.1850	0.0899	0.1516	0.1963	0.2137	0.2305	0.2895	0.3383

从表25-6可见，一年生党参幼苗期根系与枝叶的生长速度有显著差异，幼苗出土初期根冠比为0.1850:1，地上部分生长速率比根系的快。一年生党参地上部分的生长量和根系生长量比例基本不变。

表25-7 二年生党参不同时期的根和地上部分的关系

调查日期（m/d）	5/14	6/8	7/1	7/23	8/10	9/2	9/24	10/18
根冠比	7.9917	1.5902	0.9260	0.4406	0.3229	0.1406	0.3333	0.3327

从表25-7可见，二年生党参幼苗期根系与枝叶的生长速度有显著差异，幼苗出土初期根冠比为7.9917:1，根系生长占优势。6月份枝叶生长加速，地上部光合能力增强，其生长总量逐渐接近地下部，7月份根冠比相应减小为0.9260:1。8~9月份地上部分生长特别旺盛，到枯萎期为止。

2.3.3 党参不同生长期干物质积累

本实验共设计3个小区。每小区取样10株，分别取幼苗期、营养生长期、开花期、果实期、枯萎期等5个时期的党参全株，每穴以植株为中心，取长16~25cm、宽16~25cm、深20~40cm的土块，先用清水冲洗干净，注意避免丢失根量，用滤纸吸干附着的水分，然后将植株按根、茎、叶、花和果实部位装袋，于105℃杀青30min，60℃烘干至恒重，测定干物质量，并折算为公顷干物质积累量。

表25-8 一年生党参各器官总干物质重变化（kg/hm²）

调查期	根	茎	叶	花	果
幼苗期	66.50	95.00	332.50	—	—
营养生长期	304.00	285.00	1453.50	—	—
开花期	731.50	570.00	3353.50	304.00	—
果实期	1168.50	1164.00	4009.00	551.00	45.00
枯萎期	1491.50	1049.00	2954.50	370.50	68.00

说明："—"无数据或未达到测量的数据要求。

从一年生党参干物质积累与分配的数据（表25-8）可以看出，在不同时期地上、地下部分各营养器官的干物质量均随党参的生长不断增加。在幼苗期根、茎、叶干物质总量依次为66.50kg/hm²、95.00kg/hm²、332.50kg/hm²；进入营养生长期根、茎、叶依次增加至304.00kg/hm²、285.00kg/hm²和1453.50kg/hm²，其中叶增加较快。进入开花期根、茎、叶、花依次增加至731.50kg/hm²、570.00kg/hm²、3353.50kg/hm²和304.00kg/hm²；进入果实期根、茎、叶、花和果实依次增加至1168.50kg/hm²、1164.00kg/hm²、4009.00kg/hm²、551.00kg/hm²和45.00kg/hm²。进入枯萎期根、茎、叶、花和果实依次为1491.50kg/hm²、1049.00kg/hm²、2954.50kg/hm²、370.50kg/hm²和68.00kg/hm²，其中根增加较快，果实进入成熟期，茎、叶、花的生长具有下降的趋势，即茎和叶进入枯萎期。

表25-9　二年生党参各器官总干物质重变化（kg/hm²）

调查期	根	茎	叶	花	果
幼苗期	1134.00	28.00	126.00	—	—
营养生长期	2079.00	595.00	238.00	—	—
开花期	2673.00	1204.00	2576.00	175.00	—
果实期	3255.00	4858.00	3633.00	889.00	63.00
枯萎期	3703.00	6041.00	3178.00	—	1505.00

说明："—"无数据或未达到测量的数据要求。

从二年生党参干物质积累与分配的数据（表25-9）可以看出，在不同时期地上、地下部分各营养器官的干物质量均随党参的生长不断增加。在幼苗期根、茎、叶干物质总量依次为1134.00kg/hm²、28.00kg/hm²、126.00kg/hm²；进入营养生长期根、茎、叶依次增加至2079.00kg/hm²、595.00kg/hm²和238.00kg/hm²。进入开花期根、茎、叶、花依次增加至2673.00kg/hm²、1204.00kg/hm²、2576.00kg/hm²和175.00kg/hm²，其中茎、叶和花增加特别快；进入果实期根、茎、叶、花和果依次增加至3255.00kg/hm²、4858.00kg/hm²、3633.00kg/hm²、889.00kg/hm²和63.00kg/hm²。进入枯萎期根、茎、叶和果依次为3703.00kg/hm²、6041.00kg/hm²、3178.00kg/hm²和1505.00kg/hm²，其中根增加较快，果实进入成熟期，叶的生长具有下降的趋势，即茎和叶进入枯萎期。

3 药材质量评价研究

3.1 药材粉末鉴定鉴别

粉末淡棕色。石细胞单个散离或几个成群，单个细胞呈类方形、多角形或不规则形，木质化。有的胞腔内含棕色物,主要为梯纹导管、网状梯纹或网纹导管。菊糖易见,呈不规则块状或扇形,表面显辐射状线。乳汁管棕黄色,乳汁管中及周围细胞中充满油滴状物及颗粒状物。木栓细胞排列紧密,表面类方形或多角形,多层重叠,侧面观类长方形,淀粉粒稀少。单粒是类球形,偶见有复粒,为2~4分粒复合而成。

4 经济效益分析

4.1 市场前景分析

党参是中医常用补益药,应用历史悠久,是国内外中药材市场和食品市场的重要商品,也属大宗品种之一。随着人民生活水平和质量的普遍提高,人们也认识到保健的重要性,把党参作为保健滋补品食用。从而使党参销售市场,发生了根本性的变化,由原来的单一中药,演变成现在的药食两用药物,年食用量大于药用量。在南方的菜市场、超市都可以看到党参的销售,老百姓也改变了以前的消费习惯,由温饱型向小康型转变,不是等有病了吃药,而是一般无病就吃、煲汤喝,达到了健身的目的。加上近几年中成药的开发,原料用量增加,及保健品、提取物出口量也相应增加等原因,导致党参现在的身价和市场销售量,与20世纪80年代末90年代初相比有了天壤之别。

2017年初,党参药厂货市场价格60元/千克,因为党参大部分种植在山区,又怕秋雨过多,所以对旱灾或水灾比较敏感,如果风调雨顺,其结果会截然相反。

现在,党参走动不见好转,行情再次小幅回调,目前市场小条售价在50元/千克左右,质量稍差的药厂货在42元/千克左右,中条55~60元/千克。该品可供货源丰裕,且2018年种植面积明显扩大,预计今后市行情反弹压力较大。

4.2 投资预算(2018年)

党参种子 市场价每千克100元,参考奈曼当地情况,每亩地用种子1.5kg,合计为150元。

种前整地和播种 包括施底肥、灌溉、犁地、耙地和播种,底肥包括1000kg有机肥,50kg复合肥,其中有机肥每吨120元,复合肥每袋120元,灌溉一次需要电费50元,犁、耙、播种一亩地共需要150元,以上共计需要费用440元。

田间管理 整个生长周期抗病除草需要10次,每次人工成本加药物成本约100元,合计约1000元。灌溉8次,费用400元。追施复合肥每亩100kg,叶面喷施叶面肥4次,成本约340元。综上,党参田间管理成本为1740元。

采收与加工　收获成本（机械燃油费和人工费）每亩约需400元。

合计成本　150+440+1740+400=2730元。

4.3　产量与收益

按照2018年市场价格，党参55～80元/千克，每亩地平均可产150～250kg。由于是三年生，按最高价计算，收益为：3090～5756元/（亩·年）。

紫　菀 ᠵᠢ

ASTERIS RADIX ET RHIZOMA

蒙药材紫菀为菊科植物紫菀*Aster tataricus* L.f.的干燥花。

1　紫菀的研究概况

1.1　蒙药学考证

蒙药紫菀为常用杀黏药，夏秋开花时采收，阴干。蒙名"浩宁–尼敦–其其格"，别名"鲁格米–莫都格""敖登–其其格"。占布拉道尔吉《无误蒙药鉴》中："藏语称陆格米格，亦称达布动丹、札勒布占、阿札格翁布。生于悬崖间草坪。茎褐色，弯曲，叶浅黄色，全绿，无分枝。花瓣蓝色，中心黄色，像绵羊眼睛，味苦。"《晶珠本草》中记载："紫菀花治毒和伤寒病，《球鬘》中'如绿绒蒿'，治热病的毒，治皮肤病和僵直病；《释依》中：干血脓，有利于怪病和热病；《植物史》中：紫菀花生于草坪、阴地、软地；叶蓝白而小圆，茎褐而长，花如菊花，蓝花瓣，味微苦；治伤寒和毒热病。"《识药学》中记载："紫菀花生于山坡的石间和草原间；叶圆形而蓝色，茎褐色而高，花瓣如蓝菊花，花形如羊眼，味微苦，茎全缘椭圆，花瓣褐，花蕊黄色。"《中华本草》（蒙药卷）载："生于岩间草坪，茎黄色，纤细，叶无脉纹，蓝灰色，椭圆形，边缘花蓝色，中间花黄色，如绵羊眼珠，味苦。"上述植物形态及附图特征与蒙医药所认用的紫菀花形态特征相符，故认定历代蒙医药文献所记载的鲁格米–莫都格即浩宁–尼敦–其其格（紫菀花）。"本品为味微苦，性平，效钝、柔。具有杀黏、清热、解毒、燥脓血、消肿之功效。蒙医主要用于疫热、天花、麻疹、猩红热、痈肿、毒热散身等病，多配方用，在蒙成药中使用较为普遍。

1.2 化学成分及药理作用

1.2.1 化学成分

萜类 无羁萜（friedelin），表无羁萜醇（epifriedeliol），紫菀酮（shionone），紫菀苷（shionoside）A、B及C，紫菀皂苷（aster saponin）A、B、C、D、E、F、及G，紫菀五肽（asterin）A、B，紫菀氯环五肽（astin，曾用名asterin）C，无羁萜烯（friedel-3-ene），A-friedoeuph-21-en-3-one，astertaroneB；还含植物甾醇葡萄糖苷（phytosterol）及挥发油，挥发油的成分有毛叶醇（lachnophyllol），乙酸毛叶酯（lachnophyllol acetate），茴香脑（anethole），烃，脂肪酸，芳香族酸等。还含紫菀氯环五肽（astin）A、B、C、D、E及丁基-D-核酮糖苷（butyl-D-ribuloside）；含二肽类成分：aurantiamide acetate。

1.2.2 药理作用

祛痰作用 紫菀药液灌胃在小鼠酚红法实验中有祛痰作用。紫菀水煎液、石油醚及醇提液中乙酸乙酯提取部分灌胃增加小鼠呼吸道酚红排泄。石油醚、乙酸乙酯提取部分中的紫黄酮、表木栓醇也有祛痰作用。

镇咳、平喘作用 紫菀药液灌胃对小鼠氨水或二氧化硫引起的咳嗽有止咳作用，蜜炙后止咳作用加强。紫菀酮、表木栓醇灌胃对小鼠氨水性咳嗽有镇咳作用，而水煎液无效。紫菀煎液对组胺引起的豚鼠离体气管收缩有抑制作用。

抗肿瘤作用 紫菀氯环五肽A、B、C抑制小鼠肉瘤S180生长。大鼠肝微粒体代谢实验显示紫菀环肽类化合物结构中的1，2-顺式二氯脯氨酸残基与其抗肿瘤作用有关。紫菀中的表木栓醇对P338淋巴细胞性白血病细胞生长有抑制作用。紫菀氯环五肽J也能抗白血病。

其他作用 紫菀热水提取物能抗华支睾吸虫。紫菀中的槲皮素、山奈酚等抑制脂质过氧化、自由基的产生和大鼠红细胞溶血，有抗氧化作用。

毒性 紫菀皂苷有溶血作用，其粗制剂不宜静脉注射。小鼠灌胃紫菀挥发油的最小致死量约为333g/kg。

1.3 资源分布状况

产于黑龙江、吉林、辽宁、内蒙古东部及南部、山西、河北、河南西部（卢氏县）、陕西及甘肃南部（临洮、成县等）。生于低山阴坡湿地、山顶和低山草地及沼泽地，海拔400~2000m。也分布于朝鲜、日本及俄罗斯西伯利亚东部。

1.4　生态习性

适应性很强,喜温暖湿润气候,耐寒,耐干旱,对土壤要求不严,以土质疏松、肥沃、排水良好的腐殖质壤土和砂质壤土栽培为宜,在阴坡地、黏土及低洼地生长不良,且根茎易腐烂。

1.5　栽培技术与采收加工

繁殖方法　用根茎、根头繁殖。根茎繁殖:11月上旬至翌年4月上旬,选择鲜嫩、粗壮、节密、无病虫害的紫红色的根茎,截成5~8cm长的小段,每段应带有2~3个芽作种茎。条栽,按行株距30cm开沟,沟深9cm,每隔24cm顺沟平放种根一段,覆土、镇压、浇水,穴栽。按行株距30cm×24cm开穴,穴深3~5cm,平放种茎2~3段,覆土,浇水。气温在10~15℃时,经10~15日出苗。根头繁殖:将带有须根的根头分切成几小块,按行距30cm开沟,沟深3~6cm,每隔12~15cm栽种1块,芽头向上,覆土,稍加镇压、浇水。春栽根状茎需窖藏。

田同管理　出苗后要间苗,除去密苗、弱苗。6~7月要经常浇水保湿。但不可过湿,以免影响扎根;并追施硫酸铵、过磷酸钙,抽薹时要摘花薹。

病虫害防治　病害有白绢病、褐斑病,可喷1∶1∶100倍波尔多液。害虫有地老虎、蛴螬、菜青虫等为害。

采牧加工　10月下旬至翌年早春,待地上部分枯萎后,挖掘根部,除去枯叶,将细根编成小辫状,晒至全干。

2　生物学特性研究

2.1　奈曼地区栽培紫菀物候期

2.1.1　观测方法

从通辽奈曼旗蒙药材种植基地栽培的紫菀大田中,选择10株生长良好、无病虫害的健壮植株编号挂牌,作定位观测,并记录。2016年5月至2016年11月间连续观测记录各定株物候出现的日期,以10株平均期作为原始值。观测应具连续性,不漏测任何一个物候期。观测时间和顺序固定,开花期上午8∶00~11∶30,晴天观测。观测部位以植株判断其物候期,主茎受损时另选植株,并注明。

2.1.2　物候期的划分

物候期的划分是根据栽培紫菀生长发育过程中不同时期植物生长发育特点,并参考其他植物物候期的划分情况完成的。为了划分依据统一,始、初期均以群体中植株出现开花或展叶或坐果5%~15%为标准, 盛、旺期以40%~60%为标准, 末期以80%~90%为标准。将紫菀的生育全过程分为播种期、出苗期、4~6叶期、分枝期、花蕾期、开花初期、盛花期、落花期、坐果初期、果实成熟期、枯萎期。出苗期为种子萌发后, 幼苗露出地面2~3cm的时期; 4~6叶期 (伸长期) 是叶生长的关键时期; 分枝期是植株茎秆快速生长时期, 其与伸长期基本同季, 是植物营养生长高峰期; 现蕾开花期是植株现蕾开花时期; 坐果初期是紫菀开始坐果的时期; 果实成熟期是整株植物结实及果实成熟的关键时期, 其与现蕾开花期组成紫菀的生殖生长期; 枯萎期是根据植株在夏末、初秋出现春发植株大量死亡现象而设置的一个生育时期; 播种期是紫菀实际播种日期。

2.1.3　物候期观测结果

一年生紫菀播种期为4月23日, 出苗期自5月12日起历时8天, 4~6叶期为6月初开始至下旬历时19天, 花蕾期为8月下旬, 盛花期为9月上旬, 落花期为10月上旬, 枯萎期为10月下旬。

表26-1-1　紫菀物候期观测结果 (m/d)

时期 年份	播种期	出苗期	4~6叶期	分枝期	花蕾期	开花初期
一年生	4/23	5/12~5/20	6/5~6/24	—	8/20~	8/24~

表26-1-2　紫菀物候期观测结果 (m/d)

时期 年份	盛花期	落花期	坐果初期	果实成熟期	枯萎期
一年生	9/8~	10/6~	—	—	10/22~

2.2　形态特征观察研究

多年生草本, 根状茎斜生。茎直立, 高40~50cm, 粗壮, 基部有纤维状枯叶残片且常有不定根, 有棱及沟, 被疏粗毛, 有疏生的叶。基部叶在花期枯落, 长圆状或椭圆状匙形, 下半部渐狭成长柄, 连柄长20~50cm, 宽3~13cm, 顶端尖或渐尖, 边缘有具小尖头的圆齿或浅齿。下部叶为匙状长圆形, 常较小, 下部渐狭或急狭成具宽翅的柄, 渐尖, 边缘除顶部外有密锯齿; 中部叶长圆形或长圆披针形, 无柄, 全缘或有浅齿, 上部叶狭小; 全部叶厚纸质, 上面被短糙毛, 下面被稍疏的但沿脉被较密的短粗毛; 中脉粗壮, 与5~10对。侧脉在下面突起, 网脉明显。头状花序多数, 径2.5~4.5cm, 在茎和枝端排列成复伞房状; 花序梗长, 有线形苞叶。总苞半球形, 长7~9mm, 径10~25mm; 总苞片3层, 线形或线状披针形, 顶端尖或圆形, 外层长3~4mm, 宽1mm, 全部或上部草质, 被密短毛, 内层长达8mm, 宽达1.5mm, 边缘宽膜质且带紫红色, 有草质中脉。舌状花约20余个; 管部长3mm, 舌片蓝紫色, 长15~17mm, 宽2.5~3.5mm, 有4至多脉; 管状花长

6~7mm，且稍有毛，裂片长1.5mm；花柱附片披针形，长0.5mm。瘦果倒卵状长圆形，紫褐色，长2.5~3mm，两面各有1或少有3脉，上部被疏粗毛。冠毛污白色或带红色，长6mm，有多数不等长的糙毛。花期7~9月，果期8~10月。

紫菀形态特征例图

图26-1　　　　　　　　　　　　　　图26-2

图26-3　　　　　　　　　　　　　　图26-4

2.3　紫菀营养器官生长动态

（1）紫菀地下部分生长动态　为掌握紫菀各种性状在不同生长时期的生长动态，分别在不同时期对紫菀的根长、根粗、侧根数、侧根长、侧根粗、根鲜重等性状进行了调查（见表26-2）。

表26-2　紫菀地下部分生长情况

调查日期 （m/d）	根长 （cm）	根粗 （cm）	侧根数 （个）	侧根长 （cm）	侧根粗 （cm）	根鲜重 （g）
7/30	17.64	0.3776	25.3	6.2	0.1224	7.82
8/10	18.16	0.4041	28.4	7.9	0.1510	9.85
8/20	19.92	0.4340	37.4	14.0	0.1631	13.76
8/30	25.66	0.4529	46.4	16.0	0.1759	20.65
9/10	26.67	0.4533	59.3	17.6	0.2255	28.52
9/20	27.00	0.5217	62.3	18.1	0.2622	32.19
9/30	27.15	0.5250	86.0	18.9	0.2866	38.60
10/15	27.66	0.5278	96.7	20.3	0.3155	46.83

紫菀根长的变化动态　从图26-5可见，7月30日至8月30日根长基本上呈增长趋势，其后进入稳定状态。

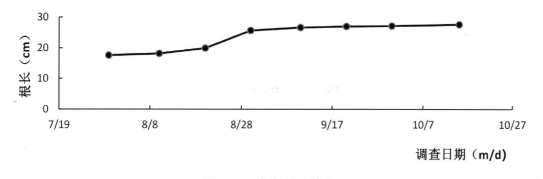

图26-5　紫菀的根长变化

紫菀根粗的变化动态　从图26-6可见，根粗从7月30日至9月20日均呈稳定的增加趋势，其后进入平稳状态。

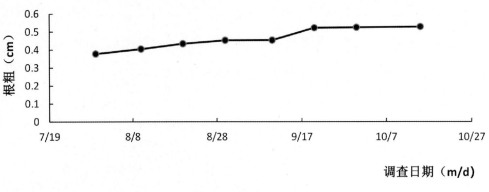

图26-6　紫菀的根粗变化

紫菀侧根数的变化动态　从图26-7可见, 7月30日至10月15日侧根数均呈稳定的增加趋势, 说明紫菀整个生长期之内均在生长。

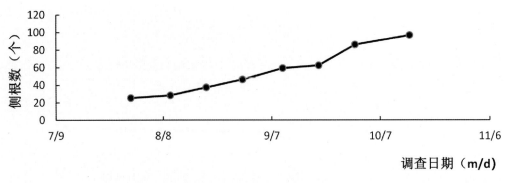

图26-7　紫菀的侧根数变化

紫菀侧根长的变化动态　从图26-8可见, 7月30日至10月15日侧根长均呈稳定的增长趋势。

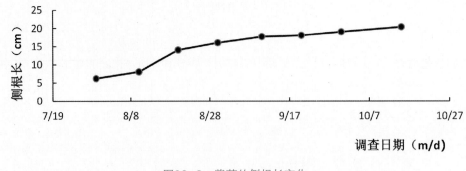

图26-8　紫菀的侧根长变化

紫菀侧根粗的变化动态　从图26-9可见, 7月30日至10月15日侧根粗均呈稳定的增加趋势, 但是长势非常缓慢。

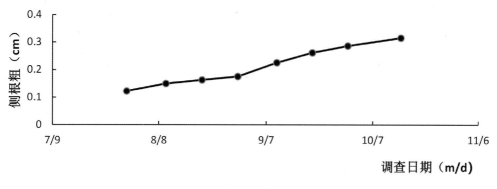

图26-9　紫菀的侧根粗变化

紫菀根鲜重的变化动态　从图26-10可见，7月30日至10月15日根鲜重均呈稳定的增加趋势。

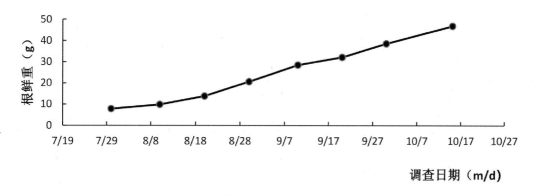

图26-10　紫菀的根鲜重变化

（2）紫菀地上部分生长动态　为掌握紫菀各种性状在不同生长时期的生长动态，分别在不同时期对紫菀的株高、叶数、分枝数、茎粗、茎鲜重、叶鲜重等性状进行了调查（见表26-3）。

表26-3　紫菀地上部分生长情况

调查日期 （m/d）	株高 （cm）	叶数 （个）	分枝数 （个）	茎粗 （cm）	茎鲜重 （g）	叶鲜重 （g）
7/25	27.15	11.28	—	—	—	29.48
8/12	33.17	9.66	—	—	—	32.61
8/20	35.77	12.83	—	—	—	40.86
8/30	38.34	16.00	—	—	—	56.13
9/10	43.01	17.01	—	—	—	54.01
9/21	45.68	17.35	—	—	—	49.07
9/30	45.51	17.33	—	—	—	40.18
10/15	46.35	9.35	—	—	—	24.88

说明："—"无数据或未达到测量的数据要求。

紫菀株高的生长变化动态 从图26-11和表26-3中可见，7月25日至9月21日株高逐渐增加，9月21日之后紫菀的株高停止生长。

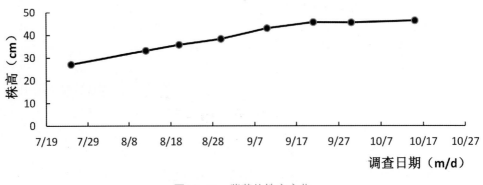

图26-11 紫菀的株高变化

紫菀叶数的生长变化动态 从图26-12可见，7月25日至9月21日是叶数增加时期，9月21日至9月30日叶数进入稳定状态，之后从9月30日后缓慢减少，说明这一时期紫菀下部叶片在枯死、脱落，所以叶数在减少。

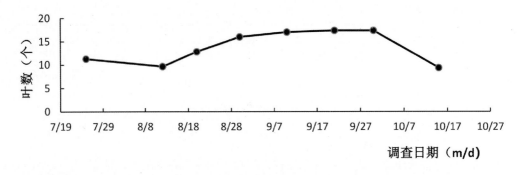

图26-12 紫菀的叶数变化

紫菀叶鲜重的变化动态 从图26-13可见，7月25日至8月30日是茎叶鲜重快速增加期，8月30日之后叶鲜重开始逐渐降低，这可能是由于生长后期叶片逐渐脱落和逐渐干枯所致。

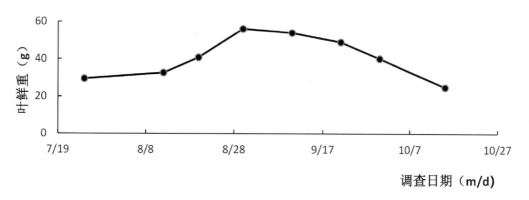

图26-13　紫菀的叶鲜重变化

（2）紫菀单株生长图

图26-14

图26-15

图26-16

图26-17

图26-18

2.3.2 紫菀不同时期的根和地上部的关系

为掌握紫菀各种性状在不同生长时期的生长动态,分别在不同时期从紫菀的每个种植小区随机取样10株,将取样所得的紫菀从茎基部剪下,根、冠分离,去除杂物,将根、冠分别在105℃下杀青30分钟后60℃恒温2天(或2天以上干燥为止),然后放入干燥器中冷却,用1/10000的天平测量质量,以二者的比值为根冠比。

表26-4　紫菀不同时期的根和地上部分的关系

调查日期(m/d)	7/25	8/12	8/20	8/30	9/10	9/21	9/30	10/15
根冠比	0.2314	0.3810	0.384	0.3989	0.5782	0.9598	1.4606	3.0266

从表26-4可见,紫菀幼苗期根系与枝叶的生长速度有显著差异,幼苗出土初期根冠比位为0.2314:1,地上部分生长占优势。之后根系生长速度相对加快,其生长总量逐渐接近地上,9月21日根冠比为0.9598:1。10月中旬地下部分生长较快,而地上部分慢慢枯萎,根冠比为3.0266:1。

2.3.3 紫菀不同生长期干物质积累

本实验共设计3个小区。每小区取样10株,分别取营养幼苗期、营养生长期、枯萎期等3个时期的紫菀全株,每穴以植株为中心,取长16~25cm、宽16~25cm、深20~40cm的土块,先用清水冲洗干净,注意避免丢失根量,用滤纸吸干附着的水分,然后将植株按根、茎、叶、花和果实部位装袋,于105℃杀青30min,60℃烘干至恒重,测定干物质量,并折算为公顷干物质积累量。

表26-5　紫菀各器官总干物质重变化(kg/hm²)

调查期	根	茎	叶	花	果
幼苗期	568.80	—	890.50	—	—
营养生长期	1227.70	—	2026.20	—	—
枯萎期	7474.30	—	2296.40	—	—

说明:"—"无数据或未达到测量的数据要求。

从紫菀干物质积累与分配的数据(表26-5)可以看出,紫菀在不同时期地上、地下部分各营养器官的干物质量均随紫菀的生长不断增加。在幼苗期根、叶干物质总量依次为568.80kg/hm²、890.50kg/hm²;进入营养生长期根、叶具有增加的趋势,其根、叶干物质总量依次为1227.70kg/hm²、2026.20kg/hm²。进入枯萎期根、叶干物质总量依次为7474.30kg/hm²、2296.40kg/hm²,其中根增加较快,本时期通辽市奈曼地区已进入霜期,霜后当地上部枯萎后,并进行采收。

3　药材质量评价研究

3.1　常规检查研究(参照《中国药典》2015年版)

3.1.1　常规检查测定方法

水分　取供试品2~5g,平铺于干燥至恒重的扁形称量瓶中,厚度不超过5mm,疏松供试品不超过10mm,精密称定,开启瓶盖在100~105℃干燥5h,将瓶盖盖好,移置干燥器中,放冷30min,精密称定,再在上述温度干燥1h,放冷,称重,至连续两次称重的差异不超过5mg为止。根据减失的重量,计算供试品中含水量(%)。

本法适用于不含或少含挥发性成分的药品。

$$水分　(\%) = \frac{W_1 + W_2 - W_3}{W_1} \times 100\%$$

式中 W_1:供试品的重量(g); W_2:称量瓶恒重的重量(g); W_3:(称量瓶+供试品)干燥至连续两次称重的差异不超过5mg后的重量(g)。试验所得数据用Microsoft Excel 2013进行整理计算。

总灰分及酸不溶性灰分　总灰分测定法:测定用的供试品须粉碎,使能通过二号筛,混合均匀后,取供试品2~3g(如需测定酸不溶性灰分,可取供试品3~5g),置炽灼至恒重的坩埚中,称定重量(准确至

0.01g），缓缓炽热，注意避免燃烧，至完全炭化时，逐渐升高温度至500~600℃，使完全灰化并至恒重。根据残渣重量，计算供试品中总灰分的含量（%）。如供试品不易灰化，可将坩埚放冷，加热水或10%硝酸铵溶液2ml，使残渣湿润，然后置水浴上蒸干，残渣照前法炽灼，至坩埚内容物完全灰化。

酸不溶性灰分测定法：取上项所得的灰分，在坩埚中小心加入稀盐酸约10ml，用表面皿覆盖坩埚，置水浴上加热10min，表面皿用热水5ml冲洗，洗液并入坩埚中，用无灰滤纸滤过，坩埚内的残渣用水洗于滤纸上，并洗涤至洗液不显氯化物反应为止。滤渣连同滤纸移置同一坩埚中，干燥，炽灼至恒重。根据残渣重量，计算供试品中酸不溶性灰分的含量（%）。

$$总灰分（\%）=\frac{M_2-M_1}{M_3-M_1}\times100\%$$

式中M_1：坩埚重量（g）；M_2：坩埚+灰分重量（g）；M_3：坩埚+样品重量（g）。试验所得数据用Microsoft Excel 2013进行整理计算。

$$酸不溶性灰分（\%）=\frac{M_2-M_1}{M_3-M_1}\times100\%$$

式中 M_1：坩埚重量（g）；M_2：坩埚和酸不溶灰分的总重量（g）；M_3：坩埚和样品总质量（g）。试验所得数据用Microsoft Excel 2013进行整理计算。

浸出物 醇溶性热浸法：取供试品2~4g，精密称定，置100~250ml的锥形瓶中，精密加乙醇50~100ml，密塞，称定重量，静置1h后，连接回流冷凝管，加热至沸腾，并保持微沸1h。放冷后，取下锥形瓶，密塞，再称定重量，用乙醇补足减失的重量，摇匀，用干燥滤器滤过，精密量取滤液25ml，置已干燥至恒重的蒸发皿中，在水浴上蒸干后，于105℃干燥3h，置干燥器中冷却30min，迅速精密称定重量。除另有规定外，按干燥品计算供试品中醇溶性浸出物的含量（%）。

$$浸出物（\%）=\frac{（浸出物及蒸发皿重-蒸发皿重）\times加水（或乙醇）体积}{供试品的重量\times量取滤液的体积}\times100\%$$

$$RSD=\frac{标准偏差}{平均值}\times100\%$$

3.1.2 结果与分析

水分 参照《中国药典》2015年版四部（第103页）第二法（烘干法）测定。取上述采集的紫菀药材样品，测定并计算紫菀药材样品中含水量（质量分数，%），平均值为5.70%，所测数值计算RSD≤2.79%，在《中国药典》（2015年版，一部）紫菀药材项下要求水分不得过15.0%，本药材符合药典规定要求（见表26—6）。

总灰分 参照《中国药典》2015年版四部（第202页）灰分测定法测定。取上述采集的紫菀药材样品，测定并计算紫菀药材样品中总灰分和酸不溶性灰分含量（%），总灰分含量平均值为10.75%，所测数值计算RSD≤0.19%，酸不溶性灰分含量平均值为5.55%，所测数值计算RSD≤7.63%，在《中国药典》（2015年版，一部）紫菀药材项下要求总灰分不得超过15.0%，酸不溶性灰分不得超过8.0%，本药材符合药典规定要求（见表26-6）。

浸出物 参照《中国药典》2015年版四部（第202页）水溶性浸出物测定法（冷浸法）测定。取上述采集的紫菀药材样品，测定并计算紫菀药材样品中浸出物（质量分数，%），平均值为67.36%，所测数值计算RSD≤0.82%，在《中国药典》（2015年版，一部）紫菀药材项下要求浸出物不得少于45.0%，本药材符合药典规定要求（见表26-6）。

表26-6 紫菀药材样品中水分、总灰分、酸不溶性灰分、浸出物含量

测定项	平均（%）	RSD（%）
水分	5.70	2.79
总灰分	10.75	0.19
酸不溶性灰分	5.55	7.63
浸出物	67.36	0.82

本试验研究依据《中国药典》（2015年版，一部）的紫菀药材项下内容，根据奈曼产地紫菀药材的实验测定结果，蒙药材紫菀样品水分、总灰分、酸不溶性灰分、浸出物的平均含量分别为5.70%、10.75%、5.55%、67.36%，均符合《中国药典》规定要求。

牛蒡子 ᠦᠪᠦᠰ

ARCTII FRUCTUS

蒙药材牛蒡子为菊科植物牛蒡 *Arctium lappa* L. 的干燥成熟种子。

1 牛蒡子的研究概况

1.1 蒙药学考证

蒙药材牛蒡子为常用利尿逐水药,秋季采果实,除去泥土,洗净,再阴干。蒙名为"西柏-乌布斯",别名"吉松""洛西古""西柏图茹""塔拉布斯"。占布拉道尔吉《无误蒙药鉴》中:"藏语称吉松,生于田边和园中。主茎粗长,叶大,如同蜀葵花叶,果实状如巴豆。具钩状刺,故认为能抓老鼠。花红褐色,形如飞廉或马肉疣,种子扁平,状如梨籽。"《晶珠本草》中记载:"吉松破痞、泻脉病。"《植物史》中记载:"吉松生于道边或园中。茎长,叶大,花红,白褐色有内钩状刺的种子,破痞,治石化病。茎空而高,花如飞廉,外瓣如牙形分布。"《识药学》中记载:"生于田边和园中。生长得高的上叶大,具钩状刺,果实内有红种子,破痞,治石化病。牛蒡子为菊科多年生草本植物牛蒡*Arctium lappa* L. 的干燥成熟种子。"《中华本草》(蒙药卷)记载:"生于田间、庭园,与土木香根相似,茎长,叶大,紫色,果实内红,外形似石龙芮之果实,生满了带钩的种子。沾衣,甚至说能捉鼠。花棕褐色,如飞廉花或马蹄状,种子扁平,相似梨仁。"上述植物生境、形态及附图特征与蒙医药所用的牛蒡之特征相符,故认定历代蒙医药文献所载的吉松即西柏-乌布斯(牛蒡子)。本品味苦、辛,性寒。具有破痞、泻脉病、利尿之功效。蒙医主要用于石痞、尿闭、死胎不下、脉痞、脉伤、肾结石、膀胱结石等病,多配方用,在蒙成药中使用较为普遍。

1.2　化学成分及药理作用

1.2.1　化学成分

木脂素类　牛蒡苷（arctiin），罗汉松脂酚（ma-tairesind），倍半木质素（sesquilignan），AL-D及AL-F，络石苷元（tra-chelogenin）；种子含木脂素类：牛蒡苷，牛蒡醇（lappaol）A、B、C、D、E、F、H，新牛蒡素甲（neoarctin A），新牛蒡素乙（neoarctin B），穗罗汉松树脂酚（matairesinol），牛蒡子苷（aretiin），丁酰内酯木质素二聚体（butyrolactone lignan dimer），双牛蒡苷元（diarctigenin），又含脂肪油，其中脂肪酸成分有花生酸（arachic acid），硬脂酸（stearicacid），棕榈酸（palmitic acid）和亚油酸（linoleic acid）。种子挥发油含有66种成分，主要为（S）-胡薄荷酮〔（S）-pulegone〕，（R）-胡薄荷酮〔（R）-pulegone〕，3-甲基-6-丙基苯酚（3-methyl-6-propylphenol），4α-甲基八氢萘酮-2（octahvdro-4α-methyl-2-naphthalenone），牡丹酚（paeonol），顺式-2-甲基环戊醇（cis-2-methyl cyclopetanol），2-庚酮（2-heptanone），1-庚烯-3-醇（1-hepten-3-ol），2-戊基呋喃（2-pentylfuran）等。

1.2.2　药理作用

增强免疫功能作用　牛蒡子醇提物能增强机体免疫功能，可使正常小鼠淋巴细胞转化率和小鼠的α萘醋酸萘酯酶阳性率显著提高，并可明显增加抗体生成细胞的形成，增强小鼠巨噬细胞的吞噬功能。

对肾病的作用　大鼠腹腔注射氨基核苷引起的肾病，腹腔注射牛蒡苷元可抑制尿蛋白排泄的增加，并能改善血清生化指标，有抗肾病作用。牛蒡苷腹腔注射对蛋白排泄的增加几乎没有作用，但经口给药则有效，推测可能是在消化道内水解成牛蒡苷元而产生抗肾病作用。牛蒡苷元经腹腔注射可抑制尿蛋白排泄增加，并能改善血清生化指标，表明它具有抗肾炎活性，能有效治疗急性肾炎和肾病综合征。牛蒡子及其提取物可有效降低糖尿病大鼠的肾重/体重比，减少其尿微量白蛋白，并可有效降低肾皮质胞膜PKC酶活性，阻止其由胞质向胞膜的转移，牛蒡子及其提取物可能通过阻止PKC激活的通路起到治疗糖尿病肾病的作用。

抗肿瘤、抗突变作用　牛蒡中分离出一种抗诱变因子，相对分子质量超过30万以上，耐热、耐蛋白酶，对氯化锰处理敏感。对诱发的小鼠皮肤癌，牛蒡子苷和苷元局部和口服给药对皮肤癌均有明显的活性。对诱发的大鼠肺癌，只有牛蒡子苷元有活性。体外牛蒡子苷和苷元对人肝癌HepG2细胞具有强毒性，苷元是牛蒡苷抗肝癌的活性成分。

其他作用　体外观察牛蒡苷元（ACT）抗甲1型流感病毒作用，结果表明，ACT在体外有直接抑制流感病毒复制的作用，是牛蒡子解表功能的有效成分。

1.3 资源分布状况

全国各地普遍分布。生于山坡、山谷、林缘、林中、灌木丛中、河边潮湿地、村庄路旁或荒地,海拔750~3500m处,全国各地亦有普遍栽培。

1.4 生态习性

喜温暖湿润气候,耐寒、耐旱、怕涝。种子发芽适宜温度20℃,发芽率70%。以土层深厚、疏松肥沃、排水良好的砂质壤土栽培为宜。

1.5 栽培技术与采收加工

栽培技术 牛蒡宜采用种子直播种植。春秋两季均可播种,秋播为佳。7月底至8月初,深翻土地,耕细整平,视地形开沟渠,穴播,行距60~70cm,穴距约50cm,穴深7~10cm,每穴播种子8~9粒,覆土2~3cm厚,半月左右即可出苗。在苗高20cm左右时,结合中耕除草匀苗,每穴留壮苗2~3株。适时除草至植株封垄。牛蒡需肥量大,宜在中耕除草后施追肥,追肥为腐熟肥、菜籽饼和尿素为宜。牛蒡病虫害较多,病害有多发生在秋季的黑斑病、角斑病和春、夏、秋季都可发生的细菌性黑斑病。防治方法多采用轮作;种植时避免过于密植,使植株通风透光;发病后及时摘下病叶,集中烧毁;亦可喷洒140倍的波尔多液防治。虫害为蚜虫、红蜘蛛、地老虎、蚂蚁、金龟子等。蚜虫可用烟草石灰水喷杀;红蜘蛛用0.2波美度的石硫合剂防治;地老虎、蚂蚁、金龟子也可人工捕捉或毒饵诱杀。

采收加工 牛蒡一般在种植的次年7~8月间,开花结果,当果序总苞呈枯黄时,即可采收,但因成熟期很不一致,故必须分批采收。如久不采收,果实过分成熟,便突出总苞外,容易被风吹落。另外由于牛蒡的总苞上有许多坚硬的钩刺,宜在早晨和阴天钩刺较软时采摘;若晴天采摘,则应戴上手套。牛蒡的果实上还有许多细冠毛,常随风飞扬,黏附皮肤即刺痒难受,故在采收时应站在上风处,并戴口罩及风镜,加强防护。

牛蒡果采回后,因总苞钩刺相互勾结成团,不易分开,脱粒甚为困难。一般是先把果序摊开暴晒,使它充分干燥后再进行脱粒,最后除去杂质。以粒大,饱满,色灰褐的为佳。牛蒡根在采收种后,立即挖出,刮去黑皮,晒干即可。

2　生物学特性研究

2.1　奈曼地区栽培牛蒡子物候期

2.1.1　观测方法

从通辽奈曼旗蒙药材种植基地栽培的牛蒡子大田中,选择10株生长良好、无病虫害的健壮植株编号挂牌,作定位观测,并记录。2016年5月至2017年11月间连续观测记录各定株物候出现的日期,以10株平均期作为原始值。观测应具连续性,不漏测任何一个物候期。观测时间和顺序固定,开花期上午8:00~11:30,晴天观测。观测部位以植株判断其物候期,主茎受损时另选植株,并注明。

2.1.2　物候期的划分

物候期的划分是根据栽培牛蒡子生长发育过程中不同时期植物生长发育特点,并参考其他植物物候期的划分情况完成的。为了划分依据统一,始、初期均以群体中植株出现开花或展叶或坐果5%~15%为标准,盛、旺期以40%~60%为标准,末期以80%~90%为标准。将牛蒡子的生育全过程分为播种期、出苗期、4~6叶期、分枝期、花蕾期、开花初期、盛花期、落花期、坐果初期、果实成熟期、枯萎期。出苗期为种子萌发后,幼苗露出地面2~3cm的时期;4~6叶期(伸长期)是叶生长的关键时期;分枝期是植株茎秆快速生长时期,其与伸长期基本同季,是植物营养生长高峰期;现蕾开花期是植株现蕾开花时期;坐果初期是牛蒡子开始坐果的时期;果实成熟期是整株植结实及果实成熟的关键时期,其与现蕾开花期组成牛蒡子的生殖生长期;枯萎期是根据植株在夏末、秋初出现春发植株大量死亡现象而设置的一个生育时期;播种期为牛蒡子实际播种日期。

2.1.3　物候期观测结果

一年生牛蒡子播种期为5月12日,出苗期自6月12日起历时4天,4~6叶期历时2天,枯萎期历时11天。

二年生牛蒡子返青期自4月中旬开始历时10天,分枝期共计8天。花蕾期自6月中旬至7月20日共计38天,开花初期历时9天,盛花期8天,坐果初期为20天,果实成熟期共计7天,枯萎期历时15天。

表27-1-1　物候期观测结果(m/d)

年份	时期 播种期 二年返青期	出苗期	4~6叶期	分枝期	花蕾期	开花初期
一年生	5/12	6/12~6/16	6/20~6/22	—	—	—
二年生	4/11~4/21	5/14~5/20	5/24~6/2	6/12~7/20	7/23~8/2

表27-1-2　物候期观测结果（m/d）

时期 年份	盛花期	落花期	坐果初期	果实成熟期	枯萎期
一年生	—	—	—	—	10/20～11/1
二年生	7/28～8/6	8/8～8/12	8/20～9/10	9/8 ～9/15	9/20～10/5

说明："–"无数据或数据未达到测量的要求。

2.2　形态特征观察研究

多年生草本。具粗大的肉质直根，长达15cm，径可达2cm，有分枝支根。茎直立，高达2m，粗壮，基部直径达2cm，通常紫红或淡紫红色。有多数高起的条棱，分枝斜生，多数，全部茎枝被稀疏的乳突状短毛及长蛛丝毛并混杂以棕黄色的小腺点。基生叶宽卵形，长达30cm，宽达21cm，边缘有稀疏的浅波状凹齿或齿尖，基部心形，有长达32cm的叶柄，两面异色，上面绿色，有稀疏的短糙毛及黄色小腺点，下面灰白色或淡绿色，被薄绒毛或绒毛稀疏，有黄色小腺点，叶柄灰白色，被稠密的蛛丝状绒毛及黄色小腺点，但中下部常脱毛。茎生叶与基生叶同形或近同形，具等样的及等量的毛被，接花序下部的叶小，基部平截或浅心形。头状花序多数或少数在茎枝顶端排成疏松的伞房花序或圆锥状伞房花序，花序梗粗壮。总苞卵形或卵球形，直径1.5～2cm。总苞片多层，多数，外层三角状或披针状钻形，宽约1mm，中内层披针状或线状钻形，宽1.5～3mm；全部苞近等长，长约1.5cm，顶端有软骨质钩刺。小花紫红色，花冠长1.4cm，细管部长8mm，簷部长6mm，外面无腺点，花冠裂片长约2mm。瘦果倒长卵形或偏斜倒长卵形，长5～7mm，宽2～3mm，两侧压扁，浅褐色，有多数细脉纹，有深褐色的色斑或无色斑。冠毛多层，浅褐色；冠毛刚毛糙毛状，不等长，长达3.8mm，基部不连合成环，分散脱落。

牛蒡子形态特征例图

图27-1

图27-2

图27-3

图27-4

图27-5

图27-6

2.3　生长发育规律

2.3.1　牛蒡子营养器官生长动态

（1）牛蒡子地下部分生长动态　为掌握牛蒡子各种性状在不同生长时期的生长动态，分别在不同时期对牛蒡子的根长、根粗、侧根数、侧根长、侧根粗、根鲜重等性状进行了调查（见表27-2、表27-3）。

表27-2　一年牛蒡子地下部分生长情况

调查日期 (m/d)	根长 (cm)	根粗 (cm)	侧根数 (个)	侧根长 (cm)	侧根粗 (cm)	根鲜重 (g)
7/30	9.48	0.2194	—	—	—	1.09
8/10	14.24	0.3808	1.2	3.56	0.1896	4.68
8/20	16.10	0.5083	2.3	5.20	0.3119	9.63
8/30	19.59	0.6414	3.0	6.91	0.4544	14.02
9/10	22.92	0.7225	3.7	8.31	0.5208	15.52
9/20	26.63	0.8508	4.0	9.10	0.6419	17.51
9/30	27.60	0.9490	4.5	9.72	0.7764	22.37
10/15	35.24	1.0706	4.8	10.63	0.8445	22.37

说明："—"无数据或未达到测量的数据要求。

表27-3　二年牛蒡子地下部分生长情况

调查日期 (m/d)	根长 (cm)	根粗 (cm)	侧根数 (个)	侧根长 (cm)	侧根粗 (cm)	根鲜重 (g)
5/17	18.45	1.2010	3.0	12.70	0.6819	23.58
6/8	22.28	1.4309	4.8	15.61	0.7760	52.50
6/30	26.50	1.6576	5.1	18.40	1.0624	74.53
7/22	34.50	2.5309	5.2	21.31	1.3352	93.90
8/11	44.91	2.7238	6.4	23.84	1.4056	117.29
9/2	45.49	2.9520	7.2	26.80	1.6358	130.45
9/24	44.91	3.1240	7.3	28.16	1.7758	138.50
10/16	45.17	3.2441	7.4	29.66	1.8222	143.00

一年生牛蒡子根长的变化动态　从图27-7可见，7月30日至10月15日根长基本上均呈稳定的增长趋势，说明牛蒡子在第一年里根长始终在增加。

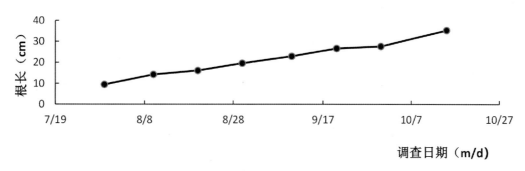

图27-7　一年生牛蒡子的根长变化

一年生牛蒡子根粗的变化动态　从图27-8可见，一年生牛蒡子的根粗从7月30日至10月15日均呈稳定的增长趋势，说明牛蒡子在第一年里根粗始终在增加。

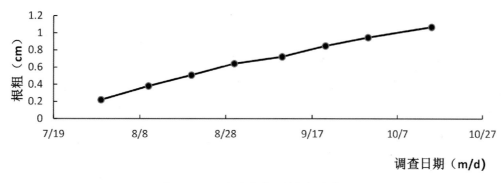

图27-8　一年生牛蒡子的根粗变化

一年生牛蒡子侧根数的变化动态　从图27-9可见，7月30日至10月15日侧根数均呈稳定的增加趋势。

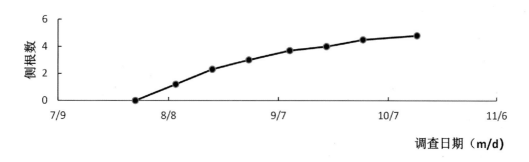

图27-9　一年生牛蒡子的侧根数变化

一年生牛蒡子侧根长的变化动态　从图27-10可见，7月30日至10月15日侧根长均呈稳定的增长趋势。

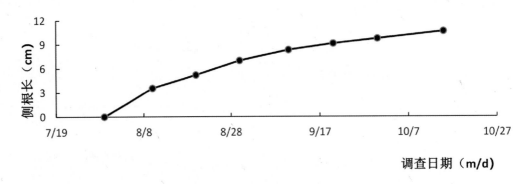

图27-10　一年生牛蒡子的侧根长变化

一年生牛蒡子侧根粗的变化动态　从图27-11可见，7月30日至10月15日侧根粗均呈稳定的增加趋势。

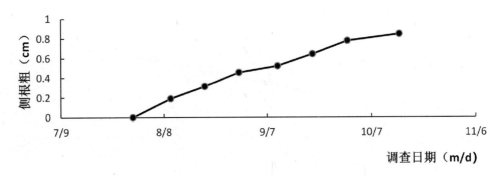

图27-11　一年生牛蒡子的侧根粗变化

一年生牛蒡子根鲜重的变化动态　从图27-12可见，7月30日至9月30日根鲜重均呈稳定的增加趋势。从9月30日开始进入稳定状态。

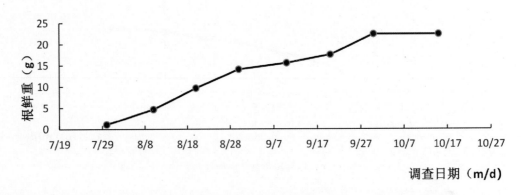

图27-12　一年生牛蒡子的根鲜重变化

二年生牛蒡子根长的变化动态 从图27-13可见,5月17日至8月11日根长均呈稳定的增长趋势,从8月11之后进入稳定期。

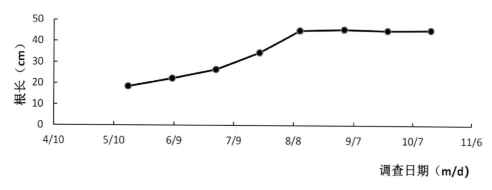

图27-13 二年生牛蒡子的根长变化

二年生牛蒡子根粗的变化动态 从图27-14可见,二年生牛蒡子的根粗从5月17日至10月16日始终处于增加的状态。

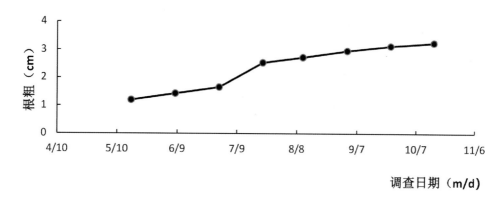

图27-14 二年生牛蒡子的根粗变化

二年生牛蒡子侧根数的变化动态 从图27-15可见,二年生牛蒡子的侧根数基本上呈逐渐增加的趋势,但是增加非常缓慢。

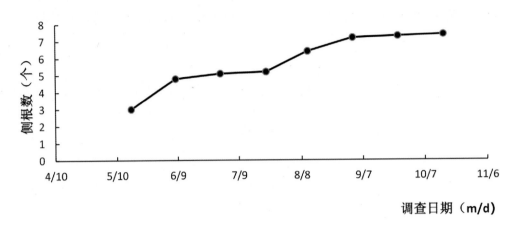

图27-15 二年生牛蒡子的侧根数变化

二年生牛蒡子侧根长的变化动态 从图27-16可见，5月17日至10月16日侧根长均呈稳定的增长趋势。

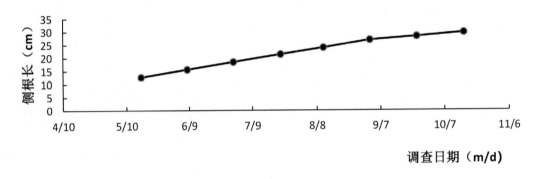

图27-16 二年生牛蒡子的侧根长变化

二年生牛蒡子侧根粗的变化动态 从图27-17可见，5月17日至10月16日侧根粗均呈稳定的增加趋势。

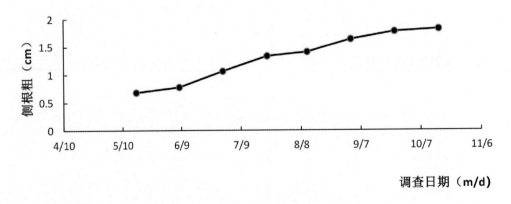

图27-17 二年生牛蒡子的侧根粗变化

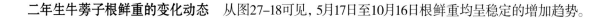

二年生牛蒡子根鲜重的变化动态 从图27-18可见，5月17日至10月16日根鲜重均呈稳定的增加趋势。

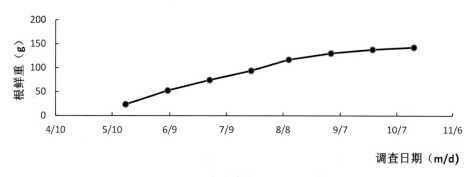

图27-18 二年生牛蒡子的根鲜重变化

牛蒡子地上部分生长动态 为掌握牛蒡子各种性状在不同生长时期的生长动态，分别在不同时期对牛蒡子的株高、叶数、分枝数、茎粗、茎鲜重、叶鲜重等性状进行了调查（见表27-4、表27-5）。

表27-4 一年生牛蒡子地上部分生长情况

调查日期 (m/d)	株高 (cm)	叶数 (个)	分枝数 (个)	茎粗 (cm)	茎鲜重 (g)	叶鲜重 (g)
7/25	13.81	3.50	—	—	—	2.82
8/12	18.03	4.19	—	—	—	4.71
8/20	21.07	6.18	—	—	—	5.70
8/30	25.28	7.30	—	—	—	19.60
9/10	27.57	8.62	—	—	—	24.83
9/21	30.09	7.50	—	—	—	29.05
9/30	32.11	6.40	—	—	—	27.60
10/15	33.67	5.60	—	—	—	25.45

说明："—"无数据或未达到测量的数据要求。

表27-5 二年生牛蒡子地上部分生长情况

调查日期 (m/d)	株高 (cm)	叶数 (个)	分枝数 (个)	茎粗 (cm)	茎鲜重 (g)	叶鲜重 (g)
5/14	29.33	10.20	—	—	—	5.19
6/8	40.98	19.59	—	—	—	12.79
7/1	90.60	34.59	0.4	0.5816	12.68	27.67
7/23	129.20	41.30	0.4	1.4388	24.70	69.98
8/10	137.00	44.49	1.6	1.6589	74.99	78.50
9/2	138.60	49.11	2.7	1.9463	78.99	81.50
9/24	139.71	44.49	2.8	2.2590	75.00	54.84
10/18	139.49	17.30	3.3	2.2950	56.99	19.57

说明："—"无数据或未达到测量的数据要求。

一年生牛蒡子株高的生长变化动态 从图27-19和表27-4可见, 7月25日至10月15日株高逐渐增加。

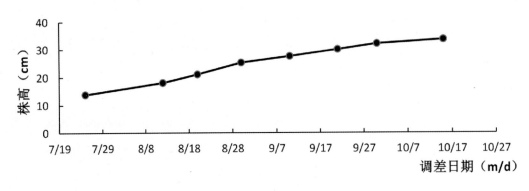

图27-19 一年生牛蒡子的株高变化

一年生牛蒡子叶数的生长变化动态 从图27-20可见, 7月25日至9月10日叶数逐渐增加, 之后从9月10日开始缓慢减少, 说明这一时期牛蒡子下部叶片在枯死、脱落, 所以叶数在减少。

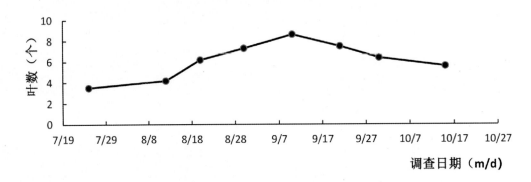

图27-20 一年生牛蒡子的叶数变化

一年生牛蒡子叶鲜重的变化动态 从图27-21可见, 7月25日至8月20日叶鲜重缓慢增加, 8月20日至9月21日为叶鲜重快速增加期, 之后叶鲜重开始缓慢降低, 这可能是由于生长后期叶片逐渐脱落和叶逐渐干枯所致。

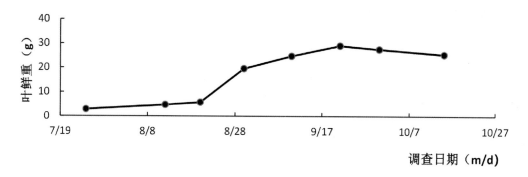

图27-21　一年生牛蒡子的叶鲜重变化

二年生牛蒡子株高的生长变化动态　从图27-22中可见，5月14日至7月23日是株高增长速度最快的时期，7月23日之后进入了平稳时期。

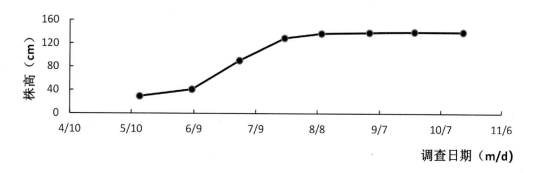

图27-22　二年生牛蒡子的株高变化

二年生牛蒡子叶数的生长变化动态　从图27-23可见，5月14日至9月2日是叶数快速增加时期，从9月2日开始叶数大幅度下降，说明这一时期牛蒡子下部叶片在枯死、脱落，所以叶数在减少。

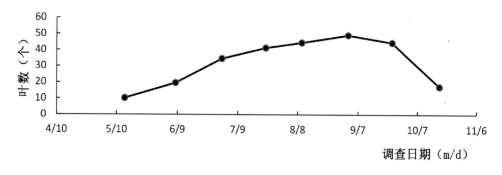

图27-23　二年生牛蒡子的叶数变化

二年生牛蒡子在不同生长时期分枝数的变化　从图27-24可见，二年生牛蒡子7月23日之前没有分枝数或太细不在调查范围内。从7月23日至10月18日分枝数一直在缓慢增加。

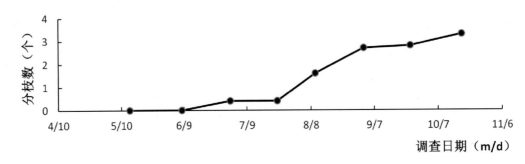

图27-24　二年生牛蒡子的分枝数变化

二年生牛蒡子茎粗的生长变化动态　从图27-25可见，6月8日至9月24日茎粗均呈稳定的增长趋势，从9月24开始进入稳定期。

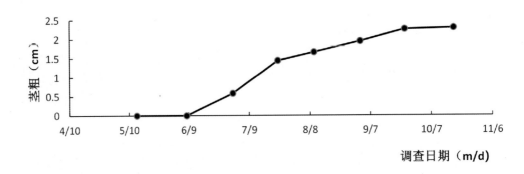

图27-25　二年生牛蒡子的茎粗变化

二年生牛蒡子茎鲜重的变化动态　从图27-26可见，6月8日至8月10日茎鲜重快速增加，8月10日至9月2日为茎鲜重稳定阶段，9月2日之后茎鲜重开始缓慢降低，这可能是由于生长后期茎逐渐干枯和脱落所致。

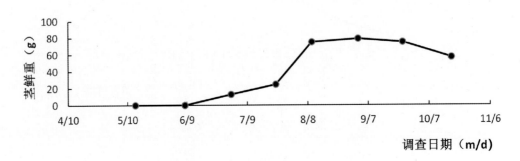

图27-26　二年生牛蒡子的茎鲜重变化

二年生牛蒡子叶鲜重的变化动态　从图27-27可见,5月14日至8月10日是牛蒡子叶鲜重快速增加期,8月10日至9月2日呈稳定状态,从9月2日开始叶鲜重开始大幅降低,这是由于生长后期叶片逐渐脱落和叶片逐渐干枯所致。

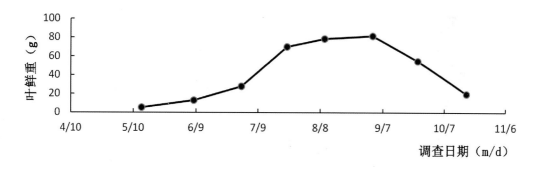

图27-27　二年生牛蒡子的叶鲜重变化

（3）牛蒡子单株生长图

一年生牛蒡子生长图

图27-28　　　　　　　　　　　　　　　图27-29

图27-30　　　　　　　　　　　　　　　图27-31

图27-32

二年生牛蒡子生长图

图27-33

图27-34

图27-35

图27-36

图27-37   图27-38

2.3.2 不同时期的根和地上部的关系

为掌握牛蒡子各种性状在不同生长时期的生长动态,分别在不同时期从牛蒡子的每个种植小区随机取样10株,将取样所得的牛蒡子从茎基部剪下,根、冠分离,去除杂物,将根、冠分别在105℃下杀青30分钟后60℃恒温2天(或2天以上干燥为止),然后放入干燥器中冷却,用1/10000的天平测量质量,以二者的比值为根冠比。

表27-6 一年生牛蒡子不同时期的根和地上部分的关系

调查日期(m/d)	7/25	8/12	8/20	8/30	9/10	9/21	9/30	10/15
根冠比	0.8667	1.2303	0.9229	0.9027	0.8836	0.6663	0.6303	0.9227

从表27-6可见,一年生牛蒡子幼苗期根系与枝叶的生长速度有差异,幼苗出土初期根冠比为0.8667∶1,地上部分生长占优势。8月份地下部分生长速度相对较快,8月12日根冠比为1.2303∶1,8月末开始,枝叶生长加速,9月30日根冠比为0.6303∶1。10月中旬地上部分慢慢枯萎,根冠比在0.9227∶1。

表27-7　二年生牛蒡子不同时期的根和地上部的关系

调查日期（m/d）	5/14	6/8	7/1	7/23	8/10	9/2	9/24	10/18
根冠比	4.9894	6.7463	1.9710	1.0018	0.6935	0.7380	0.7197	1.6042

从表27-7可见，二年生牛蒡子幼苗期根系与枝叶的生长速度有显著差异，幼苗出土初期根冠比为4.9894∶1，根系生长占优势。枝叶生长逐渐加速，其生长总量渐渐接近地下部，8月初根冠比相应减小为0.6935∶1。10月份地上部分慢慢枯萎，根冠比为1.6042∶1。

2.3.3　牛蒡子不同生长期干物质积累

本实验共设计3个小区。每小区取样10株，分别取幼苗期、营养生长期、开花期、果实期、枯萎期等5个时期的牛蒡子全株，每穴以植株为中心，取长16~25cm、宽16~25cm、深20~40cm的土块，先用清水冲洗干净，注意避免丢失根量，用滤纸吸干附着的水分，然后将植株按根、茎、叶、花和果实部位装袋，于105℃杀青30min，60℃烘至恒重，测定干物质量，并折算为公顷干物质积累量。

表27-8　一年生牛蒡子各器官总干物质重变化（kg/hm^2）

调查期	根	茎	叶	花	果
幼苗期	126.00	—	151.20	—	—
营养生长期	1062.60	—	760.20	—	—
枯萎期	2335.20	—	2524.20	—	—

说明："—"无数据或未达到测量的数据要求。

从表27-8可见，一年生牛蒡子干物质积累与分配的数据可以看出，在不同时期地上、地下部分各营养器官的干物质量均随牛蒡的生长而不断增加。在幼苗期根、叶干物质总量依次为126.00kg/hm^2、151.20kg/hm^2；进入营养生长期根、叶具有增加的趋势，其根、叶干物质总量依次为1062.60kg/hm^2、760.20kg/hm^2。进入枯萎期根、叶干物质量为2335.20kg/hm^2、2524.20kg/hm^2。其原因为通辽市奈曼地区已进入霜期，霜后地上部枯萎后，自然越冬，当年不开花。

表27-9 二年生牛蒡子各器官总干物质重变化（kg/hm²）

调查期	根	茎	叶	花	果
幼苗期	1852.20	—	718.20	—	—
营养生长期	5245.80	1297.80	1692.60	—	—
开花期	10537.80	4720.80	3683.40	1247.40	—
果实期	12352.20	8626.80	6006.00	1323.00	1512.00
枯萎期	13062.00	7366.80	1432.20	—	2354.00

说明："—"无数据或未达到测量的数据要求。

从二年生牛蒡子干物质积累与分配的数据（如表27-9所示）可以看出，在不同时期地上、地下部分各营养器官的干物质量均随牛蒡子的生长不断增加。在幼苗期根、叶干物质总量依次为1852.20kg/hm²、718.20kg/hm²；进入营养生长期根、茎、叶依次增加至5245.80kg/hm²、1297.80kg/hm²和1692.60kg/hm²。进入开花期根、茎、叶、花依次增加至10537.80kg/hm²、4720.80kg/hm²、3683.40kg/hm²和1247.40kg/hm²；进入果实期根、茎、叶、花和果实依次增加至12352.20kg/hm²、8626.80kg/hm²、6006.00kg/hm²、1323.00kg/hm²和1512.00kg/hm²，其中茎、果实增加较快。进入枯萎期根、茎、叶和果依次为13062.00kg/hm²、7366.80kg/hm²、1432.20kg/hm²和2354.00kg/hm²，此期果实进入成熟期，茎、叶的生长具有下降的趋势，即茎和叶进入枯萎期。

2.4 生理指标

2.4.1 叶绿素

牛蒡子叶片中叶绿素含量如图27-39所示，自8月27日至采收期叶绿素含量总体呈上升趋势，光合能力逐渐增强。

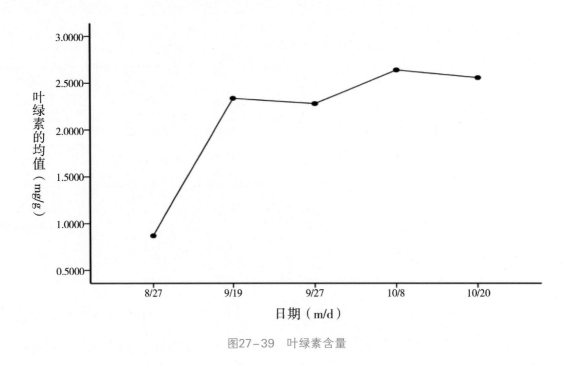

图27-39 叶绿素含量

2.4.2 可溶性多糖

牛蒡子叶片中的可溶性多糖含量呈下降—上升趋势, 8月27日至9月27日   个月内呈显著下降趋势, 9月27日至10月20日的最终收获期出现回升。植物体内新陈代谢比较旺盛, 需要糖类的积累作为重要的物质基础, 随着生育期推移, 可溶性多糖代谢出现显著变化。

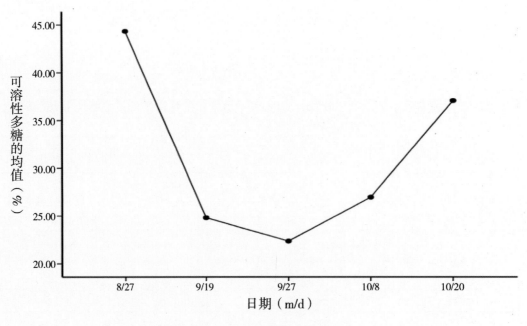

图27-40 可溶性多糖含量

2.4.3 可溶性蛋白

从图27-41可见,牛蒡子整个生育后期可溶性蛋白含量保持平稳上升,可溶性蛋白是重要的营养物质和渗透调节物质,可溶性蛋白能提供植物生长发育所需的营养和能量,它的增加和积累能提高细胞的保水能力,对细胞的生命物质及生物膜起到保护作用。

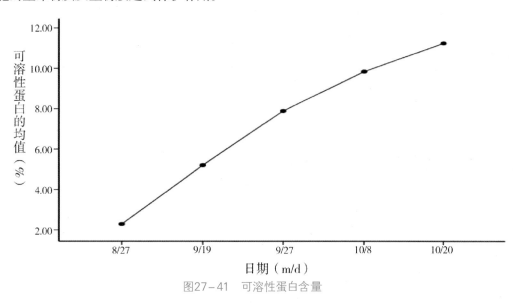

图27-41 可溶性蛋白含量

3 药材质量评价研究

3.1 药材粉末鉴定鉴别

粉末为灰白色至灰褐色。内果皮石细胞略扁平,表面观呈尖梭形、长椭圆形或尖卵圆形,相嵌紧密;侧面观为类长方形或长条形,稍偏弯,纹孔横长。中果皮网纹细胞横断面观类多角形,垂周壁具细点状增厚;纵断面观细胞延长,壁具细密交叉的网状纹理。草酸钙方晶3~9个晶胞,成片存在于黄色中果皮薄壁细胞中,形成结晶层,含晶细胞界限不分明,子叶细胞充满糊粉粒,有的糊粉粒中有细小簇晶,并含有脂肪油滴。

3.2 常规检查研究(参照《中国药典》2015年版)

3.2.1 常规检查测定方法

水分 取供试品2~5g,平铺于干燥至恒重的扁形称量瓶中,厚度不超过5mm,疏松供试品不超过10mm,精密称定,开启瓶盖在100~105℃干燥5h,将瓶盖盖好,移置干燥器中,放冷30min,精密称定,再在上述温度干燥1h,放冷,称重,至连续两次称重的差异不超过5mg为止。根据减失的重量,计算供试品中含水量(%)。

本法适用于不含或少含挥发性成分的药品。

$$水分 （\%）=\frac{W_1+W_2-W_3}{W_1}\times100\%$$

式中W_1为供试品的重量（g），W_2为称量瓶恒重的重量（g），W_3为（称量瓶+供试品）干燥至连续两次称重的差异不超过5mg后的重量（g）。试验所得数据用Microsoft Excel 2013进行整理计算。

总灰分 测定用的供试品须粉碎，使能通过二号筛，混合均匀后，取供试品2~3g（如需测定酸不溶性灰分，可取供试品3~5g），置炽灼至恒重的坩埚中，称定重量（准确至0.01g），缓缓炽热，注意避免燃烧，至完全炭化时，逐渐升高温度至500~600℃，使完全灰化并至恒重。根据残渣重量，计算供试品中总灰分的含量（%）。

如供试品不易灰化，可将坩埚放冷，加热水或10%硝酸铵溶液2ml，使残渣湿润，然后置水浴上蒸干，残渣照前法炽灼，至坩埚内容物完全灰化。

$$总灰分 （\%）=\frac{M_2-M_1}{M_3-M_1}\times100\%$$

式中M_1：坩埚重量（g）；M_2：坩埚+灰分重量（g）；M_3：坩埚+样品重量（g）。试验所得数据用Microsoft Excel 2013进行整理计算。

$$RSD=\frac{标准偏差}{平均值}\times100\%$$

3.2.2 结果与分析

水分 参照《中国药典》2015年版四部（第103页）第二法（烘干法）测定。取上述采集的牛蒡子药材样品，测定并计算牛蒡子药材样品中含水量（质量分数，%），平均值为4.21%，所测数值计算RSD为0.56%，在《中国药典》（2015年版，一部）牛蒡子药材项下要求水分不得过9.0%，本药材符合药典规定要求（见表27–10）。

总灰分 参照《中国药典》2015年版四部（ 第202页）灰分测定法测定。取上述采集的牛蒡子药材样品，测定并计算牛蒡子药材样品中总灰分和酸不溶性灰分含量（%），总灰分含量平均值为4.77%，所测数值计算RSD为3.22%，在《中国药典》（2015年版，一部）牛蒡子药材项下要求总灰分不得过7.0%，本药材符合药典规定要求（见表27–10）。

表27–10 牛蒡子药材样品的水分、总灰分含量

测定项	平均（%）	RSD（%）
水分	4.21	0.56
总灰分	4.77	3.22

本试验研究依据《中国药典》(2015年版,一部)牛蒡子药材项下内容,根据奈曼产地牛蒡子药材的实验测定,结果蒙药材牛蒡子样品水分、总灰分的平均含量分别为4.21%、4.77%,符合《中国药典》规定要求。

3.3　牛蒡子中的牛蒡苷含量测定

3.3.1　实验设备、药材、试剂

仪器、设备　Agilent Technologies–1260 Infinity型高效液相色谱仪,SQP型电子天平(赛多利斯科学仪器〈北京〉有限公司),KQ–600DB型数控超声波清洗器(昆山市超声仪器有限公司),HWS26型电热恒温水浴锅。Millipore–超纯水机。

实验药材(表27–11)

表27–11　牛蒡子供试药材来源地

编号	采集地点	采集日期	采集经度	采集纬度
1	内蒙古自治区通辽市奈曼旗昂乃(基地)	2017–10–16	120° 42′ 10″	42° 45′ 19″

对照品　牛蒡苷(自国家食品药品监督管理总局采购,编号: 110819–201611)。

试剂　甲醇(色谱纯)、水。

3.3.2　实验方法

色谱条件与系统适用性试验　以十八烷基硅烷键合硅胶为填充剂,以甲醇–水(1∶1.1)为流动相,检测波长为280nm。理论板数按牛蒡苷峰计算应不低于1500。

对照品溶液的制备　取牛蒡苷对照品适量,精密称定,加甲醇制成每1ml含0.5mg的溶液,即得。

供试品溶液的制备　取本品粉末(过三号筛)约0.5g,精密称定,置50ml量瓶中,加甲醇约45ml,超声处理(功率150W,频率20kHz)20min,放冷,加甲醇至刻度,摇匀,滤过,取续滤液,即得。

测定法　分别精密吸取对照品溶液与供试品溶液各10μl精密,注入液相色谱仪,测定,即得。

本品含牛蒡苷($C_{27}H_{34}O_{11}$)不得少于5.0%。

3.3.3　实验操作

线性与范围　按3.3.2对照品溶液制备方法制备,精密吸取对照品溶液6μl、8μl、10μl、12μl、14μl,注入高效液相色谱仪,测定其峰面积值,并以进样量C(x)对峰面积值A(y)进行线性回归,得标准曲线回归方程为:$y = 1000000x + 167635$,相关系数$R = 0.9997$。

结果表明牛蒡苷进样量在3.12~6.24μg范围内,与峰面积值具有良好的线性关系,相关性显著。(表

27–12）

表27–12　线性关系考察结果

C（μg）	3.120	3.900	4.680	5.460	6.240
A	3564160	4425280	5303399	6158932	6959520

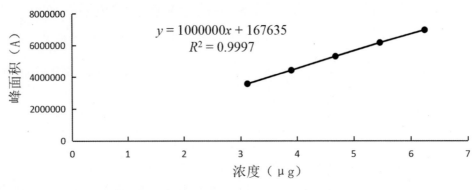

$$y = 1000000x + 167635$$
$$R^2 = 0.9997$$

图27–42　牛蒡苷对照品的标准曲线

3.3.4　样品测定

取牛蒡子样品约0.5g，精密称取，分别按3.3.2项下的方法制备供试品溶液，精密吸取供试品溶液各10μl，分别注入液相色谱仪，测定，并按干燥品计算含量（表27–13）。

表27–13　牛蒡子样品含量测定结果

样品批号	n	样品（g）	牛蒡苷含量（%）	平均值（%）	RSD（%）
	1	0.5005	5.26		
20171016	2	0.5005	5.28	5.18	2.91
	3	0.5005	5.01		

3.3.5　结论

按照2015年版《中国药典》中牛蒡子含量测定方法测定，结果奈曼基地的牛蒡子中牛蒡苷的含量符合《中国药典》规定要求。

4　经济效益分析

4.1　市场前景分析

牛蒡子也叫大力子、牛子，为菊科二年或多年生草本，药用种子和根茎，有疏散风热、消肿解毒、宣肺透疹的功能。在全国中药材市场上为常用药材。其原产于东北及西北各省,目前全国各地都有栽培。在市场上,牛蒡子多年来常销,行情稳中有降,目前市场甘肃货每千克14~15元,东北货每千克16元左右。该品库存尚丰,加之种植没有得到有效调减,预计,低迷行情仍将维持一段时间。一般亩产种子150~250kg,市场平均价格为14~18元/kg,大力子根1000kg,市场价格2元/kg。

4.2 投资预算

牛蒡种子 市场价每千克35元,每亩地用种子2kg,合计为70元。

种前整地和播种 包括施底肥、灌溉、犁地、耙地和播种,底肥包括1000kg有机肥,50kg复合肥,其中有机肥每吨120元,复合肥每袋120元,灌溉一次需要电费50元,犁、耙、播种一亩地各需要50元,以上合计共计需要费用440元。

田间管理 整个生长周期抗病除草需要3次,每次人工成本加药物成本约100元,合约300元。灌溉6次,费用300元。追施复合肥每亩100kg,叶面喷施叶面肥2次,成本约300元。综上,牛蒡田间管理成本为900元。

采收与加工 收获成本(机械燃油费和人工费)每亩需约400元。

合计成本 70+440+900+400=1810元。

4.3 产量与收益

按照2018年市场价格,牛蒡子18~22元/千克,每亩地可产150~250kg。由于是两年生,按最高产量所以收益为:1345~1845元/(亩·年)。大力子根市场价格2元/千克,平均每亩1000kg,收益为1000元/(亩·年)。合计总收益为:2345~2845元/(亩·年)。

土木香 ᠮᠠᠨᠤ

INULAE RADIX

蒙药材土木香为菊科植物土木香*Inula helenium* L.的干燥根。

1 土木香的研究概况

1.1 蒙药学考证

蒙药材土木香为常用的促热证成熟药。蒙文名为"玛奴",别名"祁木香""玛奴巴达拉""高雅–阿拉担–都斯勒其其格"等。土木香首载于《智慧之源》,其药用首载于《百方篇》。占布拉道尔吉《无误蒙药鉴》载:"菊科植物土木香*Inula helenium* L.的干燥根藏语称依德翁桑布、模德格那曹格珠德,满语称木黑岩。园中栽培,根生。茎中空,叶绿黄色,叶背被毛,花黄白,鲜艳,根白色,气味芳香。现认用汉地开白色或红色的芍药根是极大的误解之事也。"《认药白晶鉴》载:"生于庭、园内,茎疏松,叶向上展开,叶背被毛。"《识药学》载:"玛奴巴达拉是生于南尼泊尔植物公园,根如海螺形态,叶碧绿色而上直展开,背有银白绒毛,黄色花,气味芳香,味苦、辛,消化之后甘酸,治赫依和血巴达干病。"《晶珠本草》中载:"生庭、园中,根生,茎中空,绿黄色叶,叶背有毛,青黄色花,根气味芳香。"《泉全》中记载:"味甘、苦、辛,消化之后甘、酸;性温、干,平赫依,升胃火消化,平心,止痛,治赫依血热病。"本品味甘、苦,性平,效腻、锐、重。具有清巴达干热,解赫依血相讧,温中消食,开胃,止刺痛之功效。用于感冒头痛,恶性寒战,温病初期,赫依血引起的胸闷气喘,胸背游走疼痛,不思饮食,呕吐乏酸,胃、肝、大小肠之宝如病,赫依希拉性头痛,血热头痛等症,在蒙成药中使用较为普遍。

1.2 化学成分及药理作用

1.2.1 化学成分

香豆素 花椒毒素（xanthotoxin），异茴芹素（isopimpinellin），异香柑内酯（isobergapten）。

黄酮类 芸香苷（rutin），槲皮素（quercetin）。

多糖类 菊糖（inulin），果胶成分。

脂肪酸类 酒石酸（tartaric acid），琥珀酸（succinic acid）。

三萜类成分 达玛二烯醇乙酸酯（dammaradienyl acetate），3-乙酰基-20，24达玛二烯（3-acetyl-20，24-dammardien）。

挥发油 土木香内酯（alantolactone），异土木香内酯（isoalantolactone），二氢异土木香内酯（dihydroisoalantolactone），土木香酸（alantic acid），土木香醇（alantol），大牻牛儿烯D内酯（germacrene-D-lactone）及1-去氧-8-表狭叶依瓦菊素（1-desoxy-8-epi-ivangustin），五炔烯（pentaynene），10-异丁氧基-8，9-环氧-百里香酚异丁氧基（10-isobutoxy-8，9-epoxy-thymol isobuty），藏木香内酯（inunal），别土木香内酯（alloalantolactone），1，5-二甲基-6-（2-丙烯基）-环己烯〔1，5-dimethyl-6-（2-propenylidene）-cyclohexene〕，3，4-二甲基-2-己酮（3，4-dimethyl-2-hexene），4-（2-丁烯基）-1，2-二甲基-苯〔4-（2-butenyl）-1，2-dimethyl-benzene〕，大茴香醚（anethole）（茴香脑），辛基环丙烷（octylcyclopropane），α-松油醇乙酸酯（α-terpinyl acetate），牻牛儿醇异丁酯（geranyli sobutyrate），β-佛手柑油烯（β-bergamotene），β-紫罗兰酮（β-ionone），牻牛儿基丙酮（geranylacetone），α-姜黄烯（α-curcunene），α-愈创木烯（α-guajene），香橙醇异丁酯，荪澄茄烯（cadinene），牻牛儿醇丙酸酯（geranylpropionate），橙花醇丙酸酯（nerylproplonate），异枯赛宁酸（isokhusenic acid），去氢风毛菊内酯（dehydrosaussurea lactone）。

酚酸类 羟基苯甲酸（hydroxybenzoic acids），羟基桂皮酸（hydroxycinnamic acid）及其具有奎尼酸（quinic acid）的酯类。

1.2.2 药理作用

驱虫作用 土木香挥发油所含土木香内酯及其衍生物易溶于醇而不溶于水。化学结构与山道年类似，驱虫作用比山道年好且毒性也较低。异土木香内酯、二氢异土木香内酯的药理作用和毒性都类似山道年。

抗菌作用 经体外试验，土木香内酯在0.1g/ml浓度时，即能抑制结核杆菌的生长。感染人型结核杆菌的豚鼠，口服土木香内酯能延迟发病但不能完全制止。此外土木香对金黄色葡萄球菌、痢疾杆菌与铜绿假单胞杆菌有抑制作用。对皮肤真菌亦有抑制作用。

其他作用　土木香内酯低浓度兴奋；较高浓度抑制离体蛙心，使心脏停止于舒张期。对蛙后肢灌流及兔耳血管灌流，低浓度时有轻微扩张作用，高浓度时则收缩。家兔静脉注射少量，血压先微升，继而缓慢下降，大量则一开始即为降压，呼吸抑制。它能抑制离体兔肠，降低小肠过高的运动及分泌功能。对离体兔子宫亦有抑制作用，但在极低浓度时对子宫有兴奋作用，对蛙的骨骼肌及运动神经末梢有麻痹作用，使疲劳曲线缩短。

毒性　土木香内酯对蛙、小鼠及家兔的一般毒性为自发活动及反射活动麻痹，以后呼吸停止而死。呼吸停止后心脏还保持短时间搏动，因此考虑是中枢性的。异土木香内酯毒性较小，二氢异土木香内酯毒性更小。

1.3　资源分布状况

主要广泛分布于欧洲（中部、北部、南部）、亚洲（西部、中部）及俄罗斯西伯利亚西部至蒙古国北部和北美。在我国分布于新疆，其他许多地区常栽培。

1.4　生态习性

适宜于砂质壤土。

1.5　栽培技术与采收加工

繁殖方法　霜降至冬间将土深耕20~24cm。翌年春季施足基肥，再耕1次，作成宽约1m之畦。清明后5~10日，按行、株距各45cm，挖深10~14cm，宽约14cm交错的穴，然后将带芽的种茎斜放穴内，覆土3~4cm。

田间管理　每隔5~7日浇水1次，约20日后，芽即出土，此时仍须经常浇水，6月上旬在植株周围约10cm挖沟施肥，耙平后浇水，8月中旬再施1次，中耕除草时不宜深锄，发现花茎宜立即摘除。

采收加工　霜降后叶枯时采挖，截段，较粗的纵切成瓣，晒干。

2　生物学特性研究

2.1　奈曼地区栽培土木香物候期

2.1.1　观测方法

从通辽奈曼旗蒙药材种植基地栽培的土木香大田中，选择10株生长良好、无病虫害的健壮植株编号挂牌，作定位观测，并记录。2016年5月至2016年11月间连续观测记录各定株物候出现的日期，以10株平均期作为原始值。观测应具连续性，不漏测任何一个物候期。观测时间和顺序固定，开花期上午8：00~11：30，晴天观测。观测部位以植株判断其物候期，主茎受损时另选植株，并注明。

2.1.2　物候期的划分

物候期的划分是根据栽培土木香生长发育过程中不同时期植物生长发育的特点，并参考其他植物物候期的划分情况完成。为了划分依据统一，始、初期均以群体中植株出现开花或展叶或坐果5%~15%为标准，盛、旺期以40%~60%为标准，末期以80%~90%为标准。将土木香的生育全过程分为播种期、出苗期、4~6叶期、分枝期、花蕾期、开花初期、盛花期、落花期、坐果初期、果实成熟期、枯萎期。出苗期为种子萌发后，幼苗露出地面2~3cm的时期；4~6叶期（伸长期）是叶生长的关键时期；分枝期是植株茎秆快速生长时期，其与伸长期基本同季，是植物营养生长高峰期；现蕾开花期是植株现蕾开花时期；坐果初期是土木香开始坐果的时期；果实成熟期是整株植结果实及果实成熟的关键时期，其与现蕾开花期组成土木香的生殖生长期；枯萎期是根据植株在夏末、秋初出现春发植株大量死亡现象而设置的一个生育时期；播种期是土木香实际播种日期。

2.1.3　物候期观测结果

一年生土木香播种期为4月23日，出苗期自6月2日起历时8天，4~6叶期为6月初开始至中旬历时7天，花蕾期自6月中旬始共9天，开花初期为6月中旬至下旬历时12天，盛花期历时5天，枯萎期约为10月中旬。

表28-1-1　土木香物候期观测结果（m/d）

年份＼时期	播种期	出苗期	4~6叶期	分枝期	花蕾期	开花初期
一年生	4/23	6/2~6/10	6/5~6/12	—	6/12~6/21	6/18~6/30

表28-1-2　土木香物候期观测结果（m/d）

年份＼时期	盛花期	落花期	坐果初期	果实成熟期	枯萎期
一年生	6/25~7/1	—	—	—	10/9~

2.2　形态特征观察研究

多年生草本，根状茎块状，有分枝。茎直立，高60~150cm或达250cm，粗壮，径达1cm，不分枝或上部有分枝，被开展的长毛，下部有较疏的叶；节间长4~15cm，基部叶和下部叶在花期常生存，基部渐狭成具翅状长达20cm的柄，连同柄长30~60cm，宽10~25cm；叶片椭圆状披针形，边缘有不规则的齿或重齿，顶端尖，上面被基部疣状的糙毛,下面被黄绿色密茸毛;中脉和近20对的侧脉在下面稍高起,网脉显明;中部叶卵圆状披针形或长圆形,长15~35cm,宽5~18cm,基部心形,半抱茎;上部叶较小,披针形。头状花序少数,径6~8cm,排列成伞房状花序;花序梗长6~12cm,为多数苞叶所围裹;总苞5~6层,外层草质,宽卵圆形,顶端钝,常反折,被茸毛,宽6~9mm,内层长圆形,顶端扩大成卵圆三角形,干膜质,背面有疏毛,有缘毛,较外层长3倍,最内层线形,顶端稍扩大或狭尖。舌状花黄色;舌片线形,长2~3cm,宽2~2.5mm,顶端有3~4个浅裂片;管状花长9~10mm,有披针形裂片。冠毛污白色,长8~10mm,有极多数具细齿的毛。瘦果四或五面形,有棱和细沟,无毛,长3~4mm。花期6~9月。

土木香形态特征例图

图28-1　　　　　　　　　　　　　图28-2

图28-3　　　　　　图28-4　　　　　　图28-5

2.3 生长发育规律

2.3.1 土木香营养器官生长动态

（1）土木香地下部分生长动态 为掌握土木香各种性状在不同生长时期的生长动态，分别在不同时期对土木香的根长、根粗、侧根数、侧根长、侧根粗、根鲜重等性状进行了调查（见表28-2）。

表28-2 土木香地下部分生长情况

调查日期 （m/d）	根长 （cm）	根粗 （cm）	侧根数 （个）	侧根长 （cm）	侧根粗 （cm）	根鲜重 （g）
7/30	64.33	1.3014	10.3	44.34	0.8720	397.51
8/10	73.02	1.5808	12.5	45.36	0.9957	389.14
8/20	74.66	1.7465	12.9	48.65	1.0284	627.20
8/30	75.03	2.0403	13.1	52.34	1.6106	714.80
9/10	76.01	2.1107	14.4	53.67	1.6551	824.60
9/20	76.22	3.0203	15.6	54.24	1.9723	929.18
9/30	76.31	3.578	16.4	55.01	2.1478	1382.68
10/15	76.67	3.5862	16.4	56.67	2.2077	1767.23

土木香根长的变化动态 从图28-6可见，7月30日至8月20日为根长快速增长期，其后进入平稳期。

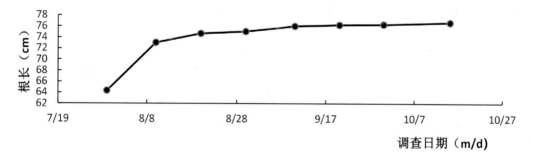

图28-6 土木香的根长变化

土木香根粗的变化动态 从图28-7可见，土木香的根粗从7月30日至9月30日均呈稳定的增加趋势，其后进入平稳期，说明土木香根粗主要在9月30日前增加。

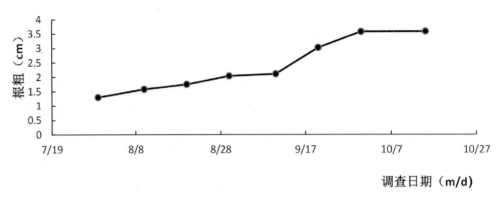

图28-7　土木香的根粗变化

土木香侧根数的变化动态　从图28-8可见，7月30日至9月30日侧根数均呈稳定的增加趋势，其后侧根数进入平稳期。

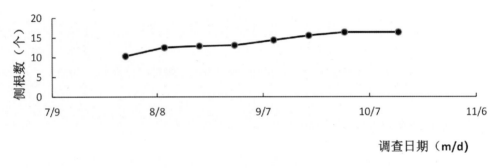

图28-8　土木香的侧根数变化

土木香侧根长的变化动态　从图28-9可见，7月30日至10月15日侧根长均呈稳定的增长趋势。

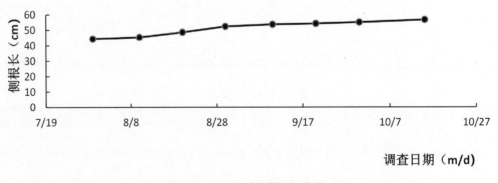

图28-9　土木香的侧根长变化

土木香侧根粗的变化动态　从图28-10可见，7月30日至10月15日侧根粗均呈增加趋势。

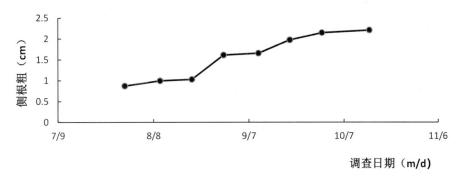

图28-10　土木香的侧根粗变化

土木香根鲜重的变化动态　从图28-11可见,基本上根鲜重在整个生长期均呈稳定的增长趋势。7月30日到9月20日生长速度慢一些。9月20日到10月15日在快速增长,说明土木香在生长后期早晚温差大以后根鲜重增长稍快。

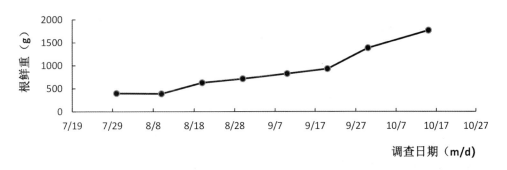

图28-11　土木香的根鲜重变化

(2)土木香地上部分生长动态　为掌握土木香各种性状在不同生长时期的生长动态,分别在不同时期对土木香的株高、叶数、分枝数、茎粗、茎鲜重、叶鲜重等性状进行了调查(表28-3)。

表28-3　土木香地上部分生长情况

调查日期 (m/d)	株高 (cm)	叶数 (个)	分枝数 (个)	茎粗 (cm)	茎鲜重 (g)	叶鲜重 (g)
7/25	75.99	10.33	—	—	—	384.61
8/12	84.67	14.32	—	—	—	466.59
8/20	86.66	14.68	—	—	—	551.20
8/30	91.65	15.34	—	—	—	666.37
9/10	102.68	18.69	—	—	—	894.53
9/21	97.33	19.91	—	—	—	500.74
9/30	78.00	10.00	—	—	—	218.31
10/15	—	—	—	—	—	—

说明:"—"无数据或未达到测量的数据要求。

土木香株高的生长变化动态 从图28-12和表28-3中可见,7月25日至9月10日株高逐渐增加,9月10日之后土木香株高缓慢降低。

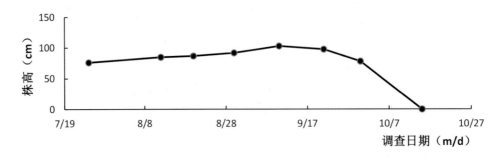

图28-12 土木香的株高变化

土木香叶数的生长变化动态 从图28-13可见,7月25日至9月21日是叶数增加时期,之后从9月21日缓慢减少,说明这一时期土木香下部叶片在枯死、脱落,所以叶数在减少。

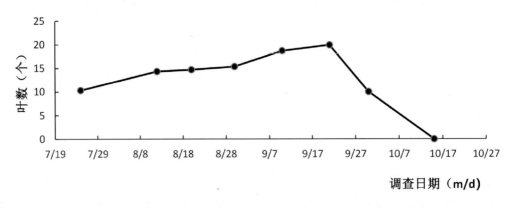

图28-13 土木香的叶数变化

土木香叶鲜重的变化动态 从图28-14可见,7月25日至9月10日是叶鲜重快速增加期,9月10日之后叶鲜重开始大幅降低,这可能是由于生长后期除去叶片或叶片逐渐脱落和叶逐渐干枯所致。

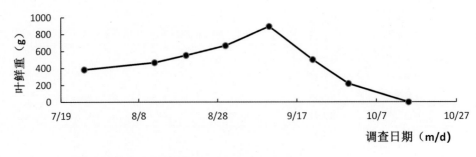

图28-14 土木香的叶鲜重变化

（3）土木香单株生长图

图28-15

图28-16

图28-17

图28-18

图28-19

2.3.2 土木香不同时期的根和地上部的关系

为掌握土木香各种性状在不同生长时期的生长动态,分别在不同时期从土木香的每个种植小区随机取样10株,将取样所得的土木香从茎基部剪下,根、冠分离,去除杂物,将根、冠分别在105℃下杀青30分钟后60℃恒温2天(或2天以上干燥为止),然后放入干燥器中冷却,用1/10000的天平测量质量,以二者的比值为根冠比。

表28-4 土木香不同时期的根和地上部的关系

调查日期(m/d)	7/25	8/12	8/20	8/30	9/10	9/21	9/30	10/15
根冠比	1.1558	1.0101	1.5035	1.8005	1.0251	3.2363	4.6196	—

从表28-4可见,一年生土木香幼苗期根系与枝叶的生长速度有差异,幼苗出土初期根冠比为1.1558:1,地下部分生长占优势。一年生土木香地上部分的生长量与根系生长量之比约为1:4。

2.3.3 土木香不同生长期干物质积累

本实验共设计3个小区。每小区取样10株,分别取营养幼苗期、营养生长期、枯萎期等3个时期的土木香全株,每穴以植株为中心,取长16~25cm、宽16~25cm、深20~60cm的土块,先用清水冲洗干净,注意避免丢失根量,用滤纸吸干附着的水分,然后将植株按根、茎、叶、花和果实部位装袋,于105℃杀青30min,60℃烘干至恒重,测定干物质量,并折算为公顷干物质积累量。

表28-5 土木香各器官总干物质重变化(kg/hm²)

调查期	根	茎	叶	花和果
幼苗期	18406.00	—	18894.00	—
营养生长期	33300.00	—	21802.00	—
枯萎期	101426.00	—	—	—

说明:"—"无数据或未达到测量的数据要求。

从土木香干物质积累与分配平均数据(如表28-5所示)可以看出,土木香在不同时期地上、地下部分各营养器官的干物质量均随土木香的生长而不断增加。在幼苗期根、叶干物质总量依次为18406.00kg/hm²、18894.00kg/hm²;进入营养生长期根、叶具有增加的趋势,其根、叶干物质总量依次为33300.00kg/hm²、21802.00kg/hm²。进入枯萎期根重增加较快为101426.00k/hm²。霜期是土木香最佳采收期。

3 药材质量评价研究

3.1 常规检查研究

水分 取供试品适量(约相当于含水量的1~4ml),精密称定,置A瓶中,加甲苯约200ml,必要时加入干燥、洁净的无赖小瓷片数片或玻璃珠数粒,连接仪器,自冷凝管顶端加入甲苯至充满B管的狭细部分。将A瓶置电热套中或用其他适宜方法缓缓加热,待甲苯开始沸腾时,调节温度,使每秒馏出2滴。待水分完全馏出,即测定管刻度部分的水量不再增加时,将冷凝管内部先用甲苯冲洗,再用饱蘸甲苯的长刷或其他适宜方法,将管壁上附着的甲苯推下,继续蒸馏5min,放冷至室温,拆卸装置,如有水滴附在B管的管壁上,可用蘸甲苯的铜丝推下,放置使水分与甲苯完全分离(可加亚甲蓝粉末少量,使水染成蓝色,以便分离观察)。检读水量,并计算成供试品的含水量(%)。

$$水分(\%) = \frac{V}{W} \times 100\%$$

式中 W: 供试品的重量(g); V: 检读的水的体积(ml)。试验所得数据用Microsoft Excel 2013进行整理计算。

总灰分 测定用的供试品须粉碎,使能通过二号筛,混合均匀后,取供试品2~3g(如需测定酸不溶性灰分,可取供试品3~5g),置炽灼至恒重的坩埚中,称定重量(准确至0.01g),缓缓炽热,注意避免燃烧,至完全炭化时, 逐渐升高温度至500~600℃, 使完全灰化并至恒重。根据残渣重量, 计算供试品中总灰分的含量(%)。如供试品不易灰化, 可将坩埚放冷, 加热水或10%硝酸铵溶液2ml, 使残渣湿润, 然后置水浴上蒸干, 残渣照前法炽灼, 至坩埚内容物完全灰化。

$$总灰分 (\%) = \frac{M_2 - M_1}{M_3 - M_1} \times 100\%$$

式中M_1: 坩埚重量(g); M_2: 坩埚+灰分重量(g); M_3: 坩埚+样品重量(g)。试验所得数据用Microsoft Excel 2013进行整理计算。

酸不溶性灰分 测定法: 取上项所得的灰分, 在坩埚中小心加入稀盐酸约10ml, 用表面皿覆盖坩埚, 置水浴上加热10min, 表面皿用热水5ml冲洗, 洗液并入坩埚中, 用无灰滤纸滤过, 坩埚内的残渣用水洗于滤纸上, 并洗涤至洗液不显氯化物反应为止。滤渣连同滤纸移置同一坩埚中, 干燥, 炽灼至恒重。根据残渣重量, 计算供试品中酸不溶性灰分的含量(%)。

$$酸不溶性灰分 (\%) = \frac{M_2 - M_1}{M_3 - M_1} \times 100\%$$

式中M_1: 坩埚重量(g); M_2: 坩埚和酸不溶灰分的总重量(g); M_3: 坩埚和样品总质量(g)。试验所得数据用Microsoft Excel 2013进行整理计算。

浸出物 醇溶性热浸法: 取供试品2~4g, 精密称定, 置100~250ml的锥形瓶中, 精密加乙醇50~100ml, 密塞, 称定重量, 静置1h后, 连接回流冷凝管, 加热至沸腾, 并保持微沸1h。放冷后, 取下锥形瓶, 密塞, 再称定重量, 用乙醇补足减失的重量, 摇匀, 用干燥滤器滤过, 精密量取滤液25ml, 置已干燥至恒重的蒸发皿中, 在水浴上蒸干后, 于105℃干燥3h, 置干燥器中冷却30min, 迅速精密称定重量。除另有规定外, 以干燥品计算供试品中醇溶性浸出物的含量(%)。

$$浸出物 (\%) = \frac{(浸出物及蒸发皿重 - 蒸发皿重) \times 加水(或乙醇)体积}{供试品的重量 \times 量取滤液的体积} \times 100\%$$

$$RSD = \frac{标准偏差}{平均值} \times 100\%$$

3.2 结果与分析

水分 参照《中国药典》2015年版四部(第103页)第二法(烘干法)测定。取上述采集的土木香药材样品, 测定并计算土木香药材样品中含水量(质量分数, %), 平均值为5.08%, 所测数值计算RSD数4.54%, 在《中国药典》(2015年版, 一部)土木香药材项下要求水分不得超过14.0%, 本药材符合药典规定要求(见表28-6)。

总灰分 参照《中国药典》2015年版四部(第202页)灰分测定法测定。总取上述采集的土木香药材样品,测定并计算知土木香药材样品中总灰分和酸不溶性灰分含量(%),总灰分含量平均值为4.29%,所测数值计算RSD为0.33%,在《中国药典》(2015年版,一部)土木香药材项下要求总灰分不得超过7.0%,本药材符合药典规定要求(见表28-6)。

浸出物 参照《中国药典》2015年版四部(第202页)醇溶性浸出物测定法(冷浸法)测定。取上述采集的土木香药材样品,测定并计算土木香药材样品中含水量(质量分数,%),平均值为71.69%,所测数值计算RSD为0.71%,在《中国药典》(2015年版,一部)土木香药材项下要求浸出物不得少于55.0%,本药材符合药典规定要求(见表28-6)。

表28-6 土木香药材样品中水分、总灰分、浸出物含量

测定项	平均(%)	RSD(%)
水分	5.08	4.54
总灰分	4.29	0.33
浸出物	71.69	0.71

本试验研究依据《中国药典》(2015年版,一部)土木香药材项下内容,根据奈曼产地土木香药材的实验测定结果,蒙药材土木香样品水分、总灰分、浸出物的平均含量分别为5.08%、4.29%、71.69%,符合《中国药典》规定要求。

3.3 不同产地土木香中的土木香内酯、异土木香内酯含量测定

3.3.1 实验设备、药材、试剂

仪器、设备 Agilent Technologies 7820A 气相色谱仪(美国),Agilent Technologies.inc柱子19091J-413(30m×0.320mm),SQP型电子天平(赛多利斯科学仪器〈北京〉有限公司),KQ-600DB型数控超声波清洗器(昆山市超声仪器有限公司),;HWS26型电热恒温水浴锅。Millipore-超纯水机。

实验药材(表28-7)

表28-7 土木香供试药材来源

编号	采集地点	采集日期	采集经度	采集纬度
1	内蒙古自治区通辽市奈曼旗昂乃(基地)	2017-10-15	120° 42′ 10″	42° 45′ 19″
2	通辽市同士药店	2016-12-30	—	—

对照品 土木香内酯(自国家食品药品监督管理总局采购,编号:110760-201510);异土木香内酯(自

国家食品药品监督管理总局采购,编号:110761-201505)。

试剂 乙酸乙酯、聚乙二醇。

3.3.2 溶液的配制

色谱条件与系统适用性试验 聚乙二醇20000(PEG-20M)毛细管柱(柱长为30m,内径为0.25mm,膜厚度为0.25为m);程序升温:初始温度190℃,保持30min,以每分钟120℃的速率升温至240℃,保持5min;进样口温度为260℃;检测器温度为280℃。理论板数按土木香内酯峰计算应不低于13000。

对照品溶液的制备 取土木香内酯对照品、异土木香内酯对照品适量,精密称定,加乙酸乙酯制成每1ml各含0.2mg的混合溶液,即得。供试品溶液的制备取本品粉末(过三号筛)约0.5g,精密称定,置具塞锥形瓶中,精密加入乙酸乙酯25ml,称定重量,超声处理(功率300W,频率50kHz)30min,放冷,再称定重量,用乙酸乙酯补足减失的重量,摇匀,滤过,取续滤液,即得。

测定法分别精密吸取对照品溶液与供试品溶液各,注入气相色谱仪,测定,即得。

本品按干燥品计算,含土木香内酯($C_{15}H_{20}O_2$)和异土木香内酯($C_{15}H_{20}O_2$)的总量不得少于2.2%。

3.3.3 实验操作

按3.3.2对照品溶液制备方法制备,取土木香内酯对照品、异土木香内酯对照品适量,精密称定,加乙酸乙酯制成每1ml各含0.2mg的混合溶液,即得。精密吸取对照品溶液1μl,注入气相色谱仪,测定其峰面积值。

3.3.4 样品测定

取土木香样品约0.5g,精密称取,分别按3.2.2项下的方法制备供试品溶液,精密吸取供试品溶液各1μl,分别注入液相色谱仪,测定,并按干燥品计算含量(见表28-8)。

表28-8 土木香含量测定结果

样品批号	n	样品(g)	土木香内酯含量(%)	异土木香内酯含量(%)
20161015	i	0.5017	64.74	7.62
20161230	1	0.5012	72.88	9.45

3.3.5 结论

按照2015年版《中国药典》中土木香含量测定方法测定,结果奈曼基地的土木香中土木香内酯和异土木香内酯的含量符合《中国药典》规定要求。

4　经济效益分析

4.1　市场前景分析

土木香，关注力度较弱，近日寻货商家不多，行情表现不温不火，目前亳州市场土木香价格在每千克12~13元。该品种2018年种植面积依然不大，加之库存薄弱，后市行情仍继续看好。祁木香，河北地产品种，近期安国产地行情稳中有升，统货售价每千克在6.2元。今年奈曼地区种植面积不大，后期可能会有调整。

4.2　投资预算（按2018年行情）

土木香种　市场价每千克80元，参考奈曼当地情况，每亩地用种子3千克，合计为240元。

种前整地和播种　包括施底肥、灌溉、犁地、耙地和播种，底肥包括1000kg有机肥，5kg复合肥，其中有机肥每袋120元，复合肥每袋120元，灌溉一次需要电费50元，犁、耙、播种一亩地共需要100元，以上合计需要费用390元。

田间管理　整个生长周期抗病除草需要10次，每次人工成本加药物成本100元，合计约1000元。灌溉6次，费用200元。追施复合肥每亩50kg，喷施叶面肥4次，成本约200元。综上，土木香田间管理成本为1400元。

采收与加工　收获成本（机械燃油费和人工费）约每亩400元。合计成本：240+390+1400+400=2430元。

4.3　产量与收益

按照2017年市场价格，鲜土木香在6元/千克，每亩地平均可产900千克。由于是两年生，所以收益为：（5400−2430）/2=1485元/（亩·年）。

决明子

CASSIAE SEMEN

蒙药材决明子是豆科植物决明*Cassia obtusifolia* L.的干燥成熟种子。

1　决明子的研究概况

1.1　蒙药学考证

蒙药决明子为常用燥黄水药，蒙古名为"塔拉嘎道尔吉"，别名"敖其尔-宝日朝格""哈斯雅-宝日朝格"。《智慧之源》始载："塔拉嘎道尔吉，来源于藏语，为蒙医惯用药名，属黄水三药之一。"其药用首载于《百方篇》："为豆科决明子属植物决明（*Cassia obtusifolia* L.）的干燥成熟种子。"占布拉道尔吉《无误蒙药鉴》中："叶、茎均绿色，花黄色，花瓣5枚。花苞细长，形如狗鞭，种子细锤形，微黄色。其中稍大而边缘软者为雌性。正如《铁鬘》中记载：决明子性平，味稍苦，燥协日乌素，治协日乌素疮；可治皮肤病，清协日乌素。"《识药学》记载："决明子植物具小细木状茎，而叶、种子小，果实长而锤形，味苦，治协日乌素病。"《晶珠本草》记载："治皮肤病，燥协日乌素；决明子植物具小细木状茎，而叶、种子小，果实长而锤形，味苦。"《球鬘》中记载："哈斯雅-宝日朝格性平，治癔症，治僵和协日乌素病，治尼狩。"上述植物形态特征及附图与蒙医所沿用的决明子之特征基本相符，故认定该药为蒙医药文献所记载的敖其尔-宝日朝格（决明子）。本品味微苦、涩，性凉，效钝、燥。具有燥协日乌素、滋补强壮之功效。蒙医主要用于关节肿胀疼痛、全身瘙痒、筋络拘急、陶赖、协日乌素病、白脉病、脚巴木病等症，多配方用，在蒙成药中使用较为普遍。

1.2　化学成分

醌类化合物　大黄酚（chrysophanol），大黄素甲醚（physcion），美决明子素（obtusifolin），黄决明素（chryso-obtusin），决明素（obtusin），橙黄决明素（aurantio-obtusin），葡萄糖基美决明子素（glucoobtusifolin），葡萄糖基黄决明素（gluco-chry-soobtusin），葡萄糖基橙黄决明素（gluco-aurantio-obtusin），红镰玫素（rubrofusarin），决明子苷（cassiaside），决明蒽酮（torosachry-sone），异决明种内酯（isotoralactone），决明子内酯（cassialactone），2，5-二甲氧基苯醌（2，5-dimethoxybenzoquinone），决明种内酯（toralactone），大黄素（emodin），芦荟大黄素（aloe-emodin），大黄酚-9-蒽酮（chrysophanol-9-anthrone），决明子苷B及C，红镰玫素-6-O-龙胆二糖苷（rubrofusarin-6-O-gentiobioside），意大利鼠李蒽醌-1-O-吡喃葡萄糖苷（alaternin-1-O-B-D-glucopyranoside），大黄素甲醚-8-O-葡萄糖苷（physcion-8-O-B-D-glucopyranoside），1-去甲基决明素（1-desrnethylobtusin），1-去甲基橙黄决明素（1-desmethyl aurantio-obtusin），1-去甲基黄决明素（1-desmethylchryso-obtusin），大黄酚-10，10-联蒽酮（chrysophanol-10，10'-bianthrone），大黄素-8-甲醚（questin），去氧大黄酚（chrysarobin），8-O-甲基大黄酚（8-O-methylchysophanol），有翅决明素1-O-吡喃葡萄糖苷（alaternirr1-O-β-D-glucopyranoside），大黄素-6-葡糖苷（emnodin-6-glucoside），大黄素蒽酮（cnodin anthrone），甲基钝叶决明素2-O-β-D-吡喃葡糖苷（chryso-obtusin 2-O-β-D-ysoglu-copyranoside），大黄素甲醚-8-O-β-D-吡喃葡糖苷，1，3-二羟基-6-甲氧基-7-甲基蒽醌（1，3-dihydroxy-6-methoxy-7-methyl anthraquinone），1-羟基-3，7-二甲醛蒽醌（1-hy-droxy-3，7-diformyl anthraquinone）。

脂肪酸 主要有棕榈酸（palmitic acid），硬脂酸（stearicacid），油酸（oleic acid），亚油酸（linoleic acid），二氢猕猴桃内酯（dihydroactinodiolide），间甲酚（mcresol），2-羟基-4-甲氧基苯乙酮（2-hydroxy-4-methoxy-acetophe-none），棕榈酸甲酯（methyl palmitate），油酸甲酯（methyl oleate）。

甾醇类 胆甾醇（cholesterol），豆醇（stigmasterol），β-谷甾醇（β-sitosterol）。

蒽醌类 大黄酚，决明素，橙黄决明素，大黄素，芦荟大黄素，大黄素甲醚，决明种内酯，大黄酸（rhein），美决明子素，黄决明素，红镰玫素，去甲基红镰玫素（norrubrofusa-rin），决明子苷，决明子苷B，红镰玫素-6-O-龙胆二糖苷，红镰玫素-6-O-芹糖葡萄糖苷{rubrofusarin-6-O-〔αO-bapiofuranosyl-（1→6）-β-D-8-D-glucopyranosyloxy〕}，决明种内酯-9-β-龙胆二糖苷（toralactone-9-β-gentiobioside）即是决明子苷C，大黄酚-1-O-三葡萄糖苷{chry-sophanol-1-O-〔-β-O-rglucopyranosyl（1→3）-O-copyglucopyranosyl-（1→6）-O-copyglucopyranoside〕}，大黄酚-1-β-四葡萄糖苷Cchry-sophanol-1-O-ry-sglucopyranosyl-（1→3）-O-copyglucopyranosyl-（1→3）-O-copyglucopyranosyl-（1→6）-O-syl-glucopyranoside]，美决明子素-2-0-葡萄精苷（obtusifolin-2-O-tusiglucopyranoside），大黄酚-1-β-龙胆二糖苷（chrysopahol-1-β-geniohioside），种子油中含少量锦葵酸（malvalic acid），苹波酸（sterculic acid）及菜油甾醇（campesterol），β-谷甾醇等15种甾醇类化合物。

1.3 药理作用

抗菌作用 从决明子的根和种子中分离的2,5-二甲氧基苯醌对葡萄球菌、大肠杆菌均呈强抗菌活性，8-O-甲基大黄酚仅对葡萄球菌有抗菌活性。从根及种子获得的化合物观察对金黄色葡萄球菌209 P及大肠杆菌NiHJ均有活性。天然蒽醌中以1,8-二羟基醌类衍生物的抗菌活性最强，该类化合物抑制细菌中核酸的生物合成和呼吸过程而产生抗菌活性。

抗真菌作用 决明子水浸剂（1∶4）在试管中对石膏样毛癣菌、许兰黄癣菌、奥杜盎小芽孢癣菌等皮肤真菌有不同程度的抑制作用。决明子含大黄酚-9-蒽酮，体外对红色毛癣菌、须毛癣菌、犬小孢子菌、石膏样小孢子菌、地丝菌均有较强的抑制作用。

降压作用 决明子水浸液、醇-水浸液、醇浸液对麻醉犬、猫、兔等皆有降压作用。决明子注射液0.05g/100g体重静脉注入可使自发遗传性高血压大鼠收缩压明显降低，同时也使舒张压显著降低，其降压效果、降压幅度、作用时间均优于静脉注射利舍平0.3mg/kg组大鼠。

对高脂血症的影响 含7%决明子的高脂饮料喂养小鼠2星期，决明子能明显升高血清高密度脂蛋白-胆固醇（HDL-C）含量及提高HDL-C总胆固醇（Tch）比值，有利于预防动脉粥样硬化。

抗血小板聚集作用 决明具有抗二磷酸腺苷（ADP）、花生四烯酸（AA）、胶原（collagen）诱导的血小板聚集作用。从中还发现3个蒽醌糖苷类化合物葡萄糖基美决明子素、葡萄糖基橙黄决明素和葡萄糖基黄决明素均具有强的血小板聚集抑制作用。

对免疫功能的影响 决明子水煎醇沉剂15g/kg皮下注射可使小鼠胸腺萎缩，外周血淋巴细胞ANAE染色阳性率明显降低，使2,4-二硝基氯苯（DNCB）所致小鼠皮肤迟发型超敏反应受抑，另外决明子水煎醇沉剂可使小鼠腹腔巨噬细胞吞噬鸡红细胞百分率和吞噬指数明显增高，溶菌酶水平也明显高于对照组。

泻下作用 决明子具有缓泻作用。其流浸膏口服后泻下作用在3~5h达到高峰。但对用氯霉素处理而抑制肠内细菌增殖的小鼠，其泻下活性减半，蒽酮生成也降低。决明子含有的泻下物质之一，系相当于番泻苷A的大黄酚二蒽酮苷。

其他作用 钝叶决明素、钝叶素、大黄酚、大黄素甲醚对15-羟基前列腺素脱氢酶有弱的抑制作用，能减缓前列腺素的代谢，使其利尿作用延长。对人体子宫颈癌细胞培养株系JTC-26、对小鼠黑色素瘤有较强的抑制作用。给家兔或犬灌胃50%决明子煎剂2ml/kg，每日2次，测眼睫状肌中乳酸脱氢酶（LDH）活性，结果给药组的LDH活性较对照组明显提高。决明子提取物能杀灭埃及伊蚊、东乡伊蚊、尖音库蚊等幼虫，其提取物25mg杀灭蚊虫率为100%，对尖音库蚊、埃及伊蚊、东乡伊蚊的LD_{50}分别为1.4mg/L、1.9mg/L、2.2mg/L。

毒性　实验证明药用植物中的蒽醌化合物具有致癌性。大部分羟基蒽醌苷元对鼠伤寒沙门菌TA-1537有致突变作用。

1.4　栽培技术与采收加工

繁殖方法　用种子繁殖。秋季10月上、中旬收种。南方3月、北方4月上、中旬播种，播种前以温水浸种，捞出稍凉。条播或穴播。条播：行距55～60cm，开5～7cm沟，将种子均匀撒入沟内，覆土3cm左右，稍加镇压。播后保持土壤湿润，7～10日可出苗。穴播，行株距40cm×30cm，每穴4～5粒。

田间管理　苗高5～7cm时间苗，15cm时结合中耕除草按株距30cm定苗，苗高40cm左右进行最后一次中耕培土，可防倒伏。结合中耕除草追肥3～4次，开花前追肥1次，可结合培土埋入。四季注意排水防涝，出苗后及时除草浇水。

1.5　病虫害防治

病害　灰斑病：于发病前喷65%代锌森500倍液保护。发病初期用50%退菌特800倍液防治。轮纹病：茎、叶、荚果均可感染，发病前喷1:1:120倍波尔多液保护，发病初期喷40%灭菌丹500倍液防治。

虫害　蚜虫为害，苗期较重。

1.6　采收加工

9月至10月份果实成熟、荚果变黄褐色时采收，将全株割下晒干，打下种子即可。

2　生物学特性研究

2.1　奈曼地区栽培决明子物候期

2.1.1　观测方法

从通辽奈曼旗蒙药材种植基地栽培的决明子大田中，选择10株生长良好、无病虫害的健壮植株编号挂牌，作定位观测，并记录。2016年5月至2016年11月间连续观测记录各植株物候出现的日期，以10株平均期作为原始值。观测应具连续性，不漏测任何一个物候期。观测时间和顺序固定，开花期上午8：00～11：30，晴天观测。观测部位以植株判断其物候期，主茎受损时另选植株，并注明。

2.1.2　物候期的划分

物候期的划分是根据栽培决明子生长发育过程中不同时期植物生长发育特点，并参考其他植物候期的划分情况完成的。为了划分依据统一，始、初期均以群体中植株出现开花或展叶或坐果5%～15%为标准，盛、旺期以40%～60%为标准，末期以80%～90%为标准。将决明子的生育全过程分为播种期、出苗期、4～6叶期、分枝期、花蕾期、开花初期、盛花期、落花期、坐果初期、果实成熟期、枯萎期。出苗期为种子萌发后，幼苗露出地面2～3cm的时期；4～6叶期（伸长期）是叶生长的关键时期；分枝期是植株茎秆快速生长时期，其与伸长期基本同季，是植物营养生长高峰期；现蕾开花期是植株现蕾开花时期；坐果初期是决明子开始坐果的时期；果实成熟期是整株植结实及果实成熟的关键时期，其与现蕾开花期组成决明子的生殖生长期；枯萎期是根据植株在夏末、秋初出现春发植株大量死亡现象而设置的一个生育时期；播种期是决明子实际播种日期。

2.1.3　物候期观测结果

一年生决明子播种期为6月19日，出苗期自6月27日起历时5天，4～6叶期自7月初开始至中旬历时7天，花蕾期自8月上旬起共2天，开花初期自8月中旬开始，枯萎期自为10月上旬开始。

表29-1-1　决明子物候期观测结果（m/d）

年份　　时期	播种期	出苗期	4～6叶期	分枝期	花蕾期	开花初期
一年生	6/19	6/27～7/2	7/5～7/12	—	8/5～8/7	8/12～

表29-1-2　决明子物候期观测结果（m/d）

年份　　时期	盛花期	落花期	坐果初期	果实成熟期	枯萎期
一年生	—	—	—	—	10/8—

2.2　形态特征观察研究

直立、粗壮、一年生亚灌木状草本，高1～2m。叶长4～8cm；叶柄上无腺体；叶轴上每对小叶间有棒状的腺体1枚；小叶3对，膜质，倒卵形或倒卵状长椭圆形，长2～6cm，宽1.5～2.5cm，顶端圆钝而有小尖头，基部渐狭，偏斜，上面被稀疏柔毛，下面被柔毛；小叶柄长1.5～2mm；托叶线状，被柔毛，早落。花腋生，通常2朵聚生；总花梗长6～10mm；花梗长1～1.5cm，丝状；萼片稍不等大，卵形或卵状长圆形，膜质，外面被柔毛,长约8mm;花瓣黄色,下面二片略长,长12~15mm,宽5~7mm;能育雄蕊7枚,花药四方形,顶孔开裂,长约4mm,花丝短于花药;子房无柄,被白色柔毛。荚果纤细,近四棱形,两端渐尖,长达15cm,宽3~4mm,膜质;种子约25颗,菱形,光亮。花、果期8~11月。

决明子形态特征例图

图29-1

图29-2

图29-3

2.3 生长发育规律

2.3.1 决明子营养器官生长动态

(1)决明子地下部分生长动态 为掌握决明子各种性状在不同生长时期的生长动态,分别在不同时期对决明子的根长、根粗、侧根数、侧根长、侧根粗、根鲜重等性状进行了调查(见表29-2)。

表29-2 决明子地下部分生长情况

调查日期 (m/d)	根长 (cm)	根粗 (cm)	侧根数 (个)	侧根长 (cm)	侧根粗 (cm)	根鲜重 (g)
7/30	17.30	0.3805	13.3	6.11	0.0303	0.98
8/10	18.32	0.4218	14.2	8.16	0.0547	1.76
8/20	20.99	0.5512	14.3	8.71	0.0569	2.14
8/30	23.51	0.5773	15.8	9.60	0.0893	2.20
9/10	24.50	0.5894	18.1	10.84	0.0998	2.47
9/20	24.67	0.6051	19.3	11.03	0.1452	2.51
9/30	25.30	0.6353	22.4	11.49	0.1830	3.28
10/15	25.47	0.6457	22.5	12.59	0.1956	3.40

决明子根长的变化动态 从图29-4可见,7月30日至9月30日根长一直在缓慢增长,其后进入平稳状态。

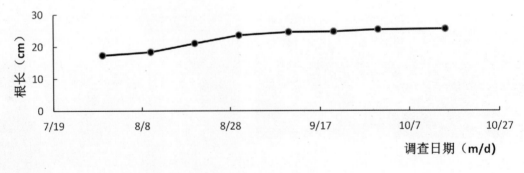

图29-4 决明子的根长变化

决明子根粗的变化动态 从图29-5可见,决明子的根粗从7月30日至10月15日均呈稳定的增加趋势,但是增长速度非常缓慢。

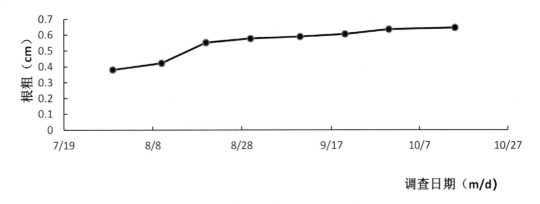

图29-5 决明子的根粗变化

决明子侧根数的变化动态 从图29-6可见,7月30日至9月30日决明子侧根数一直在增加,其后侧根数的变化不大。这是因为决明子进入了生理指标稳定期。

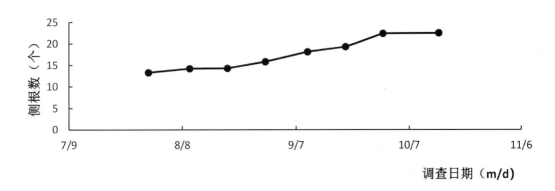

图29-6 决明子的侧根数变化

决明子侧根长的变化动态 从图29-7可见,7月30日至10月15日决明子侧根一直在生长。

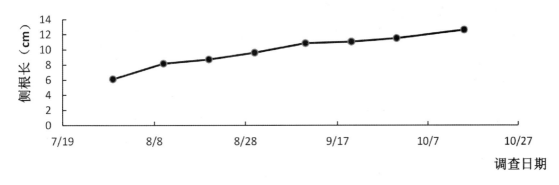

图29-7 决明子的侧根长变化

决明子侧根粗的变化动态 从图29-8可见,7月30日至10月15日决明子侧根粗一直在增加,后期侧根粗的变化不大。这是因为决明子进入了生理指标稳定期。

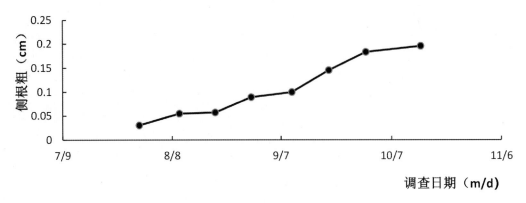

图29-8 决明子的侧根粗变化

决明子根鲜重的变化动态 从图29-9可见,7月30日至10月15日决明子根鲜重一直在增加,后期根鲜重的变化不大。这是因为决明子进入了生理指标稳定期的缘故。

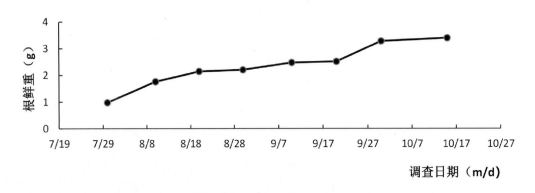

图29-9 决明子的根鲜重变化

(2)决明子地上部分生长动态 为掌握决明子各种性状在不同生长时期的生长动态,分别在不同时期对决明子的株高、叶数、分枝数、茎粗、茎鲜重、叶鲜重等性状进行了调查(表29-3)。

表29-3 决明子地上部分生长情况

调查日期 (m/d)	株高 (cm)	叶数 (个)	分枝数 (个)	茎粗 (cm)	茎鲜重 (g)	叶鲜重 (g)
7/25	41.14	7.90	—	0.4637	7.38	6.07
8/12	75.00	9.98	—	0.5077	14.43	7.06
8/20	91.99	13.01	—	0.5177	15.27	8.00

续表

调查日期 （m/d）	株高 （cm）	叶数 （个）	分枝数 （个）	茎粗 （cm）	茎鲜重 （g）	叶鲜重 （g）
8/30	111.00	12.00	—	0.546	17.63	8.16
9/10	122.82	14.02	—	0.5526	19.22	9.41
9/21	134.81	16.01	—	0.6361	19.67	9.61
9/30	133.67	18.98	—	0.6667	20.99	9.70
10/15	130.72	11.00	—	0.6718	21.64	7.90

说明："—"无数据或未达到测量的数据要求。

决明子株高的生长变化动态　从图29-10和表29-3中可见，7月25日至9月21日是株高快速增长时期，从9月21日开始株高逐渐下降，是因为决明子叶片开始逐渐脱落所致。

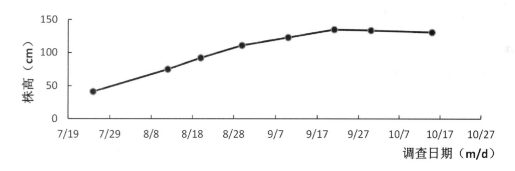

图29-10　决明子的株高变化

决明子叶数的生长变化动态　从图29-11可见，7月25日至9月30日叶数一直在增加，但到9月30日之后叶数迅速变少，说明这一时期决明子下部叶片在枯死、脱落，所以叶数在减少。

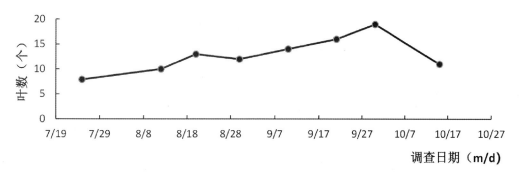

图29-11　决明子的叶数变化

决明子茎粗的生长变化动态　从图29-12可见，7月25日至9月30日茎粗一直在缓慢增加，其后增长较缓慢并趋于平稳状态。

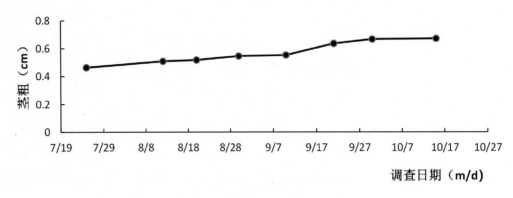

图29-12　决明子的茎粗变化

决明子茎鲜重的变化动态　从图29-13可见，7月25日至10月15日茎鲜重逐渐增加，说明整个生长期茎均在生长。

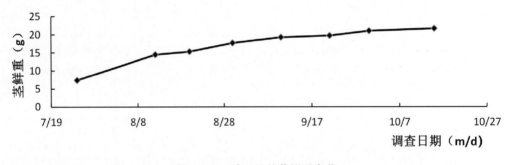

图29-13　决明子的茎鲜重变化

决明子叶鲜重的变化动态　从图29-14可见，7月25日至9月30日叶鲜重一直在增加，从9月30日开始叶鲜重开始降低，这可能是由于生长后期叶片逐渐脱落和叶片逐渐干枯所致。

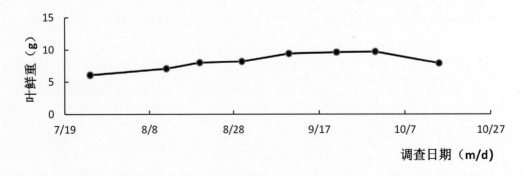

图29-14　决明子的叶鲜重变化

（3）决明子单株生长图

图29-15　　　　　　　　　　　　　　图29-16

图29-17　　　　　　　　　　图29-18　　　　　　　　　　图29-19

2.3.2　决明子不同时期的根和地上部分的关系

为掌握决明子各种性状在不同生长时期的生长动态，分别在不同时期从决明子的每个种植小区随机取样10株，将取样所得的决明子从茎基部剪下，根、冠分离，去除杂物，将根、冠分别在105℃下杀青30分钟后60℃恒温2天（或2天以上干燥为止），然后放入干燥器中冷却，用1/10000的天平测量质量，以二者的比值为根冠比。

表29-4 决明子不同时期的根和地上部分的关系

调查日期（m/d）	7/25	8/12	8/20	8/30	9/10	9/21	9/30	10/15
根冠比	0.4162	0.3907	0.2777	0.2001	0.3109	0.4879	0.6867	0.8544

从表29-4可见，决明子幼苗期根系与枝叶的生长速度有显著差异，幼苗出土初期根冠比为0.4162∶1，地上部分生长占优势。8月份枝叶生长加速，8月30日根冠比为0.2001∶1。9~10月地上部分慢慢枯萎，10月15日根冠比为0.8544∶1。

2.3.3 决明子不同生长期干物质积累

本实验共设计3个小区。每小区取样10株，分别取幼苗（分蘖期）、营养生长期、枯萎期等3个时期的决明子全株，每穴以植株为中心，取长16~25cm、宽16~25cm、深20~40cm的土块，先用清水冲洗干净，注意避免丢失根量，用滤纸吸干附着的水分，然后将植株按根、茎、叶、花和果实部位装袋，于105℃杀青30min，60℃烘干至恒重，测定干物质量，并折算为公顷干物质积累量。

表29-5 决明子各部器官总干物质重变化（kg/hm²）

调查期	根	茎	叶	花和果
幼苗期	105.00	364.00	430.50	—
营养生长期	304.50	1183.00	707.00	—
枯萎期	574.00	1886.50	1137.50	—

说明："—"无数据或未达到测量的数据要求。

从决明子干物质积累与分配的数据（表29-5）可以看出，决明子在不同时期地上、地下部分各营养器官的干物质量均随决明子的生长而不断增加。在幼苗期根、茎、叶干物质总量依次为105kg/hm²、364kg/hm²、430.5kg/hm²；进入营养生长期根、茎、叶具有增加的趋势，其根、茎、叶干物质总量依次为304.50kg/hm²、1183.00kg/hm²、707.00kg/hm²，其中地上部的增加较快。进入枯萎期根、茎、叶干物质总量有变化依次为574.00kg/hm²、1886.50kg/hm²、1137.50kg/hm²，其中茎叶增加得较快，但是没有开花结实。

苦地丁 ᠁

CORYDALIS BUNGEANAE HERBA

蒙药材苦地丁为罂粟科植物紫堇*Corydalis bungeana* Turcz.的干燥全草。

1 苦地丁的研究概况

1.1 蒙药学考证

蒙药材苦地丁为常用清热药,除去泥土,晒干。蒙文名"好如海–其其格",别名"东日塞勒瓦"。占布拉道尔吉《无误蒙药鉴》中记载:"生于雪山旁水地,茎细长,中空,叶厚而细,叶上经常不断有雾状物。种子黑色如小茴香。花蓝杂色者称为东布玛日札嘎布日塞勒闹恩;花黄杂色者称为日哈布达格日–东日塞勒瓦。其花状如鸟头,亦称为奥恩布札冲。此外被称生于树枝上,《如意宝树》中:味苦,性凉;《晶球》中:花紫堇治瘟疫及热性病。"《晶珠本草》中记载:"东日塞勒瓦治伤寒和热性病。"《植物史》中记载:"生于雪山旁水地或草原平地,叶厚而细,茎细长而中空,花蓝色、红色而有露水,治热性病;治协日性热病,见阿尔山特别是隐伏热病的总部;花蓝紫色,味苦,性寒,花蓝杂色有露水者称为东布玛日札嘎,种黑而如小茴香,断面出黄色汁,味功效如上,消肿作用极好。"《识药学》中记载:"叶、根白蓝色,花蓝色,细长果荚内有黑色种子。"《内蒙古蒙药材标准》载:"苦地丁为罂粟科植物苦地丁(*Corydalis bungeana* Turcz.)的干燥全草;夏季花果期采收,除去杂质,阴干。"本品味苦,性寒,具清热、平息协日、愈伤、消肿之功效。蒙医主要用于黏热、流感、隐热、烫热等,多配方用,在蒙成药中使用较为普遍。

1.2 化学成分及药理作用

1.2.1 化学成分

生物碱 消旋的和右旋的紫堇醇灵碱(corynoline),乙酰紫堇醇灵碱(acetylcorynoline),四氢黄连碱（tetrahydrocoptisine），原阿片碱（protopine），右旋异紫堇醇灵碱（isocorynoline），四氢刻叶紫堇明碱（tetrahydrocorysamine），二氢血根碱（dihydrosanguinarine），乙酰异紫堇醇灵碱（acetylisocorynoline），11-表紫堇醇灵碱（11-epicorynoline），紫堇文碱（corycavine），比枯枯灵碱（bicuculline），12-羟基紫堇醇灵碱（12-hydroxycorynoline），斯氏紫堇醇（scoulerine），碎叶紫堇碱（cheila nthifoline），大枣碱（yuziphine），去甲大枣碱（noryuziphine），异波尔定碱（isoboldine），右旋地丁紫堇碱（bungeanine），右旋13-表紫堇醇灵碱（13-epicorynoline）。

1.2.2　药理作用

抗菌作用　苦地丁全草注射液体外对甲型链球菌、卡他球菌、痢疾杆菌、铜绿假单胞菌、葡萄球菌、八叠球菌等有抑制作用。苦地丁注射液还抑制副流感病毒仙台株。

抗炎、镇痛作用　苦地丁粗粉混悬液及水煎液灌胃，对大鼠蛋清所致的足跖急性炎症和小鼠二甲苯所致耳郭急性炎症均有抗炎作用，在小鼠热板法和醋酸扭体实验中有镇痛作用。

对中枢系统的影响　苦地丁总生物碱（总碱）给小鼠腹腔注射小剂量呈现镇静作用，大剂量翻正反射能消失。小鼠皮下注射总碱，抑制自主活动，协同阈下催眠剂量的戊巴比妥钠和水合氯醛的中枢抑制作用，拮抗去氧麻黄碱诱发的小鼠运动亢进作用。单独静注总碱，对小鼠也有催眠作用。总碱给小鼠腹腔注射，有易化士的宁惊厥的作用。但大剂量总碱能对抗戊四唑所致惊厥。

保肝作用　小鼠灌胃紫堇灵、乙酰紫堇灵或原鸦片碱，对四氯化碳（CCl_4）、硫代乙酰胺、对乙酰氨基酚所致的肝损伤均有保护作用，在体外均能抑制CCl_4引起的肝微粒体脂质过氧化及CCl_4转化为CO，对肝药酶有先抑制后诱导作用。乙酰紫堇灵灌胃对小鼠由对乙酰氨基酚所致的肝损伤也有保护作用，选择性调节P450同工酶，诱导谷胱甘肽巯基转移酶活性。

其他作用　小鼠灌胃苦地丁水煎剂，抑制小鼠免疫功能，可使脾和胸腺萎缩，巨噬细胞吞噬功能降低，淋巴细胞增殖反应受到抑制，IL-2活性减弱。苦地丁注射液对麻醉猫与犬静脉注射，可见暂时性血压下降；给离体蛙心灌注，有抑制心脏的作用。

毒性　小鼠腹腔注射的LD_{50}为（281.00±27.82）mg/kg。孕鼠连续经口给予苦地丁生物碱，引起胎鼠脑露、小头畸形等外观畸形和顶骨、顶间骨、枕骨、胸骨骨化不全和缺失及胸骨错位等骨骼畸形。

1.3　资源分布状况

产于吉林、辽宁、河北、山东、河南、山西、陕西、甘肃、宁夏、内蒙古、湖南、江苏等省区。生于近海平面至海拔1500m的多石坡地或河水泛滥地段。蒙古国东南部、朝鲜北部和俄罗斯远东地区的拉兹多耳诺耶河谷也有分布或逸生。

2　生物学特性研究

2.1　奈曼地区栽培苦地丁物候期

2.1.1　观测方法

从通辽奈曼旗蒙药材种植基地栽培的苦地丁大田中,选择10株生长良好、无病虫害的健壮植株编号挂牌,作定位观测,并记录。2016年5月至2017年11月间连续观测记录各定株物候出现的日期,以10株平均期作为原始值。观测应具连续性,不漏测任何一个物候期。观测时间和顺序固定,开花期上午8:00~11:30,晴天观测。观测部位以植株判断其物候期,主茎受损时另选植株,并注明。

2.1.2　物候期的划分

物候期的划分是根据栽培苦地丁生长发育过程中不同时期植物生长发育特点,并参考其他植物物候期的划分情况完成的。为了划分依据统一,始、初期均以群体中植株出现开花或展叶或坐果5%~15%为标准,盛、旺期以40%~60%为标准,末期以80%~90%为标准。将苦地丁的生育全过程分为播种期、出苗期、4~6叶期、分枝期、花蕾期、开花初期、盛花期、落花期、坐果初期、果实成熟期、枯萎期。出苗期为种子萌发后,幼苗露出地面2~3cm的时期;4~6叶期(伸长期)是叶生长的关键时期;分枝期是植株茎秆快速生长时期,其与伸长期苦地丁基本同季,是植物营养生长高峰期;现蕾开花期是植株现蕾开花时期;坐果初期是苦地丁开始坐果的时期;果实成熟期是整株植物结实及果实成熟的关键时期,其与现蕾开花期组成苦地丁的生殖生长期;枯萎期是根据植株在夏末、秋初出现春发植株大量死亡现象而设置的一个生育时期;播种期为苦地丁实际播种日期。

2.1.3　物候期观测结果。

一年生苦地丁播种日期为5月13日,出苗期自6月6日起历时12天,4~6叶期为6月下旬开始至7月上旬历时6天,枯萎期历时11天。

二年生苦地丁返青期自4月中旬开始历时17天,花蕾期自6月上旬至6月中旬共计10天,开花初期历时18天,盛花期12天,坐果初期为6天,果实成熟期共计10天,枯萎期历时10天。

表30-1-1 苦地丁物候期观测结果（m/d）

年份 \ 时期	播种期	出苗期	4~6叶期	分枝期	花蕾期	开花初期
		二年返青期				
一年生	5/13	6/6~6/18	6/28~7/4	7/6~7/14	—	—
二年生	4/15~5/2		5/2~5/15	5/12~5/22	6/2~6/12	6/18~7/6

表30-1-2 苦地丁物候期观测结果（m/d）

年份 \ 时期	盛花期	落花期	坐果初期	果实成熟期	枯萎期
一年生	—	—	—	—	10/2~10/13
二年生	7/8~7/20	7/18~8/8	8/12~8/18	8/16~8/26	8/28~9/8

2.2 形态特征观察研究

二年生灰绿色草本植物，高10~50cm，具主根。茎自基部铺散分枝，灰绿色，具棱。基生叶多数，长4~8cm，叶柄约与叶片等长，基部多少具鞘，边缘膜质；叶片上面绿色，下面苍白色，二至三回羽状全裂，一回羽片3~5对，具短柄，二回羽片2~3对，顶端分裂成短小的裂片，裂片顶端圆钝。茎生叶与基生叶同形。总状花序长1~6cm，多花，先密集，后疏离，果期伸长。苞片叶状，具柄至近无柄，明显长于长梗。花梗短，长2~5mm。萼片宽卵圆形至三角形，长0.7~1.5mm，具齿，常早落。花粉红色至淡紫色，平展。外花瓣顶端多少下凹，具浅鸡冠状突起，边缘具浅圆齿。上花瓣长1.1~1.4cm；矩长4~5mm，稍向上斜伸，末端多少有些囊状膨大；蜜腺体约占矩长的2/3，末端稍增粗。下花瓣稍向前伸出；爪向后渐狭，稍长于瓣片。内花瓣顶端深紫色。柱头小，圆肾形，顶端稍下凹，两侧基部稍下延，无乳突而具膜质的边缘。蒴果椭圆形，下垂，长1.5~2cm，宽4~5mm，具2列种子，种子直径2~2.5mm，边缘具4~5列小凹点；种阜鳞片状，长1.5~1.8cm。

苦地丁形态特征例图

图30-1

图30-2

图30-3

图30-4

图30-5

2.3 生长发育规律

2.3.1 苦地丁营养器官生长动态

(1)苦地丁地下部分生长动态 为掌握苦地丁各种性状在不同生长时期的生长动态,分别在不同时期对苦地丁的根长、根粗、侧根数、侧根长、侧根粗、根鲜重等性状进行了调查(见表30-2、表30-3)。

表30-2 一年生苦地丁地下部分生长情况

调查日期 (m/d)	根长 (cm)	根粗 (cm)	侧根数 (个)	侧根长 (cm)	侧根粗 (cm)	根鲜重 (g)
7/30	4.9	0.1222	—	—	—	0.43
8/10	5.83	0.2441	—	—	—	0.95
8/20	6.1	0.3119	—	—	—	1.58
8/30	7.9	0.3922	—	—	—	1.96
9/10	8.89	0.4253	1.6	4.9	0.194	2.19
9/20	9.49	0.493	2.2	5.4	0.2139	2.28
9/30	10.62	0.5686	3.099	6.18	0.233	2.44
10/15	11.51	0.6224	3.2	7.16	0.2821	2.68

说明:"—"无数据或未达到测量的数据要求。

表30-3 二年生苦地丁地下部分生长情况

调查日期 (m/d)	根长 (cm)	根粗 (cm)	侧根数 (个)	侧根长 (cm)	侧根粗 (cm)	根鲜重 (g)
5/17	11.59	0.6218	3.7	8.11	0.3603	3.98
6/8	13.54	0.6548	4.0	9.12	0.3699	4.31
6/30	13.81	0.6777	4.5	9.17	3.8802	4.55
7/22	—	—	—	—	—	—
8/11	—	—	—	—	—	—
9/2	—	—	—	—	—	—
9/24	—	—	—	—	—	—
10/16	—	—	—	—	—	—

说明:"—"无数据或未达到测量的数据要求。

一年生苦地丁根长的变化动态 从图30-6可见,7月30日至10月15日根一直在缓慢增长,说明一年生苦地丁整个生长期均在生长。

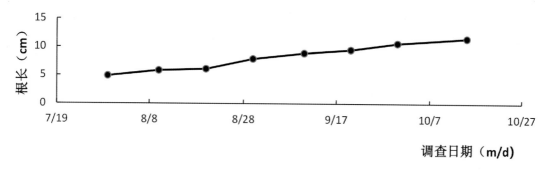

图30-6 一年生苦地丁的根长变化

一年生苦地丁根粗的变化动态 从图30-7可见,一年生苦地丁的根粗从7月30日至10月15日均呈稳定的增加趋势,但是长势非常缓慢。说明苦地丁在第一年里根粗始终在增加。

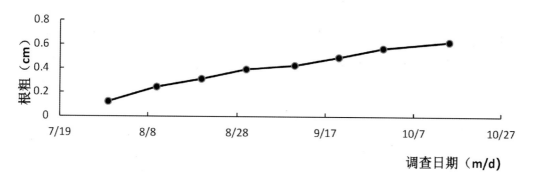

图30-7 一年生苦地丁的根粗变化

一年生苦地丁侧根数的变化动态 从图30-8可见,8月30日之前没有侧根或不在调查范围内,从8月30日至9月30日侧根数逐渐增加,但是长势缓慢,其后侧根数的变化不大。

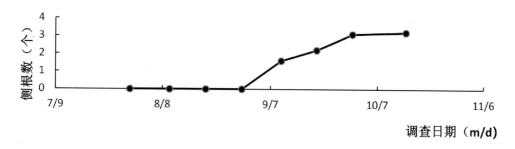

图30-8 一年生苦地丁的侧根数变化

一年生苦地丁侧根长的变化动态 从图30-9可见,8月30日前,由于侧根太细,达不到调查标准,从8月

30日至10月15日均呈稳定的增长趋势。

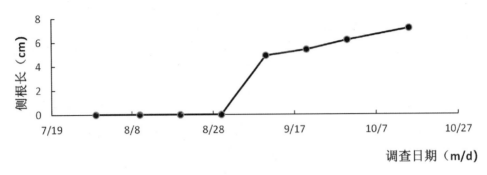

图30-9　一年生苦地丁的侧根长变化

一年生苦地丁侧根粗的变化动态　从图30-10可见，8月30日至10月15日侧根粗均呈增加趋势。

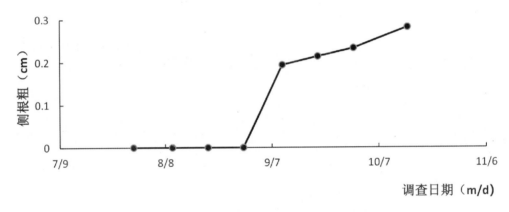

图30-10　一年生苦地丁的侧根粗变化

一年生苦地丁根鲜重的变化动态　从图30-11可见，7月30日到10月15日根鲜重均呈稳定的增加趋势，说明苦地丁在第一年里均在生长。

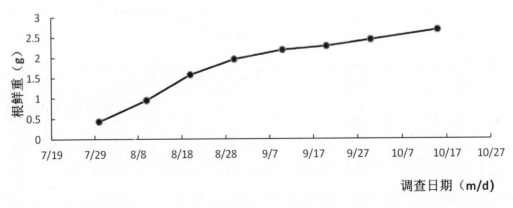

图30-11　一年生苦地丁的根鲜重变化

二年生苦地丁根长的变化动态 从图30-12可见,5月17日至6月30日根长在缓慢增长,其后苦地丁进入了枯萎期。

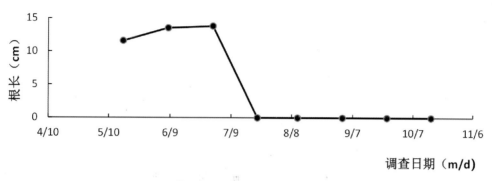

图30-12 二年生苦地丁的根长变化

二年生苦地丁根粗的变化动态 从图30-13可见,二年生苦地丁的根粗在5月17日至6月30日始终处于增加的状态,但是非常缓慢,其后苦地丁进入了枯萎期。

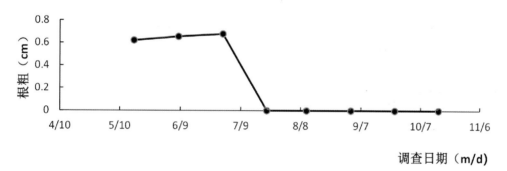

图30-13 二年生苦地丁的根粗变化

二年生苦地丁侧根数的变化动态 从图30-14可见,二年生苦地丁的侧根数从5月17日至6月30日基本上呈逐渐增加的趋势,但是非常缓慢,其后苦地丁进入了枯萎期。

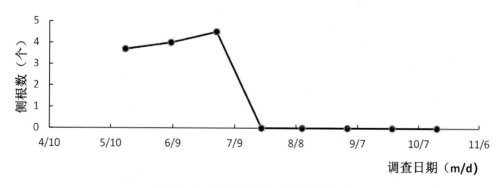

图30-14 二年生苦地丁的侧根数变化

二年生苦地丁侧根长的变化动态　从图30-15可见，二年生苦地丁的根鲜长从5月17日至6月30日基本上呈逐渐增加的趋势，但是非常缓慢，其后苦地丁进入了枯萎期。

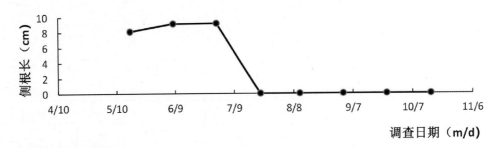

图30-15　二年生苦地丁的侧根长变化

二年生苦地丁侧根粗的变化动态　从图30-16可见，6月8日至6月30日侧根粗均呈稳定的增加趋势，其后进入了枯萎期。

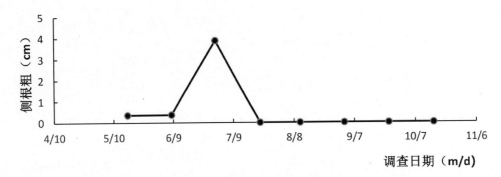

图30-16　二年生苦地丁的侧根粗变化

二年生苦地丁根鲜重的变化动态　从图30-17可见，二年生苦地丁的根鲜重从5月17日至6月30日基本上呈逐渐增加的趋势，但是非常缓慢，其后苦地丁进入了枯萎期。

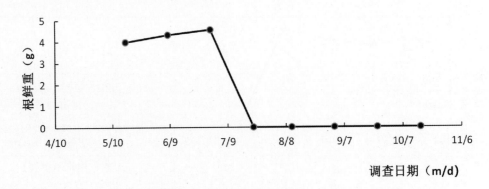

图30-17　二年生苦地丁的根鲜重变化

（2）**苦地丁地上部分生长动态**　为掌握苦地丁各种性状在不同生长时期的生长动态，分别在不同时期对苦地丁的株高，叶数，分枝数，茎、叶鲜重等性状进行了调查（见表30-4、表30-5）。

表30-4　一年苦生地丁地上部分生长情况

调查日期（m/d）	株高（cm）	叶数（个）	分枝数（个）	茎粗（cm）	茎鲜重（g）	叶鲜重（g）
7/25	5.79	14.1	—	—	—	3.36
8/12	7.25	43.39	—	—	—	4.37
8/20	8.97	76.3	—	—	—	6.57
8/30	10.61	94.1	—	—	—	8.32
9/10	13.44	103.29	—	—	—	10.83
9/21	15.46	96.22	—	—	—	8.75
9/30	16.79	73	—	—	—	5.08
10/15	16.85	21.31	—	—	—	2.29

说明："—"无数据或未达到测量的数据要求。

表30-5　二年生苦地丁地上部分生长情况

调查日期（m/d）	株高（cm）	叶数（个）	分枝数（个）	茎粗（cm）	茎鲜重（g）	叶鲜重（g）
5/14	12.21	81.73	—	—	—	2.30
6/8	16.99	30.20	—	—	—	4.65
7/1	17.85	19.43	—	—	—	1.30
7/23	—	—	—	—	—	—
8/10	—	—	—	—	—	—
9/2	—	—	—	—	—	—
9/24	—	—	—	—	—	—
10/18	—	—	—	—	—	—

说明："—"无数据或未达到测量的数据要求。

一年生苦地丁株高的生长变化动态　从图30-18和表30-4和5中可见，7月25日至9月30日株高逐渐增长，之后进入了平稳期。

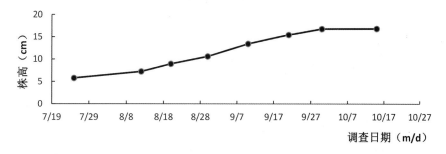

图30-18　一年生苦地丁的株高变化

一年生苦地丁叶数的生长变化动态　从图30-19可见，7月25日至9月10日叶数一直在缓慢增加，从9月10日开始叶数缓慢减少，说明这一时期苦地丁下部叶片在枯死、脱落，所以叶数在减少。

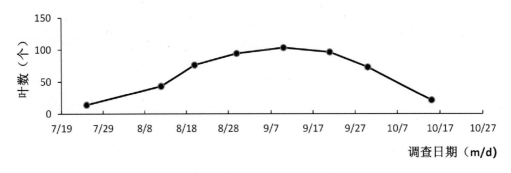

图30-19　一年生苦地丁的叶数变化

一年生苦地丁叶鲜重的变化动态　从图30-20可见，7月25日至9月10日是叶鲜重快速增加期，其后叶鲜重开始大幅降低，这是由于生长后期叶片逐渐脱落和叶逐渐干枯所致。

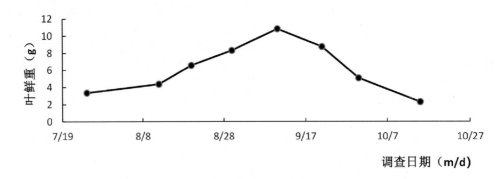

图30-20　一年生苦地丁的叶鲜重变化

二年生苦地丁株高的生长变化动态　从图30-21可见，二年生苦地丁的根鲜重从5月14日至7月1日基本上呈逐渐增加的趋势，但是非常缓慢，其后苦地丁进入了枯萎期。

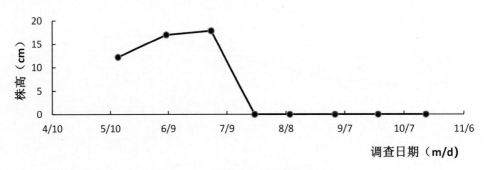

图30-21　二年生苦地丁的株高变化

二年生苦地丁叶数的生长变化动态 从图30-22可见，二年生苦地丁的叶数从5月14日至6月8日基本上呈逐渐增加的趋势，其后缓慢下降，这一时期苦地丁进入了枯萎期。

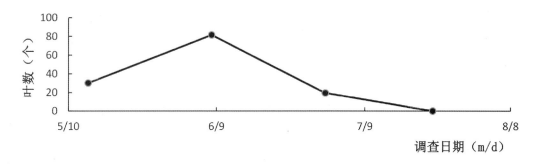

图30-22 二年生苦地丁的叶数变化

二年生苦地丁叶鲜重的变化动态 从图30-23可见，5月14日至6月8日叶鲜重缓慢而平稳增加，6月8日开始叶鲜重开始逐渐降低，这可能是由于生长后期叶片逐渐脱落和叶逐渐干枯所致。

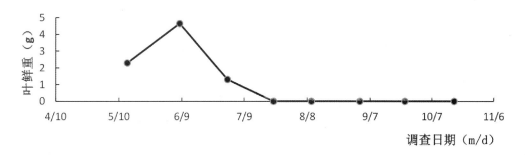

图30-23 二年生苦地丁的叶鲜重变化

（3）苦地丁单株生长图

图30-24 图30-25

图30-26　　　　　　　　　　　　图30-27

2.3.2　不同时期的根和地上部的关系

为掌握苦地丁各种性状在不同生长时期的生长动态，分别在不同时期从苦地丁的每个种植小区随机取苦地丁10株，将取样所得的苦地丁从茎基部剪下，根、冠分离，去除杂物，将根、冠分别在105℃下杀青30分钟后60℃恒温2天（或2天以上干燥为止），然后放入干燥器中冷却，用1/10000的天平测量质量，以二者的比值为根冠比。

表30-6　一年生苦地丁不同时期的根和地上部分的关系

调查日期（m/d）	7/25	8/12	8/20	8/30	9/10	9/21	9/30	10/15
根冠比	0.0828	0.3391	0.3816	0.3974	0.5298	0.6652	0.9156	—

从表30-6可见　一年生苦地丁幼苗期根系与枝叶的生长速度有显著差异，幼苗出土初期根冠比0.0828∶1，地上部分生长占优势。苦地丁生长时期，地上部分占优势，其地上部分生长量常超过地下部分生长量的1~3倍。

表30-7　二年生苦地丁不同时期的根和地上部分的关系

调查日期（m/d）	5/14	6/8	7/1
根冠比	2.6444	1.3976	1.1211

从表30-7可见，二年生苦地丁幼苗期根系与枝叶的生长速度有显著差异，幼苗出土初期根冠比为2.6444∶1，地下部分生长占优势。苦地丁生长时期，地下部分占优势，其地下部分生长量常超过地上部分生长量的1~2倍。

2.3.3　苦地丁不同生长期干物质积累

本实验共设计3个小区。每小区取样10株，分别取幼苗期、营养生长期、枯萎期等3个时期的苦地丁全株，每穴以植株为中心，取长16~25cm、宽16~25cm、深20~40cm的土块，先用清水冲洗干净，注意避免丢失根量，用滤纸吸干附着的水分，然后将植株按根、茎、叶、花和果实部位装袋，于105℃杀青30min，60℃烘至恒重，测定干物质量，并折算为公顷干物质积累量。

表30-8　一年生苦地丁各器官总干物质重变化（kg/hm^2）

调查期	根	茎	叶	花	果
幼苗期	38.00	—	524.40	—	—
营养生长期	184.20	—	1259.20	—	—
枯萎期	550.80	—	497.60	—	—

说明："—"无数据或未达到测量的数据要求。

从一年生苦地丁干物质积累与分配的数据（如表30-8所示）可以看出，在不同时期地上、地下部分各营养器官的干物质量均随苦地丁的生长而不断增加。在幼苗期根、叶干物质总量依次为38.00kg/hm^2、524.40kg/hm^2；进入营养生长期根、叶具有增加的趋势，其根、叶干物质总量依次为184.20kg/hm^2、1259.20kg/hm^2。进入枯萎期根、叶有变化，其根、叶干物质总量依次为550.80kg/hm^2、497.60kg/hm^2，其中根仍然具有增长的趋势。此时通辽市奈曼地区已进入霜期，霜后地上部分枯萎后，自然越冬，当年不开花。

表30-9　二年生苦地丁各器官总干物质重变化（kg/hm^2）

调查期	根	茎	叶	花	果
幼苗期	782.00	—	395.00	—	—
营养生长期	1398.40	—	691.60	281.20	—
枯萎期	1504.80	—	380.00	—	398.00

说明："—"无数据或未达到测量的数据要求。

从二年生苦地丁干物质积累与分配的数据（如表30-9所示）可以看出，在不同时期地上、地下部分各营养器官的干物质量均随苦地丁生长而不断增加。在幼苗期根、叶干物质总量依次为782.80kg/hm²、395.20kg/hm²。进入开花期根、叶、花具有增加的趋势，其根、叶、花干物质总量依次为1398.40kg/hm²、691.60kg/hm²、281.20kg/hm²，其中根和花增加特别快；进入枯萎期根、叶和果依次为1504.80kg/hm²、380.00kg/hm²、398.00kg/hm²，其中根和果实增加较快，果实进入成熟期，叶的生长具有下降的趋势，即进入枯萎期。

2.4 生理指标

2.4.1 叶绿素

苦地丁叶片中叶绿素含量变化如图30-28所示，在9月4日以后至采收期叶绿素含量呈"上升—下降—上升"趋势，随着生育期推后，苦地丁的光合能力发生了变化。

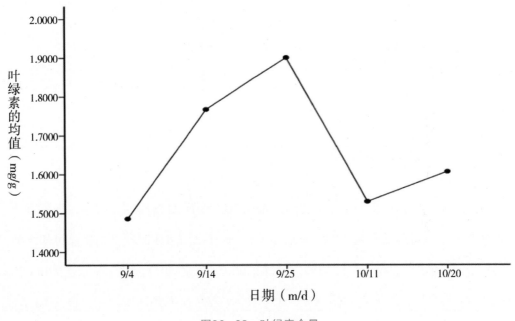

图30-28 叶绿素含量

2.4.2 可溶性多糖

苦地丁的可溶性多糖含量变化随着生育期推后呈逐渐下降趋势，叶绿素是光合作用最重要的色素，可溶性多糖是植物光合作用的直接产物，也是氮代谢的物质和能量来源，随着生育期推移，可溶性多糖代谢加快，以满足植株对养分的需求。（见图30-29）

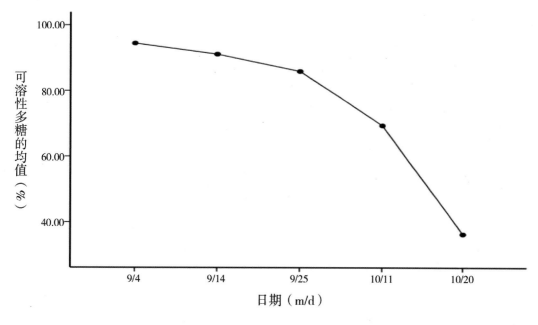

图30-29　可溶性多糖含量

2.4.3　可溶性蛋白

如图30-30所示，9月4日至9月25日可溶性蛋白含量逐渐上升，随后逐渐下降，到最终采收时期回落幅度不大。可溶性蛋白是重要的渗透调节物质和营养物质，它的增加和积累能提高细胞的保水能力，对细胞的生命物质及生物膜起到保护作用。

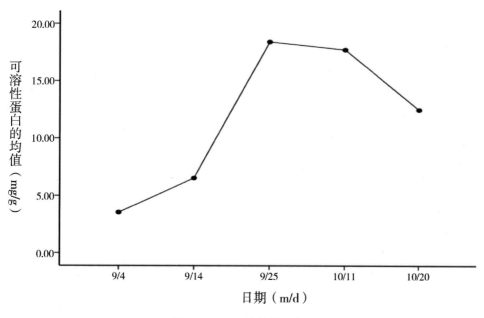

图30-30　可溶性蛋白含量

3 药材质量评价研究

3.1 常规检查研究（参照《中国药典》2015年版）

3.1.1 常规检查测定方法

水分 取供试品2~5g，平铺于干燥至恒重的扁形称量瓶中，厚度不超过5mm，疏松供试品不超过10mm，精密称定，开启瓶盖在100~105℃干燥5h，将瓶盖盖好，移置干燥器中，放冷30min，精密称定，再在上述温度干燥1h，放冷，称重，至连续两次称重的差异不超过5mg为止。根据减失的重量，计算供试品中含水量（%）。本法适用于不含或少含挥发性成分的药品。

$$水分（\%）= \frac{W_1 + W_2 - W_3}{W_1} \times 100\%$$

式中W_1为供试品的重量（g）；W_2为称量瓶恒重的重量（g）；W_3为称量瓶+供试品干燥至连续两次称重的差异不超过5mg后的重量（g）。试验所得数据用Microsoft Excel 2013进行整理计算。

浸出物 水溶性热浸法：取供试品2~4g，精密称定，置100~250ml的锥形瓶中，精密加水50~100ml，密塞，称定重量，静置1h后，连接回流冷凝管，加热至沸腾，并保持微沸1h。放冷后，取下锥形瓶，密塞，再称定重量，用水补足减失的重量，摇匀，用干燥滤器滤过，精密量取滤液25ml，置已干燥至恒重的蒸发皿中，在水浴上蒸干后，于105℃干燥3h，置干燥器中冷却30min，迅速精密称定重量。除另有规定外，以干燥品计算供试品中水溶性浸出物的含量（%）。

$$浸出物（\%）= \frac{（浸出物及蒸发皿重 - 蒸发皿重）\times 加水（或乙醇）体积}{供试品的重量 \times 量取滤液的体积} \times 100\%$$

$$RSD = \frac{标准偏差}{平均值} \times 100\%$$

3.1.2 结果与分析

水分 参照《中国药典》2015年版四部（第103页）第二法（烘干法）测定。取上述采集的苦地丁药材样品，测定并计算苦地丁药材样品中含水量（质量分数，%），平均值为5.83%，所测数值计算RSD≤0.26%，在《中国药典》（2015年版，一部）苦地丁药材项下要求水分不得过12.0%，本药材符合药典规定要求（见表30-10）。

浸出物 参照《中国药典》2015年版四部（第202页）水溶性浸出物测定法（热浸法）测定。取上述采集的苦地丁药材样品，测定并计算苦地丁药材样品中浸出物（质量分数，%），平均值为34.70%，所测数值计算R RSD≤1.39%，在《中国药典》（2015年版，一部）苦地丁药材项下要求浸出物不得少于18%，本药材符合药典规定要求（见表30-10）。

表30-10 苦地丁药材样品的水分、浸出物含量

测定项	平均（%）	RSD（%）
水分	5.83	0.26
浸出物	34.90	1.39

本试验研究依据《中国药典》（2015年版，一部）苦地丁药材项下内容，根据奈曼产地苦地丁药材的实验测定，结果蒙药材苦地丁样品水分、浸出物的平均含量分别为5.83%、34.90%，符合《中国药典》规定要求。

3.3 苦地丁中的紫堇灵含量测定

3.3.1 实验设备、药材、试剂

仪器、设备 Agilent Technologies-1260 Infinity型高效液相色谱仪，SQP型电子天平（赛多利斯科学仪器〈北京〉有限公司），KQ-600DB型数控超声波清洗器（昆山市超声仪器有限公司），HWS26型电热恒温水浴锅。Millipore-超纯水机。

实验药材（见表30-11）

表30-11 苦地丁供试药材来源

编号	采集地点	采集日期	采集经度	采集纬度
1	河北省安国市霍庄村（栽培）	2017-10-13	115° 17′ 44″	38° 21′ 27″
2	河北省（市场）	2017-10-14	—	—
3	内蒙古自治区通辽市奈曼旗昂乃（基地）	2017-10-21	120° 42′ 10″	42° 45′ 19″

对照品 紫堇灵（自国家食品药品监督管理总局采购，编号：111734-201602）。

试剂 甲醇（色谱纯）、磷酸盐、磷酸二氢钾、磷酸氢二钾、水、氢氧化钠。

3.3.2 溶液的配置

色谱条件与系统适用性试验 以十八烷基硅烷键合硅胶为填充剂，以甲醇-0.015mol/L磷酸盐缓冲液（pH6.7）（取磷酸二氢钾1.58g和磷酸氢二钾0.76g，加水1000ml溶解，混匀，用氢氧化钠试液调节pH至6.7）（70∶30）为流动相，检测波长为289nm。理论塔板数按紫堇灵峰计算应不低于6000。

对照品溶液的制备 取紫堇灵对照品适量，精密称定，加甲醇制成每1ml含40μg的溶液，即得。

供试品溶液的制备 取本品粉末（过三号筛）约0.5g，精密称定，置具塞锥形瓶中，精密加入甲醇25ml，密塞，称定重量，浸泡1h，超声处理（功率250W，频率33kHz）30min，取出，放冷，再称定重量，用甲醇补足

减失的重量,摇匀,滤过,取续滤液,即得。

测定法 分别精密吸取对照品溶液与供试品溶液各20μl,注入液相色谱仪,测定,即得。

本品按干燥品计算,含紫堇灵($C_{21}H_{21}O_5N$)不得少于0.14%。

3.3.3 实验操作

线性与范围 按3.3.2对照品溶液制备方法制备,精密吸取对照品溶液6μl、8μl、10μl、12μl、14μl,注入高效液相色谱仪,测定其峰面积值,并以进样量C(x)对峰面积值A(y)进行线性回归,得标准曲线回归方程为: $y = 2000000x+20873$,相关系数$R = 0.9999$。

结果 见表30-12及图30-31,表明紫堇灵进样量在0.42~0.98μg范围内,与峰面积值具有良好的线性关系,相关性显著。

表30-12 线性关系考察结果

C(μg)	0.420	0.560	0.700	0.840	0.980
A	772980	1029139	1280077	1534960	1778285

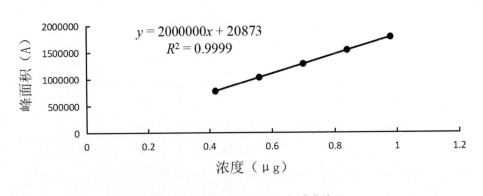

图30-31 紫堇灵对照品的标准曲线图

3.3.4 样品测定

取苦地丁样品约0.5g,精密称取,分别按3.3.2项下的方法制备供试品溶液,精密吸取供试品溶液各10μl,分别注入液相色谱仪,测定,并按干燥品计算含量(见表30-13)。

表30-13 苦地丁样品含量测定结果

样品批号	n	样品（g）	紫堇灵含量（%）	平均值（%）	RSD（%）
	1	0.5000	0.48		
20171013	2	0.5000	0.48	0.48	0.59
	3	0.5000	0.48		
	1	0.5004	0.33		
20171014	2	0.5004	0.35	0.35	2.69
	3	0.5004	0.34		
	1	0.5012	0.41		
20171021	2	0.5012	0.42	0.42	1.46
	3	0.5012	0.42		

3.3.5 结论

按照2015年版《中国药典》中苦地丁含量测定方法测定，结果奈曼基地的苦地丁中紫堇灵的含量符合《中国药典》规定要求。

4 经济效益分析

4.1 市场前景分析

苦地丁又名地丁、地丁草，为罂粟科植物紫堇的全草。野生品主要分布于东北三省及河北、山东、山西、陕西、甘肃等省。因价格太低或资源减少，已数年未见野生货上市，市场流通的只有河北安国的家种产品。苦地丁的主要功效为清热解毒，常用于治疗咽喉肿痛，疔疮痈肿，痄腮丹毒等症。苦地丁，蒙古文药名为"好如海-其其格"，蒙药苦地丁临床应用广泛，可与多种药物配伍治疗多种急性疾病。苦地丁也常入各种中药配方中，蒙药苦地丁具有诸多药效，应该有更好的发展空间，是很有开发价值的药材。

目前，苦地丁市场有药商积极寻货，货源走动明显加快，持货惜售心态有所增强，行情接连攀升，市场统货多要价在10.5~11元/千克，较前阶段上升了2~3元。该品市场可供货源量不大，随需求的进一步增加，预计，后市仍有小幅攀升的可能。

4.2 投资预算

苦地丁种子 市场价每千克100元，每亩地用种子4千克，合计为400元。

种植前整地和播种 包括施底肥、犁地、耙地和播种，底肥包括1000kg有机肥，其中有机肥每吨120

元，犁、耙、播种一亩地各需要50元，以上合共计需要费用270元。

田间管理 整个生长周期抗病除草需要3次，每次人工成本加药物成本约100元，合计约300元；灌溉5次，费用250元；追施氮肥每亩30千克，成本约40元。综上，苦地丁田间管理成本为590元。

采收与加工 收获成本（机械燃油费和人工费）每亩约200元。

合计成本 400+270+590+200=1460元。

4.3 产量与收益

市场价格，苦地丁8~11元/千克，每亩地平均可产300~350kg。按最高产量计算，收益为：1340~2390元/（亩·年）。

总　结

　　奈曼旗地处科尔沁沙地腹地，水质、大气、土壤无污染，具备大规模发展绿色、有机农牧业的良好条件，具有底蕴深厚的蒙医药文化资源和悠久的蒙中药材种植历史。近几年，旗委、旗政府确定了打造"北疆生态蒙中药产业基地"的长远目标，大力发展蒙中药材种植。同时，顺应推进供给侧结构性改革的形势变化，把蒙中药材产业作为种植业结构调整的主要方向和富民脱贫产业予以重点培育。与中医药发展相结合，找准蒙中医药的结合点，依托中医药广阔的市场，与健康产业发展、生态文明建设、文化旅游产业发展相结合，将蒙医药产业做大做优。

　　本项目组历时2年，通过对30种药用植物的生物学特性的研究，了解各种植物的生长、发育、繁殖特点和对外界环境条件的要求；通过对产量、品质和经济效益等综合指标的研究，初步筛选出适合奈曼当地土壤气候条件的种植品种：蒙古黄芪、甘草、桔梗、苦参、苍术、防风、牛膝、板蓝根、香青兰、黄芩、知母、土木香、蒲公英、红花、荆芥等15个品种；可适当发展的品种：蜀葵、益母草、石竹、冬葵、党参、牛蒡、黑种草、射干、急性子、鸡冠花、黄秋葵等11个品种；不建议发展品种：地黄、紫菀、决明子、苦地丁等4个品种。

　　本书为开展当地野生药材品种驯化、引进品种的适应性改良、规范化规模化种植研究、药材病虫草害防治以及道地药材种植基础性研究奠定了坚实基础。做到生产与科研相结合，为推动产业可持续发展提供技术支持，带动群众致富、促进群众种植业结构调整，对促进通辽地区现代化药材种植产业的发展具有十分重要的意义。

药材种子干标本的制作

一、目的意义与原理

药材种子是药材生产的基础材料,有了优良的种子才能培育出壮苗。但目前药材种子仍然是整个药材生产过程中的薄弱环节,尤其是种子标本及其保存、展示场馆很少,用于教学、科研和种子检验、鉴别的标本不多不齐不全,给种子工作的正常开展带来了不少困难。

通过制作种子干标本,种子工艺标本,为教学、科研、种子检验与鉴别提供直观教材和标准样件,为发展药材积累基础资料。

二、种子干标本制作的原理

虽然药材种子在形状、大小、颜色、光泽等方面存在很大差异,但不管针叶树种子,还是阔叶树种子,也不论肉质果类种子,还是干果类种子,其内含物的基本成分差别不大,主要是一些有机物质(淀粉、蛋白质、脂肪、糖类、果胶、挥发性油脂等)、矿物质、水分、灰分等,这些内含物在常温状态下极易发霉、发酵和腐烂,以致种子的形状、颜色等随之改变,失去原有的形状,甚至种子完全变质、腐烂、死亡。

为了保持种子的原形,需要通过一系列的处理,如干燥,使有机物质固化,种子含水量降低至5%以下,以便贮存较长时间。

种子干标本的制作原理就在于通过物理和化学处理,使种子的水分含量降到5%以下,其他有机物固化,基本上能保持种子的原形、大小、颜色和光泽。

三、种子标本制作程序

（一）制作药材种子干标本的基本要求

一份制作良好的药材干种子标本，应有很好的自明性，能直观、清晰表现种子（或果实）的形态特征，说明文字清楚、简要；外形规整，保存方便；封闭严密，长期储藏不会霉变或出现虫害。

（二）药材种子干标本制作的基本步骤

1. 材料收集

制作种子干标本应从果实的采收开始。用于制作标本的果实须采自处于盛果期、生长正常的成年药材，最好采自优良药材，并采集充分成熟、无病虫害的果实，以保证种子有典型的形态特征。避免从生长不良、病虫害植株上采种。

2. 出种

果实或果序收集后应尽快以适合该药材的取种方式取出种子。肉质果类：这类果实的果肉含较多的果胶质和糖类，容易发酵腐烂，不宜采用种子生产上常用的堆沤法。用于制作标本的种子数量较少，可人工捣烂果肉后用水淘洗。有些种子，种皮沾着一层油脂，使种子互相粘连，可用洗洁精、洗衣粉等去垢剂浸洗除去。

3. 净种

脱粒后的种子有相当数量的混杂物，如鳞片、枝叶碎片、泥沙碎石、杂草种子等应及时清除。净种方法根据种子特点和混杂物的性质选用，常用方法有风选、水选、筛选等。

4. 虫害防治

标本收藏的过程中常会遇到一些危害因素，如标本的霉变、害虫的啃咬和火灾等，其中虫害是较难防治的危害种子标本的主要因素。在制作标本时应进行害虫的检测及灭虫、防虫预处理，对预防虫害发生有重要的意义。

防治方法：（1）严格筛选材料：强调预防为主，制作标本过程严防虫害种子进入标本。受害种子往往色泽灰暗无光泽，比重较轻，大粒种子中的体型较大的害虫还会有明显的虫口，用水选漂除浮种，人工粒选剔除颜色异常和有虫口的种子。有条件的单位对大、中粒种子的标本作软X射线透视，剔除受害种子，都是有效减少原生害虫的方法。

（2）灭虫处理：在标本制作过程中进行预处理以消灭虫源，是防止原生害虫继续危害标本的重要手段。预处理可采用以下方法。

高温杀虫：52℃以上的高温，处理数小时可杀死多数活动期的原生害虫。75℃处理1~2h可使多数虫卵的蛋白质变性而失去生命力。结合种子标本的脱水，用50~75℃烘焙种子数小时可杀灭大多数原生害虫和虫卵。

熏蒸杀虫：将需要杀虫的种子标本置于密封容器（如干燥器，熏蒸箱、柜）或熏蒸袋内，输入杀虫毒气或事先放入熏蒸药剂，封闭一定时间可杀灭标本中的害虫。熏蒸杀虫法用于标本的预处理，也可在发现标本有虫害时作为应对措施。

熏蒸药剂要求不易燃、不易爆、渗透力强、灭虫效果好、对标本没有严重腐蚀和损坏。常用的熏蒸剂有：①氢氰酸（HCN），室温下是一种无色气体，有苦杏仁味，沸点26℃，熔点-14℃，密度0.697g/ml，是一种强力呼吸抑制剂，能破坏昆虫体内传递氧的色素，令昆虫缺氧死亡。配制氢氰酸以氰化钠1份，水3份，浓硫酸（密度1.8~1.84g/ml）1.5份（均为重量比）的比例，顺序调配产生反应。在真空干燥器中熏蒸2~4h，在常压下熏蒸48~72h。氢氰酸有剧毒，空气含量在135ml/m³半小时可使人死亡，含量为270ml/m³可立即致命。②溴化甲烷（CH₃Br），室温下是一种无色气体，沸点4.5℃，熔点-93℃。溴化甲烷是一种剧毒的神经毒气，毒性比氢氰酸低。溴化甲烷也有剧毒，当空气中浓度为2000~4000ml/m³半小时可致人死亡，对人安全的最高允许浓度为20ml/m³。溴化甲烷进入人体分解后，残余的游离溴不易穿过细胞膜，因而不易排除，是一种累积性毒剂，中毒后不易恢复。由于溴化甲烷的渗透性强、吸附性小，能杀灭各种龄期的害虫，施药操作也较方便，为许多标本馆采用。③二氯乙烷（C₂H₄Cl₂），是一种毒性较低的熏蒸剂，常采用喷雾熏蒸。常压下熏蒸72h，真空熏蒸2~4h。④磷化铝（AlP）是一种熏蒸用的片剂，以药片吸湿分解、产生的磷化氢气体扩散到种子中杀死害虫。每片药片重3g，含有效磷化铝33%，常用于种子仓库的灭虫，每吨种子用量15~30g，在75%~85%空气湿度、25℃下10~15h可完全分解，熏蒸时间需要5昼夜。磷化铝的分解速度较慢，散出的磷化氢对金属有较强的腐蚀作用，而且由于磷有自燃可能，保存时注意防热、防火、防潮。使用时不能集中放置，以免发热燃烧。标本灭虫使用较少。

除以上几种药剂外氯气、硫酰氟、马拉硫磷、辛硫磷、氯化苦等也都可用于种子标本的熏蒸灭虫。

标本熏蒸，所用的都是毒药，甚至剧毒药物，整个操作过程必须在合格的有毒气体排气柜内进行，排出气体需通过滤毒罐处理，操作人员需戴防毒面具、胶手套防护罩衣等完整的护具，避免与毒剂直接接触。处理后的种子在毒气柜内摊开，让有毒气体全部逸散后才做进一步处理。实验室也应准备与所使用的毒剂相应的解毒药剂。

真空熏蒸：常压熏蒸耗时较长，效果常不够稳定，真空熏蒸可利用物理、化学双重作用，提高药剂的扩散速度，增加气体穿透力，起到省时、省药、安全高效的作用。做法是将标本种子放入带气阀的真空干燥器中，封盖后抽真空至1/1000大气压，关闭气阀静置10min，使种粒内空气逸出，接上毒气源，小心开启气阀将毒气缓慢吸入干燥器中，至内外气压平衡，关闭气阀处理2~4h即可达到常压处理2~5天的效果。由于整个熏蒸过程在干燥器中密封进行，毒气不会逸出，操作更加安全。

药剂喷涂：直接将灭虫药剂喷涂在种子标本上，既可杀灭标本上的害虫，又可起到长期保护标本作用，避免后期仓柜害虫的侵害。

用于喷涂的药剂：①林丹（又称"灵丹"），是一种六六六的提纯物，不含致癌物质，对害虫有胃毒和触杀作用，在非碱性环境下长期有效。对人有中等毒性。直接喷涂在种子表面。②升汞，一种汞离子毒剂，对害虫、虫卵甚至真菌孢子都有杀灭作用，对人体有较高毒性。使用时配成0.2%~0.3%的70%酒精溶液（V/W）即可喷涂。

操作方法有喷雾与涂抹两种。喷药时注意带防毒口罩，不要吸入药雾。涂抹时要戴橡胶手套，不要让药剂接触皮肤。

微波杀虫：300~30000MHz（波长1~1000mm）的电磁波俗称微波，这种电磁波能被水吸收转化为热能。干燥标本中的害虫含水量比标本多，在微波辐射下虫体温度升高，而被杀死。

微波杀虫适用于经过干燥含水率较低的标本。处理方式以高场强、短时间的效果优于低场。以场强1.2 kV/cm的效果最好。对不同种的标本处理时间与效果可能不同，应事先进行试验。

5. 干燥

标本干燥是否充分会影响标本的保存效果。常用的干燥方法以中温烘焙，烘焙温度控制在50~75℃，烘焙时间视种子的大小和含水量决定，经过水选含水较多的中小粒种子需2~5天。开裂干果类的细粒种子通常是烘干，如果没有经过水选，则不须烘焙。经烘干的种子放在盛有蓝色硅胶的干燥器中24~48h，以平衡温度和水分。如果硅胶没有变色说明含水量在5%以下，可以进行包装和封存；发现硅胶的蓝色变浅或变成黄褐色，说明标本含水量未降至5%以下的标准，应更换硅胶继续处理。已经吸湿的黄褐色硅胶可在100~105℃的烘箱或在微波炉中用低场强微波烘干，可反复使用。

6. 封存

干燥的种子标本必须密封才能长久保存。密封可起到保护标本不受机械损伤和仓柜害虫侵袭，防止标本吸湿返潮，隔绝空气降低氧化作用以保持标本不变色等作用。

封存标本的包装材料应满足透明度高，密封性好，外形规整，便于存放和展示，不损害标本，不吸湿, 不会招致虫害、鼠害, 各种材料间不会互相发生反应, 颜色平淡不影响标本的显示等要求。常用的容器有种子瓶, 玻璃镶嵌的木匣, 透明有机玻璃盒, 透明塑胶盒, 透明的封口袋, 泡沫塑料等。封存方式主要有3种。

(1)瓶装散装标本 瓶装散装标本适于中、小粒至细粒种子, 种子直径及需展示的果序直径应小于种子瓶的瓶口直径, 果序高度应小于种子瓶腔高度的2/3。

用于制作标本的种子、果序必须充分干燥, 并做好灭虫预处理。标本量以装至瓶腔高度的1/4~1/3为度, 制作标本时在瓶内包埋干燥剂、防虫剂各一小包。瓶口可用软木塞或橡胶塞堵紧, 密封材料用高熔点石蜡或用填充性的胶黏剂(如万能胶、黏黏胶), 不能用非填充性的接合剂(如502胶)。

(2)盒式镶嵌标本 盒式镶嵌标本适于大粒至小粒种子, 需要展示种翅形状的带翅种子, 形态特异或需要做剖面展示的种子, 以及多品系做形态比较的标本。

做寿标本的种子和果序必须充分干燥, 需要展示的种翅等附属物完整无损, 剖面清晰, 并做好灭虫预处理。标本盒的容积较大, 制作标本时盒内应放足够的小包装干燥剂、防虫剂。放置的部位应不影响标本的展示, 或将其藏于镶嵌物中。

标本盒须用全透明材料制作, 以矩形平面较好, 视标本室收集的标本种类, 将平面尺寸统一成少数几种规格以便集中保存。如遇个别特异标本也可另行特制标本盒。

镶嵌标本的材料要有弹性, 不吸湿, 不会招致虫害、鼠害, 不与包装盒、干燥剂、驱虫剂等发生反应, 不损害标本, 颜色平淡不影响标本的显示等。可用棉花、布、绸缎等天然材料或泡沫塑料、吹塑塑料、合成纤维等合成材料。

如果种子或附属物的大小有分类意义, 要求能直观展示其大小的, 应在制作标本时放置必要的参照物, 如有机玻璃尺、计算纸等, 以便能直观读数。

封闭材料依不同标本盒的质料而异, 普通玻璃盒或木制玻璃面板标本盒用透明的玻璃密封胶堆封; 有机玻璃盒用三氯甲烷溶封; 赛璐珞盒用丙酮或天拿水溶封; 叠合式塑胶盒用无色封箱胶纸贴封, 但由于封箱胶纸的胶粘层容易老化而漏气, 只能用作临时标本。

封存材料是聚甲基丙烯酸甲酯(有机玻璃的一种)。甲基丙烯酸甲酯单体加入聚合剂邻苯二甲酸二丁酯, 在触发剂偶氮二异丁腈诱发和开水浴中加热条件下会发生热聚合, 成为胶状聚合体, 这种聚合体遇到固化剂乙酰基过氧化环己烷磺酰作用, 可在常温下固化成透明玻璃状固体。

7. 标记

标记是种子的重要补充说明。种子标本体积小, 能用以做标记的位置有限, 要求文字简洁、清楚。除了特殊用途,如科普展览的标本需对特征作引导性的描述外,能够直观的特征都不须文字说明。内容注意通用性,要同时写中文通用名和拉丁学名,地、种源或供种单位名称,标本应统一编号以方便检索。用标记铅笔填写,也可用不脱色的档案用碳素墨水书写,字体必须规范,字迹清楚不潦草。

标签

药 材 名:	
种子来源:	
采集时间:	年 月 日
采 集 人:	制作人
标签编号:	

8.蜡叶标本制作程序

台纸一般可用铜版纸、白板纸,裁成29cm×42cm的国际标准大小或裁成8开纸(即27cm×39cm)普通尺寸。贴标本方法多种多样,一种是用胶水将标本完全贴在台纸上,另一种方法是将标本用道林纸条贴在台纸上,在台纸左上角贴一张记载该植物产地、采集日期、生境、特征、俗名的野外记录签,在右下角贴定名签,经仔细鉴定后,写出该植物的学名,这样就成为一件完整的蜡叶标本,即可长期保存在标本室的蜡叶标本柜内,供教学和研究使用。

(一)压制标本

压制标本是将标本逐个儿地平铺在几层吸水纸上,上下再用标本夹压紧,使之尽快干燥、压平。压制方法是先在标本夹的一片夹板上放几层吸水纸,然后放上标本,标本上再放几层纸,使标本与吸水纸相互间隔,层层叠加,最后再将另一片标本夹板压上,用绳子捆紧。叠加高度以可将标本捆紧,又不倾倒为宜,一般叠至1尺左右。每层所夹的纸一般为3~5张,粗大多汁的标本,上下应多夹几张纸。薄而软的花、果,可先用软的纸包好再夹,以免损伤。初压的标本要尽量捆紧,以使标本压平,并与吸水纸接触紧密,又较容易干。3~4天后标本开始干燥,并逐渐变脆,这时捆扎不可太紧,以免损伤标本。

压制时应注意以下几种情况。

1. 尽量使枝、叶、花、果平展,并且使部分叶片背面向上,以便观察叶背特征。花的标本最好有一部分侧压,以展示花柄、花萼、花瓣等各部位形状;还要解剖几朵花,依次将雄蕊、雌蕊、花盘、胎座等各部位压在吸水纸内干燥,更便于观察该植物的特征,利于识别。

2. 多汁的根、块茎、鳞茎等标本,不易压干,要先用开水烫死细胞,然后纵剖或横剖,滴干水后再压。这样既可使标本快干,又能观察内部构造。可以纵切挖去内部肉质组织后再压,或切取部分纵剖面和横剖面进行压制。有的标本容易破碎,采集后放置半天,或用蒸汽熏蒸片刻,使组织软化再压,效果较好。

3.标本放置要注意首尾相错,以保持整叠标本平衡,受力均匀,不致倾倒。有的标本的花、果较粗大,压制时常使纸凸起,叶子因受不到压力而皱折,这种情况可用几张纸折成纸垫,垫在凸起的四周,或将较大部分切下另行风干,但要注意挂同一号的采集标签。标本较长的,可以折成"V"或"K""N"形。

4.换纸是否及时,是关系到标本质量的关键步骤。

初压的标本水分多,通常每天要换2~3次纸,第三天后每天可换一次,以后可以几天换一次,直至干燥为止。遇上多雨天气,标本容易发霉,换纸更为重要。最初几次要注意整形,将皱折的叶、花摊开,展示出主要特征。换下的湿纸要及时晒干或烘干。用刚烘干的热纸,效果较好。换纸时要轻拿轻放,先除去标本上的湿纸,换上几张干纸,然后一只手压在标本上面的干纸上,另一只手托住标本下面的湿纸,迅速翻转,除去湿纸,换上干纸,这样可以减少标本移动,避免损伤。

植物标本的质地不同,其干燥速度也不同。有的标本2~3天就干了,有的标本半个月、一个月才干。所以在换纸时应随时将已干的标本取出,以减少工作量。

有些植物的花、果、种子压制时常会脱落,换纸时必须逐个捡起,放在小纸袋内,并写上采集号码夹在一起。为了使标本快速干燥并保持原色,可以用熨斗熨干,也可以将标本夹在铁丝夹里置45~60℃的恒温干燥箱里烘干或用红外线照射,促进其快速干燥。此外,用硅胶作干燥剂能使植物标本快速干燥,效果良好。

(二)标本装订

装订是将标本固定在一张白色的台纸上,装订标本也称上台纸。装订目的一方面是为长期保存标本不受损伤,另一方面也是为了便于观察研究。

台纸要求质地坚硬,用白板纸或道林纸较好。使用时按需要裁成一定大小。装订标本通常分三个步骤,即消毒、装订和贴记标签。

消毒:标本压干后,常常有害虫或虫卵,必须经过化学药剂消毒,杀死虫卵等,以免标本被虫蛀。通常用的消毒剂有1%升汞酒精溶液。也可以用二氧化硫或其他药剂熏蒸消毒。这些都是剧毒药品,消毒时要注意安全。如用紫外光灯消毒较为安全有效。

装订:先在台纸上选适当位置将标本放好。一般是直放或稍微偏斜,留出台纸上的左上角用右下角,以便贴采集记录和标签。放置时要注意形态美观,又要尽可能反映植物的真实形态。标本在台纸上的位置确定以后,还要适当修去过于密集的叶、花和枝条等,然后进行装订。装订标本一般用间接粘贴法。具体的做法是：在台纸正面选好几个固定点，用扁形锥子紧贴枝条、叶柄、花序、叶片中脉等两边锥数对纵缝，将纸条两端插入缝中，穿到台纸反面，将纸条收紧后用桃胶水在台纸背面贴牢，再将花、果的解剖标本、树皮等附件固定在台纸上，易脱落的花、果应装在纸袋里，贴在台纸的适当位置，以使必要时取出观察研究。因此纸袋既要贴得牢固，不使花、果丢失，又要便于取出。大的根茎、果实等纸条不易固定，可用白车线代替，细弱的标本可用桃胶水直接将标本贴在台纸上。没有桃胶水也可用一般办公用的胶水，或加防腐剂的糨糊代替。 细小的植物如苔藓、地衣、水绵、木耳等，用以上方法不易装订，可用透明玻璃纸覆盖在标本上，玻璃纸四周用胶水粘贴在台纸上。整体标本每张台纸只能放一种植物标本。比较标本一张台纸按需要放置同一类标本。

贴标签：标本装订后，在右下角贴上标签，标签项目按需要拟定。一般有类别、名称、采集地、日期、采集者等。说明词要简明扼要。类别就是写标本名称，如叶序标本、花序标本或系统发育标本等。名称是指植物名称。若是叶序标本，台纸上可能有几种不同植物名称。植物分类学用的标本，通常在左上角贴采集记录，右下角贴定名签。定名签要标明采集号、科、拉丁学名、鉴定人和鉴定日期。贴标签时将四个角或上下两边粘牢即可，以便必要时可取下更换。

（三）标本的保存

制成的蜡叶标本必须妥善保存，否则易被虫蛀或发霉等，造成损失。蜡叶标本应存放在标本柜里。标本柜要求密封、防潮，大小式样可根据需要和具体情况而定。一般分上下两层，便于搬动。每层高100cm，宽70cm，深45cm。柜前为对开的门，中间用板隔成两格，每边再用活动的木板横隔成五格。标本就分类放在木板上。没有标本柜也可用密封的木箱代替。标本柜必须放在通风干燥的室内。

标本入柜前还必须登记、编号，将每份标本按需要分类登记在登记本上。登记、编号主要是为了便于随时掌握存有多少标本，有哪些标本，使标本保存更有条理，使用方便。

标本柜、标本室消毒存放标本前，应事先扫干净，晾干，并用杀虫剂消毒，通常用敌百虫或福尔马林喷杀或熏杀。然后将标本按登记分类顺序放入柜里保存。标本入柜后，还必须经常抽查是否有发霉、虫害、损伤等，如有应及时处理。入柜前要使标本干透，并在标本柜里放樟脑丸、干燥剂。若标本发霉，可用毛笔轻轻扫去菌丝体，再蘸点石炭酸或福尔马林涂在标本上，也可用红外灯烘干，紫外灯消毒。平时取入标本时要随手关好柜门。入柜后遇上雨季有时会返潮，这些情况在南方尤应引起注意。

此外，在取放标本时，因标本之间互相摩擦也会使标本某部分脱落、破碎。这就要求在操作时轻拿轻放，需要取一叠标本中的某一份标本时，必须整叠取出，放在桌上再逐份翻阅，切忌从中硬抽。为减少标本之间的磨损,可用牛皮纸或硬纸将标本逐份或分类夹好。

(四)意义

蜡叶标本对于植物分类工作意义重大,它使得植物学家在一年四季中都可以查对采自不同地区的标本。目前一些大的植物标本馆往往收藏百万份以上的蜡叶标本,植物学家借助于这些标本从事描述和鉴定工作。16世纪后半叶植物分类的迅速发展在相当大的程度上是由蜡叶标本这种新技术促成的。

蜡叶标本的意义并不局限于植物分类学的研究,蜡叶标本的采集与制作在普通人眼里更多的是出于一种对自然与生命的感悟,出于一种对博物学的传统情结。当然,蜡叶标本本身带给人们的美感也是一个重要的方面。

蜡叶标本图

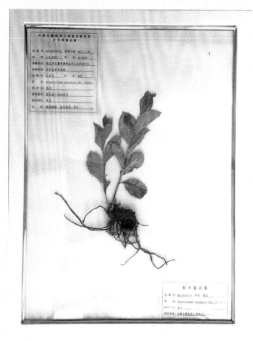

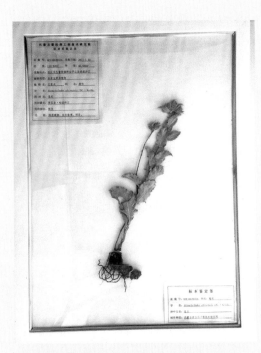
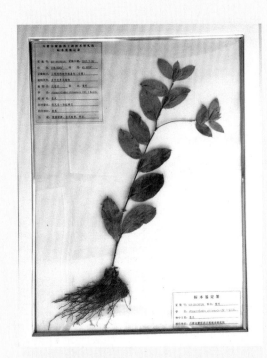
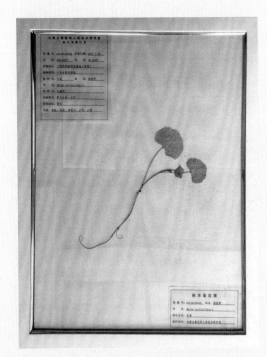
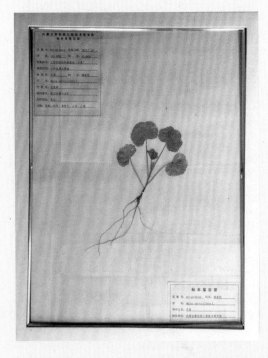

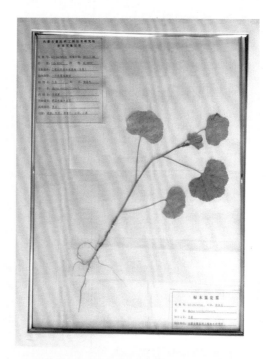

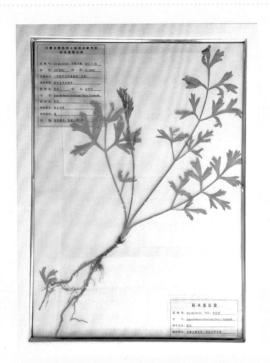
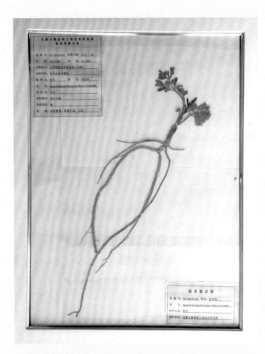

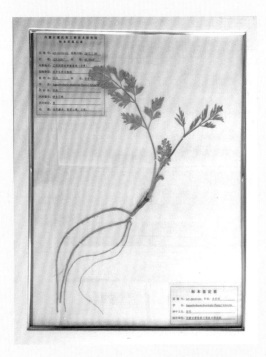

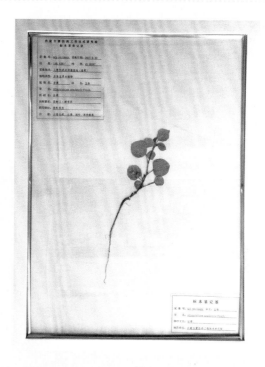

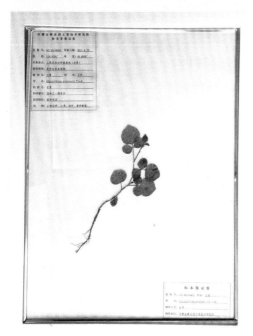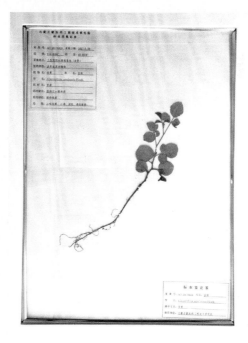

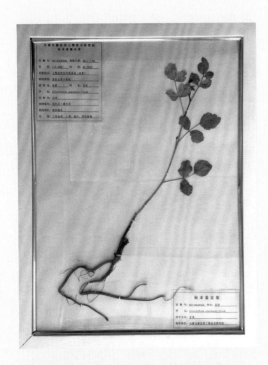

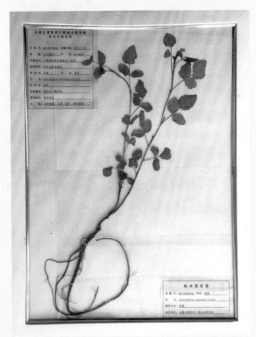
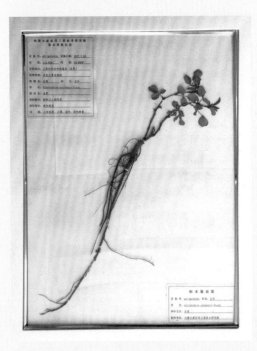

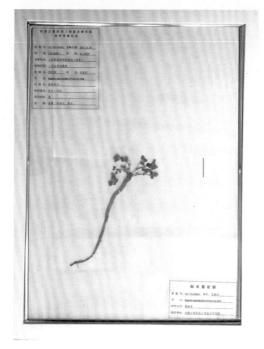

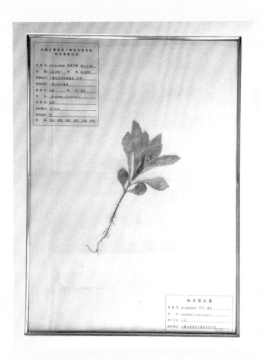

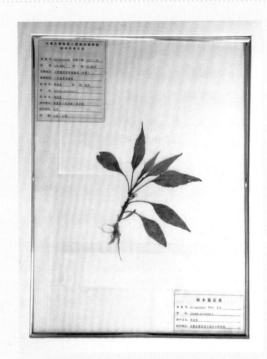
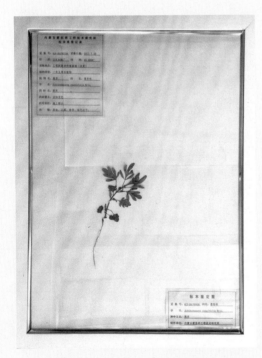

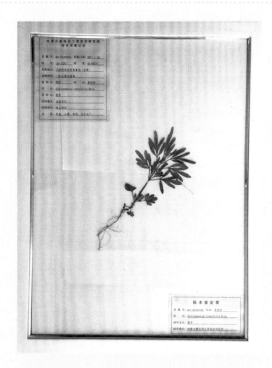

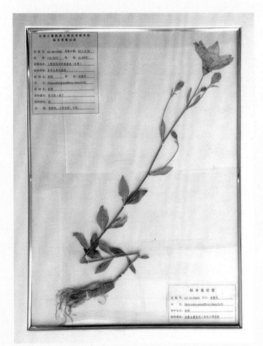

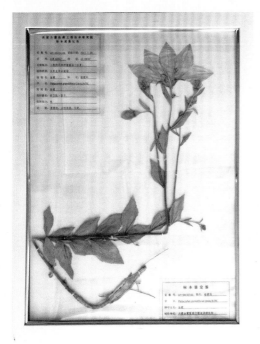
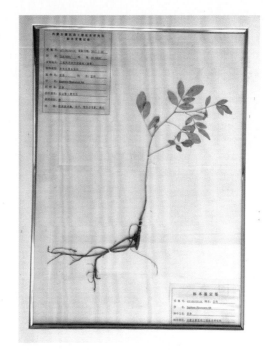

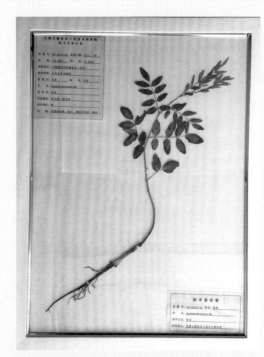

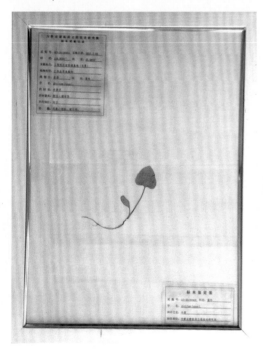
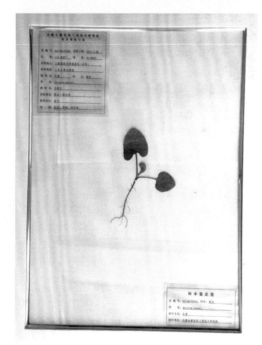

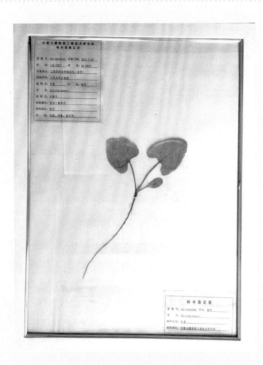

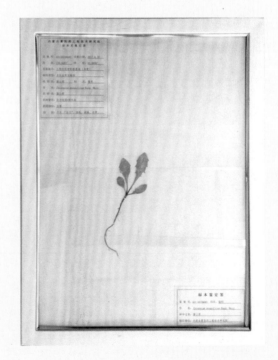

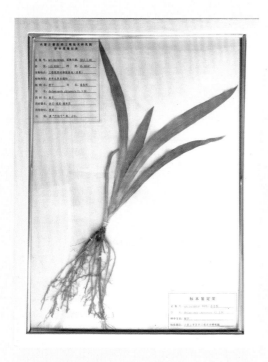
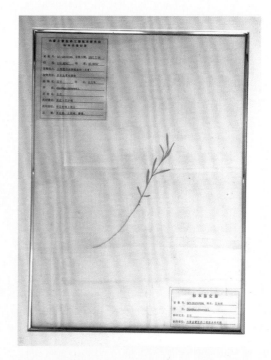

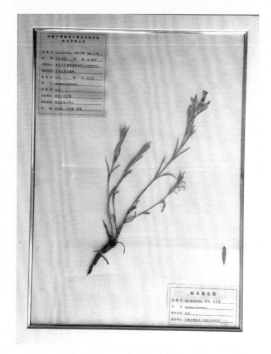

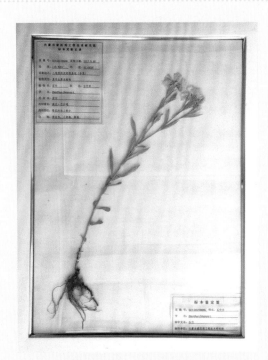

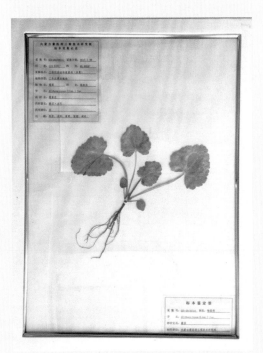

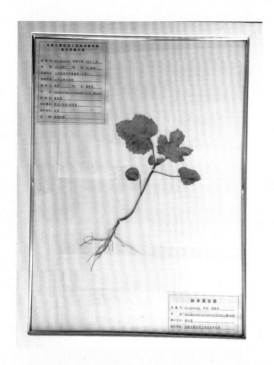

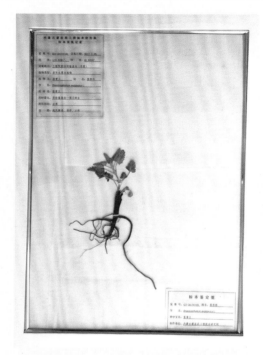

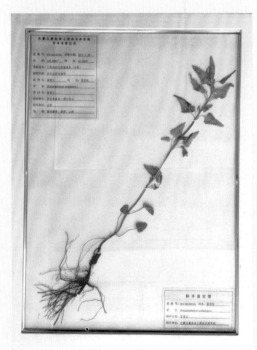

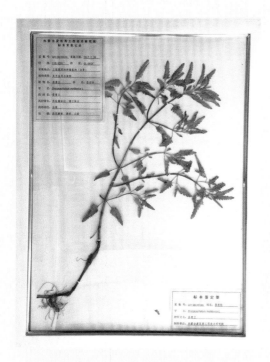

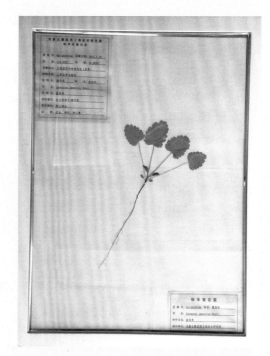

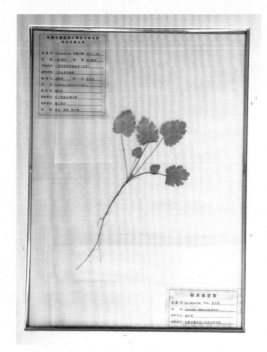

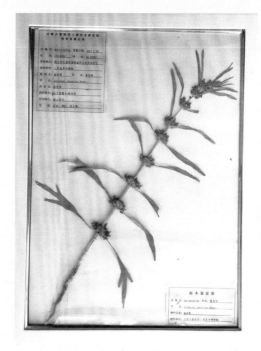

浸渍标本制作

一、材料和用具

1. 材料

带有不同颜色的、供浸渍用的药材。

2. 用具

标本瓶、大小量筒、药用天平、不锈钢刀、剪刀、烧杯、线、玻璃棒及玻璃条片、标签纸、双面胶。

二、制作方法与步骤

1. 制订实验方案

实验前做好方案,设计保存液配方(多个)和3种以上的不同药材,以及制作方法等。

2. 浸渍标本药液的选择和配制

根据保存标本的特点,选择合适的配方。可参照表2的配方选取,或根据药材特点,自己确定药剂种类和比例。

3. 药材液浸标本的选取

选取药材液浸标本时,应选择具有代表性,具有典型特征的果实,要求所选药材新鲜,最好各种器官都在,且无损伤、无病虫害。

4. 固定

把待浸制的药材用清水洗净,存放于干净的玻璃标本瓶中。若需切开剖面,宜用不锈钢刀在标本制作台上操作,以防药材标本污染变色,绿色部分则先在硫酸铜液中固定后再浸。用玻璃片或棒将瓶中标本固定,以免加入药液后药材上浮。

5. 加液

把配好的保存液加入玻璃瓶中,让药材充分浸渍,把瓶盖紧。

6. 密封

待药材没有气泡溢出,即用凡士林密封,涂凡士林务求均匀、薄而整齐。

名　称	规　格	作用特性	备　注

表1　液浸标本常用药剂规格及其作用特性

名　称	规　格	作用特性	备　注
水 H_2O	蒸馏水或冷开水	是缺少不了的溶剂,浸液中绝大部分是水	大量配制时可用冷开水、无杂质
酒精 C_2H_5OH	95%~96%	是良好的杀菌及固定剂,能使原生质发生轻微收缩,材料久存易变脆而折断	一般不会较贵的无水乙醇
福尔马林HCHO	含40%的甲醛	起固定杀菌作用,兼具硬化剂作用,但又可避免使用酒精时造成的过度坚硬,对脂肪不保存也不破坏	又名蚁醛
亚硫酸H_2SO_3	化学纯C.P	防腐及防止发酵,但又有漂白作用,浓度高会使药材脱色	
乙酸CH_3COOH	化学纯C.P	使细胞发生膨胀,能溶解脂肪,又称水杨酸渗透力强,是染色剂的保存剂	又称冰醋酸
硫酸铜$CUSO_4 \cdot 5H_2O$	化学纯C.P	固定绿色	
醋酸铜$Cu(C_2H_3O_2) \cdot 6H_2O$	化学纯C.P	固定绿色	
甘油$(CH_2OH)_2CHOH$	化学纯C.P	防止药材因吸水膨胀而破裂	
食盐NaCl	洁白无杂质	防腐,但浓度高会使细胞脱水	

表2　液浸标本常用液浸配方

保持颜色	配方及配制方法	备　注
普通保存液	甲醛2ml加水98ml(甲醛浓度视标本大小而定,一般2%~10%)	甲醛水溶液
普通保存液	甲醛5ml,冰醋酸5ml,80%酒精90ml,(即FAA)	有固定剂作用
绿色保存液	把醋酸铜粉末加入于50%的醋酸水溶液中至不再溶解,用此1份加水4份,加热至约80℃放入标本,至标本自黄色变为原绿色,取出洗净,保存于50%福尔马林溶液中	
黄色保存液	亚硫酸3ml,甲醛3ml,水94ml,标本直接保存于此溶液中	
黄绿色保存液	亚硫酸3ml,酒精2ml,甘油5ml,水92ml,标本直接保存于此溶液中	
红色保存液	硼酸4.5g,酒精20ml,甲醛30ml,甘油25ml,水200ml,标本直接放入溶液中	
黄色、橘红色保存液	氯化锌50g,甲醛25ml,甘油25ml,水1000ml,氯化锌溶于热水中	有沉淀侧用其澄清液有绿色部分须先在硫酸铜液中固定
紫色保存液	10g氯化锌,溶于400ml水中,加甲醛10ml,甘油10ml,过滤	
橙黄色保存液	亚硫酸4ml,甲醛3ml,砂糖5g,水93ml,标本直接放入标本液中	

7. 贴标签纸

用不脱色墨水将标本的种类、品种、学名、标本来源、制作日期写于标签纸上并贴于标本瓶外壁正中偏上位置。标签纸干后涂薄蜡保护。

三、注意事项

（1）所采标本要有代表性，要新鲜无损伤。

（2）浸制初期药材易上浮，露出液面部分容易腐烂，要用玻璃棒将其压下，待标本充分吸液不再上浮后取出玻璃棒。若出现污染，应及时更换保存液。

（3）及时密封，防止挥发性药剂因挥发而降低浓度，影响效果。

（4）有些药材在保存液中常分泌色素，使透明的原液变色或混浊，须及时更换保存液。

四、实验结果及评价

1. 结果检查

过一段时间后检查各标本浸制效果，分析比较不同配方对不同果实的影响。

2. 验收标准

过30~40天后对实验结果进行验收。实验结果分为：优良、合格、不合格三级。其标准是：

（1）优良标本　药材能保持原有颜色不褪色或稍褪色、无污染、不裂果或稍变形、保存液清澈不混浊或者稍混浊。

（2）合格标本　药材颜色褪色、无污染、稍变形、保存液混浊。

（3）不合格标本　药材颜色褪色、有污染、严重变形、保存液混浊。

3. 实验报告

实验报告要符合规范要求。

浸渍标本

参考文献

[1] 蒙医学编辑委员会.中国医学百科全书.蒙医学[M].上海:上海科学技术出版社,1992.

[2] 占布拉道尔吉.无误蒙药鉴.蒙文版[M].呼和浩特:内蒙古人民出版社,1998.

[3] 丹增彭措.晶珠本草.蒙文版[M].赤峰:内蒙古科学技术出版社,2001.

[4] 罗布桑.识药学[M].北京:民族出版社,1998.

[5] 国家中医药管理局《中华本草》编委会中华本草.蒙药卷[M].上海:上海科学技术出版社,2004.

[6] 中央气象局.地面气象观测规范[M].北京:气象出版社,1983.

[7] 内蒙古自治区卫生厅.内蒙古蒙药材标准[M].赤峰:内蒙古科学技术出版社,1987.

[8] 中华人民共和国卫生部药典委员会中华人民共和国卫生部药品标准.蒙药分册〔S〕,北京,1998.

[9] 南京中医药大学编著.中药大辞典.第二版[M].上海:上海科学技术出版社,2014.

[10] 毛居代,亚尔买买提.黑种草属植物的开发利用前景[J].新疆师范大学学报(自然科学版),2011,30(01):37-41.

[11] 张永清,杜弢.中药材栽培养殖学[M].北京:中国医药科技出版社,2015.

[12] 谭红胜,禹荣祥,叶敏.维药香青兰中挥发油成分的GC-MS分析[J].上海中医药大学学报,2008(02):55-58.

[13] 阿布力米提,艾来提,穆赫塔尔,等.香青兰中黄酮类化合物的研究[J].食品科学,2007(08):384-386.

[14] 迪丽菲嘎尔·阿不都热依木.新疆香青兰氨基酸成分研究测定[J].新疆师范大学学报(自然科学版),2001(01):43-45.

[15] 李建北,丁怡.香青兰化学成分的研究[J].中国中药杂志,2001(10):49-50.

[16] 古海锋,陈若芸,孙玉华,等.香青兰化学成分的研究[J].中国中药杂志,2004(03):44-46.

[17] 王志芬,苏学合,闫树林,等.不同产区桔梗生长发育特性的比较研究[J].山东农业科学,2006

（06）：26–27.

[18]张岩，刘颖，陶韵文，等.传统中药材桔梗的研究进展[J].黑龙江医学，2013，37（07）：638–640.

[19]王国强.全国中草药汇编[M].北京：人民卫生出版社，2014.

[20]刘晓清，韩延彬，屈赟，等.桔梗种子生物学特性研究概况[J].河北农业科学，2009，13（08）：7–8，10.

[21]王良信.名贵中药材绿色栽培技术——黄芪、龙胆、桔梗、苦参[M].北京：科学技术文献出版社，2002.

[22]魏继新.桔梗的应用与市场[J].江西农业，2017（15）：46.

[23]胡正海.药用植物的结构、发育与药用成分的关系[M].上海：上海科学技术出版社，2014.

[24]徐建中，王志安，俞旭平，等.益母草GAP栽培技术研究[J].现代中药研究与实践，2006（04）：8–11.

[25]王志芬.我国主要产区桔梗生长发育特性的比较研究[A].//山东植物生理学会.山东省植物生物学研究进展学术年会论文集[C].山东植物生理学会，2006：3.

[26]王志录，吴文辉，吴巧娟，等.甘肃陇南党参生态气候适生种植区划[J].中国农业资源与区划，2006（03）：32–35.

[27]张彦玲.桔梗（PlatycodonGrandiflorum）生长发育和打顶、追肥对其产量和总皂甙含量积累动态的影响[D].郑州：河南农业大学，2006.

[28]何晓燕.冬葵果药效物质基础与药材质量标准的研究[D].成都：成都中医药大学，2006.

[29]魏胜利，王文全，秦淑英，等.桔梗、射干的耐阴性研究[J].河北农业大学学报，2004（01）：52–57.

[30]高文远，唐雪梅，李志亮，等.直立和倒伏型桔梗的比较研究[J].中国中药杂志，1997（03）：16，18，62，17.

[31]刘玉亭.益母草选种研究[J].中药通报，1987（09）：16–19，63.

[32]滕辉.知母的生物学特性简介[J].中药通报，1987（03）：18.

[33]国家药典委员会.中华人民共和国药典[M].北京：中国医药科技出版社，2015.

[34]姚振生.药用植物学[M].北京：中国中医药出版社，2017.

[35]刘塔斯.药食两用中药材彩色图谱[M].长沙：湖南科学技术出版社，2014.

[36]金为民，宋志伟.土壤肥料[M].北京：中国农业出版社，2009.

[37]占布拉.道尔吉原著,罗布桑等译注.蒙药正典[M].呼和浩特:内蒙古人民出版社,2007.

[38]阎凌云.农业气象.第二版[M].北京:中国林业出版社,2005.

[39]奥·乌力吉,布和巴特尔.传统蒙药与方剂[M].赤峰:内蒙古科学技术出版社,2013.

[40]中国农业科学院.中国农业气象学[M].北京:中国农业出版社,1999.

[41]马秀玲,刁瑛元,吴钟玲.农业气象[M].北京:中国农业科技出版社,1996.

[42]吴永莲,涂美珍气象学基础[M].北京:北京师范大学出版社,1987.

[43]韦三立.切花栽培[M].北京:中国农业出版社,1999.

[44]颜启传,等.种子检验原理与技术[M].杭州:浙江大学出版社,2002.

[45]颜启传,等.种子学[M].北京:中国农业出版社,2001.

[46]谷茂.作物种子生产与管理[M].北京:中国农业出版社,2002.

[47]杜鸣銮.种子生产原理和方法[M].北京:农业出版社,1993.

[48]谷茂.作物种子生产与管理[M].北京:中国农业出版社,2002.

[49]陈学森.植物育种实验[M].北京:高等教育出版社,2004.

[50]胡瑞法.种子技术管理学概论[M].北京:科学出版社,1998.

[51]金文林,等.种子产业化教程[M].北京:中国农业出版社,2003.

[52]王志芬,苏学合,闫树林,等.不同产区桔梗生长发育特性的比较研究[J].山东农业科学,2006(06):26-27.

[53]束剑华.种子产业化技术[M].北京:中国教育文化出版社,2004.

[54]张全志.种子管理全书[M].北京:北京科学技术出版社,2000.

[55]蔡旭,米景九,等,植物遗传育种学.第二版[M].北京:科学出版社,1988.

[56]赵廷芳,德勒格尔校订.植物育种基础知识[M].呼和浩特:内蒙古人民出版社,1982.

[57]高松.辽宁中药志.植物类[M].沈阳:辽宁科学技术出版社,2010.

[58]吴香杰.蒙药鉴定学.蒙古文[M].呼和浩特:内蒙古人民出版社,2008.

[59]罗布桑.蒙药学[M].呼和浩特:内蒙古人民出版社,2006.

[60]蒋桃,祖矩雄,向华.药食兼用桔梗的引种栽培研究进展[J].中国中医药现代远程教育,2018,16(02):148—152.

[61]侯霄.知母种苗移栽施用基肥的筛选研究[J].中国现代中药,2017,19(10):1438-1442.

[62]胡佳栋,毛歌,张志伟,等.不同施肥处理对党参产量和次生代谢物含量的影响研究[J].中国中

药杂志, 2017, 42（15）: 2946-2953.

[63] 刘自刚.桔梗种子萌发与成苗对干旱胁迫的响应及其调控技术研究[D].西安: 西安理工大学, 2017.

[64] 李琦, 章军, 崔文金, 等.黄芩饮片标准汤剂的制备和质量标准评价[J].中国实验方剂学杂志, 2017, 23（07）: 36-40.

[65] 何飞, 李宜垠, 伍婧, 等.内蒙古森林草原-典型草原-荒漠草原的相对花粉产量对比[J].科学通报, 2016, 61（31）: 3388-3400.

[66] 李革, 于新兰, 孙磊.甘草质量标准分析及对进口甘草的建议[J].中国药事, 2016, 30（08）: 745-749.

[67] 徐芳, 黄娜, 陈燕, 等.黑种草子总皂苷滴丸质量标准研究[J].中国中医药信息杂志, 2016, 23（08）: 101-104.

[68] 吕海鸿.苦参片质量标准的研究[J].中国药品标准, 2015, 16（05）: 353-356.

[69] 段云晶, 王康才, 牛灵慧, 等.不同氮素形态与配比对桔梗生长及桔梗皂苷D含量的影响[J].中国中药杂志, 2015, 40（19）: 3754-3759.

[70] 陈泰祥, 杨小利, 陈秀蓉, 等.甘肃省黄芪霜霉病发病规律及防治经济阈值研究[J].草业学报, 2015, 24（09）: 113-120.

[71] 黄娜.黑种草子总皂苷滴丸制备工艺及质量控制研究[D].乌鲁木齐: 新疆农业大学, 2015.

[72] 刘枫.维药蜀葵子质量标准研究[D].乌鲁木齐: 新疆师范大学, 2015.

[73] 罗远鸿, 李敏, 倬世洪, 等.川产益母草质量分析研究[J].中国现代中药, 2015, 17（05）: 462-465.

[74] 吴发明, 王化东, 李硕, 等.不同前茬收获时间和耕作方式对党参田生产力的影响[J].西北农业学报, 2015, 24（04）: 157-162.

[75] 任杰, 梁建萍, 周然, 等.不同光质对黄芪生长及药用成分积累的影响[J].山西农业科学, 2014, 42（10）: 1078-1081, 1097.

[76] 刘涛, 王罗, 吴南轩, 等.苦参提取物质量标准研究[J].成都大学学报（自然科学版）, 2014, 33（03）: 197-199, 217.

[77] 王栋, 李安平, 王玉龙, 等.蒙古黄芪种子质量分级标准研究[J].中国现代中药, 2014, 16（09）: 745-750, 754.

[78] 王姗, 王竹承.干旱胁迫对桔梗幼苗生长及生理特性的影响[J].西北农业学报, 2014, 23（07）:

160–165.

[79]隋文霞,姚琳,马英丽.桔梗药学研究概况[J].安徽农业科学,2014,42(16):4976–4977,5026.

[80]贾红茹,韩静,吴雪艳.太行山区桔梗丰产栽培技术[J].湖北林业科技,2014,43(02):73–74.

[81]于福来,钟可,王文全,等.知母种苗质量分级标准研究[J].种子,2014,33(04):110–112.

[82]尚虎山,刘效瑞,王兴政.药用植物黄芪新品种品比试验[J].中国现代中药,2014,16(02):119–122.

[83]龚成文,赵欣楠,冯守疆,等.配方施肥对党参生产特性的影响[J].西北农业学报,2013,22(11):130–136.

[84]秦雪梅,李震宇,孙海峰,等.我国黄芪药材资源现状与分析[J].中国中药杂志,2013,38(19):3234–3238.

[85]张海英,张娟,王占新,等.桔梗人工栽培技术要点[J].中国园艺文摘,2013,29(06):225–226.

[86]梁丽娟,董婷霞,詹华强,等.射干的质量标准研究[J].中国药房,2013,24(11):1023–1025.

[87]刘红彬,李慧玲,李雁鸣.施肥对河北荆芥生长生理及产量和药用品质的影响[J].中国生态农业学报,2013,21(02):157–163.

[88]席旭东,姬丽君,晋小军.蒙古黄芪种苗分级移栽的比较研究[J].中国农学通报,2012,28(34):284–288.

[89]翟随民,谢平,白央,等.藏药材冬葵果的质量标准研究[J].中国民族民间医药,2012,21(15):15–16.

[90]李明业.荆芥育苗栽培技术和品种试验[J].青海农林科技,2012(02):56–57.

[91]王春怡,叶雪兰,李卫民,等.黄芪总皂苷提取物的质量标准研究[J].时珍国医国药,2012,23(01):94–96.

[92]石福高.桔梗种子萌发特性与施肥技术研究[D].西安:西北农林科技大学,2011.

[93]畅晶,张媛媛,李莉,等.射干种子品质检验及质量标准研究[J].中国中药杂志,2011,36(07):828–832.

[94]陈玉武,丁永辉,李成义,等.党参壮根灵对党参质量影响的研究[J].药物分析杂志,2011,31(02):254–257.

[95]王园姬,陈文,骆从艳,等.维药瘤果黑种草子质量标准研究[J].中成药,2010,32(07):1268–1270.

［96］赵禹凯.桔梗杂种一代农艺性状与品质性状比较研究［D］.呼和浩特：内蒙古农业大学，2010.

［97］纪瑛，张庆霞，蔺海明，等.氮肥对苦参生长和生物总碱的效应［J］.草业学报，2009，18（03）：159－164.

［98］耿慧云，王建华，蔡爱民，等.不同密度下桔梗干物质积累和桔梗皂苷D含量的动态研究［J］.中国中药杂志，2009，34（01）：22—25.

［99］袁崇均，王笳，陈帅，等.射干苷标准品质量标准研究［J］.中国药房，2008（33）：2594－2596.

［100］王跃虎，魏建和，张东向，等.荆芥品种选育产量性状选择方法研究［J］.现代中药研究与实践，2008.（02）：15—19.

［101］徐建中，王志安，俞旭平，等.氮肥对益母草产量和药材品质的影响［J］.中国中药杂志，2007（15）：1587-1588.

［102］刘晓芳，党向红，任永凤.黑种草子质量标准的研究［J］.中国民族医药杂志，2007（03）：47-49.